U0259756

沼气工程与技术

Biogas Engineering and Application

沼气指南——从生产到使用

Guide to Biogas — From Production to Use

董仁杰 [奥]伯恩哈特·蓝宁阁 主编

Edited by: Prof. Dr. DONG Renjie

Prof. Dr. Bernhard Raninger

第4卷

Volume 4

中国农业大学出版社

·北京·

图书在版编目(CIP)数据

沼气工程与技术:第4卷/董仁杰,[奥]伯恩哈特·蓝宁阁主编.—北京:中国农业大学出版社,2013.5
ISBN 978-7-5655-0680-2

Ⅰ.①沼… Ⅱ.①董… ②伯… Ⅲ.①沼气工程-研究 Ⅳ.①S216.4

中国版本图书馆CIP数据核字(2013)第064344号

书　名 沼气工程与技术(第4卷)
作　者 董仁杰 [奥]伯恩哈特·蓝宁阁 主编

策划编辑 张秀环　　**责任编辑** 张秀环
封面设计 季　方 赵媛媛 郑　川　　**责任校对** 王晓凤 陈　莹
出版发行 中国农业大学出版社
社　址 北京市海淀区圆明园西路2号　　**邮政编码** 100193
电　话 发行部 010-62818525,8625　　**读者服务部** 010-62732336
编辑部 010-62732617,2618　　**出　版　部** 010-62733440
网　址 http://www.cau.edu.cn/caup　　**E-mail** cbsszs@cau.edu.cn
经　销 新华书店
印　刷 涿州市星河印刷有限公司
版　次 2013年5月第1版 2013年5月第1次印刷
规　格 889×1 194 16开本 30.75印张 930千字
定　价 185.00元

图书如有质量问题本社发行部负责调换

中文翻译:李松

中文翻译校对:卢红雁,钱名宇

英文校对:欧阳迈

Chinese translator: LI Song

Chinese translation proofreading: Dr. LU Hongyan; QIAN Mingyu

English text proofreading: Michael Oos

前　言

德国联邦食品、农业及消费者保护部(BMELV)下属的德国可再生能源处(FNR)发布的《沼气指南》是沼气领域的一本关键著作。这一领域的著名专家总结了德国在农业沼气方面的经验，从基础生物学、大规模沼气工程技术、运行经验到沼气处理及利用所有环节进行考虑，再加上法律框架条件、经济核算、沼渣沼液的利用以及项目执行管理等方面的经验，共同促成了德国沼气行业成功发展的案例。

GIZ(德国国际合作机构)支持德国联邦经济合作及发展部(BMZ)在发展中国家利用可再生能源。GIZ“能源领域技术合作项目”在“中德生物质利用优化项目”支持下，已经将《沼气指南》第五版翻译成英文。为了提高中国大中型沼气工程的技术标准和绩效管理，并促进沼气行业的可持续发展，“中德生物质利用优化项目”组织人员将《沼气指南》翻译成中文。

《沼气指南》为中国沼气领域的相关人员提供了一个极具价值的工具。不论是学生还是决策者，金融机构还是设计者，政策制定者还是运行人员，甚至能源和肥料用户，都能从本书中获得相关指导。

董仁杰 博士　教授
中国农业大学生物质能工程与低碳技术研究室
中国农业大学生物质工程中心常务副主任

伯恩哈特·蓝宁阁 博士　教授
中国石油大学新能源研究中心
德国 GIZ 中德生物质能优化利用项目主任

2013 年 4 月于北京

Preface

The German Agency for Renewable Resources (FNR) under the German Federal Ministry of Food, Agriculture and Consumer Protection (BMELV) has issued a 'Guide to Biogas', which can be considered as one of the key publications in this field. Leading experts have compiled the German experience in the agricultural biogas sector, considering the entire chain from microbiological fundamentals, via the industrial large scale technology of biogas production, the operation experiences, gas processing and utilization. Further the legal framework conditions, economics and the use of the digestate are elaborated, as well as project implementation management aspects, all making biogas development in Germany a success story.

The GIZ, Deutsche Gesellschaft für International Zusammenarbeit supports the German Federal Ministry for Economic Cooperation and Development (BMZ) in applying renewable energies in developing and emerging countries. The GIZ Project 'Technology Cooperation in the Energy Sector' has, with the contribution of the Sino-German Biomass Utilization Project in Beijing translated the 5th edition of the 'Guide to Biogas' 2010 into English and the Biomass Project, in its efforts to improve the technical standard and the performance of medium-and large-scale biogas plants that produce energy from biomass and to make the biogas sector more sustainable in China, has arranged the Chinese version.

This 'Guide to Biogas' will be a highly valuable support tool for all stakeholders in the biogas sector in China, from students to decision makers, from financial institutions to designers, from policy makers to operators and to energy and fertilizer users.

The Chief Editors

Prof. Dr. Dong Renjie
China Agricultural University (CAU)
BioEnergy Engineering and Low Carbon Technology Laboratory (BEELC)
Biomass Engineering Centre (BECAU)

Prof. Dr. phil.-habil. Bernhard Raninger
China University of Petroleum Beijing (CUPB)
New Energy Research Institute (NERI)

GIZ, Sino-German Biomass Utilization Project

Beijing, April 2013

德国国际合作机构(GIZ)“能源领域技术合作”项目，支持德国联邦经济合作发展部(BMZ)通过改进合作框架和提供方法及技术援助，从而促进发展中国家和新兴国家的可再生能源发展和能源效率的提高。

The Project “Technology Cooperation in the Energy Sector” of the Deutsche Gesellschaft für Internationale Zusammenarbeit (GIZ) supports the Federal Ministry for Economic Cooperation and Development (BMZ) to improve framework conditions, technical assistance and approaches for the deployment of renewable energies and energy efficiency in developing and emerging countries.

《沼气指南》英文版由以下 GIZ 项目联合资助：
—能源领域技术合作
—东非项目发展计划(PDP)
—东南亚可再生能源支持计划
—乌干达可再生能源推广计划
—中德生物质利用优化项目

The English version of the "Leitfaden Biogas" was jointly financed by the following GIZ projects:
—Technology Cooperation in the Energy Sector
—Project Development Programme (PDP) East Africa
—ASEAN-Renewable Energy Support Programme
—Promotion of Renewable Energy and Energy Efficiency Programme (PREEEP), Uganda
—SINO-German Project for Optimization of Biomass Utilization

支持单位：
Supported by：

Deutsche Gesellschaft für
Internationale Zusammenarbeit
Dag-Hammarskjöld-Weg 1-5
65760 Eschborn
Germany
T：+49 6196 79-4102
F：+49 6196 79-115
E：energy@giz. de
I：www. giz. de

支持单位：
Supported by：

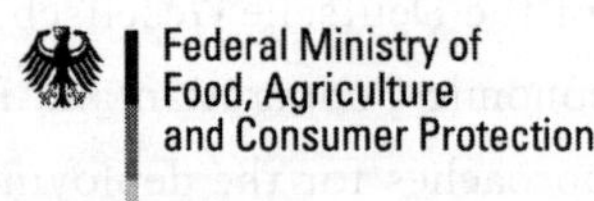

based on a decision of the Parliament
of the Federal Republic of Germany

项目持有人： **Fachagentur Nachwachsende Rohstoffe e. V.（FNR）**
Project holder： Internet：www. fnr. de

代表： **Federal Ministry of Food，Agriculture and Consumer Protection（BMELV）**
On behalf of： Internet：www. bmelv. de

原编辑支持： **Deutsches Biomasse Forschungs Zentrum（DBFZ）**
Editing support： Internet：www. dbfz. de

合作伙伴： **Kuratorium für Technik und Bauwesen in der Landwirtschaft e. V.（KTBL）**
Partners： Internet：www. ktbl. de
Johann Heinrich von Thünen-Institut（vTI）
Internet：www. vti. bund. de/de/institute/ab/
Rechtsanwaltskanzlei Schnutenhaus & Kollegen
Internet：www. schnutenhaus-kollegen. de

封面图片版权： **Mark Paterson/FNR；Werner Kuhn/LWG；FNR/iStockphoto**
Copyright
（cover pictures）：

目　录

Contents

图片目录

List of Figures

表格目录

List of Tables

作 者 名 录

姓名	研究所
Thomas Amon	University of Natural Resources and Life Sciences，Vienna (BOKU)
Hartwig von Bredow	Schnutenhaus & Kollegen (law firm)
Jaqueline Daniel-Gromke	Deutsches BiomasseForschungsZentrum gGmbH (DBFZ)
Helmut Döhler	Kuratorium für Technik und Bauwesen in der Landwirtschaft (KTBL)
Elmar Fischer	Deutsches BiomasseForschungsZentrum gGmbH (DBFZ)
Erik Fischer	Deutsches BiomasseForschungsZentrum gGmbH (DBFZ)
Jörg Friehe	Johann Heinrich von Thünen Institute (vTI)
Henrik Gattermann	Formerly: Institut für Energetik und Umwelt gGmbH (IE)
Sven Grebe	Kuratorium für Technik und Bauwesen in der Landwirtschaft (KTBL)
Johan Grope	Deutsches BiomasseForschungsZentrum gGmbH (DBFZ)
Stefan Hartmann	Kuratorium für Technik und Bauwesen in der Landwirtschaft (KTBL)
Peter Jäger	Formerly: Kuratorium für Technik und Bauwesen in der Landwirtschaft (KTBL)
Uwe Jung	Formerly: Deutsches BiomasseForschungsZentrum gGmbH (DBFZ)
Martin Kaltschmitt	Deutsches BiomasseForschungsZentrum gGmbH (DBFZ)
Ulrich Keymer	Bavarian State Research Centre for Agriculture (LfL)
Susanne Klages	Formerly: Kuratorium für Technik und Bauwesen in der Landwirtschaft (KTBL)
Jan Liebetrau	Deutsches BiomasseForschungsZentrum gGmbH (DBFZ)
Anke Niebaum	Formerly: Kuratorium für Technik und Bauwesen in der Landwirtschaft (KTBL)
Jan Postel	Deutsches BiomasseForschungsZentrum gGmbH (DBFZ)
Gerd Reinhold	Thüringer Landesanstalt für Landwirtschaft (TLL)
Ursula Roth	Kuratorium für Technik und Bauwesen in der Landwirtschaft (KTBL)
Alexander Schattauer	Formerly: Johann Heinrich von Thünen Institute (vTI)
Anne Scheuermann	Formerly: Institut für Energetik und Umwelt gGmbH (IE)
Frank Scholwin	Deutsches BiomasseForschungsZentrum gGmbH (DBFZ)
Andre Schreiber	Deutsches BiomasseForschungsZentrum gGmbH (DBFZ)
Britt Schumacher	Deutsches BiomasseForschungsZentrum gGmbH (DBFZ)
Markus Schwab	Formerly: Kuratorium für Technik und Bauwesen in der Landwirtschaft (KTBL)
Ralf Stephany	PARTA Buchstelle für Landwirtschaft und Gartenbau GmbH
Thomas Weidele	Formerly: Institut für Energetik und Umwelt gGmbH (IE)
Peter Weiland	Johann Heinrich von Thünen Institute (vTI)
Marco Weithäuser	Formerly: Deutsches BiomasseForschungsZentrum gGmbH(DBFZ)
Ronny Wilfert	Formerly: Institut für Energetik und Umwelt gGmbH (IE)
Bernd Wirth	Kuratorium für Technik und Bauwesen in der Landwirtschaft (KTBL)
Sebastian Wulf	Kuratorium für Technik und Bauwesen in der Landwirtschaft (KTBL)

研究所地址附后

List of contributors

Name	Institution
Thomas Amon	University of Natural Resources and Life Sciences, Vienna (BOKU)
Hartwig von Bredow	Schnutenhaus & Kollegen (law firm)
Jaqueline Daniel-Gromke	Deutsches BiomasseForschungsZentrum gGmbH (DBFZ)
Helmut Döhler	Kuratorium für Technik und Bauwesen in der Landwirtschaft (KTBL)
Elmar Fischer	Deutsches BiomasseForschungsZentrum gGmbH (DBFZ)
Erik Fischer	Deutsches BiomasseForschungsZentrum gGmbH (DBFZ)
Jörg Friehe	Johann Heinrich von Thünen Institute (vTI)
Henrik Gattermann	Formerly: Institut für Energetik und Umwelt gGmbH (IE)
Sven Grebe	Kuratorium für Technik und Bauwesen in der Landwirtschaft (KTBL)
Johan Grope	Deutsches BiomasseForschungsZentrum gGmbH (DBFZ)
Stefan Hartmann	Kuratorium für Technik und Bauwesen in der Landwirtschaft (KTBL)
Peter Jäger	Formerly: Kuratorium für Technik und Bauwesen in der Landwirtschaft (KTBL)
Uwe Jung	Formerly: Deutsches BiomasseForschungsZentrum gGmbH (DBFZ)
Martin Kaltschmitt	Deutsches BiomasseForschungsZentrum gGmbH (DBFZ)
Ulrich Keymer	Bavarian State Research Centre for Agriculture (LfL)
Susanne Klages	Formerly: Kuratorium für Technik und Bauwesen in der Landwirtschaft (KTBL)
Jan Liebetrau	Deutsches BiomasseForschungsZentrum gGmbH (DBFZ)
Anke Niebaum	Formerly: Kuratorium für Technik und Bauwesen in der Landwirtschaft (KTBL)
Jan Postel	Deutsches BiomasseForschungsZentrum gGmbH (DBFZ)
Gerd Reinhold	Thüringer Landesanstalt für Landwirtschaft (TLL)
Ursula Roth	Kuratorium für Technik und Bauwesen in der Landwirtschaft (KTBL)
Alexander Schattauer	Formerly: Johann Heinrich von Thünen Institute (vTI)
Anne Scheuermann	Formerly: Institut für Energetik und Umwelt gGmbH (IE)
Frank Scholwin	Deutsches BiomasseForschungsZentrum gGmbH (DBFZ)
Andre Schreiber	Deutsches BiomasseForschungsZentrum gGmbH (DBFZ)
Britt Schumacher	Deutsches BiomasseForschungsZentrum gGmbH (DBFZ)
Markus Schwab	Formerly: Kuratorium für Technik und Bauwesen in der Landwirtschaft (KTBL)
Ralf Stephany	PARTA Buchstelle für Landwirtschaft und Gartenbau GmbH
Thomas Weidele	Formerly: Institut für Energetik und Umwelt gGmbH (IE)
Peter Weiland	Johann Heinrich von Thünen Institute (vTI)
Marco Weithäuser	Formerly: Deutsches BiomasseForschungsZentrum gGmbH (DBFZ)
Ronny Wilfert	Formerly: Institut für Energetik und Umwelt gGmbH (IE)
Bernd Wirth	Kuratorium für Technik und Bauwesen in der Landwirtschaft (KTBL)
Sebastian Wulf	Kuratorium für Technik und Bauwesen in der Landwirtschaft (KTBL)

The addresses of the institutions are given on page

沼气指南
——从生产到使用

引言 1

在全球能源价格不断攀升的今天，利用有机废弃物制取能源获得了前所未有的重视。沼气不但是一种可贮存的可再生能源，而且其分散式的生产方式不仅能够促进农村地区的建设，还能加强中小型企业的发展。德国自 2000 年开始执行《可再生能源法》(EEG)，在其积极推动下，德国沼气生产和利用得到迅速发展。至 2010 年，德国已建成 5 900 多个沼气工程，其中绝大多数是与农业相关的沼气项目。同时，德国的沼气技术也有了重大的突破和改进。德国在沼气技术领域积累的丰富经验也日益成为世界的典范。

因此，本指南的目的是基于实践经验，从技术、组织、法律以及经济层面，对农业沼气的生产和利用进行详尽的探讨。

本指南由德国可再生资源中心(Fachagentur Nachwachsende Rohstoffe e. V.-FNR)完成，汇集了许多专家意见，给读者提供了沼气技术、经济分析、沼气工程运行等相关方面颇有价值的参考。为满足国际读者的需求，本指南由德国国际合作机构 Gesellschaft für Internationale Zusammenarbeit (GIZ)在德国经济合作发展部(BMZ)的资助下改编和翻译。指南中介绍了沼气生产和利用领域的最新技术，包括电力、热能、冷能及燃气的高效率生产，同时，本指南的相关信息可在制定沼气相关的政府决定及项目决策时提供帮助。因此，本指南不仅是介绍一种标准技术，更多的是介绍一系列的方法，帮助读者根据特定需要，来规划和选择适合的技术。

1.1 目的

德国沼气能源生产的快速增长主要归因于现有的管理体系，特别是德国《可再生能源法》(EEG)明确指出的可再生能源的电价补贴机制。它持续而有力地创造了一种市场需求，因此促成了大量沼气工程制造商和配件供应商的产生，从而也使德国成为全球沼气工程设计和建设的市场领军者。

无论是哪个国家，实施沼气项目时都需要面对四大要素，本指南将一一介绍：

——个成功的沼气项目要求对农民、投资者和未来运营者有全面了解，并且还要有农业和能源技术的相关知识，也包括法律法规、环保、行政管理、组织后勤等相关领域的信息。

—目前，市场上已有的各种沼气技术和个性化方案，令人难以选择。本指南将基于供应商中立和科学的原则描述市场现有的相关技术，并分析哪些技术更符合未来发展趋势。

—沼气项目选取适合的底物时，必须遵循生物技术的基本原理，这在项目进行概念设计和沼气工程运行阶段尤其重要。因此本指南为保证沼气工程优化运行提供了所需要的基础知识。

—在新兴市场中，沼气工程的审核过程对项目成败至关重要，但往往没有被重视。所以，本指南介绍了实施沼气项目所需要的各个步骤，并适当考虑了不同国家审核流程的差异。

来自沼气的可再生能源供应能够与物流管理的改进相结合是最理想的状况，它通常使沼气工程的投资更有价值。为了做出更为合理的决策，未来的沼气工程运营者必须懂得运用正确的方法比较自己的预想与沼气工程实际运营所得的技术和经济可行性。因此，本书旨在提供必要的信息，帮助读者充分挖掘沼气行业能源效率和经济效益的潜力。

1.2 方法

本指南希望通过相关知识介绍，为参与沼气项目的决策、设计、建造和运行等环节的相关人员提供支持。

本指南旨在激发读者去探索本地机会，鉴别自己是否以及如何能使该机会转变为沼气能源项目。本指南也旨在汇总信息，它让将来的沼气工程运行者及其他对沼气能源感兴趣的人员可以从一个出处就能获取所需要的各类信息。本指南也提供了恰当的资源，帮助评估一个项目想法，为考量新沼气项目的盈利能力提供了严格的评估方法。总之，本指南旨在帮助读者获得必备的知识和决策能力，从有想法到实现沼气项目。

1.3 内容

本书给读者介绍了沼气生产和利用的复杂性。它可以作为一个资料来源和注意事项清单，为沼气工程从筹备、规划、建设到运行所需要考虑及执行的各环节提供参考。其中不仅涉及技术和工程方面的信息，还综合考虑了法律、经济和组织因素。这些内容将在本指南的各章节中单独详述，在此先总结一下。对应之前概括的四个方法，本指南在内容设计上，重点论述四个方面的内容：

—激发参与动机。

—准备基本知识。

—评估项目想法。

—实现沼气项目。

第 2～6 章，以及第 10 章除了介绍底物和沼肥外，还介绍了沼气工程建设和运行的基本原则。第 7～9 章主要论述沼气工程运行和农场组织机构的法规、行政以及经济方面的架构。第 11 章希望能协助具体沼气项目的开展，因此，在前面章节信息的基础上进一步提供沼气建设、运行和合同准备的建议和注意事项。第 12 章主要探讨开发和建设沼气工程的动机，同时提出一系列建议，帮助开展公众意识的提升活动，这对实现沼气项目有着关键作用。

1.4 目标群体

本指南主要适用于对沼气生产和利用感兴趣的个人和机构，当然也适用于任何可能被沼气项目影响的人。例如农民、农业项目经营者以及他们的合作伙伴。他们作为底物和能源的生产者，对生产和利用沼气非常感兴趣。此外，沼气工程产出的沼肥在农场是一种高价值的肥料。

其他潜在的沼气生产商包括有机废弃物的生产或回收者，例如垃圾处理企业和地方政府。私人与机构投资者以及能源企业都可能是沼气项目的潜在股东，例如风险投资公司对沼气项目就很感兴趣。

第二类目标群体主要是与沼气项目发生各种联系的个人，他们可能是在政府、银行、电力公司或燃气公司工作的人员、农业项目顾问及策划人或相关制造商及零部件供应商。

此外，本指南还适用于任何直接或间接被沼气项目影响的人士。指南可以缓解信息缺失带来的误解，有利于增进相互理解。

本指南也希望给决策者带来动力和支持，协助他们凭借自身优势，准确定位以开发沼气项目。本指南将帮助潜在的资金补贴机构和能源机构成为建设沼气项目的助推器。

1.5 范围定义

为面向全球读者，本指南是在德国可再生资源中心（FNR）编撰的德语版本基础上的重新改版。省略了德语版本中的部分专有话题，增加了一些与国际相关的公式和方法。但是，并不是所有与发展中国家和新兴经济体的相关话题都被详细展开，重点还是集中在提高沼气生产效率的相关技术上，这样，读者可以与自己国家的现有技术进行比较。

1.5.1 技术

本指南的核心是通过生物质生产沼气，重点是针对农业部门以及农产品加工产生的废物进行沼气生产，但本指南不涉及市政垃圾和市政污泥的利用。本指南还包括了那些在德国市场上已经被证明的、某种程度上适用于大部分情况的商业性技术。

关于沼气利用，重点介绍了热电联产（CHP）技术。本指南不包括对小型家庭沼气系统所产沼气的直接使用，因为它采取的是低投资的技术（用最少的投资获得能源）。但本指南涉及了提纯沼气达到天然气品质后进入天然气管网的讨论。更为详细的分析和评价信息已发表于其他资料，本指南提供了相关索引信息。

除了基于内燃机的热电联产（CHP）技术以外，微燃气轮机、燃料电池、使用沼气为地方供应燃料等技术，都仅处于在科学上证明了其经济可行性的阶段。因此，本指南侧重于已经商业化的沼气生产技术，重点介绍可实现商业化的内燃机发电技术。

1.5.2 底物

本指南涉及已经大规模使用于德国沼气工程的

各种底物，分别来自农业、园林绿化、地方政府或食品加工厂等，都已经积累了很多经验数据。本指南重点关注农业和食品行业的底物，因为沼气市场，特别是新兴沼气市场将从最容易获得的底物开始，其后才是逐步将其他底物进行广泛使用。不过，在底物发酵性能已知的前提下，本指南中讨论的基本原理也可适用于其他底物。

1.5.3 数据有效性

本指南中的实地工作及数据收集主要在2008—2009年，因此它代表了2009年中期德国沼气工程的状态。指南中涉及的法律框架信息参考了德国2009年修订颁布的《可再生能源法》(EEG)，而该法案已根据市场现状不断修正，最近一次更新是在2012年1月份。在国际层面，这一法案被视为成功启动沼气市场的范例。当然，在不同的环境和法律背景下，可能需要采取不同的方法以达到积极的效果。

1.5.4 数据范围

本指南不仅包含开发沼气项目所必需的相关信息和流程，也包括做初步评估和计算所需要的信息。为了使信息表达得更加清晰明确，在此省略了一些其他辅助数据。

本指南是许多专家悉心研究和讨论的产物。虽然并未申明数据是绝对完整和准确的，但已基本详尽阐述了沼气生产和利用等相关内容。

2 厌氧发酵原理

2.1 沼气的产生

沼气，正如其名，其产生是一个生物学过程。在厌氧条件下，有机物被分解从而形成被称为“沼气”的混合气体。这一过程大量存在于自然界，如沼泽、湖底、泥潭或反刍动物的瘤胃中。有机物转换成沼气的过程主要是由一系列不同的微生物来实现的，同时产生能量(热能)和新的生物质。

沼气主要由甲烷(50～75 vol. %)和二氧化碳(25～50 vol. %)组成，也含有少量的氢气、硫化氢、氨气和其他微量气体。沼气的构成主要取决于底物、发酵过程以及沼气工程的技术设计[2-1,2-4]。沼气的形成过程可以分为不同的步骤(图 2.1)。降解的每一阶段都必须尽可能地相互协调以保证整个过程的流畅进行。

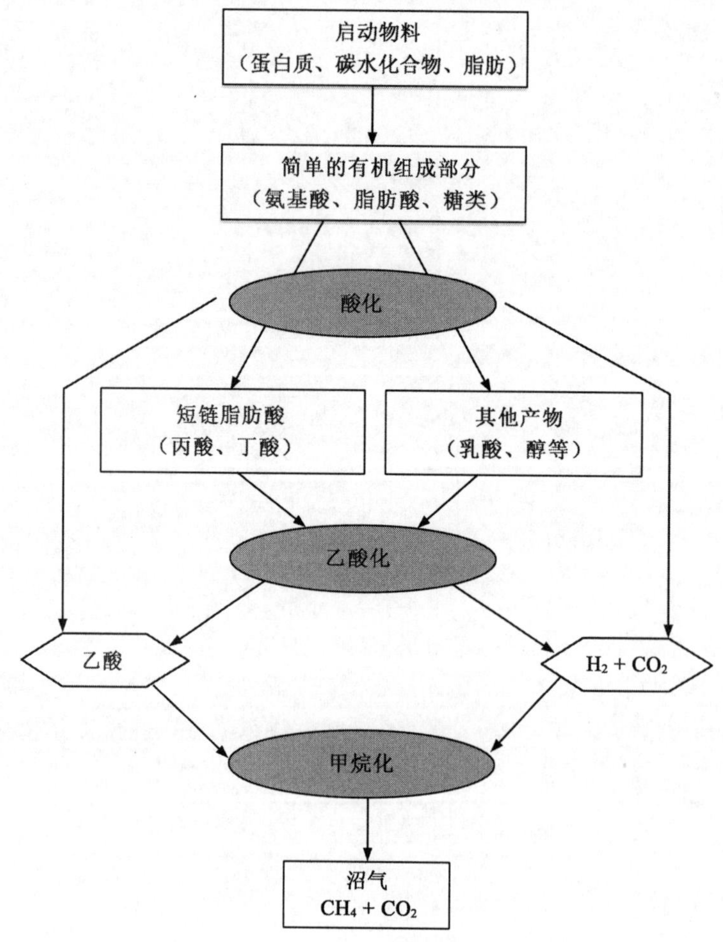

图 2.1 厌氧发酵示意图

第一阶段,水解:初始原料中的复杂化合物(如碳水化合物、蛋白质、脂肪)被分解为简单的有机化合物(如氨基酸、糖类、脂肪酸)。参与此过程的水解菌释放出酶,通过生物化学反应分解原料。

第二阶段,酸化:水解过程产生的中间物,在产酸菌的作用下进一步分解,形成短链脂肪酸(如乙酸、丙酸、丁酸),同时伴随二氧化碳和氢气的生成,并产生少量乳酸和醇。这一阶段产物的特性受中间物氢浓度的影响。

第三阶段,乙酸形成:中间产物被产乙酸菌转化成沼气的前体物质(如乙酸、氢气、二氧化碳)。氢分压在这个环节中特别重要,过高的氢气含量会阻止中间产物的转化(基于能量方面的原因)。因此,有机酸(如丙酸、异丁酸、异戊酸)会逐渐累积,并抑制甲烷生成。所以,产乙酸菌(形成氢的细菌)必须与耗氢产甲烷菌(物种间氢转移)存在于同一个封闭生物群落中,从而确保产乙酸菌处于合适的生存环境[2-5]。

第四阶段,产甲烷阶段:是沼气生成的最后阶段,乙酸,还有氢气和二氧化碳都被严格厌氧的产甲烷菌转化为甲烷。氢自养产甲烷菌利用氢气和二氧化碳产生甲烷,而乙酸产甲烷菌通过乙酸裂解生成甲烷。农业沼气工程中普遍的情况是,有机负荷较高时,甲烷主要利用氢自养反应途径形成;只有在有机负荷较低时,甲烷才通过乙酸裂解的反应途径形成[2-7,2-8]。在污泥发酵中,70%的甲烷来源于乙酸裂解,30%的甲烷来自于氢气合成。然而在一个农业沼气工程,只有在处理能力大、停留时间短的发酵罐才会出现这种情况[2-7,2-9]。最新的研究证实物种间氢转移是甲烷形成速率的决定因素[2-10]。

基本上,厌氧降解(anaerobic degradation)的四个阶段是同时进行的单相工艺。然而参与不同降解阶段的细菌对于生长环境(如 pH、温度等)有不同的要求,因此在工艺技术上必须有所取舍。产甲烷细菌群处于生物群落中最弱的环节,这主要是因为它们的低生长率以及易受干扰的特性,因此必须调整环境以满足这些细菌的生存要求。然而在实际运行过程中,任何尝试通过两个不同阶段进行发酵(两相工艺),把水解、酸化阶段与产甲烷过程物理分离的做法,都只能获得部分效果。因为即使水解阶段的 pH 较低(pH<6.5),还是有一些甲烷形成,从而导致水解后的气体中除了氢气和二氧化碳,还存在甲烷。这也是要谨慎利用或处理水解气体的原因,只有这样,才能避免水解气可能造成的负面环境影响和安全风险。

在多级反应中,每个发酵罐可以根据其设计、运行方式以及底物的性质、浓度建立不同的环境。如此一来,周围环境就影响了微生物群的组成和活动,从而直接影响了新陈代谢的产物。

2.2　反应器的环境条件

在讨论环境条件时必须将湿发酵与固体发酵(也被称作干发酵)区别开来,因为这两者在水含量、营养含量以及物料传输方面有很大的不同。由于实践中绝大部分是湿发酵,因此以下内容只涉及湿发酵。

2.2.1　氧气

产甲烷菌是地球上最古老的微生物群之一,在30亿～40亿年前出现,远比我们所知的大气形成的时间还早。因此,即使在今天,这些微生物都还必须依赖无氧环境来生存。即使只有少量氧气,大部分品种都会死亡。然而,常规情况下我们不可能完全除去发酵罐中的氧气,但这些产甲烷菌还能够继续存在,换言之,为什么在最坏的情况下它们还没有全部死亡,原因在于耗氧细菌与产甲烷菌一起存在于反应器内[2-1,2-2]。它们中的一些被叫做兼性厌氧菌,在有无氧气的情况下都能生存。在氧气负荷并不是太高的情况下,它们会先消耗掉氧气,避免了氧气对只能在无氧环境下生存的产甲烷菌的损害。因此为了生物脱硫而引入发酵罐气室的空气并没有对甲烷的形成造成不利影响[2-6]。

从生物学角度看,对湿发酵和固体发酵过程的严格细分是种误导,因为参与发酵过程的微生物总是需要液体介质来生存和生长。

在定义新鲜底物的干物质含量时也经常存在着误解,因为使用几种不同的底物(进料)是很常见的,而每种都含有不同的干物质含量。在这种情况下,操作人员必须清楚决定干、湿过程分类的不是单份底物的干物质含量,而是进入发酵罐的混合底物的干物质含量。

因此归类成湿发酵还是干发酵取决于发酵罐中所含底物的干物质含量。必须再次提醒,在两种情况下微生物的直接环境都需要足够的水分。

尽管干、湿发酵没有明确的分界线,但在实践中通常认为，当发酵罐内使用的能源作物的干物质含量小于或等于12%时是湿发酵，因为在此含量时，发酵罐中的物质还能使用泵输送。而当干物质达到15%～16%或更高时，物料将不再能使用泵抽送，这个过程就被称为干发酵。

2.2.2 温度

普遍而言，化学反应会随着周围温度升高而加快。不过，这个原理对于生物分解和转化过程仅是部分适用，因为参与新陈代谢过程的微生物有不同的适宜温度[2-1]。如果温度比它们需要的适宜温度偏高或偏低，这些微生物的生长都可能会被抑制，甚至遭受不可挽回的损失。

参与分解的微生物根据它们所需的适宜温度可分为三组：嗜冷性微生物、嗜温性微生物以及耐高温微生物[2-13]。

—嗜冷性微生物的适宜条件是温度低于25℃。在此温度下，虽然不需要加热底物或发酵罐，但只能达到低降解率和沼气产率。因此沼气工程运行通常是不经济的。

—大多数已知的产甲烷细菌的最佳生长温度都在37～42℃的中温范围内。沼气工程实际运行时也普遍在中温温度范围内，因为在这个温度范围内沼气产量相对较高、工艺稳定性较好[2-6]。

—如果规定要求除掉有害的细菌以对底物进行杀菌处理，或者使用本身温度较高的副产品或废弃物作底物（如工艺水），那么选择嗜高温菌群的发酵过程就比较适合。这些细菌群的适宜温度范围在50～60℃。高温发酵工艺会带来相对较高的分解速度和低黏度。然而必须考虑到的是，加热发酵过程可能需要更多能量。在这个温度范围内，发酵工艺也会对底物供应或发酵罐的运行过程中出现的干扰和意外更敏感，因为在高温的情况下存在的产甲烷微生物的种类相对较少[2-6]。

实践已证实，温度范围之间的界限并不是固定的，然而快速的温度变化会对微生物有害。如果温度变化缓慢，产甲烷微生物能够调整并适应不同的温度水平。因此，整个过程稳定管理的关键并不是维持一个绝对的温度，而是维持在某个温度水平。

在实践中经常会看到自动加热的过程，这种现象出现于底物含有大量碳水化合物，且没有液体进料，同时发酵罐保温绝缘较好的情况下。自动加热是由个别微生物菌群在降解碳水化合物过程中产生热量而引起。其结果是，原本在中温环境下运行的系统，温度会升到43～48℃。如果有良好的温度分析和过程调控系统，由自动加热导致的温度升高可以在产气过程中用较短时间实现一定回降[2-12]。然而，如果自我加热过程没有给予必要的干预（如减少进料量），微生物群将无法适应温度的快速变化，将会导致沼气生产完全停止。

2.2.3 pH

pH的情况与温度类似。不同降解阶段的微生物群需要不同的适宜pH来生长。如水解和酸化细菌的适宜pH在5.2～6.3的范围内[2-6]。然而它们并不完全依赖于此，它们还是可以在稍微偏高的pH范围内转化底物，只是它们的活性稍有降低。相比之下，产乙酸菌和产甲烷菌却必须处在pH在6.5～8的中性范围内[2-8]。因此，如果发酵过程的各阶段在一个单独的发酵罐进行，那么pH必须保持在这个范围。

不管工艺流程是单级发酵还是多级发酵，系统pH是由降解过程中产生的碱性和酸性代谢产物的平衡状况而自动建立的[2-1]。然而接下来的连锁反应将显示这个平衡过程是多么敏感。

如果短时间内加入太多有机物，或者由于某种原因产甲烷菌被抑制了，则酸性代谢产物会逐渐累积。通常情况下，由于碳酸盐和氨的缓冲（buffer）作用，pH会维持在中性范围。如果系统的缓冲能力被耗尽了，也就是说已经被太多有机酸消耗，那么pH就会下降，由此增加了硫化氢和丙酸的抑制作用，以至于厌氧反应会在很短时间内停止。另外，含氮有机化合物分解产生氨使得pH上升，氨与水反应生成铵，结果氨的抑制作用不断增加。在工艺控制过程中，尽管pH用于沼气工程的控制功能有限，但考虑到其重要性仍必须坚持监测。

2.2.4 营养物供给

参与厌氧降解的微生物群对于大量元素、微量元素以及维生素都有特殊的需求。这些成分的含量和可获得性会影响不同群体的生长速度及其活性。由于微生物群的种类繁多以及它们很强的适应能力，因此很难定义所需菌群的最小和最大含量。为了从底物中提取尽可能多的甲烷，必须确保微生物群能得到适量的营养。底物中最后能提取出来的甲烷量取决于底物所含的蛋白质、脂肪、碳水化合物的比例。这些元素同样也影响着特定的营养需求[2-18]。

大量元素和微量元素之间需要达到一个平衡的比例以确保工艺流程的稳定性管理。除碳以外，氮是最需要的营养。它是形成新陈代谢所需的酶所必需的。因此底物的碳∶氮比是非常重要的。如果这一比例太高(即碳很多而氮比较少)，不充分的新陈代谢可能意味着底物中存在的碳并没有完全地被转化，因此也就没法达到最大可能的甲烷产量。反之，氮的剩余会导致过多氨(NH_3)的形成，即使是很低的浓度也会抑制细菌的生长，甚至导致整个微生物群体完全瘫痪[2-2]。为使工艺运行不受影响，碳氮比例需要在(10～30)∶1 的范围内。除了碳氮之外，磷和硫也是必需的营养。硫是氨基酸的组成部分，磷化合物是形成能源载体 ATP(三磷酸腺苷)和 NADP(磷酸辅酶)必不可少的。为了给微生物群供应足够的营养，反应器中碳∶氮∶磷∶硫的比例应该是 600∶15∶5∶3[2-14]。

与大量元素一样，特定微量元素的充分供应对微生物群的生存至关重要。大部分农业沼气工程可以满足对微量元素的需求，特别是含有动物粪便的沼气工程。但是，微量元素不足的情况，在能源作物为唯一底物的发酵中很常见。产甲烷菌需要的元素有钴(Co)、镍(Ni)、钼(Mo)和硒(Se)，有时候也需要钨(W)。镍、钴和钼是新陈代谢中辅酶因子的基本反应所需要的元素[2-15,2-16]。镁(Mg)、铁(Fe)、锰(Mn)也是电子传递和某些酶的正常工作所需的重要微量元素。

因此发酵罐中微量元素的含量是一个关键的参考变量。各类文献数据表明，微量元素适宜的浓度范围存在巨大差异，有时甚至相差 100 倍。

表 2.1 各种参考文献所示的微量元素的适宜含量

微量元素	浓度范围(mg/L)			
	[2-16][a]	[2-17][b]	[2-18]	[2-19]
Co	0.06	0.12	0.003～0.06	0.003～10
Ni	0.006	0.015	0.005～0.5	0.005～15
Se	0.008	0.018	0.08	0.08～0.2
Mo	0.05	0.15	0.005～0.05	0.005～0.2
Mn	0.005～50	n. s.	n. s.	0.005～50
Fe	1～10	n. s.	1～10	0.1～10

注：a 沼气工程中的绝对最小含量；
b 推荐适宜含量。

表 2.1 中显示的含量范围只部分适用于农业沼气工程，因为这些文献提到的研究是在不同初始条件下的废水处理部门，使用不同调研方法进行的。此外，数值范围非常宽，对主要工艺条件(如有机负荷、停留时间等)的描述又微乎其微。微量元素可能会在发酵罐中与游离的磷酸盐、硫化物和碳酸盐形成难溶性化合物，这种情况下微生物群就无法再获取这些元素了。因此，原料中微量元素的含量分析就无法提供微量元素可获得性的可靠信息，它只反映了微量元素的总含量。所以，实际加入的量比所需的理论补充量要大些。在判断需求量时，需要考虑到所有底物的微量元素含量。根据检测显示，各种动物粪便中的微量元素含量的波动范围很大。这使得营养元素出现匮乏之时，优化微量元素供给量变得非常困难。

尽管如此，为了防止微量元素的过量供给，发酵罐中的微量元素的含量应该在微量元素添加之前确定。过量添加会造成沼肥中重金属含量超过农业使用标准，沼肥也就不能再作为有机肥料。

2.2.5 抑制物

抑制沼气产生的原因很多，其中包括影响沼气工程运行的技术因素(见 5.4 干扰管理)。抑制物也会减慢反应过程。在某些情况下，即使是很少量的抑制物也会降低降解速度，如果其含量达到毒性浓度时，会令降解过程停止。必须区分随底物添加进入到发酵罐的抑制物和从降解过程的中间产物形成的抑制物。

在考虑如何给发酵罐进料时，必须注意过多添加底物也会抑制发酵反应，因为底物的任何成分在含量过高的情况下都可能对细菌产生不利的影响，特别是抗生素、消毒剂、溶剂、除草剂、盐和重金属这类物质，即使微小的含量都会抑制降解过程。抗生素主要来源于添加的畜禽粪便、动物脂肪，不同抗生素的抑制作用差异很大。即便是必需的微量元素，一旦含量过高也会毒害微生物群。由于微生物有一定的自我适应能力，所以很难确定在何种含量程度时某种物质会变得有危害性[2-2]。有些抑制物也会与其他物质相互反应。例如重金属只在溶解状态下才会对发酵有危害作用，然而它能与同样在发酵过程产生的硫化氢结合，形成难溶性硫化物而沉淀下来。因为硫化氢总会在产甲烷阶段形成，所以也不能一概而论重金属会干扰厌氧反应[2-2]。不过，这并不适用于铜化合物。因为铜化合物的抗菌性，即使在其很低的含量(40～50 mg/L)时也会毒害厌氧反应。例如在牧场给牛蹄消毒时使用的铜化物可能被混入底物而最终进入到发酵环节。

许多能抑制厌氧反应的物质是在发酵过程中形成的。需要再次强调的是，虽然细菌拥有极强的适应能力，仍不能假定有普遍适用的绝对限值。即使是低含量的非离子的游离氨(NH_3)，都对细菌有所伤害。这种游离氨与铵离子(NH_4^+)的浓度是相互平衡的(氨与水反应生成铵离子和一个氢氧根离子，反之亦然)。这意味着随着 pH 的碱性增加，换言之，氢氧根含量的增加，会导致平衡转移，从而使氨含量增加。例如 pH 从 6.5 升到 8.0，会导致游离氨含量 30 倍的增长。发酵罐的温度增长也会导致平衡朝着氨的抑制作用上转移。因此发酵系统不适合较高的氮含量，氨(NH_3)含量在 80～250 mg/L 范围时即出现抑制[2-2]，并取决于 pH 和发酵温度，这相当于 1.7～4 g/L 的铵含量。经验显示，如果氮对产沼气过程产生抑制作用，其总氨氮浓度需达到 3 000～3 500 mg/L[2-18]。

发酵过程的另一种产物是硫化氢，它处于非游离、溶解形式时，含量即使低至 50 mg/L 都会作为细胞毒素而抑制降解过程。而当 pH 下降时，游离硫化氢的比例上升，增加了抑制的风险。一种减少硫化氢含量的可能方法是借助铁离子以硫化物的形式沉淀下来。硫化氢也可与其他重金属反应、结合并以硫化物(S^{2-})的形式沉淀下来。如前所述，硫也是一种重要的大量元素。充分的硫含量是形成酶所必需的，因此过多的硫化物沉淀物会抑制甲烷的生成。

因此不同物质的抑制作用取决于一系列不同的因素，很难定义固定值(表 2.2)。

表 2.2 厌氧降解过程的抑制物及其达到有害程度的含量[2-14]

抑制物	抑制物含量	注释
氧	>0.1 mg/L	抑制产甲烷古菌
硫化氢	>50 mg/L H_2S	pH 下降抑制作用增强
挥发性脂肪酸	>2 000 mg/L HAc (pH = 7.0)	pH 下降抑制作用增强 细菌的极强适应能力
氨态氮	>3 500 mg/L NH_4^+ (pH = 7.0)	pH 和温度上升，抑制作用增强 细菌的极强适应能力
重金属	Cu>50 mg/L Zn>150 mg/L Cr>100 mg/L	只有溶解的金属有抑制作用 硫化物沉淀的解毒作用
消毒剂抗生素	n. s.	特定产品的抑制作用

2.3 运行参数

2.3.1 发酵罐的有机负荷和停留时间

无论何时，设计和建立一个沼气工程，人们最关注的都是其经济性。因此，在考虑沼气工程规模时，关注的重点不一定是最大产沼气量或底物中有机物是否被完全降解。有些物质需要很长时间来分解(如果可以分解)，所以让有机物全部降解的目标就需要发酵罐中的底物有较长的停留时间，从而需要有更大的容积，这就产生更高的成本。因此更重要的是应考虑在可接受的成本下获得最佳降解率。

在这点上有机负荷(OLR)是关键的运行参数。它表明了单位时间可以投加多少千克挥发性固体(或有机干物质)到每立方米的有效发酵罐容积[2-1]。有机负荷的单位是 kg VS/(m^3 · d)(见公式(2-1))。

$$B_R=\frac{m\times c}{V_R\times 100}(\text{kg VS/(m}^3\cdot\text{d)}) \qquad (2\text{-}1)$$

式中:B_R:有机负荷(OLR);m:每单位时间添加的底物量(kg/d);c:有机干物质含量(即挥发性固体)(%VS);V_R:发酵罐容积(m^3)

有机负荷可以对每级反应器来定义(气密隔热的加热容器),或者将整个系统作为一个整体来定义(所有反应器的总有效容积),也可以包含或不包含循环物料。改变参照变量有时会导致一个沼气工程有机负荷的很大差异。要获得不同沼气工程有机负荷的有价值的比较,建议可以不考虑物料循环,即只考虑新鲜底物的情况下来确定整个系统的参数。

另一个与确定发酵罐大小相关的参数是水力停留时间(HRT)。这是底物在发酵罐排出之前的平均停留时间[2-1]。计算方法是反应器容积(V_R)与每天添加的底物量的比值[2-2]。水力停留时间按天(d)计算(见公式 2-2)。

$$HRT=\frac{V_R}{V}(\text{d}) \qquad (2\text{-}2)$$

式中:V_R:反应器容积(m^3);V:每天底物添加量(m^3/d)。

实际的停留时间与公式得数有所不同,因为每个组分根据混合程度的不同,导致从发酵罐中排出的速度也不同,例如会发生短流的情况。有机负荷与水力停留时间之间有紧密的联系(图 2.2)。如果底物的组成保持不变,随着有机负荷的增加,更多的进料被添加到发酵罐中,而停留时间也会缩短。为保持发酵工艺,对于水力停留时间的选择必须确保发酵罐内物质持续替换的同时不能让排出的微生物群比补充的还多(如部分产甲烷菌的倍增速度是 10 d 或以上)[2-1]。还必须注意的是在较短的停留时间内,微生物群分解底物的时间很少,因而沼气产量也不足。因此根据底物的特定分解速度来调整停留时间同样很重要。如果每天添加的量可知,所需的发酵罐容积也就可以通过底物的降解能力和目标停留时间计算出来。

上述运行参数主要目的是描述沼气工程的负荷状况,例如可用来比较不同沼气工程。只有在沼气工程启动阶段,这些参数能有利于工程管理,以实现缓慢、稳定的增长。通常最受到关注的是有机负荷。而在进料中有大量液体和较少可降解有机物的情况下(污泥厂),水力停留时间则显得更重要一些。

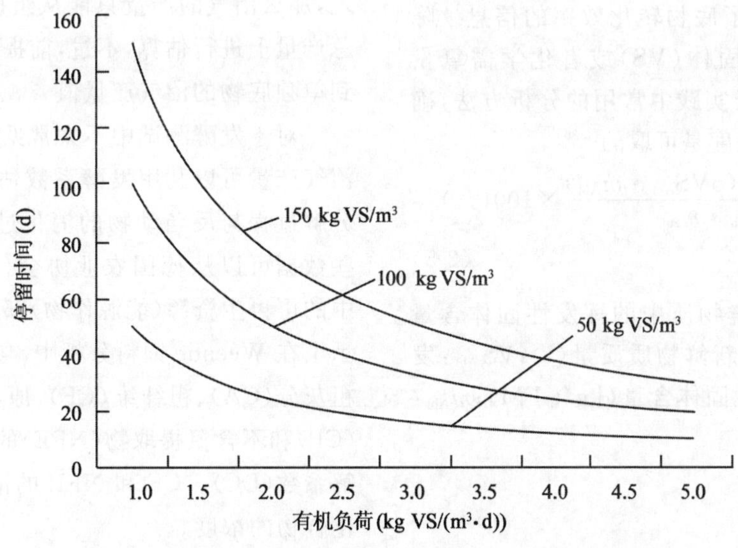

图 2.2 各种底物浓度中有机负荷与水力停留时间的关系

2.3.2 容积产气率、单位产气率和降解率

容积产气率($P_{(CH_4)}$)、单位产气率($A_{(CH_4)}$)和降解率(η_{VS})是评价沼气工程绩效的参数。沼气产量除以发酵罐容积,被称为沼气工程的容积产气率。日沼气产量与反应器容积的比例,是一个沼气工程的效率指标[2-20]。容积产气率既可以指沼气产量($P_{(biogas)}$),也可以指甲烷产量($P_{(CH_4)}$),以 $Nm^3/(m^3 \cdot d)$为单位(见公式 2-3)。

$$P_{(CH_4)}=\frac{V_{(CH_4)}}{V_R}(Nm^3/(m^3 \cdot d)) \tag{2-3}$$

式中:$V_{(CH_4)}$:甲烷产气率(Nm^3/d);V_R:反应器容积(m^3)

与进料有关的沼气产量被称为单位产气率[2-8]。同样,单位产气率既可指沼气产量($A_{(biogas)}$),又可指甲烷产量($A_{(CH_4)}$),它被定义为沼气产量和投加的有机物的比例,以 Nm^3/t VS 为单位(见公式 2-4)。

$$A_{(CH_4)}=\frac{V_{(CH_4)}}{m_{oTS}}(Nm^3/t^3\ VS) \tag{2-4}$$

式中:$V_{(CH_4)}$:甲烷产气率(Nm^3/d);m_{oTS}:挥发性固体投加量(t/d)。

单位产气率表示从进料底物中获得沼气或甲烷的效率,由于没有包含发酵罐的有效荷载,作为单独参数的参考价值并不高。单位产气率经常需要与有机负荷联系起来考虑。

降解率(η_{VS})提供了底物转化效率的信息。降解率可以基于挥发性固体(VS)或者化学需氧量(COD)进行确定。鉴于实践中常用的分析方法,确定挥发性固体的降解程度是可取的[2-20]。

$$\eta_{oVS}=\frac{oVS_{Sub} \cdot m_{zu}-(oVS_{Abl} \cdot m_{Abl})}{oVS_{Sub} \cdot m_{zu}}\times 100(\%) \tag{2-5}$$

式中:VS_{Sub}:增加的新鲜物质中的挥发性固体含量(kg/t FM);m_{zu}:增加的新鲜物质质量(t);VS_{Abl}:发酵罐排出物中的挥发性固体含量(kg/t FM);m_{Abl}:沼肥质量(t)。

2.3.3 混合

为了获得高产气率,细菌和底物之间必须有充分的接触,通常是在发酵罐中进行全面彻底的混合[2-1]。若发酵罐中混合不彻底,经过一段时间后发酵罐内物料会自动分层。分层形成的原因是底物各种成分的不同密度,以及沼气形成时产生的向上冲力。在这个过程中,细菌群由于其较高密度会在较低层聚集,而需要分解的底物往往在较上层集合。在这种情况下,接触面仅限于两层交接的界限,很少有降解发生。此外,有些固体浮在顶部形成浮渣层,让沼气更难排出[2-21]。

因此需要通过搅拌发酵罐内的物料来促进微生物群和底物间的接触。不过也要避免过度搅拌,特别是产乙酸细菌和产甲烷菌形成一个紧密的生物群落,其在沼气形成过程不被干扰是非常重要的。如果这个群落被搅拌带来的过大剪应力破坏了,对厌氧分解也会产生负面影响。

因此需要一个折中方案来满足以上两种需要。在实际操作中,通常运用低转速旋转搅拌器产生较小剪应力,同时需要一定时间间隔后对发酵罐的物质进行彻底的搅拌(即设置一个较短的预定时间)。更多关于搅拌的技术问题将在 3.2.2.3 章节进行讨论。

2.3.4 产沼潜力和产甲烷反应

2.3.4.1 产沼潜力

一个沼气工程的沼气产量本质上取决于底物的组成。为了确定混合底物的产气潜力,有可能的话应该开展混合底物的发酵测试[2-22]。如果无法实现,那么沼气的产量只能从组成进料的底物的沼气总产量上进行估算,不过,前提是能从参考数据中得到单独底物的沼气产量值[2-23]。

对于发酵测试中不太常见的、没有数据的底物,沼气产量可以利用发酵系数估算,因为沼气工程的分解过程与反刍动物的消化过程是类似的[2-3]。这些数据可以从德国农业协会(DLG)的原料组成表中的可再生资源(能源作物)部分获取。这些数据展示了在 Weende 饲料分析中,与干物质(DM)相关的粗灰分(CA)、粗纤维(CF)、原油血脂(CL)、粗蛋白(CP)和不含氮提取物(NFE)的浓度,以及它们的降解系数(DC)。CF 和 NFE 的浓度共同构成了碳水化合物的浓度。

不同的物质组成具有不同的产沼量和甲烷浓度,这主要是由于它们具有不同的碳浓度(表 2.3)[2-6,2-25]。

表 2.3 不同底物组合中特定的沼气产量和甲烷含量[2-25]

	沼气产量 (L/kg VS)	甲烷含量 (vol. %)
可发酵蛋白质(CP)	700	71
可发酵脂肪(CL)	1 250	68
可发酵碳水化合物(CF + NFE)	790	50

这些数据可以用于计算每千克干物质中挥发性固体和相应的可发酵物质的重量[2-24]：

挥发性固体含量:(1 000－灰分①)/10(% DM)。

可发酵蛋白质:(粗蛋白×DC_{CP})/1 000(kg/kg DM)。

可发酵脂肪:(粗脂肪×DC_{CL})/1 000(kg/kg DM)。

可发酵碳水化合物:((粗纤维×DC_{RF})+(NFE×DC_{NFE}))/1 000(kg/kg DM)。

下面的计算以牧草青贮为例(高密度牧场、首季、开花中期)(表 2.4)：

挥发性固体含量:(1 000－102)/10 = 89.8%(DM)。

可发酵蛋白质:(112×62%)/1 000 = 0.069 4(kg/kg DM)。

可发酵脂肪:(37×69%)/1 000 = 0.025 5(kg/kg DM)。

可发酵碳水化合物:((296×75%)+(453×73%))/1 000 = 0.552 7 (kg/kg DM)。

因此每千克挥发性固体中每种物质的可发酵重量可以由此种方式进行计算。这些结果乘以表 2.3 中的数值,可得出表 2.5 中所示的沼气和甲烷产量。

表 2.4 牧草青贮参数

DM(%)	35
粗灰分(CA)(g/kg DM)	102
粗蛋白(CP)(g/kg DM)	112
DC_{CP}(%)	62
粗脂肪(CL)(g/kg DM)	37
DC_{CL}(%)	69
粗纤维(CF)(g/kg DM)	296
DC_{CF}(%)	75
NFE(g/kg DM)	453
DC_{NFE}(%)	73

表 2.5 牧草青贮的沼气和甲烷产量

	沼气产量 (L/kg VS)	甲烷产量 (L/kg VS)
可发酵蛋白质(CP)	48.6	34.5
可发酵脂肪(CL)	31.9	21.7
可发酵碳水化合物(CF + NFE)	436.6	218.3
总计	517.1	274.5

据此,每千克上述新鲜牧草青贮可产生含大约 53%甲烷的沼气 162.5 L。必须特别说明的是,在大多数实际情况中甲烷的产量比估算的产量要高很多。根据现有的信息,我们还没有足够稳定的数据方法来精确计算特定的沼气产量。这里讨论的方法仅仅能用于不同底物之间做比较。

然而许多其他的因素也影响着沼气产量,如发酵罐中底物的停留时间、固体总含量、脂肪酸含量以及可能存在的抑制物。例如,停留时间的增加提高了降解程度,从而也增加了沼气的产量。随着停留时间的增加,越来越多的甲烷被释放出来,也增加了气体混合物的热值。

提高温度也会加速降解,然而这仅适用于特定的范畴,因为一旦超过最高温度,细菌活性会受到抑制(参见 2.2.2 章节)。那样在沼气产量增加的同时,更多二氧化碳从液体中释放出来,反之令气体混合物的热值更低。

如本章节开篇所述,反刍动物瘤胃中的消化过程与沼气工程的分解过程的确有着相似的地方,但这两个过程也并非完全一样,因为它们的系统中会产生不同的协同效应,而影响沼气的生产。这里展示的计算方法只适用于估算沼气或甲烷产量,而不能用于运行或经济的计算。但是它对估计沼气量的趋势提供了可能性,从而可比较不同底物。

发酵罐中的干物质含量(TS)在两方面影响着沼气产量。首先,如果总干物质含量较高的话,物质传输难度更大,当其达到一定程度时,微生物只能分解它们附近的底物。干物质含量大于或等于 40%时,发酵过程甚至会完全停止,因为缺少足够的水供微生物生长。其次,干物质的含量较高会引起抑制问题。如果总干物质含量较高,则含水量较低,抑制物会富集。对底物进行机械或热预处理可以增加沼

①单位是 g/kg。

气产量，因为这能改进底物与细菌的可接触性。

2.3.4.2 沼气质量

沼气是一种主要由甲烷（CH_4）、二氧化碳（CO_2）与水蒸气和不同的痕量气体组成的混合气体。

这些成分中最重要的是甲烷含量，因为它是沼气中的可燃成分，能直接影响其热值。通过工艺控制方法影响沼气成分的效果是有限的。首先沼气成分取决于进料的组成，其次甲烷含量受到过程参数如发酵温度、反应器负荷、水力停留时间的影响，另外也受到过程干扰以及生物脱硫方法的影响。

可获得的甲烷产量基本上取决于底物的组成，也就是说由脂肪、蛋白质、碳水化合物的比例决定（参见 2.3.4.1 章节）。这几组物质的甲烷产量按以上顺序依次减少。单位重量脂肪的产甲烷量相比碳水化合物较高。

关于混合气体的质量，痕量气体硫化氢（H_2S）的浓度起到了重要作用。浓度不能太高，即使是低浓度的硫化氢都能对降解过程起到抑制作用。同时，沼气中高浓度的硫化氢会引起热电联产设备或沼气锅炉的腐蚀损坏[2-1]。沼气成分见表 2.6。

表 2.6 平均沼气组成[2-1]

组成	含量
甲烷（CH_4）	50～75 vol. %
二氧化碳（CO_2）	25～45 vol. %
水（H_2O）	2～7 vol. %（20～40℃）
硫化氢（H_2S）	20～20 000 mL/L
氮（N_2）	＜2 vol. %
氧（O_2）	＜2 vol. %
氢（H_2）	＜1 vol. %

2.4 参考文献

[2-1] Kaltschmitt M，Hartmann H. Energie aus Biomasse-Grundlagen，Techniken und Verfahren. Springer Verlag，Berlin，Heidelberg，New York，2001.

[2-2] Braun R. Biogas-Methangärung organischer Abfallstoffe. Springer Verlag Vienna，New York，1982.

[2-3] Kloss R. Planung von Biogasanlagen. Oldenbourg Verlag Munich，Vienna，1986.

[2-4] Schattner S，Gronauer A. Methangä-rung verschiedener Substrate-Kenntnisstand und offene Fragen，Gülzower Fachgesprä-che，Band 15：Energetische Nutzung von Biogas：Stand der Technik und Optimierungspotenzial. Weimar，2000：28-38.

[2-5] Wandrey C，Aivasidis A. Zur Reaktionskinetik der anaeroben Fermentation. Chemie-Ingenieur-Technik. Weinheim，1983，55(7)：516-524.

[2-6] Weiland P. Grundlagen der Methangä-rung-Biologie und Substrate. VDI-Berichte，No. 1620 'Biogas als regenerative Energie-Stand und Perspektiven '，VDI-Verlag，2001：19-32.

[2-7] Bauer C，Korthals M，Gronauer A，Lebuhn M. Methanogens in biogas production from renewable resources-a novel molecular population analysis approach. Water Sci. Tech. 2008，58(7)：1433-1439.

[2-8] Lebuhn M，Bauer C，Gronauer A. Probleme der Biogasproduktion aus nachwachsenden Rohstoffen im Langzeitbetrieb und molekularbiologische Analytik. VDLUFA-Schriftenreihe，2008，64：118-125.

[2-9] Kroiss H. Anaerobe Abwasserreinigung. Wiener Mitteilungen Bd. 62. Technische Universität Wien，1985.

[2-10] Demirel B，Neumann L，Scherer P. Microbial community dynamics of a continuous mesophilic anaerobic biogas digester fed with sugar beet silage. Eng. Life Sci. 2008，8(4)：390-398.

[2-11] Oechsner H，Lemmer A. Was kann die Hydrolyse bei der Biogasvergärung leisten? VDI-Berichte No. 2057，2009：37-46.

[2-12] Lindorfer H，Braun R，Kirchmeyr R. The self-heating of anaerobic digesters using energy crops. Water Science and Technology，2006，53 (8).

[2-13] Wellinger A，Baserga U，Edelmann W，Egger K，Seiler B. Biogas-Handbuch. Grundlagen-

Planung-Betrieb landwirtsch-aftlicher Anlagen, Verlag Wirz-Aarau, 1991.

[2-14] Weiland P. Stand und Perspektiven der Biogasnutzung und-erzeugung in Deutschland, Gülzower Fachgespräche, Band 15: Energetische Nutzung von Biogas: Stand der Technik und Optimierungspotenzial. Weimar, 2000:8-27.

[2-15] Abdoun E, Weiland P. Optimierung der Monovergärung von nachwachsenden Rohstoffen durch die Zugabe von Spur-enelementen. Bornimer Agrartechnische Berichte, Potsdam, 2009(68).

[2-16] Bischoff M. Erkenntnisse beim Einsatz von Zusatz-und Hilfsstoffen sowie Spur-enelementen in Biogasanlagen. VDI Berichte No. 2057, 'Biogas 2009-Energieträger der Zukunft', VDI Verlag, Düsseldorf, 2009.

[2-17] Bischoff Manfred. personal communication, 2009.

[2-18] Seyfried C F, et al. Anaerobe Verfahren zur Behandlung von Industrieabwässern. Korrespondenz Abwasser. 1990, 37:1247-1251.

[2-19] Preißler D. Die Bedeutung der Spurenelemente bei der Ertragssteigerung und Prozessstabilisierung. Tagungsband 18. Jahrestagung des Fachverbandes Biogas, Hannover, 2009.

[2-20] Fachagentur Nachwachsende Rohstoffe e. V. (ed.). Biogas-Messprogramm Ⅱ. Gülzow, 2009.

[2-21] Maurer M, Winkler J-P. Biogas-Theoretische Grundlagen. Bau und Betrieb von Anlagen, Verlag C. F. Müller, Karl-sruhe, 1980.

[2-22] VDI guideline 4630. Fermentation of organic materials-Characteristics of the substrate, sampling, collection of material data, fermentation tests. VDI Technical Division Energy Conversion and Application, 2006.

[2-23] KTBL (ed.). Faustzahlen Biogas. Kuratorium für Technik und Bauwesen in der Landwirtschaft, 2009.

[2-24] Biogasanlagen zur Vergärung nachwachsender Rohstoffe. Ländliche Erwachsenenbildung Niedersachsen (LEB). Barnstorfer Biogastagung, 2000.

[2-25] Baserga U. Landwirtschaftliche Co-Vergärungs Biogasanlagen. FAT-Berichte, 1998 (512).

3 沼气生产技术

本章将展开沼气生产的工艺技术的讨论，涉及范围很广。组件与设备的组合数几乎是无限的，因而，此处用到的技术案例是通过介绍独立的设备来展示。不过必须注意的是，技术对工程和系统的适用性和处理能力，必须根据实际案例进行专业的分析。

由一个承包商提供交钥匙工程，即所谓的总承包商，在沼气工程建设中很常见，但这对业主有利有弊。工程总承包商通常用点对点的技术组合，承诺为单独设备以及整个沼气工程提供保修，这可以被视为其优势所在。产沼气工艺的运行效果也被视为保修的一部分。从总承包商承接项目起，沼气工程直到运行测试后才会移交给所业主，换言之，沼气工程只有在达到一定负荷后才会移交。这是需要考虑的重要因素，因为首先沼气工程运行的风险属于生产商，其次如果移交耽误，经济风险不由将来的运营方承担。其中的一个弊端是业主相对来说很少能影响技术细节，因为很多总承包商提供的是标准化模块，在设计规格上改动性不大。不过这种模块化方式在审批、建设和运行方面都有时间和资金上的优势。

业主也可以采取另外的途径，只从供应商处购买规划服务(设计合同)，然后业主再将单独的建设阶段分包给专门的公司。这种方式让业主可以最大程度地影响项目，不过只有当业主本身具有专业知识的情况下才有效。劣势则是开始和运行测试的风险必须由业主承担，如果出现针对专业承包商出现赔偿要求，都必须分别处理。

3.1 不同流程的特征与区别

沼气生产有几种不同的工艺流程，典型的不同特征见表3.1。

表3.1 不同标准下沼气生产的工艺分类

标准	不同特征
底物中干物质含量	湿发酵 干发酵
进料方式	间歇进料 半连续进料 连续进料
工艺流程相数	单相 两相
工艺温度	常温 中温 高温

3.1.1 发酵底物中的干物质含量

底物的干稠度取决于其中的干物质含量，这是沼气工艺技术分成湿发酵和干发酵的原因。湿发酵可使用能用泵输送的底物，干发酵则使用可堆积的底物。

干、湿发酵没有明显的区分界限。由德国联邦环境部依据2004年修订的《可再生能源法》(EEG)提出的设计指南为“干发酵”设了一定的前提条件。条件包括干物质含量至少占原料的30%以及在发酵罐中的有机负荷至少在3.5 kg VS/(m^3 · d)。

在湿发酵流程中，干物质含量最高可达到12%。一般经验是物料干物质含量低于15%可以泵送，但是这个数据是定性的，并不适用于所有原料物质。有些带细分散颗粒和高比例溶解物质的底物在干物质含量达到20%时仍可以被泵送，从罐车中流出来的食物残渣颗粒就是一个例子。相比之下，其他如蔬果之类的底物在干物质含量只有10%～12%时就可以堆积。

普通圆柱形发酵罐的湿发酵流程是农业规模沼气工程的标准工艺。然而在过去5年中，随着2004年《可再生能源法》的第一次修订，干发酵沼气工程逐渐趋于成熟，尤其在能源作物的发酵中得到使用。能源作物通常在德语中被称为“NawaRo”（即可再生能源）。3.2.2.1将详细介绍发酵罐的设计。

3.1.2 进料类型

沼气工程的进料负荷或进料方式很大程度上决定了新鲜底物对微生物的可获得性，从而影响沼气生产效率。主要可分为连续的、半连续的以及间歇性的进料。

3.1.2.1 连续和半连续性进料

在这里可以进一步分为通流工艺和通流-缓冲罐结合工艺的两种方式。在文献中还能找到的缓冲罐进料方式这里不做介绍，因为出于经济和工艺工程的考虑，如今已基本不再使用此方法。与连续性进料相比，半连续性进料需要每天往发酵罐加入至少一批未发酵的底物。在一天中分批添加少量底物还有更多的好处。

通流工艺

在过去，大多数沼气系统采用通流工艺。底物每天分几次从预发酵池被抽到发酵罐中。每天向发酵罐加入的新鲜底物的量和从发酵罐抽到沼肥存储池的量相同（图3.1）。

因此这种进料方法可保持发酵罐中稳定的液位，只有在修理情况下才会排空发酵罐。这一工艺流程的特点是稳定的沼气生产以及反应器空间的高利用率。但是发酵罐中有可能出现短流，因为总有可能出现新添加的底物被立刻排出的情况[3-2]。此外开放的沼肥存储池是甲烷气体排放的一个来源。2009年第二次《可再生能源法》的修订法案要求使用加盖、不漏气的沼肥贮存设备，所以这种纯通流工艺在未来新建沼气工程中的重要性被减弱。

通流与缓冲结合的工艺流程

采用通流与缓冲相结合的沼气工程，同时也采用封盖的沼肥贮存设备。因此，沼肥贮存罐里产生的沼气也能够被收集和使用。沼肥贮存罐在这里发挥了“缓冲区”的作用。该缓冲罐上游是通流发酵罐。如果对预发酵的底物用作肥料的需求有所增加，就可以直接从通流发酵罐中将底物排出。图3.2是整个流程的示意图，该流程代表当前的主流工艺。流程保证了稳定的沼气生产，但是发酵罐中可能出现短流，因此很难准确知道底物实际停留时间[3-2]。投资沼肥贮存罐顶盖的费用可以从增加的沼气产量所带来的收益中逐步收回。

3.1.2.2 间歇性进料

间歇性的批式进料方式是往发酵罐中填满新鲜的底物然后将之密封。物料停留在发酵罐内直到达到设定的停留时间，期间内不进料也不出料。当达到设定的停留时间，发酵罐将被清空再重新填充新的一批原料，其内可能保留少部分已发酵物料，作为新鲜底物的接种物。可以通过设置供料池来加快批式进料的过程，同时在出料侧放置出料罐来达到相同的目的。在间歇性的批式进料中，沼气生产率会不断变化。在发酵罐被填充后沼气生产开始缓慢进行，在几天内达到高峰（取决于底物），之后开始逐渐稳定地减少。由于单独一个发酵罐无法保证持续的沼气产量和质量，因此会采用交错地给几个发酵罐进料（批式进料方法）以达到流畅的净产量，精确地保持最短的停留时间[3-2]。采用一个发酵罐的批式进料是不现实的，批式进料的原理被用于干发酵，有时被称为“车库式发酵”或“箱式发酵”。

3.1.3 发酵相数和级数

发酵相是发酵工艺提供给底物的生物降解环境，也被理解为水解相或产甲烷相，由发酵条件决定，如pH和温度。当水解和产甲烷阶段在同一个发酵罐中发生时被叫做单相工艺。两相工艺是指水解和产甲烷分别在不同的发酵罐发生的工艺。“级”是进程中罐体的数量，而不考虑相。

在农业上经常出现的设有预发酵池、发酵罐和沼肥贮存罐的沼气工程是单相三级工艺。在这种情况下开放的预发酵池不能成为独立存在的相。密封的进料罐通常被认为是一个单独的相（水解相），主发酵罐和二级发酵罐属于产甲烷相。

农业沼气工程一般来说采用单相或双相设计，尤其以单相沼气工程更为常见[3-1]。

3.2 工艺设计

广义来说，不论任何运行原理，一个农业沼气工程可以分为四个工艺阶段：

(1)底物管理（运送、贮存、准备、转移和进料）。

(2)沼气生产。

(3)沼肥贮存、处理和农田施肥。

(4)沼气储存、处理和使用。

每一阶段更详细的示例见图3.3。

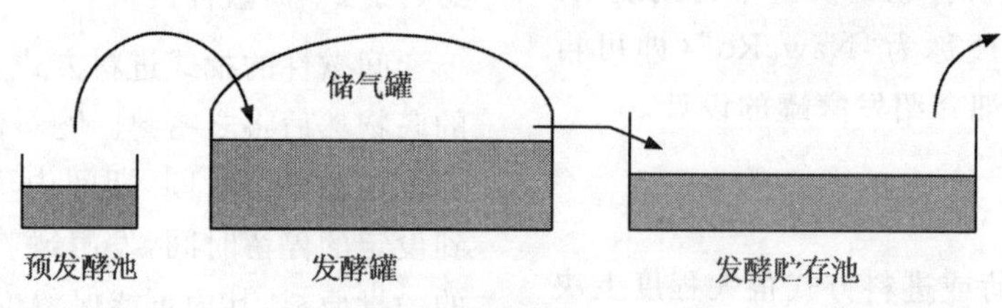

图 3.1 通流工艺示意图

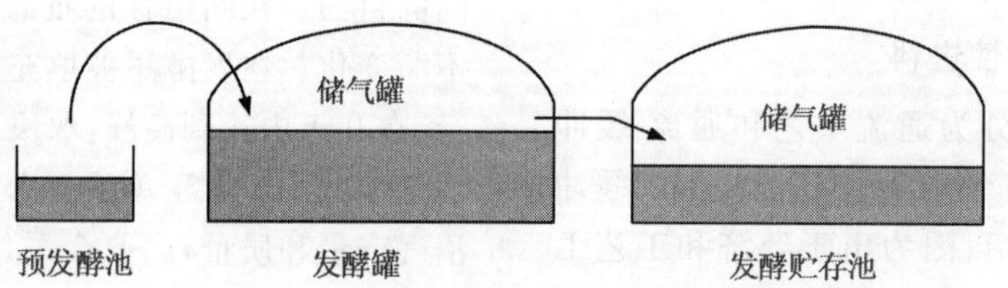

图 3.2 通流与缓冲结合工艺的示意图

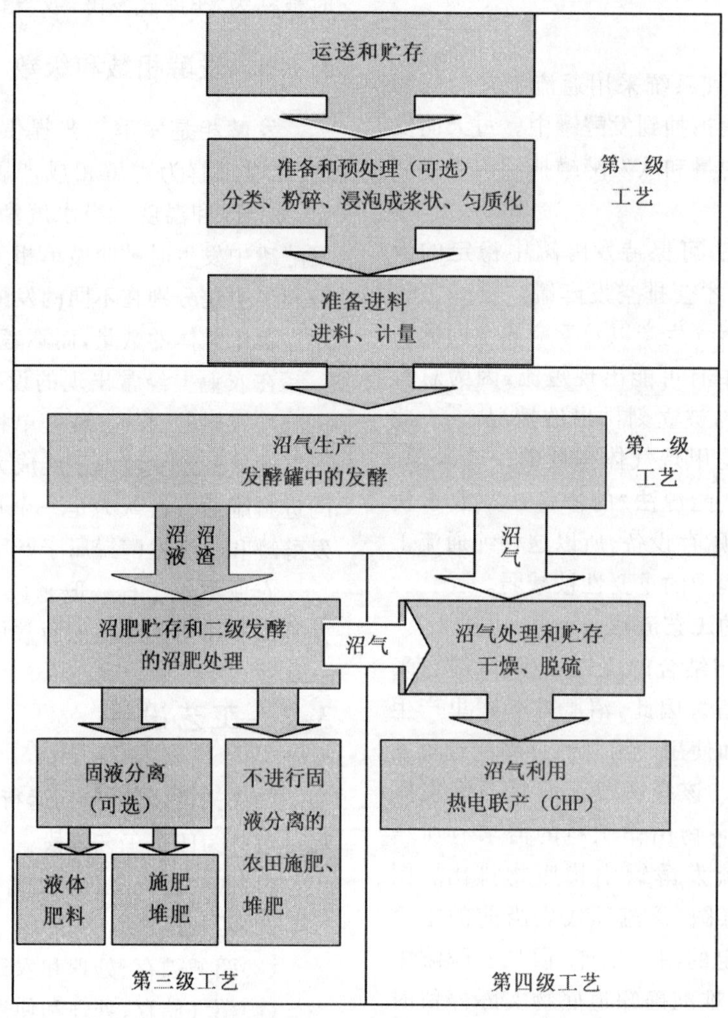

图 3.3 沼气生产的工艺流程[3-3]

这四个阶段并非彼此独立。阶段 2 和阶段 4 之间的联系特别紧密，因为阶段 4 通常为阶段 2 提供所需的热能。

关于阶段 4 涉及的沼气处理和使用将在第六章节单独讨论；第十章将讨论沼肥的加工和处理。以下是关于阶段 1、2、3 的工艺技术信息。

工艺设备的选择主要取决于可获得底物的特性。所有发酵罐和容器的尺寸选择都基于底物量。底物质量（干物质含量、结构、来源等）是工艺工程设计的主要决定性因素。根据底物组成，可能需要去除干扰物质或者补充水的过程以满足物料的泵送要求。如果底物必须消毒，就要规划一个消毒工艺。预处理后，底物被送到发酵罐，开始发酵。

湿发酵沼气工程通常设计成单级或两级的通流法运行。两级工艺由发酵罐和二次发酵罐构成。底物从第一发酵罐，即主要发酵罐转移到二次发酵罐，从而使更多难降解物质有机会被生物降解。沼肥贮存在密封罐里并回收沼气，或贮存在开放池里。沼肥通常会被当作液体肥料散播到农田。

原料生物降解所产生的沼气被贮存和净化。沼气通常在热电联产机组里燃烧后生成电和热。图 3.4 展示了单级农业沼气工程里最重要的组成部分、组件以及联合发酵底物消毒处理的工艺流程。

工艺阶段的详细说明如下：液体排泄物池（或预发酵池）(2)、收料仓(3)、消毒罐(4)都属于第一级工艺（贮存、预处理、转移和进料）；第二级工艺（沼气生产）发生在反应器(5)，更为常见的被称为发酵罐；液体排泄物或沼肥贮存罐(8)，以及沼肥施肥车(9)组成了第三级；第四级（沼气贮存、净化和使用）包括储气罐(6)和热电联产单元(7)。之后将展开对每一级的细节讨论。

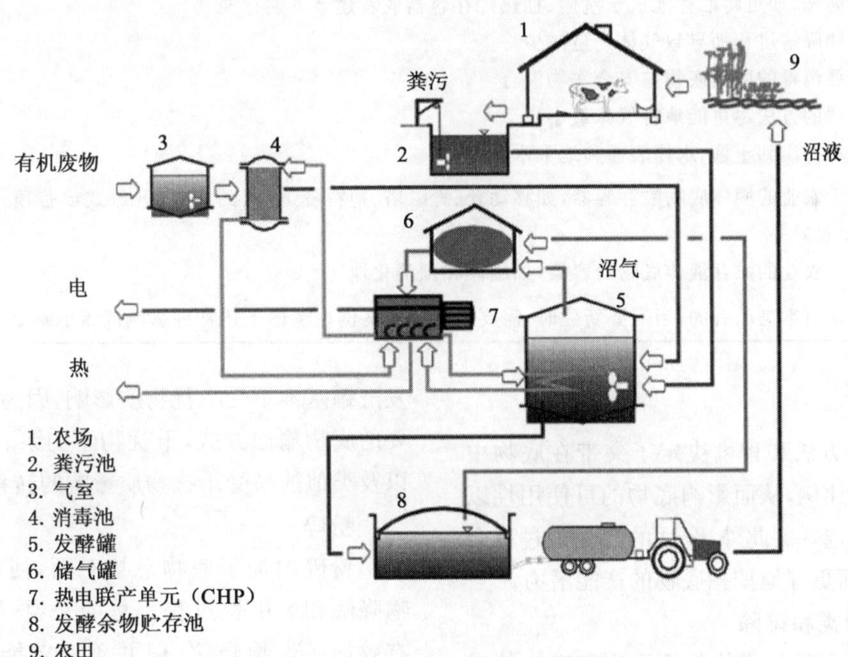

图 3.4　混合底物的农业沼气工程示意图

3.2.1　底物管理

3.2.1.1　运送

运送的重要性主要体现在需要从厂区外收运底物的沼气工程。对运达底物进行外观检查以达到质量标准，这是到货转交和文件记录的最基本要求。在能源作物为主要原料的大型沼气工程中，越来越多地使用快速测试方法，检测干物质以及某些情况下的原料成分。这样做一方面为了保证底物质量与供应合同一致，另一方面也是确保基于绩效的支付合同的有效执行。

原则上必须测量送达底物的重量，同时必须记录所有进货日期。底物属于废弃物类别时，还可能有特别要求。废弃物具体归类不同，可能还需要做特殊的记录或遵循政府规定的具体要求，这是关键物质要采集样品备用的原因。更多法规与行政信息参见第七章。

3.2.1.2 贮存

底物缓冲贮存设备主要是为了缓冲存储从几小时到两天时间里发酵罐所需的进料量。贮存设备的设计根据底物类型而定。设备大小取决于工厂每天必须要处理的进料量和底物需要缓冲的时间。如果使用了来自厂区外的辅助底物，还必须考虑合同相关的情况，如协议接受数量以及来料频率。如使用有卫生问题的工业辅助底物，必须严格地将底物接收站与牧场操作区隔离开来。任何时候都绝不能让有卫生问题的底物在消毒之前就与卫生安全底物混合起来。

使用密封设备贮存底物是实现气味最小化的做法，除了法律因素外还有其他原因。一种可能的方案是加顶棚，顶棚下包括接收和准备底物的空间，以及贮存空间。废气可以被抽取和输送到合适的清洁装置（如洗涤器或生物过滤器）。废弃物发酵所在的棚经常有负压系统，废气收集也很大程度上阻止了气味的扩散。顶棚除了减少气味外溢，还有其他优势：它们为设备提供了保护，并且可以不受天气条件的影响进行作业和检测，围挡也可以达到噪声治理规定。表 3.2 概括了底物贮存的不同方面。

表 3.2 预发酵底物的贮存

尺寸	取决于剩余底物量，发酵罐容积，连续供料的时间间隔，土地使用要求，辅助底物量，厂区外底物的供应合同，可能的运行中断
特殊考虑	贮存池防冻，如可将贮存池放于室内、加热贮存容器或者建地下贮存池 避免生物降解过程而导致气体产量减少 勿将需要消毒的问题底物与安全底物混合 采取合适的方法尽可能地将气味最小化 避免物料排出到土壤、水体表面和地下水系统
设计	广泛用于农业的固体底物贮存容器，如移动仓、青贮塔、塑料隧道仓、圆捆仓、开放式或盖顶式储藏区（如固体堆肥）以及矿井 广泛用于农业的贮存液体底物的容器，如罐体和预消化池
成本	贮存设备通常是已有的，当需要新建时，需要根据实际案例在考虑上述种种影响因素的基础上做预算

3.2.1.3 预处理

底物预处理的方法和程度决定了夹带在底物中的干扰物质的去除比例，从而影响底物的可使用性以及沼气生产技术的选择。此外，合适的预处理过程会促进发酵过程，从而更好地挖掘底物的产能潜力。

干扰物质的分类和排除

是否需要分类和排除干扰物质取决于底物的来源和组成。石头是最常见的干扰物质，它们一般沉淀在预发酵池里，需要经常将其从底部取出。高密度物质分离器也很常用，通常是直接放置在进料传送带前面的底物管道上（图 3.5）。其他干扰物质需要在底物运送或放到进料斗时进行手动移除。有机生活垃圾通常含有较多干扰物，不管此类物料特性如何，作为辅助底物，都必须尽力保证发酵过程不被干扰物料影响。和复杂的有机生活垃圾处理厂相比，大多数农业沼气工程都没有安装复杂的分类设备，比如机械传送带或者分类箱。相比之下，箱式或车库式发酵罐基本不受干扰物质影响，因为铲车和抓斗是主要的底物输送方式，干扰物不与泵、阀和螺杆输送机以及类似的易受干扰物质影响的转移设备接触。

粉碎

粉碎增加了底物总接触面，使更多底物参与生物降解和产甲烷过程。总的来说，尽管分解颗粒能有效加速生物降解，但并不一定能增加沼气产量。停留时间和粉碎程度的相互作用也是影响甲烷生产的一个因素。因此采用正确的技术至关重要。

粉碎固体底物的设备可以外置在进料处上游的预发酵池、管道或发酵罐。设备涉及削片机、研磨机、粉碎机、轴以及带裂具和切具的螺杆输送机（图 3.7）。带浆的轴和刀片螺杆传送机与进料和计量单元相结合的做法很常见（图 3.6）。鉴于它们的广泛运用，这些粉碎设备的性质被分类总结，一组是结合在进料计量组合单元上的固体进料处理装置（表 3.3），另一组是研磨机和削片机预处理（表 3.4）。

不同于固体物料在输送到预发酵池、管道或发酵池前进行粉碎，含有固体或纤维的液体物料可以直接在预发酵池、其他混合罐或管道粉碎。这在底物或底物混合物不均匀的情况下是必要的，不均匀的底物可能会威胁进料系统的可操作性（通常是进料泵）。

图 3.5　高密度物料管道分离器(DBFZ)

图 3.6　带有切具的进料罐(Konrad Pumpe GmbH)

图 3.7　粉碎固体底物的粉碎机和研磨机(Huning Maschinenbau GmbH，DBFZ)

表 3.3 与进料计量单元相结合的粉碎机的特性和工艺参数

特性	标准的商业化单元能够处理量高达每天 50 m^3(底物接收或储存容器可以设计得更大)
适宜性	普通的青贮、CCM、动物(包括家禽)粪便、面包垃圾、蔬菜 钉齿辊、叶片蜗轮式搅拌器更适合长纤维物料
优势	高处理能力 方便移动式装载机或抓取机的装载 自动控制大量物料的粉碎和进料 设备牢固
劣势	在粉碎工具上物料搭桥的可能性,尽管主要取决进料斗和底物类型 如果出现故障,所有物料都必须手动移除
特殊考虑	桨叶式轴可以降低在粉碎工具上的物料搭桥的风险
设计	移动式物料搅拌器,采用带刀片的蜗轮式垂直搅拌器用于粉碎 接收容器带有切割式出料螺杆输送机,有时带有刀具,用于粉碎和传输 接收容器带有裂具的桨叶式轴,用于粉碎和传输 接收容器带有碎齿轮、削片输送机,用于粉碎和计量
维护	根据生产商提供的信息,这是设计成少保养的设备,可以获得维修合同 可以在进料休息间隙进行维护

表 3.4 外部粉碎机的特性和工艺参数

特性	研磨机:低-中处理能力(如 30 kW 的机器处理量为 1.5 t/h) 削片机:也可以设置成高处理能力
适宜性	玉米粒(适当的研磨)普通青贮、CCM、谷物、玉米粒(一般研磨机比较合适) 土豆、甜菜根、绿色垃圾(研磨机、切割机)
优势	在故障情况下容易接近设备 可以做好粉碎底物供应的准备 与接收和储存单元相结合,可实现自动填充 粉碎程度可调
劣势	出现机器堵塞或运行中断时需要手动清空 比较耐干扰,有可能加剧磨损
特殊考虑	可以安装不同尺寸的接收容器 接受容器的高度必须与农场现有机器兼容
设计	包括锤式粉碎机、研磨机、切割机(原理上来说移动式设备也是可能的)
维护	可以通过与生产商联系,根据底物的作业情况维护是必不可少的 维护停工期的物料供应可以储存于现场

置于发酵罐上游的单独粉碎搅拌器是一种粉碎方式。然而安装于管道中和直接连接的粉碎以及泵送是常见的,粉碎与泵送混合单元也是如此。这些单元通常由电动机驱动,有些被设计成牵引式动力(PTO)驱动。图 3.8 和图 3.9 展示的是不同设计的粉碎机,表 3.5 至表 3.7 是对其不同性能的总结。

浸泡成浆状,使匀质化

湿发酵的底物需要湿化成泥浆状,提高其含水率,使其可以被泵送到发酵罐。通常在预发酵池或其他容器中进行,即在底物被加入到发酵罐之前进行。用于湿化底物的液体可以是液体粪便、沼液、工艺水,在特殊情况可以是淡水。使用沼液可以减少淡水的消耗,还有一个优点是在进入发酵罐之前,沼液已经从发酵工艺中完成了接种。因而，这一流程可以很好地运用于消毒之后或用于推流式发酵工艺。由于成本较高，应该尽可能避免使用淡水作为补充液体。如果使用了清洁工艺水作为补充液体，必须记住消毒剂可能会影响发酵过程，因为消毒剂的某些特性对发酵罐中的微生物群有负面的影响。湿化泥浆的泵送技术在“底物输送和进料”这一节里有介绍。

图 3.8　安装于管道的底物粉碎机(穿孔板粉碎机)(Hugo Vogelsang Maschinenbau GmbH)

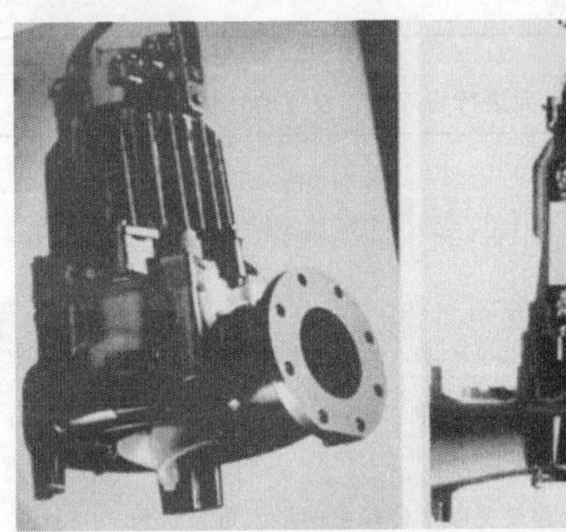

图 3.9　在转子上的带切具的切割潜水泵，作为粉碎和泵结合的一个示范(ITT FLYGT Pumpen GmbH)

表 3.5　预发酵池中粉碎搅拌机的特性和工艺参数

特性	驱动功率：普通的搅拌机额度功率 5～15 kW，允许再加 6 kW
适宜性	固体粪便、食物残渣、残枝落叶、稻草
优势	直接将固体释放到预发酵池
	不需要其他设备
劣势	发酵罐中的干物质含量受限于底物的最大可泵送量
	根据底物不同，有出现沼渣和沉淀物的风险
特殊考虑	如果直接将固体添加到发酵罐，如通过测量单元，可以在发酵罐内使用粉碎搅拌机
设计	通常是带有刀片的桨叶或装有刀片的搅拌轴
维护	根据搅拌机类型，维护可以在工艺不中断情况下在预发酵池或发酵罐外进行

表 3.6 管道中粉碎搅拌机的特性和工艺参数

特性	穿孔板粉碎机可达 600 m^3/h 产出率，功率在 1.1～15 kW 之间 建在回转泵上的内联双轴粉碎机处理能力最大可达 350 m^3/h 特性很大程度上取决于干物质含量，随干物质含量的增加，处理能力大幅度降低
适宜性	穿孔板粉碎机适合含纤维的底物 内联双轴粉碎机也适用于含较高固体量的可泵送底物
优势	故障时易维护 堵塞情况下容易打开和处理单元 干扰物会被内置分离器(穿孔板粉碎机)阻止
劣势	发酵罐中的干物质含量只能达到最大可泵送底物量 含干扰物质的底物会加剧磨损(内联双轴粉碎机)
特殊考虑	必须安装闸阀将单元与底物管道分离 故障时可以使用闸阀控制启动旁路管道 可选择不同的切具或裂具技术来决定粉碎后不同的颗粒大小
设计	穿孔板粉碎机：穿孔板前的回转刀片 内置双链粉碎机：带切具或裂具的轴
维护	独立单元，维护快速，不会出现长时间中断 易于维护，加快清理

表 3.7 同一单元进行粉碎传输技术的特性与工艺参数

特性	进料量可达到 720 m^3/h 高程高达 25 m 能耗为 1.7～22 kW
适宜性	可抽送底物包括长纤维
优势	故障情况下易维护 在堵塞情况下容易打开和处理单元 不需要其他输送设备
劣势	发酵罐中的干物质含量受限于传输泵的最大可泵送量 只有小部分物料能被粉碎。可以通过不断回流粉碎物料到粉碎机来增加粉碎比例
特殊考虑	必须安装闸门阀将单元与底物管道分离 故障时可以使用由闸门阀控制的分路 由切割或撕裂技术决定不同的颗粒大小
设计	回转泵、带有刀刃的叶轮干式安装泵或潜水泵

底物的均匀性对发酵工艺的稳定性极为重要。进料负荷和底物成分出现大范围波动时，需要微生物对不同的环境做相应的调节，通常这会导致沼气产量下降。可泵送底物通常在预发酵池由搅拌机拌匀。然而，如果不同的底物被通过固体进料的方式直接抽送或引入到发酵罐时，均匀搅拌也可以在发酵罐中进行。搅拌技术将在小节“搅拌机”里介绍。预发酵池的搅拌大致相当于反应器里的搅拌系统(见 3.2.2.1 章节“完全搅拌工艺(搅拌反应器)”)。

消毒

根据法规要求，有流行病和病原体风险的底物必须在沼气工程做消毒预处理。预处理需要将物料在 70℃时持续加热至少 1 h。高压灭菌也是杀死细菌的一种方法。在这一工艺中，底物被置于 133℃，压力为 0.3 MPa 的条件下进行持续 20 min 的预处理。不过这一方法远没有 70℃消毒常用。消毒容器大小取决于进出物料量，这也同样适用于能源消耗。有卫生问题的辅助底物通常在进料到发酵罐之前就进行消毒。这是保证只对有问题底物进行消毒的简单方法,这样可以更节省成本(部分消毒)。对全部原料或预发酵池物料进行消毒也是可能的。预发酵池消毒的一个优势是对底物进行一定程度的热分解,这取决于底物的属性,从而更易于发酵。

消毒可以在密封加热的不锈钢罐中进行,传统的牲畜草料罐也经常被使用。通过仪器设备对消毒进行检测和记录,来了解装载量、温度和压力。通常,消毒后的底物温度比发酵罐内的发酵温度高。因此,它可以预热其他底物或直接添加到发酵罐里加热罐体。如果没有条件利用消毒底物的废热,必须采用合适的方法将温度降低到发酵罐中的水平。图 3.10 展示了几种消毒罐。表 3.8 总结了消毒罐的特定属性。

图 3.10　消毒和再冷却系统(TEWE Elektronic GmbH & Co. KG)

表 3.8　消毒罐的特性和工艺参数

特性	容积:根据沼气工程的需要特制,如 50 m^3 的消毒罐
	加热:内部或夹套式
	持续:必须考虑进料、加热、清空以及 1 h 的消毒等停留时间来确定尺寸
适宜性	常规消毒容器的底物必须是可泵送的,即必须在消毒之前进行预处理
特殊考虑	记录消毒时间数据的仪器必不可少
	消过毒的热底物不应直接转移到发酵罐,因为发酵罐中的生物不能忍受高温(消毒底物是部分且能够立刻与罐内底物混合时可以考虑直接添加到发酵罐)
	需要消毒处理的问题底物不得与卫生安全底物混合在一起
	有些底物可能含有沙子和稠密物质
设计	在内部加热的不锈钢罐,或夹套式罐壁加热不锈钢罐,或逆流热交换器
	气密的连接管道,或从不密封罐中排除的空气,必要时需通过废气净化装置
维护	消毒罐至少有一个入孔
	遵守适用于密闭空间内的健康与安全规则(还应适当考虑沼气安全规则)
	必须维护诸如温度感应器、搅拌器、泵等设备,消毒罐本身不需维护

好氧预分解

车库式干发酵沼气工程,同样可以在厌氧发酵准备阶段给底物曝气(参见 3.2.2.1 章节,“发酵罐设计”)。引入空气而产生的堆肥反应使底物自然升温到40～50℃,初步分解可持续 2～4 d。它的优势在于细胞开始破裂,同时自动加热物料,从而减少对发酵罐热能的需求。然而负面的影响是,部分有机物质已经发生反应,不能再产生沼气。

水解

单相工艺中的高有机负荷增加了发酵罐中微生物平衡失调的可能性,换言之,在一次和二次发酵中的酸化过程比产甲烷时酸消耗过程要快[3-19]。高有机负荷与短停留时间的结合也会降低对底物的利用。最坏的情况便是发生酸化,然后发酵罐的生物反应瘫痪。这可以通过特殊内部设计将水解和酸化工艺放置于发酵罐上游的单独反应罐中。水解可以在好氧和厌氧环境下,pH 介于 4.5～7 之间进行。温度在 25～35℃之间都可以,但也可以把温度提高到 55～65℃来增加反应速率。反应器可以是各种形式的储罐(立式、水平式),装有合适的搅拌器、加热装置和绝热装置等。进料可以是连续或者批式,需要注意的是水解气中含有大量的氢气。沼气工程发酵罐出现好氧运行,或者单独将水解气排向大气都会减少沼气产生量,而导致能量损失。同时还存在安全隐患,因为氢遇空气易形成爆炸性气体。

分解

分解是指细胞壁的破坏，允许细胞内所有物质的释放。这是增加底物接触微生物群的一种方法，从而加快了降解速度。高温的、化学的、生物化学的以及物理机械工艺都被用于促进细胞分解。可能的方法有正常大气压下加热到 100℃以下，或者在高压下加热到 100℃以上；如上所说的水解、添加酶、或者使用机械方法中的超声波碎法。对这些工艺优势的讨论还在进行。一方面，个别工艺的功效很大程度上取决于底物以及对其的预处理；另一方面，分解工艺总会需要额外的热或电能，这些反过来直接影响了可能增加的额外产量的效率。如果考虑整体工艺过程，规划者应该通过测试和成本利益分析来衡量增加的收入和额外的投资费用。

3.2.1.4 输送和进料

从生物学出发，沼气工程底物的连续流动是获得稳定发酵过程的一个理想状态。在实践中几乎不可能实现这点，正常情况下只能达到半连续进料，底物通过每天分批添加。因而所有底物输送的设备都不是持续运行的，这对设计来说非常重要。

输送和进料的技术选择主要取决于底物的均匀程度。必须区分用于可泵送底物与可堆积底物的技术。

就进料而言必须考虑底物的温度。物料与发酵罐的巨大温差(可发生在消毒后的进料或冬季发酵罐进料时)对生物降解过程有着巨大的影响，也因此会导致沼气产量降低。有时采用热交换器与带加热的预发酵池两种技术方案来解决这些问题。

可泵送底物运输

沼气工程最常见的输送方式是电动泵，它们可以用计时器或电脑控制，如此一来整个工艺可以全自动或半自动进行。在很多情况下，沼气工程内的底物输送是完全通过一或两个位于中心泵站或控制室内的泵实现。管路的所有操作状态(如进料、完全排空、故障等)都通过易于操作或者自动的闸阀实现。图 3.11 展示了一个沼气工程泵布置和管路的示例。

确保泵易于接近很重要，周围需要有足够的空间。即使很小心地对底物进行良好的预处理，泵还是会堵塞并需要快速的清理。另外还必须注意一点，泵的移动部分也是易损耗部分，受沼气工程的恶劣条件影响，必须经常更换它们，而不需要停止沼气工程运行。因此必须安装截止阀，如此一来就可以将泵与管道系统分离开来进行维护。泵几乎总是回转或正位移的设计，这也用于泵送液体粪便的设计。

泵的驱动和输送能力是否匹配很大程度上取决于底物和其准备程度，以及干物质含量。切割或粉碎机、异物分离器可以直接安装在上游来保护泵。还可以使用带切割的泵。

3.11 沼气工程物料泵(WELtec BioPower GmbH)

回转泵

回转泵在液体粪便抽送中很常见。它们特别适合较稀的底物。回转泵在泵体内有一个不停旋转的叶轮。叶轮加速介质，将速度转化为出口处的水头或压力。叶轮的形状和大小不一，依需求而定。切割泵(图 3.9)是一种特殊的回转泵。叶轮的边缘硬化设计从而能粉碎底物。表 3.9 展示了其相应的特性和工艺参数。

表 3.9 回转泵的特性和工艺参数

特性	泵压：达到 2 MPa(实际中的压力通常较低) 投加速率：2～30 m^3/min 能耗：例如流量为 2 m^3/min 时能耗为 3 kW，6 m^3/min 时为 15 kW，主要取决于底物 通常用于干物质含量<8%的底物
适宜性	低干物质含量的稀释底物；允许少量长草
优势	简单、紧凑和牢固的设计 高流量 多用途(也可用作潜水泵)
劣势	非自吸泵，因此必须放于底物底面以下，如放于泵井或池中 不适合计量底物
特殊考虑	流量很大程度取决于压力或水头
设计	可以是潜污泵或者干式安装，也能用于粉碎的切割泵，潜污泵的驱动装置可以处于底物表面以上或以下
维护	尽管容易拆除，潜污泵的维护情况相对较难 遵循发酵罐内工作的健康与安全规则 故障期相比其他泵稍长

正位移泵

正位移泵用于抽送干物质含量较高的半液体底物。正位移泵的速度可以用来控制投料速度，这让泵的控制更加接近底物的准确投加量。这类自吸泵的压力比回转泵更稳定，也意味着投加量更少受水头影响。正位移泵相对而言更容易受到干扰物的影响，因此可以安装粉碎机和异物分离机来保护泵不受底物中大颗粒和纤维质成分的干扰。

回转位移泵和偏心单螺杆泵最为常用。偏心单螺杆泵由螺杆状叶轮在由弹性材料制成的定子内旋转，从而产生前进的空间可以让底物移动。图 3.12 是一个例子，特性和工艺参数列于表 3.10。

转子泵

转子泵有两个逆向旋转的活塞，每个活塞有 2～6 个叶片处于其椭圆体内。这两个活塞在径向和轴向上有较少缝隙，在反向旋转互相滚碾过程中并不相互接触，也不接触泵体。通过形状尺寸的设计确保了任何位置排出和吸入部分之间是密封的。介质被吸入一侧填补空间，再转移到送出边。图 3.13 示意了回转位移泵的操作原理。表 3.11 是其工艺参数和特性。

可堆积底物的运输

湿发酵工程的一个特点是需要一直运输可堆积底物，直到进料带或者将可堆积底物与补充液体混合的阶段。大多数可以通过常规装载设计来完成。只有当需要自动进料时，才会使用底部刮板进料、顶部推送和螺杆输送机。刮板进料机和顶部推送器几乎可以水平或稍向上移动所有类型的可堆积底物。然而它们无法用于计量。它们允许使用很大的储存罐。螺杆传送机几乎可以从任意的方向运输可堆积底物，而唯一的前提是没有大石块，并且将底物粉碎到可以由螺杆抓起，置于螺杆之间进行翻转。可堆积底物的自动进料系统通常与装载设备结合起来形成沼气工程的一个单元。

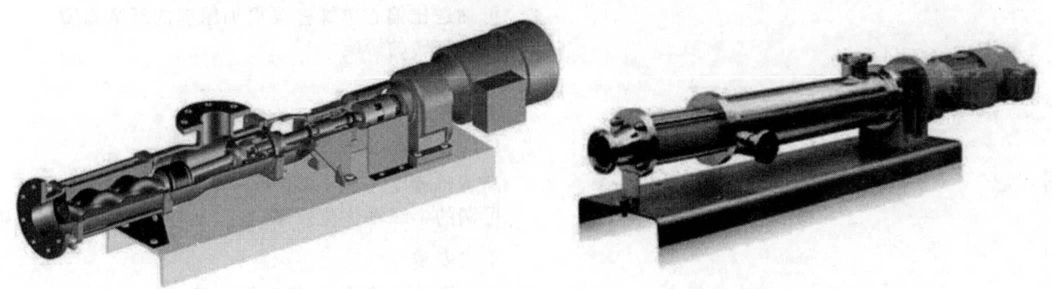

图 3.12 偏心单螺杆泵(LEWA HOV GmbH + Co KG)

表 3.10 偏心单螺杆泵的特性和工艺参数

特性	泵压:达到 4.8 MPa 投料速率:0.055～8 m^3/min 能耗:例如 0.5 m^3/min 流量时能耗是 7.5 kW,4 m^3/min 时能耗为 55 kW,主要取决于底物
适宜性	干扰物质和长纤维物质含量较低的黏性可泵送底物
优势	自吸 简单、牢固设计 适合底物计量 可逆的
劣势	比回转泵的投料率低 空转后容易损坏 易受到干扰(石头、长纤维物质、金属块)
特殊考虑	投料率主要依赖于黏稠度,忽略压力的波动保持稳定投料 可整合防止抽干 在废水处理中使用很广泛 定子通常可以根据投料率和底物进行调节,并弥补磨损 作为特殊设计的可逆抽送方向
设计	干式安装
维护	非常耐用 内在设计方便维护,螺杆驱动的快速更换所需的工期较短

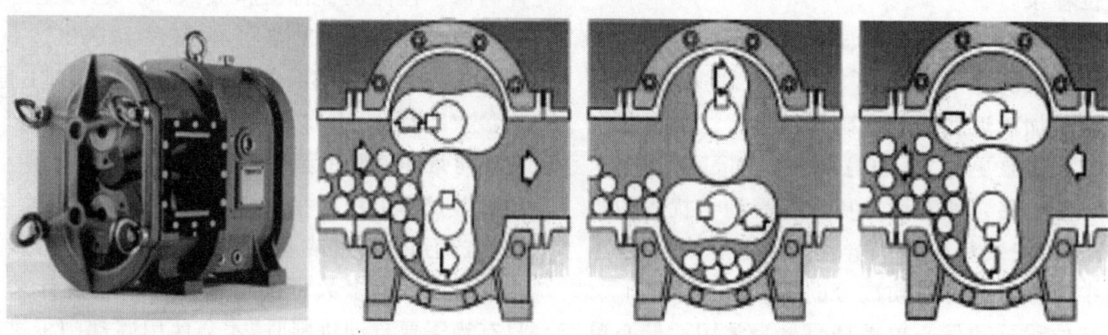

图 3.13 转子泵(左),工作原理(右)(Börger GmbH (左), Vogelsang GmbH(右))

表 3.11 转子泵的特性和工艺参数

特性	泵压:达到 1.2 MPa 流量:0.1～16 m^3/min 功率:2～55 kW
适宜性	黏稠的可泵送的底物
优势	简单牢固的设计 自吸达到 10 m 水柱 适合底物计量 可抽送比偏心单螺杆泵更加粗糙的纤维物质 不受空转的影响 结构紧凑 方便维护 可逆性是标准配置
特殊考虑	高旋转速度高达 1 300 r/min,有利于性能优化 可调的半线性优化效率,减少运行时间,耐久性增强
设计	干式安装
维护	内在设计方便维护,停工期较短

采用箱式发酵工艺的干发酵沼气工程很常见。铲车经常作为可堆积底物输送的唯一手段，或直接从拖车底部用刮料器或其他类似的机器直接向箱内进料。

可泵送底物进料

可泵送底物通常通过地下、混凝土结构、防渗透的预发酵池进料，在预发酵池内液体粪便被缓冲和均质化。预发酵池的大小规模必须让池子能缓冲至少1～2 d的量。农场现有的液体粪便池通常也是以此为目的。如果沼气工程没有条件直接加入辅助底物，预发酵池也被用作混合、切碎和均质可堆积底物的地方，有必要时还可以加入补充液体形成可泵送的底物（参考章节“通过预发酵池间接进料”）。预发酵池的参数总结见表3.12，图3.14是一个示例。

表3.12 预发酵池的特性和工艺参数

特性	使用不渗水混凝土，通常是钢筋混凝土 大小足以缓冲至少1～2 d的进料量
适宜性	可泵送、搅拌的底物 如果安装了合适的粉碎技术，也用于可堆积底物
特殊考虑	可以较好地拌匀底物 可形成石头的沉降层 必须有泵井、收集坑或刮板机去除沉降层的设施 建议可盖住预发酵池以控制臭气 进料中的固体物料会引起堵塞以及浮渣和沉降层的形成
设计	圆形或方形的池或罐，与地面持平或突出地面，但铲车可以接近进料器 比发酵罐高的池有优势，因为可以依靠液位差进料，省去进料泵 底物搅拌的技术可与发酵罐中所使用的一致
维护	如果设计缺少去除沉降层物料的设施，必须手动对此进行移除 除此以外，几乎没有维护费用；维护设备的技术要点在相应章节给予描述

图3.14 正在向发酵罐或者进料池进料(Paterson, FNR; Hugo Vogelsang Maschinenbau GmbH)

液体（混合）底物可以通过一个标准化的进料装置泵入发酵罐或者任何合适的接收罐。在这种情况下，接收罐当然必须做改进以适应底物的性质，这些改进包括使用抗化学腐蚀罐体材料、加热设施、搅拌器、控制气味或者气密盖板等。

可堆积底物的进料

固体物料可以直接或间接地进料到发酵罐。间接进料需要首先将可堆积底物引入到预发酵池或底物进料管道内（图3.15）。直接进料能使固体底物直接装载到发酵罐，省去预发酵池或液体底物管道用补充液将底物浸泡成泥浆的阶段（图3.16）。在这种方式下，辅助底物可以定期投加，而无需考虑液体粪便的投加时间[3-8]。此外，也可以增加发酵罐中的干物质含量，以此增加容积产气率。

图 3.15 间接固体进料示意图[3-1]

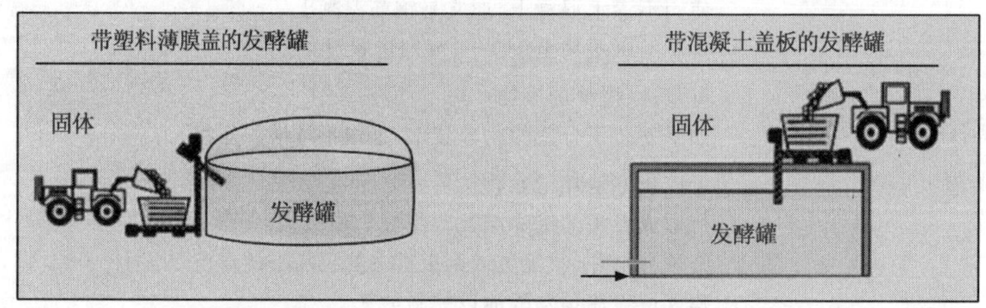

图 3.16 直接固体进料示意图[3-1]

通过预发酵池的间接进料

如果沼气工程没有单独的设施用于辅助底物的直接进料，预发酵池则是可堆积底物混合、粉碎和拌匀的地方，如有需要可用补充液浸湿成可抽送的浆状物。这也是为预发酵池配备搅拌机的原因，可能的话可以结合粉碎底物的切割工具。如果过程中混进了干扰物质，预发酵池也能起隔离石头和沉降层的作用，这些干扰物质也可以通过刮板和螺杆输送机进一步被去除[3-3]。如果为了防止气味而盖住预发酵池，盖子的设计需要能打开，不能妨碍沉淀物直接移除。

铲车或其他移动装置进料十分常见，不过有时也会使用自动固体物进料系统。固体与液体的混合物被适合的泵输送到发酵罐。

间接进料到液体底物管道

除了通过预发酵池进料外，固体底物如有机生活垃圾、青贮、固体粪便也可以通过合适的计量设备（如仓泵）进料到管道液体（图 3.17）。可以将固体底物推入到液体底物管道，或者可将液体直接通过仓泵打入；进料时也可进行第一阶段的底物粉碎。进料设备的投送率可根据干物质含量以及添加的底物做相应的调节。管道液体可以是来自预发酵池或接收池的液体粪便、发酵罐里的底物或发酵后的沼液。这种特性的系统也被用于中到大规模的沼气工程，因为模式设计保证了一定的灵活性和安全性[3-17]。表 3.13 总结了间接进料系统的重要特性。

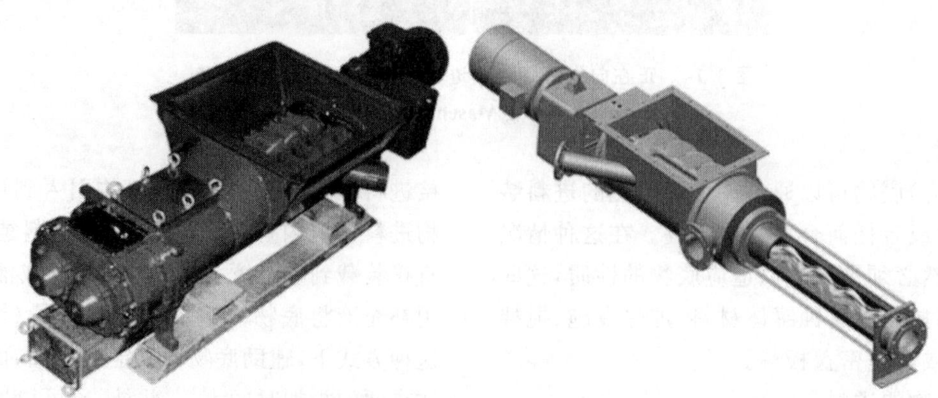

图 3.17 结合了转子泵（左）和偏心单螺杆泵（右）的仓泵（Hugo Vogelsang Maschinenbau GmbH（左），Netzsch Mohnopumpen GmbH（右））

表 3.13 固体进料到液体管道的仓泵的特性

特性	泵压：达到 4.8 MPa 流量（浆料）：0.5～1.1 m^3/min（取决于泵的种类和泵送的浆料） 流量（固体）：4～12 t/h（双轴螺杆切割输送）
适宜性	适合基本上没有干扰物质的预粉碎底物
优势	高抽送能力 牢固设计，在某些情况可抗磨损 能用于计量 可通过进料螺杆上的裂具粉碎物料
劣势	在有些情况会受到干扰物质影响（石头、长纤维物质、金属块）
特殊考虑	粉碎、混合、浸湿可以同一阶段进行 能以任何方式输送固体物质（带轮装载、输送机、接收/储存单元） 通过单独的泵液体进料
设计	干式安装 单轴或者双轴进料到液体管道或泵，输送螺杆部分带齿以粉碎物料 优先考虑的泵：转子泵、偏心单螺杆泵、有时候结合仓泵
维护	设计成方便维护的，停工期较短

柱塞式直接进料

柱塞给料机采用液压动力，通过一侧的开口将底物直接压到发酵罐底部附近。以此种方式将底物压入到接近底部，底物被浸在液体粪便中，这降低了浮渣形成的风险。该系统有反向旋转的螺杆使物料落到下方的柱体中，同时也能粉碎长纤维物质[3-1]。进料系统通常连接在一个接收仓或直接安装在接收仓下面。柱塞给料机的特性总结于表 3.14，图 3.18 展示了一个实例。

表 3.14 柱塞给料机的特性和工艺参数

特性	通常是特殊钢材；封闭的空间 进料到发酵罐：水平的、垂直的或斜角的 如果发酵罐的填充面高于接收仓的顶部，必须有手动和自动阀
适宜性	在合适的螺杆输送机的设计前提下，所有常见的可堆积辅助底物，包括长纤维底物，含石子的底物
优势	无气味 很好的计量能力 适合自动化
劣势	如果螺旋进料的底物结块，会有在发酵罐形成沉降层的风险，发酵罐中的微生物不能最方便的接触物料 只能进行水平的进料 只能从接收仓给一个发酵罐进料
特殊考虑	必须密封进料接头以防液体渗出 料仓地面以上的高度以及仓口的大小必须符合牧场现有的装载设备 生产商提供可选的交叉刀片来打开柱塞，这在出现底物结块时非常实用 直接占据发酵罐旁的空间 如果接收仓配备了合适的称重设备，螺旋机能用于计量
设计	输送机由液压或电力驱动 结合不同接收系统（如接收仓、底部刮板容器、混合进料斗）可实现多功能特性
维护	移动部件，必须考虑到常规的维护费用 柱塞给料机的维护需要长时间停机，还有可能要考虑清空发酵罐的时间

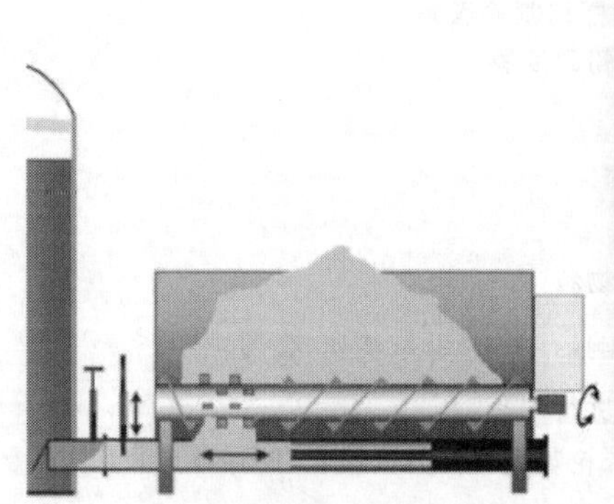

图 3.18 用柱塞给料机将可堆积生物质推入发酵罐(PlanET Biogastechnik GmbH)

由螺杆输送机直接进料

当使用螺旋装载机进料时，变距螺旋将底物推到发酵罐中位于液面以下的位置，以保证气体不通过螺旋从发酵罐漏出去。最简单的方法是将测量单元置于发酵罐上，这样只需要用一台垂直螺杆输送机进行装载。所有其他的设备需要向上的螺杆输送机将底物送到发酵罐上面。螺杆输送机可以从任意角度接收容器取料，接收容器自身可带粉碎工具[3-8]。表 3.15 是对螺杆输送机的进料系统特性的总结，图 3.19 是示意图。

表 3.15 进料螺杆输送机的特性和工艺参数

特性	材料基本为特殊钢材；全封闭空间 进料到发酵罐：水平的、垂直的或倾斜向下的 刚好低于液面以下释放 如果发酵罐的填充面高于接收仓的顶部，必须有手动和自动阀
适宜性	所有常见的可堆积辅助底物，也能运输比螺杆输送机螺旋间距小的石头 剁碎的和长纤维底物会出现问题
优势	输送的方向不重要 适宜自动化 多个发酵罐可以从一个接收仓进料(如一个向上输送螺旋进料，两个单独的变距螺旋)
劣势	与螺杆输送机以及其外壳的摩擦 对大石块和其他干扰物质敏感(取决于螺旋尺寸)
特殊考虑	可用于输送泥浆状底物 必须预防从螺旋的漏气 如果接收仓配备了合适的称重设备，螺旋机能用于称重 在发酵罐旁占用空间 地面以上的料仓高度以及开口的大小必须符合牧场现有的装载设备
设计	来自接收仓的变距螺旋垂直、水平或斜角地输送物料到发酵罐 向上的输送机将底物举到顶部(垂直输送) 结合不同接收系统的多功能特性(如接收仓、底部刮板容器、混合进料斗)
维护	移动部件，必须及时考虑到常规的维护费用 需要手动清除堵塞或移走卡住的干扰物质 维护进料螺杆需要相当长的时间停止工作

图 3.19 将可堆积生物质用螺杆输送机进料到发酵罐(DBFZ)

浆状物

辅助底物(如甜菜根)可利用在甜菜加工工艺中经常使用的机械粉碎成可泵送的浆状物,其干物质含量可高达 18%。浆状底物被贮存于合适的容器里,然后用“输送和进料”章节描述的设备,绕过预发酵池,直接抽到发酵罐。这是在以液体粪便作为基本底物的发酵罐运行中,增加其干物质含量的一种方法。

进料槽

进料槽是一种非常可靠和直接的底物进料方案。它们可以通过铲车轻松、快速地添加大量底物。这种进料技术还是可以在较陈旧的小规模沼气工程看到,成本很低,原则上不需要维护。然而料槽直接连接到沼气罐会产生臭气问题,而且也会让甲烷从发酵罐泄漏出去,因此在建立新工厂时不再考虑此种技术。

干发酵中可堆积底物的进料(车库式发酵罐)

车库式(箱式)发酵仓很容易用铲车进料,因此沼气工程没有自动进料的必要。进料和清空都使用常规的农业输送设备,通常是铲车。

阀门、管件和管道

阀门、管件和管道必须适合输送介质且耐腐蚀。阀门和管件(如耦合器、截止阀、止回阀、清洗口和压力表等)必须位于方便操作的位置,并注意防霜冻损坏。由德国农业职业安全健康局出版的《沼气工程安全规则》有利于遵循法规,其中包括管路、阀门和管件的规定,以及安全运行沼气工程所需的物料属性、安全措施、密封性测试方面的工程规范[3-18]。实践证明,极为重要的一点是必须保证所有管路能排出冷凝水,或者保证管道有足够的落差,这样可以确保在运行中少量的冷凝水累积不会产生意料外的高点。系统压力极低时,非常少量的冷凝水就足以导致管路完全堵塞。液体和气体管路最重要的参数分别总结在表 3.16 和表 3.17。图 3.20 和图 3.21 是图例。

表 3.16 液体管道上阀门、管件和管路的特性

特性	管道材质:PVC,HDPE,钢,或特殊钢材,取决于介质和压力水平,连接采用法兰,焊接或粘接
	压力管道的直径应为 150 mm;根据底物,不承压管道(溢流和回流管道)应该为 200～300 mm 直径
	所有材料必须耐底物的化学腐蚀并且必须能承受最大泵压(压力管道)
特殊考虑	楔形闸阀能形成很好的密封,但它们很容易受干扰物质阻塞
	刀片式闸板阀片能截断纤维物质
	需要快速截断的管道应采用球形快速关闭装置
	所有阀门,管件和管道必须适当地保护,免受霜冻;必须安装合适的绝热层来处理热底物
	始终铺设 1%～2%的坡度,便于放空
	排好管道线路以防底物从发酵罐回流到预发酵池
	在地下铺管道时,确保管道安装前地基被压实
	在每个止回阀前安装截止阀,以防干扰物质阻止止回阀正确关闭
	铸铁管道并不是一个好的选择,因为管道内的沉积比其他管道(如表面光滑的塑料管道)要多得多

表 3.17　气体管道上阀门、管件和管路的特性

特性	管道材质：PVC，HDPE，钢，或特殊钢材（不能采用铜管或其他非铁制金属） 连接采用法兰，焊接，粘接或螺纹接头
特殊考虑	所有阀门，管件和管道必须适当的保护，免受霜冻 总是将管道铺成向下的坡度以防止不必要的冷凝水累积（堵塞的风险） 所有气体管道必须设置适当的冷凝物排放装置；通过冷凝管排水 所有的阀门和设备都必须供操作人员在安全状态下轻松地进行操作和维护 在地下铺管道时，确保管道安装前地基被压实，并且确保整个管道不受挤压和拉伸，需要的话增加波纹管适配器或U型弯头

图 3.20　泵站的管路、阀门及管件、截止阀（DBFZ）

图 3.21　两罐之间的工作平台以及管路和释压阀门（左）；压缩鼓风机和管路（右）

3.2.2　沼气生产

3.2.2.1　发酵罐设计

完全混合工艺（全混式反应器）

农业沼气工程主要使用圆柱形立式全混反应器。目前（2009年），这种形式的反应器占到了总量的90%。发酵罐底是混凝土结构，四周为钢板或者钢筋混凝土，罐体可以全部或部分置于地下，或地面以上，顶部的封盖必须是气密的。不过具体设计规格会根据建筑的需求和模式而有所变化。混凝土或者塑料膜是最常见的顶盖形式。底物由内部或侧面的搅拌器进行搅拌。具体属性列于表3.18。图3.22是这类反应器的截面图。更多不同类型的搅拌器将在3.2.2.3章节进行详细讨论。

表 3.18　全混式反应器特性[3-1,3-3]

特性	罐体可能超过 6 000 m^3 的规模，但规模越大，混合和工艺控制变得越复杂 通常由混凝土或钢制
适宜性	原理上适用于所有种类的底物，但优先考虑可泵送的中低干物质含量的底物 搅拌和输送设备必须根据底物调整 纯能源作物情况下需要回流沼液 连续的，半连续的以及间歇的进料
优势	反应器容量大于 300 m^3 时较经济 在通流或通流/缓冲罐模式下可调整操作 根据设计，通常在不需要清空发酵罐的情况下就能进行设备维护
劣势	有可能出现短流，因此停留时间不能完全保证 可能形成浮渣和沉降层
特殊考虑	建议对某些底物进行沉淀物移除（如家禽粪便的石灰沉淀），可在罐底部安装刮板和螺杆输送机
设计	地面或地面以上的直立圆柱罐 用于混合的设备必须非常有力；如果只有液体粪便在发酵罐发酵，可以通过注入沼气来搅拌 循环的方法：放置于反应器的封闭空间内部的潜水搅拌器，在中央垂直管上的轴流式搅拌器，由外部泵进行水力循环，在垂直管注入沼气搅拌，通过反应器底部喷嘴大量注入沼气的气动搅拌
维护	需安装检修孔方便维护

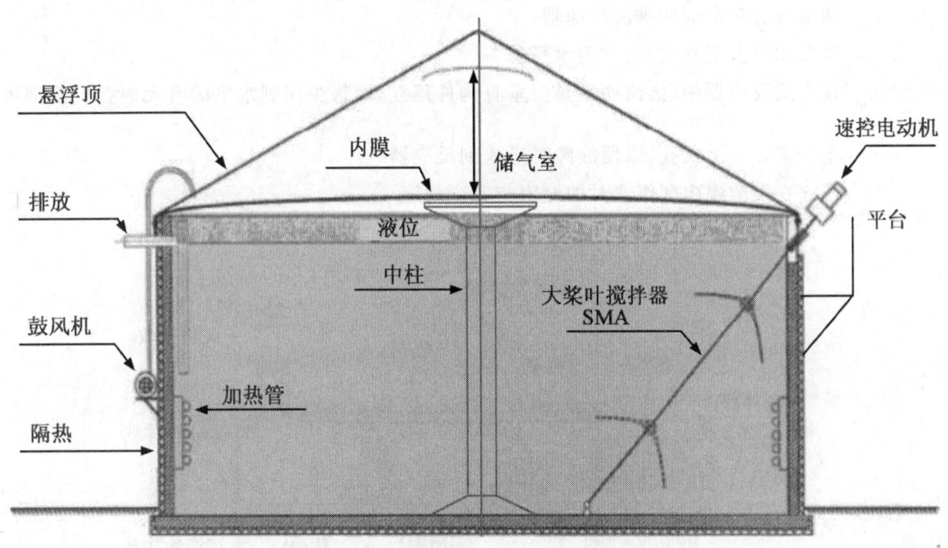

图 3.22　带长轴搅拌器和其他部件的全混式反应器

推流工艺

湿式发酵的推流工艺也被称作“过罐流布置”。采用推流工艺的沼气工程利用新鲜底物向圆形或方形截面的反应器进料时形成推流。底物在物料推流的垂直方向上采用桨叶或者特殊设计的折板进行搅拌。表 3.19 列出了这种沼气工程的特性。

广义来说，推流发酵罐有水平式和直立式。基本上所有使用于农业沼气工程的推流式发酵罐都是水平式的。目前使用立式发酵罐作为推流反应器比较少见，因此没有考虑在本研究内。湿式和干式发酵的范例可见图 3.23 至图 3.25。

表 3.19 推流反应器特性[3-1,3-3]

特性	规模：水平发酵罐最大 800 m^3，立式发酵罐最大 2 500 m^3 材质：主要是钢和特殊钢材，也有钢筋混凝土
适宜性	湿发酵：适用于干物质含量高的可泵送底物 干发酵：搅拌和输送设备必须根据底物调整 为半连续和连续进料设计
优势	结构紧凑，小型沼气工程经济效益较好 推流形成消化过程阶段的自动分离 没有堆积和沉降层的形成 可以预知停工期，而且不太可能发生短流 停工期较短 可进行有效的加热；紧凑的设计将热损失降到最低 湿发酵：可以使用有力的、可靠的且能耗低的搅拌器
劣势	反应罐需要空间 新鲜物料没有接种或必须回流沼液接种 只有在小规模下比较经济 维护搅拌器必须清空反应器
特殊考虑	必须为所有需要连接的设备和管道提供空间 安全起见必须为气室安装放空阀
设计	圆形或方形截面的推流反应器 可以水平亦或立式，通常为水平式 在立式反应器中，推流通常是由垂直构件建立，而很少用到水平的有无混合设备都可运行
维护	至少需要一个人孔，以便故障时进入到反应器 遵守在发酵罐内部作业时的健康与安全规定

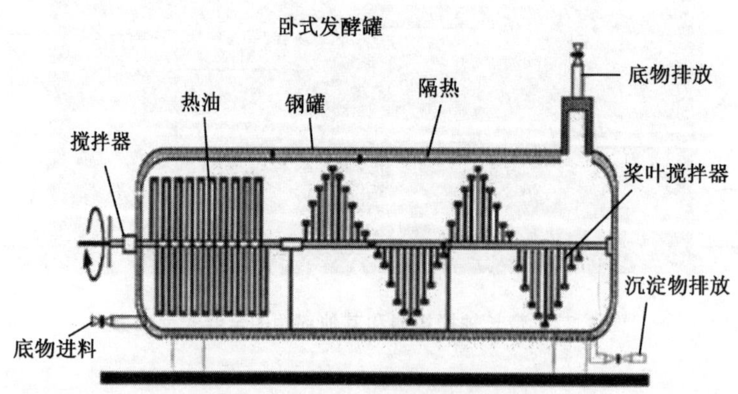

图 3.23 推流反应器(湿式发酵)[3-4]

发酵罐通常是水平的钢罐，在工厂预制后运到沼气工程，这就对发酵罐的大小有限制。它可作为小沼气的主要发酵罐，或者是大沼气工程的全混式反应器(圆形罐)之前的初步发酵罐。水平发酵罐并联排布运行可以增加处理量。

推流原理减少反应器中底物未发酵(即排放)的可能性，对于所有物料，其停留时间都可稳定控制。

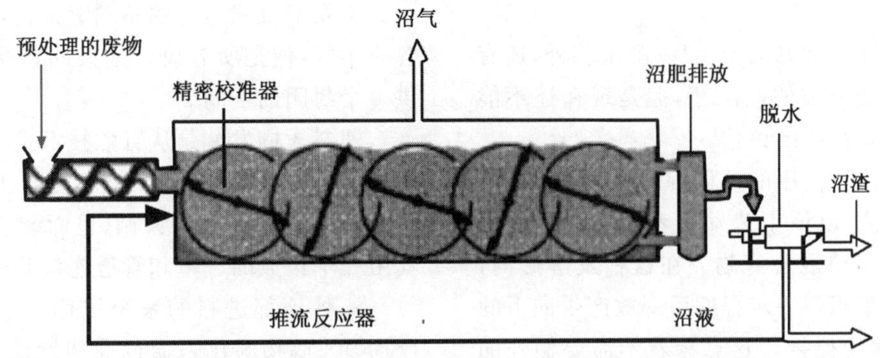

图 3.24 推流反应器(干式发酵)(Strabag Umweltanlagen)

图 3.25 推流反应器实地示例:圆柱形(左);方形,上方带储气膜(右)(Novatech GmbH (左), DBFZ (右))

批式工艺

批式工艺使用移动容器或固定的箱式发酵罐。这些工艺在近几年已有较成熟的商业化应用,并且建立了一定的市场。钢筋混凝土结构的箱式发酵罐在发酵大批量如玉米、青贮之类的底物时尤其常见。

在批式发酵工艺中,发酵罐装满底物后保持气密。接种底物与新鲜底物在第一相中混合加热,其中接种底物中的微生物群作为接种细菌,并让空气进入到发酵罐。在这个环境下,首先发生堆肥过程并释放热量导致温度上升。当混合底物达到运行的温度,立即停止空气供应。一旦发酵罐中的氧被消耗尽,和湿发酵一样,其中的厌氧微生物群会活跃并将生物质转化为沼气。沼气在发酵罐的气室内收集并最终作为能源利用[3-1]。

2～8 个箱式发酵罐组成的序列在实践中已被证明是可行的,其中最常见的是四发酵罐序列。这一安排足以实现半连续的沼气生产。

一组发酵罐序列应该有一个滤液池用以收集流出的渗滤液,这样渗滤液也可以用来生产沼气。渗滤液也可以洒在发酵罐物料上作为接种物。箱式发酵罐序列的实例见图 3.26。

图 3.26 箱式发酵罐实例:发酵罐序列(左);箱式发酵罐大门(右)(Weiland, vTI(左),Paterson, FNR(右))

特殊工艺

除了以上描述的常见的干、湿发酵工艺外，还有其他一些没有确切分类的新工艺，但是现在还不能对它们将来的重要性作出评估。

在德国东部广泛使用的一种特殊湿发酵工艺叫“Pfefferkorn”工艺(以该工艺发明者名字命名)，这种工艺采用了两室法混合底物。在这种发酵罐内，沼气产生的压力累积到一定程度后释放产生向下的压力，从而实现水力搅拌。这意味着不需要额外的电力用于搅拌。缺点是发酵罐的结构设计更复杂。在农业领域，有超过 50 个规模在 400～6 000 m^3 之间的沼气工程采用了这种工艺，主要用在能源作物含量少的液态粪污发酵，或者污水厂污泥发酵。图 3.27 是一个两室发酵罐的截面图。

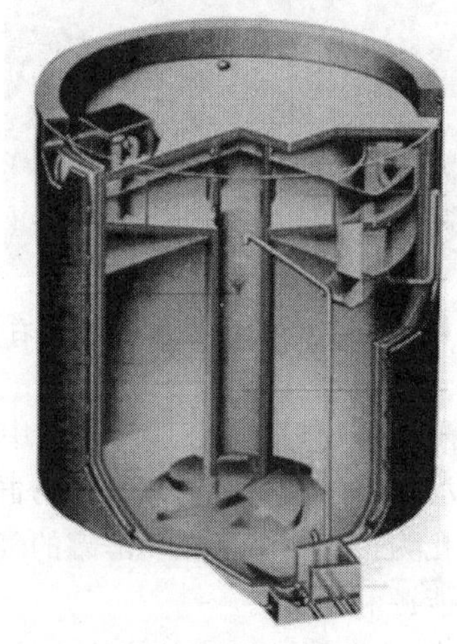

图 3.27 两室发酵罐(ENTEC Environment Technology Umwelttechnik GmbH)

干发酵批式运行的不同形式在不断出现。尽管各有不同，但是所有设计的共同点是为批量底物提供一个封闭的空间。

塑料大棚发酵是从青贮技术发展而来的一种非常直接的方法，即在可加热的混凝土地板上建造长达 100 m 的密封塑料大棚，里面装满发酵原料。沼气由一个集成的气室和管道连接到热电联产装置。

一种顶部进料的系统被称为连续批式反应器(SBR)。底物湿化是通过周期性液体渗滤，直到原料完全浸泡在渗滤液里。

在带搅拌的箱式发酵罐中进行的两级发酵是一种新的发展。发酵罐内的螺杆将物料搅拌均匀，通过螺杆输送机将它输送到下一级。批式发酵罐没有门，由全密封螺杆输送机进出料。

干-湿两相发酵工艺需要一个用于水解和底物渗滤的箱式反应器。水解和渗滤的液体被排到水解罐，水解罐的液体进入产甲烷反应器。这个工艺能够在几小时内开始和停止甲烷生产。图 3.28 展示了这类特殊设计。

3.2.2.2 发酵罐结构

一般来说，厌氧反应器包括一个隔热的发酵罐，加上一个加热系统、搅拌系统以及沉积物和已发酵底物的排料系统。

罐体设计

发酵罐由普通钢材、特殊钢材或钢筋混凝土制成。

图 3.28 干发酵的特殊系统实例：序批式反应器(左)；搅拌箱式发酵罐(中)；干/湿发酵工艺的产甲烷相和外部储气罐(右)(ATB Potsdam (左), Mineralit GmbH (中), GICON GmbH (右))

钢筋混凝土通过饱和水提供了足够的密封性。它所需的湿度包含在底物和沼气中。发酵罐使用现浇混凝土(CIP)、预制件或预浇混凝土件组装起来。如果底层土壤条件允许，混凝土罐可以部分或者全部位于地下。罐顶盖可以由混凝土铸成，地下式发酵罐的混凝土顶盖可以设计到足够强度并可供车辆在上面行驶。沼气则储存于外部储气罐。发酵罐也可储存沼气，其顶部由气密的大口径塑料薄膜制成。

某些尺寸的罐需要一个中柱来支撑其混凝土顶板。如果没有按照专业标准来做，顶板有坍塌的风险。过去顶板开裂、泄漏和混凝土腐蚀的情况并不少见，在极端情况下，受这些问题影响的发酵罐不得不被拆除。

使用高标号混凝土、确保发酵罐的专业设计，是避免这些问题所必需的。德国水泥协会出版了 LB 14 系列农业建筑须知“Beton für Behülter in Biogasanlagen”(用于沼气工程发酵罐的混凝土)[3-13]。这一系列的须知包含了该协会对钢筋混凝土发酵罐中使用的混凝土质量的要求。表 3.20 总结了在沼气工程建设中使用混凝土的关键要素。更多的信息可见水泥协会关于农业建筑的须知 LB[33-10]。图 3.29 为在建的钢筋混凝土发酵罐。

表 3.20 沼气工程发酵罐用混凝土的特性和工艺参数[3-10,3-11,3-13]

特性	对于发酵罐，液位以下空间 C25/30；气体空间 C35/45 或有霜冻风险的部分 C30/37(LP)，预发酵池和液态粪池采用 C25 若采取适当的措施保护混凝土，可降低混凝土的最低强度 水与混凝土比例为 0.5，预发酵池和液态粪池的比例为 0.6 通过计算裂缝宽度的限值为 0.15 mm 钢筋表面混凝土覆盖最小值为 4 cm
适宜性	所有类型的发酵罐/池(卧式与立式)
优势	基础和发酵罐可以是一体的 可部分采用预浇铸部件组装
劣势	浇铸只能在无霜冻期间进行 比不锈钢反应器的建设时间长 建筑后期开孔比较困难
特殊考虑	如果在混凝土板安装了加热设备，必须满足耐高温的应力和应变规定 结构必须具备可靠的气密性 为避免受到损坏，钢筋加固设计必须能承受较大的温度变化引起的应力和应变结构变化 特别是，没有一直被底物覆盖的混凝土表面(气体空间)必须加保护(如环氧树脂)以防受到酸的腐蚀 正规情况会安装泄漏检测系统 必须确保抗硫酸(使用高抗硫酸水泥，HS 水泥) 对沼气罐设计的结构分析必须是具体彻底的，以预防裂纹和损坏的出现

图 3.29 在建的混凝土发酵罐(Johann Wolf GmbH & Co Systembau KG)

由普通钢或特殊钢制成的发酵罐建造并连接在混凝土地基上，使用卷板钢材焊接或者钢板螺栓连接。螺栓必须密封。钢罐总是建于地面上的，大多数情况下使用密封的大口径塑料薄膜罐顶储存气体。钢罐的特性和属性列于表 3.21。示例见图 3.30。

表 3.21　沼气工程不锈钢罐的特性和工艺参数

特性	镀锌/搪瓷钢结构 37 或特殊不锈钢 V2A,在腐蚀性气体空间 V4A
适宜性	所有卧式和直立发酵罐和池
优势	预制和施工周期短 方便开孔
劣势	基础只能在无霜冻期间进行浇铸 搅拌器通常需要额外的支撑结构
特殊考虑	若表面不能持续浸在底物中(气体空间),必须使用更高级的材料,或应用合适的保护层以防止受腐蚀 整个结构必须是气密性的,尤其在基础与顶部结合部位 政府部门通常要求安装泄漏检测系统 保护不锈钢罐的保护层不受损坏是完全必要的

图 3.30　在建的特殊钢材发酵罐(Anlagen-und Apparatebau Lüthe GmbH)

3.2.2.3　混合和搅拌

确保发酵罐内物料被充分搅拌的原因如下:

—使新鲜底物接触有生物活性的发酵液而被接种;

—使得发酵罐内的温度与营养物质均匀;

—预防沉积和浮渣层,如果出现可以及时打破这些分层;

—使得底物中的沼气更快排放。

通过引入新鲜底物、热对流,以及在发酵物中上涌的气泡,发酵底物获得了较低程度的混合。然而这被动的混合还不够充分,因此还必须有主动混合的协助。

混合可以由反应器内的搅拌系统完成机械搅拌,或由置于发酵罐外旁的泵实现水力搅拌,或将沼气鼓入罐内通过气体搅拌。

后两种方法应用较少。在德国,85%～90%的沼气工程使用机械混合机或搅拌器[3-1]。

机械混合

底物由搅拌器进行机械混合。轴向流搅拌器和揉捏法搅拌器有所区别。介质的黏度和干物质含量是选择搅拌器类型的决定因素。两种搅拌方式也常搭配使用,以便相互配合达到更好的效果。

搅拌器可以持续或间歇工作。实践证明,搅拌间隔必须根据实际案例具体优化,以符合沼气工程的规格,这其中涉及底物的属性、发酵罐尺寸、浮渣形成的可能性等。出于安全,在启动阶段最好能更频繁和更长时间地搅拌。随着经验累积,逐步优化间隔的持续时间和频率以及搅拌器的设置。不同类型的搅拌器可用于该目的。

潜水电动搅拌器(SMA)经常被用于立式搅拌发酵罐中。带双或三叶轮推动器的高速潜水电动搅拌器与带两片桨叶的低速潜水电动搅拌器有所区别。这些轴向流搅拌器由无齿轮或带齿轮电动机驱动。它们完全浸没于底物中,因此其外壳必须防压力水和防腐蚀。在此种情况下,电机通过周围的介质降温[3-1]。潜水螺旋桨搅拌器的特性见表 3.22,图 3.31 为实例。

长轴径向搅拌器的电机也可置于搅拌器轴的一

端，穿过发酵罐。电机处于发酵罐外面，由轴穿过罐顶板的密封装置，或穿过反应器侧壁靠近顶端储气膜的位置。轴可以由发酵罐基础上的其他轴承支撑，并与一个或更多小口径叶轮或大口径桨叶一起安装。表 3.23 介绍长轴搅拌器的特性，图 3.32 则是一些范例。

表 3.22 潜水推进式搅拌器[3-2,3-16,3-17]

特性	通用 工作时间取决于底物，且在沼气工程调整阶段需要确定下来 在一个大的发酵罐中可以安装两个或两个以上搅拌器 推进器 高速、间歇性运行(500～1 500 r/min) 功率范围：上至 35 kW 大桨叶搅拌器 慢速的间歇性运行(50～120 r/min) 功率范围：上至 20 kW
适宜性	所有底物在湿发酵、立式发酵罐 不适合特别高黏度物料
优势	推进器 产生湍流，能很好地在发酵罐中搅拌，能打破浮渣和沉积层 很好的移动性，因此能在整个发酵罐进行选择性的混合搅拌 大桨叶搅拌器 能很好地实现在发酵罐的混合搅拌 产生的急流较少，但是相比高速 SMA 消耗单位电能能产生更大的推流效果
劣势	通用 考虑到导轨，在发酵罐内有许多移动的部件 维护需要打开发酵罐，但是并不一定要求排空物料(如果安装了绞盘) 间歇搅拌时搅拌中有可能出现浮渣和沉积层 推流式 富含干物质的底物有可能出现气蚀(搅拌器空转) 大桨叶搅拌器 在最初启动前必须设定好方向
特殊考虑	导管穿过发酵罐顶层的密封装置必须是气密的 如混合搅拌的间歇运行由计时器或者由其他合适的工艺方法控制 电机壳必须是完全密封不进水的，有些生产商提供电机壳内的自动泄漏报警 即使在发酵罐处于高温下时，可靠的电机降温 可进行带变频器的软启动和速度控制
设计	推流式 潜水无齿轮或减速齿轮的电动螺旋桨 推进器直径最高达 2.0 m 材料：防腐蚀，特殊钢材或铸铁 大桨叶搅拌器 潜水无齿轮或减速齿轮的电动双叶轮搅拌器 搅拌器直径：1.4～2.5 m 材料：防腐蚀、特殊钢材、带涂层铸铁、塑料或玻璃纤维增强环氧树脂叶轮
维护	有些情况下维护比较困难，因为必须将电动机移到发酵罐外 维护孔和引擎出口都必须整合到发酵罐 遵循发酵罐内作业的健康与安全规定

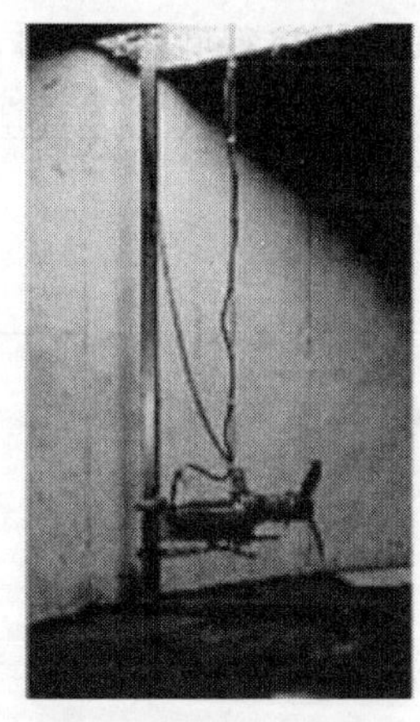

图 3.31　推流式 SMA(左);导轨系统(中);大浆叶 SMA(右)(Agrartechnik Lothar Becker (左,中), KSB AG(右))

表 3.23　长轴搅拌器的特性和工艺参数

特性	推流式 中等到高速(100～300 r/min) 可用功率范围:上至 30 kW 大桨叶搅拌器 慢速(10～50 r/min) 可用功率范围:2～30 kW 通用 工作时间取决于底物,且在沼气工程评估阶段需要确定下来 材料:防腐蚀、带保护层钢、特殊钢材
适宜性	所有湿发酵底物,只能用立式发酵罐
优势	能在发酵罐实现很好的混合搅拌 发酵罐内几乎没有可移动部件 发酵罐外部驱动不需要维护 如果持续运行可以预防浮渣和沉积层的出现
劣势	固定式安装,有不完全混合搅拌的风险 有可能在发酵罐的部分位置形成沉积层 如果间歇性混合,有出现浮渣和沉积层的可能 发酵罐外的电机会引起来自电机和齿轮的噪声问题 发酵罐内的轴承及轴易受到故障影响,一旦问题发生需要部分或全部清空发酵罐
特殊考虑	搅拌器导管穿过罐体的密封装置必须是气密的 如混合搅拌的间歇运行由计时器或者由其他合适的工艺方法控制 带变频器的软启动和速度控制是有可能的
设计	罐体外有/无齿轮的电动机,带一个或多个叶轮的罐内搅拌轴,或者双桨叶搅拌器(适合粉碎的工具,见“粉碎”章节) 在有些情况下发酵罐底部安装导管的轴承一端,浮式或旋转式安装 可能采用 PTO 驱动转换器
维护	电动机的维护直接在发酵罐外进行,不需要停止运行 叶轮和桨叶的修理比较麻烦,因为必须将它们移出发酵罐,或者必须降低发酵罐内的填充高度 维护孔必须整合到发酵罐 遵循发酵罐内作业的健康与安全规定

图 3.32 带有两个桨叶的长轴搅拌器:发酵罐底部有尾端轴承(左);发酵罐底部没有尾端轴承(右)
(WELtec BioPower GmbH(左), graphic: Armatec FTS-Armaturen GmbH & Co. KG(右))

轴流搅拌器是另一种可实现发酵罐内底物的轴向流机械混合的方法。它们在丹麦的沼气工程很常见,通常连续运行。它们顺着从发酵罐顶部中央下来的轴旋转。置于发酵罐外的电动机驱动的转速被控制在最多每分钟几转。这些搅拌器会在发酵罐内产生恒定流动,水力循环在接近中心处向下,在靠近管壁处方向向上。轴流搅拌器的特性和工艺参数见表 3.24,示例见图 3.33。

表 3.24 轴流搅拌器的特性和工艺参数

特性	慢速、连续运行的搅拌器 可用功率范围:上至 25 kW 速度取决于底物,且必须在沼气工程调试阶段确定下来 材料:防腐蚀,通常使用特殊钢材 功率:如 3 000 m^3 可达到 5.5 kW,通常会更高
适宜性	所有湿发酵的底物,只能用于大的立式发酵罐
优势	可实现发酵罐内的良好混合 发酵罐内几乎没有可移动部件 发酵罐外的驱动无需维护 薄的堆积层可直接卷下到底物中 能预防持续沉淀和堆积的出现
劣势	固定式安装,有不完全混合的风险 发酵罐的部分地方可能出现堆积层,特别是靠近边缘的部位 轴承承受较大压力,因此有可能产生较大的维护费用
特殊考虑	搅拌器导管穿过罐体的密封装置必须是气密的 可通过变频器控制速度变化
设计	罐外的齿轮电动机,罐内带一个或一个以上推进器的搅拌轴,底部支撑或顶部安装 推进器可安装在导流管内以促进水力循环的形成 可安置在中央以外的地方
维护	安装在发酵罐外的电动机的维护是直接的;无需停止运行 推进器和轴的修理比较麻烦,因为必须将它们移出发酵罐,或者必须降低发酵罐内的填充高度 维护孔必须整合到发酵罐 遵循发酵罐内作业的健康与安全规定

浆式搅拌器(或翼轮)是低速长轴的搅拌器。它的搅拌效果不是通过轴向流,而是通过搅拌底物完成的,并能对干物质含量很高的底物完成较好的搅拌。这些搅拌器用于直立的搅拌罐反应器以及卧式推流发酵罐。

在卧式发酵罐,搅拌器轴必须水平放置。轴带着桨搅拌底物。卧式推流的维持是靠向发酵罐以分批方式加入新鲜底物。该搅拌器往往由加热盘管集成到轴、搅拌臂(图 3.33)来加热底物。搅拌器每天慢速地运行几次,每次持续的时间较短。其特性列于表 3.25。

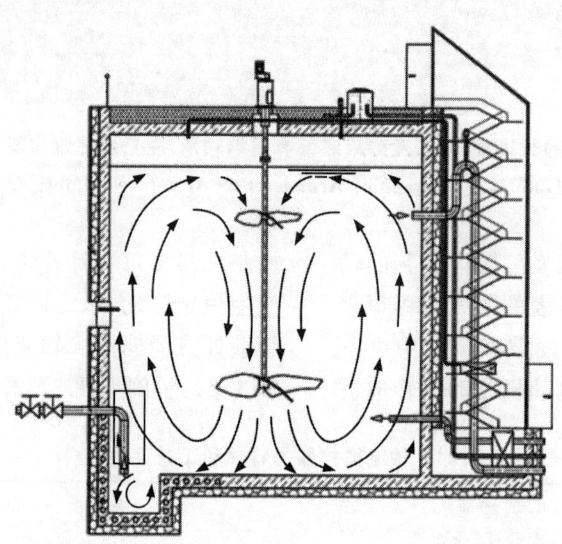

图 3.33 轴流搅拌器(ENTEC Environmental Technology Umwelttechnik GmbH)

表 3.25 立式和卧式发酵罐内的桨式/叶轮搅拌器的特性和工艺参数

特性	慢速、间歇性操作的搅拌器 功率取决于底物和位置,考虑到搅拌底物的阻力很大,因此在干发酵中能耗明显要大 转速取决于底物,且必须在沼气工程调试阶段确定下来 材料:防腐蚀,通常是带保护层的钢材,但特殊钢材也可行
适宜性	所有湿发酵的底物(特别是富含干物质的底物)
优势	可实现发酵罐内的良好混合 发酵罐外的驱动无需维护,可使用转换器实现 PTO 驱动 预防了浮渣和沉积层的形成
劣势	叶轮的维护必须将发酵罐清空 干发酵一旦出现故障,整个发酵罐必须进行手动出料(搅拌(二次搅拌器)以及用泵送也可行) 固定式安装,有出现不完全混合的风险;需要二次驱动以确保发酵罐内的流动(通常在卧式发酵罐通过变距螺旋,立式搅拌发酵罐中通过径流式搅拌器)
特殊考虑	搅拌器导管穿过罐体的密封装置必须是气密的 可通过变频器控制速度变化
设计	罐外齿轮电动机,罐内带两个或以上推进器的搅拌轴,可在轴上安装作为第二搅拌器的换热盘管或者和叶轮作为一个单元(在卧式发酵罐)
维护	可直接维护安装在发酵罐外的电动机,无需停止运行 桨叶和轴的修理比较麻烦,因为必须将它们移出发酵罐,或者降低发酵罐内的填充高度 维护孔必须整合到发酵罐 遵循发酵罐内作业的健康与安全规定

立式搅拌发酵罐里，卧式桨叶搅拌轴被置于钢支撑架上，轴的方向无法改变。发酵罐内的良好搅拌由对应的轴向流搅拌器协助完成。图 3.34 为示范图，属性列于表 3.25。

图 3.34 桨叶式搅拌器(PlanET GmbH)

气动混合

有一些生产商可提供底物的气动混合，但在农业沼气工程并不多见。

气动混合将沼气通过罐底的喷嘴鼓到发酵罐。通过气泡向上穿过底物产生垂直方向运动，最终混合底物。

这类系统的优势在于搅拌所需的机械组件(泵和压缩机)安装在发酵罐外面，因此受到的磨损较少。这些技术不适用于打破浮渣层，它们只能用于不易形成浮渣的稀释底物。气动混合的特性列于表 3.26。

水力混合

用水力混合时，底物被泵，以及水平的或水平和垂直结合的旋转喷嘴泵入发酵罐。底物被泵出然后再泵入，使得发酵罐的底物被尽可能地彻底搅拌。

水力混合同样也有将机械设备置于发酵罐外的优势，因此受到的磨损较少。水力混合只在一定条件下能打破浮渣层，因此只能用于不会产生浮渣层的稀释底物。关于泵技术，可见 3.2.1.4 章节的信息。表 3.27 提供了水力混合的特性和工艺参数。

表 3.26 发酵罐中气动混合的特性和工艺参数

特性	功率：如 1 400 m^3 的发酵罐采用 15 kW 压缩机，准持续运行 可用的功率范围：0.5 kW 及以上，所有用于沼气工程的范围均可
适宜性	不易形成浮渣的稀释底物
优势	可实现发酵罐内的良好混合 气体压缩机置于发酵罐外，维护比较直接 预防了沉积层的形成
劣势	对发酵罐进行出料以维护沼气输入系统
特殊考虑	压缩技术必须与沼气组成匹配
设计	在发酵罐底部均匀分布进气口或通过大功率气泵将沼气打入中心立管 与水力与机械搅拌配合使用
维护	因为置于发酵罐外，气体压缩机的维护很直接，无需停止运行 沼气注入设备的维修比较麻烦，因为必须清空发酵罐 遵守在发酵罐内作业的健康和安全规定

表 3.27 发酵罐内水力混合的特性和工艺参数

特性	使用大流量泵 能耗：相当于 3.2.1.4 章节的常规泵数据 材料：同泵的材料
适宜性	湿发酵中所有易泵送的底
优势	通过可调节潜水回转泵或者管道泵可实现良好的搅拌；可以打破浮渣和沉积层
劣势	发酵罐内没有控制流体方向的情况下使用外部泵时可能形成浮渣和堆积层 发酵罐内没有控制流体方向的情况下使用外部泵无法移除堆积层
特殊考虑	更多细节见 3.2.1.4 章节
设计	潜水回转泵或干式安装回转泵，单螺杆偏心螺杆泵，或转子泵，见 3.2.1.4 章节 外部安装泵有带可移动的变流装置或喷嘴的入口，可在不同入口之间切换
维护	具体设备的维护同 3.2.1.4 章节

发酵底物的移除

搅拌釜式反应器的发酵罐底物基于虹吸原理溢流，也可预防沼气逸出。已发酵的底物也可以用泵抽出。建议在底物从发酵罐移出之前进行搅拌。这让末端使用者(如农业)获得的有机肥比较匀质和高质量。带 PTO 驱动的搅拌器可用于这种用途，这类不需要一直有动力的设备具有经济方面的优势。而在沼肥准备被抽出来之前，可以将它连接到拖拉机引擎进行搅拌。

卧式发酵罐里，由新鲜底物进料时产生的推流使已发酵物料溢出或通过地面以下的管道排出。

3.2.2.4 其他附属系统

许多沼气工程都有常规以外的运行系统，在有些情况下对有些底物很有用。下面讨论预防浮渣和沉积层出现的方法，还有对沼气后期的固液分离阶段的描述。

泡沫收集器和泡沫控制

根据底物情况，湿发酵时可能会产生泡沫，更确切地说，是根据底物的组成情况。这种泡沫会在沼气收集时堵塞气体管道，这也是需要将发酵罐内的沼气收集管道尽可能置于高处的原因。泡沫收集器阻止泡沫通过底物管道进入到发酵罐或贮存池。示意图见图 3.35。

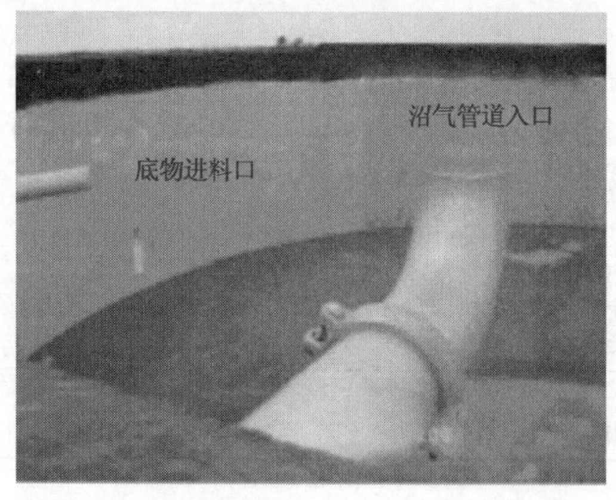

图 3.35 防止沼气管道堵塞的设计：向上的沼气管道入口(底物进料的入口在左边)(DBFZ)

也可以在发酵罐气体空间内安装泡沫感应器，使其在泡沫过多的情况下报警。如果泡沫情况太严重，也可往发酵罐喷消泡剂，但这需要在发酵罐内安装必要的设备，即喷雾系统。另外需要考虑的是，喷雾管孔的材质能否抵住腐蚀气体的侵袭。即使泡沫没有出现，这也可以通过间歇性地运行喷雾系统来预防喷雾管孔腐蚀。这里能适用的泡沫抑制剂有油，最好是植物油。底物表面喷水也可在紧急情况起到帮助。

去除发酵罐内沉积物

当密度大的物质(如砂子)，在湿式发酵中沉淀时会形成沉淀物和沉淀层。为了将密度大的物质分离出来，预沉淀池都装有沉淀物分离装置，但是砂子可以和有机物结合得非常紧密(在养鸡场产生的粪便通常如此)，因此常常只有石块和其他大块重物能在预发酵池被去除。大量的砂子只有在发酵罐里的底物生物降解过程中才能被释放出来。

某些底物(如猪粪和鸡粪)容易形成沉积层。时间越久，沉积层会变得越厚，明显减少发酵罐的有效容积。有的发酵罐中一半都是砂子。沉积层很容易逐渐变硬实，只能用铲子或者挖掘机去除。发酵罐底部安装刮板或者排砂口可能能够去除沉积层。但是如果沉积现象很严重，则无法保证排沙系统能彻底去除沉积层，因此可能还是需要打开发酵罐用人工或机械的方式去除沉积物。可以去除或者排出沉积物的方法列于表 3.28。在超过 10 m 高的发酵罐，静压足以排出底部的砂子、石灰和淤泥。

固液分离

当可堆积的底物所产沼气占的比重越来越高时，就必须更多地考虑湿化底物的液体物料的来源和已发酵底物贮存罐的容积。农场的贮存罐通常按照液态粪污的量设计，但不能够同时贮存发酵后的底物。在这种情况下，固液分离在经济和技术上可行。已发酵底物中的沼液可以用作打浆用的添加水或者液体肥料，沼渣需要的贮存空间较小或者可以用于堆肥。

带式压滤、离心、螺杆挤压机可被用于固液分离。螺杆挤压机是最常见的，表 3.29 列出了其特性。图 3.36 是螺杆挤压机的截面图和正在运行的螺杆挤压机示意图。

3.2.2.5 加热和保温

发酵罐的隔热

发酵罐需要额外的保温来减少热量损失。现有的商业材料可以用于保温，但所使用材料的属性必须符合所在地点(接近地面区域等)(表 3.30)。表 3.31 包含了一些保温材料的范例和参数。梯形金属板或木镶板被用作保护保温材料以避免天气影响。

表 3.28　沉淀物排放和去除系统

特性	沉淀物排放和去除系统中使用的设备的特性与上述描写的单个设备一致
适宜性	底部刮板只适用于圆形光滑的直立发酵罐 卧式和立式发酵罐使用螺旋排放输送机 圆锥底部可用在立式发酵罐
特殊考虑	沉淀物排放和去除系统中使用的设备的特性与上述描写的单个设备是一致的 螺杆输送机排出沉淀物必须通过发酵罐侧壁或者顶盖，需要前者不漏水、后者不漏气的密封装置 排放可能伴随臭味 泵井或类似结构必须与螺旋排放输送机一起安装在发酵罐内
设计	带罐外驱动的底部刮板将沉淀物移出发酵罐 发酵罐底部的螺旋排放输送机 带排泥泵的圆锥发酵罐底部，以及沉积层搅拌或水冲装置
维护	长期安装系统的维护需要清空发酵罐，因此罐外驱动或移除设备具有优势 遵守发酵罐内作业的健康与安全规定

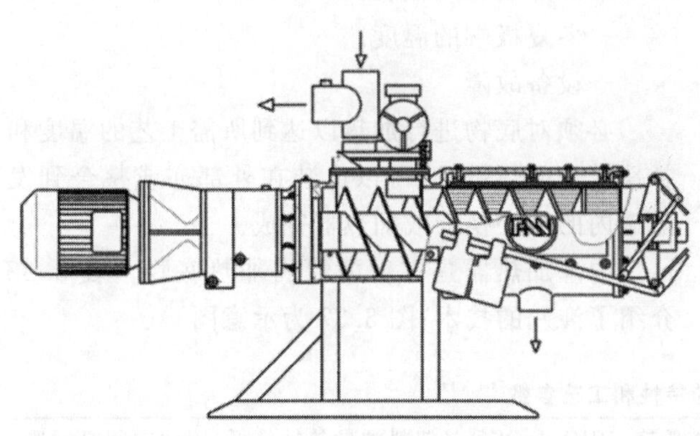

图 3.36　螺旋挤压机(FAN Separator GmbH (左), PlanET Biogastechnik GmbH(右))

表 3.29　螺旋挤压机

适宜性	用于能被螺旋式输送机输送的可泵送底物 含固率 10%～20%的底物(分离出来的固体干物质含量可高达 30%)
特殊考虑	额外增加振荡器等可提高脱水效率 能全自动操作
设计	独立单元 可以安装在停留时间非常短的沼气反应器的上游；能节省搅拌器的费用，避免由固体造成的故障；有较少的浮渣和沉淀层形成 安装于反应器下游产生用于增加含水率的液体，并能节省搅拌器的费用
维护	易于维护的单元，可以在不停止运行的情况下进行维护

表 3.30　保温材料的特性[3-12,3-13]

特性	用于发酵罐内或地面以下部分的材料：闭孔材料，如硬质聚氨酯泡沫塑料或泡沫玻璃，可预防湿气的渗入 地面以上部分的材料：岩棉，矿物纤维毡，硬质泡沫垫，挤压泡沫，宝丽隆泡沫，合成泡沫，聚苯乙烯 材料厚度：5～10 cm，但是 6 cm 以下的保温效果较差；主要基于经验而不是计算；在文献中有达到 20 cm 厚的记录 传热系数范围在 0.03～0.05 W/(m·K) 保温材料的载荷量必须满足发酵罐全满时的负荷
特殊考虑	所有保温材料必须能防止啮齿动物啃食
设计	可以在发酵罐内部也可以在外部做保温；但目前没有证据说明哪种方式更好

表 3.31 保温材料的特性(范例)

保温材料	导热性(W/(m·K))	适用类型[a]
矿物纤维保温材料(20～40 kg/m³)	0.030～0.040	WV, WL, W, WD
珍珠岩保温板(150～210 kg/m³)	0.045～0.055	W, WD, WS
聚苯乙烯泡沫保温砂(15 kg/m³<体积密度)	0.030～0.040	W
聚苯乙烯泡沫保温砂(20 kg/m³<体积密度)	0.020～0.040	W, WD
挤出发泡聚苯乙烯(25 kg/m³<体积密度)	0.030～0.040	WD, W
聚苯乙烯硬质泡沫(30 kg/m³<体积密度)	0.020～0.035	WD, W, WS
泡沫玻璃	0.040～0.060	W, WD, WDS, WDH

注:[a]适用类型:撕裂和切割载荷(WV);没有压缩载荷(WL,W);压缩载荷(WD);特殊领域运用的绝缘材料(WS);在压缩地板下增加载荷(WDH);增加的特殊领域运用的载荷量(WDS)。

发酵罐加热

发酵罐内的温度必须一致,以确保最佳发酵过程。在这个意义上,将温度控制到精确至0.1℃的某个特定值并不重要,更重要的是将温度波动限制在一个非常窄的范围内。这适用于一段时间内的温度波动和发酵罐不同部位的温度梯度[3-3]。温度的大幅度波动,以及温度超过或者低于某些特定值会阻碍发酵反应,在最坏的情况下甚至有可能造成反应完全停止。引起温度波动的因素有很多,如:

—新鲜底物进料。

—温度分层或温度区域的形成,通常由隔热不足,加热不足,加热设计不正确,或搅拌不足导致。

—加热装置的位置。

—冬夏极端的温度。

—设备故障。

必须对底物进行加热以达到所需工艺的温度和补偿散失的热量;这可以由装在外部亦或整合到发酵罐内的热交换器或加热器完成。

内部加热器是在发酵罐内加热底物。表3.32介绍了涉及的技术;图3.37为示意图。

表 3.32 内部加热系统的特性和工艺参数[3-1,3-12]

特性	材料:安装于沼气罐内部,或作为特殊钢材的搅拌管道,PVC或PEOC(塑料的导热性较低,因此空间必须紧密);铺于混凝土的普通地板下加热管道
适宜性	内壁加热器:所有类型混凝土发酵罐 地面加热:所有立式发酵罐 内部加热:所有类型发酵罐,但是在立式发酵罐中更常见 连接搅拌器的加热器:所有类型的发酵罐,但是更常见于卧式发酵罐
优势	加热系统水平置于发酵罐内,连接到发酵罐的加热系统可以有效地输送热量 地板和内壁加热器不会产生堆积 与搅拌器安装在一起的加热器与物料接触更多
劣势	沉积层的形成会很严重地减少地板加热的效率 发酵罐空间内的加热器会导致堆积,因此需要与内壁保持一定的距离
特殊考虑	加热管必须有排气装置;同样由于这一原因流体方向是自下而上的 混凝土中的加热元素会产生高温应变 根据发酵罐的大小,需要两个或更多的加热盘管 加热装置不能阻碍其他设备(如刮板机) 发酵罐底部和内壁的加热器不适合高温发酵
设计	地板加热系统 内壁加热系统(在不锈钢发酵罐情况下也可以安置于外壳) 加热器安装于离开内部的空间 加热器与搅拌器相结合
维护	必须定期对加热器进行清理以确保有效的热传输 整合到发酵罐或结构的加热器即使可以维护,也很难操作 遵守发酵罐内作业的健康与安全规定

图 3.37 发酵罐内的特殊钢材加热管(左);发酵罐墙壁内的加热管道安装(右)
(Biogas Nord GmbH(左), PlanET Biogastechnik GmbH (右))

外置换热器在底物进料到发酵罐之前对它进行加热,使底物在进入发酵罐之前有了预热。这也避免了由进料引起的温度变化。当使用外置换热器时,要么通过换热器的底物换热是连续的,要么发酵罐内必须具备额外加热能力,以维持发酵罐内的恒温。外置换热器的性能列于表 3.33。

表 3.33 外部换热器的特性和工艺参数[3-3,3-12]

特性	材料:通用的特殊钢材 设计加热流量与沼气工程规模与工艺温度有关 管道直径与常规底物管道的直径一致
适宜性	所有类型的发酵罐,经常在推流原理下用于反应器运行
优势	可确保很好的传热 新鲜物料不会在发酵罐内产生温度冲击 加热会接触全部物料 可以轻松地清理和维护外部换热器 良好的温控
劣势	在特定情况下需要提供额外的发酵罐加热 外部换热器是需要额外费用的额外设备
特殊考虑	换热器必须有排气口;出于此目的的流体方向应是自下而上 特别适合高温发酵工艺控制
设计	螺旋管或管套式的换热器
维护	维护和清理非常方便

3.2.3 沼肥的储存

3.2.3.1 沼液

原则上可在塘、圆柱或箱式池进行储存(地上或者地下)。由混凝土和优质钢材/钢材搪瓷铸成的立式罐最常用。它们的基本结构与立式搅拌反应器类似(见 3.2.2.1 章节,“发酵罐设计”)。可以给这些罐安装搅拌器,使沼液在排出储存罐之前进行均质搅拌。可以是长期使用的搅拌器(如潜水电动搅拌器),或者是 PTO 驱动搅拌器,采用侧面驱动、轴驱动或拖拉机拖引驱动。

储存池也可以加盖(气密或不气密)。两种形式都有助于减少储存期间的臭味排出和营养物的损失。密封性顶盖如塑料薄膜(见 3.2.4.1 章节,“一体化储存空间”)也能收集残余沼气,并且作为额外的储气空间。密封性顶盖的需求有待根据沼气、停留时间以及不同工艺控制来确定。但是在很多情况下,新建沼气工程如果没有设计密封性顶盖,将不能被批准建立。2009 年 1 月执行的《可再生能源法》修订案中,规定即使是通过德国联邦排污控制法案审核的沼气工程,如果符合能源作物的补贴要求(见第七章),都必须确保沼肥储存池的密封性。

塘通常是方形、带塑料薄膜内衬的地下结构。大多数塘是敞开的，只有一些塘有塑料膜覆盖以减少排放。

沼液沼渣储存罐的尺寸主要受到最优化的施肥时间的影响。请参考联邦肥料施用条例和第 10 章沼肥运用的内容。沼肥的储存设备通常设计成可供至少 180 d 储存的容积。

3.2.3.2 沼渣

沼渣来自干发酵过程，也来自湿发酵过程的已发酵混合物在固液分离后的固体部分。根据其用途，它们被储存在户外空地、建筑物内，或者在敞开的有时是移动的容器内。最常见的储存形式是堆在不渗水的混凝土或沥青上面，跟固体粪便堆肥类似。移动仓有时也被清理出来作为储存设备。渗滤液、物料压出的水以及雨水必须回收返回沼气工程。可以通过塑料薄膜或屋顶结构来防止降水对沼渣的影响。

当固体从沼液中压出来时主要会使用钢筒。可将它们置于分离器下面（参考图 3.36），在其满了之后再移走。这个情况下，也需要覆盖钢筒以防雨水进入。或者，可在室内安置固液分离和固体储存。如果设备安装在室内，废气可被抽出并导入到除臭系统（如洗涤塔和生物滤池）。

3.2.4 储存沼气

沼气产生量常有波动，并且有时会达到产气高峰。由于使用时需要恒定的沼气量，因此沼气需要在合适的储气罐进行缓冲。储气罐必须是气密的、耐压的，以及不受介质、紫外线、温度和气候影响。在使用之前必须对储气罐进行测试以确保其气密性。出于安全原因，储气罐必须安装过压和负压阀以避免容器内剧烈的压力变化。其他对储气罐的要求与规定详见“沼气系统安全规则”[3-18]。储气罐的设计必须能让它们缓冲每天大约 1/4 的产气量，通常建议储存 1～2 d 的产气量。储气罐可以分为低压、中压与高压三种。

低压储气罐最常用，以 50～3 000 Pa 表压运行。低压罐是由符合安全标准的塑料薄膜制成。塑料薄膜储气罐在发酵罐顶部形成气罩（一体式储存罐）或作为外部储存设施。细节见 3.2.4.1 和 3.2.3.2 章节。

中压和高压储气罐以 0.5～25 MPa 的运行压力，在加压的不锈钢容器和瓶内储存[3-1]。它们比较昂贵并且运行费用较高。达到 1 MPa 的加压罐的能源消耗可达 0.22 kWh/m^3，而相应的 20～30 MPa 的高压罐可达 0.31 kWh/m^3[3-3]。这也是它们很少用于农业沼气工程的原因。

3.2.4.1 一体式储气罐

由塑料薄膜形成的气罩可装在发酵罐、二级发酵罐或者沼肥储存罐顶以储存沼气。塑料膜在罐上空形成密封的圆盖。罐内搭建支持结构；当罐内没有沼气时，内膜落下后由这个结构支撑。当气体进入，塑料膜被撑起。其特性列于表 3.34，图 3.38 为范例。

表 3.34 塑料薄膜盖板的特性和工艺参数[3-3]

特性	储气能力达到 4 000 m^3 表压：500～10 000 Pa 塑料薄膜的渗透性；沼气损失在每天 1‰～5‰ 材料：丁基橡胶，聚乙烯丙纶混合物，三元乙丙橡胶
适宜性	所有沼气工程内的立式发酵罐以及二次发酵罐，直径尽可能大
优势	不需要额外的建筑物 不需要额外的空间
劣势	在大气罐内进行的气体混合，无法测量发酵罐气体空间内真正的甲烷含量，因此无法反映微生物的活动情况 没有顶部结构，隔热效果跟气室较差 若没有额外的顶部结构易被风影响
特殊考虑	通过双膜，并在双膜之内鼓入空气隔热（悬浮顶） 搅拌器不能安装在发酵罐顶部

续表 3.34

设计	发酵罐顶部的塑料膜顶盖 悬浮顶下面的塑料膜 发酵罐顶盖下面的塑料膜 安全或常规的塑料膜 罐内或单独建筑的带保护壳的塑料膜 发酵罐上面悬空顶的塑料膜 在建筑内(如未使用的仓库)悬空的塑料薄膜袋 悬浮顶下面的塑料薄膜储存空间
维护	基本上无需维护

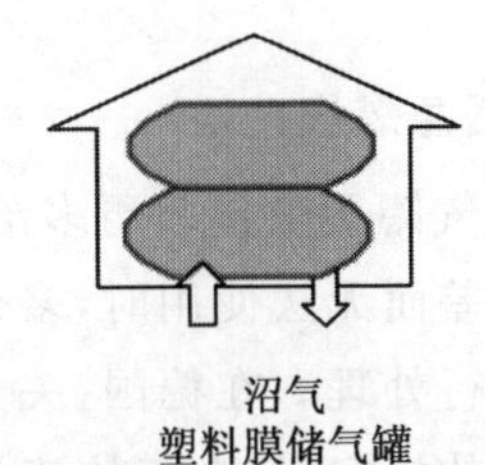

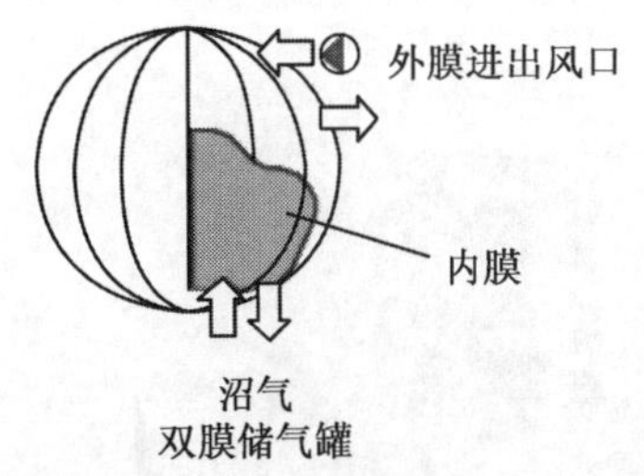

图 3.38 塑料膜储气罐(ATB Potsdam)

悬浮顶储存罐是常见的沼气储存类型。通常它们上面还有一层薄膜罩来加护以避免天气影响。鼓风机向两层膜间鼓风,让外膜一直处于紧绷状态,而内膜根据储存的沼气量自动调节。这个系统也能够维持相对稳定的气压。

3.2.4.2 外部储气罐

塑料薄膜气囊可被用作外部低压储存罐。气囊可置于适合的建筑内以保护气体不受天气影响,或者由第二次薄膜加护(图 3.39)。图 3.40 是这一类型的外部储气罐的范例。其规格可见表 3.35。

表 3.35 外部储气罐的特性和工艺参数[3-3]

特性	储气能力可达 2 000 m^3(可自定义更大容积的储气罐) 表压:50～3 000 Pa 塑料薄膜的渗透性:日沼气损失率 1‰～5‰ 材料:PVC(不耐用)、丁基橡胶、聚乙烯丙纶复合物
适宜性	所有沼气工程
优势	即时产生的甲烷含量可在发酵罐内的气体空间进行测量(由于低沼气量混合并不彻底),可反映微生物的活动
劣势	可能需要额外的占地 可能需要额外的建筑
特殊考虑	荷载是增加沼气排到热电联产单元的压力的简单方式 若建在建筑内部,建筑内部需要很好的空气供应以防止爆炸性混合物的形成 热电联产单元的发动机的输出可根据气量进行调节
设计	安全或常规的塑料膜 罐内或单独建筑的带保护壳的塑料膜 发酵罐上面悬空的塑料膜 在建筑内(如废弃的仓库)悬空的塑料薄膜袋 悬浮顶下面的塑料膜储存空间
维护	基本上无需维护

图 3.39 浮动顶盖的支撑结构(左);有浮动顶盖的沼气工程(右)(MT-Energie GmbH)

图 3.40 独立的塑料膜双膜储气罐实例

3.2.4.3 紧急燃烧火炬

一旦储气罐无法接收更多沼气,或者由于维护或沼气质量差而无法使用时,多余的沼气必须用安全的方法进行处理。在德国,关于运行许可在各个州都有不同的规定,但在气体流量达到 20 m^3/h 或更高时,必须建立热电联产单元以外的设备作为最终气体出处。可以采取二组热电联产单元(如采用两个小的而不是一台大的热电联产单元)。可通过安装应急火炬来建立安全体系,以确保能恰当地处理沼气。大多数情况下,政府会对此作出规定。沼气工业中使用的紧急燃烧火炬的特性列于表 3.36。图 3.41 为范例。

表 3.36 紧急燃烧火炬的特性和工艺参数

特性	体积流量可达到 3 000 m^3/h 燃烧温度 800～1 200℃ 材料:钢或特殊钢材
适宜性	所有沼气工程
特殊考虑	明火或暗火 如果燃烧室是绝热的,有可能符合空气质量控制技术原则,但这对于紧急燃烧火炬并不是必需的 可用自然通风或鼓风机 必须遵守安全须知,尤其是确保附近没有建筑物 必须在燃烧起喷嘴的上游对沼气加压
设计	混凝土基础上的独立单元,进行手动或自动运行
维护	绝大多数无需维护

图 3.41 某沼气工程的紧急燃烧火炬
(Haase Umwelttechnik AG)

3.3 相关工程准则

除沼气工程安全、职业健康与安全、环境保护等相关法律外，还有一系列技术准则适用于沼气工程。以下列举其中较重要的几条：

VDI 准则 3475 系 4(草案)：排放控制—农业沼气设备—能源作物和粪便的发酵。

VDI 准则 4631(草案)：沼气工程质量标准。

DIN 11622-2：青贮饲料和液体肥料容器。

DIN 1045：混凝土、钢筋混凝土和预加压混凝土结构。

DIN EN 14015：现场建立式、圆柱形、平底和地上焊接储气钢罐的规格。

DIN 18800：不锈钢结构。

DIN 4102：建筑材料和部件的燃烧特性。

DIN 0100 705 部分：低压电气装置。

VDE 0165 第一部分 EN 60 079-14：爆炸环境、电气安装设计、选择和建造—第 14 部分(爆炸环境下电气安装(除矿业))。

VDE 0170/0171：爆炸性环境下的电气设备。

VDE 0185-305-1：防雷保护措施。

G 600：沼气安装的技术规则 DVGW-TRGI 2008。

G 262：公众对可再生能源生产的沼气的利用。

G 469：沼气供应管道和设备的压力测试方法。

VP 265：沼气并入天然气管网的处理。

5.4 章节“操作可靠性”包括了其他沼气运行安全相关的具体要求。该章节涉及了有关中毒、窒息、火和爆炸风险的安全规范。

3.4 参考文献

[3-1] Schulz H, Eder B. Biogas-Praxis: Grundlagen, Planung, Anlagenbau, Bei-spiel. 2nd revised edition, Ökobuch Verlag, Staufen bei Freiburg, 1996, 2001, 2006.

[3-2] Weiland P, Rieger Ch. Wissenschaftliches Messprogramm zur Bewertung von Biogasanlagen im Landwirtschaftlichen Bereich, (FNR-FKZ: 00NR179). 3rd interim report, Institut für Technologie und Systemtechnik/ Bundesforschungsanstalt für Landwirtschaft (FAL), Braunschweig, 2001.

[3-3] Jäkel K. Management document 'Landwirtschaftliche Biogaserzeugung und-verwertung'. Sächsische Lande-sanstalt für Landwirtschaft, 1998,2002.

[3-4] Neubarth J, Kaltschmitt M. Regenerative Energien in Österreich- Systemtechnik, Potenziale, Wirtschaftli-chkeit, Umweltaspekte. Vienna, 2000.

[3-5] Hoffmann M. Trockenfermentation in der Landwirtschaft- Entwicklung und Stand. Biogas-Energieträger der Zukunft, VDI Reports 1751, Leipzig, 11 and 12 March, 2003.

[3-6] Aschmann V, Mitterleitner H. Trockenvergären: Esgeht auch ohne Gülle, Biogas Strom aus Gülle und Biomasse, top agrar Fachbuch, Landwirtschaftsverlag GmbH, Münster-Hiltrup, 2002.

[3-7] Beratungsempfehlungen Biogas, Verband der Land-wirtschaftskammern e. V., VLK-Beratungsempfehlun-gen,2002.

[3-8] Block K. Feststoffe direkt in den Fermenter, Landwirt-schaftliches Wochenblatt, 2002 (27):33-35.

[3-9] Wilfert R, Schattauer A. Biogasgewinnung und-nutzung- Eine technische, ökolo-gische und ökonomische Analyse. DBU Projekt 15071, Institut für Energetik und Umwelt gGmbH Leipzig, Bundesforschungsanstalt für Landwirtschaft (FAL), Braunschweig, December, 2002.

[3-10] Zement-Merkblatt Landwirtschaft LB 3. Beton für landwirtschaftliche Bauvorhaben, Bauberatung Zement.

[3-11] Zement-Merkblatt Landwirtschaft LB 13. Dichte Behälter für die Landwirtschaft, Bauberatung Zement.

[3-12] Gers-Grapperhaus C. Die richtige Technik für ihre Biogasanlage, Biogas Strom aus Gülle und Biomasse, top agrar Fachbuch, Landwirtschaftsverlag GmbH, Münster-Hiltrup, 2002.

[3-13] Zement-Merkblatt Landwirtschaft LB 14. Beton für Behälter in Biogasanlagen, Bauberatung Zement.

[3-14] Kretzschmar. F, Markert H. Qualitätssicherung bei Stahlbeton-Fermentern; in: Biogasjournal No. 1, 2002.

[3-15] Kaltschmitt M, Hartmann H, Hofbauer H. Energie aus Biomasse- Grundlagen, Techniken und Verfahren. Springer Verlag, 2nd revised and extended edition, Berlin, Heidelberg, New York, 2009.

[3-16] Memorandum Dr. Balssen (ITT Flygt Water Wastewater Treatment). Sep-tember 2009.

[3-17] Postel J, Jung U, Fischer E, Scholwin F. Stand der Technik beim Bau und Betrieb von Biogasanlagen-Bestandsaufnahme 2008, http: // www. umweltbundesamt. de/uba-info-medien/mysql _ medien. php? anfrage = Kennummer&Suchwort=3873.

[3-18] Bundesverband der landwirtschaftlichen Berufsgenos senschaften (pub.). Technische Information 4- Sicherheitsregeln für Biogasanlagen, Kassel, 2008, http: // www. praevention. lsv. de/lbg/fachinfo/info_ges/ti_4/titel. htm.

[3-19] Oechsner H, Lemmer A. Was kann die Hydrolyse bei der Biogasvergärung leisten? VDI-Gesellschaft Energi etechnik: BIOGAS 2009. Energieträger der Zukunft. VDI-Berichte, Vol. 2057, VDI-Verlag, Düsseldorf, 2009.

常见底物描述 4

本章详细介绍常见底物，讨论底物的来源及最重要的属性，如干物质(DM，也被称为总固体 TS)、挥发性固体(VS，也被称为有机干物质 ODM)、营养物质(氮、磷、钾)和任何可能存在的有机污染物。本章也将讨论底物的产气潜力、沼气质量以及底物处理方法。

由于不可能包括所有的底物，因此本章所介绍的底物并不能涉及所有可能性。由于底物质量的变化，本章提供的底物数据和产气量不应被视为绝对值。这里给出的是每一参数的范围和平均值。

沼气和甲烷产量的数据以标准立方米(Nm^3)为单位。由于沼气体积取决于温度和气压(理想气体定律)，标准化的气体体积基于 0℃，101.3 kPa 的大气压。体积单位的标准化使不同的操作条件的数据具有可比性。此外，还能为沼气中的甲烷成分赋予准确的热值(甲烷的热值为 9.97 kWh/Nm^3)。而热值可以计量能源生产，为沼气工程内不同的对比计算提供了可能。

4.1 农业底物

4.1.1 粪便

根据德国畜禽数量的统计，牛和猪的养殖显然为沼气工程的能源生产提供了巨大的潜能。深入挖掘后发现养殖场粪污或固体粪便的利用及处理主要有两个原因：一是养殖场规模的扩大，二是粪便管理面对更加严格的环境标准。此外，考虑到缓解气候变化，需要将粪便运用于能源生产以大幅减少温室气体的排放。表 4.1 提供了最重要的粪便数据资料。

表 4.1 不同牧场粪便的营养含量[4-1]修正

底物		DM (%)	VS (%DM)	N (%DM)	NH_4 (%DM)	P_2O_5 (%DM)	K_2O (%DM)
牛粪污	△	6～11	75～82	2.6～6.7	1～4	0.5～3.3	5.5～10
	Ø	10	80	3.5	n. s.	1.7	6.3
猪粪污	△	4～7	75～86	6～18	3～17	2～10	3～7.5
	Ø	6	80	3.6	n. s.	2.5	2.4
固体牛粪	△	20～25	68～76	1.1～3.4	0.22～2	1～1.5	2～5
	Ø	25	80	4.0	n. s.	3.2	8.8
家禽粪便	Ø	40	75	18.4	n. s.	14.3	13.5

注：△：测量值范围；Ø：平均值。

牛粪污的沼气产量为 20～30 Nm^3/t，略低于猪粪污(参见表 4.2)。此外，牛粪污产生的沼气的平均甲烷含量比猪粪污对应的甲烷含量低，因此每吨牛粪污所能产生的甲烷量比猪粪污少。甲烷含量的高低与底物的组成成分有关。牛粪主要是碳水化合物，而猪粪主要是蛋白质，故其甲烷含量稍高[4-3]。沼气的产量主要决定于底物里挥发性固体(有机干物质)的浓度。如果液体粪污被稀释，比如混入清理牛棚和挤奶机的废水，则实际数据资料和沼气产量可能会与表 4.2 有很大的不同。

表 4.2 不同粪便的沼气和甲烷产量[4-2]修正

底物		沼气产量 (Nm³/t)	甲烷产量 (Nm³/t)	VS基础上的特定甲烷产量 (Nm³/t)
牛粪污	△	20～30	11～19	110～275
	Ø	25	14	210
猪粪污	△	20～35	12～21	180～360
	Ø	28	17	250
固体牛粪	△	60～120	33～36	130～330
	Ø	80	44	250
家禽粪便	△	130～270	70～140	200～360
	Ø	140	90	280

注：△：测量值范围，Ø：平均值。

由于其可抽送性和粪池储存方便性，牛粪污和猪粪污都很容易在沼气工程使用。此外，由于它们总含固量相对较低，其很容易与其他底物（辅助底物）混合发酵。相对而言，将固体粪便装载到反应器需要更复杂的技术。固体粪便较黏稠的特性使其并不适用于市场上现有的固体装载技术。

4.1.2 能源作物

自2004年第一次《可再生能源法》（EEG）修订以来，能源作物（可再生原料）在沼气发电方面的重视程度尤为突出。从那之后建立的大多数沼气工程都使用能源作物。下面将详细地描述最常用的能源作物及其属性和沼气产量。

在确定选择种植哪种作物时，不应该仅仅考虑某个单一作物的最大产沼气潜力，应该尽可能综合考虑整个作物的轮种。例如考虑劳动效率和其他种植方法的可持续性等，要用一个整体的眼光来优化能源作物的种植。

4.1.2.1 玉米

玉米是农业沼气工程中最常见的底物[4-4]。它适宜作底物的原因在于亩产高、易降解。玉米产量主要取决于当地土质和环境条件。在沙质土壤，每公顷可能产生35 t新鲜生物质，而在高产地区每公顷可超过65 t。平均的产量大约为每公顷45 t。玉米是相对容易生长的作物，几乎适合所有的地域。

在收割时，整株玉米被割下来储存在卧式青贮窖中。干物质（总固体）含量在28%～36%。如果干物质含量低于28%，肯定会出现很多渗透水，同时也伴随着大量的能源损失。如果干物质含量在36%以上，肯定是含有较高的木质素，不易被降解。此外，也会因此无法更好地压实青贮，对青贮质量和储存的稳定性产生负面影响。在装载到青贮窖之后，剁碎部分被压实（如通过铲车或农场拖拉机），并用不漏气的塑料膜密封起来。在大约12周的青贮保存期后，青贮玉米可被用于沼气工程。本章末将给出相关的数据资料和平均沼气产量。

除了使用全株玉米青贮，玉米果穗（玉米芯）在现实运用中也有一定的意义。常见的形式有玉米果穗粉玉米芯混合以及玉米粒，这些是通过在不同时间使用不同收割技术获得的。玉米果穗粉和玉米芯混合通常在收获之后青贮。玉米粒既可以在湿的情况下进行青贮，又可以研磨后青贮或晾干。这些底物的能源密度比使用全株玉米青贮高很多，但由于很多植物体被留在土壤里，导致每单位种植面积的能源产量较低。

4.1.2.2 全株谷物青贮

包括混合谷物在内的几乎所有谷物，如果在同一时间成熟则适合全株谷物青贮。根据当地的情况，会优先考虑选择干物质产量最高的谷物进行种植。在大多数地区，黑麦和小黑麦是最佳选择[4-5]，其收割技术与玉米相同。在全株谷物的情况下，整个茎叶都被切碎青贮。根据所使用的系统，单一作物收割时间应该选在获得最高干物质产量时进行。对于大多数谷物种类而言，即是乳熟末期或蜡熟初期[4-7]。在全株谷物青贮的情况下，可实现每公顷产7.5～15 t的干物质。根据地域和收成情况，35%的干物质相当于每公顷鲜重22～43 t。

青绿黑麦（青刈黑麦）青贮是实践中经常用到的技术。在这里黑麦青贮比全株谷物青贮要早很多，它是一个两步收割过程。黑麦在割下来之后会被搁置 1～2 d,在剁碎和青贮之前会先枯萎下来。绿色黑麦收割之后,立即会种植后续作物用于能源生产(两季作物)。由于耗水量大,这种方式并不适用于所有地区。此外,如果收割的作物干物质含量太低,制作青贮可能会出现问题(如渗滤水溢出,青贮窖上不能支持车辆通行)。全株青贮谷物的数据资料和沼气产量将在本章末给出。

4.1.2.3 牧草青贮

牧草的种植、收割和青贮草的使用,与玉米一样,可机械化操作。牧草收割是一个两步过程:枯萎的牧草可选择使用短切、自动装载车或牧草收割机。牧草收割机由于其具有较好的切碎性能,通常在牧草青贮产沼气时被优先使用。

青贮的牧草可种植在一年或一年以上轮耕制的耕地上,或者在永久性的草场上。由于地区环境条件和草场的集约使用情况不同,其产量变化幅度也较大。在适宜的温度和天气条件下,精耕细作的土地上每年能完成 3～5 次的收割。但需要注意的是,发酵工艺中可能会出现机械成本高和高氮负荷的问题。牧草青贮也可以从粗放管理的自然保护区获得,不过由于木质素含量高,会导致低产气量。由于制作牧草青贮存在多种方式,也就意味着文献记载的资料数据和沼气产量的波动范围远超过了表 4.3 和表 4.4 给出的数据。

表 4.3 常用能源作物的数据资料[4-1]修正

底物		DM (%)	VS (%DM)	N (%DM)	NH_4 (%DM)	P_2O_5 (%DM)
玉米青贮	△	28～35	85～98	2.3～3.3	1.5～1.9	4.2～7.8
	Ø	33	95	2.8	1.8	4.3
全株作物青贮	△	30～35	92～98	4.0	3.25	n. s.
	Ø	33	95	4.4	2.8	6.9
牧草青贮	△	25～50	70～95	3.5～6.9	1.8～3.7	6.9～19.8
	Ø	35	90	4.0	2.2	8.9
谷物	Ø	87	97	12.5	7.2	5.7
糖甜菜	Ø	23	90	1.8	0.8	2.2
甜菜饲料	Ø	16	90	n. s.	n. s.	n. s.

注:△:测量值范围,Ø:平均值。

表 4.4 常见能源作物的沼气产量[4-2,4-6,4-9,4-10]

底物		沼气产量 (Nm^3/t 底物)	甲烷产量 (Nm^3/t 底物)	VS 基础上的特定甲烷产量 (Nm^3/t 底物)
玉米青贮	△	170～230	89～120	234～364
	Ø	200	106	340
全株作物青贮	△	170～220	90～120	290～350
	Ø	190	105	329
谷物	Ø	620	320	380
牧草青贮	△	170～200	93～109	300～338
	Ø	180	98	310
糖甜菜	△	120～140	65～76	340～372
	Ø	130	72	350
甜菜饲料	△	75～100	40～54	332～364
	Ø	90	50	350

注:△:测量值范围,Ø:平均值。

沼气工程制作牧草青贮应特别注意发酵率或降解率,因此需要随时注意干物质含量不应超过

35%。干物质含量太高，木质素和纤维素比例也会增加，将会导致与有机干物质有关的降解程度降低以及最后甲烷产量的明显减少。当加入牧草青贮时，由于其干物质含量高以及有时出现的长纤维，容易产生悬浮层的快速形成或与搅拌叶片缠绕在一起的技术问题。

4.1.2.4 谷物

谷物特别适合作为沼气工程现存底物的补充物料。由于谷物沼气产量高和降解速率快，因而对沼气生产的微调特别有用，而谷物种类并不重要。为确保快速发酵，需要在进料到反应器之前对谷物进行粉碎(如研磨或压碎)。

4.1.2.5 甜菜

甜菜(饲甜菜和糖甜菜)生长速度快，很适合作为能源作物来种植。特别是在有些地区，糖甜菜是重要的传统作物。不断推出的规范市场的措施，使得用于制糖的甜菜变得越来越少。糖甜菜种植是以众所周知的生产技术为基础，有着有利的农业优势，对其的关注也越来越多地转移到沼气生产的运用上。

甜菜对土壤和气候有特殊的要求。为了达到较高产量，需要温和的气候以及富含腐殖质的深层土。对轻质土壤的农田灌溉能帮助维持作物产量。产量根据地区因素和环境条件不同而有所变化。糖甜菜的平均产量在每公顷 50～60 t 鲜重。饲用甜菜受到更多不同因素的影响，如低干物质的饲用甜菜，产量大约为每公顷 90 t 鲜重，而高干物质的饲用甜菜产量在每公顷 60～70 t 鲜重[4-8]。叶片产量(地上部分)也由于种类的不同而不同。糖甜菜的根部产量和叶片产量的比例为 1∶0.8，而这个比例在饲用甜菜中是 1∶0.5。由于其质量增加速率快，低干物质的饲用甜菜的这种根、叶比例只有 1∶(0.3～0.4)[4-8]。糖甜菜的资料数据和沼气产量列于表 4.3 与表 4.4。

糖甜菜用于沼气生产会出现两个重大问题。首先，必须去掉甜菜上带的泥土，因为甜菜在装进发酵罐后泥土会在底部堆积而减少了发酵罐的容积。用于去泥的湿式清理技术目前还在研发中。第二，由于甜菜的干物质含量低，储存变得比较困难。在实际生产中，甜菜与玉米一起青贮用于沼气生产，或者单独把甜菜青贮于塑料管或塘里。甜菜的越冬储存技术还在试验中。

4.2 来自农产品加工行业的底物

本节将讨论农产品加工行业的底物。它们都来自加工植物类产品产生的物质或副产品。本节介绍的所有底物，选自《德国可再生能源促进法》(EEG 2009)规定的纯植物副产品清单。如果当地条件合适，这些产品的物质属性使其特别适用于沼气生产。必须注意的是，这些产品都具有废弃物的特性，或者都是被列于《生物废弃物条例》(Bio-AbfV)附录 1 的物质(参见 7.3.3.1 章节)。因此，沼气工程需要相应的审核，并且在预处理和沼肥使用上必须符合生物废弃物条例规定。在参考表格中的数据时，必须考虑到，在实际中底物属性很容易发生较大的波动，有时可能会超出数据范围。基本上这是由于主要产品的生产技术(如不同的方法、设备设置、所需产品质量、预处理，等等)以及原材料质量的变化所引起的。其重金属的含量也会有很大的变化[4-11]。

4.2.1 啤酒生产

很多副产品来自啤酒产业，其中啤酒糟占据了最大的比例(75%)。每 100 L 啤酒大约能产生 19.2 kg 啤酒糟，2.4 kg 酵母和糟底，1.8 kg 热污泥，0.6 kg 冷污泥，0.5 kg 硅藻土泥以及 0.1 kg 麦芽糖泥[4-12]。

本节只对啤酒糟进行详细讨论，因为啤酒糟的产量最大。除了硅藻泥，其他部分也同样适用于沼气工程。现阶段，只有一定数量的副产品可供沼气生产使用，因为所产生的副产品也会用作其他用途，如用于食品工业(啤酒酵母)或者动物饲料(啤酒糟和麦芽糖)。数据资料和产量总结见第 4.4 节。

储存和处理相对不成问题。然而，如果敞开储存，会有大量的能量损失且虫蛀霉烂会很快出现，因此在这些情况下会优先考虑青贮。

4.2.2 酒精生产

酒糟是谷物、甜菜、土豆或水果等生产酒精时的副产品。每生产 1 L 酒，所产生的酒糟量大约是其 12 倍；现阶段，在干化后一般用作牛饲料或肥料[4-12]。新鲜物质中含干物质较低的酒糟用途有限，不值得运输，这就出现了酒糟产沼气的机会。首先，酒糟发酵产沼气，然后把沼气送入热电联产机组，产生的电和热又供给酒精生产过程。这样的流程实现了可再生资源的层叠利用，在资源效率和可持续性方面为酒糟利用提供了一种新的可能性。

详细数据信息见表 4.6，沼气产量见 4.4 节的表 4.7。

4.2.3 生物柴油生产

菜籽饼和粗甘油是生物柴油生产的副产品。由于它们具有较高的沼气产量(表 4.6)，这两种物质都适用于农业沼气工程的辅助底物。菜籽饼的产气量主要由它的剩余油含量决定，而剩余油含量受原材料经榨油机处理程度和自身油含量的影响。因此在实践中，不同的菜籽饼可能会有不同的沼气量。生产 1 t 生物柴油大约会产生 2.2 t 菜籽饼和 200 kg 粗甘油[4-13]。然而在使用这些生物柴油的副产品时可能会出现一些问题，这需要提前进行仔细研究。比如菜籽饼发酵过程中会形成高浓度的硫化氢，这是由于菜籽饼有较高的蛋白质和硫磺含量[4-14]。粗甘油的问题是有时会出现重量比例超过 20%的甲醇，而甲醇在浓度高时会抑制产甲烷菌[4-15]。因此，厌氧发酵时只能添加少量粗甘油。

研究表明，将粗甘油与能源作物粪便一起发酵时，添加最多不超过 6%重量的粗甘油可以起到很好的辅助发酵效果[4-15]。这意味着混合底物产生的甲烷量远比预期分别产生的多。相同的研究也证实了，如果添加的粗甘油超过 8%，就不能起到促进作用，相反，甚至可能会抑制甲烷形成。总而言之，尽管生物柴油生产的副产品很适合作为辅助底物，但实践中，建议只能少量使用。

4.2.4 土豆加工(淀粉生产)

土豆生产淀粉时，除产生有机废水外，还会产生马铃薯渣。马铃薯渣主要含皮、细胞壁以及提取淀粉之后剩余的不可降解淀粉细胞。加工每吨土豆大约能产生 240 kg 的马铃薯渣以及 760 L 马铃薯汁和 400～600 L 工业废水[4-16]。

一些马铃薯渣被运到牧场作为牛的饲料，而大部分的马铃薯汁则被用作农田肥料，用作动物饲料的只是很小一部分。用于农田肥料的马铃薯汁有可能引起对土壤的施肥过多以及地下水的盐碱化。因此，有必要开发其他使用方案。

其中一个方案是用于沼气工程，因为这些副产品是容易发酵的底物。物质属性可见表 4.6 和表 4.7。

尽管对消毒或储存没有特殊要求，但必须考虑到如果储存于罐中，必须对马铃薯汁和工业废水再次加热，而这需要额外的能量。

4.2.5 制糖

糖甜菜制砂糖的工艺产生了很多副产品，多数被用作动物饲料。这些副产品有湿甜菜浆和糖浆。湿甜菜浆是在切碎甜菜提取糖后收集起来的，而糖浆是晶糖从浓糖浆中分离之后的剩余部分。有时把甜菜浆与糖浆混合起来，挤掉水分烘干形成干糖渣，同样也能用作动物饲料[4-17,4-18]。

除了用作动物饲料以外，糖浆也能作为酵母或酿酒厂的原料。尽管这意味着该产品可用于沼气生产的数量有限，但甜菜浆和糖浆的残糖含量还是非常适合作为沼气生产的辅助底物(参见附录 4.8，表 4.9)。

目前在储存和使用中还没有特殊的消毒需求。挤干的甜菜浆通过青贮能够长期保存，既可以直接用塑料管青贮，也可以与玉米等混合后一起青贮。糖浆需要储存于适合的容器中。由于糖甜菜及其副产品的季节性(9～12 月份)，如果需要全年用到甜菜浆和糖浆就必须进行储存。

4.2.6 水果加工

葡萄或其他水果生产红酒或果汁时的副产品称为“果渣”。由于其较高的糖含量，通常被用于制酒原料。果渣也被用作动物饲料或果胶原料。每 100 L 红酒或果汁能产生大约 25 kg 果渣，每 100 L 的果肉饮料能产生大约 10 kg 的果渣[4-12]。数据资料列于表 4.6 和表 4.7。

鉴于目前的生产工艺，果渣不大可能含异物或杂物，也没有消毒的需要。若需要储存较长时间，则必须进行青贮。

4.3 规定的纯植物副产品

这里介绍德国《可再生能源促进法》(EEG)规定的纯植物副产品的完整列表，及其法定标准沼气产量(参见 7.3.3.2 章节)。为了和本节描述的底物进行比较，所以将规定的标准沼气产量单位(kWh_{el}/t FM)转化为特定的甲烷产量(表 4.5)。换算依据是假定热电联产单元达到 37%的电效率和 9.97 kWh/Nm^3 的甲烷低位热值(表 4.5)。

一个主要问题在于法规只提供了副产品大概的物质属性。由于影响沼气产量的物质属性(特别是干物质和残余油含量)实际上变化范围很大(参见4.2节),因此法定标准产气量与实际获得的产气量之间有很大的偏差。这难免导致对纯植物副产品的沼气产量过高或过低的评估。

表 4.5　按照 EEG 2009 的正效应列表中纯植物副产品的标准沼气产量

纯植物副产品	按照 EEG 附录 2 第 5 条的标准产气量	
	(kWh_{el}/t FM)	(Nm^3 CH_4/t FM)
已用谷物(新鲜的或压榨的)	231	62
蔬菜残余	100	27
蔬菜(未售出的)	150	41
谷物(残渣)	960	259
生产酒精产生的谷物酒糟(麦)	68	18
谷物粉	652	176
油加工厂的粗甘油	1 346	364
药用和香料植物	220	59
土豆(未售出的)	350	95
土豆(泥,中度淀粉含量)	251	68
淀粉生产产生的土豆废水	43	12
淀粉生产产生的过程水	11	3
淀粉生产产生的土豆渣	229	62
土豆皮	251	68
酒精生产产生的土豆酒糟	63	17
甜菜制糖产生的糖浆	629	170
果渣(新鲜未处理的)	187	51
菜籽油粕	1 038	281
菜籽饼(剩余油含量约 15%)	1 160	314
插花(未售出的)	210	57
制糖产生的甜菜渣饼	242	65
甜菜渣	242	65

4.4　纯植物副产品的数据资料和产气量

表 4.6 介绍了 4.2 节提到的常见底物的数据资料和产气量。在可获得的数据内,不同参数的范围和平均值都有提供。但是,数据资料和沼气产量的范围都要斟酌使用。在实际运用中,"底物质量"差别很大,并会受到其他生产因素的影响。这里给出的数据仅作为参考,必须注意实践中获得的结果可能会出现偏高或偏低的情况。

表 4.6　常用纯植物副产品的物料参数[4-1,4-2,4-12,4-17]

底物		DM (%)	VS (%DM)	N (%DM)	P_2O_5 (%DM)	K_2O (%DM)
麦酒糟	△	20～25	70～80	4～5	1.5	n. s.
	Ø	22.5	75	4.5	1.5	n. s.
谷物酒糟	△	6～8	83～88	6～10	3.6～6	n. s.
	Ø	6	94	8	4.8	n. s.

续表 4.6

底物		DM (%)	VS (%DM)	N (%DM)	P_2O_5 (%DM)	K_2O (%DM)
土豆酒糟	△	6～7	85～95	5～13	0.9	n. s.
	Ø	6	85	9	0.73	n. s.
水果渣	△	2～3	约 95	n. s.	0.73	n. s.
	Ø	2.5	95	n. s.	0.73	n. s.
粗甘油	[4-1]	100	90	n. s.	n. s.	n. s.
	[4-15]	47	70	n. s.	n. s.	n. s.
菜籽饼		92	87	n. s.	n. s.	n. s.
土豆渣	Ø	约 13	90	0.5～1	0.1～0.2	1.8
土豆汁	△	3.7	70～75	4～5	2.5～3	5.5
	Ø	3.7	72.5	4.5	2.8	5.5
甜菜渣	△	22～26	95	n. s.	n. s.	n. s.
	Ø	24	95	n. s.	n. s.	n. s.
糖浆	△	80～90	85～90	1.5	0.3	n. s.
	Ø	85	87.5	1.5	0.3	n. s.
苹果渣	△	25～45	85～90	1.1	1.4	n. s.
	Ø	35	87.5	1.1	1.4	n. s.
葡萄渣	△	40～50	80～90	1.5～3	3.7～7.8	n. s.
	Ø	45	85	2.3	5.8	n. s.

注:△:测量值范围,Ø:平均值。

表 4.7　常见农业底物的沼气产量[4-1,4-2,4-12,4-15]

底物		沼气产量 (Nm³/t 底物)	甲烷产量 (Nm³/t 底物)	VS 基础上的特定甲烷产量 (Nm³/t VS)
麦酒糟	△	105～130	62～112	295～443
	Ø	118	70	313
谷物酒糟	△	30～50	18～35	258～420
	Ø	39	22	385
土豆酒糟	△	26～42	12～24	240～420
	Ø	34	18	362
水果渣	△	10～20	6～12	180～390
	Ø	15	9	285
粗甘油	△	240～260	140～155	170～200
	Ø	250	147	185
菜籽饼	Ø	660	317	396
土豆渣	△	70～90	44～50	358～413
	Ø	80	47	336
土豆汁	△	50～56	28～31	825～1 100
	Ø	53	30	963
甜菜渣	△	60～75	44～54	181～254
	Ø	68	49	218
糖浆	△	290～340	210～247	261～355
	Ø	315	229	308
苹果渣	△	145～150	98～101	446～459
	Ø	148	100	453
葡萄渣	△	250～270	169～182	432～466
	Ø	260	176	448

注:△:测量值范围,Ø:平均值。

4.5 枝条和杂草修剪

市政的公园和绿地维护(如枝条和杂草修剪)产生了大量的绿色垃圾。由于这种产物的季节性,若需要作为沼气底物常年使用,必须先进行青贮。由于这种物质很分散,其运输成本非常高,集中起来青贮的意义不大。如果每次投送的数量较小,也可以以新鲜物料形式加到底物中。添加这些物料时必须特别小心,由于细菌首先必须适应底物的新属性,如果一次投加量过大会导致发酵过程停止。表 4.8 给出了一些重要的数据资料,包括沼气产量和甲烷含量。通常情况,枝条和杂草修剪残余不会用于沼气生产而是用于堆肥。

表 4.8 枝条和杂草修剪物料性质[4-12,4-19]

底物	DM (%)	VS (%DM)	N (%DM)	P_2O_5 (%DM)	沼气产量 (Nm^3/t FM)	甲烷产量 (Nm^3/t FM)	VS 基础上的特定甲烷产量 (Nm^3/t FM)
枝条和杂草修剪	12	87	2.5	4	175	105	369

除了上述所说的青贮相关的收运的困难外,还要考虑预处理的一些问题,在进入发酵罐前,需要去除一些不希望被包含的杂物(如树枝或石头)。

4.6 景观管理

景观管理废弃物包括农业和园艺活动所产生的物质,这些活动主要为景观管理服务[4-20]。产生景观管理废弃物的地区有自然保护区和植被养护区。养护植被、农业自然保护区或相关类型的项目所产生的修枝和剪草被归为景观管理废弃物。此外,公路边的绿化,市政植物修剪以及公共和私人花园的维护和剪草,体育场、高尔夫球场的维护以及河道沿岸植被,这些都被归类为景观管理物质。自然保护区的景观维护通常每年只进行一次,这些废弃物的干物质含量和木质素含量常常较高,因而沼气产量低,也不适宜青贮。另外,使用这些物质需要非常特殊的工艺技术或方法,在现阶段的成本非常高,或者还不成熟。相比之下,来自于植被维护的景观管理物质(如市政绿化、体育场和高尔夫球场的剪草),这些木质素含量很低,因此更适合发酵。

为了获得每度电 2 欧分的景观管理上网电价补贴,沼气工程一年内使用的来自于景观管理(也可参见 7.3.3.2)的物料量必须占到 50%以上(鲜重)。

4.7 参考文献

[4-1] Kuratorium für Technik und Bauwesen in der Landwirtschaft (KTBL). Faustzahlen Biogas. Darmstadt, 2007.

[4-2] Kuratorium für Technik und Bauwesen in der Land-wirtschaft (KTBL). Faustzahlen Biogas. 2nd edition, Darmstadt, 2009.

[4-3] Weiland P. Grundlagen der Methangärung-Biologie und Substrate, VDI-Berichte, No. 1620 'Biogas als regenerative Energie-Stand und Perspektiven'. VDI-Ver-lag,2001:19-32.

[4-4] Weiland P, et al. Bundesweite Evaluierung neuartiger Biomasse-Biogasanlagen, 16. Symposium Bioenergie-Festbrennstoffe, Biokraftstoffe, Biogas,Bad Staffelstein,2007: 236-241.

[4-5] Weiland P. Stand und Perspektiven der Biogasnutzung und-erzeugung in Deutschland. Gülzower Fachgespräche, Band 15: Energetische Nutzung von Biogas: Stand der Technik und Optimierungspotenzial, Weimar, 2000:8-27.

[4-6] Fachagentur Nachwachsende Rohstoffe e. V. Standortangepasste Anbausysteme für Energiepflanzen. Gülzow, 2008.

[4-7] Karpenstein-Machan M. Energiepflanzenbau für Biogasanlagenbetreiber, DLG Verlag. Frankfurt/M., 2005.

[4-8] Dörfler H. (ed.). Der praktische Landwirt. 4th edition. BLV Verl.-Ges., Munich,1990.

[4-9] Hassan E. Untersuchungen zur Vergärung von Futterrübensilage. BLE-Projekt Az. 99UM031, Abschlußbericht, Bundesfors-

chungsanstalt für Landwirtschaft (FAL), Braunschweig,2001.

[4-10] Schattauer A. Untersuchungen zur Biomethanisierung von Zuckerrüben; Masterarbeit angefertigt im Institut für Technologie und Biosystemtechnik. Bundesforschungsanstalt für Landwirtschaft (FAL), Braunschweig,2002.

[4-11] Bischoff M. Erkenntnisse beim Einsatz von Zusatz- und Hilfsstoffen sowie Spur-enelementen in Biogasanlagen, VDI Berichte, No. 2057,'Biogas 2009- Energieträger der Zukunft', VDI Verlag, Düsseldorf, 2009: 111-123.

[4-12] Wilfert R, Schattauer A. Biogasgewinnung und-nutzung-Eine technische, ökonomische und ökologische Analyse. DBU-Projekt, 1. Zwischenbericht, Institut für Energetik und Umwelt GmbH, Leipzig, Bundesforschungsanstalt für Landwirtschaft (FAL); Braunschweig,2002.

[4-13] Anonymous, Die Herstellung von Biodiesel,Anwendungsbeispiel Biogas 3/98, Munich, 1998.

[4-14] Wesolowski S, Ferchau E, Trimis D. Untersuchung und Bewertung organischer Stoffe aus landwirtschaftlichen Betrieben zur Erzeugung von Biogas in Co- und Monofermentationsprozessen. Schriftenreihedes Landesamtes für Umwelt, Landwirtschaft und Geologie Heft 18/2009, Dresden, 2009.

[4-15] Amon T, Kryvoruchko V, Amon B, Schreiner M. Untersuchungen zur Wirkung von Rohglycerin aus der Biodieselerzeugung als leistungssteigerndes Zusatzmittel zur Biogaserzeugung aus Silomais, Körnermais, Rapspresskuchen und Schweinegülle. Universität für Bodenkultur Wien, Department für Nachhaltige Agrar-systeme, Vienna, 2004.

[4-16] Umweltbericht. Emsland-Stärke, 2002. www. emsland-staerke. de/d/umwelt. htm.

[4-17] Schnitzel und Melasse-Daten, Fakten, Vorschriften. Verein der Zuckerindustrie. Landwirtschaftsverlag Münster-Hiltrup, 1996.

[4-18] Konzept zur Qualität und Produktsicherheit für Futtermittel aus der Zuckerrü-benverarbeitung. Broschüre, 2nd edition. Verein der Zuckerindustrie, 2003.

[4-19] KTBL Arbeitspapier 249-Kofermentation. Kuratorium für Technik und Bauwesen in der Landwirtschaft- KTBL. Darmstadt,1998.

[4-20] Recommendation of the EEG Clearing Agency of 24. 09. 2009. http://www. clearingstelle-eeg. de/EmpfV/2008/48.

4.8 附录

表 4.9 底物性质一览表

底物	DM (%)	VS (% DM)	N[a] (% DM)	P_2O_5 (% DM)	K_2O (% DM)	沼气产量 (Nm^3/t FM)	甲烷产量 (Nm^3/t FM)	甲烷产量 (Nm^3/t VS)
粪污								
牛粪污	10	80	3.5	1.7	6.3	25	14	210
猪粪污	6	80	3.6	2.5	2.4	28	17	250
固体牛粪	25	80	5.6	3.2	8.8	80	44	250
家禽粪便	40	75	18.4	14.3	13.5	140	90	280
马粪不含稻草	28	75	n. s.	n. s.	n. s.	63	35	165
能源作物								
玉米青贮	33	95	2.8	1.8	4.3	200	106	340
全株作物青贮	33	95	4.4	2.8	6.9	190	105	329
绿色黑麦青贮	25	90				150	79	324
谷物	87	97	12.5	7.2	5.7	620	329	389
牧草青贮	35	90	4.0	2.2	8.9	180	98	310
甜菜	23	90	1.8	0.8	2.2	130	72	350
甜菜饲料	16	90	n. s.	n. s.	n. s.	90	50	350
向日葵青贮	25	90	n. s.	n. s.	n. s.	120	68	298
苏丹草	27	91	n. s.	n. s.	n. s.	128	70	286
甜高粱	22	91	n. s.	n. s.	n. s.	108	58	291
绿色黑麦[b]	25	88	n. s.	n. s.	n. s.	130	70	319
加工业的底物								
麦酒糟	23	75	4.5	1.5	0.3	118	70	313
谷物酒糟	6	94	8.0	4.8	0.6	39	22	385
土豆酒糟	6	85	9.0	0.7	4.0	34	18	362
水果渣	2.5	95	n. s.	0.7	n. s.	15	9	285
粗甘油[c]	n. s.	n. s.	n. s.	n. s.	n. s.	250	147	185
菜籽饼	92	87	52.4	24.8	16.4	660	317	396
土豆渣	13	90	0.8	0.2	6.6	80	47	336
土豆浆	3.7	73	4.5	2.8	5.5	53	30	963
榨甜菜浆	24	95	n. s.	n. s.	n. s.	68	49	218
糖渣	85	88	1.5	0.3	n. s.	315	229	308
苹果渣	35		1.1	1.4	1.9	148	100	453
葡萄渣		88	2.3	5.8	n. s.	260	176	448
园林垃圾								
绿化剪草	12	87.5	2.5	4.0	n. s.	175	105	369

注：[a] 沼肥中的氮含量，不计储存时的损失；

[b] 枯萎的；

[c] 取决于实际的生物柴油生产，结果存在一定差异。

沼气工程运行 5

一个正确规划的沼气工程，其经济效益取决于工艺过程的可靠性和工艺过程的运行能力的综合效果。其中的关键因素是确保所采用技术的功能实现、运行可靠和高效率的生物降解过程。

由于技术设备的运行难免会出现故障，必须随时备好所需的工具以发现故障并及时纠正。尽管自动化程度可以非常高，但工艺控制必须有人员参与。监测和控制算法的自动化可以让系统持续运行，而且不再必须依赖专家人员。但数据的远程传输而无需工艺监测时必须有人员在场。高度自动化的缺点是相应产生的额外费用。沼气工程的规格不同，这些优缺点也各有不同，因此沼气工程里没有所谓的标准仪器和控制设备。所使用的设备必须适用于具体情况。

接下来的章节将首先介绍能用于观察生物反应的监测变量。

内容主要针对湿发酵沼气工程。而适用于批式(干)发酵的不同特征会根据具体情况提出。

5.1 生物反应的监测参数

监测和控制生物反应是一种挑战。农业上厌氧发酵工艺的目的通常是为了达到一个稳定的甲烷产率。使用最多的是连续(或半连续)搅拌反应罐(CSTR)。在这种情况下，运行稳定后便能实现持续稳定的甲烷生产。在稳定状态，工艺参数的变化为零，实现了最大的工艺相关转换率[5-26]。

$$V\frac{\mathrm{d}S}{\mathrm{d}t}=Q_{\mathrm{in}}\cdot S_{\mathrm{o}}-Q_{\mathrm{out}}\cdot S+V\cdot r_{\mathrm{s}}=0 \quad (5\text{-}1)$$

式中：Q：容积流率(L/d)(输入，输出)；V：反应器容积(L)；r_s：反应率(g/(d·L))；S_o：进入底物浓度(g/L)；S：排出底物浓度(g/L)。

有机负荷率、停留时间、可实现的降解率、产气率等这些变量是由沼气工程规模和所选底物提前决定的。操作工人必须确保这些变量尽可能不变。然而在实际操作中几乎很难实现恒定，因为工艺中难免出现干扰(如底物属性变化、故障如泵的故障，或者消毒剂进入等)。干扰物质会导致结果偏离预期状态，因此需要迅速发现以便及时识别干扰并纠正。

恒定状态的偏离可通过物料平衡直接发现。然而在实际运用中，很难精确测量进料和出料的材料成分，在很多情况下甚至连测量实际底物量以及产气量也很困难，因此不可能在合理的费用下实现准确测量封闭的物料平衡。因此，很多沼气工程会根据具体情况采用不完全的方案。不过这些方案通常不足以确保稳定的工艺运行。

以下将描述可用于评估生物反应以及实践中最常测量的变量。

5.1.1 沼气产率

厌氧反应产生的沼气量是一个关键的监测变量，它既是代谢产物也是目标变量。沼气产率是指每单位时间(如每天)生产的沼气量，底物进料量和底物成分是计算沼气产率的基础(底物和容积相关)。测量沼气产率对了解代谢过程和评估产甲烷菌群落工作效率必不可少。

安装沼气流量计时必须注意探头的安装位置。如果需要观察个别发酵罐的过程状态，需对其沼气产率做单独记录。如果发酵罐带薄膜顶，为了计算沼气生产率就必须考虑储存容积，这可以通过记录气量(如放线传感器)、气室的内压和温度得到。置于气室的传感器必须满足防爆要求，而且必须耐腐蚀和防高湿度。薄膜顶也用于储存沼气，测量沼气产率和可用的储存容积对于控制热电联产单元的输出尤其重要。

在管道中测量气体流量时，必须注意将厂家指定的进口部分安装到位，以便产生层流流动。沼气流通过时，测量仪器的运动部件很容易受沼气中杂质影响而导致故障。热式流量计和涡轮流量计常用于沼气领域。

5.1.2 沼气成分

沼气的成分可用于评估不同的情况。下面介绍每个组分以及它们对过程评估的意义。

5.1.2.1 甲烷

沼气中的甲烷比例可用于评估产甲烷菌群的状态。甲烷的生产率可用沼气生产率来计算，如果进料不变，但甲烷产率大幅下降，则可以推测产甲烷古菌被抑制。每个发酵罐都必须安装监测点，评估其甲烷产率。在沼气技术中，甲烷含量可用红外传感器或热导式传感器进行测量。

沼气用于热电联产单元的运行时，其甲烷含量不能低于40%～45%，因为引擎无法使用甲烷含量过低的沼气。

5.1.2.2 二氧化碳

二氧化碳在水解/酸化阶段和产甲烷过程中形成。它溶于水，因此形成重要的碳酸氢根缓冲液。如果沼气中甲烷/二氧化碳的比率在底物成分不改变的情况下减小，原因可能在于出现了产酸比产甲烷更快的情况，降解过程中的物料平衡被打破，这可能是由于进料量改变或产甲烷菌群被抑制。

二氧化碳与甲烷可通过红外传感器或热导式传感器测量。

5.1.2.3 氧气

氧气只有在用于生物脱硫的目的被添加时才能被检测到。氧气测量可用于调整脱硫所需的氧气含量，可通过电化学传感器和磁传感器测量。

5.1.2.4 硫化氢

因为硫化氢氧化产物有较高的腐蚀性，故热电联产机组厂家规定了其浓度的限度。因此测量硫化氢的主要目的是为了保护热电联产单元。

浓度低于百分比范围(大约20 000 mL/L)的硫化氢并不影响产甲烷古菌，而这在沼气工程很少出现。硫化氢通过电化学传感器测量。

5.1.2.5 氢气

氢气是甲烷形成过程中的重要介质。它主要产生于酸化和乙酸形成过程，然后再被转化成甲烷。已经有通过沼气中的氢气浓度来检测工艺干扰物的尝试。在这方面，尤其重要的是理论上从长链脂肪酸形成乙酸和利用氢形成甲烷只在很小的浓度范围才会一起发生。参数的适用性还有争议，因为沼气中的氢浓度和干扰因素之间的相关性不易被确定。沼气中的氢浓度可通过电化学传感器很容易地测量。迄今还很少有调查研究氢分压在发酵底物作为控制参数的适用性。

大多数气体分析仪器制造商在沼气部门提供模块化设备，这使得用户能够选择传感器类型和测量点数量。关于电化学传感器，必须注意它们比红外传感器更容易“磨损”和偏移，必须对其进行定期的校准。

5.1.3 温度

通常情况，反应速率随着温度上升而增加。然而生物工艺有最佳温度，这是因为有机结构(如蛋白质)在温度上升时容易变得不稳定，也会丧失其功能。实际上，执行厌氧工艺时，主要有两个温度范围：

—中温范围：在37～43℃。

—高温范围：在50～60℃。

由于厌氧发酵中产生的热量极少(能源作物为进料底物的沼气工程除外)，必须对底物加热直到达到发酵温度。保持恒温状态很重要，特别是高温过程对温度的变化很敏感。

使用玉米青贮的沼气工程有时会遇到温度上升以至于必须进行冷却的情况。

测温传感器必须安装于不同的高度，检测监测是否出现分层和不充分混合。必须注意不能将传感器安装于死区或太靠近温度控制设备。电阻传感器(如PT1000或PT100)或热电偶可用于测量温度。

5.1.4 进料量和进料位

为了确保降解过程的平衡，必须对添加的底物量进行精确地测量。除液体底物外，有些情况下固体也会被进料到发酵罐，因此必须使用不同的测量系统。

最好的测量固体的办法是称重。这可以通过铲车秤或装载系统的称重设备完成。称重设备更精确，也更容易整合到自动工艺控制系统。称重设备使用的是压力传感器，因此需要使用“悬浮”容器。因为在装载过程中必须加满储存容器，所以必须避免传感器附近有污染出现。

可在管道上安装流量计，测量液体底物，或者如果沼气工程有预发酵池的话，进料量可通过物位计进行测量。

液位(包括发酵罐内液位)可以通过压力传感器(发酵罐中的液体静压)或用超声波/雷达测量到液面的距离来确定。由于现场维护较困难和费用较高,传感器必须选择防腐蚀耐污的。在选择和安置传感器时还需要考虑特殊的运行状态如发酵罐底部沉淀物的堆积(如砂子)、泡沫、气室的硫单质等,不能让这些因素影响测量。另外还必须是防爆的。

测量流体的最佳装置是那些在介质中没有活动部件的设备。最常见的类型是电感和电容传感器,不过在个别情况也会使用超声和热传导传感器。所采用的方法不同,但前提都是流到传感器之前必须有足够的导流口以产生管内层流。流量测定的优势在于,如果有多个进料管线,可以通过阀门管路安排,使用一套测量设备即可检测几条进料管线。

5.1.5 底物特性

除了底物数量之外,还必须知道底物的浓度和成分以获取物料平衡。

总量参数,如总固体(TS)含量(即干物质含量,DM)以及挥发性固体(VS)含量,被用于确定浓度。液体底物也可能用化学需氧量(COD)来确定浓度,有时也会使用总有机碳(TOC)。而实际操作中一般只考虑前两者。

确定底物中可生物降解部分的第一步是测定水含量或总固体含量。这需要将样品在105℃的实验室干化到恒重状态。同时也有新开发的基于微波和近红外的传感器,可以在线监测干物质含量。

评估可降解度的一个标准是通过干物质中的有机成分来确定,挥发性固体含量是在550℃温度下燃烧烘干样品而获得。由此产生的质量损失,即燃烧产生的损失,相当于有机干物质的量。该值是一个总量参数,它并不能说明所测物质的可降解度,也没有显示预期能产生的沼气量信息。然后,可在底物和挥发性固体量已知的情况下,根据文献中的指导值预测沼气产量。干化样品时去除了挥发性物质(如挥发酸),因此这些挥发的物质不会在结果分析数据中显示。尤其当底物被酸化时(如青贮为例),可能导致沼气产量预测时出现较大误差。魏斯巴赫因此发明了一种补充方法可以将挥发性物质计算在内,但是这种方法非常复杂[5-18]。

样品燃烧后的残留物被称为燃烧余物,这是底物中的惰性成分。如果底物中含有大量的砂,燃烧余物可被用于估算砂的含量,结合筛分法还能估算出砂的分布[5-19]。砂含量是个重要参数,因为其具有磨损性,并且在某些底物中会在发酵罐内形成沉淀(如鸡粪等禽类粪便)。

对底物更准确的特征描述可通过将底物成分根据温德分类(粗纤维、粗蛋白质、粗脂肪、无氮提取物,结合有机物的降解系数可评估是否适合作为动物饲料,可见 2.3.4.1 章节),或根据范氏法(半纤维素、纤维素和木质素)。这些成分决定了中间产物的特质。一旦底物发生突然变化,中间产物立即会出现累积,而由于缺少相应的细菌或增长率不够高往往不能降解这些累积的中间产物。使用动物饲料分析比使用挥发性固体含量能更准确地预计沼气产量。因此这一方法也能更好地评估底物质量。

测定底物浓度对于获得可靠的平衡物料必不可少,测定底物成分也能用于评估底物的质量。

5.1.6 有机酸含量的确定

有机酸是沼气形成过程中的中间产物。根据其pH变化,酸会在水溶液中分离。其成分的计算如下[5-20]:

$$f=\frac{10^{pK_s-pH}}{1+10^{pK_s-pH}} \tag{5-2}$$

式中:f:解离因子;pK_s:酸度常数的负常用对数。

在稳定状态下,产酸率与酸被转化的速率一致,因此发酵罐中酸的浓度保持恒定。如果出现较高的产酸速率或酸降解被抑制,酸会逐渐积累,浓度随即上升。根据莫诺原理,细菌的增长取决于底物浓度,因此酸浓度的上升会导致更高的细菌增长率。在一定范围内,反应会自我稳定。但是,如果在一段时间内,酸的形成速度超过了微生物的酸降解能力,则浓度会持续上升。如果不进行干预,酸的积累会使得发酵底物的缓冲能力被消耗,随后pH会下降。当非解离态的酸比例浓度达到一定程度时,酸代降解会受到抑制,进而pH下降会更快。

在稳定状态,很难规定可容许酸浓度的最大值,因为其浓度取决于很多因素,包括停留时间、使用的底物以及抑制物的存在。

引用的一些文献数据列于表5.1中作为参考。

表 5.1 最大酸浓度限值

文献	限值 乙酸浓度或类似参数 (mg/L)	方法,说明
[5-20]	200 非解离态酸	混合式反应器高温发酵,上游有水解反应器
[5-20]	300 (已适应的生物群落)非解离态酸	混合式反应器高温发酵,上游有水解反应器
[5-21]	30～60 非解离态酸	连续混合反应器中温发酵
[5-2]	80 非解离态酸(浓度超过 20 时出现抑制效应)	无资料
[5-22]	100～300 总酸	市政污泥发酵,正常运行状态
[5-22]	1 000～1 500 总酸	市政污泥发酵,启动阶段
[5-22]	1 500～2 000 总酸	市政污泥发酵,酸化边缘,暂停进料或者加碱
[5-22]	4 000 总酸	市政污泥发酵,酸化,短期无回复可能性
[5-23]	<1 000 总酸	稳定状态

对工艺运行而言,酸浓度的恒定是必不可少的。一旦酸浓度上升,就必须提高警惕。在动态条件下,即酸浓度不断变化时,评估工艺状况需要有工艺模型。

除了酸的总量参数,单个酸的浓度能提供更多的信息。如果频谱显示长链脂肪酸比乙酸增加速度更快,那么酸转化成乙酸正在被抑制。长链脂肪酸转化为乙酸是一种内源反应,只在氢气浓度较低时发生,而且这些微生物的生长速率很低。由于这些不利的情况,这个阶段会成为工艺中的一个瓶颈。相应地,更高浓度的丙酸只会降解得更加缓慢。

在一些文献中提到了将乙酸和丙酸的比例作为参数来评估的过程,但至今还未能建立一个普遍适用的模式。

测定有机酸浓度的方法很多(目前有必要采集样品进行实验室分析):

—作为总量参数(如根据 DIN 38414-19 的蒸汽蒸馏)。

—作为频谱(如气相色谱)。

—根据滴定结果和经验公式来计算(VOA－挥发性有机酸)。

在 VOA 值的应用日益广泛的情况下,根据 DIN 38414-19 的总参数测定已变得罕见。因为需要蒸馏挥发酸,这种方法比 VOA 值的测定更复杂,但它也更精确。测定酸谱的气相色谱(另一种可能是液相色谱)需要复杂的底物测量技术和经验,而且酸的总量不是唯一的结果,也有可能会测定单个的短链脂肪酸的浓度,这是以上所述方法中最准确的一种。

近年来 VOA 值已成为较易测定的参数[5-24]。最常见的是将 VOA 与 TAC 值(总无机碳)结合起来。

VOA/TAC 值由滴定测定。TAC 简称的来源并不完全清楚,文献中给出了各种不同的名称,但没有一个能完全准确地指代该术语。TAC 值指的是 0.1 标准硫酸在将样品 pH 滴定到 5 时的“消耗量 A”。所消耗的酸转化为相应的碳含量($CaCO_3$ mg/L)。如果继续滴定到 pH 为 4.4,则可以从“消耗量 B”中推断出有机酸的含量。用于计算酸浓度的是经验公式:

样品量:20 mL(离心分离的)。

TAC：消耗量 A × 250(mg/L $CaCO_3$)。

VOA：((消耗量 B × 1.66) − 0.15) × 500 (mg/L HAc)。

VOA/TAC 的比值通常被用于评估工艺。但是请记住,由于只是经验公式,不同工艺的分析结果是不可比的。经验表明,VOA/TAC 值应不大于 0.8。不过,在这里也有例外。在酸的例子中,可以通过观察值变化发现问题。在评估结果时必须考虑到所使用的计算方法。

5.1.7　pH

生物反应很大程度上依赖于 pH。产甲烷的最佳 pH 范围是在 7~7.5 的小幅范围内,但是高于或低于这个范围也可以产气。在单级发酵中,一般来说,最佳范围内的 pH 是自动形成的,因为细菌群体本身会形成一个自我调节系统。在两级发酵中 pH 在水解阶段是相当低的,通常是 5~6.5,因为这是最适合产酸细菌的环境。在产甲烷阶段由于介质的缓冲能力和降解活动,pH 再次回升到中性范围。

pH 控制重要代谢产物的离解平衡,比如氨、有机酸和硫化氢。介质(主要是碳酸氢根和铵离子)的缓冲能力通常保证了稳定的 pH。如果确实有重大变化发生而 pH 变化超出其最佳范围,这通常是出现了严重干扰的迹象,应立即采取行动。

5.1.8　微量元素的含量

微量元素是以非常低的浓度出现的矿物质。通常完全靠能源作物(和那些使用酒糟水/酒糟)的沼气工程很容易受到干扰,这可以通过添加微量元素得到修正。产气率下降和酸浓度上升表明了这些干扰的存在。这些现象并没有出现在使用动物粪尿的沼气工程中。到目前为止还没有明确其抑制机理和实际造成抑制的物质,但在能源作物中的微量元素含量大大低于其在不同种类粪便中的浓度[5-26]。

许多供应商为了优化工艺提供适当配比的微量元素混合包。有研究表明,氯化亚铁或氢氧化铁中的附加铁离子经常被用于脱硫,并且能起到稳定作用。由于会与硫离子形成很难溶于水的金属硫化物,从而限制了微量元素被微生物利用的可能性。如果硫化物大多是与铁结合在一起,那么其他的金属离子浓度会更高,也有就有可能被微生物所利用。表 5.2 显示的是各种元素的指导值。

表 5.2　微量元素指导浓度

元素	指导值[5-28] (mg/kg TS)	指导值[5-27] (mg/L)
钴	0.4~10(最佳 1.8)	0.06
钼	0.05~16(最佳 4)	0.05
镍	4~30(最佳 16)	0.006
硒	0.05~4(最佳 0.5)	0.008
钨	0.1~30(最佳 0.6)	
锌	30~400(最佳 200)	
锰	100~1 500(最佳 300)	0.005~50
铜	10~80(最佳 40)	
铁	750~5 000(最佳 2 400)	1~10[5-29]

已有一种指导值和描述微量元素添加量的方法被注册为专利[5-28]。

添加微量元素时应该牢记,这些重金属在高浓度时会产生抑制作用,因而被列为污染物。无论什么情况下,元素添加时必须遵循满足"需要但尽量少"的原则。

5.1.9　氮、铵、氨

含氮有机物被分解时,其中的氮转化为氨(NH_3)。氨在水中解离,形成铵。

氮是组建细胞结构必不可少的,因此是一种重要的营养元素。

已有资料表明底物中高浓度的氨/铵会抑制甲烷产生。目前还没有某一种导致这种抑制作用的确切机制被认可,但显而易见的是,细菌能够适应更高的浓度,这使人们难以明确其限值,因为细菌对高氨/铵浓度的适应性视具体生物过程而定。

有许多因素表明,抑制效果来自于未解离部分,即氨,并且其抑制作用与浓度、温度和 pH 之间相互依赖。因此,在实践中证实,高温沼气工程比中温沼气工程对高氨氮浓度更敏感。氨浓度计算[5-30]见以下公式。

$$C_{NH_3} = C_{NH_4} \cdot \frac{10^{pH}}{e^{\frac{6\,344}{273+T}} + 10^{pH}} \tag{5-3}$$

式中:C_{NH_3}:氨浓度(g/L);C_{NH_4}:铵浓度(g/L);T:温度(℃)。

图 5.1 描述了解离平衡和抑制作用[5-2]。把进程抑制的绝对值转移到所有情况无疑是错误的(见

下文)，但是，抑制的总体原则可应用于其他过程。

表 5.3 总结了各种文献涉及的氨/铵抑制。显然这些数据有很大的不同，这也凸显了没有普遍适用原则来判定氨/铵抑制的事实。

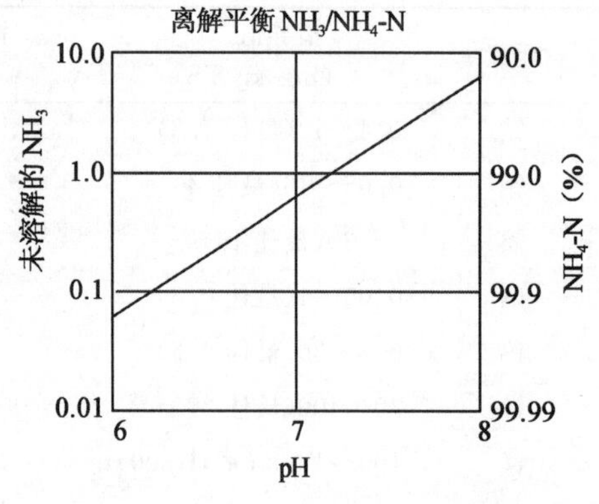

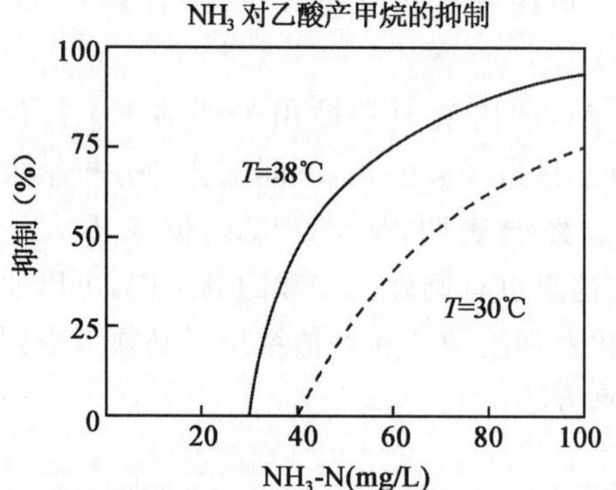

图 5.1 NH_3 对乙酸产甲烷过程的抑制作用[5-2]

表 5.3 关于氨抑制的文献参考

文献	浓度	降解率(%)	备注
[5-33]	>3 000 mg/L NH_4		抑制效应
[5-32]	>150 mg/L NH_3		抑制效应
[5-31]	500 mg/kg NH_3 1 200 mg/L NH_3		稳定运行，酸浓度上升，抑制效应
[5-30]	<200 mg/L NH_3		稳定运行
[5-21]	106 mg/L NH_3 155 mg/L NH_3 207 mg/L NH_3 257 mg/L NH_3	71 62 61 56	所有条件下都稳定运行，但降解率逐渐下降，酸浓度逐渐上升
[5-34]	>700 mg/L NH_3		抑制效应

在铵浓度升高的同时，文献报道了酸浓度[5-21]的升高，这种关联性也可在实践中看到。较高的酸浓度表明了酸消耗群体已经接近其最大增长率。尽管有这些不利条件，稳定运行仍是可能的，但当负荷发生波动时需要更加注意，因为反应不能再增加代谢活性以增强缓冲能力。在某些情况下沼气生产可在一段时间内保持恒定，但发酵底物中会发生酸富集。高浓度铵可作为缓冲，使得较高浓度的有机酸并不一定会导致 pH 的变化。

如果有一个长期的适应时间(长达一年)，微生物能够适应高氨浓度。研究表明，固定床反应器比搅拌式反应器能更好地适应高浓度。从这里可以得出的结论是，泥龄是适应高氨氮一个因素。因此，延长底物在搅拌式反应器里的停留时间是控制抑制作用的一个策略。

迄今为止，还没有关于氨的浓度、有机负荷率和停留时间的确定的极限值。调整需要时间，并伴有降解性能的波动。因此调整过程也伴随着经济风险。

氨/铵可以通过离子选择探头或采用比色管测定，或传统的蒸馏和滴定(DIN 38406 标准，E5)来测量。实地使用探头并不普遍，而其在实验室样品分析很常见。由于浓度限值与特定过程相关，所以单靠氨浓度数值本身并不能判断整体工艺状况。测定铵含量的同时，都必须测定 pH，所以氨含量可以被计算出来。如果产生干扰，这可以帮助找出原因。

5.1.10 浮渣层

浮渣层的形成的代表有纤维物质作为底物的沼气工程出现了问题。当纤维材料悬浮和铺满表面时便形成浮渣层，成为牢固的结构。如果没有用合适的搅拌器打破浮渣层，它可以达到几米厚，在这种情况下必须进行人工移除。

有一种说法认为表面结构有一定程度的稳定

性，对通入空气进行脱硫的沼气工程有益。在这种情况下浮渣表面可作为脱硫菌的一个繁殖区。

因此处理浮渣层时，需要考虑优化问题。通常沼气工程运行者会通过对检查窗的观察来决定如何处理浮渣层。目前还没有监视浮渣层形成的测量技术。

5.1.11 泡沫

泡沫是由于表面活性物质降低了表面张力后产生的。沼气发酵工艺中发泡的确切原因未知。它发生在次优条件下(例如青贮变质，或伴随高浓度铵的过载现象)。原因可能是表面活性物质作为中间产物或细菌群体的累积，再加上大量的沼气产生。

如果沼气管道堵塞，泡沫会变成严重问题，例如，发酵罐中的压力会将泡沫挤出释压装置。消泡剂能快速修复，但从长远看需要查明原因并消除。

在测量技术上，泡沫可以由各种物位测量设备组合检测。例如，压力传感器不会反映泡沫，而超声波传感器会检测到引起表面变化的泡沫。两种测量系统的差值即是泡沫的深度。

5.1.12 工艺评估

工艺评估就是分析和解释数据。物料平衡是最可靠的描述过程的方法。然而在实践中，由于其成本和复杂性，在经济上往往不可行。此外，在实践中测量值也有各种特殊情况，这里把实验室检测数据与联机安装传感器获得在线数据之间的差异分析简述如下：所有实验室分析需要有代表性的取样，其后将该样本送到实验室。这类分析耗时且昂贵，得到的结果有一定的延迟。而且，在过程中直接测量的传感器有相当高的测量频率，而且立即会出测量结果。因此获得每个测量值的成本明显降低，而且数据可以很容易地集成到过程自动化控制。

但是，目前测量物料平衡所需的变量不能通过在线传感器测得，所以补充实验室分析不可或缺。必要的变量及其可获取性总结于表5.4。

连续监测所有变量太过昂贵，而且在许多沼气工程也不必要。为满足沼气工程的具体要求，需要寻找部分解决方案。选择控制和测量技术的标准在于：

—允许工艺偏差。

—预期自动化程度。

—工艺特性。

尽早发现关键过程状态(酸积累，随之而来的抑制和产气量降低)是对每一个过程监测系统的最低限度的要求，从而避免严重的绩效损失。此外，监测应足够精确，满足沼气生产的闭环控制，必须确保热电联产机组负荷的充分利用。

表 5.4 监测变量及其可获取性

物料平衡需要的监测参数	能否在线监测
进料组成	干物质含量(DM)的在线监测正在开发中，其他参数需实验室分析
中间产物(有机酸)	需要实验室分析
沼液和沼渣产量	可以在线分析
发酵残余物(沼液和沼渣)组成	干物质含量(DM)的在线监测正在开发中，其他参数需实验室分析
沼气产量	可以在线分析
沼气成分	可以在线分析

自动化程度无疑与沼气工程规模相关，沼气工程越大，不同子过程也变得越不清楚，因此自动控制变得必不可少。随着自动化水平的增加也能一定程度地减少对专业人才的依赖，可实施远程监控，并减少人为失误。

关于工艺性能应该指出的是，工艺负荷过高的风险更可能出现在有机负荷率高、停留时间短、有高浓度的抑制物质或使用不断变化的混合底物的沼气工程。所以，应在工艺监测中，有适当的投资来预防这一风险。

5.2 沼气工程监测和自动化

沼气工程监测、监督和工艺控制的方案可有不同选择。在实践中常用的方案包括从操作日志到全自动数据采集和控制系统(图5.2)。确定采用什么程度的自动化水平时，应考虑目标过程控制系统的可用性等级、需要达到可以不依赖专业人才独立运行的程度，以及哪些工艺参数必须自动控制。

工艺控制能力和沼气工程可靠性，均随着自动化程度提高而上升。高度自动化的系统也保证了在周末和公共假期的数据记录和稳定运行。更高水平的自动化也使工厂的操作可以不依赖于连续的操作人员。关于工艺参数，随着沼气工程规模的增加，应该说需要监控的工艺参数也更多。因此到了一定规模,自动化的过程是必不可少的。有机负荷高、植物类底物(可能缺乏微量元素)以及抑制物质含量高的沼气工程出现严重干扰的风险更大。在这些情况下,自动数据采集和过程控制提供了及时发现和纠正干扰的机会。

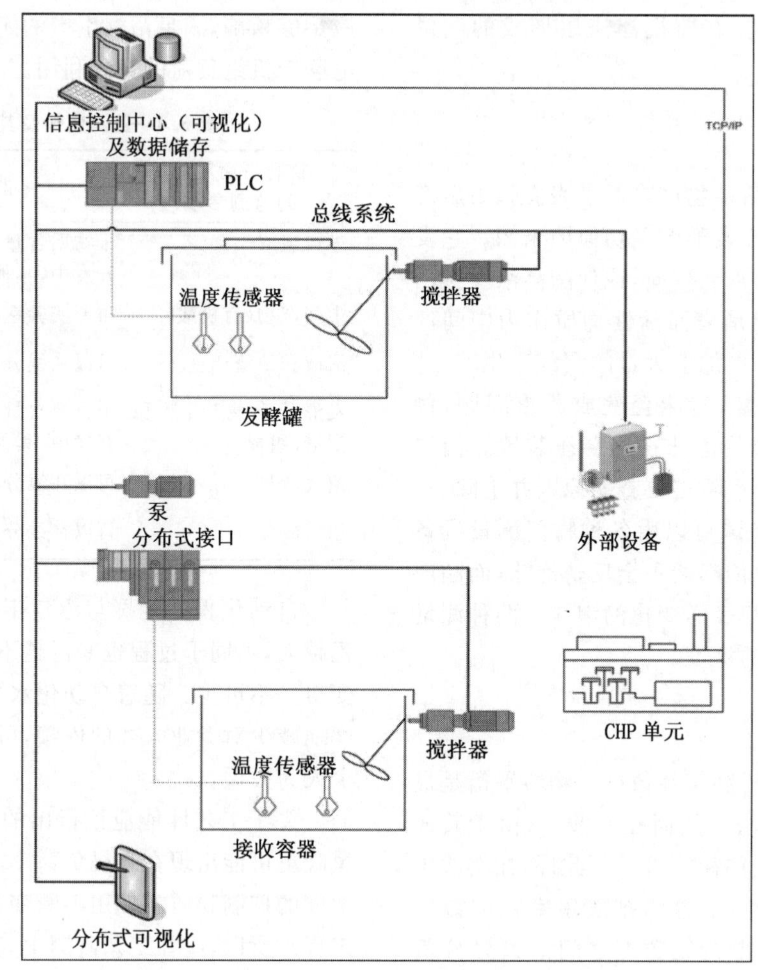

图 5.2 沼气工程监控示意图

极简易的方法,如操作日志中的数据记录和子过程的手动或定时控制,仍然是小规模动物粪污沼气工程中最常见的。然而,实践证明,如果随后数据没有被输成电子形式,则其往往不能确保被完整地记录下来,过程优化会变得更加困难。

根据应用需求还有各种不同的自动化方法。"自动化"包括开环控制、闭环(反馈)控制以及可视化。自动化的前提是必须监控过程,即必须持续记录和存储工艺数据。

在大多数情况下,沼气工程用可编程逻辑控制器(PLC)进行工艺控制。这些设备在工艺环境中需处理多种自动化任务。在沼气工程中,则包括所有控制任务,涉及监测纯粹的技术数据,如泵的运行时间、进料间隔、搅拌间隔等,同时也涉及生物工艺。此外,还必须确保记录所有必要的测量变量(如电机的开关状态,功率消耗,每分钟转数,还有工艺参数如 pH、温度、产气率、气体成分等),和开关相应的执行器如阀门、搅拌电机、泵电机。记录在传感器的值转化成能被 PLC 利用的标准信号,以此采集测量值。

执行器通过继电器切换。激活信号可以是一个简单的定时控制或是对输入变量的响应,也可能是两者的结合。关于仪表和控制,标准 PID(比例积分微分)控制器以及特定情况的模糊逻辑控制器都能在所有 PLC 类型控制器运行。不过也可以由专门的编程进行手动实现其他控制算法。

PLC 包括以微控制器为核心部件的中央模块(CPU,中央处理单元)。不同类型的 PLC,其控制器性能各异，由相对较小较便宜的 CPU 到带高端控制器和附加功能的高可靠性系统，不同之处在于处理速度和功能可靠性。

选择 PLC 时，实时性是一个重要考虑因素。"实时"在这里是指自动化系统必须在工艺需要的时间内做出响应。若能达到这一点，自动化系统则具备实时功能。由于沼气工艺没有特别要求高实时性，中低价格的 PLC 通常更受沼气工程欢迎。

除了 CPU，所有厂家都提供大量与 CPU 对接的模块，包括模拟和数字输入模块，用于接收变送机和探头的输入信号，和输出模块一起以控制不同执行器和模拟显示仪表的输出。沼气工程也可能会利用通过 RS-232 的接口连接的测量仪器。

不同通信控制器均可用于总线传输。

5.2.1 总线传输

近年来，分布式结构在自动化领域已变得越来越普遍，强大的通信技术可能使其成为趋势。如今总线系统是分布式沼气工程控制必不可少的，它可在单个总线用户间传递信息。总线系统能使所有沼气工程分支相互联网。

对于 PLC，有各种不同设计的总线类型可选。何种总线通信取决于工艺及其实时性的要求，以及视具体环境而定（如潜在的爆炸性环境）。PROFIBUS-DP 是用于许多沼气工程的既定标准，它连接了相隔数千米的不同站点。许多设备都支持这一总线通信的标准，以此演变而来的 PROFINET 和 ETHERNET 也越来越普遍。

5.2.2 编写控制程序

PLC 的另一组成部分是建立工艺控制系统的程序。该程序是在配置规划阶段，于专属开发环境一编程软件中开发并写入 PLC。根据 PLC 的要求，这一工艺控制程序可能包含任何从简单开环控制到复杂反馈控制机制的操作，并可以设置成自动和手动模式以进行人工干预。

必须允许人工操作以防控制系统程序出现预设以外的状况。这些状况可能是极端状态下的个案，亦或是发生泵故障之类的情况。必须规定在发生重大故障或事故时自动关闭沼气工程。一旦发生此种情况，可通过触发某些传感器或紧急停止按钮使整个沼气工程或受影响的部分处于安全运行状态。同样，一旦控制系统本身的电源电压出现问题也必须采取预防措施。为了应付这种偶然情况，控制器厂商提供连续电源（UPS）维持控制器的供电。这使得控制器可以控制沼气工程的关闭，确保沼气工程不会处于失控状态。

5.2.3 可视化应用

电脑和带可视化功能的控制面板是现代自控方案的另一组成部分。它们由总线系统相互关联，一起形成自动化系统。几乎所有的沼气工程都使用可视化控制板，这已成为普遍技术。控制板有各种不同类型，经常用于显示沼气工程的单个处理单元。

例如，可以设想使用控制板实现底物进料泵的现场可视化管理。在自动模式下，所有重要数据（如电机的转速、电机温度、进料量、故障等）都是现场显示。转换到手动模式，也可以手动控制泵。控制面板的技术仍在继续开发中，并已实现对复杂任务的控制和可视化管理。

"经典"的可视化解决方案是基于 PC 的可视化，其范围包括从显示个别子工艺到复杂的仪器仪表和控制中心。I&C 中心是聚集所有信息的中央控制设施，操作人员可以在这里对所有工艺或沼气工程进行控制。

为了能使用电脑应用程序访问 PLC 数据，规范 Windows 和 PLC 通信的标准应运而生。OPC 服务器是一个标准化的通信平台，可用于建立开放的通信链接。它允许在不同类型的控制系统与其他应用程序之间建立灵活的网络，同时不需要个别站点提供其合作界面的精确信息，也不需要应用程序取得控制系统的通信网络。这使得使用开放的应用程序如数据采集软件或特别改进的可视化装置成为可能。

5.2.4 数据采集

为确保大型技术应用程序的可靠数据采集，通常会使用数据库。PLC 厂家提供其自有数据采集系统，但应优先考虑开放的解决方案，因为在访问上它们更灵活。

需要储存的数据可从已采集的数据中选择，数据储存确保了在更长时间段里评估沼气工程的运行。它也可以存储事件信息，如故障信息。

本指南不对纯技术的监测和控制事项（如物位、开泵时间等）进行详细描述。这些参数的协调和控制较为普遍，通常不会产生问题。

5.2.5 反馈工艺控制

反馈工艺控制的目的是确保实现工艺目标。控制器根据实际测量的数据与预设值的偏离状态,采取必要措施来减少偏离,从而使工艺在理想的预设状态下工作。

与开环控制相反,反馈控制系统中的过程反应被纳入操作控制。纯开环控制系统不适合厌氧降解过程,因为意外干扰发生时控制体系不能记录工艺中的变化,因而无法做出正确的反应。每一类工艺控制,即使由操作人员负责也都需要事先测量,以便能足够准确地描述工艺,否则无法及时发现干扰,并可能在干扰发生时导致严重的绩效损失。

沼气工程的实际运行中,与生物过程有关的过程控制一般是由沼气工程操作人员负责。操作人员根据经验值和绩效指标与测量值进行比较,以此评估工艺状态。该方式的效率高度依赖操作人员的能力和知识水平。

如果计划建立自动化的工艺监测和控制系统,它对测量值采集和评估的要求则更大,因为沼气工程操作人员不一定有能力决策,这时只有电子数据形式的工艺信息被用于控制沼气工程。

生物过程的自动控制系统在大型技术应用中尚不普遍。然而,随着沼气工程运行的工业化程度的增加,以及为了提高效率,在将来会得到更广泛的应用。以下是参考有关专业文献得出的一些概括性介绍,请参考相应文献获取更多详细资料。

5.2.5.1 反馈控制的标准方法

已证明有不同方法适用于控制厌氧发酵工艺。工艺控制的问题在于过程的非线性特征和过程的复杂性(表 5.5)。

表 5.5 反馈控制方法

控制方法	适用性	备注
PID(比例积分微分)控制器	缺少数据、没有模型以及不了解被控制系统的运行特征	结果好,受限于简单的输入/输出和线性特征
物理,工艺导向模型	需了解内部工艺变化	需准确测定关键参数,适用于非线性控制
神经网络	缺少模拟模型,不了解工艺过程,需要大量的参数	结果好,但需要注意学习类型,黑箱控制
模糊逻辑	需要少量数据,如果没有模型则需要专业知识	可用于非线性多变量输入/输出,可集成专业知识,操作简单

PID 控制器

PID 控制器的算法是反馈控制在工业应用中最广泛使用的算法(见公式 5-4)。它结合了三种控制机制:比例项决定被控变量的变化幅度,被控变量的变化跟工艺实际参数和预计参数的差值成比例,即此处采用的是比例系数;积分项可以添加到该比例控制器,当系统出现持久的变化,且偏差无法通过比例因子修正,则需要积分控制,即通过增加与偏差的积分比例系数来解决;微分项与偏差的增加速度成正比,从而实现对大偏差的快速反应。

$$u = u_0 + k_p e + k_i \int e\mathrm{d}t + k_d \frac{\mathrm{d}e}{\mathrm{d}t} \qquad (5\text{-}4)$$

式中:u:控制器输出;u_0:控制器基础输出;e:工艺偏差;k_p:为比例系数;k_i:积分项系数;k_d:微分项系数。

PID 控制器体现的是线性、非动态行为。它不能体现出不同测量变量之间的相关性。

PID 控制器被广泛使用,同时也适用于沼气工程的许多应用,如可用于调整沼气脱硫必需的氧含量,或控制发酵罐的温度。特定情况下这一简单算法也可用于沼气过程[5-35,5-37]。

原则上,反馈控制系统可由上述任一方法实现,实验室规模已证实这点。然而,在物理、工艺模型基础上开发的控制系统,基于知识的系统或神经网络系统,迄今还很少真正用于实践操作。

5.2.5.2 其他方法

许多沼气工程商还提供打包的咨询或分析服务,用于支持沼气工程运行和优化生物过程。这种服务也可能由独立的咨询公司和紧急援助公司提供。另一选择是以工艺动态为基础的直接过程分析("与工艺交流")。在这种情况下,工艺性能的评估是基于引入"故障"后的过程动态回应来进行。

操作人员也会在各种网络论坛上交换解决问题的经验。此外，一些组织也为沼气工程经营者和操作人员提供培训课程。

5.3 启动和正常运行的工艺控制

5.3.1 正常运行

评估沼气工程的生物反应，必须要测量某些过程参数。这里需要区别两种不同的沼气工程情景，因为所涉及的方法取决于沼气工程的类型和运行模式。至于数据是在线还是手动采集并不重要。重要的是，在进行具体分析前必须对数据进行预处理。

情景1：正常的沼气工程，动物粪污底物，低有机负荷率(小于2 kg VS/(m^3 · d))，无抑制物，酸浓度在正常操作下小于2 g/L。

情景2：沼气工程的高有机负荷，底物成分和质量有变化，可能有潜在抑制物(如铵超过3 g/L)，在正常操作下酸浓度超过2 g/L。

正经历干扰的沼气工程，比如工艺参数的变化，其参数测量密度至少要达到情景2的频率。沼气工程总有生物反应超过自稳定范围以外的风险。因此，当涉及运行方式更换、底物变化、进料量增加等情况时，应增加监测密度。

由于特殊的运行条件，若已知生物反应易受到潜在的抑制物影响(如氨)，最好能对这些物质进行监测，以便更快确定干扰原因。

如果发现生物反应的降解率降低，接下来必须要做的便是分析原因。造成中断和干扰的原因，以及如何改善，将于5.4.1章节讨论。必须对收集的数据进行电子档预处理，以便更好地识别长期趋势与关联。大多数沼气工程的过程评估基于操作员的经验。借助过程监测能更精确、更客观地进行评估。过程监测以数学模型为基础评估数据。尤其当过程中发生动态变化，如底物的变化或进料量的改变，在没有模型的情况下是无法评估过渡过程的。对于计算未来进料量的过程行为预测也同样如此。

在工艺评估中，只有基于模型的控制系统才能预测工艺趋势。如果测量值没有集成到一个模型，最多只能提供一个静态系统参数，因而不适合动态控制。

作为沼气工程运行的基本规则，进料机制的改变只有在改变进料所造成的影响能够被分析的情况下才进行。这意味着，一次只能调整一个参数，其余保持不变。否则，其结果无法与原因对应，进而无法实现过程优化。

正常运行中应避免单发酵，应优先考虑多种底物，但各种成分尽量恒定。为了优化运行过程，可改变混合比例以获得有机负荷和停留时间之间的最佳比例。

环境状态保持不变时生物反应的效率最高，因此尽量保持恒定的进料量和底物成分对生物反应优化很重要。

5.3.2 启动工艺

启动过程不同于正常运行，因其尚未达到稳定状态。这一过程受不断变化的过程参数影响。为了能在满负荷状态下安全运行，需要比正常运作更大的测量密度，因为启动阶段工艺不稳定，更容易崩溃。

在启动过程中，必须在尽可能短的时间内让发酵罐的所有入口、出口都处于液面以下(液封)。启动时必须特别注意的是，在发酵罐的气相空间可能形成爆炸性气体混合物，因此必须进行迅速进料。如果没有足够的接种物料(接种)用于启动，应以水稀释接种物料，以减小罐体内的气相空间。在启动阶段，搅拌器必须浸没在液面以下，以防止火花。

完成接种物进料后，必须将发酵罐的接种物设置成恒温，然后可开始添加发酵底物。

当沼气工程首次启动，加入足够与降解过程相关的接种细菌可以缩短启动时间。加入越多接种细菌，启动时间越短。因此，在理想的情况下，待启动的发酵罐可装满来自于另一沼气工程的发酵残留物。条件允许的情况下也可使用不同沼气工程的混合发酵残留物，再加粪污和水。而加水之后，系统的缓冲能力随着稀释有所降低。因此，如果负荷增加太快，过程会很容易变得不稳定，从而大大增加发酵罐出现酸败的风险。

使用动物粪污对启动过程总能发挥积极作用，原因在于粪污内一般含有大量微量元素以及多种不同的细菌群。尤其是牛粪污，包含足够的产甲烷菌，使反应过程快速地达到自我稳定。虽然猪粪污没有那么丰富的产甲烷微生物，但原则上也能用。

达到稳定温度之后，最好是等到pH稳定在中性范围内，产生的沼气中甲烷含量大于 50%，短链脂肪酸浓度低于 2 000 mg/L 时，再开始添加底物。底物进料在不同阶段应逐步增加，直到达到满负荷。每次增加之后最好等到相关的工艺参数达到稳定，即产气率、甲烷含量、VOT/TAC 值或酸浓度以及 pH，此时可再次增加有机负荷。VOA/TAC 比值的意义有限，但适合作为启动运行中评估过程稳定性的监测参数，因为它容易监测，并且在高监测频率下性价比较高。为获取可靠的过程稳定性信息，也应经常补充对酸谱的分析，以确定酸的类型。

通常在增加负荷后，VOA/TAC 值会出现短期上升。在某些情况下，沼气产量甚至略有下降。增加的量不同，这一效果的易观察程度也不同。如果负荷保持不变，VOA/TAC 值应逐渐稳定，沼气产量也将稳定在与进料量对应的值。之后才应进一步提高负荷。如果在负荷保持不变的一定时间内出现沼气产量下降，而 VOA/TAC 值则较高，这说明干扰已经发生。在此情况下根据 VOA/TAC 值的趋势，需停止增加负荷，甚至适当地减少进料量。

下面总结了对启动运行有积极影响的要素：

—使用新鲜牛粪污或来自运行状况良好的沼气工程的发酵残留物。

—精心制订获取生物反应参数及频率的监测计划(表 5.6)。

—恒定和匀质的底物进料。

—沼气工程运行无故障。

即使达到了满负荷，也并非意味已建立稳定状态。只有在经过大约 3 倍的停留时间之后才算达到稳定状态(图 5.3)。

如预期氨浓度较高，则必须采取特殊的措施。微生物可能需要持续几个月甚至一年的适应时间。例如，在制订沼气工程融资计划的时候，这是一个极其重要的因素。在这种情况下，接种物建议使用来自类似底物的沼气工程的发酵残渣。应考虑尽快达到预期的铵浓度，以便细菌尽快驯化到最终状态，否则每一次增加浓度就需要一个驯化阶段。若从一开始就投加与沼气工程最终设计状态相同的底物，可以加速达到最终浓度。

表 5.6　沼气工程生物反应的监测参数及频率(正常运行)

需要的参数	单位	情景 1	情景 2
进料数量	m^3	每天	每天
进料组成	kg DM/m^3；kg VS/m^3	每月	每周
温度	℃	每天	每天
中间产物(有机酸)	g/L	每月	每周
产物数量	m^3	每天	每天
发酵残余物组成	kg DM/m^3；kg VS/m^3	每月	每周
沼气产量	m^3	每天	每天
沼气成分	Vol. % 甲烷，二氧化碳，硫化氢，氧气(可选)	每天	每天
pH	$-\lg H_3O^+$	每月	每周
	额外监测		
铵浓度	g/L	每月	每周
总氮	g/kg		
微量元素	g/L	按需要	按需要
底物产气率	L/kg VS	每月	每周
有机负荷	kg VS/(m^3 · d)	每月	每周
停留时间	d	每月	每周
容积产气率	m^3/(m^3 · d)	每月	每周

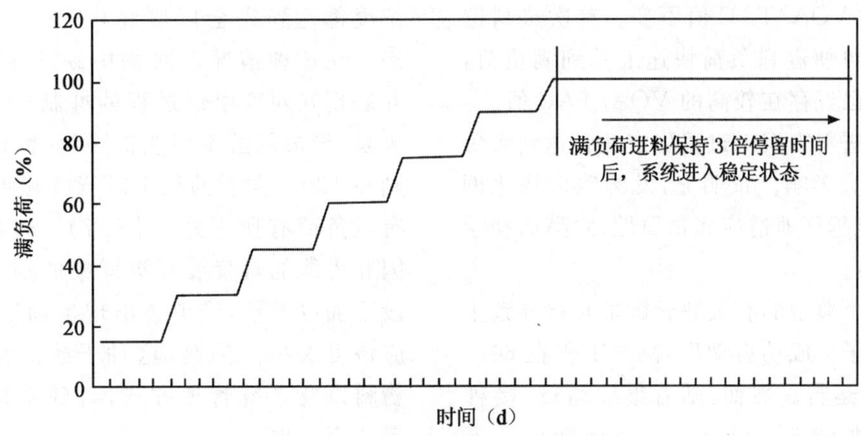

图 5.3 启动阶段底物进料计划

由动物粪污启动的纯能源作物沼气工程，往往在开始的 6～12 个月不会出现微量元素不足。因此，对这些沼气工程即使在成功的启动后，还必须特别观察。

因此无论何种情况，第一年的运行都必须有更多的工艺监测。

以能源作物或园林垃圾为原料的车库式干发酵沼气工程，建议采用已有沼气工程已完全发酵的底物来启动。动物粪污不适宜启动干发酵，因为它们的悬浮物含量过高，会堵塞序批式发酵罐的渗滤喷嘴。相反，应采用清水作为渗滤液和充满的物料来启动序批式发酵罐，最好使用完全发酵的物料。

启动运行有 3 个发酵罐的沼气工程，每一发酵罐的容积为 4 000 m^3。为达到正常运行有不同启动策略，举例如下：

发酵罐 1	混合来自两个沼气工程的发酵残余物(各 20%)，牛粪污(10%)，水(50%)，总固体含量约 1.5%，接种物进料和稳定温度需要约 25 d
发酵罐 2	混合来自三个沼气工程的发酵残余物(约 44%)，牛粪污(6%)，从发酵罐 1 排出的发酵残余物(50%)
发酵罐 3	从发酵罐 1 和 2 排出的发酵残余物

发酵罐 1：当达到 37℃的运行温度后，开始固体物质进料。只使用玉米青贮作为底物。

在本例所选择的启动方案中，首先分批添加相对大量的底物，批次之间的等待时间取决于产气水平。一开始选择的有机负荷率相对较高，底物增加之间的时间间隔不断缩短。这一启动策略的优势在于，可比一般逐渐持续增加的方式更快达到满负荷运行。决定何时增加负荷的参数是同时监测的 VOA/TAC 系数的变化、脂肪酸浓度变化和沼气产量。

发酵罐 1 启动运行时的有机负荷和 VOA/TAC 值见图 5.4。很显然，快速增加负荷引起相当大的工艺干扰。即使在第一波相对较小的负荷增加之后，VOA/TAC 值甚至增加了 1 倍。剧烈波动的原因在于系统中非常高比例的水，降低了其缓冲能力。后者引起了每次添加底物时出现 pH 的快速变化。通常情况 pH 是反映极其滞后的参数，在实际操作中通常无法观察到它的变化。由于发生不稳定，启动方案改为自第 32 天起连续添加底物。缓慢但稳步上升的进料量表明到第 75 天有可能将有机负荷增加至平均 2.6 kg VS/(m^3 · d)。大量进料的启动方案能在合适条件下更快地达到满负荷运行，这些条件如高接种污泥活性和密集的工艺监控。在上例中，因为高水含量导致的缓冲能力降低，使得这一方案并不适用。

发酵罐 2 的启动运行如图 5.5 所示。至第 50 天有机负荷率达到约 2.1 kg VS/(m^3 · d)，并且 VOA/TAC 值有上升趋势。尽管 VOA/TAC 值在上升，还是有可能以加强控制的方式快速启动发酵罐至满负荷。

发酵罐 3 的启动示意图见图 5.6 所示。在这种情况下可将有机负荷在 30 d 内增加到 2.1 kg VS/

(m³·d),并保持 VOA/TAC 值不变。首次进料选择用发酵残余物可使进料负荷快速上升到满负荷,因为发酵残渣中已经存在较高的 VOA/TAC 值。

不同的首次进料方案对过程稳定性和达到满负荷的速度都有很大影响。很明显,发酵残余物比例越高,微生物群能越好地适应底物属性,发酵启动越快,工艺也越稳定。

下面描述一个典型的有关缺乏微量元素导致生物反应抑制的例子。成功启动后,沼气工程在 60~120 d 之间,稳定运行。然而,随着继续运行,接种物料(发酵残余物和粪污)被排出,各种微量元素浓度都达到完全以底物(玉米青贮)运行时的状态。在这种情况下底物中缺乏足够的微量元素,并表现在对产甲烷过程的抑制上。抑制作用的结果是,形成的酸不再能被降解,因而 VOA/TAC 值则在 120 d 左右的稳定运行后开始上升,虽然此时有机负荷有所下降(图 5.7)。5.4.2 章节将对原因和可能的对策展开更详细的描述。如果这一阶段不加以干预,难免会出现生物反应的系统崩溃。应该再次指出的是,这种干扰的特征取决于接种物料以及系统管理方式,直到系统运行几个月之后才会出现。

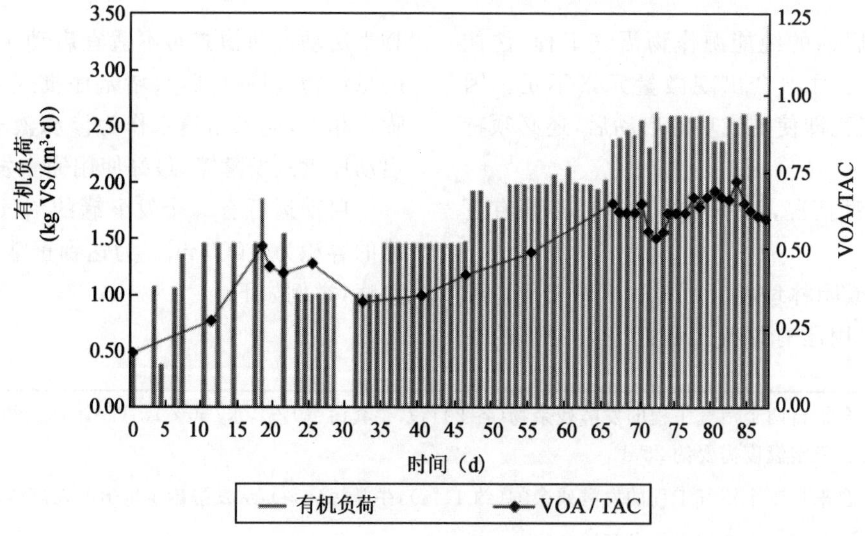

图 5.4　发酵罐 1 的启动进程

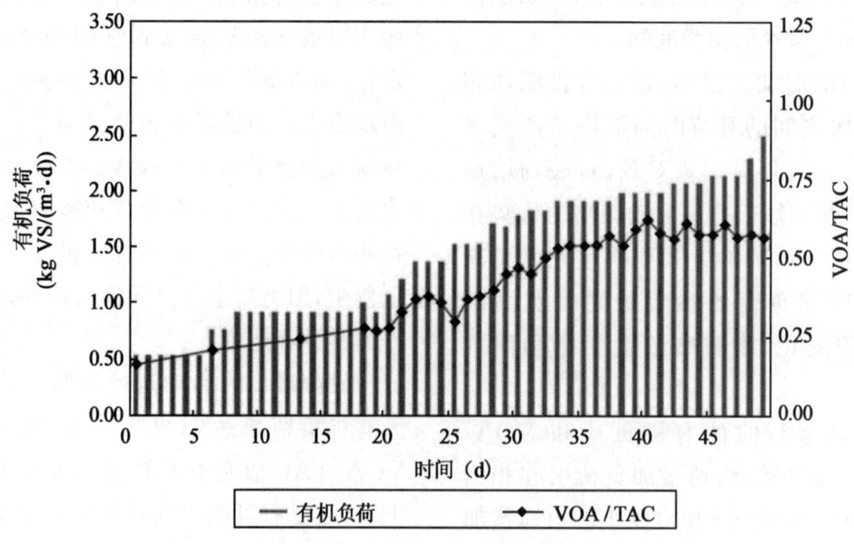

图 5.5　发酵罐 2 的启动进程

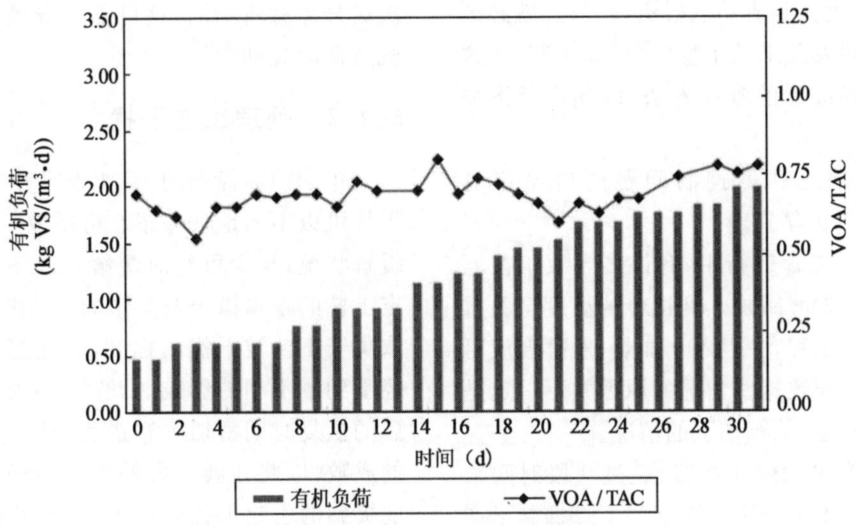

图 5.6 发酵罐 3 的启动进程

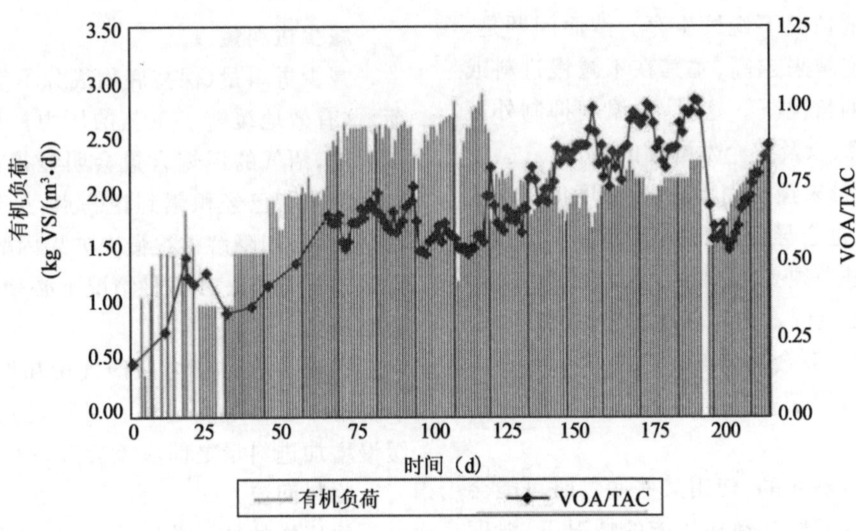

图 5.7 发酵罐 1 缺乏微量元素时的启动进程

5.4 干扰管理

5.4.1 工艺干扰的原因

工艺干扰指的是沼气工程的厌氧发酵受到不良影响从而导致处于非最佳状况工作的情况，其后果是底物降解不足。无论过程干扰的程度如何，对沼气工程的经济效益都有至关重要的影响。因此，必须尽早地发现和纠正。

细菌或某个细菌群体生活的环境条件不佳时，即会产生工艺干扰。影响程度和情况恶化的时间不同，工艺干扰出现的速度也有所不同。大多数情况，工艺干扰可从脂肪酸浓度的持续上升中看出。不管何种原因，这种情况的出现是由于产乙酸和产甲烷菌对周围环境变化的敏感度比其他菌群更高。不被修正的情况下，出现工艺干扰的典型状况如下：

—脂肪酸浓度上升：最初是乙酸和丙酸，如果工艺负荷不变还会出现异丁酸和异戊酸。

—VOA/TAC 持续增加（伴随脂肪酸的增加）。

—甲烷含量减少。

—进料量稳定，但产气量减少。

—pH 降低，工艺酸化。

—完全停止产气。

引起工艺干扰的可能因素包括微量元素的缺乏、温度波动、抑制物（氨，消毒剂，硫化氢）、进料错误、或进料负荷过大。要成功运行沼气工程，就必须在尽可能早的阶段发现工艺干扰(参见 5.1 节)。这是及时发现和消除故障的唯一方法，以此将经济损失降到最低。

对微量元素缺乏和氨抑制问题的讨论可见 5.1.8 章节 和 5.1.9 章节。

在实际的沼气工程运行中，有许多导致工艺温度下降的原因。把发酵罐加热到适合的温度至关重要。如德国的沼气工程，一旦停止加热，发酵温度可迅速降低好几度。导致这些情况的原因并不一定是加热系统本身的问题，也有如下的情况。

如果热电联产单元停止运行，经过一段时间给发酵罐加热的废热不再产生。温度的下降抑制了产甲烷菌的活动，因为它们只在很窄的温度范围内生存[5-1]。参与水解和产酸的细菌则没有如此特殊，它们可在温度下降的情况下继续生存。然而问题是，发酵罐中的酸浓度越来越高，尤其在不减慢进料或不及时停止进料的情况下。这时，除温度抑制外还会出现 pH 的下降，以及整个发酵罐的酸化。

另外，添加大量未预热底物，或因温度传感器故障导致加热不足，也会导致发酵罐温度的降低。稳定工艺的关键不是必须要达到某个绝对温度，而是能维持在某个温度范围。如果温度在短时间内发生变化(上下波动)，一般会对降解产生负面影响。因此必须定期检查发酵温度以确保沼气工程的成功运行。

正如 5.1.3 所解释的，使用某些底物时可能会引起温度上升。在不消耗额外热能的情况下，温度会从中温升到高温。若没有正确的管理，工艺在从中温到高温转变的过程中，最坏的情况是产气完全停止。

沼气工程的运行状况必须尽可能地保持稳定。这既适用于对反应罐内环境条件的稳定要求，也同样适用于对底物的稳定要求。以下是容易引起错误的底物的投加方式：

—长时间投加过多的底物。

—不规律地投加底物。

—不同成分底物突然切换。

—在进料停止一段时间(如由于技术故障)后添加过多的底物。

大多数底物投加的错误发生于启动运行阶段和正常运行期间改变底物阶段。因此需要在这些时期密切观察。建议加强进程分析。有些底物在不同批次成分也有所不同，这可能会导致不希望出现的有机负荷的波动。

5.4.2 处理工艺干扰

正如前面提到的，只要查明并消除其原因，工艺干扰可以不断地被修正。可采取一些工程控制措施缓解状况，至少可暂时缓解。以下章节首先介绍稳定工艺的根本措施及其影响。这些措施的成功往往取决于工艺被干扰的程度，即在何种程度微生物已经受到了不利的影响。此外，必须在采取措施和随后的恢复时期密切观察进程，从而能迅速识别措施的成败，以此开展必要的下一步措施。然后对照之前提到的引起干扰的原因，介绍消除工艺干扰的潜在方法。

5.4.2.1 稳定工艺的措施

减少进料量

减少进料量(保持底物成分不变)可降低有机负荷，这有效地缓解了工艺的压力。根据进料量的减少程度，沼气的甲烷含量会明显提高。这表明了脂肪酸的降解已经积累到这一点：虽然醋酸降解得非常快，丙酸却降解得很慢。如果丙酸浓度过高，可能无法再被分解。在这种情况下必须采取其他措施来缓解压力。

在减少进料量之后产气量却保持不变，这表明了发酵罐已被过度进料。必须检查脂肪酸浓度，在缓慢增加进料量之前应该会发现产气量明显减少。

物料回流

回流指的是下游容器(如二级发酵罐或沼肥储存罐)中的物料再次回到发酵罐。如果在操作上可实现，回流的好处有两方面：第一，根据循环时间，可以对物料进行稀释，也意味着发酵罐内的“污染浓度”降低了；第二，“饥饿”的细菌重新回到发酵罐，能再次发挥降解作用。

这种方式主要用于多级沼气工程。在单级沼气工程，仅在紧急状况下，在密封的沼肥罐中使用。有物料循环的系统，必须注意循环物料的温度，尽可能通过提供额外热量确保发酵罐的恒温。

改变进料成分

改变进料成分可在不同方面稳定工艺。首先，通过替换或过滤高能源成分(如谷物)来改变混合物，可降低有机负荷率，以此减缓压力。其次，如果正常运行时没有使用粪污，通过添加液体或固体粪便(如牛粪污)来补充进料成分，可帮助稳定工艺，因为它能补充微量元素和其他细菌群体。来自其他沼气工程的发酵底物也可以产生同样的积极作用。关于纯能源作物发酵，需要注意，添加其他底物通常都有利于工艺的稳定。

5.4.2.2 微量元素缺乏

一般情况，微量元素的不足可通过添加粪便(牛粪、猪粪浆料或猪牛粪便)解决。如果操作人员无法获取这些底物，或者出于某些原因获取数量不足，可从市场上购买微量元素添加剂。整体而言，这些混合物较为复杂。然而，由于微量元素属于重金属，过多的添加反而会抑制工艺[5-16]，还容易在农业用地发生累积，因此必须将微量元素的负荷保持在最小量[5-17]。如果可能的话，只需要添加实际缺乏的微量元素。这些情况下，对发酵罐物料和进料的微量元素的分析可提供有用的信息。不过，这类的分析较复杂，成本也较高。

为提高微量元素的添加效率，在微量元素混合前可加入铁盐进行化学脱硫(参见2.2.4章节)。如此一来，可沉淀掉大量溶解的硫化氢，从而增加了微量元素的生物利用率。采纳沼气工程商的建议并按其指示操作将非常重要。

5.4.2.3 温度抑制

因过程放热而导致工艺受到温度抑制的影响，有两种可能的方法来解决：冷却或改变工艺温度。在有些情况，可通过技术措施使用加热系统来进行冷却，不过一般不易实现。添加冷水也能产生冷却效果，不过这同样需要非常谨慎。如果目标是将工艺从中温调整到高温范围，则在转变过程中必须有生物学知识的支持，即微生物群首先必须适应较高的温度，或者必须形成新的生物群。这一阶段的工艺极其不稳定，千万不能因为过度进料而导致“瘫痪”。

5.4.2.4 氨抑制

要控制氨抑制必须在沼气工程运行中进行彻底的干预。一般情况，使用蛋白质含量高的原料会产生氨抑制。如果已证实有氨抑制存在，必须降低温度或改变底物成分。改变底物成分会导致氮负荷的减少。这会引起发酵罐中有抑制效果的氨浓度的长期降低。如果酸化程度已高，就需要用下级发酵罐的发酵残渣来替换底物，以临时降低酸浓度。

无论采取何种方式，都必须慢慢地进行，并伴随频繁的监测。降低pH以减少游离氨分子的比例的方法，很难长期实现，因此不推荐。

5.4.2.5 硫化氢抑制

硫化氢抑制很少在农业沼气工程发生。硫化氢抑制总是与底物相关，即归因于进料物料中的高硫含量。大部分情况下，农业沼气工程中的进料物料的硫含量相对较低。即便如此，必须在沼气中保持较低的硫化氢含量，否则会对沼气利用产生不利影响。应对硫化氢抑制的方法如下：

—添加铁盐以沉淀硫离子。

—减少含有硫化物的原料。

—用水稀释。

在缓冲物料的帮助下提高pH可减少短期内硫化氢的毒性，但这不能作为长期的保障。

5.4.3 处理技术故障和问题

由于不同农业沼气工程的设计和技术设备不同，这里很难针对如何修复技术故障给出一概而论的建议。但是可以参考沼气工程的运行须知，它通常会针对特定沼气工程给出如何采取措施和行动排除故障的建议。

技术故障和问题必须要及时发现和排除，因此，自动警报系统必不可少。工艺管理系统会对沼气工程关键部分的运行状态作记录和监督。一旦有故障发生，系统会报警，以便通过电话或短信传达给沼气工程操作员或其他运行人员。这一程序能督促尽快采取补救措施。为了避免长时间的影响运行，沼气工程操作方始终需要有备件和耗件库存，从而减少停机和修理时间。此外，一旦出现紧急情况，沼气工程操作员必须能随时召集可靠的服务队伍。通常情况这种服务由沼气工程商或外聘专家直接提供。为降低技术故障的风险，操作员必须确保进行定期检查和按期维护。

5.5 运行可靠性

5.5.1 职业安全和设备安全

沼气是由甲烷(50～75 vol.%)，二氧化碳(20～50 vol. %)，硫化氢(0.01～0.4 vol. %)以及其他微量气体组成的混合气体[5-1,5-6]。沼气的属性与表5.7中的其他气体有明显差异。对沼气中不同成分的属性总结见表5.8。

表 5.7 气体属性[5-6]

		沼气	天然气	丙烷	甲烷	氢气
热值	(kWh/m^3)	6	10	26	10	3
密度	(kg/m^3)	1.2	0.7	2.01	0.72	0.09
相对密度		0.9	0.54	1.51	0.55	0.07
着火点	(℃)	700	650	470	600	585
爆炸极限	(Vol.%)	6～22	4.4～15	1.7～10.9	4.4～16.5	4～77

表 5.8 沼气各组分属性[5-6～5-8]

		CH_4	CO_2	H_2S	CO	H_2
密度	(kg/m^3)	0.72	1.98	1.54	1.25	0.09
相对密度		0.55	1.53	1.19	0.97	0.07
着火点	(℃)	600	—	270	605	585
爆炸极限	(Vol.%)	4.4～16.5	—	4.3～45.5	10.9～75.6	4～77
工作场所爆炸限值(MAC值)	(mL/L)	n.s.	5 000	10	30	n.s.

在特定浓度,沼气与空气中的氧结合易产生爆炸性气体,因此在沼气工程建设和运行时必须特别设置安全规定。此外也有其他的威胁,如窒息或中毒,以及机械危险(如驱动设备挤压的风险)。

沼气工程的经营者或操作人员都有责任发现和评估与沼气工程有关的危险,必要时采取正确的措施。由德国农业职业安全健康局发行的"Sicherheitsregeln für Biogasanlagen"(《沼气系统的安全规则》)提供了沼气工程相关的安全要素。由德国农业职业安全健康局发行的事故预防条例第一章"Arbeitsstätten, bauliche Anlagen und Einrichtungen"(《工作场所,建筑和设施》)(VSG 2.1)[5-9]中与运行程序相关的要求在《安全规则》得到了具体解释。《安全规则》同时也关注其他适用的条例。

这一章节旨在整体地给出沼气工程运行的潜在危险,并提高人们对此的重视。最新的有关规定[5-6,5-8～5-10]构成了沼气工程运行的危险评估和安全相关方面的基础。

5.5.1.1 火灾和爆炸危险

如前面所提到的,在特定情况下沼气与空气结合能形成爆炸性混合物。沼气及其成分的爆炸范围分别见表 5.7 和表 5.8。必须记住的是,尽管在范围以外没有爆炸的风险,但还是有可能会因为明火、电气开关的火花或雷击引起火灾。

因此在沼气工程运行期间,必须注意容易形成潜在爆炸性的气体混合物发生火灾的风险更大,尤其在发酵罐和储气罐附近。根据爆炸性气体存在的可能性,BGR 104-《防爆规定》将沼气工程的各个部分被划为不同等级的防爆区域("Ex zones")[5-10],在这些区域内必须有显著的警示牌并要求采取正确的安全预防措施。

0 区

被划为 0 区的区域,长时间或绝大部分时间会有持续的爆炸性气体存在[5-6,5-10]。然而一般的沼气工程没有这样的区域,就连发酵罐都未被划入此类。

1 区

1 区是指在正常运行中偶尔会出现爆炸气体的区域。这些区域通常在接近储气罐的人孔附近,发酵罐的气体侧,在排气口、减压阀和沼气火炬附近[5-6]。对 1 区的安全防范必须设置在半径 1 m 的范围内(带自然通风)。这意味着只有 0 区和 1 区的防爆资源和设备可用于此区域。通常,必须避免在封闭空间释放运行中的沼气。然而,如果能释放气体,1 区将被扩大到覆盖整个空间[5-6]。

2 区

在这些区域正常情况下不会有爆炸性混合气体出现。爆炸性气体的出现较为罕见,即使出现也不会停留太长时间(如只在维修或故障时出现)[5-6,5-10]。

这些区域有人孔处、发酵罐内部、储气罐的紧邻通风和通风口处。能运用于 2 区的措施必须在半径为1～3 m以内的范围[5-10]。

在受爆炸危险的区域（0～2区），根据BGR 104，E2章节规定，必须采取措施远离火源[5-10]。火源包括热表面（涡轮增压）、明火、机械或电器产生的火花。此外，在这些区域必须挂有警示标识。

5.5.1.2　中毒和窒息的危险

众所周知，沼气的释放是一个自然过程，不仅限于沼气工程。特别是畜牧业，过去发生的与沼气有关的事故很多，有些是致命的，如粪坑和饲料窖等。

如果沼气的浓度足够高，吸入之后会发生中毒或窒息症状，严重者甚至可致命。尤其是未脱硫的含硫化氢的沼气，即使浓度很低其毒性亦非常高（表5.9）。

此外，特别在封闭或地面以下的空间，由于缺氧，易引起窒息。尽管沼气密度（D）为1.2 kg/m^3，比空气轻，但其容易分层。较重的二氧化碳（D=1.98 kg/m^3）在靠近地面处聚集，而较轻的甲烷（D=0.72 kg/m^3）则浮在上面。

表5.9　硫化氢毒性[5-7]

空气中浓度	效果
0.03～0.15 mL/L	感知范围（臭鸡蛋味）
15～75 mL/L	刺激眼睛和呼吸道，出现恶心、呕吐、头疼，失去知觉
150～300 mL/L（0.015%～0.03%	嗅觉神经麻痹
>375 mL/L（0.038%）	中毒死亡（数小时后）
>750 mL/L（0.075%）	30～60 min内失去意识并窒息死亡
>1 000 mL/L（0.1%）	数分钟内因呼吸麻痹致死

由于这些原因，必须在封闭的空间随时做好通风准备，如密封储气罐。另外，在潜在的危险区域必须佩戴个人防护设备（如气体报警、呼吸保护等）。这些危险区域有发酵罐、检查井、储气区域等。

5.5.1.3　维护和修理

通常，搅拌器、泵、冲洗设备的维护必须在地面以上进行[5-6]。如果无法如此操作，必须安装永久性的通风系统，以避免漏气产生的中毒和窒息风险。

5.5.1.4　化学品操作

沼气工程中使用的化学品有很多。最常见的是用于化学脱硫的铁盐、稳定pH的添加剂、微量元素的化学混合物，或用于优化工艺的酶。添加剂通常为液体或固体粉末状。由于这些产品通常都有毒性和腐蚀性，必须在使用前仔细阅读产品说明，按照厂商的须知使用（如戴防尘面具、耐酸手套等）。基本的原则是化学品的使用必须限制在规定的下限。

5.5.1.5　其他潜在的事故风险

除上述危险来源外还有其他潜在的事故来源，如从梯上摔下来，掉进进料孔（固体测量设备、进料斗、检查井等）。在这些情况必须确保为这些开口加盖（舱口、网格等），或将这些开口安置于一定高度（>1.8 m）[5-6]。运动部件（搅拌轴、螺杆等）也是潜在的危险点，必须有明确的标识。

由于操作不当或故障，在热电联产单元易发生触电，因为该单元产生的电压达到数百伏，电流能达到数百安。搅拌器、泵、进料设备等也会发生类似的事故，因为所有这些都在高压下运行。

沼气工程的加热和冷却系统（散热器、发酵罐加热器、换热器等）若操作不当还存在被烫伤的风险。热电联产单元也可能存在此风险，因此可能需要安装紧急系统（如火炬燃烧器）。

为预防此类事故发生，必须在沼气工程相应位置安置清晰明确的警示牌，并相应地告知操作人员。

5.5.2　环境保护

5.5.2.1　卫生要求

卫生要求的目的在于消除底物中可能存在的细菌和病原体，从而确保不受流行病和植物病病毒的危害。除农业原料和农业废弃物之外，如果使用来自其他来源的生物废物，消毒处理必不可少。

与卫生要求相关的法律有欧盟法规的第1774/2002条和《有机垃圾条例》[5-13]。欧盟法规包括对不用于人类消费的动物副产品的处理[5-11]。在沼气工程，官方认可的2类物质可在高压蒸汽灭菌后使用（粉碎<55 mm，133℃在0.3 MPa高压下至少20 min[5-12]），粪便和消化道物质无需预处理便可使

用,3类物质(如屠宰场垃圾)可在消毒后使用(>70℃持续1 h)。然而这些规定很少适用于农业沼气工程。如果所使用的动物副产品只是餐饮垃圾,那么此规定也不适用。如果所使用的物质受《有机垃圾条例》约束,则必须先进行消毒。此时必须确保最低温度55℃,而且反应物的水力停留时间最短为20 d。

5.5.2.2 空气污染控制

沼气工程运行必须考虑各种空气污染的控制。空气污染主要是臭气、污染物和粉尘排放[5-12]。主要的法律规范是《联邦污染控制法》(BImSchG)及其执行规范,以及《空气质量控制技术导则》(TA Luft)。法规的目的在于保护环境不受危害,并且预防有害情况的发生。这些规定只用于燃烧量≥1 MW的大规模沼气工程或处理有机垃圾的沼气工程的许可批准。

5.5.2.3 水污染控制

运行沼气工程时需尽可能地避免危害环境。关于水污染控制,广义来说即建设沼气工程时必须避免污染地表或地下水。与此相关的法规通常因地而异,因为水污染控制的要求取决于当地的自然状况(如水资源保护区)和政府机构对不同项目的审批。

农业沼气工程出现最多的物质,如浆料、液体粪便和青贮渗滤液,被划为水危害的第一类物质(对水稍有危害);能源作物的划分类别类似[5-14]。在整个工艺链中,必须避免这些物质污染地表和地下水。在实际操作中,这意味着所有连接这些物质的储存区、储存罐、发酵容器以及管道和进料泵都必须防止渗漏,且其设计需被审批。必须特别留意青贮储存区,因为如果青贮质量不佳以及紧实压力较高,青贮渗滤液会大量产生。规定要求必须收集和利用发酵液体和从设备溢出的污水。因为其通常含有相当多有机物,建议可进料到发酵罐。为了避免添加大量干净水到工艺中,尤其在沉淀后,因此有必要将污水与未污染水分开。这可通过分别建排水系统实现,即使用可以手动切换的两套单独的下水管道:一处排出干净水,另一处将污水与废水排入沼气池[5-15]。

另外,必须特别留意个别工艺不同级之间的连接。这些连接包括上述所有的底物投加点(固液),以及沼肥排放到输送设备。必须避免预期之外的物料泄漏(如溢出或残余的物料),并确保任何从这些区域排放的污水都被收集起来。

除此之外,热电联产单元的安装必须遵循相关的规定,必须有新油、使用过的油以及燃油的储存地点。必须能发现和消除潜在的齿轮或引擎漏油[5-14]。

5.5.2.4 噪声控制

沼气工程中最常见的噪声来源为运输噪声。噪声的频率和强度主要取决于沼气工程的整体布局以及所使用的进料原料。在大多数农业沼气工程,噪声来自底物投送(输送、储存和测量系统),通常每天会持续1~2 h。在能源作物收割和底物进厂期间,以及排出发酵残余物时,产生的运输量更大,其噪声也越大。其他噪声机械,如热电联产单元的沼气利用,通常安装于封闭的防噪声空间。最新版的《噪声控制技术指南》(TA-Lärm)规定了关于噪声排放的法律要求。

5.6 沼气工程优化须知

沼气工程优化旨在调整不同影响因素,使工艺的实际状态更接近预设的目标状态(最佳状态)。总的来说沼气工程的运行可在三方面优化:技术、经济、环境(图5.8)。这些方面无法单独进行优化,它们相互影响。另外,当涉及优化问题时,不应认为只有一个解决方案,而应该准备许多不同的方案。

根据评估标准可对不同的方案加以比较。评估标准包括成本、产气量或最小化环境影响。首先对主要的评估标准加以权重,再决定采取何种方案。

实践中,每一个负责的操作员都必须努力在给定的条件,包括某些特定条件下,尽可能地实现沼气工程可获得的优化状态。如果情况发生变化,操作人员必须评估是否需要保持之前目标或作出调整。

优化的前提条件是必须设定实际和目标状态。实际状态是在运行期间通过收集适当数据得到的。如果需要减少沼气工程本身的电力消耗,操作员必须找出需要消耗电力的部件以及消耗量。目标状态可在这些数据基础上设定:计划的数据、技术性能、先进技术的公示、来自其他操作员的信息(如论坛、专家讨论等)、个别专家撰写的报告。

一旦设定实际和目标状态,下一步是设定具体目标值,采取实际措施以实现目标值,之后验证这些措施以确保目标已实现,并明确其对沼气工程的其他单元的影响。

工艺数据的获取和记录在很多沼气工程都存在

不足,因此几乎不可能对实际情况作出正确的分析。所以,只有有限的数据能用于比较。工艺数据的全面收集已被作为德国沼气测量计划的一部分[5-38],KTBL(农业技术和产业结构协会)也出版了沼气工程运行的关键绩效指标。

VDI 指南 4631 是沼气工程的质量标准,列出了工艺评估的 KPI。同时也包括了用于数据收集的清单。

图 5.8 解释了一系列用于评估和优化沼气工程的参数。

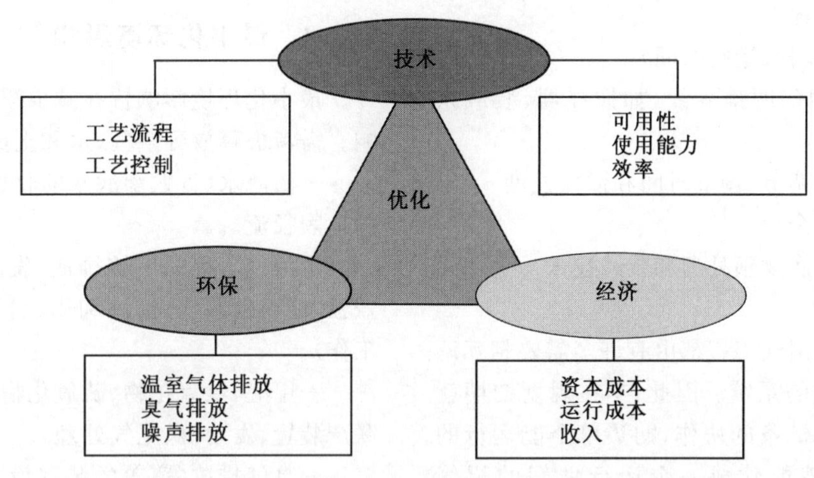

图 5.8　沼气工程可能的优化内容

一般来说,沼气工程运行的基本原则是尽可能保持其运行条件不变。这也是唯一能设定的有意义的实际状态。一旦沼气工程的工艺改变,必须相应地调整工艺目标。

5.6.1　技术优化

沼气工程的技术优化旨在提高技术的可用性,换言之,尽可能减少故障次数并确保工艺管理流畅。

这一目标对沼气工程的经济性有着间接的影响,因为沼气工程只有在较高利用率的时候才能达到目标业绩。另一方面,高水平的技术投入意味着高成本,因此需要在经济优化的同时进行技术效益分析。

一般情况,为评估整个沼气工程的可用性,必须记录运行时间和满负荷时间。在这之外,如果记录了故障次数和故障的相关原因,以及已运行的时间和排除故障的经济费用,即可识别工艺中的不足。

从广义来说,可通过采用以下机制来增加技术设备的可用性:

—保持固定的维修间隔。

—进行预知性维护。

—安装监测设备以发现干扰。

—储存重要备件。

—确保短时间内能联系到厂商或当地维修车间。

—对核心部件采取备用设计。

—使用低磨损技术和材料。

获得稳定的生物降解反应的前提是技术设备持续工作。如果发酵罐进料或搅拌期间出现停工,生物反应则会直接受到影响。更多工艺优化的细节,参见第 2 章以及本章相关内容。

5.6.2　分析沼气工程整体效率(在能量流基础上使用底物)

如果沼气工程运行的能耗较高,特定情况下也许可以通过观察工程的能量需求,以及是否存在能量损失来考虑提高效率。在这里可以将沼气工程作为一个整体来考虑,从而识别关键能量流和不足。以下不同领域需要考虑:

—底物供应(底物的数量和质量、青贮质量、底物进料)。

—青贮损失(青贮质量、进料速率、横切面大小、渗滤水)。

—生物工艺(进料间隔、降解程度、单位底物产气率和沼气成分、沼气工程的稳定性、底物成分、酸浓度)。

—沼气使用(CHP 单元的效益(电和热)、甲烷损失、引擎设置、维护间隔)。

—发酵残余物(发酵残余物的产沼潜力、发酵残余物的利用)。

—甲烷损失(漏气)。

—沼气工程运行、故障修理、停工期的工作量。

—现场能源消耗。

· 定期读数(能耗、运行时间)

· 耗电设备间的明确界线(如搅拌器、装载系统、CHP 单元等)

· 搅拌系统的调节、调节时间和搅拌强度

· 避免泵送多余量

· 经济有效的底物预处理和装载技术

—热回收。

必须记住每个沼气工程都由有许多需要相互调节的不同组件组成的系统。因此,早在规划初期就必须努力确保整个链条的协作,购买单个能运行的零部件并不意味着能建成一个运行良好的沼气工程。

实践中经常可见,工艺链上的某些地方成为制约性能的瓶颈,从而影响下游单元的经济效益。比如,输出的沼气量没有达到热电联产的发电能力,但是通过诸如改变底物混合,或改进二级发酵罐的容积利用率等措施,可实现预期的产气水平。

除了能量平衡,物料平衡也是发现沼气运行不足的有效措施。

5.6.3 经济优化

经济优化旨在减少成本提高产量。正如技术优化,经济优化也可用于所有的工艺子单元。在这种情况,同样第一步是识别重要的经济因素,如此相应地减少相关的成本。

特定变量如发电成本(如 €/kWh)或特定的投资成本(如 €/kW_{el} inst.)是沼气工程整体性能的基础。相关对比研究(如德国沼气监测项目[5-38])已经开展,从而有助于对整个沼气工程的经济效益评出等级。建议可通过分析和比较以下经济数据来做深入研究:

—运行成本。

· 人员成本

· 维护成本

· 维修成本

· 能源成本

· 保养成本

—投资成本(折旧)、还款利息。

—底物费用(与底物质量和数量相关)。

—产生的热电带来的收入。

—底物收入。

—发酵残余物/肥料的收入。

5.6.4 最小化环境影响

最小化环境影响旨在减少沼气工程对环境的影响。需考虑释放到空气、水和土壤的污染物。

—渗滤水(青贮渗滤水的收集和利用,储存区域的地表径流)。

—沼气工程的甲烷排放(发酵罐必须有气密性盖板,能识别漏气、沼气利用、引擎设置和减少维护工作)。

—甲醛、氮氧化物、硫氧化物、一氧化碳(仅热电联产装置、发动机、尾气处理)。

—臭气排放(覆盖的装载设备、储存区、发酵储存罐、分离后的发酵残余物)。

—噪声排放。

—发酵残余利用后:氨和二氧化氮排放(施用技术、整合残留物)。

不受控制的青贮、甲烷、氨排放不仅对环境有严重危害,同时也造成整个沼气工程的效益损失。这方面采用结构性或操作性的降低排放措施肯定能获得经济收益(如发酵储存罐的气密性盖板)。通常需定期地检查沼气工程是否有泄漏现象。除了要考虑环境和经济因素外,还必须考虑安全性。

5.7 参考文献

[5-1] Kloss R. Planung von Biogasanlagen. Oldenbourg Verlag, Munich, Vienna, 1986.

[5-2] Kroiss H. Anaerobe Abwasserreinigung; Wiener Mitteilungen Bd. 62. Technische Universität Wien, 1985.

[5-3] Weiland P. Grundlagen der Methangärung-Biologie und Substrate. VDI-Berichte, No. 1620 'Biogas alsregenerative Energie-Stand und Perspektiven', VDI-Verlag, 2001: 19-32.

[5-4] Resch C, Wörl A, Braun R, Kirchmayr R. Die Wege der Spurenelemente in 100%

NAWARO Biogasanlagen, 16. Symposium Bioenergie-Festbrennstoffe, Flüssi-gkraftstoffe, Biogas, Kloster Banz, Bad Staffelstein, 2007.

[5-5] Kaltschmitt M, Hartmann H. Energie aus Biomasse-Grundlagen, Techniken und Verfahren. Springer Verlag, Berlin, Heidelberg, New York, 2001.

[5-6] Technische Information 4. Sicherheitsregeln für Biogasanlagen, Bundesverband der landw. Berufsgenossenschaften e. V. , Kassel, 2008.

[5-7] Falbe J, et al. Römpp Chemie Lexikon. Georg Thieme Verlag, 9th edition: Stuttgart, 1992.

[5-8] Arbeitsplatzgrenzwerte (TRGS 900). Federal Institute for Occupational Safety and Health. http://www. baua. de/nn_5846/de/Themen-von-A-Z/Gefahrstoffe/TRGS/TRGS-900_content. htm l? _nnn=true.

[5-9] 'Arbeitsstätten, bauliche Anlagen und Einrichtungen' (VSG 2. 1). Agricultural Occupational Health and Safety Agency. http://www. lsv. de/lsv_all_neu/uv/3_vorschriften/vsg21. pdf.

[5-10] BGR 104-Explosionsschutz-Regeln, Sammlung technischer Regeln für das Vermeiden der Gefahren durch explosionsfähige Atmosphäre mit Beispielsammlung zur Einteilung explosions-gefä-hrdeter Bereiche in Zonen. Carl Heymanns Verlag, Cologne, 2009.

[5-11] Regulation (EC) No. 1774 of the European Parliament and of the Council. Brussels, 2002.

[5-12] Görsch U, Helm M. Biogasanlagen-Planung, Errichtung und Betrieb von landwirtschaftlichen und industriellen Biogasanlagen. Eugen Ulmer Verlag, 2nd edition, Stuttgart, 2007.

[5-13] Ordinance on the Utilisation of Biowastes on Land used for Agricultural, Silvicultural and Horticultural Purposes (Ordinance on Biowastes. Bioabfallverordnung- BioAbfV), 1998.

[5-14] 'Errichtung und Betrieb von Biogasanlagen-Anforderungen für den Gewässerschutz'. Anlagenbezogener Gewässerschutz Band 14, Niedersächsisches Umweltministerium, Hannover, 2007.

[5-15] Verhülsdonk C, Geringhausen H. Cleveres Drainage-System für Fahrsilos. top agrar, 2009,6.

[5-16] Seyfried C F, et al. Anaerobe Verfahren zur Behandlung von Industrieabwässern. Korrespondenz Abwasser,1990,37:1247-1251.

[5-17] Bischoff M. Erkenntnisse beim Einsatz von Zusatzund Hilfsstoffen sowie Spurenelementen in Biogasanlagen. VDI Berichte, No. 2057, 'Biogas 2009-Energieträger der Zukunft', VDI Verlag, Düsseldorf, 2009, 111-123.

[5-18] Weiβbach F, Strubelt C. Die Korrektur des Trockensubstanzgehaltes von Maissilagen als Substrat für Biogasanlagen. Landtechnik 63, 2008,2:82-83.

[5-19] Kranert M. Untersuchungen zu Mineralgehalten in Bioabfä-llen und Gärrücks-tänden. Müll und Abfall, 2008,11:612-617.

[5-20] Tippe H. Prozessoptimierung und Entwicklung von Regelungsstrategien für die zweistufige thermophile Methanisierung lignozellulosehaltiger Feststoffsuspensionen. Dissertation an der TU Berlin, Fachbereich 15, Lebensmittelwissenschaften und Biotechnologie,1999.

[5-21] Kroeker E J, Schulte D D. Anaerobic treatment process stability, in Journal Water Pollution Control Federation, Washington D. C. 1979,51:719-728.

[5-22] Bischofberger W, Böhnke B. Seyfried C F, Dichtl N, Rosenwinkel K H. Anaerobtechnik. Springer-Verlag, Berlin Heidelberg, New York, 2005.

[5-23] Braun R. Biogas-Methangärung organischer Abfallstoffe. 1st edition Springer-Verlag, Vienna, New York, 1984.

[5-24] Buchauer K. A comparison of two simple

titration procedures to determine volatile fatty acids in influents to waste-water and sludge treatment processes. Water SA, 1998,24(1).

[5-25] Rieger C, Weiland P. Prozessstö-rungen frühzeitig erkennen, Biogas Journal, 2006: 18-20.

[5-26] Braha A. Bioverfahren in der Abwassertechnik: Erstellung reaktionskinetischer Modelle mittels Labor-Bioreaktoren und Scaling-up in der biologischen Abwasserreinigung. Udo Pfriemer Buchverlag in der Bauverlag GmbH, Berlin and Wiesbaden, 1988.

[5-27] Sahm H. Biologie der Methanbildung, Chemie-Ingenieur Technik 53, 1981, 11.

[5-28] Oechsner, Hans, et al. European patent application, Patent Bulletin 2008/49, application number 08004314. 4. 2008.

[5-29] Mudrack, Kunst. Biologie der Abwasserreinigung. Spektrum Verlag, 2003.

[5-30] Dornak C. Möglichkeiten der Optimierung bestehender Biogasanlagen am Beispiel Plauen/Zobes in Anaerobe biologischen Abfallbehandlung, Tagungsband der Fachtagung. Beiträge zur Abfallwirtschaft Band 12, Schriftenreihe des Institutes für Abfallwirtschaft und Altlasten der TU Dresden, 2000, 2: 21-22.

[5-31] Resch C, Kirchmayer R, Grasmug M, Smeets W, Braun R. Optimised anaerobic treatment of household sorted biodegradable waste and slaugtherhouse waste under high organic load and nitrogen concentration in half technical scale. In conference proceedings of 4th international symposium of anaerobic digestion of solid waste, Copenhagen, 2005.

[5-32] McCarty P L. McKinney Salt toxicity in anaerobic digestion. Journal Water Pollution Control Federation, Washington D. C. 1961, 33: 399.

[5-33] McCarty P L. Anaerobic Waste Treatment Fundamentals-Part 3, Toxic Materials and their Control, 1964.

[5-34] Angelidaki I, Ahring B K. Anaerobic thermophilic digestion of manure at different ammonia loads: effect of temperature. Wat Res, 1994, 28: 727-731.

[5-35] Liebetrau J. Regelungsverfahren für die anaerobe Behandlung von organischen Abfällen. Rhombos Verlag, 2008.

[5-36] Holubar P, Zani L, Hager M, Fröschl W, Radak Z, Braun R. Start-up and recovery of a biogas-reactor using a hierarchical neural network-based control tool. J. Chem. Technol. Biotechnol. 2003, 78: 847-854.

[5-37] Heinzle E, Dunn I J, Ryhiner G B. Modelling and Control for Anaerobic Wastewater Treatment. Advances in Biochemical Engineering Biotechnology, Springer Verlag, 1993, 48.

[5-38] Fachagentur Nachwachsende Rohstoffe e. V. (ed.). Biogas-Messprogramm Ⅱ. Gülzow, 2009.

沼气处理和利用 6

目前，德国最常见的沼气利用途径是将其就地转化成电能，大多数情况下这需要使用内燃机驱动发电机实现。沼气也可用作气体微涡轮、燃料电池、斯特林发动机中的燃料，这些技术的主要目的也是将沼气转化为电能，但迄今为止，它们还很少付诸实践。沼气的另一可能用途是用合适的燃烧器或者锅炉产生热能以回收利用。

此外，近几年来，将沼气并入天然气管网日益常见。至 2010 年 8 月，德国已有 38 个沼气工程实现将处理后的生物甲烷并入天然气管网[6-9]。接下来几年将会有更多的类似项目开始实施。就此，不得不提到德国政府制定的宏伟目标，即到 2020 年每年有 6×10^9 m^3 的天然气由沼气取代。除了并入管网，还可以直接使用生物甲烷作为燃料，但目前在德国尚只有小规模应用。

一般来说，沼气工程产生的原料气体不可以被直接利用，因其含有各种不同的成分，如硫化氢。因此沼气需要经过不同的净化阶段，在开篇提及的各种沼气利用方式中，均需要先对沼气进行不同的净化。

6.1 沼气提纯和加工

原始沼气中除甲烷和二氧化碳之外还含有水蒸气，以及相当数量的硫化氢等。

硫化氢有毒性并具有臭鸡蛋味道。原沼气中的硫化氢与水蒸气形成酸，酸会腐蚀电机及其上下游的零部件(气管、排气系统等)。硫化物也会降低下游提纯阶段的去除效率(二氧化碳去除)。

因此，农业沼气工程产生的沼气通常需要脱硫和干燥。然而，根据沼气中所含物质或所利用的技术(如作为天然气的替代物质)的不同，可能需要对沼气进行再处理或加工。厂商对热电联产机组所使用的燃料气体有最低要求，对沼气也同样如此。燃料气体的属性必须符合这个要求以避免增加维修次数和防止引擎故障。

6.1.1 脱硫

脱硫的方法很多，根据其应用可分为生物、化学和物理脱硫法，或分为粗脱硫和精脱硫法。具体的方法以及如何使用都取决于之后的沼气利用途径。脱硫方法的比较与总结见表 6.1。

除了沼气的成分，影响脱硫阶段的关键因素是沼气的流量。根据工艺的管理的差异，这可能会引起较大的变动。在运行期间往发酵罐添加新鲜底物后会出现短时较高的产气率并因此使流量增大。此时的流量有可能比平均流量高出 50%。为确保脱硫的质量，在实践中经常会安装较大的脱硫单元或结合不同的技术。

表 6.1 脱硫方法一览表[6-32]

方法	能耗	热耗	物料		鼓入空气	纯度 (mL/L)	能否满足 DVGW[a]	问题
			消耗	处理				
发酵罐内生物脱硫	++	o	++	++	是	50～2 000	否	工艺控制不够精确
外部生物脱硫	—	o	+	+	是	50～100	否	工艺控制不够精确
生物洗涤	—	o	—	+	否	50～100	否	工艺复杂，成本高
硫化物沉淀	o	o	——	o	否	50～500	否	响应缓慢
内部化学脱硫	o	o	——	——	是	1～100	否	净化效果慢
活性炭	o	o	——	—	是	<5	是	大量废弃活性炭需要处理

注：[a] 按照 DVGW 实践标准 G 260；

++：特优，+：优，o：一般，—：差，——：特差。

6.1.1.1 发酵罐内生物脱硫

沼气生物脱硫尽管可以在下游流程中实现，但通常在发酵罐内进行。在有氧气的情况下，硫细菌(sulfobacter oxydans)将硫化氢转化成硫单质，硫单质则随着发酵罐底物排出。发酵罐内已经拥有这一转化过程所需的充足营养物。硫细菌无处不在，因此不需要单独添加。所需的氧气则通过将空气注入发酵罐获得，使用如小型压缩机吹入空气(像水族箱的气泵)。如此获得的沼气的质量通常足以用于热电联产机组的燃烧。只有当原料沼气中的成分变化过大，硫化氢浓度超过最大处理能力时，会对热电联产机组有不利影响。而且这种方法由于很难去除脱硫带来的含量很高的氮气和氧气，将降低沼气燃烧品质，因而用此方法提纯的沼气不适于作为天然气的替代物。发酵罐内生物脱硫特性可见表 6.2，安装示意见图 6.1。

表 6.2 发酵罐内沼气脱硫的特性和工艺参数

特性	空气供应量为沼气量的 3%～6%
适宜性	所有顶部有足够储气空间的发酵罐 不适宜后续注入天然气管道
优势	性价比高 不需要化学药剂 维护少，技术可靠 硫单质落入沼肥，最终施用在农田作为化肥
劣势	与硫化氢实际产生量无关 不可能选择性优化硫化氢去除 加入氧气后可能会影响发酵工艺和甲烷氧化 储气空间的昼夜及季节温度变化对脱硫效果不利 不可能根据沼气质量波动及时响应 发酵罐内腐蚀以及生成爆炸气体的危险 不适合用于沼气提纯至天然气 降低了沼气的热值
特殊考虑	通常现有表面积不足以满足脱硫需要，需要为硫细菌生长提供额外的附着表面 通过连续监测硫化氢浓度控制氧气供应可以优化工艺控制
设计	小型空压机或气泵配合下游的阀门和流量计以手动控制空气流量
维护	几乎不需要

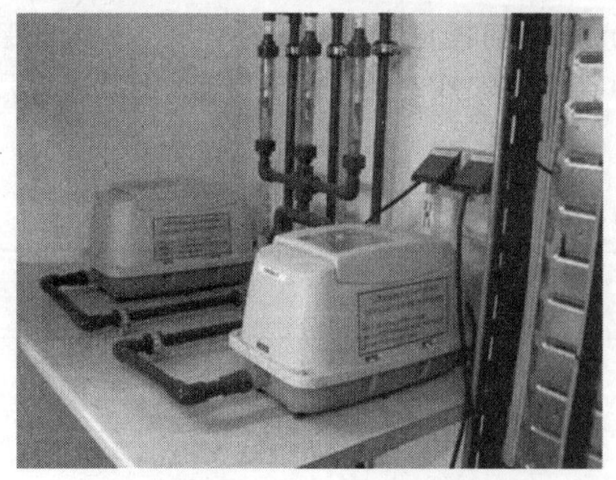

图 6.1 将空气注入发酵罐储气空间的气体控制系统(DBFZ)

6.1.1.2 外部生物脱硫——滴滤工艺

为避免上述不足，生物脱硫可在发酵罐外使用滴滤工艺实现。有些公司为此提供生物脱硫柱，置于发酵罐外的反应塔中。这使得反应能更准确地按照生物脱硫所需的参数进行，如空气/氧气的供应量。为提高沼肥的肥效，可将产生的硫添加至沼肥储存罐。

在滴滤工艺中，硫化氢被洗涤介质吸收(与空气中氧气混合后可再生)，可实现高达 99% 的脱硫率，剩余气体中的硫含量将少于 50 mL/L[6-24]。由于大量空气的进入，使得空气含量约为 6%，因而该方法不适用于生产生物甲烷[6-5]。外部生物脱硫单元的特性和工艺参数见表 6.3。示例见图 6.2。

表 6.3 外部生物脱硫单元的特性和工艺参数

特性	去除率可超过 99%(例如从 6 000 mL/L 下降到 50 mL/L 以下) 适用于所有规模的沼气工程
适宜性	所有生产沼气的系统 粗脱硫 滴滤塔脱硫不适合注入天然气管道
优势	可以按照实际硫化氢的产生量设计规模 硫化氢去除可以通过控制营养物、空气供应和温度进行选择性的自动优化 氧气不进入发酵罐,不影响发酵工艺 无需化学药剂 设备改造方便 如果设计规模足够大,产气量的短期波动不会影响处理后的气体质量
劣势	单独的处理单元及其相关费用(滴滤塔的最佳温度为 28～32℃) 需要过量提供氧气
特殊考虑	外部脱硫单元
设计	反应塔、罐或其他容器采用塑料或者钢制,独立单元,里面充满滤料,有时使用生物乳液反冲洗(滴滤工艺)
维护	有时经过长时间的运行后需要更新生物乳液或替换滤料

图 6.2 外部生物脱硫塔,在储气罐右侧(S & H GmbH & Co. Umwelten-gineering KG)

6.1.1.3 生化沼气洗涤——生物洗涤

与滴滤工艺和内部脱硫不同,生物洗涤是唯一能将沼气提纯到天然气质量的生物工艺。生物洗涤工艺包括两级,第一级是一个填料塔(通过稀苏打溶液吸附硫化氢)、一个生物反应器(使用空气中的氧气再生洗涤液),以及分硫器(排放硫单质)。采用单独的再生塔意味着不用将空气注入沼气。尽管能去掉很高的硫负荷(上至 30 000 mg/m^3),结果类似于滴滤系统,但因其设备成本昂贵,该技术只适用于高气体流量或高硫化氢负荷的沼气工程。特性见表 6.4。

6.1.1.4 硫化物沉淀

化学脱硫在发酵罐内进行。与生物脱硫方法一样,化学脱硫用于粗脱硫(可获得的硫化氢值在 100～150 mL/L[6-35])。发酵罐中加入铁化合物(表 6.5)与底物中的硫发生化学反应,以此阻止硫以硫化氢的方式排出。表 6.5 给出该方法的特性,该方式主要用于相对较小的或硫化氢负荷较低的沼气工程(<500 mL/L)[6-35]。

表 6.4　外部生物洗涤单元的特性和工艺参数

特性	可使用烧碱或氢氧化铁 适用于沼气流量 10～1200 Nm^3/h 的情况 取决于沼气量和设计规模，净化率可高达 95%以上
适宜性	所有生产沼气的系统 粗脱硫
优势	可以按照实际硫化氢的产生量设计规模 硫化氢去除可以通过控制洗涤液和温度进行选择性的自动优化 氧气不进入发酵罐，不影响发酵工艺 与发酵罐内脱硫相比，避免了发酵罐内储气空间的严重腐蚀情况
劣势	单独的处理单元及其相关费用(滴滤塔的最佳温度为 28～32℃) 需要化学药剂 稀释碱液需要新鲜水(氢氧化铁不需要) 需要额外的运行维护
特殊考虑	废液需要进入污水厂处理，但从化学的角度看并不会产生问题(只适用于烧碱溶液) 外部脱硫单元
设计	反应塔、罐采用塑料或者钢制，独立单元，里面充满滤料，使用溶液反冲洗
维护	经过长时间的运行后需要更新化学药剂 氢氧化铁可以通过鼓入空气不断再生，但产生的大量热量可能引起火灾

表 6.5　内部化学脱硫的特性和工艺参数[6-13]

特性	可使用氯化铁、氯化亚铁或硫酸亚铁固体或溶液，沼铁矿也适用 按照[6-20]提供的指导值，每立方米底物投加 33 g 铁
适宜性	所有湿式发酵系统 粗脱硫
优势	去除率很高 不需要额外的脱硫单元 没有额外的维护 不需向发酵罐鼓入氧气，不影响发酵工艺 与发酵罐内脱硫相比，避免了发酵罐内储气空间严重腐蚀的情况 沼气量波动不影响处理效果 与下游的精脱硫结合可用于并网
劣势	难以设计与底物硫含量相应的尺寸(通常需要过量投加) 连续消耗化学药剂，增加了运行成本 更多安全措施需要增加投资
特殊考虑	当发酵罐内生物脱硫不足时，有时采用内部化学脱硫补充 沼肥施用于农田会导致其中铁含量迅速上升
设计	手动投加或采用额外的小型传输设备自动投加
维护	很少或无维护

6.1.1.5　活性炭吸附

被用作精脱硫技术的活性炭吸附，其原理是在活性炭的表面催化氧化硫化氢。可通过让活性炭被浸泡或添加某种物质的方法来提高脱硫反应率和处理负荷。可用碘化钾或碳酸钾作为浸泡物料。充分的脱硫离不开水蒸气和氧气。因此浸泡的活性炭不适宜与不含空气的沼气一起使用。然而，最近才上市的活性炭添加料(高锰酸钾)也可用于不含空气的沼气。同时由于没有阻碍微孔，因而改进了脱硫性能[6-35]。使用活性炭脱硫的特性见表 6.6。

表 6.6 使用活性炭脱硫的特性

特性	使用碘化钾或碳酸钾浸泡过或添加高锰酸钾的活性炭
适宜性	所有沼气生产系统
	精脱硫，处理硫化氢含量为 150～300 mL/L 的沼气
优势	去除率很高(可以达到<4 mL/L[6-25]
	投资费用适中
	无需向发酵罐鼓入氧气，不影响发酵工艺
	与发酵罐内脱硫相比，避免了发酵罐内储气空间严重腐蚀的情况
	可用于沼气提纯并网
劣势	不适宜用作不含氧气及水蒸气的沼气(浸渍活性炭例外)
	连续消耗化学药剂，增加了运行成本
	用过的活性炭需要处理
	无选择性只针对硫去除
特殊考虑	当需要特别低硫化氢浓度时使用活性炭脱硫
设计	反应罐由塑料或不锈钢制成，独立单元，充满活性炭
维护	需要定期更换活性炭

6.1.2 干燥

为保护沼气利用设备不受严重磨损和损坏，并达到下游净化设备的要求，必须去除沼气中的水蒸气。沼气中包含的水或蒸汽量取决于其温度。发酵罐中沼气的相对湿度达到 100%时意味着沼气中水蒸气达到饱和。可使用的干燥沼气的方法有：冷凝干燥、吸附干燥(硅胶、活性炭)、吸收干燥(乙二醇脱水)。这些方法的简介如下。

6.1.2.1 冷凝干燥

该方法的原理是通过将沼气温度冷却到露点温度以下进行冷凝分离。通常在气体管道进行沼气冷却。如果以适当的倾斜度安装管道，冷凝在位于管道最低点的分离器进行。若是地下管道，冷凝效果将更佳。如果要在管道中冷却沼气，管道必须足够长。除水蒸气外，其他杂质如水溶气体、气溶胶也会在冷凝中被移除。需定期对冷凝水分离器进行排水，因此操作必须方便进行。冷凝水分离器必须安装于防冻区域。其他的冷却方式如通过冷水降温，根据[6-35]，该方式可达到 3～5℃的露点，以此将水蒸气含量降至 0.15%(体积比)(初始状态含量：3.1%(体积比)，30℃，环境压力)。冷却之前压缩沼气可进一步改善效果。这一方法是生产可燃沼气的先进水平，但是这并未完全满足并入天然气管网的要求，因其无法达到 DVGW 实施条例 G 260 和 G 262 的规定。不过该方法的不足可通过下游的吸附净化技术弥补(变压力吸附、脱硫吸附[6-35])。任何沼气流量下都能使用冷凝干燥。

6.1.2.2 吸附干燥

吸附工艺能达到明显更好的干燥效果，能进行吸附的原料有沸石、硅胶及氧化铝。该方法有可能达到－90℃的露点[6-22]。吸附装置安装在固定床上，可在正常压力或 600～1 000 kPa 的压力下运行，适用于中小沼气量的干燥[6-35]。吸附材料可以通过有热或无热再生。关于其再生的详细信息可见[6-22]或[6-35]。由于干燥效果好，该方法适用于所有可能的沼气利用方式。

6.1.2.3 吸收干燥

乙二醇脱水是一种天然气净化技术。吸收工艺是通过把乙醇或三乙烯乙醇与沼气逆向注入吸收塔的物理过程而实现。这一工艺将水蒸气和碳氢化合物从原沼气中移除。在乙二醇作为吸收液时，可通过将溶剂加热到 200℃，使其中杂质挥发来实现醇的再生[6-37]。文献资料显示其可实现－100℃的露点[6-30]。从经济性看，该方法适用于较高的流量(500 m^3/h)[6-5]，因此本方法可以考虑作为沼气提纯并网利用的预处理方法。

6.1.3 去除二氧化碳

二氧化碳去除是沼气并入管网前的必经阶段。通过提高甲烷含量可以实现调整燃烧品质，以达到 DVGW 实施守则的要求。自 2006 年以来，德国已有 38 个沼气工程把沼气提纯后并入天然气管网。在德国和其他欧洲国家，最常用的提纯方法是水洗、变压吸附和化学吸收。决定采用哪种方法需考虑的因素包括沼气性质、产品质量和甲烷损失。最后的提纯成本会因地而异。提纯工艺的关键属性总结于表 6.7，并将在后面章节展开详细讨论。

表 6.7 甲烷富集方法比较[6-5,6-35]

方法	执行模式/特性	最高甲烷含量	备注
变压吸附(PSA)	通过压力变化切换物理吸附和解吸过程	>97%	已有大量工程案例；需要先去除硫化氢和干燥；能耗高；无需加热；甲烷损失率高；无需化学药剂
水洗	用水作为溶剂的物理吸收过程，通过降压再生	>98%	已有大量工程案例；无需先去除硫化氢和干燥；可灵活地根据沼气流量调节；能耗高；无需加热；甲烷损失率高；无需化学药剂
胺洗	用洗脱液(胺)化学吸收，采用水蒸气再生	>99%	有一些工程案例；适用于沼气流量较低的情况；能耗较低(无压工艺)；热能需求大；甲烷损失率低；洗脱液要求高
Genosorb（乙二醇醚)洗脱	与水洗类似，但使用 Genosorb(乙二醇醚)或 Selexol(聚乙二醇二甲醚)作为溶剂	>96%	工程案例少；从经济性角度适合于大规模沼气工程；无需先脱硫和干燥；可灵活地根据沼气流量调节；极高的能耗；低热耗；甲烷损失率高
膜分离	使用带孔膜：利用压力梯度或者气体扩散速率来分离沼气	>96%	工程案例少；需要先去除硫化氢和干燥；能耗极高；无需加热；甲烷损失率高；无需化学药剂
低温分离	精馏液化，低温分离	>98%	处于试验阶段；需要先去除硫化氢和干燥；能耗极高；甲烷损失率极低；无需化学药剂

6.1.3.1 变压吸附(PSA)

变压吸附(PSA)是使用活性炭、分子筛(沸石)以及碳分子筛的物理分离技术。该方法有一定先进性，且被广泛运用。如今很多项目已经采用该技术，在德国尤其如此。沼气提纯厂将 4～6 个吸附塔并联，完成吸附(即在 600～1 000 kPa 的压力下吸附水蒸气和二氧化碳)、解吸(通过减压)、排空(即通过大量原料气体或产品气体进一步解吸)，以及增压这四个环节。这种技术能使甲烷含量达到 97%(体积比)左右。通过增加原料气和/或产品气的冲洗解吸循环次数，以及循环上游压缩机产生的废气，可进一步提高甲烷浓度，但这也会增加提纯成本。如果提纯系统使用得当，原沼气已达到脱硫和干燥要求，那么吸附剂的使用寿命几乎是无限长，否则，水、硫化氢和任何其他少量成分，会被吸附在碳分子筛上，PSA 分离效率会永久受损甚至完全停止。与其他方法相比，PSA 的总能源需求相对较低，但由于不断的变压，其电力需求还是相对较高。另一个优点是，这种方法是小规模沼气工程的理想选择。PSA 的缺点在于废气中甲烷含量较大(1%～5%)。由于甲烷对温室气体的影响较大，必须对排出的废气进行氧化处理。

6.1.3.2 水洗

高压水洗是欧洲沼气提纯最常见的方法(将近 50%的沼气工程)。它利用了甲烷和二氧化碳在水中的不同溶解度。首先将预处理的沼气(例如去除从发酵罐或砾石过滤层薄雾中带来的水分)压缩至约 300 kPa，接着至约 900 kPa，然后逆向流过水吸收塔(滴床反应器)[6-5]。在吸收塔中，硫化氢、二氧化碳和氨，以及许多原料气体中的微粒和微生物溶解于水中。当水压减小之后，这些物质会从系统中释放出来。水洗法不需要对沼气进行脱硫和干燥预处理。该方法的另一优点是其高度的灵活性，根据原沼气中二氧化碳的浓度不同，其不仅可以调控压力和温度，而且可以调节沼气工程的处理能力(在设计容量的 40%～100%)[6-5]。其他优点有：连续和全自动操作、易维护、能处理水分饱和的气体（可通过后续的干燥）、现场验证可靠性、同时吸附硫化氢和氨气、利用水作为吸收剂（易获得，安全和低成本）[6-5]。该方法的缺点是它的高功率要求和较高的甲烷流失（约 1%），这意味着需要对废气进行后续的氧化处理。

6.1.3.3　化学洗涤（胺）

胺洗是一种化学吸收工艺，是指不加压的沼气接触洗涤剂后，其中的二氧化碳被洗涤介质吸收。常用的去除二氧化碳的洗涤介质是单乙醇胺（MEA）（低压工艺下，仅去除二氧化碳）和二乙醇胺（DEA）（高压工艺，无需再生）。有时甲基二乙醇胺（MDEA）或三乙醇胺（TEA）用于分离二氧化碳和硫化氢[6-5]。为了回收洗涤液，通常在吸附阶段的下游设置解吸或再生阶段使用水蒸气。这将导致对热能的高需求，这也是该工艺的主要缺点。因此，优化这项技术最大的可能在于优化加热过程。不完全再生导致的对溶剂的连续消耗是另一个缺点。然而，胺洗涤的优点是能产生很高质量的天然气（>99%），同时甲烷损失率很低（ <0.1%）。过去，德国和欧洲使用该工艺不多。但现在，在德国胺洗涤厂的数量越来越多，主要用在沼气流速低和有良好热源的地区。

6.1.3.4　物理洗涤（Genosorb 乙二醇醚或 Selexol 聚乙二醇二甲醚）

Genosorb 洗涤工艺是 Selexol 洗涤工艺的进一步发展，工作原理与高压水洗类似，都不是用水而是用洗涤溶液（Genosorb）与压力为 700 kPa 的沼气接触见图 6.3。除了去除二氧化碳和硫化氢，该工艺还可以去除水。因此 Genosorb 洗涤是唯一能在单一工艺中除去所有三种杂质的方法。然而，出于经济原因，该工艺使用脱硫的干沼气更好。洗涤液的再生方法是在 50℃时逐步减压直到注入环境中的空气。所需的热量可从沼气压缩机的废热中提取[6-35]。生产商预估甲烷流失为 1%～2%的，这需要对废气进行后续的热氧化处理。从能量的角度来看，该方法对能量的需求比水洗和变压吸附略高[6-35]。

6.1.3.5　膜法

膜技术相对较新，目前仍处于发展阶段，但是少数的膜分离系统已在使用中（例如在奥地利和德国巴登—符腾堡州的 Kisslegg-Rahmhaus 市的沼气提纯项目）。在工艺方面，膜技术通过使用气体分子的不同大小所导致的不同扩散率来分离甲烷和其他气体。例如甲烷是相对较小的分子，它通过大多数膜的速度比二氧化碳或硫化氢的快。气体的纯度可根据膜型、膜的表面、流率和分离的级数调整。

图 6.3　德国龙嫩贝格的一家沼气处理厂（Genosorb 洗涤）（Urban，Fraunhofer UMSICHT）

6.1.3.6　低温分离

低温气体处理（即在低温下分离甲烷和二氧化碳）不仅包括气体液化（产生液体二氧化碳），还包括低温分离法（使二氧化碳冻结）[6-5]。两者都是技术要求很高的工艺，所需要的气体也必须首先脱硫并干燥。特别是针对沼气应用，这些工艺尚未经实地测试和考证。该方法最大的问题是需要大量的能量，但是高质量的甲烷气（>99%）和低甲烷流失（<0.1%）值得对其进一步发展。

6.1.4　除氧

将生物甲烷并入天然气管网，需要去除原料气中的氧气。除 DVGW 工作守则，也需要考虑跨国协议。目前已有的最好的方法是利用钯铂催化剂的催化去除和与铜接触的化学吸附。更多信息见文献[6-35]。

6.1.5　去除其他微量气体

沼气中的微量气体有氨、硅氧烷和肉毒素（苯、甲苯、二甲苯）。然而这些微量气体在农业沼气工程的沼气里出现较高含量的情况很少发生，其浓度水平低于 DVGW 守则的规定[6-35]，实际上只有很少时候能被检测到。除此之外，这些物质也在以上所述的脱硫、干燥和甲烷富集的净化过程中被去除。

6.1.6 并入天然气管网

沼气并入管网时，必须已通过各级净化、提纯处理，使其达到所并入天然气管网的质量要求。虽然这取决于管网内现存天然气的质量，但对沼气生产商而言，最重要的是遵守 DVGW 守则中的 G260 和 G262。燃气管网的运营方负责精细调整以及运行成本（参见 7.4.3 章节）。下面介绍并网阶段需要考虑的内容。

6.1.6.1 气味化

生物甲烷气是无味的，必须通过传感器检测是否有泄漏，因此需要添加气味剂。气味剂主要是含硫有机化合物，如硫醇或四氢噻吩（THT）。然而，出于生态和技术的原因，最近几年已出现向无硫气味剂转化的明显趋势。可通过注射或旁通装置添加气味剂。气味化监测的详细技术信息参见 DVGW 守则 G280-1。

6.1.6.2 热值调整

并入管网的生物甲烷必须具备与管道中的天然气相同的燃烧特性。这些特性的测量包括热值、相对密度和沃泊指数。这些值必须处于允许的范围内，但是相对密度可能会暂时超过最大允许值，而沃泊指数可能会暂时低于最小允许值。具体的细节可见 DVGW 实践守则的 G260 和 G685。可通过加入空气（若生物甲烷气的热值过高）或液化气体（通常用丙烷-丁烷混合气（若生物甲烷气的热值太低））调整参数。液化气的添加首先受到并入管网后（储存罐、压缩天然气加气站）高压再液化风险的限制，其次受到 DVGW 实践守则 G486 规定的约束。由于数学换算的限制，需添加的丙烷和丁烷的最大限制分别为 5%和 1.5%（摩尔比）。

6.1.6.3 压力调节

并网压力必需略高于管网压力，以便将生物甲烷注入不同水平的管网。可能注入的水平有低压气网（<10 kPa），中压气网（10～100 kPa）和高压气网（≥100 kPa）。1 600 kPa 以上被称为超高压[6-5]。螺杆压缩机或往复式压缩机通常用于压缩生物燃气。应当注意的是，一些工艺（PSA，水洗）已经在 500～1 000 kPa 的操作压力下运行。这意味着，根据管网的压力，可能不需要提供额外的压缩机站。

6.2 沼气热电联产

热电联产（CHP）指同时生产电和热。视环境不同，可划分为热能为主和电能为主的热电联产厂。由于以热能为主的能效更高，通常会选择热能为主型。大多数情况下使用的是内燃发动机与发电机联合制动的小型热电联产机组。由于发动机的速度是恒定的，直接连接的发动机能产生与系统频率兼容的电能。不久的将来有可能使用燃气微型涡轮驱动发电机，使用斯特灵发动机或燃料电池替代传统的引燃气体发动机和气体火花点火发动机。

6.2.1 带内燃发动机的小型热电联产机组

除了内燃发动机和匹配的发电机之外，热电联产机组还包括从废气回收热能的换热系统，冷却水、润滑油回路，热分布和电器开关的液压系统，电源分配和热电联产机组的控制设备。机组采用的发动机是气体火花点火或引燃气体点火。后者在过去更为常用，德国已有两三个新建沼气工程装有气体火花点火发动机，其操作根据奥托原理进行，不需要额外的点火油。两者唯一的区别在于气体压缩环节。图 6.4 和图 6.5 分别介绍了沼气热电联产机组的工作示意图和整个沼气工程的布局示意图。

6.2.1.1 气体火花点火发动机

气体火花点火发动机的运作基于奥托原则，专门设计的发动机适合气体燃烧。为最大限度地减少氮氧化物的排放量，发动机运行时得到的空气量高于理论需要量（即稀薄燃烧模式）。在稀薄燃烧模式下发动机内的燃料转换率较低，这导致功率降低。这可通过排气涡轮增压器弥补发动机的涡轮增压。气体火花点火发动机所需沼气的最小甲烷浓度约为 45%。甲烷浓度较低时，发动机将停止运行。

如果没有可用的沼气，气体火花点火发动机也可以使用其他燃气运行，如天然气[6-12]。在利用发动机废热为启动沼气工程提供所需热能时，除沼气控制系统，还需安装用于替代燃气的单独控制系统。

以沼气作为燃气的气体火花点火发动机的主要参数见表 6.8。

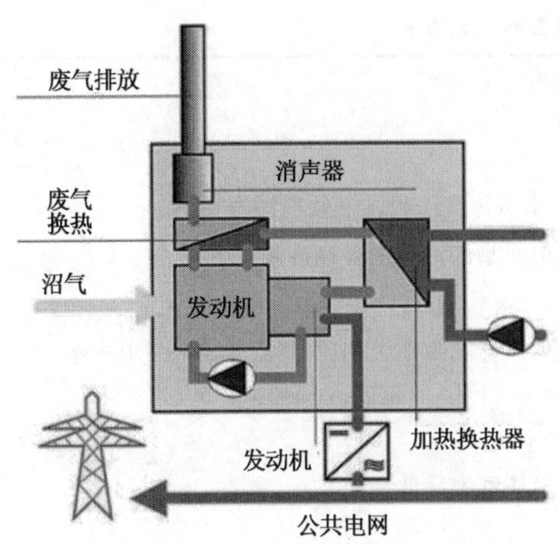

图 6.4　热电联产机组的工作示意图(ASUE)

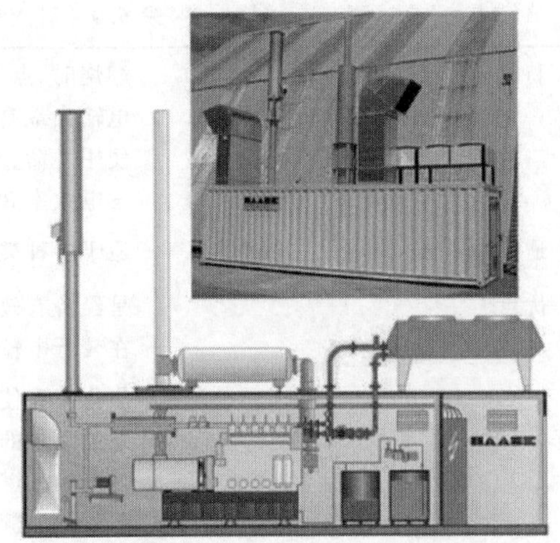

图 6.5　集成了紧急火炬的沼气热电联产机组(Haase Energietechnik AG)

表 6.8　气体火花点火发动机的特征值及其运行主要参数

特征值	a. 电输出量＞1 MW,很少 ＜100 kW b. 发电效率 34%～42%(额定输出＞300 kW) c. 使用寿命:约工作 60 000 h d. 在甲烷浓度约为 45%或更高情况下使用
适宜性	基本适于各类沼气工程,规模较大的沼气工程使用经济效益更大
优点	为使用气体专门设计 满足各种污染物排放标准(甲醛浓度可能会因超过排放标准而受到限制) 维护次数少 整体效率高于引燃气体发动机
缺点	与引燃气体发动机相比,初始资本支出略高 成本较高 在较低的输出功率范围内,与引燃发动机相比发电效率较低
特殊功能	安装了紧急冷却器,以防热需求低时产生过热现象 建议根据气体品质调节功率
设计	在建筑物内作为一个独立的单元或作为紧凑型集装箱单元
维护	参考维护部分

6.2.1.2　引燃气体发动机

引燃气体发动机是基于柴油发动机的原理。它们并没有被专门开发成利用燃气的发动机,因此必须对其进行修改。沼气通过气体混合器与空气混合,随后由引燃油点燃,再通过注射系统进入燃烧室。通常引燃油的能值占所供应燃料总能量的2%～5%。由于引燃油的注入量相对较小和冷却喷嘴装置的缺乏,使发动机面临焦化和更快损耗的风险[6-12]。引燃气体发动机运行时,也提供过剩空气量。引燃油添加负荷由引燃油和沼气质量决定。

如果出现沼气无法供应,引燃气体发动机可以靠引燃油或柴油运行。可以轻松地转换替代燃料,这可能会在启动沼气工程时用于提供工艺热量。

根据《可再生能源法》(EEG),用作引燃油的只能是来自可再生能源的如油菜籽甲基酯或其他类型的生物质。但是必须达到发动机制造商的质量要求。引燃气体发动机的特性和工艺参数见表 6.9。

表 6.9 引燃气体发动机的特性和工艺参数

特征值	燃烧时,点火油的热值浓度为 2%~5% 电输出最高可达约 340 kW 使用寿命:约工作 35 000 h 发电效率 30%~44%(对于小型沼气工程发电效率约为 30%)
适宜性	适于各种类型的沼气工程,但小型的沼气工程经济效益更好
优点	是经济有效的标准发动机 在较低电输出范围内,与气体点燃式发动机相比,具有较高的发电效率
缺点	焦化喷嘴使得其排放更多的废气(NOx)和更频繁的维护 是为沼气的使用而特制的发动机 与气体点燃式发动机相比,整体效率较低 需要添加额外燃料(点火油) 污染物的排放常常超过 TA Luft 的标准 使用寿命较短
特殊功能	需要安装紧急冷却装置以防在需热量较低时发生过热现象 可根据气体品质进行功率调节
设计	在建筑物内作为一个独立的单元或作为紧凑型集装箱单元
维护	参考维护部分

6.2.1.3 污染物减少和废气处理

专为沼气使用设计的固定燃烧发动机厂,若额定热输入为 1 MW 或更高,需要获得《德国联邦污染控制法》(BImSchG)规定的许可证,同时必须遵守《空气质量控制的技术说明》(TA Luft)规定的相关排放标准。如果安装的额定热输入低于 1 MW,则该厂不需要 BImSchG 的许可。在这种情况下,可应用 TA Luft 规定的值作为基础数据进行审查,以确定沼气工程运营方是否履行了环保义务。尽管审批单位对不同情况的处理方式不同,沼气工程有责任尽量使用对环境损害最小的先进技术[6-33]。TA Luft 规定的排放标准分别针对引燃气体发动机和气体点燃式发动机。根据 2002 年 7 月 30 日版的 TA Luft 规定,排放限度列于表 6.10。

表 6.10 内燃机厂废气排放标准(依据 TA Luft 第 14 条(包括 1.1 及 1.2)和第 4 版 BimSchV)

污染物	单位	气体火花点火引擎(气体发动机)		引燃气体发动机(双燃料)	
		额定热输入			
		<3 MW	≥3 MW	<3 MW	≥3 MW
一氧化碳	mg/m^3	1 000	650	2 000	650
氮氧化物	mg/m^3	500	500	1 000	500
二氧化硫和以二氧化硫计算的三氧化硫	mg/m^3	350	350	350	350
总悬浮粒子	mg/m^3	20	20	20	20
有机物质:甲醛	mg/m^3	60	20	60	60

燃料气体的彻底预处理可减少废气中的污染物。例如,沼气中硫化氢(H_2S)的燃烧会产生二氧化硫。如果沼气中有害微量元素的浓度低,其废气中的燃烧产物浓度也会较低。

为减少氮氧化物的排放,发动机在稀薄燃烧模式下运行。由于稀薄燃烧可以降低燃烧温度,从而减少氮氧化物的形成。

催化转换器通常不使用于沼气热电联产机组。沼气中伴随的物质,如硫化氢,会造成催化转换器无可挽回的损坏。

火花点火发动机通常都能符合 TA Luft 的排放标准。引燃气体发动机的排放水平较火花点火发动机低。尤其是一氧化氮(氮氧化物)和一氧化碳(二氧化碳)在某些情况下的排放量会超过 TA Luft 的限定。用于启动发动机的引燃油,也会产生烟尘尾气[6-7,6-26,6-33]。最新的研究结果表明,经常产生甲醛排放的问题[6-15]。废气的后氧化处理和活性炭过滤可确保废气遵守 TA Luft 和 EEG 2009 的排放标准(40 mg/m^3),但是到目前为止这些设备的使用尚未普及。

6.2.1.4　发电机

热电联产机组既有同步也有异步(感应)发电机。由于高电流的消耗,基本只在功率低于 100 kW$_{el}$ 的机组使用异步发电机[6-27]。因而同步发电机被普遍用于沼气工程。

6.2.1.5　电效率和输出

热电联产机组的效率表征了机组转换能量的能力。总效率是机组发电和产热效率之和,通常介于 80%～90%之间。因此,理想状况下,90%的额定热输入可用于能量转换。

额定热输入计算如下:

$$Q_F=(V_B-H_i) \qquad (6\text{-}1)$$

式中:Q_F:额定热输入(kW);V_B:沼气流量(m^3/h);H_i:沼气的热值(kWh/m^3)。

根据经验,可以假定气体火花点燃式燃气发动机和引燃气体点燃的双燃料发动机的电和热效率各占 50%。电效率是由发动机的机械效率和发电机的效率相乘所得。效率概况如图 6.6 所示。

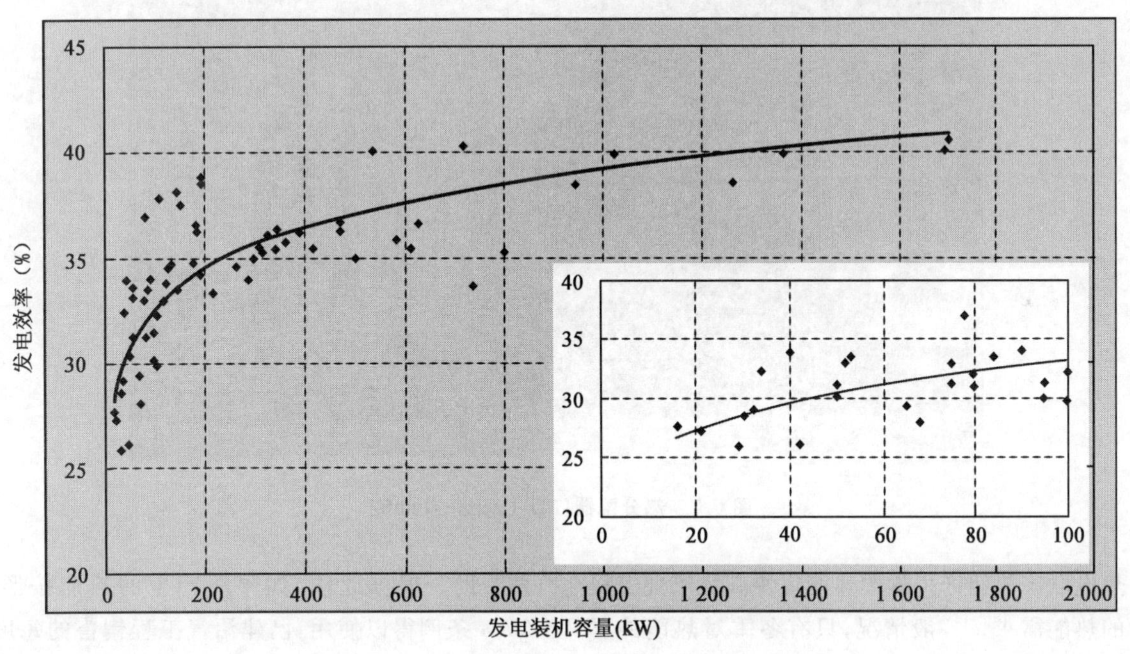

图 6.6　沼气工程热电联产机组的发电效率[6-41]

双燃料发动机驱动的热电联产机组的发电率在 30%～43%。在较低输出功率范围内,有相同的电输出功率时,双燃料发动机的机组发电效率高于燃气发动机驱动的热电联产机组。燃气发动机驱动的热电联产机组的发电效率介于 34%～40%。两种发动机的发电率都随着电力输出的增加而上升。由于热电联产机组的制造商计算的转换效率的方法是基于测试床(连续天然气运行),因此实践中,沼气工程运行得出的效率值通常低于供应商提供的效率值。应特别注意的是,在实践中满负荷连续运行的情况极其罕见,部分负荷运行时的效率低于满负荷时的值。具体情况视具体机组而定,可从各自的技术数据表推测。

多种因素可以影响热电联产机组的电机效率、性能和有害气体的排放。不仅是发动机部件,如火花塞、发动机油、阀门和活塞,还有空气过滤器、气体过滤器、油过滤器都会因长期使用受到磨损。应定期更换这些磨损部件,以延长机组的使用寿命。维护周期通常由机组生产商规定。热电联产机组的设置,如λ比例、引燃时间和阀门间隙,不仅对电气设备效率和输出有影响,同时对有害气体的排放也有相当大的影响。性能维护和操作调整是工厂操作员的职责。该项工作可以由工厂操作员或外包给承包商或其他服务提供商进行。总之，如果机组运行在 TA Luft 规定的废气排放标准的范围内，它将对燃烧质量、电力输出和电转换效率有较大的影响[5-26]。

6.2.1.6　热能利用

为了利用发电产生的热能，必须使用热交换器回收其中的热能。内燃机驱动发电机组会产生不同温度的热量。最大的热量可从发动机的冷却水系统中获得。可用的温度水平是指回收的热能可用于过程加热或加工的温度水平。图 6.7 为一个热分配器示意图。在大多数情况下，板式换热器用于提取冷却水系统中的热能[6-13]。提取的热量随后通过热分配器被分配到各个热循环。

废气的温度在 460～550℃。常见管壳式的不锈钢排气热交换器，通常被用于提取废气中的余热[6-13]。通常使用的热传输介质包括各种压力下的蒸汽、热水和热油。

图 6.7　热分配器(MT-Energie GmbH)

热电联产机组产生的废热能很快满足沼气工程自身的热能需求。一般情况，只有冬季对热能的要求较高，而在夏季，除非外部可以利用多余热量，否则应急冷却器将释放大多数余热。例如，加热发酵罐需要 20%～40%总热能，多余热能可为工作场所或附近住宅区供热。热电联产机组完全兼容标准供热系统，因此可以很容易地连接到供热管路里。一旦热电联产机组出现故障，应有供热锅炉作为紧急备用。

除了其他的现场热能需求(如牛棚加热或牛奶冷却)，向沼气工程以外单位供热可带来额外的经济效益。在能源作物的成本上升的情况下，对外供热或许是唯一维持沼气工程盈利的方法。其中《可再生能源法》(EEG)规定的热电联产补贴能提供一定的帮助。根据此法，如果所产生的热能按照 EEG 2004 条例得以使用，已建沼气工程销售的每度电力将得到额外的 2 欧分补贴。对于新设施，如果热能按照 EEG 准许条例得以使用，该补贴上升至每度得到 3 欧分。这同样适用于满足 EEG 2009 的现有设施。

如果热能有较好的市场，则改善发酵罐保温或发酵罐热输送的效率也更有意义了。但是如果打算销售热能，应该注意，在某些情况下需要保持连续供热，通常也包括维修间隔和工厂停工期间的供热。潜在的热能用户主要为附近的商业或市政设施(园艺企业、养鱼场、木材干燥厂等)或住宅楼。提纯和干燥工艺尤其可能使用热能，因此需要大量的热能输入。另一个选择是冷、热、电三联产(参见 6.2.5.2 章节)。

6.2.1.7　气体控制组

为使气体发动机能高效利用沼气,气体的物理属性必须满足一定的要求。尤其是沼气必须以特定的压力(通常为 10 kPa)和确定的流量供至气体发动机。如果这些参数不符合要求,例如释放到发酵罐的沼气不够,发动机将处于部分负荷运行或关闭状态。为尽可能保持设置不变并符合安全要求,气体控制箱被安装于热电联产机组上游。

气体控制组件和整个天然气管都应获得 DGVW 指南(德国天然气与水技术和科学协会)批准。所有燃气管道必须有黄色标识或箭头。控制组必须包含两个自动闭阀(电磁阀)、一个机组控制室外面的截止阀、阻火器和真空显示器。有必要将气体测量仪并入气体控制组件(来测量气体流量)以及精细过滤器以去除沼气中的颗粒。需要的话,压缩机前也可安装一套气体控制组件。气体控制组件的示意见图 6.8。

图 6.8　带气体控制组件的热电联产机组(DBFZ)

安装气体管道时特别需要注意安装冷凝水排水管,因为由于低气压即使是少量的冷凝水也可引起气管堵塞。

6.2.1.8　操作、维护和安装场所

沼气用于热电厂时必须遵守一定的规则。除实际运行沼气工程外,还必须遵守规定的维护间隔和确保热电联产机组的现场满足一定的要求。

操作

由于各种控制和监测设施,通常热电联产机组的自动化运行程度很高。为确保对热电联产机组运行的评估,操作日志必须记录以下数据,以确定运行趋势。

—运行时间。
—启动次数。
—引擎冷却水温。
—加热水的往返温度。
—冷却水压。
—油压。
—废气温度。
—排气背压。
—油耗。
—输出量(热和电)。

一般来说，可通过热电联产机组的控制系统记录数据。通常可以将机组控制系统连接到沼气工程控制环以进行中央系统的数据交换或互联网数据传输，这也允许厂商进行远程诊断。但是尽管拥有电子监控设施，每日的人工检查仍必不可少。热电联产机组使用双燃料发动机时，必须检测引燃油和沼气的消耗量。

为了获得热电联产机组的热效率信息，必须通过热量计测量所产生的热量，同时记录发电量。这也能为机组相关的热循环、工艺加热或其他负荷所需的热能（如牛棚等）提供相对准确的信息。

为确保发动机有足够的燃气供应，必须在气体进入气体控制组件之前确保合适的流动压力。除非沼气被储存于高压容器里，否则必须通过压缩机增加气压。

润滑油对发动机的安全可靠运行发挥着重要的作用。润滑油会中和发动机中出现的酸。根据发动机的类型，润滑油的类型和操作时间不同，润滑油会不同程度地出现老化、污染、硝化以及中和能力的降低，因此必须定期更换润滑油。在定期更换润滑油之前必须先采样。可在专门实验室检查油样。检查结果可以用来帮助决定更换机油的时间间隔，并提供有关发动机磨损的情况[6-12]。这些任务通常由维修承包商承担。为了延长换油间隔，许多厂商往往会通过拟合增大油底壳，从而增加油量。

维护

沼气热电联产机组必须进行定期维护。这也包括预防性维护（如换油）和更换易损零件。维修和保养不足可能造成热电联产机组的损坏，从而花费大量费用[6-12,6-23]。

每一个热电联产机组制造商都会提供检查和维修计划表。这些计划表指出何时需要进行什么样的维护以保持设备处于良好的运行状态。各种维修措施的间隔取决于如发动机类型等因素。厂商提供的培训课程使沼气工程运行人员可自行进行某些维护工作[6-12]。

除维护计划表以外，厂商还提供合约服务。沼气工程运行人员在购买热电联产机组前必须明确服务细节，以下是必须特别注意的几点。

—哪项工作需运行人员执行。

—什么形式的合约服务。

—哪方提供运行物料。

—合约期限。

—合约是否包含一次主要的维护检查。

—如何解决预期外的问题。

具体在服务合同中需要包括哪些服务或其他事项将取决于什么工作可以由沼气工程运营方内部执行。VDMA电力系统协会已制定了维修和服务合同的规范和样本。该规范制定了VDI4680的有关准则“热电联产系统（CHPS）—起草服务合同的准则”。可从中获取相关的合同内容和结构的信息[6-2]。根据VDMA可定义多种形式的服务合同。

检验性合同涵盖了建立和评估沼气工程实际状态的所有事项，报酬的形式可以是一次性支付或实报实销，还需要明确是否只进行一次检查，还是做定期检查。

预防—维护性合同涵盖需维持沼气工程理想状态的措施。应把需开展的事项做成列表，作为合同的一部分。可能定期开展维护或视具体情况而定。合同双方可同意报酬按实际费用或一次性支付。根据合同协议的性质，可将无法避免的错误纠正纳入服务范围。

纠错—维护性合同涵盖了所有恢复理想状态的必要措施。要执行的工作将取决于具体情况。薪酬通常是实报实销[6-1]。

全维护合同，也被称为完整的维护合同，包括维持安全可靠运行（维护和维修工作、安装替换部件、燃料外消耗所必需的所有措施）。根据一般检修合同的长度（通常为10年），包括一次大检修。这种合同相当于保修。薪酬通常是一次性付款的形式[6-1]。

双燃料发动机平均使用寿命为35 000 h[6-28,6-29]，如果每年运行8 000 h，相当于四年半。之后需对发动机进行一次大检修。这通常需要更换整个发动机，因为维修一个相对便宜的发动机并不划算。燃气发动机的平均使用寿命约60 000 h或7.5年。大检修之后其发动机也会报废。此时通常会更换包括发动机缸体和曲轴在内的几乎所有的部件。之后发动机将再次拥有相同的使用寿命[6-2]。在所有因素中，使用寿命很大程度上取决于如何保养引擎，因此会各有差异。

安装场所

热电联产机组应安装于室内。为减少噪声的排放，该建筑应使用复合隔声材料，并且热电联产机组本身需安装隔音罩。为了有足够的空间进行维修工作，必须确保有足够的空气供应能满足引擎的需求。

这可能需要安装进气和排风扇。热电联产机组安装地点必须满足的进一步细节要求可参照农业沼气工程的安全准则。

置于隔音集装箱内的热电联产机组可安装于室外。这些集装箱通常会符合热电联产机组厂商规定的安装地点要求。另一优点是快速完成安装调试。有隔音装置的热电联产机组集装箱能完全按照厂商的规定现场安装并进行随后的测试。从现场安装到调试所需的时间可降至1～2 d。热电联产机组的安装示意见图6.9。

图6.9　室内的(左)和集装箱内的(右)热电联产机组(Seva Energie AG)

6.2.2　斯特灵发动机

斯特灵发动机是一种热气或膨胀发动机。它不像内燃机,其活塞并不置于燃气燃烧膨胀的发动机内,而是由封闭气体膨胀推动,膨胀所需的能源或热由外部能源提供。斯特灵发动机的能量来源与实际发动机分离,可向外部获取不同的能源,如由沼气驱动的燃气机。

斯特灵发动机的基本原理是密封的工作气体受热膨胀、遇冷压缩而产生的动力。如果工作气体在持续高温的空间与持续低温空间来回移动,那么发动机就能连续运行。因此工作气体反复流动。工作原理如图6.10所示。

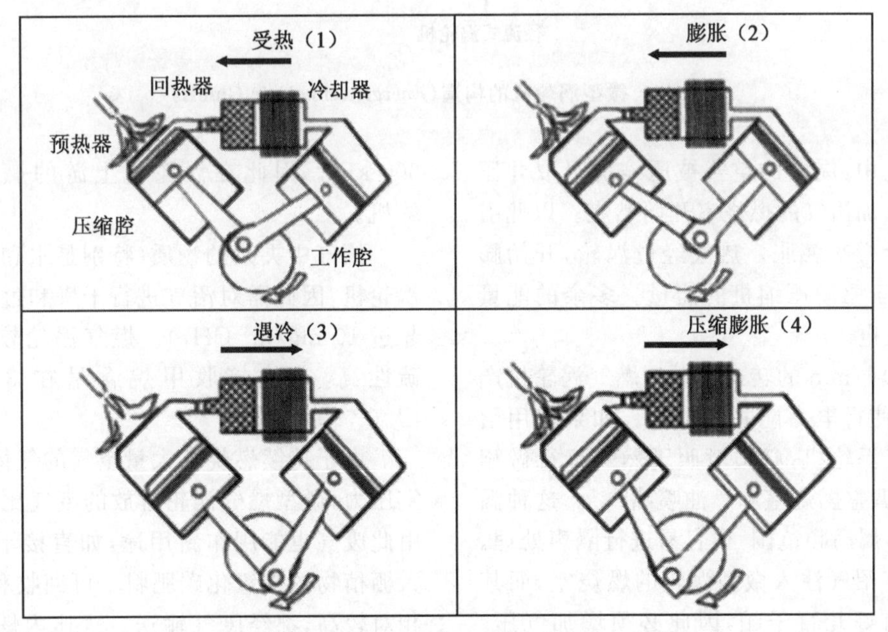

图6.10　斯特灵发动机的运行原理[6-14,6-21]

由于连续燃烧，斯特灵发动机具有低污染排放、低噪声排放以及低维护要求的特性。鉴于低压力的组件和气密回路，运营方可能有较低的维护成本。与常规气体火花点火发动机比较，其电功率低，介于24%～28%之间。斯特灵发动机的输出功率大部分低于 100 kW_{el}[6-34]。

由于燃烧在外部进行，其对气体质量的要求相对较低，因此可使用甲烷含量较低的沼气[6-14]。斯特灵发动机较传统沼气内燃机的最大优势在于不需要沼气提纯。不足之处在于更换负荷时的惯性问题，不过这在固定装置中不太重要，如热电联产机组对更换负荷的要求比机动车小很多。

市场上可获得的天然气斯特灵发动机的输出功率都很低。在它们具备竞争力之前还需进行技术改进。斯特灵发动机可与燃气发动机或双燃料发动机一样用于热电联产机组。但是目前在德国，这种试点项目还不多。

6.2.3 微型燃气涡轮机

微型涡轮机是小型的高速燃气涡轮机，其燃烧室的温度和压力较低，电力输出范围上限只有 200 kW_{el}。在美国和欧洲有很多不同的生厂商。与传统涡轮不同，为提高效能，微型涡轮装置了换热器可预热燃气。微型燃气涡轮机的构造见图 6.11。

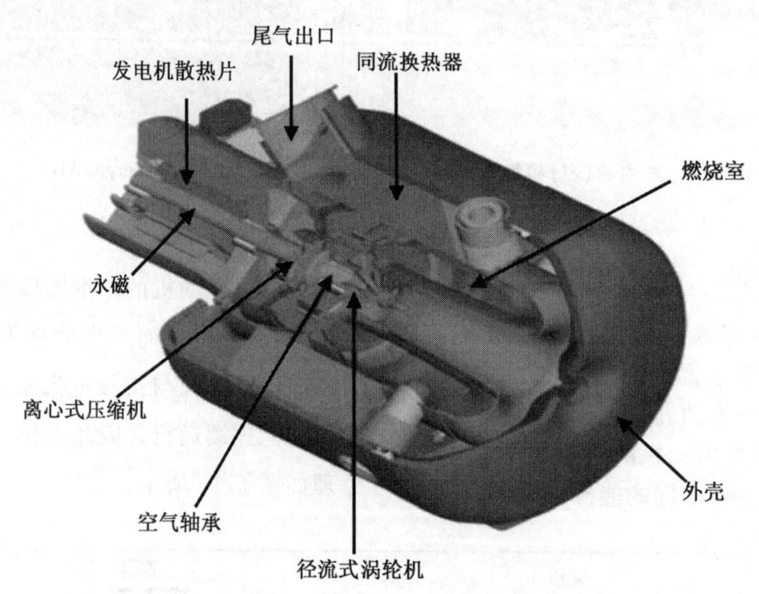

图 6.11 微型涡轮机的构造(Energietechnologie GmbH)

在燃气涡轮中，周围的空气被压缩机吸取并压缩。空气进入添加沼气的燃烧室开始燃烧。以此引起的温度上升会带来膨胀。热气经过涡轮，开始膨胀，以此释放大于驱动压缩机的能量。多余的能量则用于发电机发电。

大约 96 000 r/min 的转速时微型燃气涡轮机产生高频交流电，使得电力能并入电网。如果使用沼气发动微型燃气涡轮机，必须对照天然气运行做相应的调整，例如调整燃烧室和燃油喷嘴[6-8]。这种涡轮机发出的声音属高频范围，很容易进行隔声处理。

由于必须将沼气注入微型涡轮的燃烧室，而其中的压力可能有好几百千帕，因此必须增加气压。除燃烧室的压力外，还必须考虑气管、阀门和燃烧器固液流动时损失的压力，这也意味着可将压力增至 600 kPa。因此在涡轮机上游的燃料处会安装压缩机。

沼气中夹杂的物质(特别是水和硅氧烷)会损坏涡轮机，因此需对沼气进行干燥和过滤(硅氧烷含量超过 10 mg/m^3 CH_4)。燃气涡轮较燃气引擎的抗硫性高，它能接收甲烷含量在 35%～100% 的沼气[6-7,6-8]。

由于持续燃烧含大量空气的气体和较低的燃烧室压力，微型燃气涡轮排放的废气比内燃机少很多。由此废气也能用作新用途，如直接干燥饲料或作为大棚植物的二氧化碳肥料。可回收利用的废热温度相对较高，都经废气输送。这比内燃机利用废热的成本更低，也更容易实现[6-8,6-39,6-37]。

涡轮机的维护周期比内燃机长，至少天然气涡轮的情况如此。厂商预估的维护周期为 8 000 h，使用寿命约为 80 000 h。在 40 000 h 后会进行一次大检修，包括热气组件的更换。

微型涡轮机的不足之处在于它的发电效率较低，在 30%以下。但与传统沼气发动机相比，这个缺点可以通过其较好的部分负荷性能（50%～100%）和维修期间隔内持续的转换效率来平衡。在输出量相同的情况下，其投资成本比沼气内燃机系列高近 15%～20%[6-39]。但是预计将来微型涡轮机在市场普及之后，其成本将有所下降。EEG 2009 为此提供了每度电 1 欧分的额外补贴给使用微型涡轮机发电的沼气工程。沼气驱动的微型涡轮机还处于测试阶段，其实际意义尚未被证实。

6.2.4 燃料电池

燃料电池与传统的沼气能源利用方式截然不同。在燃料电池中，化学能被直接转化成电能。燃料电池在几乎不排放废气的同时确保了高达 50%的电能率。在部分负荷的运行中也能达到较好的转换效率。

燃料电池的原理可参照反向电解水。电解时水分子在电能作用下被分解成氢（H_2）和氧（O_2）。在燃料电池中，氢和氧反应形成水（H_2O），并在此过程中释放电能和热能。因此这一电化学反应需要氢和氧作为“燃料”[6-17]。所有燃料电池的构造基本一致。电池本身由两个被电解质隔开的透气板组成（阳极和阴极）。取决于燃料电池类型，可作为电解质的物质有多种。燃料电池的操作原理示意见图 6.12。

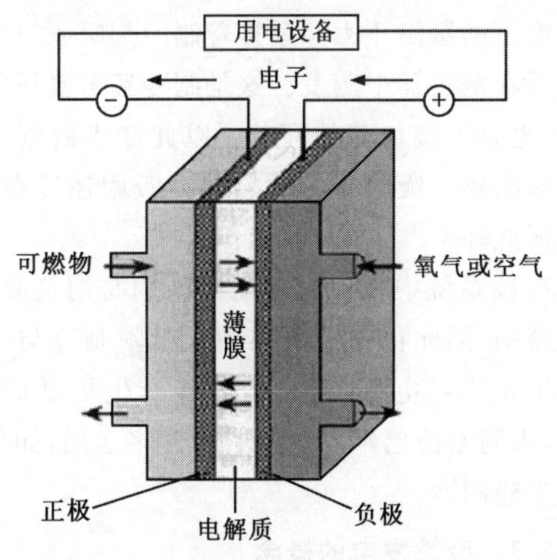

图 6.12 燃料电池的运行原理(vTI)

使用沼气制燃料电池之前必须先对其进行处理，特别需要除硫，方法参见 6.1.1 章节。然后将沼气中的甲烷转化成氢。不同类型燃料电池有不同的转化方法[6-31]。不同类型的燃料电池根据所使用的电解质命名，可分为低温（AFC，PEMFC，PAFC，DMFC）和高温燃料电池（MCFC，SOFC）。何种电池最适合某种应用取决于热能的使用途径以及功率输出级别。

聚合物电解质膜（PEM）燃料电池是小型沼气工程的首选。它的运行温度为 80℃，热量可直接并入现存的热水系统。从电解质的本质可推测 PEM 的使用寿命较长，但是它对燃料气体中的杂质非常敏感。甲烷转换成氢气的过程中如何去除一氧化碳仍是一个关键问题。

目前最先进的电池类型是 PAFC（磷酸燃料电池）。这是全球最普遍的与天然气结合的燃料电池，也是目前市场上可获得的燃料电池里唯一实际试运行超过 80 000 h 的燃料电池[6-31]。利用沼气的 PAFC 燃料电池达到 100～200 kW_{el} 的输出功率范围，可达上至 40%的发电效率。同时 PAFC 对二氧化碳和一氧化碳的敏感度相对较低。

MCFC（熔融碳酸盐燃料电池）使用熔融碳酸盐作为电解质，它对一氧化碳并不敏感，并且可接受二氧化碳体积最高达到 40%的水平。由于其工作温度介于 600～700℃，甲烷产氢气的反应可直接在电池内进行。废热可在下游再次使用，如涡轮机。MCFC 可实现上至 50%的电转换效率，输出的功率范围可达 40～300 kW_{el}。此类电池目前正逐渐被引入市场[6-31]。

另一类高温燃料是 SOFC（固体氧化物燃料电池）。其运行温度在 600～1 000℃，电力效能较高（高达 50%）。甲烷生成氢气也能在电池内进行。此类电池对硫的敏感度较低，因此在沼气利用方面较有优势。目前这类燃料电池的沼气利用尚处于研究和试验阶段。SOFCO 可用于小型或微型沼气管网。

目前生产商青睐 PEMFC 在低输出功率范围比 SOFC 有竞争（SOFC 的效率较高但同时成本也更高）[6-31]。但是目前为止，还是 PAFC 占据了市场的主导地位。

现阶段，所有类型的燃料电池的投资成本尚高，远比内燃机驱动的热电联产机组成本高。PEMFC

的成本在 4 000～6 000 €/kW，而目标为 1 000～1 500 €/kW[6-31]。不同的试点项目正在开展，将重点研究如何降低投资成本，也包括如何解决现存技术问题，尤其是燃料电池中的沼气利用。

6.2.5 发电导向的热电联产机组的废热利用

大多数情况，天然气或生物甲烷驱动的热电联产机组的运行控制由热能需求来决定。这意味着机组所产生的电力可以完全输出，而机组运行的重点是满足用户的热能需求。热能导向的热电联产机组的目的在于满足客户基本的热能需求负荷（每年 70%～80%的热能需求），高峰时期则由其他供热系统帮助供热。与之相反，当热电联产机组的负荷随电力需求变化则是电力导向的机组。当电力不能并入电网或电力需求相对恒定时，可能会是这种情况。大型工厂或工业园区里有足够热能需求适合电力导向的机组。为实现较高的运行时间，必须能储存热量，并且仅供应基本负荷需求。工厂通常装有负荷管理体系。因此热电联产机组可在两种不同利用方案间切换，这对住宅建筑和医院非常适用。

实际中，大多数沼气发电厂是电力导向的热电联产厂，其电量取决于实际能产生的最大并网量。这只受两种因素制约：可用的沼气量和热电联产机组的规模。热能利用的潜在经济效益参见 8.4 节。

未来有一定潜力的第三种的运行模式为管网导向的利用，但不在此做详细讨论。此模式通过位于中心的厂（虚拟电厂）来确定几个电厂的输出水平。选择热电联产机组运行模式的根本在于经济效益的差别。

6.2.5.1 热供应和热分配（集中供热系统）

利用沼气并网发电后，余热销售成为影响沼气热电联产厂经济性的一个主要因素。尤其在偏远地区，有利的方案是将热能卖给周边的居民。此时有必要安装集中供暖系统（局域供热网）以在一定区域内销售热能。该局域网由双运行的绝缘钢或塑料管道组成，去流水温为 90℃ 回流水温为 70℃。热能通过换热器从沼气工程输送到局域网内。输送站和热量表安装于单独的建筑内。局域供暖网的管道需有检漏系统的保护，并且埋于地面以下的足够深度以承受交通负载和进行低温保护。以下是注意事项：

—及时的项目前期规划和概念设计。

—高级别的最低热耗，确保运行满意度。

—足够数量的相关联住户（至少 40 户）。

—划定区域内最大可能的用户密集性。

对购热用户最大的好处在于他们不依赖大的能源市场。因而，他们有相对安全的供热和较低的能源成本。至今为止，此种方式的热能市场已在许多地区运行，被称为“生物能村”（如 Jühnde，Freiamt and Wolpertshausen）。管道的长度有 4～8 km 不等。更多有关集中供暖系统的经济效益参见 8.4.3。

6.2.5.2 制冷

另一种使用沼气燃烧所产生的热能的方式是热能制冷，具体有吸收式和吸附式制冷。由于较强的相关性用性，此处叙述的方法是吸附法，即吸附式制冷，这与传统的家用冷柜有相似之处。该工艺的原理如图 6.13 所示。

沼气工程中正使用的一组吸附式制冷机示范如图 6.14 所示。

由制冷剂和溶剂构成的两个工作流体产生制冷效果。溶剂先吸收制冷剂随后又再次与其分离。这对工作流体既可以是 6～12℃ 温度范围内的水（制冷剂）和溴化锂（溶剂），也可以是温度低至－60℃的氨（制冷剂）和水（溶剂）。

溶剂和制冷剂在发电机中被分离。分离过程需要加热，可使用热电联产机组产生的热能。由于制冷剂的沸点较低，制冷剂会首先蒸发到冷凝器。而含有少制冷剂的溶剂会经过吸附器。在冷凝器中制冷剂会被冷却并液化，随后会在膨胀阀中膨胀至适当温度下的蒸发压力。紧接着制冷剂吸收过程中的热能后在蒸发器中蒸发。这是制冷环节真正的冷却过程，也是连接负荷的环节。以此产生的制冷蒸汽流向吸附器。吸附器中的容器会吸附制冷蒸汽，从而完成此环节[6-13,6-38]。

在该系统中唯一有移动部件的是溶剂泵，几乎没有磨损，因此很少需要维护。吸附制冷与压缩制冷系统相比耗电低，但是后者能产生更低的温度。现在，吸附制冷已经在农业中有许多运用，如牛奶冷却和牛棚制冷。

6.2.5.3 废热发电的概念

有机朗肯循环（ORC）是将热电联产机组产生的多余废热（即使温度较低）转化成电能的工艺。该技术的原理来自蒸汽循环[6-14]，但这里使用的介质并非水而是高温沸腾低温凝固的物质。该工艺首先被用于地热发电，已有多年成功的经验。如今正在使用绿色安全物质(硅油)作为介质进行试验。这些物质被用于替换市场上已有的易燃(如甲苯，戊烷或丙烷)或污染环境的物质(CFCs)[6-14]。尽管有机朗肯循环工艺经常与木材燃烧发电一起使用，但该工艺与沼气燃料的结合使用已在开发阶段。

在有机朗肯循环工艺协助下，预计可从发电装机容量 1 MW_{el}的热电联产机组获得 70～100 kW_{el}(7%～10%)的额外电力[6-28]。

目前已经可能开发等级为 100 kW_{el}，能效为 18.3%的有机朗肯循环原型机[6-19]。与此同时，少量的下游配备有机朗肯循环工艺的沼气工程已开始运行。

除有机朗肯循环技术以外，也有直接将小型发电机连到废气轮机的做法，以此产生额外电力并改进内燃机的整体效能。

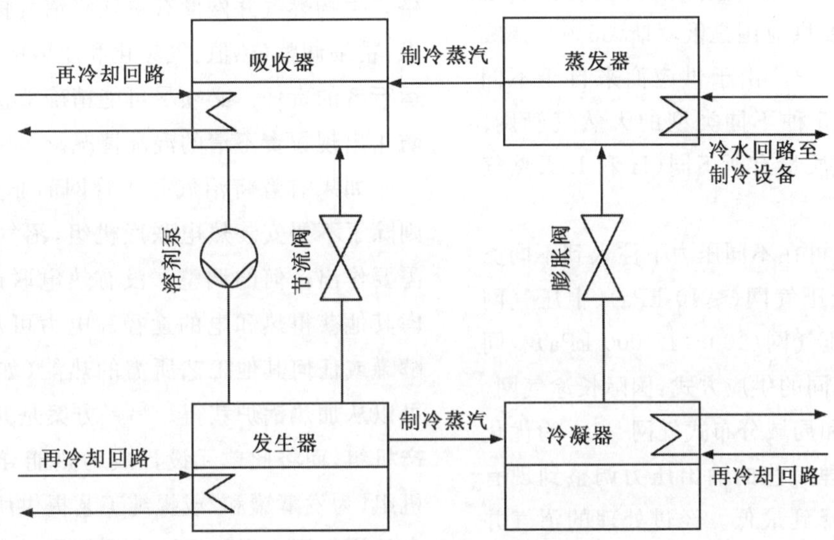

图 6.13　吸附式制冷机的功能图

图 6.14　沼气工程吸附式制冷机示范(DBFZ)

6.3 气体注入管网

6.3.1 注入天然气管网

在德国,生物甲烷被注入已经发展完善的天然气管网。无论在德国东部还是西部,都已建成大型的天然气输送系统。管网服务全国人民,同时也方便了生物甲烷气的使用。管网的总长度约为375 000 km[6-5]。德国的大多数天然气从欧洲其他国家进口(85%),主要供应国是俄罗斯(35%)、挪威(27%)、丹麦(19%)[6-10]。由于供应商来自于不同地区,德国已出现了 5 种不同类型的天然气管网。它们所供应的天然气质量有所不同(H 和 L 天然气管网)。

经过处理的沼气可在不同压力下注入到不同类型的电网。可分为低压气网(≤10 kPa)、中压气网(10~100 kPa)和高压气网(100~12 000 kPa)。同样常见的还有 4 种不同的供应方式:国际长途气网、跨区气网、区域气网和局域分布式气网[6-5]。为优化供应成本,须将预处理工艺的输出压力调整到现有气网压力,以将成本降到最低。经过处理的沼气并入气网前,必须将其压力提升到大于输送管道的入点压力。因此每个入点处都有自己的压力控制和监控站来监测压力水平。

最近,管理沼气并入气网的法规已在多方面有所简化。《可再生能源》修订案(2009 年 1 月)、《天然气管网注入条例》(GasNZV)2008 年修订案和《天然气管网关税条例》2010 年修订案(GasNEV),解决了经济和技术上有争议的问题,为沼气并入管网提供了有利条件。法规明确了生物燃气并网成本的分摊规则等重要事项。规定明确在沼气工程距离燃气管网 10 km 以内时,用于气压控制和测量系统、压缩器和连接管道的成本由公有天然气管网运行方和生物甲烷气的并网方分别承担 75%和 25%。此外,对管道距离不超过 1 km 的生物燃气供应者的投入成本规定在 250 000€以内。除此之外,运行成本由管网运行者承担。2008 年修订案的重要突破是生物甲烷并网者获得了并入管网和传输燃气的优先特权[6-11]。在低流量管网区域(分布式管网)或偶尔出现的低流量时段(如温和夏季的晚间时段),并网的气体流量可能大于管网需要的量,这种情况下需要管网运行者压缩多余气体,将其并入高流量管网区域。并入高压气网的技术目前尚未成熟。但是市场上已有用于不同流量的压缩机。更多法规的细节将在第 7 章给出。

注入燃气的质量同样受到规范要求。相关要求可见 DVGW 法规的有关条例。DVGW 实践准则 G262 规定了来自可再生来源的燃气属性;G260 规定了气体质量,G685 则说明了注入的生物甲烷的价格。生物燃气并网商有责任将沼气提纯至规定的要求,精细调整(热值、气味化和压力的调节)则是管网运行者的责任。必须尽可能精确地执行这些任务以防止出现权责不清的混乱情况。

如果有意将沼气并入管网而非直接现场利用,则除了不要安装热电联产机组,沼气工程的设计不需要作出任何的调整。没有热电联产机组时,需考虑其他获得热和电的途径。电力可从电网获取,发酵罐或任何其他工艺所需的热能(如胺法提纯),则可以从加热锅炉获得。另一方案是并行运行热电联产机组,而将此单元设计成为热能导向的热电联产机组,为发酵罐和/或提纯工艺提供所需的热能。剩余的沼气用于提纯后注入到管网。

6.3.2 并入微型气网

微型气网是将沼气工程的沼气通过管道连接到更多的沼气利用设施(分散式热电联产机组)的方法。如果沼气工程并不能现场利用所有沼气,但是在可接受的范围里又有热能需求时,可考虑利用微型气网。这与生物甲烷并入天然气管网很接近。不同之处在于并入微型气网的沼气预处理要求较低。不需要改变沼气的热值,唯一的要求是干燥和脱硫,方法见 6.1.1 章节和 6.1.2 章节。另一优势是能更好地利用热能,以提高沼气工程的整体效率。

并入微型气网基本上有两种不同的方式:纯沼气运行或与天然气的混合;连续注入(调节气体质量至所需的程度)或在特定时间注入(以满足需求高峰)。首选的应用领域为统一计费的独立用户,如市政,工业加工企业和大型农业企业。

此种情况下已无法继续以可再生能源法来推广微型气体网络,因为此时项目的财政负担主要来自投资,而运行成本并不高。因此,可通过市场激励促进投资。例如给气体管道的最小长度为 300 m 的微型气网提供 30%的补贴[6-6]。

德国已经建立了几个微型气网的项目。好的案例有在布朗史瓦格(Branuschweig)和在亿希郝夫(Eichhof)农业中心的沼气网络。《可再生能源法》修订案(2009 年)规定的所有额外补贴方式对微型气网都适用。沼气并入微型气网是沼气并网利用的一个有效方法。

6.4 机动车燃料

在瑞典和瑞士,沼气作为汽车燃料被公共汽车,货车以及私家车使用已有很多年。在德国,尽管尚未广泛使用,但是这类项目也已经很多。除了只出售生物甲烷燃气的 Jameln 加油站,自 2009 年以来,生物甲烷已进入 70 多个天然气加气站[6-3]。现在的发展趋势是执行这类项目的政治(宣传)意义更大于经济意义。

若将沼气用于车用燃气,必须先提纯到现有的机动车燃料的质量。除了去除对引擎有腐蚀作用的硫化氢,还必须去除沼气中的二氧化碳和水蒸气。由于现在大多数车辆使用天然气,因此建议将沼气提纯到天然气的质量(参考 6.3.1 章节)。

理论来说,全球市场都能采购到,销售者是所有主要的汽车商。但是目前在德国的有限供应。燃气汽车有两种模式可选:单一型和混合型。单一型车只用燃气驱动,但是有一个小型储油罐做备用。混合型车的引擎既可以由燃气也可以由汽油发动。由于未压缩的沼气容积较大,这类车并未普及。为此需要将沼气储存于 20 000 kPa 的压缩气罐内于置于后座或车底。

自 2002 年 6 月以来,生物燃料已被免税,这在一定程度上促进了沼气加气站的建设。沼气提纯的成本和提纯气并入管网的费用类似,并网还需要额外的预算压缩甲烷气以达到规定的气压。

6.5 沼气热利用

提纯的沼气方便燃烧供热。作此用途的燃烧器主要是可以燃烧各种燃料的全燃气用具。除非已将沼气提纯到天然气质量,否则该设备必须调整为适应沼气燃料的燃烧设备。如果该设备的部件带有有色重金属或低合金钢,燃烧含硫化氢的沼气会造成一定的腐蚀。因此,必须替换这些金属或提纯沼气。

燃烧器有两种:普通燃烧器和强制鼓风燃烧器。普通燃烧器吸收周围空气作为氧气来源。其所需要的气压约为 0.8 kPa,通常可由沼气工程提供。鼓风燃烧器的燃料通过鼓风机提供。所需的供气压力至少为 1.5 kPa,可能需要气体压缩机以达到所需的气压[6-13]。

《可再生能源供热法》修订案强调了利用沼气产热的重要性。该法规定在 2009 年 1 月 1 日之后新建建筑的所有者必须确保其建筑的供热来自可再生能源。此外,除了对新建筑的供热规定(巴登符腾堡例外),该法还规定必须使用沼气热电联产机组所产的热能,从而提高沼气的能源利用效率。

6.6 参考文献

[6-1] Arbeitsgemeinschaft für sparsamen und umweltfreundlichen Energieverbrauch e. V. (ASUE). Association for the Efficient and Environmentally Friendly Use of Energy, Energy Department of the City of Frankfurt, Department 79A. 2, CHP parameters, 2001.

[6-2] Arbeitsgemeinschaft für sparsamen und umweltfreundlichen Energieverbrauch e. V. (ASUE). Association for the Efficient and Environmentally Friendly Use of Energy, Energy Department of the City of Frankfurt, Department 79A. 2, CHP parameters, 2005.

[6-3] Bio-Erdgas an Karlsruher Erdgas-Tankstellen. 2009. http: // www. stadtwerke-karlsruhe. de/swka/aktuelles/ 2009/07/20090711. php.

[6-4] Brauckmann J. Planung der Gasaufbereitung eines mobilen Brennstoffzellenstandes. Diploma thesis, Fraunhofer UMSICHT and FH Münster, 2002.

[6-5] Fachagentur Nachwachsende Rohstoffe e. V. (ed.). Einspeisung von Biogas in das Erd-

gasnetz, Leipzig, 2006.

[6-6] Daniel J, Scholwin F, Vogt R. Optimierungen für einen nachhaltigen Ausbau der Biogaserzeugung und-nutzung in Deuts-chland, Materialband: D- Biogasnutzung, 2008.

[6-7] Dielmann K P, Krautkremer B. Biogasnutzung mit Mikrogasturbinen in Laboruntersuchungen und Feldtests. Stand der Technik und Entwicklungschancen, Elftes Symposium Energie aus Biomasse Biogas, Pflanzenöl, Festbrennstoffe, Ostbayrisches Technologie-Transfer-Institut e. V. (OTTI) Regensburg, 2002.

[6-8] Dielmann K P. Mikrogasturbinen Technik und Anwendung. BWK Das Energie-Fachmagazin, Springer VDI Verlag, 2001.

[6-9] Einspeiseatlas. 2010. http: // www. biogaspartner. de/index. php? id=10104.

[6-10] FORUM ERDGAS. Sichere Erdgasversorgung in Deutschland. 2009. http: // www. forum-erd-gas. de/Forum _ Erdgas/Erdgas/Versorgungssicherheit/Sichere_Erdgasversorgung/index. html.

[6-11] Gasnetzzugangsverordnung (GasNZV- gas network access ordinance) of 25 July 2005 (BGBl. I p. 2210).

[6-12] Heinze U, Rockmann G, Sichting J. Energetische Verwertung von Biogasen, Bauen für die Landwirtschaft, Heft Nr. 3, 2000.

[6-13] Jäkel K. Management document 'Landwirtschaftliche Biogaserzeugung und-verwertung', Sächsische Landesanstalt für Landwirtschaft, 1998/2002.

[6-14] Kaltschmitt M, Hartmann H. Energie aus Biomasse Grundlagen. Techniken und Verfahren, Springer-Verlag, 2009.

[6-15] Neumann T, Hofmann U. Studie zu Maßnahmen zur Minderung von Formaldehydemissionen an mit Biogas betriebenen BHKW. published in the Schriftenreihe des Landesamtes für Umwelt, Landwirtschaft und Geologie, Heft 8, 2009.

[6-16] Novellierung der TA-Luft beschlossen. Biogas Journal Nr. 1/2002, Fachverband Biogas e. V. , 2002.

[6-17] Mikro-KWK Motoren, Turbinen und Brennstoffzellen, ASUE Arbeitsgemeinschaft für sparsamen und umweltfreundlichen Energieverbrauch e. V. , Verlag Rationeller Erdgaseinsatz.

[6-18] Mitterleitner Hans. personal communication, 2004.

[6-19] ORC-Anlage nutzt Abwärme aus Biogasanlagen. 2009. http: // www. energynet. de/2008/04/23/orc-anlage-nutzt-abwarme-aus-biogasanlagen.

[6-20] Polster A, Brummack J, Mollekopf N. Abschlussbericht 2006-Verbesserung von Entschwefelungsverfahren in landwirtschaftlichen Biogasanlagen, TU Dresden.

[6-21] Raggam A. Ökologie-Energie. Institut für Wärmetechnik; Technische Universität Graz, 1997.

[6-22] Ramesohl S, Hofmann F, Urban W, Burmeister F. Analyse und Bewertung der Nutzungsmöglichkeiten von Biomasse. Study on behalf of BGW and DVGW, 2006.

[6-23] Rank P. Wartung und Service an biogasbetriebenen Blockheizkraftwerken. Biogas Journal, Fachverband Biogas e. V. , 2002,2.

[6-24] Richter G, Grabbert G, Shurrab M. Biogaserzeugung im Kleinen. Gwf-Gas Erdgas, 1999,8:528-535.

[6-25] Swedish Gas Center. Report SGC 118-Adding gas from biomass to the gas grid. Malmö. 2001. http: // www. sgc. se/dokument/sgc118. pdf.

[6-26] Schlattmann M, Effenberger M, Gronauer A. Abgasemissionen biogasbetriebener Blockheizkraftwerke, Landtechnik, Landwirtschaftsverlag GmbH, Münster,2002.

[6-27] Schmittenertec GmbH. 2009. http: // www.

schmitt-enertec. de/deutsch/bhkw/bhkw _ technik. htm.

[6-28] Schneider M. Abwärmenutzung bei KWK- innovative Konzepte in der Verbindung mit Gasmotoren, Kooperationsforum Kraft-Wärme-Kopplung- Innovative Konzepte für neue Anwendungen, Nuremberg,2006.

[6-29] Schnell H-J. Schulungen für Planer- und Servicepersonal. Biogas Journal Nr, Fachverband Biogas e. V. , 2002.

[6-30] Schönbucher A. Thermische Verfahrenstechnik: Grundlagen und Berechnungsmethoden für Ausrüstungen und Prozesse. Springer-Verlag. Heidelberg, 2002.

[6-31] Scholz V, Schmersahl R, Ellner J. Effiziente Aufbereitung von Biogas zur Verstromung in PEM-Brennstoffzellen, 2008.

[6-32] Solarenergieförderverein Bayern e. V. Biogasaufbereitungssysteme zur Einspeisung in das Erdgasnetz-Ein Praxisvergleich, 2008.

[6-33] Termath S. Zündstrahlmotoren zur Energieerzeugung Emissionen beim Betrieb mit Biogas, Elftes Symposium Energie aus Biomasse Biogas, Pflanzeöl, Festbrennstoffe, Ostbayrisches Technologie-Transfer-Institut e. V. (OTTI) Regensburg, conference proceedings,2002.

[6-34] Thomas B. Stirlingmotoren zur direkten Verwertung von Biobrennstoffen in dezentralen KWK-Anlagen. lecture at Staatskolloquium BWPLUS, Forschungszentrum Karlsruhe, 2007.

[6-35] Urban W, Girod K, Lohmann H. Technologien und Kosten der Biogasaufbereitung und Einspeisung in das Erdgasnetz. Results of market survey, 2007-2008.

[6-36] Weiland P. Neue Trends machen Biogas noch interessanter, Biogas Strom aus Gülle und Biomasse, top agrarFachbuch, Landwirtschaftsverlag GmbH, Münster-Hiltrup, 2002.

[6-37] Weiland P. Notwendigkeit der Biogasaufbereitung, Ansprüche einzelner Nutzungsrouten und Stand der Technik. Presentation at FNR Workshop 'Aufbereitung von Biogas',2003.

[6-38] Wie funktioniert eine Absorptionskä-ltemaschine. 2009. http: // www. bhkw-info. de/kwkk/funktion. html.

[6-39] Willenbrink B. Einsatz von Micro-Gasturbinen zur Biogasnutzung, Erneuerbare Energien in der Land(wirt)schaft 2002/2003-Band 5, 1st edition, Verlag für land(wirt)schaftliche Publikationen, Zeven,2002.

[6-40] Willenbrink B. Einsatz von Micro-Gasturbinen zur Biogasnutzung, Firmenschrift PRO2.

[6-41] ASUE. BHKW Kenndaten (CHP parameters),2005.

[6-42] Aschmann V, Kissel R, Gronauer A. Umweltverträglichkeit biogasbetriebener BHKW in der Praxis, Landtechnik,2008: 77-79.

照片来源：Paterson（FNR）

照片来源：Paterson（FNR）

照片来源：Schüsseler（FNR）

7 法律和行政框架

沼气工程运营商面临着诸多与沼气工程规划和运行有关的法律问题。在建沼气工程之前，他们必须认真考虑可能面对的并网连接、合同性质和法规要求等方面。在第一次构建沼气工程规划时，运营商必须权衡各种可能性：沼气工程的设计、原料的选择、采用的技术以及利用热能的方式，《可再生能源法》(EEG)）针对这些都设置了适当的基础电价和补贴。最后，一旦沼气工程开始运行，运营商必须遵守所有公共法的相关规定，运行必须符合《可再生能源法》的条例并提供必要的法定证明。

7.1 生物质发电的推广

《可再生能源法》(EEG)对德国沼气工程的推广起着举足轻重的作用。

该法最新修订于2009年1月，修订的目的之一在于到2020年将可再生能源发电占电力供应的比例至少扩大到30%，以此应对气候变化和保护环境。根据生物质条例(BiomasseV)，生物质的热分配也包括生物质所产的沼气，沼气对生物质发电的贡献很关键。

按《可再生能源法》规定，沼气工程运营商有权将沼气工程所发电能并入公共电网。这些运营商比起传统发电站不仅能享受电网连接的优惠，还能在今后20年内获得国家规定的保护性电价。电价等级取决于沼气工程的规模、并网时间和原料。《可再生能源法》(2009年)提供的不同补贴对计算不同的入网电价起了重要的作用。

《可再生能源法》的补贴制度

《可再生能源法》提供补贴的目的是确保为生物质发电建立成熟的激励体制，以创新、高效的方式推进其发展，并有利于缓解气候变化与保护环境。为此对可再生能源(如能源作物)发电，提供了特别的支持。对能源作物(德语原文为"nachwachsende Rohstoffe"，即可再生能资源，在英语中有时被称为能源作物)的补贴出现于2004年。该法规的制定出于缓解气候变化的目的，意在支持能源作物的种植和对粪污的利用。《可再生能源法》的一些条例也涉及了气候变化，如对热电联产机组运行的资助(热电联产补贴)。对于热能，如果运营商能充分有效利用废热而不是使用会排放CO_2的化石燃料，则能获得更高的价格补贴。通过技术补贴可资助那些目前尚未成熟但将来有望能高效发电的创新技术。

7.2 并入电网

为达到《可再生能源法》资助的要求，沼气工程运营商必须将其所发的电并入公共电网。这需要用电缆连接沼气工程与电网。

7.2.1 并网

在规划和建设沼气工程时，运营商必须在初期阶段就联系相关的电网运营商以了解所有联网要求。因此，沼气工程运营商必须首先告知电网运营商建热电联产机组的计划，同时也需告知对方预计的装机电量。

在并网开始之前，通常需要进行一个电网兼容测试。这一兼容测试的目的在于确定并网是否可行，以及如何在外形和技术上可行，但前提是知道发电总量。虽然沼气工程会委托第三方开展兼容性测试工作，但在实际操作中，这往往由电网运营商负责。一旦电网运营商承担起该检测任务，他则必须将所有需要测试的数据同时转发给沼气工程运营商。

一般情况沼气工程运营商会将并网成本控制在最低，同时又将并入点设在最靠近沼气工程的地方。这也是《可再生能源法》规定的标准。但是在实际操作中，入网连接点，即沼气并入电网的接入点，有时会离得较远。当涉及沼气工程和管网两边分摊并网费用时，对接入点的选择就变得尤其重要，并可能因此产生法律纠纷（并入点选取的详情可参见 7.2.1.1 章节）。

有时需要优化升级或加强电网建设，以方便电网并入点顺利地接收和输送电力，《可再生能源法》将此称为扩容。如果这对连接热电联产机组是必不可少的，沼气工程就有权要求电网运营商立即进行扩容，因为这在经济上是合理的。如果电网方不接受这一要求，沼气工程可要求赔偿（扩容详情可参见 7.2.1.1 章节）。

一旦双方在接入点上达成一致，沼气工程则需提交申请预订并确定并网装机容量，即使沼气工程建设工作尚未着手，并网工作也可进行。沼气工程方通常会委托电网方负责这项工作，但也可以安排第三方的专业公司进行。测量工作同样如此。测量联网的费用基本由沼气工程方承担（具体可参见 7.2.1.2 章节）。

沼气工程方并网的权利直接来自《可再生能源法》，因此并不一定需要合同。但是准备并网的合同对于明确责任也有一定的帮助，尤其可明确沼气工程方和管网方在技术方面的权责。合同应先由律师审阅后方可签订。

7.2.1.1 确定并网接入点

沼气工程供电与电网相连处，在《可再生能源法》中被称为接入点。根据《可再生能源法》，接入点应综合考虑电网系统电压的技术可行性并设于距离沼气工程最近位置处。接入点还可选择设在相对较远但整体成本较低的区域，而该区域可能会在另一电网上。2009 年 1 月修订的《可再生能源法》尚未明确是否应选择同一电网中相对较远但成本较低的接入点。

对比成本时，需从全局出发，但首先要考虑的并非是哪方承担可选方案的费用，而是基于宏观经济的比较确定接入点，之后将发生的并网费用哪些由沼气工程方承担，哪些由电网方承担则将等到下一阶段才能确定。

可用一个示例解释该原则。甲在其牧场附近建立了一个发电量为 300 kW 的沼气工程，并打算并入公共电网。最靠近其热电联产机组（距离 15 m）的电线是低压电线。然而低压电线无法作为电力接入点，因此必须寻找最近的中压电线。若连接就近线路需要电网升级的费用，但是这样连接成本会更高，而另一更远距离的中压线却不需要升级，此时就应考虑选择后者。在此阶段暂不考虑如何分担各自的费用（详情可参见 7.2.1.2 章节）。

但是沼气工程方可自行选择不同的接入点，而并非一定按照上述原则执行。这样的特例有，选择的接入点可更快地并网并立即开始输电，此时可不考虑距离和成本等问题，但是由此产生的额外费用需由沼气工程方自行承担。

无论如何，电网方拥有最终确定接入点的权利。一旦电网方选择规定之外的接入点（即距离最近最经济的接入点），由此产生的额外费用将由电网方自行承担。

扩容

如果由于电网的电容不够导致无法并网，沼气工程方可要求电网方按当前先进水平进行优化、完善或升级电网。该权利甚至可以在沼气工程方获得《建筑法》、《污染控制法》相关许可或临时官方决定之前运用。不过，沼气工程规划应该已经足够深入，比如已有详细规划的订单或生产合同已经签署。除非沼气工程方明确提出需要升级电网，否则电网方无需开始该项任务。

7.2.1.2 并网和扩容的费用

有关沼气工程并入公共电网的费用，法律区分了并网和电网升级的费用。沼气工程方需承担相应的并网费用，而电网方则需承担电网升级完善的费用。在实际操作中经常出现如何划分的争议，如铺设电线与建设变电站该属于并网项目还是电网升级，这通常取决于该设施是否是电网运行所必需的以及哪方拥有或提出拥有所建设备的所有权。个别情况下这可能会将问题变得复杂化。但是，作为沼气工程方，应尽量避免仅质疑电线、变电站以及其他设备属于电网方，而不考虑并网的设备需要。

并网所需的建设成本因情况而异，很大程度上取决于接入点的选取，因此接入点的选择至关重要。

7.2.2 入网管理

根据《可再生能源法》，任何沼气工程或其他可再生能源发电厂的装机容量超过 100 kW 时，都必须安装专门的技术设备以方便电网运营商的有效管理。入网管理的目的是预防电网超负荷。为此，电网人员有权在特定环境下依据法规控制超过 100 kW 装机容量的发电厂的电力输入，甚至有权切断它们的输入。一旦碰到这种情况，电网人员必须考虑可再生能源发电厂和热电联产机组比传统发电厂拥有优先并网的法定权利，因而首先控制传统发电厂的电力输出。

具体来说，《可再生能源法》规定装机容量超过100 kW的厂必须配备一定的技术或运行设施，以便减少远程输出的电量，使电网操作人员能随时获知数据。2009年1月前开始运行的沼气工程必须在2010年年底之前作出相应的调整。

如果电网人员一段时间内减少某个沼气工程的输出电量，他必须按照《可再生能源法》补偿该沼气工程相应的发电报酬以及其损失的销售热能的收入。但沼气工程一方应扣除所有因此而节省的成本，特别如节省的燃料成本。

7.2.3 电力入网和直接销售

获得《可再生能源法》价格补贴的前提是电力必须并入公共电网且可供其使用。如果沼气工程连接的是自身的网络（如公司网络）或第三方的网络，则可从商业角度联网。

尽管沼气工程可自行使用全部或部分自己生产的电或直接供给第三方，但这些情况下沼气工程将无法再获得《可再生能源法》的补贴。

沼气工程可暂时不接受《可再生能源法》的补助而自行将电卖给公共电网，或直接大规模卖给第三方。在电力交易所交易的电力不问出处，也因此被称为“灰色电”。但除此之外，沼气工程商还可选择以绿色电力证书的形式销售来自可再生能源的生态附加值。双方的供电合同中，可考虑直接销售“绿色电”。但是这种直接销售并没有经济利益可言，除非直接售电获得的收入大于从《可再生能源法》处得到的补贴。

一旦沼气工程决定直接售电，则必须以完整月份供电。他们可以以月份为单位在《可再生能源法》价格补贴和直接销售中切换，但是必须在开始的一个月前通知电网人员。比如，一个沼气工程商想要自2010年10月开始改为直接售电，那么其必须在2010年8月31日之前通知电网人员。如果之后又想从2010年11月开始回到接受《可再生能源法》补助，则其必须在2010年9月30日以前通知电网人员。

沼气工程商也可自行选择在某一个月出售一定比例而不是全部的电，然后剩余的电可继续获取《可再生能源法》的补偿。在这种情况下，沼气工程商需在开始的一个月前通知电网运营商直接售电的比例，并且必须一直保持这个比例，每个月都如此。

7.3 《可再生能源法》规定的并网电价

一旦可再生能源发电并入公共电网，其便有权得到《可再生能源法》规定的电价。沼气工程运营商无论是否拥有沼气工程都能享受该电价，这也保证了电网运营方必须接收电力。

7.3.1 确定电价的基本原则

以下小节会详述如何确定电价等级以及支付期限。首先将概述基本原理，接着通过例子解释发电设施的含义（即《可再生能源法》中的“设施”）以及联网，这对电价等级和期限的影响很大。最后章节将详细地介绍《可再生能源法》对沼气能源的不同补贴。

7.3.1.1 电价补贴的等级

《可再生能源法》的电价等级由沼气工程规模、接受入网日期以及能源来源等因素决定。此外，法律还规定不同的补贴制度，为使用特定原料、采取创新技术和有效使用热能的情况提供不同的激励政策。

在计算电价等级时，首先需考虑的是沼气工程的规模。沼气工程的装机电量越高，其电价越低。该考虑是基于随沼气工程规模增大产生每度电的成本更低的事实。与此同理，立法者认为需要推广的小规模沼气工程应获得更高的电价。

由于电价因沼气工程规模而异，为此，《可再生能源法》确定了不同发电装机容量范围下的不同电价。如果装机量超过一定的额度，只计算额度内的电价。《可再生能源法》规定支付沼气工程的平均保护电价由每个沼气工程的平均电价得出。这能确保即使在装机总量超过额定量较多时，平均电价也只是稍有下降，也能确保经济、合理地为特定地区量身而建沼气工程。

决定如何分配入网电量的并非是沼气工程的装机电量，而是其年均装机容量。年均装机容量是由年并网总电量除以该年内的小时数（即8 760 h）得出的。这种算法的一个缺陷是：由于维修沼气工程会导致长时间不发电，此时每度电得到的平均补贴电价会超过规定的全负荷状态运行下产生的电价。

7.3.1.2 电价补贴的持续时间

电价补贴不会一直存在：通常为20年年限加上

剩余的联网月份。例如，一个沼气工程于2010年7月1日开始联网，补贴开始于2010年7月，于2030年12月31结束。联网时间就是沼气工程开始运行的时间，与使用的燃料无关。例如，一个沼气工程最初运行使用的是天然气或燃油，之后换成沼气，但是电价补贴期是从使用天然气和燃油运行之初开始计算。

即使沼气工程商开始直接售电，保护电价的期限还会继续计算。法律并未规定延长保护电价期限，也无法通过追加投资来延长。自2009年1月之后《可再生能源法》不再允许续网，更换发电机也无法重新计算保护电价时间。

一旦电价补贴期结束，沼气工程商就无权再要求按《可再生能源法》补贴其电价。虽然沼气工程商继续享有优先联网的权利，但自此时起他们需努力寻求直接售电的机会。

7.3.1.3 电价下调

自沼气工程开始接受保护电价之日起，电价在整个补贴期内保持不变。

但是，之后几年启动的工程所获得的保护电价将有所下降。《可再生能源法》规定了基础保护电价每年有一定下降，下降程度视可再生能源种类而定，其原因不仅有可再生能源发电盈利性的不断增长，还有降低价格导致可再生能源发电厂数量增加。

对沼气发电的基本保护电价以及鼓励电价均为1%的年下降率，两者都处于较小的降价幅度，但是这也从经济上激励了沼气工程在年底前并入电网的积极性。然而，沼气工程正好在年底启动并网的做法也需要从经济性上权衡利弊，因为虽然避免了基本电价的下调，但其享受《可再生能源法》保护电价的时间将缩短，因为启动时到年底的时间已非常短了。

举例来说，拥有150 kW装机容量的沼气工程从2009年12月31日开始联网，其将接受每度电11.67欧分的基本保护电价。但如果该厂等到2010年1月1日开始联网，其保护电价只有每度11.55欧分。然而在前一种情况下，其保护电价的享受期为20年加1 d，而后一种情况的保护电价享受期为20年加364 d。

7.3.2 发电设施及其入网日期的定义-确定电价等级

发电设施及其入网日期的定义对决定具体的电价至关重要。

7.3.2.1 《可再生能源法》定义的发电设施

《可再生能源法》将“发电设施”定义为利用可再生能源来发电的任何设施，例如任何带热电联产机组的沼气工程。与2009年之前的法律条款相比，电厂不必能“独立”利用可再生能源发电。根据能源法的摘要说明，这意味着“电厂”有了更广的定义。

目前的法规下，有时很难对设置一个以上热电联产机组的沼气工程确定其法定归类。尽管有2010年7月1日出台的《可再生能源法》(参考2009/12)的建议，这一问题仍饱受争议。以下是笔者的个人观点，没有普遍约束力也不作为法律意见用于个案。

笔者认为，与2009/12《可再生能源法》的建议不同，沼气工程内设置两个或以上热电联产机组，并共同使用相同设备的(发酵罐、发酵池等)，如果只是根据目前对发电设施的更广定义，这些不能作为单独的发电设施，而是联合设施的一部分。根据该观点，是否需达到《可再生能源法》19条(三)的附加要求也就无关紧要了。因此，平均装机容量对确定电价等级至关重要，必须在该年的总入网电量基础上计算。换言之，为计算电价，单独热电联产机组的装机容量和通过通用线路入网的电量将合起来作为独立的电量计算。从而，如果假设热电联产机组的运行时间相同，有300 kW装机容量的沼气工程接受的入网电价与拥有两个150 kW单元的发电设施相同。

分散式热电联产机组可作为特例单独列出。这些附加的热电联产模块通过原料沼气管道直接连接到沼气发电厂。如果安装的位置与沼气工程的热电联产机组距离足够，分散式热电联产机组还能作为独立的发电设备。但是《可再生能源法》并没有明确定义何种条件下发电设施可作为法律上独立的实体。实际操作中，大约500 m的距离逐渐被认为是“直接邻近空间”的标准。在这距离以外的分散式热电联产机组应被归为独立的设施。该定义并没有明确的法律措辞，但2009年4月《可再生能源法》的修订建议(参考2008/49)对此作了强调。因此在笔者看来，有必要通过第三方来评估个别案例。例如，有效的热利用促使分散式热电联产机组脱离法律的约束。在建设开始前必须由相关的电网运营商明确分散式热电联产机组的法律地位。

7.3.2.2 两个或以上电力设施的组合

在某些情况下，尽管完全符合独立“发电设施”

的条件，两个或以上的沼气工程也可作为一个发电设施来计算保护电价。

这一规定是为了防止出现为钻保护电价空子而建立的发电设备，旨在遏制为力求保护电价而不顾宏观经济地将较大设施划分为多个较小沼气工程的行为。因为根据电价等级，多个小设施能比一个大设施可获得更高的电价补贴。

《可再生能源法》明确规定了是否合并多个小设施的条件。如果满足所有条件，则可考虑合并为一个发电设施。

根据《可再生能源法》第 19 条第 1 款，只要以下条件适用，不论所有权情况，多个较小发电设施仍将作为一个发电设施来计算电价：

—建于同一块土地或直接相邻。

—都采用沼气或生物质发电。

—沼气工程电价补贴都根据《可再生能源法》规定的发电规模确定。

—沼气工程都在连续 12 个月内启动并网。

然而，根据《可再生能源法》第 19 条第 1 款的条文，多个小发电设施的组合只按最近入网的发电设备来计算电价补贴。一般而言，该发电机就是热电联产机组。

案例：从法律角度组合三个发电设施时，即使在第二个发电设施入网后第一个设施还尚未有权接受保护电价。当确定第二个发电设施有权接受保护电价时，累积满足法定条件，适用《可再生能源法》19 条第 1 款，此时则可组合这两个设施。同样地，当第三个设施入网时第二个设施尚未有权接受保护电价。当需确定第三个发电设施是否有权接受保护电价时，如果满足法定条件，则可组合三个作为一个发电设施。

《可再生能源法》第 19 条第 1 款的规定对基本电价和所有补贴都有效，但所有这些的等级同样与装机容量有关。这里指的补贴有空气质量补贴、能源作物补贴、粪污补贴、景观管理补贴以及技术补贴。

7.3.2.3 独立发电设施的规格

以下的一些案例将展示不同规格的发电设施对其状态以及电价的影响。对案例的评析纯属笔者个人观点：没有普遍约束力；也不作为法律意见用于个案。

案例 1：一个沼气工程有一个发酵罐，一个后发酵罐和一个发酵余物储存罐以及多个热电联产机组同时运行。

在笔者看来，这只是一个发电设施，与热电联产机组的数量和入网时间无关。但在《可再生能源法》管理方来看，只有当热电联产机组在 12 个月内陆续联网才属于一个发电设施（《可再生能源法》第 19 条第 1 款）。

案例 2：沼气工程的沼气由沼气管道连接至安装于相同地点的两个热电联产机组，再连接至紧邻的距离 150 m 处的第三个机组。所有这三个热电联产机组于 2009 年入网。

在这种情况下，首先连接的两个热电联产机组被作为一个发电设施，就如案例 1。从电价的法律管制来看，第三个热电联产机组也应该归于这个发电设施，其本身不是独立的发电设施，没有足够的空间距离和功能来把它与沼气工程分离。

案例 3：沼气工程的沼气由沼气管道连接至安装于相同地点的两个热电联产机组，再连接至不相邻的距离 800 m 处的第三个单元。第三个热电联产位于附近的村庄，其废热可用于住宅的供热。所有这三个热电联产机组于 2009 年入网。

在这种情况，同样前两个热电联产机组被归为一个发电设施。但是与案例 2 不同，由于在空间和功能上与沼气工程的脱离，第三个热电联产机组被作为一个独立的发电设施。因此这个例子中有两个发电设施：一个带有两个热电联产机组的沼气工程和一个独立热电联产机组。《可再生能源法》19 条第 1 款组合三个设施的规定在此处不适用，因为这第三个热电联产机组并不"紧邻"主要沼气工程。

案例 4：10 个沼气工程，每个都有一级发酵罐、二级发酵罐、发酵余物储存罐以及相同容量的热电联产机组，但所有这些沼气工程没有任何连接，都相互距离 20 m。所有这些沼气工程都于 2009 年入网。

这种情况下，根据《可再生能源法》第 3 条第 1 款，确实每个沼气工程都是独立完整的设施。但是为了计算电价，这些沼气工程被按照《可再生能源法》第 19 条第 1 款的规定统一为一个发电设施，因其相互紧邻并于 12 个月内陆续入网。

《可再生能源法》第 19 条第 1 款同样适用于在 2009 年之前入网的发电设施。尤其是那些被称为发电设施园区的发电厂，需首先于 2009 年 1 月接受电价下调。自 2010 年 1 月《可再生能源法》第 66 条第 1 款的引入，已在 2009 年 1 月 1 日前示范运行的沼气工程可作为单独的发电设施,不用考虑《可再生能源法》第 19 条第 1 款。同时根据能源法的补充说明,这些沼气工程的运营商可要求追溯 2009 年 1 月起生效的保护电价补贴。过去已有沼气工程运营商针对《可再生能源法》第 19 条第 1 款提起法律申诉,但没有成功,他们还在联邦法庭上寻求暂时的法律保护。

7.3.2.4 入网日期

除发电设施容量外,入网时间也对电价的确定至关重要,由于电价的年度下调政策,后入网年份的电价会有所下降(见前面 7.3.1.3)。

《可再生能源法》规定,发电设施首次运行时必须经过启动调试阶段使其达到技术要求。自 2009 年 1 月 1 日起,发电机是采用可再生能源还是在一开始就使用化石燃料启动已无关紧要。启动阶段并非一定要将电力输送至电网,除非发电设施已做好入网运行的准备,而电网运营商也做好并入电网的一切准备。但是试运行不能算作工厂的启动调试。

将入网的发电机转移至其他地点并不会改变入网时间。即使是将已经安装使用的发电机重新装于新的热电联产机组,这一新机组的入网时间也与已使用过的发电机的入网时间相同,因此享受《可再生能源法》补贴电价的期限也会相应缩短。

7.3.3 电价等级

以下是基本电价和各类补贴的详情,也包括不同电价的要求。2011 年入网的沼气工程可获得的电价概述见表 7.1。

表 7.1 2011 年联网的保护电价

	《可再生能源法》18 章第二条定义的输出电量	电价单位:欧分/度(2011 年联网)[a]
生物质发电的基本电价	≤150 kW	11.44
	≤500 kW	9.00
	≤5 MW	8.09
	≤20 MW	7.63
空气质量补贴	≤500 kW	+0.98
能源作物补贴	≤500 kW	+6.86
	≤5 MW	+3.92
粪污补贴	≤150 kW	+3.92
	≤500 kW	+0.98
景观维护补贴	≤500 kW	+1.96
热电联产补贴	≤20 MW	+2.94
技术补贴	≤5 MW	+1.96/+0.98[b]

注:[a] 根据《可再生能源法》的摘要说明,首先采用《可再生能源法》中规定的电价,然后以每年 1% 的幅度降价,最后四舍五入至小数点后两位。因此个别的实际电价与此处的总电价可能有所差异;

[b] 小的数字适用于沼气处理量在 350～700 m^3/h 之间的沼气提纯处理厂。

7.3.3.1 基本电价

于 2011 年入网的沼气工程将沼气转化为电力所享受的基本保护电价如下:装机容量 ≤150 kW 的沼气工程可享受 11.44 欧分/度,装机容量 ≤500 kW 的沼气工程的基本电价为 9 欧分/度,装机容量 ≤5 MW 的可享受 8.09 欧分/度,装机容量 ≤20 MW 的沼气工程可享受 7.63 欧分/度的电价。

确定基本电价的方式可由以下例子示意:于 2011 年入网的沼气工程热电联产机组有 210 kW 的装机容量。在 2011 年该热电联产机组完成了8 322 h 的全负荷运作。因此根据《可再生能源法》定义的年均输出量为 200 kW。根据阶梯性的基本电价,3/4 的电(200 kW 中的 150 kW)会获得 11.44 欧分/度的补贴,而 1/4 的电(200 kW 中的 50 kW)得到的是 9 欧分/度的补贴。因此平均的基本电价大约为 10.83 欧分/度。

享受基本保护电价的前提是用于发电的生物质符合《生物质条例》(BiomasseV)对生物质的规定。《生物质条例》定义“生物质”作为能源来源,来自动植物及其副产品和动植物及其副产品的废弃物。因此生物质所产生的沼气被归类为生物质。

沼气工程通常使用的原料都符合生物质的定义

范围。但是需要注意，在《生物质条例》第 3 条中有些物质并没有定义为生物质。例如，除某些动物副产品外，还有污泥、污水处理气和垃圾填埋气都不是条例范围内的生物质。

自 2009 年以来《可再生能源法》也允许发电设施使用不在《生物质条例》内，但在广义上可作为生物质的物质(如污泥)。但是保护电价只适用于《生物质条例》规定的生物质所产的电。

但是，根据能源法的补充说明，这一“排他性原则”并不适用此类沼气生产，为达到保护电价的要求，沼气本身必须是《可再生能源法》第 27 条第 1 款规定的生物质，并满足《生物质条例》的规定。因此沼气本身就完全由《生物质条例》规定的生物质产生。也正是如此，沼气可与“广泛意义的生物质”所产生的气体混合起来发电，例如污水处理气(参考《生物质条例》第 3 条第 11 款)。

自 2009 年 1 月以来，《可再生能源法》的入网保护电价要求大型发电设施必须进行热电联产。从而对于装机容量超过 5 MW 的沼气工程，只有发电过程中所产的热也能被利用，该厂所发的电才能获得保护电价。这一政策的修订旨在鼓励运营商将大型沼气工程建于热能用户附近。

7.3.3.2 能源作物补贴

《可再生能源法》为使用能源作物提供补贴(德国 NawaRo 补贴，主要针对种植的生物质，即能源作物)，以此补偿因使用能源作物发酵底物比使用生物质垃圾所高出的成本。这也是为了提高农业、林业或园林生物质的利用率，特别对小规模利用，如果没有额外补贴，其在经济上是不可行的。

进一步来看，能源作物补贴由几种不同的补贴组成，有时通过发电设施的装机容量分级。一方面由底物的类型确定，另一方面也取决于发电的类型。对于可再生资源，即能源作物，《可再生能源法》附录 2 第 2 条第 1 款给予的定义如下：

“能源作物是来自农业、林业、园艺作业或景观维护产生的植物或植物的一部分，除了收割、保存或用于生物质转换设施，它们没有经过其他处理。”

粪污同样被视为能源作物。

一些被归为能源作物的底物被列入(不完全型)正清单。《可再生能源法》还将不归为能源作物的底物列入(完全型)负清单，这些底物不可获得能源作物补贴。

基本能源作物补贴

基本能源作物补贴提供给装机容量 ≤5 MW 的发电设施。无论能源作物的类型，2011 年入网，装机容量 ≤500 kW 的补贴为 6.86 欧分/度，>500 kW 的补贴为 3.92 欧分/度。

获得能源作物基本补贴的前提是，完全使用能源作物和植物副产品，并且发电设施运营商还必须记录进料的类型、数量和所使用的生物质的来源。此外，运营商还不允许在同一厂址经营其他的使用非清单范围内可再生资源的生物质设施。

除能源作物和粪污以外，还可以使用特定的纯植物副产品产沼气并发电。这些副产品必须列于肯定列表内，如土豆渣或皮、酒糟、谷物酒糟(表 7.2)。但是，只有用可再生资源或粪污所发的电才享受能源作物补贴。因此，核算该补贴时要扣除按国家规定的纯植物副产品产气标准折算后的电力部分，并经过环境专家的验证。

表 7.2 《可再生能源法》肯定列表(节选)所列的纯植物副产品的标准产气量[a]

纯植物副产品	《可再生能源法》附录 2 第 5 条规定的标准产气量	
	(kWh_{el}/t FM)	(Nm^3 CH_4/t FM)
酒糟(新鲜或碾压的)	231	62
蔬菜残余	100	27
植物油加工产生的甘油	1 346	364
土豆皮	251	68
果渣(新鲜、未处理的)	187	51
菜籽油粕	1 038	281
菜籽饼(剩余含油量约 15%)	1 160	314

注：[a]完整列表见第 4 章，表 4.5。

可用于可再生能源发电的所有物质清单(能源作物清单、非能源作物清单、纯植物副产品清单)可见《可再生能源法》附录 2。

要获得能源作物补贴,沼气发电设施还需要有污染控制法的准许,如沼肥储存设备有气密性盖板,有备用沼气消耗装置,以防故障或生产过度时能燃烧沼气。但是,根据《可再生能源法》附录 2 第 1 条第 4 款,只有现有的沼肥储存设备需有盖板,而建设该储存设备并非获得能源作物补贴的前提条件。发酵余物沼肥储存罐是否需要有气密性盖板也饱受争议,如果该存储罐不属于运营商(即使运营商在使用它)或发酵物在之前的反应器内的停留时间很长,沼肥存储罐预期不再排放甲烷。由于没有过渡性规定,加气密盖的要求也适用于在 2009 年 1 月 1 日前入网的沼气工程。但是,气密盖板的添加会产生新的成本,已建沼气工程运营商很难收回这部分成本用。在某些情况下,这被认为不公平,因此违背法规(关于沼肥储存的技术问题请参考 3.2.3 章节)。

粪污补贴

除基本能源作物补贴外,还有对使用粪污沼气发电的补贴。该补贴的目的在于更有效地利用养殖场粪污产沼气,并以此减少未处理的粪污在农田施用带来的甲烷排放。补贴只针对装机容量 ≤500 kW 的沼气工程。这一限制是为了防止长距离运输大量粪污,否则可能出现粪污“旅游”。

根据欧盟法规第 1774/2002/EC(欧盟卫生条例),粪污的官方定义如下:

“未经加工或按照附件八第三章处理,或转化成沼气和堆肥的养殖动物的粪便和/或尿液(含垫草或不含)和鸟粪。”

粪污补贴以阶梯的方式计算,对于 2011 年入网的沼气工程,装机容量 ≤150 kW 的可享受 3.92 欧分/度的补贴,装机容量超过部分,且 ≤500 kW 时,可享受 0.98 欧分/度的补贴。装机容量更大的沼气工程则可按比例申请相应的补贴。

粪污补贴的前提是粪污必须一直至少占所使用底物 30%的量。粪污比例在沼气工程使用的总原料量的基础上按重量计算。验证是否一直达到这一比例通过底物记录来实现。运营商需一直做好所使用的底物的记录。底物记录需每年提交一次,最晚不超过次年的 2 月 28 日,通常由环境专家验证后提交报告。报告基于底物的细节记录。

使用管网气体发电的设施无权申请粪污补贴。这里特指从天然气管网获取的生物甲烷气(详情可参考 7.4 章节)。这些在气体交换基础上运行的发电设施所能享受的能源作物补贴有个上限,即 ≤7 欧分/度。但在笔者看来,直接通过微型管道从沼气工程获得沼气的分散式发电设施不应受此限制(见 7.3.2.1)。支持这一观点的法规基础包括:不采用“生物甲烷”天然气,而使用从管道来的“真正”沼气的,将不必参考《可再生能源法》第 27 条第 2 款。此外,单个的沼气管道不属于《可再生能源法》附录 2 第Ⅵ.2.b 款第 3 句的气网络范畴。否则将一直存在因气体管道长度不确定而出现未明确法律条文的例子;但是又由于每个沼气热电联产机组都由气体管道连接机组至发酵罐,因此这也就不再是例外了。

绿化管理补贴

与能源作物补贴有关的另一类补贴是绿化管理补贴,适用于绿化修剪物等。如果沼气设施主要采用的是植物或植物的一部分来自于绿化管理废弃物,国家对 2011 年入网的沼气工程的基础保护电价增加 1.96 欧分/度。同样,这一补贴只用于装机容量≤500 kW 的发电设施。装机容量更大的设施需按比例申请补贴。

绿化管理废弃物并不作其他用途,因此通常并非刻意栽培而是绿化管理的必然产物。这一补贴不仅创造了使用绿化废弃物的机会,同时还符合立法者帮助缓解生物质领域土地竞争的意图。

对获得绿化管理补贴的个别要求的细节仍在争议阶段(见 4.5)。《可再生能源法》管理机构于 2009 年 9 月完成了关于绿化管理补贴的修订 2008/48。它提倡对“绿化管理废弃物”进行广泛定义。相应地,新鲜物质的比例是评估发电设施是否“主要”采用绿化管理废弃物的参考值,该值应为 50%以上。

与粪污补贴不同,《可再生能源法》并未明确规定必须随时满足绿化管理补贴的要求。因此只要年度底物使用核算报告能证明达到最低比例即可。

7.3.3.3 空气质量补贴

2009 年 1 月 1 日修订的《可再生能源法》首次增加了对沼气发电设施的空气质量补贴。这主要是为了减少热电联产机组产沼气时致癌物甲醛的排放。因此该补贴有时也被称为甲醛补贴。该补贴鼓励使用低排放引擎和加装催化转化器。

对于 2011 年入网的装机容量 ≤500 kW 的沼气工程,若其甲醛排放不超过国家规定标准,其获得的基本保护电价提高 0.98 欧分/度。该补贴不适用于“虚拟”甲烷发电，据《可再生能源法》条款，此类气体于某一点处进入管网又于其他点出来。

该补贴仅限于获得德国联邦污染防治法(BImSchG)许可的沼气工程。尤其是热输入功率超过1 MW的发电设施需要BImSchG的许可。如果热输入功率≤1 MW，只在特定条件下该设施才能获得BImSchG的许可(更多详情参见7.5.1章节)。因此，如果沼气工程只获得建设许可，但没有BImSchG的许可，发电设施运营商将无权申请甲醛补贴。

2009年1月1日前入网的发电设施运营商同样可以申请该补贴。根据《可再生能源法》关于过渡期的明确规定，该补贴同样适用于现存的无需BImSchG许可的发电设施。

何种程度的排放能获得这一补贴的问题仍处于争议阶段。能源法规定“对甲醛的限制必须与《空气质量控制指导手册》(TA Luft)对最低排放量的要求一致”。相关的限制规定于污染防治法规发行的许可证中，基于TA Luft规定的标准排放量，即排放气体中的甲醛浓度不得超过60 mg/m³，而且需达到最低排放量的要求。根据最低排放量的要求，当局还可能针对个别设施制定更低的排放标准，或者需要运营商做出尽可能降低排放量的额外努力。还有建议指出在许可证中规定的排放水平对决定运营商是否能享受补贴至关重要。但是，于2008年9月18日由联邦工作组颁布的污染防治条例(Bund-/Länder-Arbeitsgemeinschaft Immissionsschutz-LAI)规定只针对甲醛排放不超过40 mg/m³的颁发符合许可规定的官方认证。

符合许可规定的认证由相关污染防治监管部门颁布。符合TA Luft规定的甲醛排放许可证书与运营商提交给相关部门的最小化排放报告一致，因此可出示该证书给管网运营商作为资质证明。

7.3.3.4　热电联产补贴

热电联产补贴能鼓励对发电过程产生的废热的利用。热能的利用提高了沼气工程的整体能效，从而减少化石燃料的消耗。《可再生能源法》修订案再次提高了热电联产的补贴额度，从每度电2.0欧分提高至3.0欧分(适用于2009年入网的发电设施)。但与此同时，热能使用的标准也有所提高以确保合理地利用热能。

申请该补贴的发电设施不仅需要联合产电(热电联产)，还需要合理利用热能。

对于联产所发的电，《可再生能源法》参照的是热电联产法(Kraft-Wärme-Kopplungsgesetz-KWKG)。根据该法，发电设施必须同时将能源转化成电和热。装机容量≤2 MW的热电联产系列设施，可通过适当的供应商文件展示热电输出量和热电比率来检验是否达到这一要求。对装机容量>2 MW的发电设施，必须证明该设施达到德国热电联产(AGFW)实践条例FW308规定的要求。

根据《可再生能源法》条款，需对符合肯定列表的热能善加利用(参考《可再生能源法》附录3第3条)。例如，肯定列表的事项有每年为某些建筑提供每1 m²使用面积最多200 kWh的热能，并入符合一定要求的热能供应管网以及在一些工业中使用的工艺热能。肯定列表中涉及的某些热能使用问题还缺乏明确的法律规定。

否定列表(《可再生能源法》附录3第4条)规定的不可接受的使用热能的例子包括给没有足够绝热设施的建筑供热，ORC或Kalina循环工艺中的热能使用。限制清单提供不可接受的使用热能方式的完全清单。但是，《可再生能源法》附录3第2条规定在ORC或Kalina循环模块使用热能无权接受热电联产补贴只针对这些在外界发电模块使用热电联产废热的部分。一般来说，此种对热能的利用方式不能作为证明获得补贴的资质，因为热电联产机组和外接的发电模块通常成为一个发电设施，如《可再生能源法》第3条1款的定义，从而导致在外接发电模块的热利用并不能代表外部发电设施的热利用。但是，如果由热电联产机组产生的(余)热在经过下级发电工艺后为符合肯定列表的其他用途供热，那在笔者看来不仅外接发电模块还有热电联产机组的电力都能获得热电联产电价补贴。将热电联产机组内所产的电作为热电联产电力并不与《可再生能源法》附录3第4条矛盾，因为在外接发电工艺中消耗的热能比例不作为外部热能考虑。从另一方面来看，限制外接发电模块获得补贴可能会导致对既有外接发电模块又有热电联产机组的发电设施的不公正对待。

如果没有按照肯定列表使用热能，在某些情况下发电设施运营商还能获得补贴。但必须满足以下条件：

—使用热能的意图不属于限制清单之列。

—所产的热必须能替换一定数量的化石燃料，如至少为75%。

—必须是供热时发生了每度热能输出至少100€的额外费用。

如何理解补贴资格中"替换"的含义尚未明确。在采用外部热电联产机组废热供热的新建筑中，不可能出现使用化石能源的情况，这可能就是最好的一种潜在的替换。从这方面来讲，这种潜在的替换已经足够。因此发电设施运营商需解释如果不使用热电联产机组的热能，就只能使用化石能源。

此时需考虑的额外费用有换热器、蒸汽发电机、管道及此类技术设备，但不包括额外的燃料成本。

遵守肯定列表和替换化石燃料所使用的热能，和额外资金支出的需要，必须由通过认证的专家报告进行验证。

7.3.3.5 技术补贴

技术补贴从经济上激励了专注于节能的技术和体系的创新，从而促进缓解环境和气候问题。

该补贴适用于对使用提纯至天然气质量的沼气和采用创新技术发电的情况。为了获得补贴，沼气处理需达到的标准是：

—提纯过程中最大甲烷泄漏量为0.5%。

—提纯每立方米原始沼气的能耗不超过0.5度电。

—所有用于工艺和沼气生产的热能需来自可再生资源或工厂本身的废热。

—提纯处理的最大能力为700 m^3/h的提纯气。

符合上述要求的提纯气发电的技术补贴为：≤350 m^3/h提纯气规模的补贴为2.0欧分/度，而≤700 m^3/h的补贴为1.0欧分/度。

根据《可再生能源法》附录1，与沼气发电相关的创新技术有燃料电池、燃气涡轮、蒸气引擎、有机朗肯循环系统、混燃装置如Kalina循环系统和斯特灵发动机。除此之外，还支持秸秆热化学转化和专为有机生活垃圾设计的厌氧发酵和后续好氧堆肥联合处理厂。

自2008年12月31日之后入网的，干发酵将不再获得补贴，干发酵不再符合国家规定的创新技术标准。

对以上技术和工艺资助的前提是达到至少45%的发电效率，或至少部分时间一定程度地利用热能发电。

当使用创新技术时，可得到2.0欧分/度的技术补贴。但是补贴仅针对使用该技术或工艺所产生的电。如果一个热电联产机组发电所使用的还有其他方法，而且这些方法并未达到技术补贴标准，那么这部分的电将无法获得补贴。

7.4 沼气处理和入网

在沼气工程就近使用沼气并不一定在经济和环境上有利。发电的同时产生的热量通常在沼气工程得不到合理的利用。因此有时候要分开沼气的生产和使用。也可安装原料沼气管道来将沼气输送至几百米甚至几千米的分散式发电设施(更多细节见7.3.2.1)，还可以考虑提纯沼气后并入公共天然气管网。在入网之后，几乎可以从任何网点提取沼气然后转化成热电联产设施的电能和热能。

7.4.1 电价补贴的要求

使用生物甲烷的热电联产运行方获得的电价补贴与直接在沼气工程现场转化成电力的情况一致；通过微型燃气管道输送的沼气同样如此。此外，一旦沼气并入天然气管网，技术补贴还能用于气体处理。根据《可再生能源法》附录1，如果已将沼气提纯到天然气质量或满足一定的要求，该补贴是2欧分/度(更多详情见7.3.3.5)。但是一旦沼气并入管网，沼气工程运营方则无法再要求空气质量补贴(见7.3.3.3)或粪污补贴(见7.3.3.2)。

然而，根据《可再生能源法》27章第3条，《可再生能源法》电价补贴的权利只适用于热电联产的发电部分，即《可再生能源法》附录3中的使用热的同时所产生的电。因此最后能受益的只有热主导的热电联产机组的气体处理。

获得电价补贴的另一前提是热电联产机组使用的必须是生物甲烷。这一排他性原则意味着运行无法在传统天然气和沼气之间转换。热电联产机组运行人员需确保年底前将沼气由其他途径并入管网或分配到其他的热电联产机组，这部分的沼气量与实际使用的天然气量相当。否则，沼气工程将有可能失去获得《可再生能源法》相关电价补贴的资格。

7.4.2 从接入点输送到热电联产机组

由于并入管网的生物甲烷会立即与管网中的天然气混合，因此生物甲烷到特定热电联产机组的物理输送是不可能的。实际上，热电联产机组使用的是传统的天然气。但是从法律角度看，如果满足《可再生能源法》27章节第2条的条件，热电联产机组所使用的天然气可被归为甲烷。

一种情况为从管网输出的天然气与生物质所产的沼气的热值相同。年底前要能达到两者的平衡。

另一种使用补贴电价权利的情况是将并入的生物甲烷气供给特定的热电联产机组。在没有物理输送的情况下，输气方与热电联产运行方之间需签订合同。除了简单的生物甲烷供应合同外，还需注明生物甲烷的输入量及供给热电联产机组的量。此外还可以建立这样的合同关系，如加入批发商，或利用可交易的证书和生物甲烷注册中心。生物甲烷气的并网方必须确保并网气没有被重复销售，即只能排他性地销售给一个热电联产机组。

7.4.2.1 输送模式

沼气输入商可按合同约定完成供气任务，并且以气体交换的方式供至热电联产机组运营商使用的输出点。在这种情况下，虽然没有从接入点至输出点的实际甲烷输送，但符合气网的虚拟输送原则。此时沼气入网商通常使用沼气核算合同。但是，仅有沼气核算合同的热电联产输出点并不足以证明热电联产机组是唯一的生物甲烷使用者。此处的背景是，如果到年底沼气核算出现负平衡，管网运营商没有义务来纠正负平衡问题。因此，即使是由沼气输入商提供，还得由发电设施运营商自行向电网运营商提供证据，说明在该年度热电联产所使用的管网燃气的确有同等热值的生物甲烷被并入管网，并且只供给该机组。

7.4.2.2 证书模式

沼气输入商也可以选择不将甲烷供至输出点，而热电联产机组运营商利用入网的甲烷的生物特性索取补贴。为此，沼气输入商将像常规天然气供应商一样推广入网沼气，并以此分离出实际注入的沼气的生物特性。然后就像电网一样，沼气的生物特性被单独核算，例如独立机构的审查后获得生物甲烷证书。热电联产运营商继续从天然气供应商处获取常规天然气，而从沼气输入商手中购买必要数量的生物甲烷证书。然而证书模式尚待改进的是，发电设备运营商必须按照《可再生能源法》关于保护电价和不同补贴的要求正确记录沼气属性和发电设备特性，绝不允许进行双重销售。因此证书的使用也必须首先与相关电网运营商达成一致。

建立生物甲烷注册中心的工作还在进行中。它的目的是简化生物甲烷的交易。

7.4.3 管网连接和使用的法律框架

沼气提纯和入网不仅伴随着技术困难，还面临着一系列的法律挑战。然而，《气网接入条例》(GasNZV)和《气网价格条例》(GasNEV)已经很大程度地改善了沼气入网的基本法律框架。条例于2008年4月进行了第一次修订，随后于2010年1月再次修订①。

7.4.3.1 优先联网权

根据修订的气网接入条例，管网运营商有义务给予沼气处理和入网设施优先入网权。管网运营商只有出于技术或经济困难才能拒绝联网。如果技术和实际操作上能接受入网沼气量，即使存在基于现有输送合同的总量瓶颈的风险，管网运营商也不能拒绝接受。管网运营商有义务采取任何经济手段以确保生物甲烷的全年入网。例如，当夏季管网的某些区域入网量远超过输出量时，安装压缩机使气体返回时处于更高压力水平。

7.4.3.2 所有权和联网费用

修订后的气网接入条例也为输入商的联网费用提供了很大的优惠。例如，根据修订的条例，输入商只需支付250 000€欧元的联网成本，包括连接至公共天然气管网的前1 km管道费用。如果管道超过1 km的长度，管网运营商需支付额外的最多10 km管道的75%的费用。从而，管网连接属于管网运营商的资产。此外，根据修订的接入条例，管网运营商需确保至少96%的可用性。

7.4.3.3 核算生物甲烷输入

除要求证明一定数量的生物甲烷气分配至某个热电联产机组申请《可再生能源法》保护电价，还需按照气网规定核算和输送并网气。修订后的《气网价格条例》为输入商提供了方便。例如，该条例为具体的沼气核算组提供了25%的更大弹性，核算期为12个月。采用这类沼气核算组将可以在热主导的热电联产机组使用联网沼气，无需在夏季关闭进气阀门。

7.5 热回收和供应

如果沼气工程的热电联产机组使用的是联产模

①本书(德文版)出版之时2010/7的修订尚未通过和公布。

式,必须利用废热作为热回收的一部分以达到热电联产补贴的要求(热电联产补贴的具体要求可见7.3.3.4)。要申请热电联产补贴,需符合肯定列表,以及《可再生能源法》附录3第3条的热利用认证。所有于2009年1月1日之后入网的发电设施都是如此。如果满足其他热电联产补贴要求,将不考虑申请主体,既可以是第三方也可以是发电设施运营商。

7.5.1 法律框架

如果热利用符合《可再生能源法》附录3第3条2款(输入热网),目前已有的激励政策有市场激励项目(见7.1),也有《热电联产法》(KWKG)。有资质的热网指通过热电联产或可再生能源获得一定比例的热能。不久的将来,会诞生越来越多的基于《可再生能源法》的热网和热电联产的热网。

根据《可再生能源热能法》16条(EEWärmeG),集中供暖和区域热网变得越来越重要。基于国家法律的支持,如今城市和地方政府协会出于缓解气候变化和保护资源的需要,推动强制联网和强制使用公共供热网。这也消除了之前关于是否允许强制联网和强制使用的不确定性。为了鼓励地方政府颁布相应的联网和公共供热网法规,在这些公共供热网中有一部分热能来自可再生能源,但主要来自热电联产发电设施。

此外,《可再生能源热能法》扩大了沼气和沼气发电带来的热能的终端市场。这是因为在2008年12月31日之后提交新建房屋申请的业主可以通过使用部分来自沼气热电联产的热能,从而满足法规要求的可再生能源供暖的义务。当可再生能源的使用被限定为沼气时,业主们必须使用至少含30%生物质气的热能。当使用提纯并网的生物甲烷供热时,需特别遵守《可再生能源热能法》附录第2条第1款规定。除此之外,履行使用可再生能源的义务也可通过使用相当一部分如沼气热电联产机组的废热来实现。

除确立热电联产补贴资格外,对第三方的供热也变成很多项目日益重要的盈利点。

7.5.2 供热

沼气工程将热供给热网或直接销售给购热者。对于直接给购热者的供热策略有两种:一种是在沼气工程现场运行热电联产机组,将产生的热通过输热管道或热网供给对方。另一种方案效率更高,即将沼气通过沼气管道,或经过提纯后,通过公共天然气管网输送到热能需求地区,在那里建热电联产机组。这种方法避免了输送途中的热量损失。

当沼气工程将热能售给中间商热网时,沼气工程与终端用户之间并无直接合约关系。热网运行方与终端用户间单独签订供热合约。但是作为供热方的沼气工程会与购热方之间签订供热合同。如果沼气工程不愿承担作为供热方的相应责任,可选择将该服务外包给第三方。

7.5.3 热网

一般情况,热网的建立无需特别的许可。但热网操作人员必须注意在第三方土地上铺设热管道的使用权问题,而这在大多数情况难以避免。除了与土地所有者签署使用合同(特别要注明土地的使用费用)外,还建议进一步保护使用权,如在土地部门登记地域协议。这是唯一能确保一旦土地转卖给他人之后供热方还能继续使用该地的输热管道的方法。如果输热管道所经过的区域属于公用道路,热网运营商必须与公路建设和维修机构签署地域协议。这可能需要一笔固定的费用,该费用也可能由供热量决定。

7.6 扩展阅读推荐

Altrock M, Oschmann V, Theobald C (eds.). EEG, Kommentar. 2nd edition. Munich, 2008.

Battis U, Krautzberger M, Löhr R-P. Baugesetzbuch. 11th edition. Munich, 2009.

Frenz W, Müggenborg H-J (eds.). EEG, Kommentar. Berlin, 2009.

Loibl H, Maslaton M, Bredow H (eds.). Biogasanlagen im EEG. Berlin, 2009 (2nd edition forthcoming).

Reshöft J(ed.). EEG, Kommentar. 3rd edition, Baden-Baden, 2009.

Salje P. EEG- Gesetz für den Vorrang Erneuerbarer Energien. 5th edition. Cologne/Munich, 2009.

Jarass H D. Bundesimmissionsschutzgesetz. 8th edition. Munich, 2009.

Landmann/Rohmer. Umweltrecht, vol. I/II. Munich, 2009.

7.7 资源列表

AGFW-Arbeitsblatt FW 308 (Zertifizierung von KWK-Anlagen-Ermittlung des KWK-Stromes).

AVBFernwärmeV-Verordnung über Allgemeine Bedingungen für die Versorgung mit Fernwärme (ordinance on general conditions for supply of district heating)-of 20 June 1980 (BGBl. Ⅰ p. 742), last amended by Article 20 of the Act of 9 December 2004 (BGBl. Ⅰ p. 3214).

BauGB-Baugesetzbuch (Federal Building Code) as amended and promulgated on 23 September 2004 (BGBl. Ⅰ p. 2414), last amended by Article 4 of the Act of 31 July 2009 (BGBl. Ⅰ p. 2585).

BauNVO-Baunutzungsverordnung (land use regulations)-as amended and promulgated on 23 January 1990 (BGBl. Ⅰ p. 132), last amended by Article 3 of the Act of 22 April 1993 (BGBl. Ⅰ p. 466).

BImSchG-Bundes-Immissionsschutzgesetz (Pollution Control Act) as amended and promulgated on 26 September 2002 (BGBl. Ⅰ p. 3830), last amended by Article 2 of the Act of 11 August 2009 (BGBl. Ⅰ p. 2723).

4th Implementing Regulation, BImSchV-Verordnung über genehmigungsbedürftige Anlagen (Pollution Control Act, Ordinance on Installations Requiring a Permit) as amended and promulgated on 14 March 1997 (BGBl. Ⅰ p. 504), last amended by Article 13 of the Act of 11 August 2009 (BGBl. Ⅰ p. 2723).

BioAbfV-Bioabfallverordnung (Ordinance on Biowastes)-as amended and promulgated on 21 September 1998 (BGBl. Ⅰ p. 2955), last amended by Article 5 of the Ordinance of 20 October 2006 (BGBl. Ⅰ p. 2298).

BiomasseV-Biomasseverordnung (Biomass Ordinance)-of 21 June 2001 (BGBl. Ⅰ p. 1234), amended by the Ordinance of 9 August 2005 (BGBl. Ⅰ p. 2419).

EEG-Erneuerbare-Energien-Gesetz (Renewable Energy Sources Act)-of 25 October 2008 (BGBl. Ⅰ p. 2074), last amended by Article 12 of the Act of 22 December 2009 (BGBl. Ⅰ p. 3950).

EEWärmeG-Erneuerbare-Energien-Wärmegesetz (Renewable Energies Heat Act)-of 7 August 2008 (BGBl. Ⅰ p. 1658), amended by Article 3 of the Act of 15 July 2009 (BGBl. Ⅰ p. 1804).

DüV-Düngeverordnung (Fertiliser Application Ordinance) as amended and promulgated on 27 February 2007 (BGBl. Ⅰ p. 221), last amended by Article 18 of the Act of 31 July 2009 (BGBl. Ⅰ p. 2585).

DüMV-Düngemittelverordnung (Fertiliser Ordinance)-of 16 December 2008 (BGBl. Ⅰ p. 2524), last amended by Article 1 of the Ordinance of 14 December 2009 (BGBl. Ⅰ p. 3905).

GasNEV-Gasnetzentgeltverordnung (Ordinance on Gas Network Tariffs)-of 25 July 2005 (BGBl. Ⅰ p. 2197), last amended by Article 2 para. 4 of the Ordinance of 17 October 2008 (BGBl. Ⅰ p. 2006).

GasNZV-Gasnetzzugangsverordnung (Gas Network Access Ordinance)-of 25 July 2005 (BGBl. Ⅰ p. 2210), last amended by Article 2 para. 3 of the Ordinance of 17 October 2008 (BGBl. Ⅰ p. 2006).

KrW-/AbfG-Kreislaufwirtschafts-und Abfallgesetz (Product Recycling and Waste Management Act) of 27 September 1994 (BGBl. Ⅰ p. 2705), last amended by Article 3 of the Act of 11 August 2009 (BGBl. Ⅰ p. 2723).

KWKG 2002-Kraft-Wärme-Kopplungsgesetz (Law on Cogeneration) of 19 March 2002 (BGBl. Ⅰ p. 1092), last amended by Article 5 of the Law of 21 August 2009 (BGBl. Ⅰ p. 2870).

TA Lärm-Technische Anleitung zum Schutz gegen Lärm (Technical Instructions on Noise Abatement)-of 26 August 1998 (GMBl. 1998, p. 503).

TA Luft-Technische Anleitung zur Reinhaltung

der Luft (Technical Instructions on Air Quality Control)-of 24 July 2002 (GMBl. 2002, p. 511).

TierNebG-Tierische Nebenprodukte-Beseitigungsgesetz (Disposal of Animal By-Products Act)-of 25 January 2004 (BGBl. Ⅰ p. 82), last amended by Article 2 of the Ordinance of 7 May 2009 (BGBl. Ⅰ p. 1044).

TierNebV-Tierische Nebenprodukte-Beseitigungsverordnung (Ordinance implementing the Disposal of Animal By-Products Act)-of 27 July 2006 (BGBl. Ⅰ p. 1735), last amended by Article 19 of the Act of 31 July 2009 (BGBl. Ⅰ p. 2585).

UVPG-Gesetz über die Umweltverträ-glichkeitsprüfung (Environmental Impact Assessment Act) as amended and promulgated on 25 June 2005 (BGBl. Ⅰ p. 1757, 2797), last amended by Article 1 of the Act of 31 July 2009 (BGBl. Ⅰ p. 2723).

VO 1774/2002/EG-Regulation (EC) No. 1774/2002 of the European.

Parliament and of the Council of 3 October 2002 laying down health rules concerning animal by-products not intended for human consumption (OJ L 273 p. 1), last amended by Regulation (EC) No. 1432/2007 of 5 December 2007 (OJ L 320 p. 13).

VO 181/2006/EG-Commission Regulation (EC) No. 181/2006 of 1 February 2006 implementing Regulation (EC) No. 1774/2002 as regards organic fertilisers and soil improvers other than manure and amending that regulation (OJ L 29 p. 31).

经济效益 8

潜在运营商决定是否要建沼气工程时，考虑的一个关键因素是：沼气工程能盈利运行吗？因此需要对沼气工程进行盈利能力评估。下面基于模拟的沼气工程案例来介绍经济分析的适用方法。

8.1 模拟沼气工程介绍——假设和关键参数

在确定沼气工程规模和选择底物时，需考虑《可再生能源法》2009 年对保护电价申请和底物使用的规定。在这里假定入网时间在 2011 年。

8.1.1 沼气工程装机容量

近年来沼气工程装机容量稳定增长，并且伴随《可再生能源法》2009 年关于粪污补贴的规定[8-1]，又有较多约 150 kW_{el}装机容量的较小规模的沼气工程再次兴建起来。为反映现有沼气工程的情况，这里模拟了发电装机容量从 75～1 000 kW 不等的 9 个沼气工程，以及一个沼气提纯厂（参考表 8.1）。沼气工程规模的确定既从电价相关的法律情况出发，即《可再生能源法》规定的 150～500 kW_{el} 的规定，又考虑了污染防治法规定的许可证的问题。除此之外，其中一个沼气工程模拟说明沼气提纯并入天然气管网所产生的费用情况。

8.1.2 底物

所选的底物常见于德国农业，也适合此处展示的沼气工程。产物包括来源于农业的粪污、青贮以及植物类产品的加工副产品。有机生活垃圾是另外一类底物。但是使用副产品底物时，获得能源作物补贴的比例有所下降，而一旦整个发电设施都使用有机垃圾，该设施将无法获得能源作物补贴。

表 8.2 是所使用底物的关键信息。沼气潜力可见 KTBL（农业技术和产业结构协会）颁布的标准值，该值由 KTBL 沼气潜力工作团队提供[8-4]。

表 8.1 模拟沼气工程的概述和说明

模拟沼气工程编号	装机容量	说 明
Ⅰ	75 kW_{el}	
Ⅱ	150 kW_{el}	使用能源作物和 ≥ 30%的粪污（足以获得粪污补贴）；案例：每天至少 34%的新鲜物料为粪污
Ⅲ	350 kW_{el}	
Ⅳ	350 kW_{el}	发酵 100%能源作物；分离和再循环
Ⅴ	500 kW_{el}	粪污发酵和符合《可再生能源法》附录 2 的植物副产品
Ⅵ	500 kW_{el}	发酵 100%能源作物；分离和再循环
Ⅶ	500 kW_{el}	粪污和有机生活垃圾发酵 发酵有机生活垃圾的沼气工程得不到能源作物补贴，同样也没有粪污补贴 因此，作为新鲜物料一部分的粪污可低于 30%
Ⅷ	1 000 kW_{el}	发酵 100%能源作物；分离和再循环
Ⅸ	500 kW_{el}	车库式发酵罐的干式发酵，使用固体粪污和能源作物
Ⅹ[a]	500 kW_{el}	设计和底物进料与沼气工程Ⅷ相同；沼气提纯和并入天然气管网，而不是沼气热电联产

注：[a]每小时原始沼气总输出量（1 MW_{el}装机容量大约为 500 m^3/h）。

模拟沼气工程案例假定沼气工程可建于牧场所在地，从而省去使用沼液沼渣的成本。如果粪污来自其他地方，则要考虑增加运输成本。沼气工程采购可再生资源（能源作物）的成本为 KTBL 数据库中的平均费用。

案例分析中，植物加工副产品的市场价格见表8.2。价格包括送底物至沼气工程的运费。季节性底物被储存于沼气工程，青贮的价格跟新鲜程度有关。约12%的青贮损失由沼气工程承担。模拟沼气工程的底物缓存能力为一周。德国法律规定需要消毒的底物在送达沼气工程之前应已经进行了消毒，该成本计入底物价格内。

表 8.3 是对不同模拟沼气工程使用的底物类型和数量的概述。像沼气工程Ⅰ至Ⅲ以及Ⅴ所选的底物可获得粪污补贴，它们使用超过 30%的粪污。

表 8.2 底物特性和价格

底物	DM (%)	VS (% of DM)	沼气产量 (Nm^3/t VS)	甲烷含量 (VS %)	甲烷产量 (Nm^3/t)	购买价 (€/t FM)
带饲料残余的牛粪污	8	80	370	55	13	0
猪粪污	6	80	400	60	12	0
牛粪	25	80	450	55	50	0
蜡熟阶段、富含谷物的玉米青贮	35	96	650	52	114	31
粉碎的谷物	87	98	700	53	316	120
牧草青贮	25	88	560	54	67	34
平均谷物含量的全株谷物青贮	40	94	520	52	102	30
甘油	100	99	850	50	421	80
15%残余油含量的菜籽饼	91	93	680	63	363	175
谷物下脚料	89	94	656	54	295	30
平均油脂含量的餐饮垃圾	16	87	680	60	57	5
废油脂[a]	5	90	1 000	68	31	0
有机生活垃圾[a]	40	50	615	60	74	0

注：[a]送达前消毒底物。

表 8.3 模拟沼气工程的底物

模拟沼气工程	Ⅰ	Ⅱ	Ⅲ	Ⅳ	Ⅴ	Ⅵ	Ⅶ	Ⅷ	Ⅸ	Ⅹ
使用的底物 (t FM/a)	30%粪污 70%能源作物			100%能源作物	副产品	100%能源作物	有机生活垃圾	100%能源作物	干发酵	沼气提纯
	75 kW_{el}	150 kW_{el}	350 kW_{el}	350 kW_{el}	500 kW_{el}	500 kW_{el}	500 kW_{el}	1 000 kW_{el}	500 kW_{el}	500 m^3/h[b]
牛粪污	750	1 500	3 000		3 500		4 000			
猪粪					3 500					
牛粪									2 000	
玉米，青贮，蜡熟阶段，富含谷物	1 250	2 500	5 750	5 500		7 400		14 000	5 000	14 000
粉碎的谷物			200			200		500		500
牧草青贮	200	200							2 600	
平均谷物含量的全株谷物青贮				1 300		1 500		2 500	2 100	2 500
甘油						1 000				
15%残余油含量的菜籽饼						1 000				
谷物下脚料						620				
平均油脂含量的餐厨垃圾[a]							8 000			
废油脂							4 600			
有机生活垃圾							5 500			

注：[a] DD：干法发酵；

[b] 原始沼气总输出量。

由于使用纯植物副产品(按照《可再生能源法》2009 附录,参考 7.3.3.2),沼气工程Ⅴ能获得相对较低的能源作物补贴。而沼气工程Ⅶ因其使用的是有机生活垃圾,不能得到任何能源作物补贴。

沼气工程Ⅳ、Ⅵ、Ⅷ和Ⅹ使用的是《可再生能源法》范畴内的 100% 能源作物。为确保底物的可抽送性,实行了固液分离和沼液回用。

沼气工程Ⅷ和Ⅹ只在沼气如何利用上有所不同。沼气工程Ⅷ产的沼气同时用于产电和热,沼气工程Ⅹ产的沼气被提纯并准备并入天然气管网。沼气工程Ⅸ采用的是车库式干法发酵,此处使用的底物是牛粪和青贮饲料。

8.1.3 生物和技术设计

沼气工程模型选定的底物的沼气产量可使热电联产机组实现每年 8 000 h 满负荷运行。一旦选定了底物类型和数量,那么底物储存、装载、发酵罐以及发酵储存设备等因素也相应确定。

关注盈利的同时,首先要确保沼气工程能在生物和技术上稳定运行,沼气工程的技术参数见表 8.4。

表 8.4 模型沼气工程关键技术、工艺参数及设计变量假设

	技术设计假设
发酵罐有机负荷率	最大量:发酵罐容积(总量)进料 2.5 kg VS/(m^3·d)
工艺控制	一级工艺控制:<350 kW_{el};二级工艺控制:≥ 350 kW_{el}
二级或多级工艺的第一个发酵罐的有机负荷率	最大量:发酵罐容积进料 5.0 kg VS/(m^3·d)
混合底物的干物质含量	最多 30%干物质,否则发酵余物需要干湿分离和沼液回用(干发酵除外)
移动技术	带前斗的拖拉机或轮式装载机,取决于需要移动的底物数量(根据 KTBL 数据库信息)
发酵罐容量	发酵罐容量所需有机负荷率为 2.5 kg VS/(m^3·d),以及 10%的安全系数和最少 30 d 的停留时间
搅拌器安装功率和设备	发酵罐,第一级:20~30 W/m^3 发酵罐容量 发酵罐,第二级:10~20 W/m^3 发酵罐容量 取决于底物属性、搅拌器数量和类型以及发酵罐大小
沼肥储存	6 个月的储存能力,以及 10%的安全系数,气密性封盖
热能销售	售出:所产热能的 30%,价格为 2 ct/kWh,热电联产机组热交换器界面计量
热电联产机组类型	75 kW 和 150 kW:双燃料发动机;≥ 350 kW:燃气发动机
热电联产机组效率	34%(75 kW)~40%(1 000 kW)之间(根据 ASUE 的数据和 2005 年热电联产机组参数)
热电联产机组满负荷运行小时数	每年 8 000 h 满负荷运行,这是沼气工程的目标和最佳运行状态

沼气工程Ⅰ和Ⅱ为一级发酵沼气工程,而所有其他的湿发酵沼气工程都为二级发酵工艺。沼气工程Ⅷ和Ⅸ在第一、二级时都各有两个发酵罐并行操作。表 8.5 介绍模拟沼气工程的主要工艺设施。

表 8.5 模拟沼气工程的工艺设施

装配	描述和主要组件
底物储存	混凝土墙的青贮存放池,钢罐存储液体底物
进料池	混凝土罐 搅拌、粉碎和抽送设备,适当地安装填料轴、底物管道 液位检测以及防漏检测
固体装载体系(仅限能源作物)	螺旋输送机、活塞或进料搅拌机、装载漏斗、称重设备、发酵罐加料系统

续表 8.5

装配	描述和主要组件
发酵罐	地面以上的立式水泥罐 加热、绝缘、涂层、搅拌设备、气密性封盖(储气)、底物/沼气管道、生物脱硫、测量和安全控制设备、防漏检测
外部生物脱硫≥ 500 kW_{el}	脱硫包括技术设备和排管
热电联产机组	双燃料发动机或燃气发动机 发动机组、发电机、换热器、热分配器、紧急制冷器、发动机控制系统、气体管道、测量 & 控制和安全设备、热电仪表、传感器、冷凝分离器、空气压缩站、如需要也有气体系统、油箱和集装箱
沼气提纯并网	高压水洗、液化气计量、气体分析、除臭、连接管道、沼气锅炉
沼气火炬	火炬包括气体系统
沼肥储存罐	混凝土罐 搅拌设备、底物管道、卸载设备、防漏检测、气密性封盖、测量 & 控制和安全设备、生物脱硫、气体管道,如需要也有固液分离器

下面介绍模拟沼气工程计算相关的其他假设。

固体装载系统:由于所使用的底物类型和数量等因素的影响,除沼气工程Ⅶ之外,所有其他沼气工程都需要固体装载系统。在Ⅶ,消毒后的底物直接泵送至进料池混合。

沼肥储存:所有模拟沼气工程都用带气密性封盖的储存罐来盛放6个月内产出的沼肥。气密性封盖的使用是获得污染防治法(BImSchG)许可证的沼气工程接受能源作物补贴必须遵守的前提。从技术上看几乎不可能靠改装现有粪污储存罐来实现。

消毒:需要消毒的底物在模拟沼气工程Ⅶ被使用。通常会认为底物送达前已经消过毒,因此不需要消毒的技术组件。消毒的费用已包括在底物价格中。

沼气入网:沼气入网系统涵盖了整个工艺链,包括并入天然气管网。但是,同样也包括了原料气/提纯气供应的相关费用,因此实际工作中需要与管网运营商以及沼气供应商的诸多合作。根据沼气网络接入准则修订版第33条第1款,管网运营商需支付7%的联网费用,而沼气接入者则需支付其中的25%(参见7.4.3.2章节)。对于联网长度 ≤1 km时,由接入方承担的费用固定在250 000 €。运行费则由管网运营商支付。对于模拟沼气工程X,假定接入方支付联网费250 000 €。

8.1.4 技术和工艺参数

表8.6至表8.8是模拟沼气工程技术和工艺参数的总览。

表8.6 模拟沼气工程Ⅰ至Ⅴ技术和工艺参数

技术和工艺参数	单位	Ⅰ	Ⅱ	Ⅲ	Ⅳ	Ⅴ
		30%粪污,70%能源作物			100%能源作物	副产品
		75 kW_{el}	150 kW_{el}	350 kW_{el}	350 kW_{el}	500 kW_{el}
发电装机容量	kW	75	150	350	350	500
发动机类型		双燃料	双燃料	燃气	燃气	燃气
电效率	%	34	36	37	37	38
热效率	%	44	42	44	44	43
发酵罐总体积	m^3	620	1 200	2 800	3 000	3 400
沼肥储存罐体积	m^3	1 100	2 000	4 100	2 800	4 100

续表 8.6

技术和工艺参数	单位	Ⅰ	Ⅱ	Ⅲ	Ⅳ	Ⅴ
		30%粪污,70%能源作物			100%能源作物	副产品
		75 kW_{el}	150 kW_{el}	350 kW_{el}	350 kW_{el}	500 kW_{el}
底物混合物的干物质含量(包括回流液)	%	24.9	24.9	27.1	30.9	30.7
平均水力停留期	d	93	94	103	119	116
发酵罐有机负荷率	kg VS/(m^3 · d)	2.5	2.5	2.5	2.4	2.5
产气量	m^3/a	315 400	606 160	1 446 204	1 455 376	1 906 639
甲烷含量	%	52.3	52.3	52.2	52.0	55.2
并网电量	kWh/a	601 114	1 203 542	2 794 798	2 800 143	3 999 803
产热量	kWh/a	777 045	1 405 332	3 364 804	3 364 388	4 573 059

表 8.7　模拟沼气工程Ⅵ至Ⅸ的技术和工艺参数

技术和工艺参数	单位	Ⅵ	Ⅶ	Ⅷ	Ⅸ
		100%能源作物	有机生活垃圾	100%能源作物	干发酵
		500 kW_{el}	500 kW_{el}	1 000 kW_{el}	500 kW_{el}
发电装机容量	kW	500	500	1 000	500
发动机类型		燃气	燃气	燃气	燃气
电效率	%	38	38	40	38
热效率	%	43	43	42	43
发酵罐总体积	m^3	4 000	3 400	7 400	3 900
沼肥储存罐体积	m^3	3 800	11 400	6 800	0
底物混合物的干物质含量(包括回流)	%	30.7	18.2	30.6	32.0
平均水力停留期	d	113	51	110	24(～69)[a]
发酵罐有机负荷率	kg VS/(m^3 · d)	2.5	2.4	2.5	2.5
产气量	m^3/a	2 028 804	1 735 468	3 844 810	2 002 912
甲烷含量	%	52.1	60.7	52.1	52.6
并网电量	kWh/a	4 013 453	4 001 798	8 009 141	4 002 618
产热	kWh/a	4 572 051	4 572 912	8 307 117	4 572 851

注:[a]括号内的值是总停留时间,因为沼肥发酵余物作为接种物料回流。

表 8.8　模拟沼气工程Ⅹ的技术和工艺参数

技术和工艺参数	单位	Ⅹ沼气提纯
额定容量	m^3/h	500
平均流量	m^3/h	439
设备使用率	h/a	7 690
发酵罐加热的沼气消耗	%	5
甲烷损失	%	2
原始沼气热值	kWh/m^3	5.2
提纯沼气热值	kWh/m^3	9.8
入网沼气热值	kWh/m^3	11.0
发酵罐总体积	m^3	7 400

续表 8.8

技术和工艺参数	单位	Ⅹ沼气提纯
沼肥储存罐体积	m^3	6 800
底物混合物的干物质含量(包括回流)	%	30.6
平均水力停留时间	d	110
发酵罐有机负荷率	kg VS/(m^3 · d)	2.5
原始沼气	m^3/a	3 652 570
	kWh/a	19 021 710
提纯沼气	m^3/a	1 900 128
	kWh/a	18 621 253
入网生物甲烷气	m^3/a	2 053 155
	kWh/a	22 581 100

8.1.5 模拟沼气工程的投资估算

表 8.9 和表 8.10 为模拟沼气工程投资总览。所列项目涵盖以下组件(参考表 8.5):

—底物沼肥储存和进料系统。

- 底物储存罐
- 进料池
- 固体进料系统

—发酵罐。

—沼气利用和控制。

- 外部脱硫
- 热电联产机组(包括外部设备)
- 如需要:也包括沼气提纯和管网连接(入网站点和连接管道至天然气管网)
- 沼气火炬

—沼肥储存(如需要,也包括固液分离)。

表 8.9　模拟沼气工程Ⅰ至Ⅴ的投资估算

投资成本	单位	Ⅰ	Ⅱ	Ⅲ	Ⅳ	Ⅴ
		30%粪污,70%能源作物			100%能源作物	副产品
		75 kW_{el}	150 kW_{el}	350 kW_{el}	350 kW_{el}	500 kW_{el}
底物储存和进料	€	111 703	183 308	291 049	295 653	196 350
发酵罐	€	72 111	108 185	237 308	259 110	271 560
沼气利用和控制	€	219 978	273 777	503 466	503 996	599 616
沼肥储存	€	80 506	117 475	195 409	178 509	195 496
组件合计	€	484 297	682 744	1 227 231	1 237 269	1 263 022
规划和许可	€	48 430	68 274	122 723	123 727	126 302
总投资	€	532 727	751 018	1 349 954	1 360 996	1 389 324
单位投资成本	€/kW_{el}	7 090	4 992	3 864	3 888	2 779

表 8.10　沼气工程Ⅵ至Ⅹ功能单元的资本成本

资本成本	单位	Ⅵ	Ⅶ	Ⅷ	Ⅸ[a]	Ⅹ[b]
		100%能源作物	有机生活垃圾	100%能源作物	17%牛粪,83%能源作物干发酵	100%能源作物沼气提纯
		500 kW_{el}	500 kW_{el}	1 000 kW_{el}	500 kW_{el}	500 m^3/h
底物储存和进料	€	365 979	173 553	644 810	452 065	644 810
发酵罐	€	309 746	275 191	593 714	810 000	593 714
沼气利用和控制	€	601 649	598 208	858 090	722 142	1 815 317

续表 8.10

资本成本	单位	Ⅵ	Ⅶ	Ⅷ	Ⅸ[a]	Ⅹ[b]
		100%能源作物	有机生活垃圾	100%能源作物	17%牛粪，83%能源作物干发酵	100%能源作物沼气提纯
		500 kW_{el}	500 kW_{el}	1 000 kW_{el}	500 kW_{el}	500 m^3/h
沼肥储存	€	211 098	555 528	371 503	0	371 503
组件合计	€	1 488 472	1 602 480	2 468 116	1 984 207	3 425 343
规划和许可	€	148 847	160 248	246 812	198 421	342 534
总投资	€	1 637 319	1 762 728	2 714 928	2 182 628	3 767 878
单位投资成本	€/kW_{el}	3 264	3 524	2 712	4 362	—

注：[a] 文献[8-2]，[8-3]；

[b] 文献[8-6]。

8.2 模拟沼气工程的盈利分析

8.2.1 收入

一个沼气工程可通过以下途径盈利：

—销售电。

—销售热。

—销售沼气。

—垃圾处理费(处理底物产生的收入)。

—销售沼肥。

除了沼气入网项目，沼气工程的主要收入来源是销售电所得的收入。由于保护电价和享受保护电价的期限(入网年份加上 20 年)得到了法律的保障，销售电的收入可预期，基本没有风险(参见 7.3.2 章节)。根据所使用底物的类型和数量、输出电量和接受电价补贴的资格，沼气项目发电并网获得的保护电价差别很大，一般在 8～30 欧分/kWh_{el}。补贴发放的原因诸多，如完全使用能源作物和粪污，有效利用沼气工程产生的热能，使用创新技术，以及符合 TA Luft(参见 7.3.3.3 章节)的甲醛限制等。保护电价的详情可参见 7.3.1 章节。本节中享有保护电价权利的模拟沼气工程均于 2011 年入网。表 8.11 显示了各个模拟沼气工程能获得的补贴。

表 8.11 模拟沼气工程 2011 年入网所能享受的各项优惠

模拟沼气工程	Ⅰ	Ⅱ	Ⅲ	Ⅳ	Ⅴ	Ⅵ	Ⅶ	Ⅷ	Ⅸ
	30%粪污，70%能源作物			100%能源作物	副产品	100%能源作物	有机生活垃圾	100%能源作物	DD
	75 kW_{el}	150 kW_{el}	350 kW_{el}	350 kW_{el}	500 kW_{el}	500 kW_{el}	500 kW_{el}	1 000 kW_{el}	500 kW_{el}
基本电价	x	x	x	x	x	x	x	x	x
能源作物补贴	x	x	x	x	x[a]	x		x	x
粪污补贴	x	x	x		x[a]				
热电联产补贴[b]	x	x	x	x	x	x	x	x	x
空气质量补贴					x	x	x	x	x
平均支付(欧分/kWh_{el})	23.09	23.09	20.25	17.88	14.08	18.52	11.66	15.93	18.52

注：[a] 只能支付能源作物和粪污的发电(参见 7.3.1 章节)；

[b] 所产热的 30%。

热能销售远比电的销售面临的问题多。因此，从开始选择沼气工程址时，就必须考虑潜在的热能用户市场。实际中，几乎不可能有效利用所有的热能，一方面由于沼气工程自己需要部分热能，另一方面由于用户的热能需求因季节变化差异很大。大多数时候，由于沼气工程本身的热能需求，所能供的热会与潜在用户的热能需求相冲突。

对模拟沼气工程而言，假定所产热能的 30%被有效地利用了，即符合《可再生能源法》附录3的规定，能以2欧分/kWh_{th}的价格售出。

除了热能收入，沼气工程生产的30%的电，还可获得2.94欧分/kWh_{el}的热电联产补贴。

沼气工程运营商可能会选择提纯沼气并入天然气网管，而并非通过热电联产工艺将沼气转化为电。此类沼气工程的主要收入来自于生物甲烷气的销售。由于没有法律法规的相关规定，生物甲烷气的价格必须由供应商与买方自行商定。然而，《可再生能源法》还是规定了可在天然气管网某处提取沼气（生物甲烷），并根据《可再生能源法》的要求进行热电联产。

个别情况下，沼气工程会要求支付底物的处理费用。但还是必须谨慎地对待此类情况，尽可能在纳入成本或收入之前先制定明确的合约。

决定沼肥价值的因素诸多。根据所在地区土地养分供应过剩或不足，沼肥可能带来收入也可能需要处置成本。如涉及长距离输送所产生的高运输成本。此外，粪污的营养价值主要是受益于畜牧业。计算模拟沼气工程成本时，假定沼肥无偿用于能源作物生产，其价格为0 €/t。能源作物生产只涵盖施肥的费用，以此降低底物成本。

8.2.2 成本

可将成本分为以下类别：

—可变成本（底物、耗材、维护、修理和实验分析费用）。

—固定成本（附属资本支出成本，如折旧、利息和保险，以及人工成本和土地成本）。

8.2.2.1 可变成本

底物成本

底物成本最多可占到总成本的50%。特别是完全使用能源作物或类似的可再生资源作为底物的沼气工程。不同底物的预计成本见表8.2。底物总成本见表8.12至表8.14。由于保存和转化时的高损失，实际使用的重量比储存时少，具体损失视底物而定。

耗材

耗材主要包括电、机组燃油、润滑油、柴油以及覆盖青贮的塑料薄膜和沙袋。沼气并入管网时的耗材还包括用于调节生物甲烷热值的丙烷。

维护和修理

维护和修理费用预计为资金成本的1%～2%，具体取决于维护和修理的组件。有些组件有更精确的信息使其具有经营能力成本（固定成本）的功能（如1.5欧分/kWh_{el}燃气热电联产机组）。

实验分析

专业的工艺控制需要对发酵内容进行实验分析。模拟沼气工程的成本预算允许每年每厂进行6次分析，每次成本为120 €。

8.2.2.2 固定成本

附属资本支出成本

附属资本支出成本是由折旧、利息和保险构成的。折旧视具体组件而定。对于混凝土基础构造，折旧期在20年是线性的，安装的技术设备则是4～10年。贷款资金按4%的利率计算。为方便计算盈利，此处不再细分主权资本（自有资本）和借入资本。模拟计算设保险总括费率为总资金成本的0.5%。

人工成本

由于沼气工程的工作基本由永久雇员来完成，如果底物都来自于能源作物生产，也就不存在特定的劳工高峰期，人工成本则可计入固定成本。所需的工作时间主要是运行沼气工程（控制、监测和维护）以及底物装载等工作。控制、监测和维护所需的时间可一般根据装机容量大小计算，具体可见“农场经济规划”章节的图9.5（参见9.1.3.2章节）。

装载底物进料所需的时间则利用KTBL数据，根据所用底物和技术进行计算。薪酬为15 €/h。

土地成本

沼气工程运行所需的土地成本没有任何的补贴。如果沼气工程以社区或商业工厂的形式运行，必须考虑额外的成本，如租约或租金。

8.2.3 成本/收入分析

运行沼气工程的最低补贴目标是获取资本投资和雇佣劳动力的补偿。任何在此之外的盈利则可以弥补创业的风险。这些模拟沼气工程的盈利程度可由表8.12看出。

沼气工程Ⅰ虽然有高额的补贴收入但仍无法盈利。这主要是由于此类小型沼气工程的投资成本较高（>7 000 €/kW_{el}）。

虽然沼气工程Ⅱ和Ⅲ的投资成本明显比Ⅰ低，但是盈利的主要原因还是在于其所获得的粪污补贴。两个沼气工程的粪污补贴分别为47 000 €与66 000 €。

对比相同发电装机容量的沼气工程Ⅲ和Ⅳ，粪污补贴的重要性尤为突出。尽管能源作物沼气工程Ⅳ的总成本仅高出一点儿，但由于其无法获得粪污补贴，因而其电价相对较低，因此也无法盈利。

沼气工程Ⅴ只有很小的盈利，原因在于其电力主要来自于植物副产品的发电，因此只有不到10%的并网电力可获得相应的能源作物补贴和粪污补贴。

500 kW的能源作物沼气工程和500 kW的有机生活垃圾驱动沼气工程均能实现约80 000和90 000 €的年盈利，但其中的盈利组成各异。在固定成本相同的情况下，虽然能源作物沼气工程用于底物的成本高了许多，但同时获得了6.86欧分/kWh_{el}能源作物补贴，为其带来每年额外275 000 €的收入。而有机生活垃圾驱动沼气工程虽然获得的发电补贴较低，但其底物成本也较低。如果还能获得有机生活垃圾处理费的收入，那么该厂的盈利可以进一步提高。

虽然使用类似的底物，但沼气工程Ⅷ比Ⅵ的收入低。根据《可再生能源法》，装机容量超过500 kW的沼气工程可申请的补贴相对较低，沼气工程Ⅷ的平均电价较沼气工程Ⅵ低14%，这无法通过扩大经济规模来弥补。

500 kW的干发酵沼气工程的年盈利约为30 000欧元。虽然与湿发酵厂Ⅵ同样的采用100%的能源作物，装机容量也相同，但由于其所需的较长的工作时间以及底物管理所需的较高的固定成本，导致其比湿发酵厂Ⅵ的盈利低。

表8.12　模拟沼气工程Ⅰ至Ⅴ的成本-收入分析

成本/收入分析	单位	Ⅰ	Ⅱ	Ⅲ	Ⅳ	Ⅴ
		30%粪污，70%能源作物			100%能源作物	副产品
		75 kW_{el}	150 kW_{el}	350 kW_{el}	350 kW_{el}	500 kW_{el}
收入						
入网电量	kWh/a	601 114	1 203 542	2 794 798	2 800 143	3 999 803
平均电价	ct/kWh	23.09	23.09	20.25	17.88	14.08
电力销售	€/a	138 809	277 922	565 856	500 730	563 258
热能销售	€/a	4 662	8 457	20 151	20 187	27 437
总收入	€/a	143 472	286 379	586 007	520 918	590 695
可变成本						
底物成本	€/a	51 761	95 795	226 557	238 068	273 600
耗材	€/a	17 574	29 387	36 043	42 900	45 942
修理和维护	€/a	12 900	17 664	57 369	58 174	73 662
实验室分析	€/a	720	720	1 440	1 440	1 440
总可变成本	€/a	82 956	143 566	321 408	340 582	394 643
边际收益	€/a	60 516	142 813	264 599	180 335	196 052
固定成本						
折旧	€/a	56 328	78 443	110 378	113 768	117 195
利息	€/a	10 655	15 020	26 999	27 220	27 786
保险	€/a	2 664	3 755	6 750	6 805	6 947
人工	work hrs. /d	1.97	3.25	6.11	6.2	6.05
人工	work hrs. /a	719	1 188	2 230	2 264	2 208
人工	€/a	10 778	17 813	33 455	33 957	33 125
总固定成本	€/a	80 424	115 031	177 582	181 750	185 052
不计直接成本的收入	€/a	−19 908	27 782	87 016	−1 415	10 999
管理费	€/a	750	1 500	3 500	3 500	5 000
总成本	€/a	164 130	260 097	502 491	525 833	584 696
发电成本	ct/kWh_{el}	26.53	20.91	17.26	18.06	13.93
盈利/亏损	€/a	−20 658	26 282	83 516	−4 915	5 999
总投资的回报率	%	−3.8	11	16.4	3.3	4.9

表 8.13　模拟沼气工程Ⅵ至Ⅸ的成本-收入分析

成本/收入分析	单位	Ⅵ 100%能源作物 500 kW_{el}	Ⅶ 有机生活垃圾 500 kW_{el}	Ⅷ 100%能源作物 1 000 kW_{el}	Ⅸ 干发酵 500 kW_{el}
收入					
入网电量	kWh/a	4 013 453	4 001 798	8 009 141	4 002 618
平均电价	欧分/kWh	18.52	11.66	15.93	18.52
电力销售	€/a	743 194	466 606	1 276 023	741 274
热能销售	€/a	27 525	27 450	49 900	27 455
总收入	€/a	770 719	494 055	1 325 922	768 729
可变成本					
底物成本	€/a	335 818	40 000	638 409	348 182
耗材	€/a	51 807	57 504	106 549	50 050
修理和维护	€/a	78 979	76 498	152 787	81 876
实验室分析	€/a	1 440	1 440	2 880	1 440
总可变成本	€/a	468 045	175 442	900 625	481 548
边际收益	€/a	302 674	318 613	425 297	287 182
固定成本					
折旧	€/a	135 346	143 657	226 328	147 307
利息	€/a	32 746	35 255	54 299	41 284
保险	€/a	8 187	8 814	13 575	10 321
人工	work hrs./d	7.24	6.31	11.19	9.41
人工	work hrs./a	2 641	2 304	4 086	3 436
人工	€/a	39 613	34 566	61 283	51 544
总固定成本	€/a	215 893	222 291	355 485	250 456
不计直接成本的收入	€/a	86 781	96 322	69 812	36 725
管理费	€/a	5 000	5 000	10 000	5 000
总成本	€/a	688 937	402 733	1 266 110	737 004
发电成本	欧分/kWh_{el}	16.48	9.38	15.19	17.73
盈利/亏损	€/a	81 781	91 322	59 812	31 725
总投资的回报率	%	14	14.4	8.4	7.1

表 8.14　模拟沼气工程Ⅹ的成本分析

成本分析	单位	Ⅹ沼气处理
收入		
入网沼气	m^3/a	2 053 155
	kWh/a	22 581 100
净化沼气	m^3/a	1 900 128
	kWh/a	18 621 253
原始沼气	m^3/a	3 652 570
	kWh/a	19 021 710

续表 8.14

成本分析	单位	Ⅹ沼气处理
可变成本		
底物成本	€/a	638 409
耗材	€/a	361 763
修理和维护	€/a	61 736
实验室分析	€/a	2 880
总可变成本	€/a	1 064 788
边际收益	€/a	−1 064 788
固定成本		
折旧	€/a	267 326
利息	€/a	75 358
保险	€/a	18 839
人工	work hrs./d	11.75
人工	work hrs./a	4 291
人工	€/a	64 358
总固定成本	€/a	425 881
不计直接成本的收入	€/a	−260 897
管理费	€/a	10 000
入网生物甲烷供应成本	€/a	1 500 670
入网生物甲烷单位成本	€/m^3	0.73
	欧分/kWh	6.65
其中：		
沼气生产和提纯成本	€/a	1 334 472
沼气生产和提纯的单位成本	€/m^3	0.7
	欧分/kWh	7.17
其中：		
原始沼气生产成本	€/a	1 030 235
原始沼气生产的单位成本	€/m^3	0.28
	欧分/kWh	5.42

目前，沼气(甲烷)并入管网尚未有可参考的市场价格，所以表 8.14 仅提供入网成本，而没有成本/收入分析。它给出的整个工艺相关的各项成本包括了并入天然气管网的费用。也包括供应原始沼气(沼气工程接口)和沼气提纯(沼气提纯厂的接口)的总成本和单位成本。这些价格并没有直接可比性，因为各个接口处的气量和热值不同。比如，在并入管网前生物甲烷气中混合了丙烷，而丙烷的单位热值的价格比生物甲烷单位热值的价格低很多。因此入网气的单位热值成本也就比生物甲烷的单位热值成本低。

8.3 敏感性分析

敏感性分析是为了查明哪些因素对沼气工程的盈利最为重要。表 8.15 和表 8.16 显示了某个因素的变化而导致的盈利的变化程度。盈利的最大的影响来自于产气量、甲烷含量、发电效率以及底物成本的变化，能源作物使用比例较高的沼气工程尤其突出。购置成本在沼气工程所占的分量越大，其发挥的影响也越大。换言之，其对小型沼气工程的影响比大型沼气工程的影响更大。以下因素的影响力相对较小：工作时间、维护和修理成本以及热能销售。然而关于热能销售，如果能采取一定的策略更有效地利用热能，也就能实现更高的盈利。

同样地，尽管1欧分/kWh的电价调整对电价收入而言变化不大，但对盈利带来不小的影响。而模拟沼气工程中的空气质量补贴的改变却对电价也有很大的影响，这有可能使得沼气工程Ⅳ、Ⅴ、Ⅷ陷入亏损的境地。

至于沼气工程Ⅰ，单一因素的改善并不能扭转其亏损的局面。要实现盈利必须减少至少10％的购置成本并增加5％的产气量。

沼气工程Ⅱ和Ⅲ由于其特别低的投资成本和较高的保护性电价，有着很高的稳定性。即使某些参数变差，它们还是能继续盈利。有机生活垃圾驱动的沼气工程Ⅶ亦是如此，不过这归因于其低廉的底物成本。

表8.15　模拟沼气工程Ⅰ至Ⅴ的敏感性分析

敏感性分析 盈利变化(€/a)	Ⅰ	Ⅱ	Ⅲ	Ⅳ	Ⅴ
	30％粪污，70％能源作物			100％能源作物	副产品
	75 kW_{el}	150 kW_{el}	350 kW_{el}	350 kW_{el}	500 kW_{el}
10％的购置成本变化	6 965	9 722	14 413	14 779	15 193
10％的底物成本变化	5 176	9 580	22 656	23 807	27 360
5％的产气量、甲烷含量、发电效率变化	6 784	13 793	23 309	21 953	33 358
10％的必需工作时间变化	1 078	1 781	3 346	3 396	3 312
10％的维护和修理成本变化	1 290	1 766	5 737	5 817	7 366
1欧分/kWh的电价调整	6 011	12 035	27 948	28 001	39 998
10％的热销售变化	1 166	2 114	5 038	5 047	6 859

表8.16　模拟沼气工程Ⅵ至Ⅸ的敏感性分析

敏感性分析 盈利变化(€/a)	Ⅵ	Ⅶ	Ⅷ	Ⅸ
	100％能源作物	有机生活垃圾	100％能源作物	干发酵
	500 kW_{el}	500 kW_{el}	1 000 kW_{el}	500 kW_{el}
10％的购置成本变化	17 628	18 772	29 420	19 891
10％的底物成本变化	33 582	4 000	63 841	34 818
5％的产气量、甲烷含量、发电效率变化	31 465	17 368	43 049	31 381
10％的必需工作时间变化	3 961	3 457	6 128	6 436
10％的维护和修理成本变化	7 898	7 650	15 279	6 174
1欧分/kWh的电价调整	40 135	40 018	80 091	40 026
10％的热销售变化	6 881	6 862	12 475	6 864

8.4　不同热利用方式的盈利性

除了电力收入，热电联产工艺废热的利用对沼气工程的经济效益影响越来越大。其贡献大小主要取决于售出多少热量给潜在的热能用户。废热利用的经济效益基础来自《可再生能源法》的热电联产补贴[8-1]。

KTBL参与了由FNR(可再生资源局)推行的解决新型沼气工程问题的全国竞赛，并于2008年分析了62家沼气工程的相关数据。结果显示，在沼气工程工艺之外进行的废热利用对应发电量平均只有39％。被分析的沼气工程中，有26家为现场建筑供热(工厂、办公室)，而17家为动物棚舍供热，16家沼气工程为公共设施供热(医院、游泳池、学校和幼儿园)，13家沼气工程为干燥用途供热(图8.1)。

其他的热利用的地方还有住宅楼、微型气网、区域供热、园艺公司等，此类的热利用主要取决于沼气工程厂址的选取。

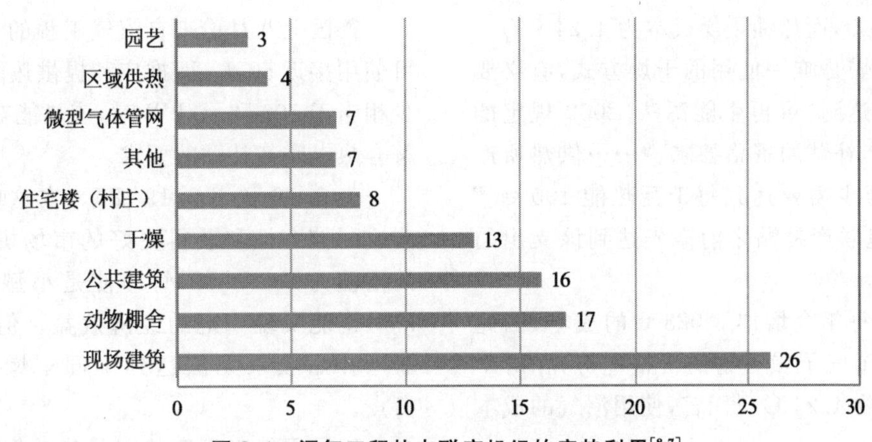

图 8.1 沼气工程热电联产机组的废热利用[8-7]

以下小节将详细介绍不同途径的热利用的盈利性。根据《可再生能源法》2009 年规定的热电联产补贴，针对 2011 年入网的沼气工程计算。由于《可再生能源法》的补贴每年还有 1% 的下调，因此，2011 年的热电联产补贴为 0.029 4 €/度，也需要将肯定与否定列表的规定考虑在内。

8.4.1 干燥用热

8.4.1.1 谷物干燥

沼气工程的废热用于谷物干燥的唯一缺陷在于时间局限性。为便于储存，谷物需要干燥。一般情况，需将 20% 的谷物从 20% 的湿度干燥至 14% 的湿度。谷物干燥通常使用的是批量干燥器或移动干燥器。使用热电联产废热干燥谷物的一大好处在于这通常在夏季进行，而此时其他地方对热的需求相对较低，如建筑物供热。

以下与使用化石燃料对比，评估热电联产废热利用是否存在经济效益。

假设：

—通过批量干燥器干化谷物。

—将 20% 的谷物从 20% 的湿度干燥至 14% 的湿度。

—收割的数量为 800 t/a，因此需干燥的量为 160 t/a。

—干燥车间每天运行 20 h，每年运行 10 d。

表 8.17 使用沼气或热油干燥谷物的成本和收入分析

参数	单位	谷物干燥所使用的燃料	
		沼气工程废热	热油
收入			
热电联产补贴	€/a	470	0
成本			
总可变成本	€/a	224	1 673
总固定成本	€/a	1 016	1 132
总人工成本	€/a	390	390
总管理费	€/a	150	150
总成本	€/a	1 780	3 345
具体成本			
每吨谷物的干燥成本	€/t	1.66	4.24

在特定时期内干燥 160 t/a 谷物预计所需要的热量为 95 kW。因此每年需要 18 984 kWh 的热能。如果假定沼气Ⅲ的供热效率在 3 364 804 kWh/a，那么干燥 160 t 的谷物只需要该沼气工程所产热能的 0.6%，这相当于使用 1 900 L 热油所产的热能。如果热油价为 0.7 €/L，那么每年通过用沼气代替热油可节省 1 318 €。这便是使用沼气干燥的可变成本比使用热油低的原因。当再加上相等电量约 470 €的热电联产补贴，使用热电联产废热干燥谷物便能节省 2 035 €/a 的成本。使用沼气工程废热干燥

的成本为 1.66 €/t,而热油干燥成本为 4.24 €/t。

如果谷物干燥是唯一使用的干燥方式,有必要做进一步研究以达到《可再生能源法》2009 规定的 I.3 关于热电联产补贴的资格要求:"……供热所产生的额外成本,至少需要达到每千瓦热能 100 €。"因此,在获取热电联产补贴之前需先达到该支出的要求。

然而这可能每年会增加 3 023 €的成本,因此大大削弱了使用沼气干燥谷物的价格优势,相对于使用热油干化谷物 4.24 €/t 而言,使用沼气的成本为 3.24 €/t。

正如推算的数字,干燥谷物作为单一的热能利用方式,仅占总废热中很小的比例,这样的做法从经济性来看并不值得。因此,需要考虑是否可以增加其他的废热利用策略,干燥谷物仅是季节性利用热能的方式。

但是,如果能发现使用热能干燥的大客户(如长期合同),即有望实现如推算所得的盈利[8-8]。

德国七八月份来自沼气工程的 9%的可用热能可使用接近 50 d。而推广和提供热能的额外费用至少相当于 100 欧元/kW 时,该热能对应的发电量才符合热电联产补贴的要求。

表 8.18 和表 8.19 显示,在这些情况下,假定改进耐储存性和获得更好的市场机会后干化谷物的增值为 10 €/t FM,即使是小型沼气工程(150 kW)也能实现一定的经济效益。但是单一的热电联产补贴收入无法达到不同干燥物质的收支均衡点。

如果沼气工程废热取代热油作为热载体,仅此节省的热油成本就能支付使用热电联产废热干燥不同物质的费用(表 8.18 和表 8.20)。

比较这两种干燥的方法,尽管移动式干燥的投资成本比混流式干燥低 55%,但两者所产生的经济效益并无差别。这也归因于移动式干燥的较高人工成本(如拖车的转换),根据工厂规模,人工成本可能高出 25%或 75%。

表 8.18 无热电联产补贴情况下,使用沼气热电联产机组废热干燥谷物的收入与成本分析[8-8,8-9]

干燥设施	单位	150 kW_{el} 混流式干燥机	500 kW_{el} 混流式干燥机	500 kW_{el} 进料-出料干燥机	150 kW_{el} 移动式干燥机	500 kW_{el} 移动式干燥机
假定:不用发热机(热油),而使用换热机将热电联产机组的热能转移至干燥设施						
沼气工程除去发酵所需热能后的余热	MWh/a	1 136	3 338	3 338	1 136	3 338
沼气工程有用废热的比例[a]	%/a	9	9	13	9	9
使用的废热	kWh	102 240	300 420	433 940	102 240	300 420
加工产品的数量(谷物)	t FM/a	1 023	3 009	4 815	1 023	2 972
装机热量	kW	88	283	424	88	283
总资金成本[b]	€	48 476	93 110	140 010	25 889	64 789
成本						
资本和维护成本	€/a	4 966	10 269	15 468	3 025	8 182
电价	€/a	844	1 878	2 450	738	1 633
人工费	h/a	260	260	293	326	456
	€/a	3 658	3 658	4 116	4 573	6 402
保险	€/a	251	479	721	134	332
总成本	€/a	9 979	16 544	23 048	8 796	17 005
收入(没有热电联产补贴)						
产品干燥后的提升价值[c]	€/a	13 105	38 550	61 684	13 105	38 076
热电联产补贴	€/a	0	0	0	0	0
总收入		13 105	38 550	61 684	13 105	38 076
盈利(没有热电联产补贴)						
盈利	€/a	3 126	22 006	38 636	4 309	21 071
收支平衡点	€/t FM	3.06	7.31	8.02	4.21	7.09

注:[a] 干燥期:7 月和 8 月,其中混流式干燥和移动式干燥会使用沼气工程输出的 50%的热能,而进料-出料干燥则会使用 75%的热能;
[b] 投资干燥器,以达到《可再生能源法》附录 3 的要求:每千瓦装机热量 100 €的额外成本;
[c] 改善耐储存性和获得更好市场机会后带来的价值增长:10 €/t FM。

表 8.19 有热电联产补贴的情况下,使用热电联产的废热干燥谷物的成本与收入分析[8-8,8-9]

	单位	150 kW_{el} 混流式干燥机	500 kW_{el} 混流式干燥机	500 kW_{el} 进料-出料干燥机	150 kW_{el} 移动式干燥机	500 kW_{el} 移动式干燥机
热电联产补贴收入						
产品干燥后的提升价值[a]	€/a	13 105	38 550	61 684	13 105	38 076
热电联产补贴	€/a	2 576	7 805	11 274	2 576	7 805
总收入	€/a	15 681	46 355	72 958	15 681	45 881
盈利(含热电联产补贴)						
盈利	€/a	5 702	29 811	49 910	6 885	28 876
收支平衡点	€/t FM	5.57	9.91	10.37	6.73	9.72

注:[a] 150 kW 沼气工程的热电比例:0.857;500 kW 沼气工程的热电比例:0.884。

表 8.20 使用热电联产机组废热干燥谷物所节省的热油

	单位	150 kW_{el} 混流式干燥机	500 kW_{el} 混流式干燥机	500 kW_{el} 进料-出料干燥机	150 kW_{el} 移动式干燥机	500 kW_{el} 移动式干燥机
取代化石燃料						
节省的热油量[a]	L/a	14 700	34 700	51 410	11 760	34 235
节省的热油成本[b]	€/a	10 290	24 290	35 987	8 232	23 965

注:[a] 比使用热油做干燥燃料所节省的热油量,热油加热空气的能效:85%;
[b] 热油价格:0.7 €/L。

8.4.1.2 沼肥干燥

沼肥的干燥也被认为是使用热电联产废热的一种方式,因此被列于《可再生能源法》2009 年的肯定列表内(《可再生能源法》所指的沼肥为"发酵残余物")。如果处理后的产物为肥料,沼气工程运营商可因此享受热电联产补贴。对沼气工程的盈利性来说,这种热利用的方式只有在别无他选的情况下才是有优势的,因为这种废热利用方式的唯一收入就是靠热电联产补贴。因为一般来说,仅通过干燥过程,并不能减少沼肥的施用成本,也不太可能增加沼肥价值,除非对烘干的沼肥产品采取了一定的市场和使用策略的推广。

8.4.2 温室加温

温室可在长时期内消耗大量的热能。因此,利用废热给温室加温,不仅是一个稳定的热能收入来源,同时也降低了温室运营商使用热能的成本。以下例子分析不同规模温室里三类种植方案的供热情况。

观赏植物的种植,有三种不同的温度范围:"低温"(<12℃),"中温"(12～18℃)以及"高温"(>18℃)。

分析经济效益时所选取的案例是一个装机电量为 500 kW 的沼气工程。通常热电联产机组产生的 30%的热能用于加热发酵罐。而其余的 70%的热能,即 3 200 MWh/a,可用于其他供热。

表 8.21 对比的玻璃大棚面积分别为 4 000 m^2 和 16 000 m^2 的温室里分别培养低温,中温和高温观赏植物的供热需求,均使用装机容量为 500 kW_{el} 热电联产机组所产的废热为其供热。

该计算的前提是假设温室均由热电联产废热而非热油供热。热电联产废热涵盖了基本负荷,而在高负荷期则采用热油补充加热。因此而产生的高负荷期的相应费用也将考虑在内(表 8.22)。

从热电联产机组提取的热能以热水形式获得,随即通过当地的供热管线输送至温室。

尽管温室供热被列入《可再生能源法》2009 年肯定列表,但无法因此获得热电联产补贴,除非该供热取代了相当数量的化石燃料热能并且额外的供热费用至少达到每千瓦热能装机容量 100 €。

以下案例中,沼气工程供热的额外费用超过了《可再生能源法》规定的每千瓦热能装机容量 100 €,即可获得热电联产补贴,并以此作为收入的一部分。

进一步假设，沼气工程运营商以 0.023 €/kWh 的价格销售热能。因此，除热电联产补贴外，还可获得来自热能销售的收入。

对从事"低温"观赏园艺的温室运营商而言，假设上述热能成本为 0.023 €/kWh，在不计供热管道的额外投资成本的情况下，其每年的平均成本与单一运用热油加热的成本分别为 10 570 €和 78 473 €。其中热油的价格为 70 欧分/L。对于"中温"和"高温"培养，随着热能销售的增加但同时固定成本增加很少，能节省的费用高至 67%。

表 8.21　温室每年的热能需求及 500 kW_{el} 沼气工程的废热潜能利用率

培养方案	低温观赏园艺		中温观赏园艺		高温观赏园艺	
玻璃大棚的面积(m^2)	4 000	16 000	4 000	16 000	4 000	16 000
加热所需的热能(MWh/a)	414	1 450	1 320	4 812	1 924	6 975
利用 500 kW_{el} 沼气工程的废热潜能(%)	13.3	46.4	42.2	100	61.6	100

表 8.22　"低温"培养方案下，不同规模的温室利用热油供热与沼气工程废热供热的成本比较

	单位	大棚面积			
		4 000 m^2		16 000 m^2	
		供热来源			
		热油	沼气	热油	沼气
投资成本	€	86 614	141 057	155 539	216 861
总可变成本(维修和燃料成本)	€/a	37 770	22 235	129 174	45 105
总固定成本(折旧、利息和保险)	€/a	7 940	2 930	14 258	19 879
总人工成本	€/a	390	390	390	390
总管理费用	€/a	500	500	500	500
总成本	€/a	46 625	36 055	144 348	65 874
热油与沼气供热的区别	€/a	10 570	78 473		
沼气替代热油所节省的费用	%	22.7	54.4		

8.4.3　市政和地方供热

热能网络的使用、更新和新建得益于《可再生能源供热法》的修订案和热电联产等相关法律规定，同时也得到了州和地区政府的相关支持和贷款补贴等。

表 8.23 介绍了一个正在规划的市政供热项目的重要参数。它比较了沼气工程废热供热和木片锅炉供热。假设基本负荷(约占总需求的 30%)由木片锅炉或沼气工程供应，而高负荷期则由燃油锅炉(约占总需求的 70%)供应。该供热项目包括 200 户家庭，一间学校和一栋行政楼。热能通过热水管网分配至不同消费群体。由于该项目的热能需求达到 3.6 MW，木片炉或沼气工程的设计必须至少达到 1.1 MW 热容量。

这里假定该供热项目的投资为 3.15×10^6 €(沼气废热)或 3.46×10^6 €(木片锅炉)。沼气工程的投资成本不计入供热项目的投资成本，这也解释了为何前者的投资成本更低。局域热管道(含主管道)以及输送站和家庭供热连接占供热项目总投资的约 70%。假定局域热管道所需的平均投资成本为 410 €/m，而其中管道材料需要的成本只有 50～90 €/m。

取决于热电联产废热的销售价格，热网的供热成本为 8.3～11.6 欧分/kWh，仅热能输送的成本就需要 3.17 欧分/kWh，其他较大的成本为热油的供应(用于满足高负荷期的热能需求)。在该案例显示，只有当热电联产机组的废热销售价格不高于2.5 欧分/kWh 时，它才能与木片供热设施相竞争，详见表 8.24。

8.5　不同余热利用途径的定性分类

不同余热利用途径的定性分类可见表 8.25。

表 8.23　满足热电联产废热和木片锅炉基本负荷要求的市政局域供热的假设和关键参数[8-10]

	单位	沼气热电联产机组废热	木片
家庭	数量	200	
学校	学生	100	
行政/办公楼	员工	20	
热能总需求	MW	3.6	
对沼气/木片的热能需求	MW/a	1.1	
对燃油锅炉的热能需求	MW/a	2.6	
总热能	MWh/a	8 000	
沼气废热/木片热能	MWh/a	5 600	5 200
热网长度	m	4 000	
年热能需求量	kWh/a	6 861 000	

表 8.24　以沼气废热价格为变化参数分析市政供热项目所需的投资和供热成本

	单位	沼气热电联产废热			木片
沼气废热价格	欧分/kWh	1	2.5	5	
供热项目的投资成本[a]	€	3 145 296	3 145 296	3 145 296	3 464 594
热输送的投资成本[b]	€	0	2 392 900	2 392 900	0
成本	€/a	571 174	655 594	796 294	656 896
供热成本	欧分/kWh	8.32	9.56	11.61	9.57
热输送成本[b]	欧分/kWh	0	3.17	3.17	0

注：[a] 包括：供热和实用建筑、高负荷期供热设施(燃油锅炉和储油设备)、普通设施(缓冲储存、电器、仪器和控制系统、卫生、通风和空调系统)、区域供热管网、附带工程费用(规划和审批中)，木片费用中包括了生物质锅炉和生物质储存的费用；

[b] 投资成本未包含沼气工程修建成本，热能被输送至此处描述的热电联产机组下级网络。

表 8.25　各种余热利用途径的定性分类

余热利用途径/吸热设备	投资成本	余热输出量	供热(持续输出)	热电联产补贴	化石燃料代替品
			干燥		
谷物	++/+	o	—	—[a]	+
沼肥	o	++	++	+	—
木片	+/o	+	o	—[a]	o/—
			供热		
园艺	+/o	++	o[b]	+	++
住宅楼	—	+/++[c]	+[d]	+	++
工业楼	+/o	+/++[c]	++[d]	+	++
动物棚舍	+/o	oe	o	+	+
			冷却		
乳制品	—[f]	++	++	+	++
牛奶预冷	—[f]	o	+	—	—

注：++：很好/投资成本：很低；

+：良好/投资成本：低；

o：一般/投资成本：中等；

—：较差/投资成本：高或很高；

[a] 只有额外费用达到至少每千瓦热量 100 €才能获得热电联产补贴；

[b] 有可能只在冬天供热，而且供热量视温度等级和温室的规模的不同而变化较大；

[c] 取决于所需供热建筑的构造。给隔热较差的高密集建筑区和给大型市政项目、商业圈用户供热时或有盈利；

[d] 只包括基本负荷，高负荷期需有其他能源的支持；

[e]《可再生能源法》附录 3 规定的热输出的上限；

[f] 吸热式冰箱的投资成本。

8.6 参考文献

[8-1] EEG. Gesetz für den Vorrang Erneuerbarer Energien (Act on granting priority to renewable energy sources-Renewable Energy Sources Act), 2009.

[8-2] Fraunhofer UMSICHT. Technologien und Kosten der Biogasaufbereitung und Einspeisung in das Erdgasnetz. Results of market survey 2007—2008. Oberhausen, 2008.

[8-3] Gemmeke B. -personal communications, 2009.

[8-4] KTBL. Gasausbeute in landwirtschaftlichen Biogasanlagen. Darmstadt, 2005.

[8-5] FNR. Handreichung Biogasgewinnung und-nutzung. Fachagentur Nachwachsende Rohstoffe e. V. (ed.),Gülzow, 2005.

[8-6] vTI. Bundesmessprogramm zur Bewertung neuartiger Biomasse-Biogasanlagen. Abschlussbericht Teil 1, Braunschweig, 2009.

[8-7] Döhler S,Döhler H. Beispielhafte Biogasprojekte unter dem neuen EEG im Rahmen des Bundeswettbewerbs Musterlö-sungen zukunftsorientierter Biogasanlagen. Conference proceedings from the annual conference of Fachverband Biogas e. V, 2009.

[8-8] Gaderer M, Lautenbach M, Fischer T, Ebertsch G. Wärmenutzung bei kleinen landwirtschaftlichen Biogasanlagen, Bayerisches Zentrum für angewandte Energieforschung e. V. (ZAE Bayern), Augsburg, modified, 2007.

[8-9] KTBL. Faustzahlen Biogas. Kuratorium für Technik und Bauwesen in der Landwirtschaft e. V. (ed.), Darmstadt, 2009.

[8-10] Döhler H, et al. Kommunen sollten rechnen. 2009.

照片来源:Tannhaeuser ingenieure

农场经济规划 9

是否在农场或农业产业链中新增沼气分支，或者把农场改成沼气工程，以下的观点可以给决策以强有力的支持：

—建立新的商业分支，扩大生产基础。

—沼气发电价格不变，收入有保障。

—在财务年度中增加流动资产来源。

—独立于市场变化的土地利用方式。

—主要产品和副产品中的能源回收。

—减少粪污储存和运用时的气味发散和排放。

—改进粪污对作物的养分供给。

—能源供应的自给自足。

—农场形象的提升。

在决定是否生产沼气之前，应仔细审查和权衡以下的沼气生产和使用方案。同时也视个人承担风险的意愿而定（图 9.1）。

方案 1：给现存或新建立的沼气工程提供底物。资金支出和沼气工程运行的风险较低，但是从沼气新增价值中获得的份额也较低。

方案 2：建设农场或社区沼气工程，既可以用沼气现场发电，也可以将沼气卖给沼气处理商。资本支出和运行风险较高，但从沼气新增价值获得的份额也高。

方案 1 可与商业作物生产相比。但是，对于具体生产，如青贮玉米，需注意其新鲜物的干物质含量需达到 30%～40%，在移出青贮仓之后的最大保存期为 24 h，因而输送性有限。因此最佳情况是，青贮仓应位于厂商生产地，这样可供应本地市场。

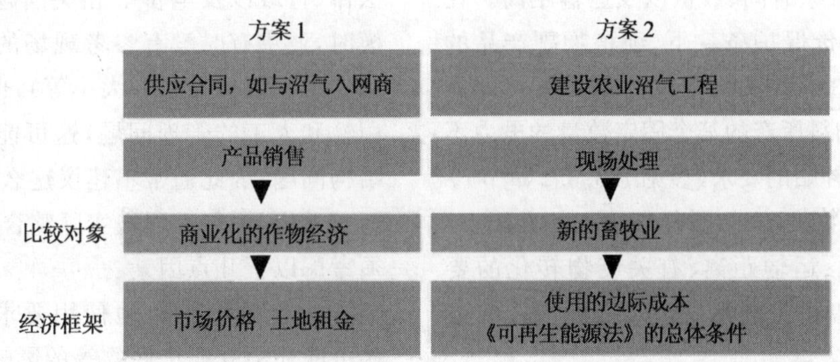

图 9.1 农场主可选择的沼气生产方案

如果在农田直接销售作物，如德国南部的情况，青贮量取决于用户即沼气工程的需要。同样地，由于输送距离的限制，此时主要面向本地市场。

使用沼肥所需要的运输成本进一步突出了沼气产业的区域化特征，即大多数发酵余物都储存于沼气工程所在地。沼气运营商希望签订能确保稳定供货的长期合同，然而在边远地区或产量不稳定地区，农场主可能会面临难以完成底物供应合约的问题。

方案 2 则可与畜牧设施建设相比。“产品加工”在农场进行，目的在于从加工中获利以扩大生产基础并在未来可进行投资。这需使每公顷增加 6 000～8 000 €成本，以及资本和土地约 20 年的长期结合。另一目标是从投资的资本中获取合理的回报，这必须仔细审查成本与收入（参见 8.2.3 章节）。

表 9.1　底物规划需考虑的一般情况

底物规划	一般情况
农场可用粪污(DM 和 VS 细节)	可用储存能力(青贮和沼肥)
农场的农业废弃物	农场和附近买主的热需求(数量、季节波动)
可用土地、种植能源作物的产量和成本	热电接入点 可用的建筑体
食品和饲料工业的残余物[a]	可施沼肥的土地 符合生物废物条例 进料底物和沼肥的运输距离 使用特定底物可获得的保护性电价[a]

注：[a]《可再生能源法》(2009 年)规定的计算入网电价的要求。

2009 年修订的《可再生能源法》特别规定建设农业沼气工程必须有使用粪污、有效利用热能的能力、有生产能源作物的土地，以及有使用沼肥的潜能。

更确切地说，必须确定粪污量和干物质(DM)含量(指导值为每个大牲畜单位 0.15～0.2 kW)。如果干物质含量已知，可根据国家农业研究机构或 KTBL 的指导值推算出粪污产气量。必须注意的是单个粪污样本产生的值通常并不可靠。

此外，还必须确定农业残余物的数量(如饲料残余物、青贮顶层等)以及任何纯植物副产品作为底物的可能性，并同时兼顾时间、数量以及运输距离。在《可再生能源法》电价保护条款下，纯植物副产品的干物质含量意义重大，因为对于这些物质所产的能量，其中基于新鲜物料所产的某个固定数量的电力不满足获得能源作物补贴的要求(参见 7.3.3.2 章节)。

当考虑使用废物发酵时，需仔细检查的方面有：有机废物的可用性、运输距离、有关废物转化的要求、生物发酵和法律相关的问题以及可能涉及的卫生要求。

使用农田作物为底物来规划沼气工程时，农场主需清楚哪些土地可用于或打算用于沼气生产，这些土地的产量如何，以及栽培何种作物。粗略估计，典型情况下的每千瓦发电装机容量所需要的底物量可由 0.5 hm^2 土地提供，即 0.5 hm^2/kW_{el}。在考虑作物轮种和人工管理时，应优先选择产量高，单位有机干物质和甲烷成本低的作物。但是从经济角度而言，也可种植其他全株作物而非仅仅是玉米，如菜籽，特别当避开玉米收割期的用工高峰及方便快速清理田地的重要性突出的时候。

使用农场的全部土地种植牛饲料和生产沼气底物并没有太大意义，因为这不可能进入市场。此外，由于耕地轮作的需要，此类方式通常并不适用。

通常当农场自身用地无法生产足够底物时，农场主选择购买生物质。有些农场主甚至打算签订带价格调整条款的长期合约，这样可降低沼气工程的物料和经济安全风险。在同区域新建其他沼气工程或农业价格的变化，正如 2007 年和 2008 年所发生的，对该区域市场有着重大影响。表 9.1 总结了底物规划一般需要考虑的几点因素。

在确定沼气工程规模时不仅需考虑底物的供应、沼肥的使用、有意义的热能利用，还需考虑技术、法律、行政以及电价等相关问题。规划沼气工程规模时，业主有时没有参考现场的特性(热能需求、沼肥使用和农场结构和大小等)，也没有考虑底物的可用性和人工的管理问题，这可能引起严重的经济或结构问题，因此通常不建议这么做。

总之，沼气工程被实际整合到农业产业中时，必须考虑以下几点因素：

—土地需求：土地使用要求和年限(20 年)，但这可能还会受购进底物等的影响。

—施肥制度：潜在的农田施肥量和耕作周期内营养成分的增加。

—固定资产使用：使用现有青贮、粪污的存储设备的可能性等。

—人工管理：需要考虑原料(底物)的生产、收割、储存、采购以及沼气工程的运行，包括底物加工和装载、过程监控、技术支持、维护、故障维修、行政管理、农田施用沼肥(如谷物生产、收割和储存：6～8 h/hm^2，而与之相比，玉米青贮则为 13～15 h/hm^2)。

为降低风险，沼气工程可与农场合作。其中一种方案为建立私人合作伙伴关系，从底物供应中获得收入，如能源作物、粪污和其他底物如脂肪的供应(参见 9.2.2 章节)。

影响农场优化的关键因素将在以下章节阐述。

9.1　农场优化——未来前景和优化方法

沼气工程的规划和建设需要农场主在各个方面的参与。以下为农场主应在规划和整合沼气工程过程中参与的关键决策和行动：

—选址。

—电力并入电网的确认，包括新变电站的建设。

—明确如何在热能上整合沼气工程与农场。

—明确如何在底物上整合沼气工程与农场。

—办理许可证手续(准备许可申请)。

—专家评估(沼气工程厂址的土壤报告、发酵罐和新构造的结构分析、建筑工地的健康和安全规划、技术检测机构的检测等)。

—使用辅助底物后所需的储存空间的扩容。

—现场设施和设备(室外照明、护栏、标牌、路径、水管、补偿种植等)。

—启动阶段的加热和故障修理，以及运行前 6 个月的技术支持。

9.1.1　选择合适的沼气工程厂址

所有选址的关键参数可见图 9.2。沼气工程越大，选址的重要性也越大。分配和利用能源产品的机会也尤为重要(参见 11.2.2 章节)。

此外，也需考虑短距离运输在经济上更占优势。另外，在低电压范围内输送电力会造成线路大量的电力损失，因此所得到的经济回报也相对较低。

有关选址的另一因素是底物和沼肥的输送是否与沼气工程规模匹配(参见 11.2.2 章节)。还必须确保可长期稳定供应符合质量要求的底物。此外，审批规定还要求牲畜设备与住宅区和敏感水源间保持一定的距离。同时还必须为沼气工程保留将来扩大规模所需的空间。

除行政规划参数外，选址时还必须考虑地理因素，如地下水位或土壤特征(土壤类型、岩石量等)。另外，来自政府或当地的财政支持也能帮助沼气工程筹资。

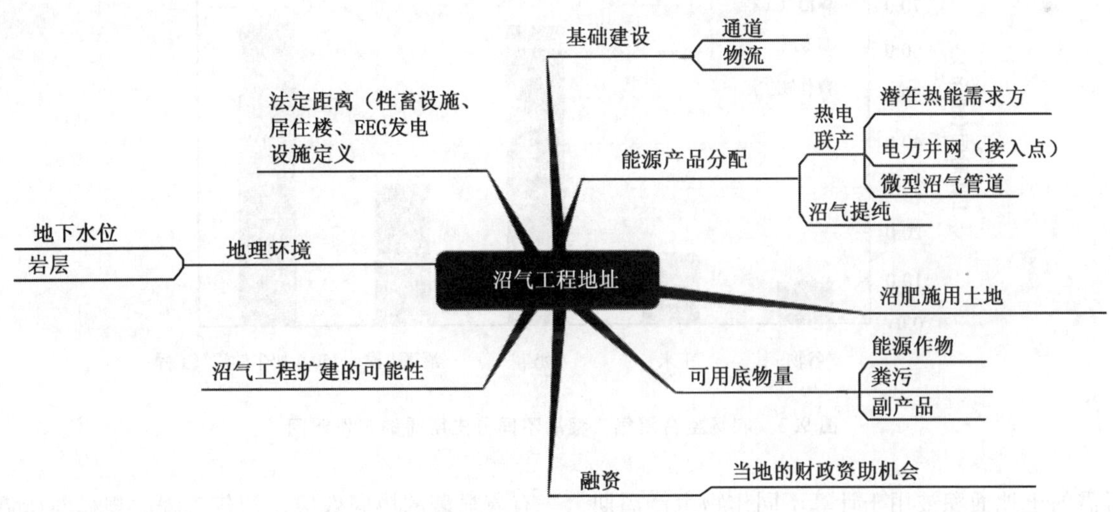

图 9.2　影响选址的参数

9.1.2　沼气工程对作物轮种的影响

生物质的生产可能需要调整轮作制度。这种情况下需优先考虑的是在尽可能靠近农场处种植用于产沼气的作物，以减少运输成本。这还取决于沼气工程规模和底物数量(能源作物)以及作物轮作的因素。对同时也养猪的沼气工程运营者而言，不将种植在农场土地的大麦喂猪，而用购进的大麦喂猪。且在较早的干旱期收割大麦用于全株青贮生产沼气，这样的经济效益更高。早期的大麦收割是指，在有利的地点二次种植青贮玉米或将早熟的玉米品种晚种。以玉米为主要作物还可以更长久地使用对环境无害的沼肥。改变种植顺序转而以沼气生产为主可带来几乎全年的耕地绿化，这将更好地促进氮利用。

根据玉米收割季的土壤潮湿度，如遇土壤条件不好的情况，在农田上开车可能会破坏土壤结构，尤其在二次收割玉米时。

从农业和生物发酵角度出发，已经证实使用混合底物可带来积极效果。种植全株谷物作物(WCC)青贮可较快清理农田并可及时播种油菜籽。玉米是一种高产量作物，可在春季充分吸收沼肥。使用谷物控制沼气生产这一方法也受到了推荐。此外，谷物可弥补底物生长阶段不稳定的产气量，也解决了长途或大批量运输底物的需求。

表 9.2　不同生产方式所需土地、固定投资和工作时间对比

生产方式	谷物 65 dt/hm²	玉米 400 dt/hm²	153 DC (8 000 L)	BGP 150 kW	BGP+150 DC
所需的土地(hm^2)	1	1	118 hm² (0.77 hm²/DC)	79	183 (67 hm² BGP)
固定投资(€/hm^2)	876	2 748	4 660	6 126	5 106
所需工作时间(work hrs./hm^2)	9.3	15.5	65.6	31.1	66.7

注：BGP：沼气工程，DC：奶牛，hm^2：公顷，work hrs.：工作小时数。

9.1.3　对土地和人工的需求

在沼气工程与农场整合运行之前，不仅需考虑高投资成本和占用的土地，还需考虑因作物结构调整(如种植玉米取代稻谷)带来的人工管理和沼气工程的管理问题。建立沼气工程每公顷需投资的成本接近用于产奶的成本。所需的土地面积由沼气工程规模和牲畜饲养面积决定(表 9.1 和表 9.2)。为便于计算，浓缩饲料和基础饲料所需的土地都包含在奶牛养殖中。

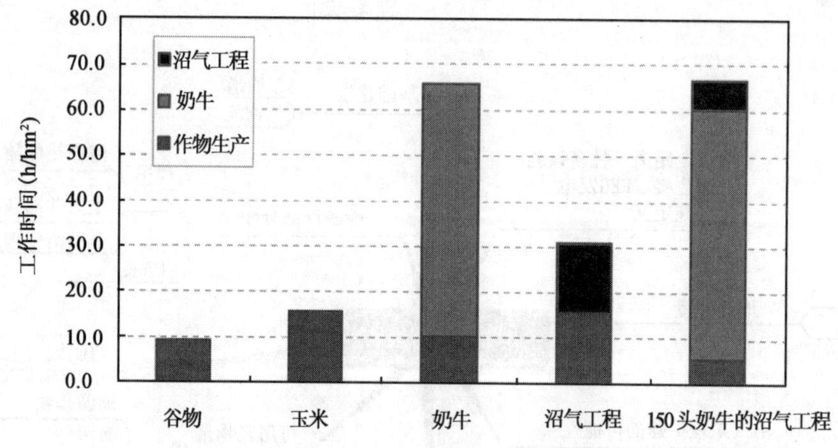

图 9.3　农场整合沼气工程后不同分支所需的工作时间

所需的土地面积被用于计算不同作物生产周期需要的工作时间和劳动力。运行农业沼气工程需要投入的时间由一系列因素决定：底物的类型、数量、技术、建筑以及沼气工程整合的方式。

举例：根据单位土地的工作时间，一个 150 kW 的沼气工程只需相同土地面积奶牛养殖时间的一半(图 9.3)。约 60%的工作时间用于种植底物，而 40%的时间用于沼气工程运行。在沼气生产与动物养殖相结合的地方，在盈利、减排和人工管理方面都有着显著的协同效应。沼气工程的规模与所需的工作时间需符合农场的运行条件。在东德的大型农业机构往往出现这样的现象：奶牛养殖负责人在生物过程方面的经验也能用于监管沼气工程。实践证明这是一个好主意。运行沼气工程所需的工作时间基本可分为以下几个环节：

—原料(底物)的生产、收割、储存或采购。

—沼气工程运行，包括底物处理和装载。

—沼气工程监管，包括监督、维护、维修、故障修理和行政管理工作。

—农田施沼肥。

以上任何环节在沼气工程运行中都是必不可少的。但是,不同的运行模式和底物,造成每个环节所需的工作量也有所不同。为避免不可预料的意外,必须在预规划阶段就开始规划工作时间。可以借鉴经实践考验的方案。例如,有关作物生产的工作,如收割、运输和农田施沼肥等,可由不同农场一起分担。另外与沼气工程运行相关的工作,像维护监督(远程监控)都可雇佣外部专家执行。要确定方案在经济上可行,唯一的方法是根据具体情况仔细规划每一个农场。

9.1.3.1　原料的生产、收割和储存

当在农场自有土地生产原料时,如种植玉米进行青贮,或收割谷物用作全株青贮,亦或收割草场,这些都可从常规生产技术获得丰富的规划信息。一般情况,无需大的调整就能将这些信息用于原料生产。以下的推算基于著名的 KTBL 数据库里的农场规划信息得出[9-1]。

模拟沼气工程Ⅲ的底物生产所需的时间

为举例说明和测算人工管理的影响,举模拟沼气工程Ⅲ的例子进行分析(参见第 8 章)。该沼气工程处理来自养牛场 150 头奶牛的粪便。此处使用的能源作物为 5 750 t 青贮玉米和 200 t 谷物。假定玉米青贮产量为 44 t/hm^2(产量 50 t/hm^2,青贮时损失 12%),谷物则是 8 t/hm^2,这相当于种植大约 156 hm^2 的能源作物(玉米 131 hm^2,谷物 25 hm^2)。

土地自有还是租用并不重要,是通过土地交换还是联盟合作也不重要。土地已无法再供应基础饲料,但必须研究能否维持基本的轮作平衡。

假定沼气工程Ⅲ的生产状况较好,农田面积平均为 5 hm^2,农场与农田的距离为 2 km。农场自身的玉米收割设备不多,因为在小型农业中,更适合将高成本和高需求的工作外包。一般认为农场自身将承担所有相关谷物收割的工作。根据这些假设可推测总工作时间大约为每年 800 h(沼肥施用时间不计入在内)。

表 9.3 和表 9.4 是预期所需的工作时间。数据来自于 KTBL 的数据库,不同的规划数据也各有不同。在 9 月和 10 月初青贮玉米收割期,需要大约 800 h(具体视所使用的工具而定)从农田收割玉米然后用铲车运输至筒仓进行青贮。

令人惊讶的是每吨底物需“借用”0.27 h 工作时间,包括施沼肥,即以每小时 15 €的工资计算需 4 €的人工费。

表 9.3　人工运行的顺序以及玉米青贮所需的工作时间

工作过程:玉米青贮	每公顷的工作小时数
种植	4.9
收割和运输外包	0
总工作时间	4.9

表 9.4　人工运行的顺序以及谷物生产所需的时间

工作过程:谷物种植	每公顷的工作小时数
种植	5.07
收割和运输外包	1.1
总工作时间	6.17

青贮和谷物生产只在每年的特定季节进行,但必须允许同期内的其他需求,如销售或喂养。这类制作工艺的一个常见现象是很长时间内甚至一整年内该储存的产品只作一种用途,这有利于整体管理。但无论如何,为沼气工程供应底物所需的工作时间基本一致。

如果收割季节或特定期间需处理的底物有所增加,这就增加了工作时间规划的难度。例如特定时间内收运新鲜叶子或废弃的蔬菜。但这总能有利于人工管理和工艺控制,因为无论何时使用季节性的底物,只要有“备用底物”,就能避免供应断链。

另一个不能忽视的因素是如果大部分使用季节性底物,底物组成的不断变化则有可能不利于发酵工艺。

如果底物来自于不同的农场,这个问题则更大。此时不能低估采集收集的时间。但是目前基本上还无法掌握实际所需的工作时间。因此最终需要沼气运营商运用商业技巧来确保长期稳定的供应。当底物由沼气工程运营商收集时,所需的时间会影响农场相关工作和费用。

不管沼气工程单独还是联合运行,在农场内和不同农场间的运输不可避免。因而不仅需要将额外的时间计入在内,更重要的是需要考虑可能产生的费用。因为经常会出现使用动物粪污或固体粪便,和产品加工的废物(谷物、甜菜、蔬菜和水果)的情况。权衡用于发电的“产品价值”与运输的“价格”至关重要。

可在约定合作意向或签订供应合同之时就先确

定底物运输是否经济划算，在沼气工程选址时尤其需要考虑此点。

9.1.3.2 监管沼气工程所需的时间

第二版沼气测量项目报告（Biogas-Messprogramm Ⅱ）包含了调查德国 61 家沼气工程两年内的工作时间和运行日志而获得的综合数据[9-2]。对所收集的数据进行系统的评价并以此产生的平均值列于表 9.5。

表 9.5 给出的用于故障检修的平均值来自于 31 家沼气工程参与“沼气工程弱点分析项目”的结果[9-3]。

对这些以及其他数据的评估显示，沼气工程额定生产能力的提升伴随着每人每周工作时间的增加（参见图 9.4 和图 9.5）。另外，第二版沼气测量项目报告也证实牲畜规模与每周进料底物吨数和所需时间之间均有着密切的关系。

表 9.5 监管沼气工程所需的时间

运行工作	单位	平均值	最小值	最大值
常规检查[a]	h/week	4.4	0.0	20.0
数据收集[a]	h/week	2.7	0.0	9.9
维护[a]	h/week	3.2	0.0	14.0
故障检修	h/week	2.7	—	—
总计	h/week	13.0		

注：[a] 文献[9-2]；
[b] 文献[9-3]。

然而，不允许在特定的关键工作领域对所需工作时间的数据做进一步的分析总结。

需要注意，文献[9-4]的研究并未包括故障检修所需的时间，而文献[9-5]则在计算沼气工程监管时间时将此计入在内。

再者，由于上述来源并未细分监管工作的类型，因此数据之间并无可比性，也无法确定具体的工作对沼气工程有利与否。

模拟沼气工程的盈利分析根据的是图 9.5 的结果。

模拟沼气工程Ⅲ的监管时间

根据图 9.5 的数据，监管一个沼气工程一般每天需 4.5 h（包括故障检修）。这意味着，即使是规模为 350 kW_{el} 的沼气工程也有必要预留一个工人一半的时间用于监控，包括日常检查、数据收集、监测、维护和故障排除。

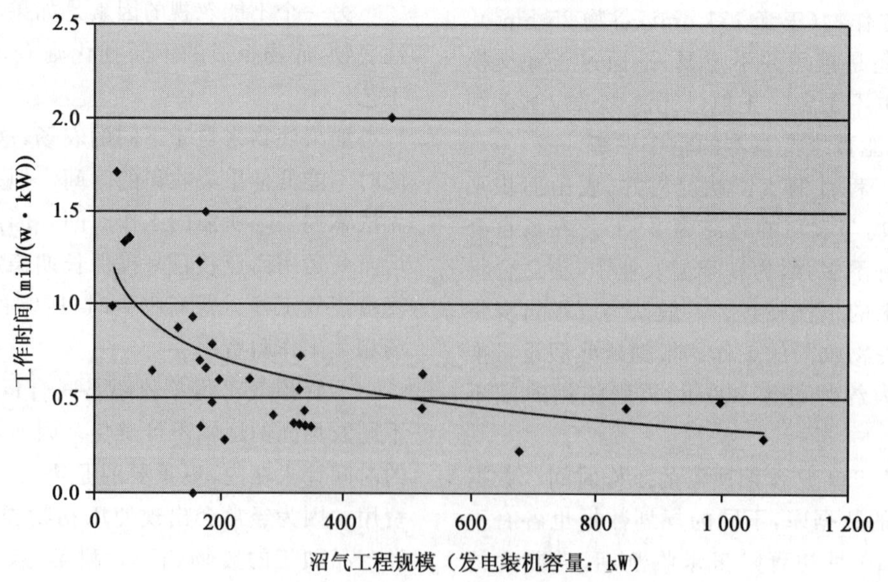

图 9.4 沼气工程的监管时间[9-4]

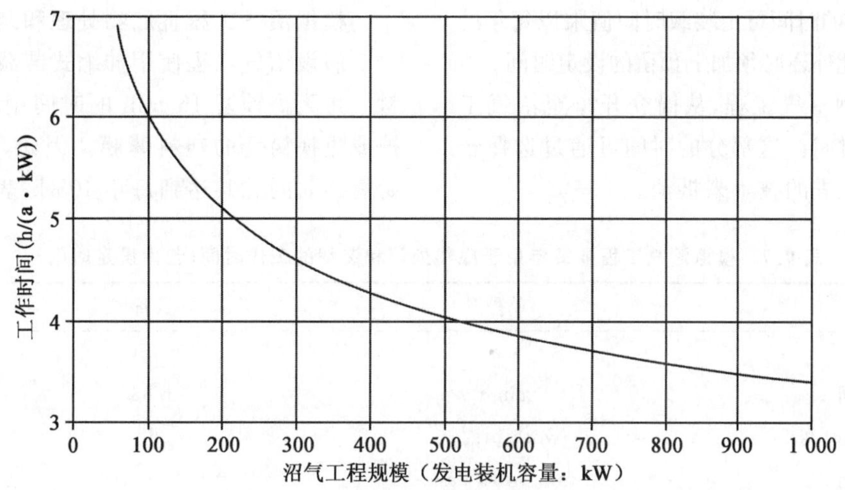

图 9.5 沼气工程监管和维护的时间[9-5]

9.1.3.3 处理和装载发酵罐底物所需的时间

底物安置,移出和有些再处理的工作与其他农业工作一致,因此可利用其他农业工作的数据来建立足够可靠的指导值。总体而言,运行一个沼气工程的人工费用不会占到总费用的10%,对盈利影响不大。当出现劳动力短缺时可能需要安排第三方服务,此时需计入盈利分析中。越精确的规划需要越多关于工作时间的准确指导值。

处理和装载底物的时间很大程度上取决于底物的类型。

液体底物,如粪污,通常会暂时储存于动物棚舍或附近,然后进料到接收罐中,之后用定期更换的泵抽送至发酵罐(参见 8.1 模拟沼气工程的描述)。所需的工作时间仅限于偶尔的检查和调整,并且应包含在上述维护工作的指导值内。

酿酒、白兰地和制果汁产生的液态果渣、果浆的情况与此类似。

液态脂肪和油被从投料机内抽出送至发酵罐或单独的池子。同样,这种情况的工作时间只限于检查和调整。

固体底物主要有来自农业的玉米和牧草青贮。其他底物有谷物以及谷物清理和加工的废物。另一种可能的底物是块根和块茎作物(甜菜、洋葱、土豆)以及加工它们的残余物。

工作时间中最费时的是将底物装到进料器的时间。通常使用移动装载和输送机作为不同的底物装载系统送料到进料器(接收罐或倾斜料仓和液压料仓)。以下的例子展示的是用于规划的基本时间模块。但是沼气工程至今尚无特定的测量时间的方式。

表 9.6 总结了使用不同装载设备的装载时间。

表 9.6 使用不同装载设备所需的装载时间[9-6~9-8]

装载物料	装载时间(min/t)		
	前悬式装载机、拖拉机	轮式装载机	伸缩式装载机
玉米青贮(卧式筒仓)	4.28~8.06	6.02	3.83
牧草青贮(卧式筒仓)	4.19~6.20	4.63	3.89
玉米青贮(卧式筒仓)、碎石路、斜坡	5.11	2.44	—
牧草青贮(卧式筒仓)、碎石路、斜坡	5.11	3.66	—
固体粪便(粪污储存)	2.58	2.03	—
大包(矩形)	1.25	—	1.34
谷物(宽松)	2.61[a]	—	1.50[a]

注:[a]临时修正值。

底物进料所需的时间可由装载时间值乘以每年的底物处理量得出，此外还必须加上预留的设定时间。

特别是在大型沼气工程，从筒仓开车至沼气工程会需要额外的时间。这部分的时间可通过选择合适的厂址和运用先进的技术来抵消。

模拟沼气工程Ⅲ底物处理和装载所需的时间

假设沼气工程使用伸缩式装载机为装载设备送料。每天需预留 15 min 的时间用于机器加油和去掉或更换筒仓的塑料薄膜。因此，底物处理和装载所需的时间总共达到每年 403 h(表 9.7)。

表 9.7 模拟沼气工程Ⅲ每年用于底物处理和装载的工作时间(包括设定时间)

底物	单位	玉米青贮	谷物
底物数量	t/a	5 750	200
× 装载时间	min/t	3.83	1.50
=装载所需时间	work hrs/a	368	5
+ 设定时间	min/work day	5	
× 工作天数	work day/a	365	
= 所需设定时间	work hrs/a	30	
总需求时间	work hrs/a	403	

9.1.3.4 农田施沼肥所需的时间

模拟沼气工程Ⅲ每年使用的底物大约有 8 950 t (粪污和能源作物)，其中约 71%的可挥发性固体将转化成沼气。此转化减少了沼肥的量，大概只剩 7 038 t 初始底物需被施用至农田。

底物中粪污的施肥时间并未计入，因为粪污施用即使没有厌氧处理也会产生额外费用。由于施肥条件和技术设备一致，一般认为所需的时间也一致。

在 5 hm^2 试验地使用 12 m^3 的拖尾软管罐车，在距离农田 2 km 处的农场以平均每公顷 20 m^3/hm^2 沼肥的用量施肥，每公顷施肥所需的时间为 1.01 h，或每立方米所需的时间为 3.03 min。待施肥的另外 4 038 t 沼肥(7 038～3 000 t 粪污)，则需要每年 204 h 工作时间。即每年需安排 355 h 用于施肥工作。

模拟沼气工程Ⅲ所需的工作时间

总之，假设收割部分的工作外包的情况下，沼气工程Ⅲ工人每年所需的工作时间估计约 3 126 h。

根据正常统一的工作量，包括底物装载，整年监管沼气工程需约 2 230 h，这项工作需要一个全职人员来完成(图 9.6)。

种植 131 hm^2 青贮玉米所需的时间为 641 h(包括一定的施肥时间)，收割工作则外包给第三方。但是需要 490 h 用于输送、储存和在卧式筒仓压缩收割的玉米，这些工作可由农场自己承担。

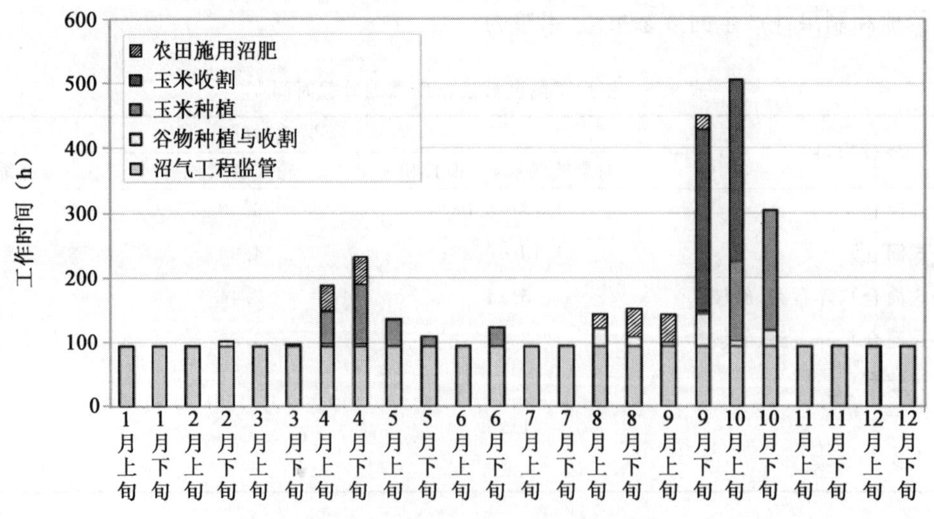

图 9.6 模拟沼气工程Ⅲ的工作时间图

9.1.4 技术中的时间因素

沼气工程运行的一个主要目的在于充分利用发电装机容量，而不释放多余的沼气，如通过紧急火炬。

这首先需要热电联产机组的引擎能够高负荷运转。如果引擎能尽可能在一年内最多次数地达到满负荷运作则有可能实现高利用率，即接近最大效率，则满负荷运行的小时数越接近一年的小时数越好。因而引擎的装机容量必须尽可能符合预期的沼气产量。

初步规划通常会预计引擎能在100%满负荷下运行8 000 h。预留经济风险的规划有时只预算每年运行7 000 h（“安全界限”）。

但是，为了利用发酵工艺产生的沼气，每年7 000 h运行的引擎需至少比运行8 000 h的引擎高出13%的装机容量。增加装机容量增加意味着增加的投资（包括所有其他沼气供应、储存和提纯设备）必须以1 000 €/kW计算。引擎不宜受到日常开-关交替操作的过多压力。为确保工艺热能的持续供应（引擎只能在运行时供热），每年能满负荷运行7 000 h的引擎只能以部分负荷运行（额定装机容量的90%）。部分负荷运行也就意味着能效的损失，通常造成入网电力量的减少，因此直接导致运营商的收入减少。经济损失的详细总览可见8.3节敏感度分析，具体如5%能效损失造成的经济损失。

因此，从经济的角度看，必须以每年8 000 h满负荷运行热电联产机组。但是考虑到引擎装机容量的利用情况，必须确保合适的储气量（>7 h），并且有高效的储气管理系统。正常运行时，储气罐不能满于50%，原因如下：

—必须确保能容纳匀质化过程出现的额外气体。

—必须能应对见光后体积膨胀的情况。

—必须能在热电联产机组故障或电网关闭时继续储存沼气。

9.2 参考文献

[9-1] KTBL-Datensammlung Betriebsplanung. 2008/2009.

[9-2] Weiland P, Gemmeke B, Rieger C, Schröder J, Plogsties V, Kissel R, Bachmaier H, Vogtherr J, Schumacher B,FNR, Fachagentur Nachwachsende Rohstoffe e. V. (eds.). Biogas-Messprogramm Ⅱ. Gülzow, 2006.

[9-3] KTBL. Schwachstellen an Biogasanlagen verstehen und vermeiden, 2009.

[9-4] Göbel A, Zörner W. Feldstudie Biogasanlagen in Bayern, 2006.

[9-5] Mitterleitner Hans, LfL, Institut für Landtechnik und Tierhaltung, (supplemented)-personal communication, 2006.

[9-6] Melchinger T. Ermittlung von Kalkulationsdaten im landwirtschaftlichen Güterumschlag für Front-und Teleskoplader. Diploma thesis, FH Nürtingen, 2003.

[9-7] Mayer M. Integration von Radladern in alternative Mechanisierungskonzepte für den Futterbaubetrieb. Diploma thesis, FH Nürtingen, 1998.

[9-8] Handke B. Vergleichende Untersuchungen an Hofladern. Diploma thesis, FH Nürtingen, 2002.

沼肥的质量和利用 10

10.1 沼肥属性

10.1.1 属性、营养成分和其他有价值的成分

沼肥的属性和成分主要由厌氧发酵的物料和发酵工艺本身决定。德国的农业沼气工程主要使用牛、猪粪污以及牛、猪和家禽的固体粪便。使用蛋鸡养殖产生的粪便不太常见,因其所含的氨和残留的补充钙浓度较高。由于《可再生能源法》(EEG)的补贴规定,只有少数沼气工程运营商继续只使用能源作物。然而,粪污发酵对沼肥效果的有益影响其实早已明确:

—通过降解有机挥发性化合物减少臭味排放。

—短链有机酸的广泛降解,从而降低烧伤叶子的风险。

—流变性能的改进,从而减少对饲料植物叶子的污染同时便于匀质化。

—通过增加"快速变动"氮的浓度改进短期的氮效率。

—消灭或钝化杂草和病原体(人类病原体、动物病原体和植物病原体)。

事实上,主要是底物中的有机成分在发酵中经历了变化,并全部保存了其营养成分,因此更容易在厌氧降解工艺中溶解从而被吸收[10-1]。

使用能源作物发酵的沼气工程,其生物工艺就好比牲畜肠道内的消化过程。因此必定产生与液体农用肥料属性相似的沼肥。这已由奥格斯登堡LTZ(奥格斯登堡农业技术中心)的一项研究证实。该项研究选择了巴登符腾堡一个农场的沼肥作为对象,研究了其质量、营养成分和其他有价值的成分及其施肥效果。表 10.1 所示的是其沼肥的参数[10-2]。该研究选取的沼肥为:发酵中的牛粪和能源作物、猪粪和能源作物、能源作物为主要成分,以及生物废弃物(有时混有能源作物)。为进一步支持结果,该研究还分析了未经处理的粪便样本。以下为研究的主要发现:

—沼肥的干物质含量(平均为 FM 7%)比原粪污少约 2%。

—鲜沼肥的总氮含量 4.6～4.8 kg/t,比牛粪略高。

—碳∶氮(C∶N)比例约 5 或 6,明显比原料粪污低(C∶N 为 10)。

—有机物质的降解必然导致氮转化为无机物,从而导致氨含量在总氮含量中占据的比例上升(60%～70%)。

—混有猪粪和生物废弃物的沼肥往往含有较高的磷和铵态氮浓度,但是其中的干物质、钾和有机物质的含量比在以牛粪或牛粪与能源作物混合物的沼肥中的含量低。

—无镁、钙或硫的明显差异。

表 10.1 沼肥和粪污之间的属性和有价值成分的比较[10-2]

	单位/名称	原始粪污	沼肥			
		牛粪为主	牛粪与能源作物混合	猪粪与能源作物混合	能源作物	废物(与能源作物)
干物质	% FM	9.1	7.3	5.6	7.0	6.1
酸度	pH	7.3	8.3	8.3	8.3	8.3
碳氮比	C∶N	10.8	6.8	5.1	6.4	5.2
碱性作用的物质	kg CaO/t FM	2.9	—	—	3.7	3.5

续表 10.1

参数	单位/名称	原始粪污	沼肥			
		牛粪为主	牛粪与能源作物混合	猪粪与能源作物混合	能源作物	废物(与能源作物)
		kg/t FM				
氮	总 N	4.1	4.6	4.6	4.7	4.8
氨-氮	NH_4-N	1.8	2.6	3.1	2.7	2.9
磷	P_2O_5	1.9	2.5	3.5	1.8	1.8
钾	K_2O	4.1	5.3	4.2	5.0	3.9
镁	MgO	1.02	0.91	0.82	0.84	0.7
钙	CaO	2.3	2.2	1.6	2.1	2.1
硫	S	0.41	0.35	0.29	0.33	0.32
有机物质	OM	74.3	53.3	41.4	51.0	42.0

注:FM:新鲜物质。

10.1.2 污染物

沼肥中的污染物浓度基本取决于所使用的底物。表 10.2 对比粪污给出了沼肥中重金属浓度的指导值。在沼气工艺中重金属的绝对数量并未发生改变,而由于干物质和有机物质的降解,发酵后重金属的浓度有所增加。BioAbfV(有机废物条例)[10-23]规定的重金属上限值为:铅(Pb)、镉(Cd)、铬(Cr)、镍(Ni)和汞(Hg)均为 17%,而铜(Cu)和锌(Zn)则分别为 70%和 80%。总之,此类重金属的浓度与牛粪中的浓度非常接近。而猪粪中 Pb、Cd、Cu 和 Zn 的浓度明显较高。虽然 Cu 和 Zn 被归为重金属,它们也是牲畜、能源作物以及沼气工程微生物工艺必不可少的微量营养素。它们会被添加到动物饲料和能源作物沼气工程。因此肥料条例(DüMV)对 Cu 和 Zn 并无限制。在限定浓度内,沼肥的使用一般不会污染土壤和河道。

表 10.2 底物和粪污之间重金属浓度的比较

	沼肥 (mg/kg DM)	声明值依据 DüMV (%)	限定值依据 DüMV (%)	限定值依据 Bio-AbfV (%)	牛粪 (mg/kg DM)	猪粪 (mg/kg DM)
铅	2.9	2.9	1.9	<5	3.2	4.8
镉	0.26	26	17.3	17	0.3	0.5
铬	9.0	3	—[a]	9	5.3	6.9
镍	7.5	18.8	9.4	15	6.1	8.1
铜	69	14[c](35)	—[b]	70	37	184
锌	316	31[c](158)	—[b]	80	161	647
汞	0.03	6	3.0	<5	—	—
来源	[10-2]	[10-19]	[10-19]	[10-23]	[10-3]	[10-3]

注:[a] 仅适用于 Cr(Ⅵ)的限定镊;
[b] DüMV 并无明确限定值;
[c] 粪污的声明价值;
DM:干物质。

10.1.3 卫生性能

液体粪便和其他有机废物可能带有会感染人类和动物的病原体(表 10.3)。群筛检可以不断出现沙门氏菌呈阳性的结果(表 10.4)。尽管沙门氏菌阳性率低于 5%,临床健康的牲畜也会受到影响。为打破感染循环,一般建议对完全采用动物粪便发酵产生的沼肥要进行消毒，尤其是那些将进入市场的。但是法律允许不对沼气工程的粪污部分进行消毒。但是来自动物的其他底物以及有机生活垃圾都必须遵守严格的消毒制度，但经过调查发现采用有机生活垃圾做底物的沼气工程并没有总是执行消毒制度。

对于病原体，必须对其进行消毒以防止检疫害虫的扩散。与土豆和甜菜相关的疾病尤其需要消毒（土豆环腐病、土豆癌肿病、立枯丝核菌、甜菜多黏菌、根肿病）。因此，沼气工程在使用食品工业的废物和废水之前必须先对其消毒[10-6]。

表 10.3　液体粪污和有机垃圾中的病原体[10-4]

细菌	病毒	寄生虫
沙门氏菌(CS，PS，PE)	口足病原体	蛔虫
大肠杆菌(CS)	猪瘟疫	栅栏虫
炭疽细菌(CS)	猪水疱病	吸虫
布鲁氏杆菌族(CS，PS)	猪流感	肝吸虫
钩端螺旋体(CS，PS)	传染性胃肠炎(TGE)	肺蠕虫
结核分枝杆菌(CS，PS，PE)	轮状病毒感染	肠道蠕虫
丹毒细菌(PS)	猪脊髓灰质炎	
梭菌属(PE)	狂犬病	
链球菌	非典型禽流感	
肠杆菌	蓝舌病	
	逆转录、细小、艾柯肠道病毒	

注：CS：牛粪污，PS：猪粪污，PE：家禽粪便。

表 10.4　沼气工程底物和沼肥中的沙门氏菌的发病率

	粪污		沼肥		
	临床健康的牛粪、猪粪	牛粪为主	粪污混合能源作物	有机废物混合能源作物	
样品数量	280	132	51	190	18
沙门氏菌呈阳性数量	7	5	0	6	2
百分比(%)	2.5	3.8	0	3.2	11.1
取样年份	1989	1990		2005—2008	
来源	[10-5]	[10-5]	[10-2]	[10-2]	[10-2]

LTZ 扫描案例研究了近 200 种粪污和沼肥，检测是否带玉米和谷物特性的病原真菌：长蠕孢菌，油菜菌核病，Phytium 介质和尖孢镰刀菌。仅在一个案例中发现一种病原体[10-2]。

10.2　沼肥的储存

沼肥储存于合适的罐体中是利用其营养和有价值成分的前提。未经处理的粪污的储存有可能排放对气候产生影响的气体如甲烷(CH_4)、二氧化氮(N_2O)以及氨气(NH_3)和臭气。

10.2.1　氨排放

发酵工艺增加了铵浓度以及沼肥的 pH（表 10.1），促使了储存过程中氨的排放。通常只在特定情况下才会形成悬浮层。因此，为避免开放储存罐的氨损失，强烈建议盖住沼肥，如用切碎的稻草，同时这样做也是减少氨排放时产生的臭味（表 10.5）。

10.2.2　气候有关的排放

与未经处理的粪污相比，发酵粪污所产的甲烷通常被厌氧工艺所削减，这是由于底物中所含的某些有机物质已在发酵罐发生新陈代谢，因而储存罐中可降解的碳已明显减少。因此，甲烷排放减少量将取决于有机物的降解程度以及发酵罐中底物的停留时间。例如，许多研究已证实发酵期较短的沼肥，即在发酵罐中停留期较短的沼肥，将比较长停留期排放更多的甲烷（图 10.1）。

表 10.5 为减少氨排放对沼肥储存罐的覆盖[a][10-7]

覆盖材料	投资成本（ϕ15 m）(€/m²)	使用寿命(a)	年度成本(€/m²)	比无盖储存罐减少的排放量(%)	注释
天然悬浮层	—	—	—	20～70[b]	经常施用沼肥的话，效率会比较低
切碎的稻草	—	0.5	<1	70～90	经常施用沼肥的话，效率会比较低
木粒	11	10	2.5	80～90	必须平衡物料损失
浮板	35	20	3.2	90～98[c]	使用寿命长，但较新、经验少
悬浮塑料薄膜	38	10	5.3	80～90	低维护，但由于成本高不适用大型罐
帆布帐篷	50	15	5.3	85～95	低维护，无雨水渗入
可移动混凝土盖板	85	30	6.2	85～95	低维护、无雨水渗入、直径可达 12 m

注：[a] 迄今很少有将研究运用于实际运行的沼气工程。此处的信息基于对猪粪的调查和使用经验；

[b] 取决于悬浮层的性质；

[c] 不适用于黏性底物；

假设：利率：6%；维修：1%（只针对悬浮塑料薄膜、帆布帐篷和混凝土盖板）；木粒：每年 10% 的损失；稻草成本：€8/dt（捆扎、装载、运输、切碎、撒播），所需数量：6 kg/m²。

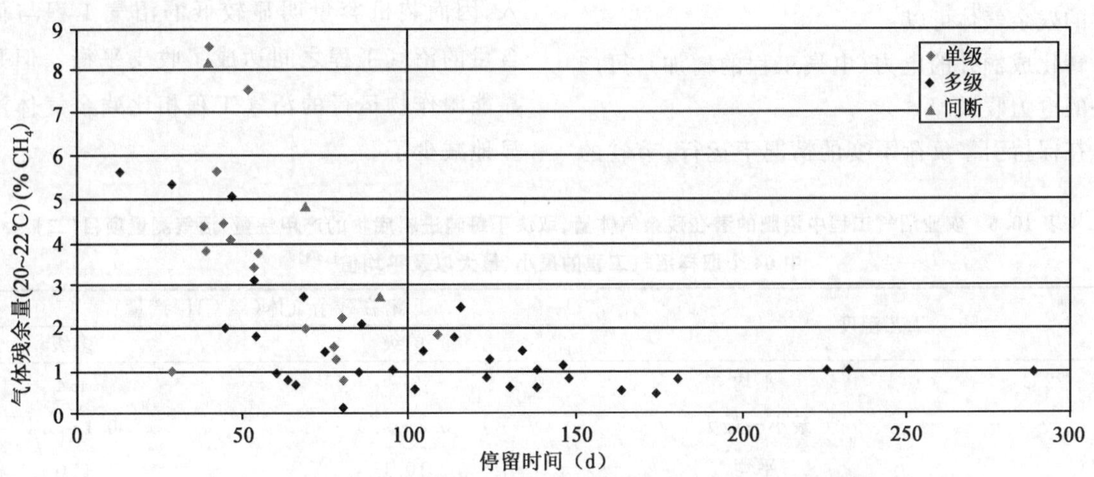

图 10.1 20～22℃ 时沼肥中气体残余量与水力停留时间的关联性[10-8]

如果停留时间很短，甲烷排放量将有所增加，这与未经处理的粪污不同，因为刚刚被产甲烷菌接种的底物就转移到了沼肥储存罐里[10-9]，因此需避免短路流。

为估计沼肥的甲烷排放量，可采用在 20～22℃ 进行批式发酵实验的结果[10-8]，该温度基本接近实际状况。而在中温条件下（37℃）获得的数值并不能反映实际排放量。但这还是能从一定程度上指示发酵工艺的效益，因为这些数值反映了沼肥中现存的生物质，即未发酵的生物质潜能。但是这些参数都依赖于工艺控制和特定沼气工程使用的底物。因此，表 10.6 给出的数值只能作为参考。

多级沼气工程在 20～22℃ 以及 37℃ 条件下均产生较低的气体残余量（表 10.6）。因为多级沼气工程的停留时间较长，这有助于减少气体残余量（图 10.1）。

由于甲烷对温室效应的作用（1 g CH_4 相当于 23 g CO_2），一般会尽量减少或阻止沼气储存罐中的甲烷排放。对于没有气密性储存的沼气工程，除多级运行之外，还必须至少满足以下要求之一：

—整年在至少 30℃ 温度下连续发酵，总底物体积的平均水力停留时间至少持续 100 d。

—发酵罐有机负荷率小于 2.5 kg VS/(m_N^3 · d)。①

计算底物体积需考虑所有发酵罐的进料（包括水或回流液）。一旦未满足以上要求，甲烷的排放量将超过表 10.6 给出的平均值。在此情况下，一般建议调整底物储存罐，加上气密性封盖②至少

①m_N^3：发酵罐可用总容积。

②沼肥储存罐必须达到以下要求：a）无主动温控；b）必须连接气体输送系统。已在前 60 d 覆盖沼肥罐有效地抑制了 CH_4 排放，因为根据经验，甲烷在这期间形成。

储存60 d。

根据《可再生能源法》(2009)，对沼肥储存罐的覆盖是获得德国联邦污染防治法许可的沼气工程接受能源作物补贴的前提。这包括所有可燃能力在 1 MW 以上的沼气工程(相当于 380 kW_{el})或粪污储存能力超过 2 500 m^3 的沼气工程。这项法案适用于所有新建的沼气工程，但法案对已有沼气工程的阐释尚在讨论中，在很多情况下，改造现有储存罐并不现实或受到一定限制(见上)。

对获得法律许可的新沼气工程而言，不管是从环保角度还是从经济利益出发都有必要安装气密性封盖。最终，未开发的生物质也就相当于损失的收入，尤其是那些有较大残余气体潜能的生物质。额外获得的残余气体可以：

—转化成额外的电力(电气工程的增加)，可产生额外的电力收入。

—在保持引擎负荷不变的情况下运行，节省的原始底物进料相当于额外所产的沼气(热电联产机组已满负荷运行的短期备选方案)，电力入网可能带来的额外收入。

特别是那些能源作物含量较高的沼气工程(如 > 50%的新鲜物料进料)，值得改造沼肥储存罐添加气密性封盖。由于覆盖的沼肥体积较小，因而投资成本较低，而即使残余产气量相对较低也能实现一定的经济利益(表 10.7)。对于完全或主要以粪污运行的沼气工程，需要覆盖的沼肥的体积与沼气工程规模一致，因而来自电力并网带来的额外收益未必能抵消气密性封盖的成本。2009 年修订的《可再生能源法》介绍了给使用 30%以上新鲜粪污沼气工程的粪污补贴。这也相应地增加了额外收入，因而装机容量明显较低的沼气工程与低粪污含量的沼气工程之间达成了收支平衡。但是这与靠能源作物运行的沼气工程相比残余气体潜能明显地减少了。

表 10.6 农业沼气工程中沼肥的潜在残余气体量，取决于每吨进料底物的产甲烷量；沼气测量项目(二)中 64 个取样沼气工程的最小、最大以及平均值[10-8]

工艺温度		潜在残余气体(% CH_4 产量)	
		单级	多级
20～22℃	平均	3.7	1.4
	最小～最大	0.8～9.2	0.1～5.4
37℃	平均	10.1	5.0
	最小～最大	2.9～22.6	1.1～15.0

表 10.7 柱形储存罐补加气密封盖的收支平衡点[a]，即最小装机电量需要平衡各种改造的投资成本[10-10][b]

粪便作为%底物进料	<30%(=没有粪污补贴)		≥30%(=有粪污补贴)	
可使用的残余沼气	3%	5%	3%	5%
投资成本(罐的数量和直径)	最小发电装机容量[b](kW)			
€33 000 (e.g. 1/ <25 m)	138	83	109	66
€53 000 (e.g. 1/ > 25 m)	234	133	181	105
€66 000 (e.g. 2/ <25 m)	298	167	241	131
€106 000 (e.g. 2/>25 m)	497	287	426	231
€159 000 (e.g. 3/>25 m)	869	446	751	378

注：[a] 根据单位成本(每多一度电的年度成本)和实际入网每度电价确定平衡点；

[b] 计算基础：热电联产机组全负荷运行 8 000 h，根据 ASUE(2005)残余气体的附加能力和效率计算 CHP 升级成本比例[10-13]，根据 KTBL 在线报酬计算器(2009)计算报酬。封盖的投资和年度成本，根据 10 年使用寿命计算前 60 d 封盖的成本(在实际情况中通常在此期间甲烷已从沼肥中形成)。

2006年由KTBL(农业技术与业务协会)开展的一项全德调查显示只有约1/4现有柱形罐(占总研究沼肥储存罐的95%)带有气密性封盖[10-11]。这与沼气测量项目(二)的结果(FNR 2009)相同。然而,并不是所有储存罐都适合技术改造成带气密性封盖。该研究的专家组总结得出只有约1/4现有开放式柱形罐才能顺利进行加盖改造。还有1/4在改造时会遇到结构和设计的种种问题。有一半的柱形罐完全无法进行改造(占总研究的5%)[10-11]。

对于那些改造受限的,一般认为原因在于其改造成本高出上述情况太多。对于单级沼气工程,另一种方案是单独再建一个发酵罐,因为预计这可增产甲烷量并以此带来更多收入,尤其在较短停留时间的情况下。

在氮化或脱氮作用期间会产生一氧化二氮。由于活性厌氧储存的粪污或沼肥只含有氨,不能发生氮化作用,一氧化二氮的形成受限于悬浮层并取决于悬浮层的类型和曝气程度。这在有关粪污和沼肥的氧化氮排放研究中有说明,也造成了发酵对一氧化二氮排放的不同影响。通常情况下,粪污储存罐中的N_2O的排放与CH_4和NH_3相比对温室气体排放的影响显得微不足道[10-11]。但是添加气密性封盖可以完全的阻止这些气体的排放。

10.3　沼肥农田施用

可持续利用农田的前提是,为土壤提供足够的有机物并根据作物和土壤类型提供充足的养分。

最近几年,化肥涨价使得运输和施用沼肥及粪污变得更经济,同时由于沼肥有较高的营养价值,也就值得花费一定成本来运输沼肥。另外,包含沼肥和粪污的施肥方案也比单一使用化肥的施肥方案更有利于能源均衡[10-12]。

10.3.1　氮的可用性和营养效果

由分析值所示(表10.1),发酵通常会减少底物的干物质含量。同样,随着甲烷的产生,发酵程度越高,C∶N的比例将减小。但由于作物中氨含量的增加,对施肥有着积极的效果。C∶N的比例在液体粪便中从10∶1减小到(5～6)∶1,固体粪便则从15∶1减至7∶1。然而有些矿物质化的有机物早已被降解。这意味着当年用于作物的肥料中只有5%左右的有机氮(下一年则为3%)[10-12]。

可以通过"化肥当量"(MFE)计算出当年施用的沼肥中所含的可利用氮肥量。在使用当年,MFE主要由铵氮的可用量决定。接下来几年,只有小部分额外的氮由沼肥供应。如果能充分地避免氨损失,则"短期化肥当量"可达到40%～60%。这个量可从化肥供应中扣除。如果更长期的运用沼肥(10～15年之后),估计化肥当量可达60%～70%[10-12,10-7]。

一般认为,沼肥中氮的效果主要由农田施肥的方式、时间、天气、土壤类型和作物类型决定。

与粪污相比沼肥的pH较高,这对氨损失影响不大,因为在粪污施用不久pH同样会达到8～8.5。因此在氨排放上并无明显差异[10-15]。

10.3.2　施肥后减少氨损失的措施

10.3.2.1　氨排放

表10.8显示的是不同温度施用肥料后的氨损失。很显然随着温度的上升氨的损失在增加。在高温下将沼肥运用于作物或作物残留物时氨会损失得特别多。稀薄的沼肥能迅速渗入土壤,因而在低温时施用稀薄沼肥可将氨损失降到最低。可见,选择最佳时机施肥能有效减少氨损失。

表10.8　粪污施肥累积氨损失(48 h内,没有注入土壤,不同温度下)[10-7]

农田肥料	施用的铵氮中的氨损失(%)[a]			
	5℃	10℃	15℃	25℃,秸秆上
黏稠的牛粪[b]	30	40	50	90
稀薄的猪粪[b]	10	20	25	70
液体粪污			20	
厚垫草棚粪污和固体粪污			90	
干燥家禽粪便			90	

注:[a] 储存后残余铵氮的排放;

[b] 因为没有沼液的田间实验数据,这里采用牛粪和猪粪的相关数据。

10.3.2.2 农田施肥技术

农田施用沼肥与施用液体粪污的技术相同。农田施肥由液体粪污罐承载，通常带有减排设备(如拖尾软管施肥机)，使作物接受施肥时获取最大营养量。

农田施肥的目的在于将沼肥中所含的养分按照矿物肥料的精确度施用，尽可能减少氨损失，为作物的根部提供最大的养分。

以下为施用沼肥的技术：

罐

两种常见的类型：

—压缩罐。

—泵罐。

以下是几种低损失的和准确施用沼肥的技术：

拖尾软管施肥机

拖尾软管施肥机的活动范围在6～24 m，见图10.2；最近以来，施肥机的活动范围已发展到36 m。每个软管间隔20～40 cm，以5～10 cm宽的幅度施于土壤表面。

从蹄施肥机

从蹄施肥机的活动范围为3～12 m，有时可达18 m，每个软管通常间隔为20～30 cm。软管一端都是加固或防滑的蹄形施肥装置，见图10.3。

在施肥期间，施肥机拖过整片作物地。设计时就已考虑到在施肥时会将作物轻轻地推到一边。沼肥被用于土壤最上层(0～3 cm)，以防止作物大面积受到污染。

切割施肥机

典型的圆盘形施肥机，活动范围在6～9 m；软管间隔通常在20～30 cm，见图10.4。该施肥机带有鞋形加强切割圆盘(钢刀片)，在翻开土壤之时注入沼肥。

粪污喷射器的直接应用

粪污喷射器的活动范围为3～6 m，单独的软管通常间隔20～40 cm。用齿翻开土壤的同时将沼肥注入泥土。另外还有耙盘，使用凹盘开垦土壤，同样地将粪污注入到泥土中(图10.5)。

表10.9列举了液粪和沼肥的不同施肥技术。根据作物类型、发展阶段以及当地条件，可用的技术很多。由于农田施肥的技术和土地限制，总会有一部分铵会以氨气的形式流失到大气中。

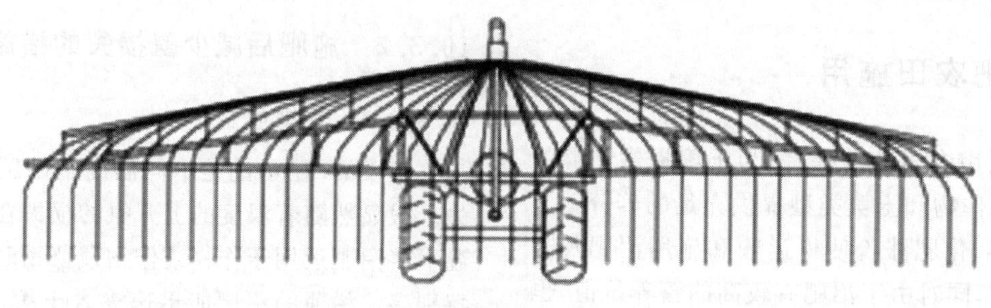

图10.2 拖尾软管施肥机

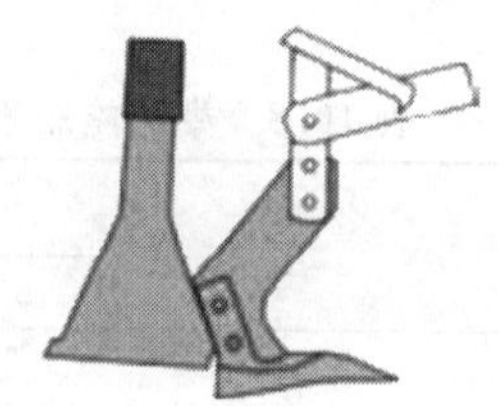

图10.3 从蹄施肥机

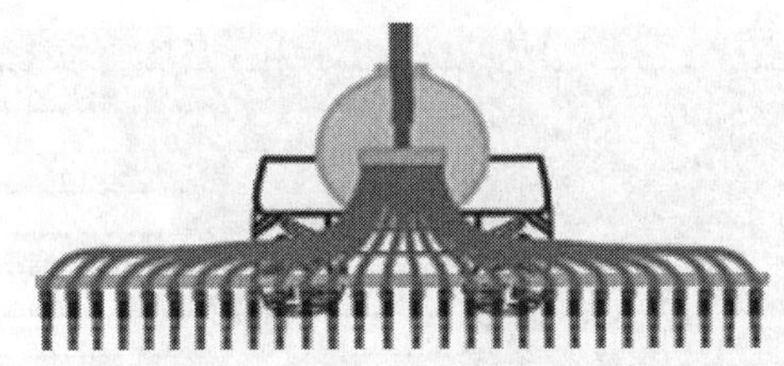

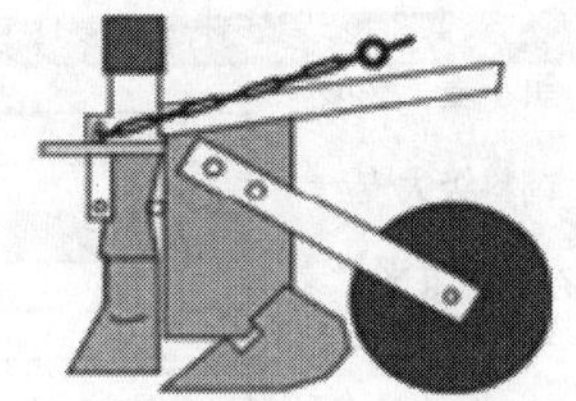

图 10.4 切割施肥机

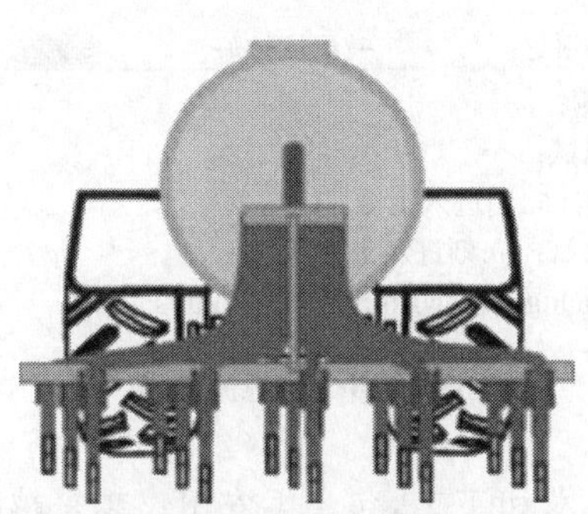

图 10.5 粪污喷射器

表 10.9 沼肥施肥后减少氨损失的技术措施[10-7]

技术和措施	使用区域	沼肥[a] 氨排放减少(%) 黏稠	沼肥[a] 氨排放减少(%) 稀薄	局限性
拖尾软管技术	耕地:			地形不宜过陡、地形和规模、黏性底物、轨道间隔、作物高度
	未种植	8	30	
	作物高度 > 30 cm	30	50	
	草场:			
	作物高度 > 10 cm	10	30	
	作物高度 > 30 cm	30	50	
从蹄技术	耕地	30	60	同上,土壤不能有太多石子
	草场	40	60	
切割技术	草场	60	80	同上,少石子,不能过度干燥和压缩土地,需要强大的牵引力
粪污喷射技术	耕地	> 80	> 80	同上,土壤不能有太多石子,需要强大的牵引力,作物耕地的使用限制(限制中耕作物)
直接应用(1 h 内)	耕地	90	90	主要耕种之后的轻度耙地(耙),收割后的注射和犁地

注:[a] 目前,很少有研究说明不同技术措施对减少沼肥施用中氨排放的影响,因此,这里采用的数据来自猪粪和牛粪的相关研究结果。

10.4 沼肥处理

德国的沼气工程在数量和规模上都在迅速增长。这也促进了集约化牲畜养殖,包括已经较密集的养牛区。由此带来的是区域性粪污(或沼肥)富集,使得该区域有时没有土地来消纳过剩沼肥。一方面,沼肥含有较高的营养成分,另一方面,如果没有正确施用,它也能让自然的新陈代谢过程超载。为了有效利用其中的营养成分,有必要提高养分浓度,使得远距离运输比较划算,以至于可把浓缩的养分施用到养分非过剩地区。

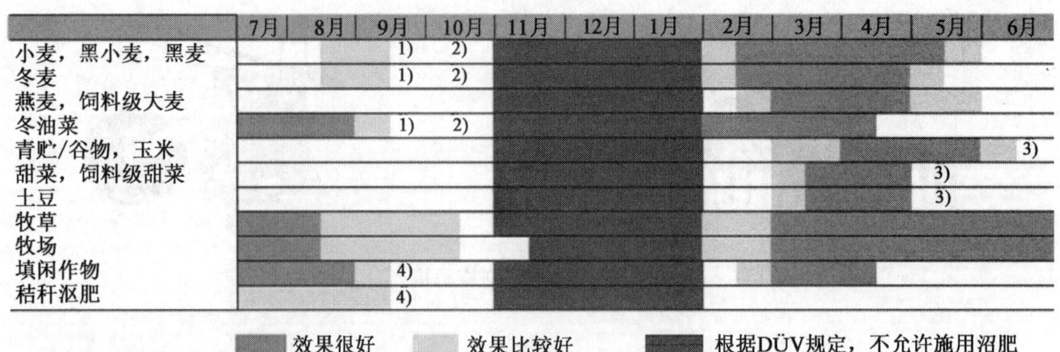

注：1)只有需要氮肥时；立刻进入土壤；

2)每公顷最多40 kg氨氮或80 kg总氮；

3)3月份时需要加硝化作用抑制剂；立刻进入土壤；

4)每公顷最多40 kg氨氮或80 kg总氮；立刻进入土壤；

来源：KTBL(2008)，Betriebsplanung Landwirtschaft 2000/2009,752 S

图 10.6 沼肥施肥期

下面介绍分离沼肥养分的现有技术和工艺，包括可实现的养分浓缩程度以及工艺的成本、功能描述和评估。比较现有工艺中的沼肥利用成本可以帮助评价各处理技术的实际可用性。

10.4.1 处理技术

最简易的沼肥使用方式是不经处理直接施用于农田。越来越多地区限制了这样的使用。高地租、长距离运输以及由此产生的高运输成本使得沼肥的使用很难做到经济划算。不同的工艺被用于(或正在开发)更经济地运输沼肥。这样的工艺有物理、化学和生物的特征(图 10.7)。

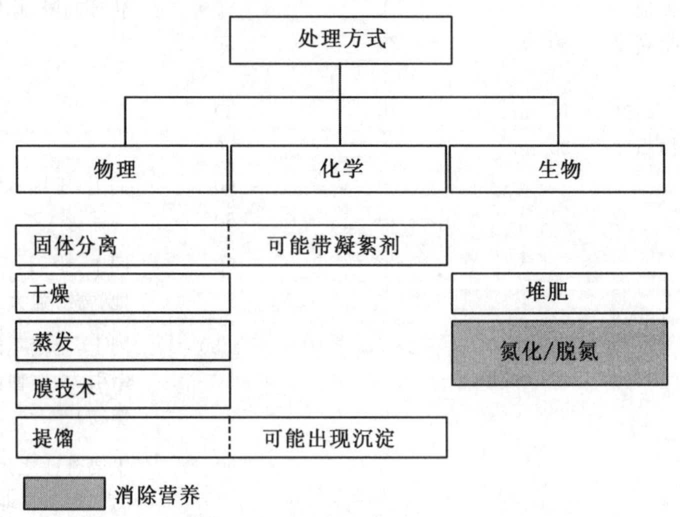

图 10.7 沼肥处理工艺的分类

10.4.1.1 未经处理直接使用沼肥(储存未经处理沼肥和农田施用)

为了养分循环，建议把沼肥返回到种植能源作物做沼气工程底物的农田里。由于这类土地通常就在沼气工程附近，运输距离较短，运输和施肥可用同一工具进行，省去了转移(单级阶段)的必要。当运输距离在 5 km 或以上时，运输和施肥由不同的车辆完成。一般来说，一旦运输距离增加，运输和施肥的成本都会上升。因为沼肥价值对于运输来说相对较低，因此沼肥处理的目的是在于减少所含的水分，以此增加养分浓度。

10.4.1.2　固液分离

固液分离是处理沼肥的关键，它可以减少沼液的体积和储存过程中出现沉淀和悬浮层的情况。但是，营养成分也因此被分隔开了，因为可溶的矿物氮主要会停留在液体状态，大多数有机氮和磷留在固体部分。固液分离后，沼液干物质含量低，可施用于农田也可进行再次处理，而固体部分，即沼渣，则可进行堆肥或干化处理。根据所需的分离程度，主要可使用的有螺旋挤压分离器、转鼓挤压机、带式压滤机和离心脱水机。

所有工艺的分离很大程度上取决于沼肥的属性和分离器的调节。沼肥的干物质含量越高，固液分离带来的体积减小和固相中保留的磷和有机氮就越大。螺旋挤压分离器可实现沼渣30%的干物质含量。尽管离心脱水机通常实现不了这点，但它是使沼液干物质含量低于3%的唯一技术，这也是对沼液进一步处理的必要前提。然而离心脱水机需要进料成分保持不变，而且与分离机相比，它们有更高的磨损率和能耗。

有时会用到凝聚剂来改进分离效果，但必须符合德国相关的肥料法规。

10.4.1.3　沼渣的再次处理

可以将沼渣直接施用于农田，但这会导致氮的不流通、产生臭味或扩散杂草种子，因此沼渣通常需要经过再次处理。

堆肥

堆肥是有机废物好氧处理的形式，目的是为了稳定有机成分，消灭病原体和杂草种子，并且除去臭气。必须对正在堆肥的沼渣提供足够的氧气。由于沼渣常常缺少物料结构，成功的堆肥需要添加结构物料（如树皮护根）或反复翻抛物料。

由于沼气生产过程对底物碳的厌氧降解，沼渣在堆肥中所产的自然放热比未经厌氧处理的有机物少。堆肥过程达到的温度只有55℃，而并非成功消毒所需的75℃。

与常规堆肥类似，堆肥的产物可直接作为土壤调节剂使用[10-25]。

干化

一些其他领域的干化工艺也可用于此处，如转鼓干燥机、带式干燥机和进料出料干燥机。在大多数干化系统中，热量由热空气流经物料表面和穿透物料来进行干燥。在沼气工程，除非有其他用途，一般的废热都会用于干化。

在干化过程，沼渣含有的铵以氨气的形式传到干燥机的废气中，因此需要处理废气以防止氨的排放。同样可能出现的是臭气，应尽量在联合废气清理过程中去除。

通过干化，可实现沼渣至少80%的干物质浓度，从而便于沼肥的储存和运输。

10.4.1.4　沼液的再次处理

分离的液相（即沼液）所含的低干物质浓度更便于沼肥的储存和农田施肥。但如果要远距离运输，通常需要对沼液进一步减小体积和增加养分浓度。这可通过以下流程完成。

膜技术

运用膜技术处理受污染较重的水在废水处理领域已很普遍。因此可适当调整这个技术以适合某些沼气工程的沼肥处理。不像其他的沼肥处理工艺，这一工艺不需要热能。这也让膜技术能适用于已连接微型沼气管网或气体处理系统的沼气工程，而且并无余热产生。

膜技术结合减少孔径的过滤工艺，其后为反渗透阶段，因此能产生可渗透和高营养浓度的效果。含量丰富的主要是钾和铵，磷被首先留在超滤阶段成为膜的截留物。反渗透过程的滤出液通常不含养分，可直接排入河道。通常，两级滤除工艺的截留液富含养分，因此，两者混合后可进行农田施肥。

为防止膜的过早堵塞，液体阶段的干物质含量应不超过3%。在大多数情况，这需要由离心脱水机完成固液分离。

蒸发

沼肥的蒸发处理对有大量余热的沼气工程更有意义。因为大约每蒸发1 t水，需要300 kWh的热能。该工艺对于底物粪污含量较高的沼气工程适用性有限，因为这些沼气工程相对于所产生的能量而言，沼肥量非常大。假定一个沼气工程底物进料中有50%的粪污，只有70%的热能需要能由沼气工程自己提供。

蒸发工艺通常采用多级处理。首先加热物料，在真空下温度逐渐升高达到沸点。为避免氨的损失，通过添加酸降低沼液的pH。换热器的堵塞和腐蚀会使运行出现问题。真空蒸发设备使沼液体积减少 70%左右。蒸发过程将沼液加热至 80～90℃能达到消毒的作用。

与进料物料相比，蒸发可实现最高 4 倍的固体浓度增长，从而减少相应的储存和运输成本。但是处理后的冷凝物因无法达到国家规定的排放标准不能直接排放。

提馏

提馏是指从液体中除去某些物质的工艺，其中气体（空气、水蒸气、废气等）通过液体被输送，同时液相中的某些物质转化至气体状态。铵被转化为氨气。该工艺在温度和 pH 较高时更有利，例如蒸汽提馏，由于温度的上升减少了所需的气体流通率。在下级吸附阶段，气相的氨气转化成可回收的产物。从气体蒸汽中吸附氨气可通过冷凝、酸洗或水石膏反应完成。吸附的产物通常为硫酸铵和铵液。

蒸发的操作并不能保证达到国家规定的水处理排放标准。

10.4.2 沼渣和沼液的利用

经过固液分离出来的固体部分（即沼渣）的属性类似新鲜的堆肥，可被用作肥料增加土壤中的有机物含量。德国联邦堆肥质量协会（BGK）制定了固体沼渣的质量标准，并且对质量达标的给予合格认可。但是新鲜的堆肥主要用在农业上，因其在储存和施肥过程中都伴有臭味。一个有市场的产品首先需要稳定性，如通过堆肥工艺获得成熟的堆肥产品。但是从 40 €/t 的堆肥成本来看，这并不很划算。另一种方式就是进行固体干化处理，从而使产品变得可储存和运输，并富含营养成分，可用作补充土壤中的磷和钾（表 10.10）。

还可以焚烧干化后的固体。但是联邦德国污染防治法（BIm-schV）规定一旦使用粪污作为辅助发酵物料，其沼渣将不能作为燃料。因而这需要额外的一些特殊批准。对于那些完全使用蔬菜原料的沼肥，尚无明确规定。

在有些沼气工程，分离出来的液相部分（即沼液）有时被用作再循环。沼液的干物质含量较低，也允许用于氨气损失较低的农田施肥。固液分离后，沼液中磷含量降低，意味着在集中牲畜养殖的区域，对于那些土壤磷含量有限定的农田可消纳周边更多的沼液量。营养富余的问题通常只能通过对沼液的再处理来避免，因为分离本身并没有减少运输量。

沼液处理后获得富集养分的浓缩液，但是其市场往往很有限。尽管其营养含量比沼肥高（表 10.10），运输也较为划算，但是它们的营养含量仍不如化肥。因为目前尚无适合沼液浓缩液的施肥技术，这有时会阻碍其利用。装载粪污和沼肥的拖尾软管施肥机在施肥时，需要足够多的施用量以均匀分配养分至土壤。液态化肥，如尿素铵的氮含量为 28%，通常可通过喷雾进行喷洒施肥，但是它有限定的使用量，很难通过标准技术实现 1 m^3/hm^2 的施肥量。

提馏产生的硫酸铵最接近可售产品的标准。它含有 10%的氮，主要是废气清理产品和化工副产品，目前已作为农用肥料大规模地销售于市场。

对于那些低养分或不含养分的沼液处理产物，在经济分析中，一般不被计入任何使用成本或收入，但它有可能作为工艺用水出售：最可能用于膜技术中，因其可直接从反渗透中排出。这类产物的另一用途是点火或引燃，而对于达到可排放标准的还可直接排入河道。在不具备上述任何条件的地方，只能连接具备水处理能力和生物处理能力的污水处理厂，需计入由此产生的额外费用。

10.4.3 沼肥处理工艺的比较

以上描述的沼肥处理工艺目前在宣传和运行上存在很大的差异（表 10.11）。沼肥固液分离工艺已发展得较为成熟，目前已被普遍使用。但是局部的处理并没有减少施肥的体积，反而使得施肥的成本有所上升。

固相的干化工艺已用在其他应用领域，并被用于沼肥干化，几乎没有技术问题。但是沼肥的干化只在有收益或无其他废热利用的情况下才划算。

液相的处理技术尚未成熟，仍需大力发展。膜技术已达到最先进的水平，市场上已有不少供应商和已稳定运行相关技术的沼气工程。尽管如此，还有很大的空间来发展膜技术以减少其磨损和能耗。例如，固体分离方法的改进已在进行中，其目标是延长膜的使用寿命和减少能耗。

表 10.10 沼肥处理工艺的模拟计算及养分比例

处理工艺	组分	质量 (%)	有机氮 (kg/t)	NH_4-N (kg/t)	P_2O_5 (kg/t)	K_2O (kg/t)
未经处理	液体		2.0	3.6	2.1	6.2
固液分离	固体	12	4.9	2.6	5.5	4.8
	液体	88	1.6	3.7	1.6	6.4
带式干化	固体	5	13.3	0.7	14.9	12.9
	液体	88	1.6	3.7	1.6	6.4
	废气	7	—	—	—	—
膜技术	固体	19	4.9	4.4	6.8	4.5
	液体	37	2.8	7.4	2.1	14.4
	废气(已处理)	44	符合直接排入河道的限值			
蒸发	固体	19	4.9	4.4	6.8	4.5
	液体	31	3.4	8.9	2.5	17.3
	过程水	50	不适宜直接排入河道			
提馏	固体	27	6.8	3.5	7.5	21.7
	液体(ASS)	3	0.0	80.6	0.0	0.0
	过程水	70	不适宜直接排入河道			

注:ASS:硫酸铵溶液。

表 10.11 沼肥处理工艺的比较评估

	分离	干化	膜技术	蒸发	提馏
运行可靠性	++	+/o	+	o	o
使用状况	++	+	+	o	o
成本	+	+/o	o/—	o	+/o
产品的可使用性					
固相	o	+/o	o	o	o
浓缩液(富含营养)	o	o	+	+	++
液体(营养匮乏)			+	o	o

注:++:很好,+:良好,o:平均,—:差。

蒸发和提馏工艺在商业上尚未成熟,因此经济评估和产物质量仍面临很大的不确定性,技术风险也相对较高。

10.5 参考文献

[10-1] Döhler H, Schiessl K, Schwab M. BMBF-Förderschwerpunkt, Umweltverträgliche Gülleaufbereitungundverwertung. KTBL working paper 272. KTBL Darmstadt, 1999.

[10-2] LTZ. Inhaltsstoffe in Görprodukten und Möglichkeitenzu ihrer geordneten pflanzenbaulichen Verwertung. Project report, Landwirtschaftliches TechnologiezentrumAugustenberg (LTZ), 2008.

[10-3] KTBL. Schwermetalle und Tierarzneimittel inWirtschaftsdüngern. KTBL-Schrift 435, 79 S., 2005.

[10-4] Klingler B. Hygienisierung von Gülle in Biogasanlagen. Biogas-Praxis Grundlagen-Planung-Anlagenbau-Beispiele. Ökobuch Staufen bei Freiburg, 1996, 141.

[10-5] Philipp W, Gresser R, Michels E, Strauch D. Vorkommen von Salmonellen in Gülle. Jauche undStallmist landwirtschaftlicher Betriebe in einem Wasserschutzgebiet, 1996.

[10-6] Steinmöller S, Müller P, Pietsch M. Phytohygienische Anforderungen an Klärschlämme-Regelungsnotwendigkeitenund-möglichkeiten. Perspektivender Klärschlammverwertung, Ziele undInhalte einer Novelle der Klärschlammverordnung, KTBL-Schrift 453, KTBL, Darmstadt, 2007.

[10-7] Döhler, et al. Anpassung der deutschen-Methodik zur rechnerischen Emissionsermittlung aninternationale Richtlinien sowie Erfassung und Prognoseder Ammoniakemissionen der deutschen Landwirtschaftund Szenarien zu deren Minderung bis zumJahre,2010, Berlin, 2002.

[10-8] FNR. Ergebnisse des Biogasmessprogramm Ⅱ,Gülzow, 2009.

[10-9] Clemens J, Wolter M, Wulf S, Ahlgrimm H-J. Methan-und Lachgas-Emissionen bei derLagerung und Ausbringung von Wirtschaftsdüngern. KTBL-Schrift 406, Emissionen der Tierhaltung, 2002, 203-214.

[10-10] Roth U, Niebaum A, Jäger P. Gasdichte Abdeckung von Gärrestlagerbehältern-Prozessoptimierungund wirtschaftliche Einordnung. KTBL-Schrift 449: Emissionen der Tierhaltung. Messung, Beurteilung und Minderung von Gasen, Stäuben und Keimen. KTBL, Darmstadt, 328 S., 2006.

[10-11] Niebaum A, Roth U, Döhler H. Bestandsaufnahmebei der Abdeckung von Gärrestlagerbehältern. Emissionsvermeidung beim Betrieb von Bio- gasanlagen: KRdL-Expertenforum, 4 November 2008, Bundesministeriumfür Umwelt, Naturschutz und Reaktorsicherheit, Bonn. Düsseldorf: Kommission Reinhaltungder Luft im VDI und DIN, 6 S., 2008.

[10-12] Döhler H. Landbauliche Verwertung stickstoffreicherAbfallstoffe, Komposte und Wirtschaftsdünger. In Wasser und Boden, 48 Jahrgang. 11, 1996.

[10-13] ASUE (Arbeitsgemeinschaft für sparsamen undumweltfreundlichen Energieverbrauch e. V.). Energiereferatder Stadt Frankfurt: BHKW-Kenndaten2005-Module, Anbieter, Kosten. Brochure, Kaiserslautern, 2005.

[10-14] Döhler H, Menzi H, Schwab M. Emissionenbei der Ausbringung von Fest-und Flüssigmist und Minderungsmaßnahmen. KTBL/UBA-Symposium. Kloster Banz, 2001.

[10-15] Gutser R. 'Optimaler Einsatz moderner Stickstoffdüngerzur Sicherung von Ertrag und Umweltqualität', presentation on 2 February 2006 at Conferenceon Fertilisation in Bösleben (TU München), 2008.

[10-16] KTBL. Strompreise aus Biomasse-Vergütungsrechnerfür Strom aus Biogas. 2009. http://www.ktbl.de/index.php?id=360.

[10-17] Körschens, Martin, et al. Methode zur-Beurteilung und Bemessung der Humusversorgungvon Ackerland. VDLUFA Stand punkt, Bonn, 2004.

[10-18] EEG. Act on granting priority to renewable energy sources (Renewable Energy Sources Act-EEG). Federal Law Gazette I, 2008: 2074.

[10-19] DüngemittelV. Ordinance on the Marketing of Fertilisers, Soil Additives, Culture Media and Plant Growth Additives (Fertiliser Ordinance, DüMV). Federal Law Gazette Ⅰ, 2008: 2524.

[10-20] DüV. Ordinance on the Use of Fertilisers, SoilAdditives, Culture Media and Plant Growth Additives According to the Principles of Good Professional Fertilising Practice. Amended version of the Fertiliser Application Ordinance. Federal Law Gazette Ⅰ, 2007: 221.

[10-21] 1774/2002. Regulation (EC) No. 1774/2002 of the European Parliament and of the Council of 3 October 2002 laying down health rules concerning animal by-products not intended for human consumption (Official Journal L 273 of 10 October

2002).

[10-22] TierNebV. Ordinance for Implementation of Animal By-products Disposal Act (Animal By-products Disposal Ordinance-TierNebV) of 27 July 2006. Federal Law Gazette I, 2006: 1735.

[10-23] BioAbfV. Ordinance on the Utilisation of Biowastes on Land used for Agricultural, Silvicultural and Horticultural Purposes (Ordinance on Biowastes-BioAbfV) of 21 September 1998. Federal Law Gazette Ⅰ, 1998: 2955.

[10-24] E-BioAbfV. Draft: Ordinance for Amending the Ordinance on Biowastes and Animal By-products Disposal Ordinance (as at 19 November 2007). Article 1: Amendment of Ordinance on Biowastes. BMU, WA Ⅱ 4-30117/3, 2008.

[10-25] Ebertseder T. Düngewirkung von Kompost und von flüssigen Gärrückständen im Vergleich. Humus und Kompost 172008, 2007: 64-67.

[10-26] Faustzahlen Biogas, 2nd. revised edition. KTBL (ed.), Darmstadt, 2009.

项目实施 11

沼气项目的实施包括从概念系统化、可行性研究、工程设计计到沼气工程启动运行的所有阶段。实施中，项目发起人(如农场主)可根据自身能力、财力和人力资源情况选择自行完成其中的某些阶段。沼气项目实施流程：概念系统化、可行性研究、资金支出规划、审批流程、沼气工程建设以及联网调试见图 11.1。

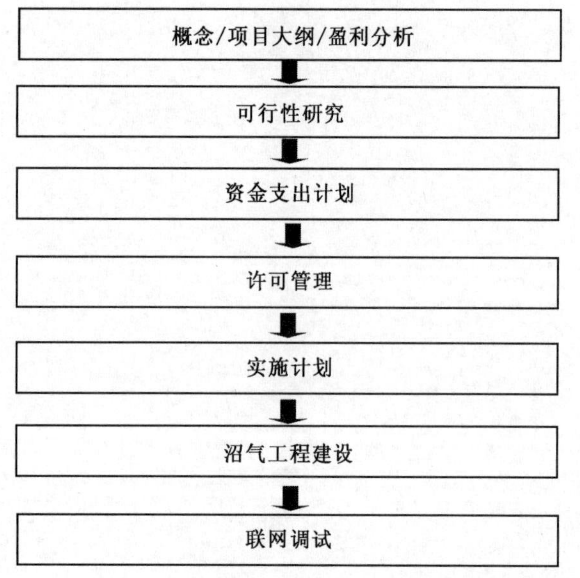

图 11.1 沼气生产和利用的实施步骤

为综合地给出项目实施的步骤以及详细地描述关键领域的工作，以下小节将以清单列表的形式展开。

11.1 概念系统化和项目大纲

一旦构思好沼气项目，建议项目发起人起草项目实施大纲。项目大纲不仅用于评估现场具体的技术可行性，还评估如何为项目融资并获得政府资助。此外项目大纲还为联络潜在的工程单位提供信息。建议可先从现有沼气工程运营商处获取有关规划程序和沼气工程运行的信息，特别是如果计划使用相同底物的情况。

在考虑沼气项目时，需从全局着手，如底物的可用性、实际的沼气工程以及能源需求方。在一开始就需考虑图 11.2 的三个要素，以实现充分的项目评估。

为避免在接下来的规划阶段出现不必要的问题，项目大纲需从以下几个方面展开，并且应使用本书中所提及的计算方法进行测评：

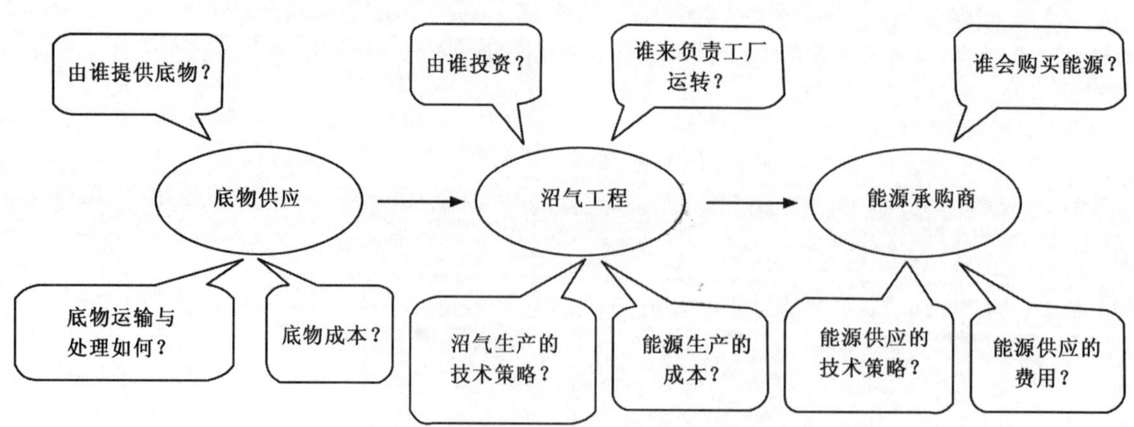

图 11.2 沼气工程项目规划的基本步骤

(1)现有底物体积的计算和检查,确定生物质供应链。

(2)沼气工程初步技术设计。

(3)查看现有土地面积。

(4)成本、政府资助和经济利益估算。

(5)评估能源承购战略。

(6)评估沼气工程是否能获得官方许可以及地方的批准。

项目的初步评估阶段,并不需要对步骤1(表11.1)的所有问题给出明确回答(这将在之后的规划阶段进行)。其目的在于确保找到至少有一个或几个能成功实施预期项目的方案。

表11.1　步骤1:准备项目大纲

寻找长期可用底物	哪些自产底物可长期供应? 是否有中长期整改农场的计划?这将如何影响沼气工程(在生物学/物料、工艺和能源方面)? 是否能长期依赖来自农场外部的底物? 这些底物的使用是否符合国家规定?(均衡性问题)
参观现有的沼气工程	参观现有的沼气工程是获取信息和经验的一种途径 市场上有哪些结构可供选择? 有什么结构或过程性问题? 如何解决这些问题? 已有不同底物和成分的沼气工程运营商的经验如何?
计算出你自己有多少空余时间	计算出每天常规检查和维护所需的时间(参考9.13) 这是否符合自己的农场情况? 什么样的工作模式适合我的家庭(如谁将接管农场)? 需要额外雇佣工人?
查看沼气工程所产的热能将被如何利用	有没有靠近我们农场的潜在购热方? 每月需供多少热?
查看你有多少可自由支配的资金	查看你的资金状况 你期望将来的收入如何发展? 你的财政情况在近期是否会有较大变化?
步骤1的目标	农场经济规划的初步评估 从已有沼气工程获取经验 获取相关信息得知哪些沼气工程和组件在市场可见

11.2　可行性研究

一旦项目发起人作出决定,根据项目大纲,要继续进行项目的下一阶段就必须准备可行性研究。通常这主要取决于项目大纲,首要目标是确定所有技术、经济和其他相关的初步数据和参数,对规划的项目进行彻底研究。可行性研究的目的在于对设想的沼气工程和可能实施方案进行定量评估。

可行性研究的主要标准见图11.3,详情见以下小节。

据表11.2,可行性研究报告根据下列目标进行考量,提供决策依据:

—通过调查所有参数和现场具体要求,检查项目的技术和经济可行性。

—评估技术和经济风险。

—识别排除标准。

—检查潜在的组织和运行结构。

—建立申请政府资助的基准。

—建立评估资金可靠性的基准。

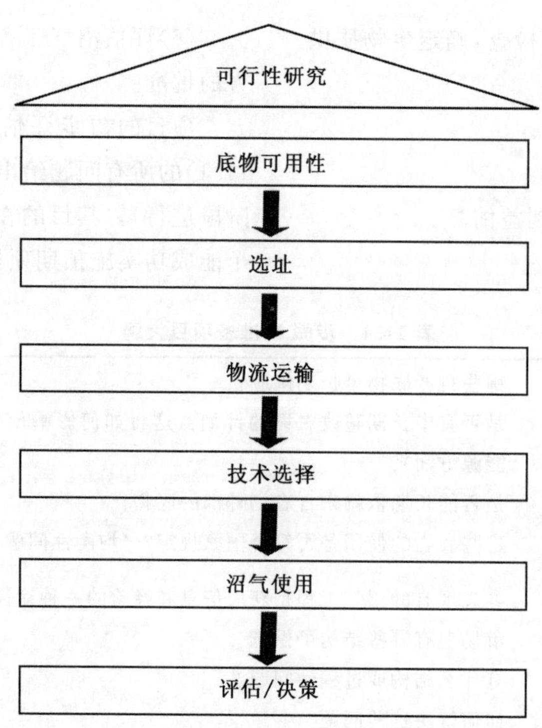

图 11.3 沼气工程可行性研究的标准

表 11.2 步骤 2:可行性研究

需要有经验、有声誉的工程公司或生产商参与	这些人对进一步规划和发展项目极其重要,将在所有步骤涉及他们有联系审批机构和地方当局的渠道
联系农业顾问或专家	顾问或专家对建设和运行沼气工程比较有经验,也能为其他问题提供专业意见,如从选址和设计到建设和联网
确定沼气工程类型和规模以及建设程序	确定地址特点,如土壤报告 选址(参考农场基本规划、建筑和筒仓面积) 最近的热电联网地点 根据农场和沼气工程未来运行结构确定合适的沼气工程规格、设计和技术 根据可能的设计方案确定沼气工程组件的尺寸 有关程序的问题:我希望怎样实施项目? 是否要交钥匙工程? 是否要将整个建设流程细分成几个单独的合同? 计划自己完成多少工作? 要与其他农场主共同分担这个项目吗? 哪部分工作打算对外招标?(如土木工程、电力等) 需要给其他方案留出余地吗?
步骤 2 的目标	邀请有经验的工程公司或专家准备实施可行性研究 确定沼气工程规模、沼气工程类型及能源并网接入点

11.2.1 底物的可用性

沼气工程的实施和运行很大程度上取决于每年是否有充足的底物供应。这需要检查是否能以可接受的价格获取底物。饲养牲畜的农场就具备这个优势,因为具有低成本的底物(粪污),并且不需要复杂的运输环节就能获得。此外,还可通过发酵工艺改进作为农场肥料的粪污质量(参见 4.1 章节)。与此不同的是，种植作物的农场，其底物的供应完全取决于农田数量和供应成本[11-1]。底物的类型和供应量会决定沼气工程所需的技术。确定底物供应量的对照表见表 11.3。

表 11.3 步骤 3:底物的可用性

识别可用底物	哪些生物质底物可用： 农业残余物(如牛粪、家禽粪污) 农产品加工废物(如苹果渣、土豆渣) 贸易和工业废物(如废油脂) 家庭产生的垃圾(如有机生活垃圾) 可再生资源、能源作物(如玉米青贮、牧草青贮) 什么时间可获得多少底物? 可获得底物的质量如何?
生物质供应商	哪些是长期的供应商?
供应成本	底物供应的成本为多少?
储存区域	在规划的场地需要多大面积的储存空间?
预处理	底物需要多少预处理(搅拌、粉碎)?
步骤 3 的目标	针对发酵工艺选择适合的底物 定义底物预处理和处理方法 选择潜在的生物质供应商

11.2.2 选址

在选择何处建立沼气工程时，需考虑的不仅有特定的地理环境(如合适的土壤情况、使用历史、设备的可用性)，这些会影响建筑成本，还有当地的建筑法和社会方面的规定(表 11.4)。沼气工程建设的选址标准可见图 11.4。

表 11.4 步骤 4:选址

检查地址	地址看起来如何? 土壤是否合适? 地址是否位于工业区(边缘)或农场外圈(“特权”)? 土地租金有多高?
检查基础设备	公路是否适合卡车行驶? 现场有哪些设备(电、水、污水、电信、天然气)?
检查入网地点	最近的联网点有多远?
检查热利用的方案	现场附近有潜在的热能需求用户吗? 热电联产工艺的废热能用于自己的农场吗? 相关转化的成本是否与收益成比例? 每月需供热多少? 是否有可能建立分散式热电联产机组(热电联产机组与沼气工程脱离，机组通过较长的沼气管道连接至气罐)?
检查沼气入网的方案	现场是否有可能将生物甲烷并入附近的天然气管网?(参考 6.3 章节)
建立当地的认可度	会影响当地的哪些居民和企业? 在项目初期需通知哪些有可能会参与的居民和企业? 哪些是潜在的购热方? 在早期的公共宣传活动中需涉及哪些公共机构(如市长、审批机构的参与)? 需注意哪些自然保护?
步骤 4 的目标	选址 选择沼气利用的形式(现场的热电联产机组、建立分散式热电联产机组或提纯沼气以并入天然气管网) 通过公共宣传活动建立当地的认可度

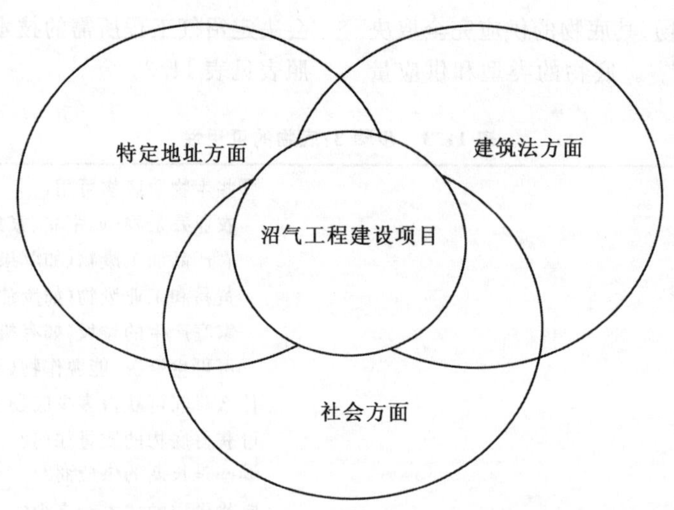

图 11.4　选址标准

11.2.2.1　地理位置特征

首先必须确定面积是否合适、土壤条件如何，尽可能避开受污染的地区，另外要确定现有的建筑和储存区域是否还能使用，以及是否有管网连接和购热方等资源(参考 9.1.1 章节)。评估这些内容的目的在于降低建设成本。农业沼气相对较低的发电装机容量和物流需要，使得底物供应和沼肥运输可以通过陆运完成。由于很多底物的能源密度低，因此底物产生的能量很难换回运输成本。所以，底物的来源主要锁定在沼气工程附近的生物质资源。选择有一般陆运能力的厂址也是一大优势(如国道或 B 级公路)[11-3]。

11.2.2.2　建筑法规定

建筑法有分建筑区域的内圈和外圈。内圈包括所有建筑区域内的土地，而外圈指的是建筑区域外的土地。内外圈由当地土地使用规划机构规定。为避免农村地区分散发展，对外圈建筑有一定的限制。根据《建筑法条例》(BauGB)第 35 条第 1 款，只在特定条件下才允许外圈建沼气工程，这种情况也被称为"特例"。还需考虑的有污染防治法规以及与自然和农村有关的规定(如强制措施)。

11.2.2.3　社会因素

经验表明，尤其在郊区，一个沼气项目的提案很可能引起当地居民和有关机构的争议，这对该项目是否能通过审批带来了不利的影响。对负面影响的恐惧，如臭味/噪声排放增加的交通流量以及沼气工程的视觉影响等，会引起受影响人群的强烈反对。因此必须尽早行动获得大家的认可，包括及时的信息更新、受影响群体和机构的参与以及对受影响群众的公关活动等。

11.2.3　物流

由于生物质(底物)的分散结构特点，以及沼肥和沼气用户时而分散时而集中的特征，物流规划对整个供应链起着关键作用。这包括所有旨在获取底物的企业和市场相关的活动尤其应优化供应商与购买方之间的物流和信息。

物流链的选择以及签订一个或多个尽可能长期的生物质供应合同，对沼气工程尤其重要，因为它需要全年持续不断的底物供应。理想状态是建设沼气工程之前就与合适的供应商签订稳固的合同，这可以使沼气工程的储存区域与底物的运达间隔互相协调，目标是避免出现现场运达底物的大幅波动。拟定合同前，必须先商定底物运达的结算方式，通常根据运达数量和体积来结算(如以 t、m^3)。这需要具体的质量标准和检查，以减小底物质量偏低的风险。

底物处理(粉碎和搅拌)以及装载至发酵罐可通过适当的带称重的设备完成(螺旋传送带)，参见 3.2.1 节。沼气工程内的底物输送主要由电泵完成。合适电泵和输送设备的选择取决于底物特征及其处理程度。以下是分析物流的对照列表(表 11.5)。

表 11.5 步骤 5:物流

确定和更新物流量	规划中应涉及多少底物? 潜在底物供应商的平均范围有多大? 底物的季节变化如何? 底物的预期属性如何
确定底物供应链	何种底物运达方式最适合规划的沼气工程? 现场有哪些长短期底物储存的类型? 需要何种形式的预处理和重量测量? 购买底物的价格存在多大的不稳定性?
选择生物质供应商和沼肥用户	需要与供应商约定什么样的运送条款和质量标准(如根据运达重量/体积结算)? 有沼肥用户吗?
沼气工程内的底物输送	沼气工程需要什么样的底物处理和运输设备? 沼气工程需要什么样的传输和抽送设备?
确定如何储存沼肥	将产生多少沼肥? 从结构来看能用什么样的方式储存沼肥? 以什么样的方式运输沼肥,施肥间隔多长?
步骤 5 的目标	确定运输和预处理处理技术 划定沼气工程底物和沼肥储存区域 选择生物质供应商和沼肥用户 确立供应协议,尽可能是长期合同

11.2.4 技术选择

拟建沼气工程将基于先进技术的实际应用情况,并充分考虑可获得底物的特征(参见第 3 章)、已有的基础设施、参与方的诉求和可用资金量来选择适合的技术。以下是技术选择的对照列表(表 11.6)。

表 11.6 步骤 6:技术选择

选择发酵工艺	沼气工程会使用湿发酵、干发酵还是两者的结合? 沼气工程会用到哪些工艺阶段? 工艺温度多少?
选择沼气工程组件	会使用哪些组件? 底物接收、处理和装载设备 带内部组件和搅拌系统的发酵罐 储气罐的类型 沼肥储存的方式 沼气利用
参与者	哪些农场和企业会成为联网合作伙伴? 参与者的经验如何? 附近有哪些设施和维护单位? 雇员和合伙人各知道多少有关底物处理装载以及运输和青贮设备的知识?
步骤 6 的目标	选择级别较高的先进的组件、方便维护的材料,能自动运行

11.2.5 沼气利用

根据厂址的具体情况,需确定如何利用沼气中的能量(参见第 6 章)。表 11.7 是沼气能源利用的对照列表。

11.2.6 评估和决策

沼气项目的评估和决策需通过相关的盈利标准和融资方法实现(参见 8.2 章节)。表 11.8 为相应的对照列表。

表 11.7 步骤 7:沼气利用

沼气利用类型	如何在现场有效利用所产的沼气? 热电联产(如热电联产机组、微型气涡轮等) 热电冷三联工艺 沼气提纯(除湿和脱硫)至天然气质量以并入公共天然气管网或微型气网 加工成机动车燃料 从沼气中回收热能
步骤 7 的目标	选择利用沼气的方式

表 11.8 步骤 8:评估和决策

制定具体成本预算	具体的成本预算可根据所选的程序制定 成本预算允许随时进行预算控制 成本可细分为以下内容: 各个组件的成本 底物成本("免费"运达至发酵罐) 折旧 维护和修理 利息 保险 人工费 融资/审批费用 规划/工程费用 杂费、管网连接费 运输成本(如果有的话) 管理费用(电话、房间、水电供应等) 需细分单独的组件,必须明确哪部分工作打算自己完成,哪部分工作打算外包
政府资助的可能性	除市场激励项目和 KfW(德国复兴信贷银行)的低利率贷款外,德国的各个州还有各自不同的政府资助政策 应向哪些单位申请资助? 在申请政府资助时需达到什么要求? 时间上有什么限制? 需提交哪些文件?
融资	计划外部融资的要求 应听取银行的融资建议,融资策略应符合农场自身的综合情况,需对比融资提案
步骤 8 的目标	准备盈利分析,包括其他优势的评估(如臭味、沼肥的流动性等) 后果:与(附近)农场建立可能的合约,以便: 采购辅助底物 建立运营商的社区 完成盈利分析,作为决策基础

11.3 参考文献

[11-1] Görisch U, Helm M. Biogasanlagen. Ulmer Verlag, 2006.

[11-2] FNR (eds.). Leitfaden Bioenergie-Planung. Betriebund Wirtschaftlichkeit von Bioenergieanlagen, 2009.

[11-3] Müller-Langer F. Erdgassubstitute aus Biomasse fürdie mobile Anwendung im

zukünftigen Energiesystem. FNR, 2009.

[11-4] BMU. Nutzung von Biomasse in Kommunen-Ein Leitfaden. 2003.

[11-5] AGFW Arbeitsgemeinschaft Fernwärme e. V. bei derVereinigung Deutscher Elektri zitätswerke e. V. (eds.). Wärmemessung und Wärmeabrechnung. VWEW-Verlag, Frankfurt a. Main, 1991.

[11-6] Technische Information 4, Sicherheitsregeln für Biogasanlagen. Bundesverband der landw. Berufsgenossenschaftene. V.

Kassel BImSchG. Act on the Prevention of Harmful Effects onthe Environment caused by Air Pollution, Noise, Vibrationand Similar Phenomena (Pollution Control Act: Bundes-Immissionsschutzgesetz-BImSchG), 2008.

BioabfallV. Ordinance on the Utilisation of Biowastes on LandUsed for Agricultural, Silvicultural and HorticulturalPurposes (Ordinance on Biowastes: Bioabfallverordnung-BioAbfV).

BiomasseV. Ordinance on the Generation of Electricity from Biomass (Biomass Ordinance: Biomasseverordnung-BiomasseV).

DIN EN ISO 10628. Flow diagrams for process plants-Generalrules (ISO 10628: 1997); German version EN ISO10628:2000.

Düngegesetz (DünG). Fertiliser ActDüngemittelverordnung: Ordinance on the Marketing of Fertilisers, Soil Additives, Culture Media and Plant GrowthAdditives (Fertiliser Ordinance: Düngemittelverordnung-DüMV).

Düngeverordnung. Ordinance on the Use of Fertilisers, SoilAdditives, Culture Media and Plant Growth AdditivesAccording to the Principles of Good Professional Fertilising-Practice (Fertiliser Application Ordinance: Düngeverordnung-DüV).

EU Directive 1774. Guidelines on application of new Regulation(EC) No. 1774/2002 on animal by-products.

Landesabfallgesetz. Regional regulations of German states oncollection and recycling of organic wastes (state wastedisposal law).

Landeswassergesetz. Regional regulations of German states onWater Resources Act (state water law: Landeswassergesetz-LWG).

TA Lärm. Technical Instructions on Noise Abatement (SixthGeneral Administrative Regulation on Pollution Control Act).

TA Luft. Technical Instructions on Air Quality Control-TA Luft(First General Administrative Regulation on Pollution Control Act).

UVPG. Environmental Impact Assessment Act.

VOB. German construction contract procedures (Vergabe-undVertragsordnung für Bauleistungen).

EC Regulation No. 1774/2002. Regulation of the European Parliamentand of the Council of 3 October 2002 layingdown health rules concerning animal by-products notintended for human consumption.

Wasserhaushaltsgesetz. Water Management Act (Wasserhaushaltsgesetz-WHG).

12 沼气作为可再生能源在德国的重要地位

30 多年以来，德国对能源和环境政策的争议主要集中在能源对环境的影响。为了减少温室气体的排放，德国在推动可再生能源方面做了积极努力。其中一个主要贡献在于沼气的供应和使用，特别是沼气发电。

自《可再生能源法》(EEG)自 2000 年出台以来，沼气的生产和使用率得到了迅速提升，特别在农业上。过去这一发展也得到了德国政府的市场刺激项目(MAP)以及许多联邦投资推广项目的支持。2004 年修订的《可再生能源法》大大地加速了沼气工程的建设。它使能源作物成为受人青睐的沼气工程供应原料，并越来越普及。然而，仍有待开发其他潜在的有机原料用于沼气生产。可见沼气生产和利用有着广阔前景。

12.1 沼气生产作为开发生物质的一种方式

"生物质"是指能用来产生能源的有机物质。生物质包括生长于自然界的植物物质和动物物质(植物和动物)，以及它们所产生的废弃物(如粪污)。其他有机物质和残余物，如稻草和屠宰场垃圾，也可归为生物质。

生物质一般分为能源作物、收割残余物、有机副产品以及垃圾。更多详情可见第 4 章"底物的描述"。首先这些物质流必须送达能源回收点，大多数情况这必然需要运输过程。回收能源之前，很多时候这些生物质需先经过机械预处理。同时由于能源回收过程需要生物质的持续供应，必须对其做好储存的准备。

接下来，可从生物质中产热、电和燃料。用于这一目的的技术有很多，其中一个是在允许热电联产的生物质燃烧厂直接燃烧。然而，生物能供热仍是最典型的生物质应用方式。

另外还有很多其他使用生物质的技术和方法来满足有效能源的需求(图 12.1)。一般可分为热化学、物理化学和生物化学的转化工艺。沼气生产(底物厌氧发酵形成沼气)属于生物化学转化的工艺。

12.2 沼气生产和利用对生态和可持续发展的作用

目前有许多项目开始调查和评估沼气生产和利用的生态作用，已有一部分项目初见成效。一般认为可持续性主要取决于底物的选择、沼气工程的技术水平(效率和排放)以及沼气利用效率。

关于进料底物，一般认为无额外费用的原料有益生态，因此应鼓励使用此类底物产沼气。例如，使用粪污的沼气工艺不仅可有效利用大量的粪污，还可以避免常规排放粪污。因此应优先考虑利用残余物质和废物(如粪污、食品工业的残渣)，而不是专门为沼气工程种植的能源作物。从生态角度看，残余物和垃圾还能有效改善能源作物的发酵效率。

沼气技术的关键是尽量避免气体泄漏同时又尽可能地达到高效降解，即确保底物中的有机质以最大比例被降解。这可能需要在初始投资阶段有好的设计和措施，同时也需要运行好沼气工程。另外还可从 IFEU 项目的问题报告中开展进一步具体的分析，提高沼气工程效率。IFEU 项目的目标是优化德国沼气生产和利用的可持续扩展[12-1]。

利用沼气最有效的方法是尽最大可能地转化沼气中所含的能量，以替代产生高 CO_2 排放的化石能源，如煤或油。因此，热电联产及最大程度利用已有热能在所有方式中占有优势。热能回收应最大程度地取代来自化石燃料的热源，如选址不合理，这可能无法在大型沼气工程实现。这种情况下，减小对环境影响的一种方法是提纯沼气至天然气质量并入天然气管网，然后在全年热量需求较高的地区提取出来，在异地进行热电转化。

作为一个例子，图 12.2 对比了不同底物的沼气工程与德国混合电网(2005)每产生一度电的温室气

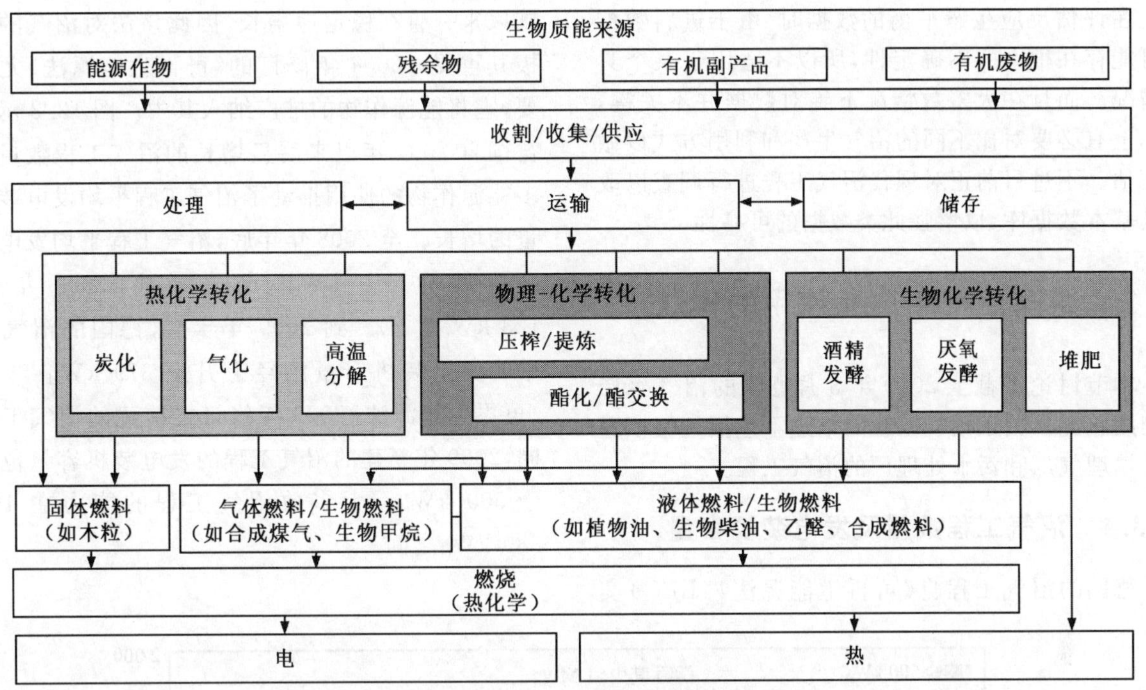

图 12.1 使用生物质供应最终能源的不同方案

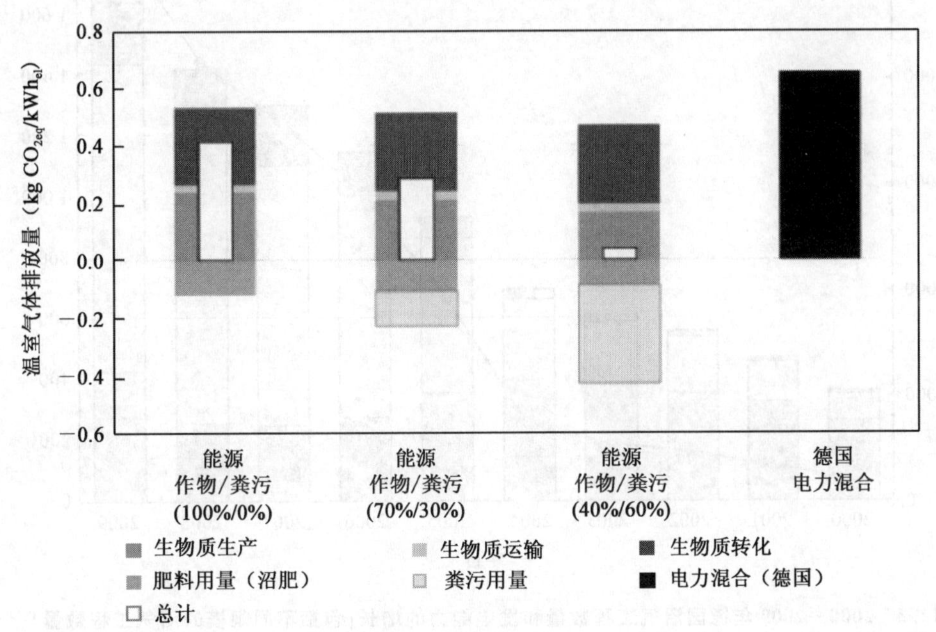

图 12.2 不同底物的沼气工程与德国混合电网每度电产生的温室气体排放($kg\ CO_{2eq}/kWh_{el}$)[12-5]

体排放(GHG)[12-5]。此处举例的沼气工程，一般使用纯能源作物或能源作物与粪污混合作为底物产沼气。温室气体排放以每度电力产生的多少千克的二氧化碳当量来计算。能源作物的种植通常带来温室气体排放(如二氧化氮或氨气)，而使用粪污回收能源通常会减少排放，因此应优先考虑开发动物粪污以及农业残余物的经济潜能。发酵粪污逐渐取代传统的储存未经处理的粪污，使得原料中粪污的比例增加，从而一定程度上减少了温室气体的排放。此外，比起传统的储存粪污(未在沼气工程使用)，这种方式还能发挥粪污的稳定发酵工艺的效果[12-1]。由于沼肥可替代化肥，也因此可折算出这一替代带来的温室气体减少，所以，它对平衡温室气体排放有积极贡献。

结果显示可通过沼气替代常规能源来避免温室气体的排放(德国的常规能源主要为核能、煤或褐煤)，但是这首先要看沼气工程如何运行。

在评估反应生态平衡的数据时，由于进料数据有可能存在很大的不确定性，所以不适用于某个具体情况。而且在大多数情况下绝对数据并不关键，实际上有必要对比不同的沼气生产和利用方式以做出评估。不过目前正对现代沼气工程进行调查以改进其基本数据库，以增强此类数据的可靠性。

12.3 德国沼气生产和使用的现状

本节讨论了截至 2010 年 3 月德国的沼气生产和利用状况。关于沼气工程的描述不包括垃圾填埋场的填埋气厂和污水处理厂的沼气工程。

12.3.1 沼气工程数量及发电装机容量

德国的沼气工程自《可再生能源法》(EEG)实施以来一直在稳定地增长，因此该法对沼气的发展极其重要。2004 年修订的《可再生能源法》尤为重要，它将能源作物的推广纳入其中。图 12.3 示意了德国自 2004 年以来明显增长的沼气工程数量。更多能源作物的使用推动了沼气工程平均发电装机容量的增长。至 2008 年年底，沼气工程平均发电装机容量约为 350 kW_{el}（与之对比，2004 年的为 123 kW_{el}[12-3]）。到 2009 年年底，德国的沼气工程平均发电装机容量已经上升至 379 kW_{el}[12-7]。与《可再生能源法》2009 年修订之前建的沼气工程不同，2009 年新建的沼气工程的发电装机容量范围低于 500 kW_{el}。大多数沼气工程的能力在 190～380 kW_{el}之间。

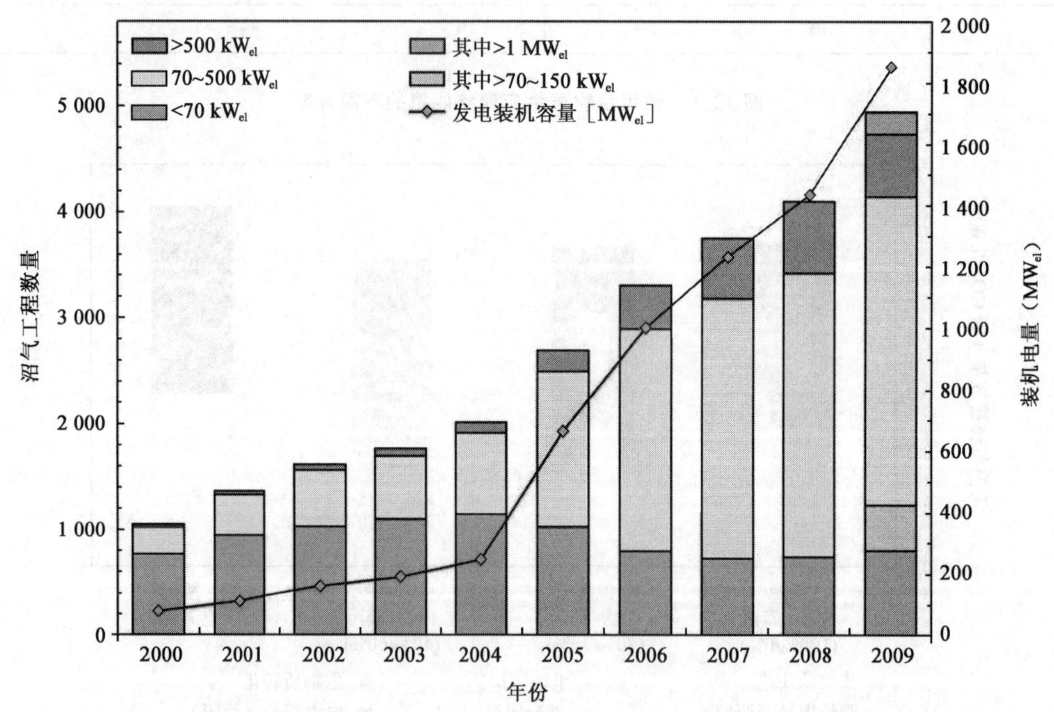

图 12.3 2000—2009 年德国沼气工程数量和发电能力的增长(包括不同规模的沼气工程数量)[12-3]

2009 年年底，德国共有约 4 900 个沼气工程，总装机电量约 1 850 MW_{el}。与 2008 年较低的建设率相比，2009 年新增了不少，大约新建的沼气工程有 900 个，装机量增加了约 415 MW_{el}。这很大程度上归因于《可再生能源法》2009 年的修订以及沼气发电回报的改善，因此可预见发展趋势将与《可再生能源法》2004 年修订之后的类似。2009 年沼气发电装机容量预计为 13.2 TWh_{el}①[12-3]。考虑到 2009 年沼气工程的建设贯穿整个年头，实际的产能水平可能没有这么高，因此合理的估计在 11.7 TWh_{el}②左右[12-3]，这相当于德国能源总产量的 2%，暂估算为 594.3 TWh_{el}[12-2]。

①以每年平均满负荷运行 7 000 h 计算的产能潜能，未计入新入网沼气工程的数据。

②为估算实际沼气产能量，需设以下假设：在 2008 年底前满负荷运行 7 000 h；2009 年上半年新建立的沼气工程达到 5 000 h 满负荷运行，以及在 2009 年下半年建的沼气工程满负荷运行 1 600 h。

表 12-1 列举了 2009 年底德国每个州运行的沼气工程数量、总装机容量以及平均发电装机容量。数据来源于德国农业部、农业环境部以及农业调研机构的相关调查。

汉堡的平均发电装机容量较高，因其安装的有机生活垃圾沼气工程发电能力有 1 MW_{el}。除污水处理厂的沼气项目外，柏林市和不莱梅市尚无建沼气工程的记录。图 12-4 显示的是各个州与农业用地相关的装机电量(kW_{el}/1 000 hm^2)。

此外，在 2009 年年底，有 31 家运行的沼气工程将沼气并入天然气管网；这些沼气工程的燃气装机量总共达到了约 200 MW。由于考虑到入网时间和沼气工程实际负荷的不同，2009 年实际注入天然气管网的沼气量预期有 1.24 TWh。另外还有些沼气工程提纯的沼气并没有并入天然气管网，而是用于现场发电，其中有一家沼气工程的生物甲烷直接被用作车用燃料。预期将来会有更多沼气工程入网。

表 12.1　2009 年德国各州和直辖市的沼气工程分布及装机容量(2010 年各州普查结果)[12-3]

德国各州	运行的沼气工程数量	总装机量(MW_{el})	沼气工程平均发电装机容量(kW_{el})
巴登-符腾堡州(Baden-Württemberg)	612	161.8	264
巴伐利亚州(Bavaria)	1 691	424.1	251
柏林(Berlin)	0	0	0
勃兰登堡(Brandenburg)	176	112.0	636
不莱梅(Bremen)	0	0	0
汉堡(Hamburg)	1	1.0	1 000
黑森州(Hesse)	97	34.0	351
梅克伦堡-前波莫瑞(Mecklenburg-Western Pomerania[a])	156 (215)	116.9	544
下萨克森州(Lower Saxony)	900	465.0	517
北莱茵-威斯特法伦州(North Rhine-Westphalia)	329	126.0	379
莱茵兰-法尔茨州(Rhineland-Palatinate)	98	38.5	393
萨尔州(Saarland)	9	3.5	414
萨克森州(Saxony)	167	64.8	388
萨克森-安哈尔特州(Saxony-Anhalt)	178	113.1	635
石勒苏益格-荷尔斯泰因州(Schleswig-Holstein)	275	125.0	454
图林根州(Thuringia)	140	70.3	464
合计	4 888	1 853	379

注：[a] 运行厂址数量，根据调整的数据收集方式，将园区合并计算成一个；

括号中的数字：估计的沼气工程数量。

12.3.2　沼气用途和趋势

2009 年修订的《可再生能源法》引入了重要的激励措施，促进了沼气生产能力的提高。基于调整后的《可再生能源法》的电价支付结构，预期会再次出现建设小型沼气工程(<150 kW_{el})的热潮，不过大型沼气工程的建设也还是会继续。在通过天然气管网输送之后的沼气或甲烷的发电将继续受到重视。

利用沼气发电的设施必须更加重视实际使用热电联产机组热能，这既是能源效率问题，也是经济效益问题，如果可能，最好是热能零浪费。除非沼气工程附近存在热能用户，热电联产机组一般可安装于靠近热能使用的地方。热电联产机组既可以通过天然气管网供应已提纯至天然气质量的生物甲烷气(沼气净化并已去除 CO_2)，也可以通过微型气网供应脱水和脱硫的沼气。

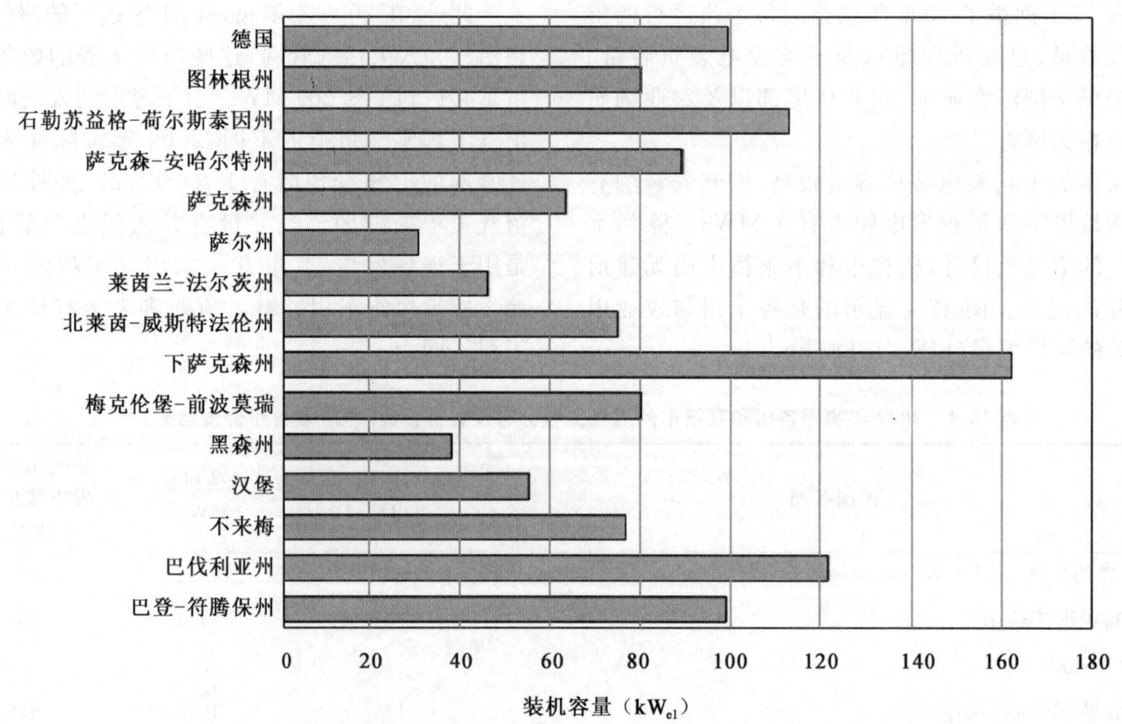

图 12.4　德国各州每千公顷农业用地的沼气工程发电装机容量(kW_{el})[12-3,12-6]

可见提纯沼气至天然气质量然后并入管网会越来越普及。除产能外，还能利用生物甲烷供热和供机动车燃料。生物甲烷能够灵活使用的属性与其他能源相比是一大优势。关于供热(除小型的废水处理厂利用沼气给工艺过程供热外)，以后的发展将主要取决于消费者购买甲烷的意愿(甲烷的费用略高于天然气)以及今后法律法规的修改。关于汽车燃料，德国燃气产业未来的发展趋势是在 2010 年车用天然气中有 10％来自生物甲烷，而到 2020 年，将达到 20％。

12.3.3　底物

在德国，目前使用的大多数基础底物主要为粪污和能源作物。2009 年对沼气工程运营商开展了关于底物进料(新鲜物质)的调查，总共有 420 份问卷，具体结果见图 12.5[12-3]。根据该调查，有 43％的底物为粪污，41％为能源作物，而有机生活垃圾的比例约为 10％。由于德国存在不同的法规，有机生活垃圾多在专门的废物发酵厂进行处理。工业和农业残余物占底物中的比例最小，仅为 6％。尽管《可再生能源法》2009 年新条例规定选择农业残余物不会影响任何能源作物补贴(参考 EEG2009，附录 2，第 5 条)，但是农业残余物的使用并没有如预期的有所增加。

如果根据底物的能量潜力来比较，那么能源作物是目前德国主要的底物类型。这使得德国成为欧洲为数不多的从沼气中(如分散的农业沼气工程)，而非垃圾填埋气和污水处理气体中获取基础能源的国家之一。

能源作物作为底物已很普遍，在所有农业沼气工程中占了 91％[12-3]。青贮玉米在能源作物市场占据了主导地位(图 12.6)，但几乎所有沼气工程都会同时使用几种不同的能源作物，包括如全株谷物青贮、牧草青贮和谷物。

自 2004 年以来，越来越多的沼气工程完全依赖能源作物而非粪污或其他底物。由于使用了发酵促进剂，如微量元素混合物，使得单纯用能源作物的沼气工程现在有可能维持稳定的生物降解过程。

不同底物的具体情况见第 4 章(底物的描述)。

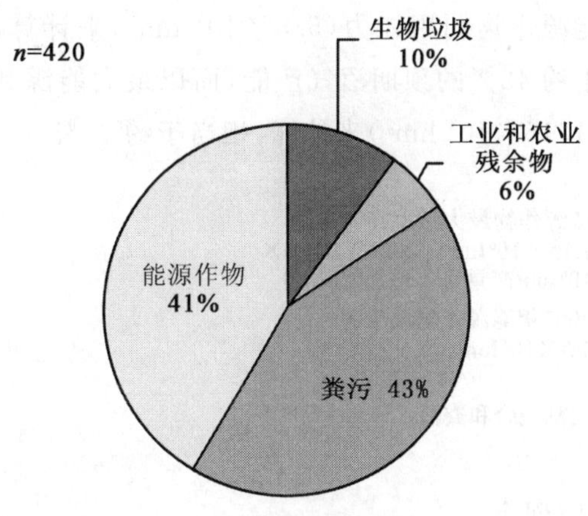

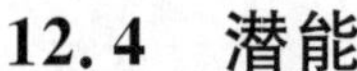

图 12.5　沼气工程底物类型
(沼气工程调查 2009,基于重量)[12-3]

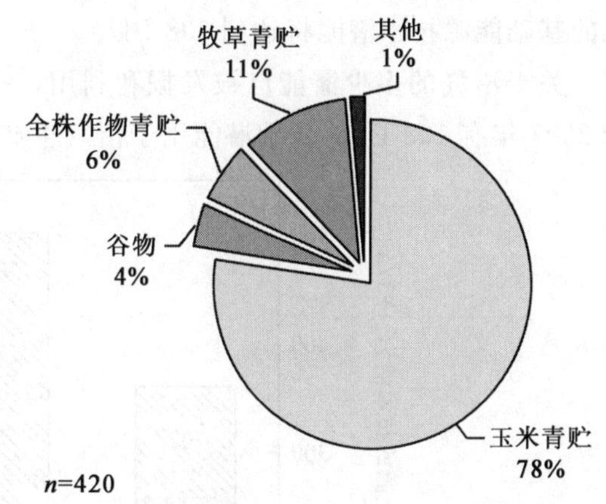

图 12.6　作为沼气工程底物的能源作物类型
(沼气工程调查 2009,基于重量)[12-3]

12.4　潜能

确定已有沼气生产能力以及预测将来生产潜能需要考虑很多因素。在农业领域，确定潜能的因素包括现行的经济状况、作物结构、全球食品现状。有很多不同的领域相互竞争农业中的生物质，从食品生产(包括动物饲料)、物料生产的使用到能源生产，这些也各自有着不同的转化方式。同样地，农业、市政和工业垃圾也面临着一系列不同的利用方式和能源回收途径。因此，根据不同的假设，预测的结果可能差异很大。

12.4.1　基础能源的技术潜力

沼气可由一系列不同的物质流生产。本节将从技术可行性角度，阐述不同物质流的基础能源潜能和相应的技术潜能(供热和供电)和最终能源潜能①(即可用于能源系统的最终能源)。所参考的是不同的生物质的可利用潜力。底物被分为以下几组：

—市政垃圾。

—工业垃圾。

—收割残余物和粪污。

—能源作物：在德国(2007)大约 5.5×10^5 hm^2 的面积种植用于沼气生产，代表最小潜能。

—能源作物：在德国(2007)大约 1.15×10^6 hm^2 的面积种植用于沼气生产的作物，到 2020 将达到 1.6×10^9 hm^2，体现了最大的潜能。

在德国，来自市政和工业垃圾的沼气的基础能源技术潜能初步估计分别为 47 PJ/a 和 13 PJ/a(图 12.7)。根据目前以及对将来的预测，至今为止最大的潜能将在农业领域发掘(包括收割残余物和粪污)。种植能源作物的农田量有很大波动性，预计到 2020 年有可能从 2007 年的 114 PJ/a 降至 105 PJ/a，因为农田有可能与其他(能源相关)的使用冲突。因此，能源作物的潜在产沼气能力既包括了最小值也有最大值的情况。

2007 年德国种植能源作物的基础能源技术潜能为 86 PJ/a，即 5.5×10^5 hm^2 的能源作物种植面积用于沼气生产②。一般认为最大能实现 1.15×10^6 hm^2 用于沼气生产，如果这样的话，技术潜能可比 2007 年再上升 102 PJ/a。

预计 2020 年将有 1.6×10^6 hm^2 种植面积可用于沼气生产，每年产量将增长 2%，能源作物生产沼

①可再生能源的技术潜能是指从理论总潜能中扣除由于现有技术的局限性而不能开发利用的部分。同时还必须考虑结构性和生态限制(如自然保护区或规划的生物圈落)以及法定要求(如可能影响人体健康的有机废物是否可用于沼气工程)，因为通常很难克服这些“障碍”，类似于(排他的)技术限制。根据技术潜能的量化，可分为以下几种：

—基础能源的技术潜能(如可用于生产沼气的生物质的量)。

—能源输出的技术潜能(如沼气工程的沼气输出量)。

—最终能源使用的技术潜能(如输出给末端用户的电力)。

—最终能源使用的技术潜能(如由沼气工程供电的电吹风机吹出的热能)。

②为了简化能源作物的产沼气潜能计算，一般采用玉米为所种作物。而实际中混合使用了不同的能源作物(参见 12.3.3 章节)，沼气工程能源作物原料中的玉米所占的比例大约为 80%(以新鲜物质计算)。

气的基础能源技术潜能将达到 338 PJ/a。

关于沼气的多少潜能已被发掘和利用，一般认为 2007 年有 108 PJ 的基础潜能用于沼气生产。以最小能源作物利用能力（5.5×10^5 hm^2）来计算，这相当于约 42% 的预期沼气产能，而以最大能源利用能力（1.15×10^6 hm^2）来计算，相当于约 30%。

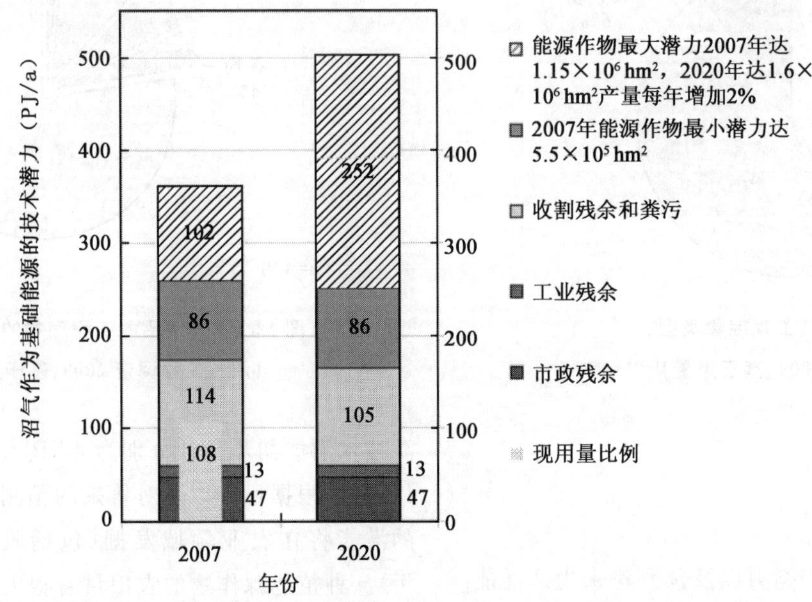

图 12.7　从技术可行性分析德国 2007 年和 2020 年以沼气为基础能源的潜力

12.4.2　最终能源技术潜能

上述的生产潜能可转化为热能和电力。以下所描述的生产潜能不考虑需求一方的限制，而最终的能源潜能则会考虑需求一方的限制。因此，最终的能源潜能必须准确反映沼气生产和利用对最终有效能源需求的贡献。

12.4.2.1　发电

考虑到发电机和热电联产机组能量转换效率在 38%，这一数据可用于测算潜在的发电能力，并以此算出 2007 年的最大电能输出的技术潜能为 137 PJ/a。假定 2020 年的平均发电效率为 40%，按目前的方式预测的最大电能输出技术潜能为 201 PJ/a。

12.4.2.2　供热

仅供热的能源转换率为 90%，因此，2007 年推算的热能输出的技术潜能或能源潜能为 325 PJ/a。一般认为沼气只在热电联产机组用于热电联产，其热能效率为 50%，因此，2007 年测算的最终热源输出的技术潜能为 181 PJ/a。

12.5　展望

德国沼气发展的技术潜能巨大，主要在农业领域，与能源工业有关。尽管近几年沼气生产和利用不断大规模地扩展，明显降低了现有的潜能，但是有些情况下的选址变得愈发困难。总之，农业领域仍有扩大沼气使用的潜能。在《可再生能源法》对于废热使用（热电联产）的激励下，近几年以沼气为能源来源的使用有所改善。除发电外，还有 1/3 以上所产的热能取代了化石能源供热。新建立的沼气工程很少不带热电联产机组。但是一些旧的沼气工程仍面临废热无法利用的情况，因此将来还需改进。

开发沼气潜能的技术如今已达到较高的水平，基本达到国家规定的先进要求，并且往往综合了其他领域的工业设计。沼气工程运行也变得更加可靠和安全。媒体对沼气工程事件的报道主要与沼气工程的平均水平有关，因沼气工程大量的出现，有些没有按常规要求建设。大多数系统组件需结合效率的提高进行改进。

从生态角度出发，人们对沼气的生产和利用的青睐远大于使用化石燃料。特别是在无需额外费用的情况下将有机残余物和垃圾转化为沼气时，优势更明显。因此，更需要注意尽可能地充分利用沼气，提高使用效率。

在德国，过去 10 年内运行的沼气工程数量翻了 5 倍多。沼气工程的总发电装机容量从 1999 年的 45 MW_{el}增加至 2009 年底的 1 853 MW_{el}，同时，沼气工程的平均发电装机容量从 53 kW_{el}升至 379 kW_{el}。尽管可能存在一定的下降率，但预计该数字还会继续上升。

虽然确实有不少问题还需优化，但是沼气的生产和利用已是较为成熟和有市场的技术。它被认为是一种前景广阔的可再生能源，未来对可持续能源供应的贡献将越来越大，同时也将促进温室气体减排。本书希望能帮助推动这种趋势。

12.6 参考文献

[12-1] Vogt R, et al. Optimierung für einen nachhaltigenAusbau der Biogaserzeugung und-nutzung in Deutschland. IFEU, Heidelberg (Koordinator) und IE, Leipzig, Öko-Institut, Darmstadt, Institut für Landschaftsarchitekturund Umweltplanung, TU Berlin, S. Klinski, Berlin, sowie im Unterauftrag Peters Umweltplanung, Berlin. Research project for the Federal Ministry for the Environment, Nature Conservation and Nuclear Safety (BMU). Final report with material volume (vol. A-vol. Q), Heidelberg, 2008. www. ifeu. de; www. erneuerbareenergien. de.

[12-2] AGEB-Arbeitsgemeinschaft Energiebilanzen e. V. Energieverbrauch in Deutschland im Jahr, 2008, Berlin, 01/2009. http://www. ag-energiebilanzen. de/viewpage. php? idpage=118.

[12-3] Thrän D, et al. Monitoring zur Wirkung des Erneuerbare-Energien-Gesetztes (EEG) auf die Entwicklungder Stromerzeugung aus Biomasse. Interim report 'Entwicklungder Stromerzeugung aus Biomasse 2008', March 2009. Deutsches Biomasseforschungszentrumgemeinnützige GmbH in cooperation with ThüringerLandesanstalt für Landwirtschaft on behalf of the Federal Ministry for the Environment, Nature Conservationand Nuclear Safety. FKZ: 03MAP138. http://www. erneuerbare-energien. de/inhalt/36204/4593/.

[12-4] BIOGAS BAROMETER-JULY 2008. http://www. eurobserv-er. org/downloads. asp.

[12-5] Majer S, Daniel J. Einfluss des Gülleanteils, derWärmeauskopplung und der Gärrestlagerabdeckungauf die Treibhausgasbilanz von Biogasanlagen. KTBLconference 'Ökologische und Ökonomische Bewertungnachwachsender Energieträger', Aschaffenburg, 2008.

[12-6] Statistisches Bundesamt. Bodenfläche (tatsächlicheNutzung). Deutschland und Bundesländer. GENESISONLINEDatenbank. www. genesis. destatis. de/genesis/online

术语表

氨(NH_3)	降解含氮化合物如蛋白质、尿素和尿酸等所产生的含氮气体。
厌氧降解[1]	底物或辅助底物的微生物转化程度，通常表示为产沼气潜能。
厌氧微生物[3]	在无氧条件下生长的微生物，其中有些遇氧会死亡。
厌氧处理[1]	在无空气(大气氧)下发生的生物工艺技术，目的在于降解有机物从而产沼气。
生物降解[5]	有机物的分解，例如：动植物残余，由微生物分解成简单的化合物。
沼气[1]	厌氧发酵的气体产物，主要成分为甲烷和二氧化碳，但是取决于底物，可能也包含氨、硫化氢、水蒸气和其他气态或可汽化的成分。
沼气工程[4]	生产、储存和利用沼气的设施，包括运行所需的设备和结构；通过有机物质厌氧发酵产沼气。
碳氮比[6]	有机物中总碳与总氮的重量比；生物降解的决定性因素。
二氧化碳(CO_2)[5]	所有燃烧过程的无色、不燃、轻度酸香的产物，基本无毒；空气中一旦含有4%～5%的浓度将对人产生麻木作用，而超过8%的浓度则可引起人窒息死亡。
辅助底物[1]	发酵的原料，但不是占最大比例的原料。
热电联产机组(CHP)	基于内燃机联合引擎原理将化学能量转化为热能和电能的机组。
热电联产	同时将进料能源转化成电能(或机械能源)和热能使用。
冷凝物	将发酵罐所产的沼气在水蒸气中达到饱和，并在热电联产机组使用前进行脱水。冷凝通过地下管道分流至冷凝液分离器或通过干燥沼气完成。
降解程度[1]	由于厌氧降解使底物中有机质浓度减少的程度。
脱硫	减少沼气中硫化氢的物理-化学、生物或联合的方法。
沼肥	沼气生产余留的包含有机和无机成分的液体和固体，俗称沼渣沼液。
沼肥储存罐(粪污池)[4]	为储存后续使用的液体粪污、粪浆或沼肥的罐或池。
发酵罐(反应器、厌氧罐)[4]	微生物降解底物同时产沼气的容器。
干物质含量(DM)	在105℃下干化的不含湿度的混合物质。又被称为总固体(TS)含量。
排放	沼气工程或工业工艺释放到大气的气体、液体和固体；同时也包括噪声、振动、光、热以及辐射。

能源作物[5] 生物质与能源有关的用途(不包含饲料或食物)的统称。这些基本为农业原料,如玉米、甜菜、草、高粱或绿色黑麦,进行与能源有关的使用前会进行青贮。

最终能源[7] 最终能源是指最终用户使用的能源形式,如末端用户油箱内的燃油,扔进壁炉之前的木片,家庭的电能,或建筑物换热站的热分配。来源于一次或二次能源,转换和分配的损耗较少,是转换为最终能源而被消耗的能源以及非能源相关的消耗。最终能源可转换成有用的能量。

满负荷时间 全部利用发电装机容量的时间;一年的总发电量除以发电机组的装机容量等于满负荷时间。

气体圆顶盖[4] 收集和转移沼气的发酵罐的封盖。

储气罐[4] 临时储存沼气的气密性容器或塑料薄膜袋。

储气空间[4] 放置储气罐的区域。

集油器 物理分离非乳化有机油以及来自餐饮垃圾、厨余垃圾、屠宰场、鱼肉加工厂、黄油厂和榨油厂脂肪的设施(参考 DIN 4040)。

硫化氢(H_2S)[4] 剧毒,无色气体,有臭鸡蛋的气味;即使低浓度也可危及生命。一定浓度将麻木嗅觉不再能感知气体。

卫生处理 为减少和消灭病原体以及植物病原菌(消毒)进行的附加工艺。(见生物垃圾条例或[EC]1774/2002 号条例)。

营销 许诺销售、库存或任何形式的产品分销给其他人;从肥料条例(DüMV)而来的术语。

甲烷(CH_4)[8] 无色,无味,无毒的气体,燃烧产物是二氧化碳和水。甲烷是最主要的温室气体之一,是沼气、污水处理气体、垃圾填埋气和天然气的主要成分。空气中的浓度一旦达到 4.44 vol. %或以上易形成爆炸性气体混合物。

氮氧化物(NO_x)[8] 一氧化氮(NO)和二氧化氮(NO_2)被统称为氮氧化物(NO_x)。它们在所有的燃烧过程中形成大气中的氮氧化合物,也是燃料中含氮化合物的氧化结果。

有机负荷[1] 与发酵罐体积相关的每天进料的发酵底物量(单位:kg VS/(m^3 · d))。

潜在爆炸性大气[4] 由于局部和运行条件可引起爆炸性大气的区域。

预处理 处理底物或沼渣沼液的工艺步骤(如粉碎、去除干扰物质、匀质化、固液分离)。

一次能源[7] 尚未经过技术转化,可直接或通过一个或多个转换阶段形成二次能源或二次能源载体的材料或能源领域(如煤、褐煤、石油、生物质能、风能、太阳能辐射、地热能源)。

停留时间[1] 底物在发酵罐平均保留的时间。也可称为保留时间。

二次能源[7] 在技术设施中转化一次能源或二次能源或其他二次能源形式获得的能源,例如:汽油、加热油、电能。易受转换和分配损失的影响。

青贮 通过乳酸发酵保存植物物料。

硅氧烷[9]	有机硅化物，即硅(Si)、氧(O)、碳(C)和氢(H)的化合物。
固体进料	直接将不可抽送底物或底物混合物装载至发酵罐的方法。
底物[1]	发酵的原料。
二氧化硫(SO_2)[5]	无色，刺激性气味气体。在大气中，二氧化硫易发生各种转化产生不同物质，包括硫酸、亚硫酸、硫酸盐和亚硫酸盐。
通量	根据定义，可以是体积流量或者质量流量。
U值(之前称为k值)[8]	建筑物在温差为1开尔文每1 m^2 的热流量(U值越低，热损失越小)。
挥发性固体含量(VS)	物质的挥发性固体含量指去除掉水分和无机成分的剩余部分。通常将底物在105℃下干燥之后再在550℃下焙烧。
废弃物管理[2]	按照产品循环和废弃物管理法案(KrW-AbfG)，废弃物管理包括循环利用和废弃物处置。
废弃物，广义	生产或消费过程中所有者抛弃、想要抛弃或者需要抛弃的残余物。

来源:

[1] VDI Guideline. Fermentation of organic materials-Characterisation of the substrate, sampling, collection of material data, fermentation tests. VDI 4630, Beuth Verlag GmbH, 2006.

[2] Act Promoting Closed Substance Cycle Waste Management and Ensuring Environmentally Compatible Waste Disposal (Product Recycling and Waste Management Act. Kreislaufwirtschafts-und Abfallgesetz-KrW-/AbfG), 1994/2009, Article 3 Definition of terms http://bundesrecht.juris.de/bundesrecht/krw-_abfg/gesamt.pdf.

[3] Madigan, Michael T, Martinko, John M, Parker Jack. Biology of microorganisms. 9th ed. Upper Saddle River, N. J. Prentice-Hall, 2000, ISBN 0-13-085264-3.

[4] Bundesverband der Landwirtschaftlichen Berufsgenossenschaften (ed.). Technische Information 4-Sicherheitsregeln für Biogasanlagen. 2008. http://www.lsv.de/fob/66dokumente/info0095.pdf.

[5] Bavarian State Ministry of the Environment and Public Health (ed.). Umweltlexikon. 2010. http://www.stmug.bayern.de/service/lexikon/index_n.htm.

[6] Schulz H, Eder B. Biogas-Praxis. Grundlagen, Planung, Anlagenbau, Beispiele, Wirtschaftlichkeit. 3rd completely revised and enlarged edition, ökobuch Verlag, Staufen bei Freiburg, ISBN 978-3-936896-13-8, 2006.

[7] Fachagentur Nachwachsende Rohstoffe e. V. (FNR) (ed.). Basiswissen Bioenergie-Definitionen der Energiebegriffe. From Leitfaden Bioenergie, FNR, Gülzow, 2000. http://www.bio-energie.de/allgemeines/basiswissen/definitionen-der-energiebegriffe/.

[8] KATALYSE Institut für angewandte Umweltforschung e. V. (ed.). Umweltlexikon-Online. 2010. http://www.umweltlexikon-online.de/RUBhome/index.php.

[9] Umweltbundesamt GmbH (Environment Agency Austria) (ed.). Siloxane, 2010. http://www.umweltbundesamt.at/umweltinformation/schadstoff/silox/?&tempL=.

缩写语列表

ASUE 能源效率及环境友好利用协会
ATB 波茨坦-波尼农业工程莱布尼茨研究所
ATP 三磷酸腺苷
BGP 沼气工程
BImSchG 污染控制法案
BioAbfV 生物垃圾条例
C 碳
C∶N 碳氮比
CA 粗灰分
CCM 玉米穗轴混合
CF 粗纤维
CH_4 甲烷
CHP 热电联产
CL 粗脂肪
Co 钴
CO_2 二氧化碳
COD 化学需氧量
CP 作物生产
CP 粗蛋白
d 天
DBFZ 德国沼气研究中心
DC 奶牛
DC 可消化系数
DD 干发酵
DM 干物质
DVGW 德国气体与水技术科学学会
EEG 《可再生能源法》
el 电(的)
EU 欧盟

Fe	铁
FM	新鲜物料
FNR	可再生能源管理处
g	克
GEM	地耳玉米
GHG	温室气体
H_2S	硫化氢
hm^2	公顷
HRT	水力停留时间
incl.	包括
K	开尔文
KTBL	农业技术与结构协会
L	升
M	模式植物
MFE	矿物化肥当量
Mg	镁
Mn	锰
Mo	钼
N	氮
n. s.	未规定的
NADP	胺腺嘌呤二核苷酸磷酸
NawaRo	可再生资源的德文缩写,本文中等同于能源作物
NFE	无氮提取物
NH_3	氨
NH_4	铵
Ni	镍
O	氧
OLR	有机负荷
P	磷
r/min	转/每分钟
S	硫
Se	硒
TA	技术指南
thortherm.	热
TS	总固体
VOB	德国建筑包工合同条例

vol.	体积
VS	挥发性固体
vTI	约翰·海因里希·冯·杜能研究所
W	钨
WCC silage	整株谷物青贮
WEL	工作场所暴露限值

研究所地址

University of Natural Resources and Life Sciences, Vienna (BOKU)
Department of Sustainable Agricultural Systems
Peter-Jordan-Str. 82
1190 Vienna
Austria
Internet: www. boku. ac. at

Deutsches BiomasseForschungsZentrum gGmbH (DBFZ)
Bereich Biochemische Konversion (BK)
Torgauer Strasse 116
04347 Leipzig
Germany
Internet: www. dbfz. de

Kuratorium für Technik und Bauwesen in der Landwirtschaft (KTBL)
Bartningstr. 49
64289 Darmstadt
Germany
Internet: www. ktbl. de

Thüringer Landesanstalt für Landwirtschaft (TLL)
Naumburger Str. 98
07743 Jena
Germany
Internet: www. thueringen. de/de/tll

Johann Heinrich von Thünen Institute (vTI)
Institute for Agricultural Technology and Biosystems
Engineering
Bundesallee 50
38116 Braunschweig
Germany
Internet: www. vti. bund. de

Bayrische Landesanstalt für Landtechnik (LfL)
Institut für Ländliche Strukturentwicklung,

Betriebswirtschaft und Agrarinformatik
Menzingerstrasse 54
80638 Munich
Germany
Internet：www. lfl. bayern. de

PARTA Buchstelle für Landwirtschaft und Gartenbau
GmbH
Rochusstrasse 18
53123 Bonn
Germany
Internet：www. parta. de

Rechtsanwaltskanzlei Schnutenhaus & Kollegen
Reinhardtstr. 29 B
10117 Berlin
Germany
Internet：www. schnutenhaus-kollegen. de

Guide to Biogas
From production to use

Purpose of the Guide

1

Against the backdrop of the continuing climb in global energy prices, energy recovery from organic residues and waste streams is becoming an ever more attractive proposition. Alongside the generation of storable renewable energy, the distributed production of biogas can help not only to develop rural regions but also to strengthen small and medium-sized enterprises. Thanks to the positive statutory framework for renewable energy sources that has existed in Germany since 2000, the production and utilisation of biogas has rapidly expanded in recent years. In 2010, there were already over 5,900 biogas plants in existence, the majority of which are operated in an agricultural setting. Over the same period, there have also been significant changes and improvements in the technologies used. Germany's wealth of experience in biogas technology is now increasingly in demand at an international level.

The purpose of this Guide, therefore, is to make a contribution to giving exhaustive and real-world-based answers to technical, organisational, legal and economic questions in relation to agricultural biogas generation and utilisation.

The present document, which was developed by the Agency for Renewable Resources (Fachagentur Nachwachsende Rohstoffe e. V.-FNR), thus provides the reader with a valuable reference work, in which selected authors contribute information on the subjects of biogas technology, capital expenditure planning and plant operation. To cater for an international readership, the Guide has been adapted and translated in connection with the biogas projects implemented by the Gesellschaft für Internationale Zusammenarbeit (GIZ) and funded by the German Federal Ministry for Economic Cooperation and Development (BMZ). It presents the state of the art in biogas technology for efficient generation of power, heat, cold and/or gas and affords the user access to the information required for making authoritative and context-sensitive decisions on the topic of biogas. This Guide, therefore, not so much describes a standardised technology, but rather demonstrates ways in which an adapted technology can be planned and selected to meet the needs of a specific context.

1.1 Objective

The growth in energy generation from biogas in Germany is attributable in the main to the existing administrative framework, above all to the tariffs for power from renewable energy sources as laid down in the Renewable Energy Sources Act (EEG). This has given rise to a sustained and strong demand that has led to the creation of a considerable number of biogas plant manufacturers and component suppliers, which has enabled Germany to become a market leader in the field of the planning and construction of biogas plants.

Irrespective of country, the realisation of a biogas project hinges on four key issues, all of which are addressed by this Guide:

—A successful biogas project calls for comprehensive, multidisciplinary knowledge on the part of farmers, investors and future operators, allied to know-how about agriculture and energy technology, including all related statutory, environmental, administrative, organisational and logistical aspects.

—The market has offered up an almost bewildering array of technical options and customised solutions. This Guide gives a vendor-neutral and scientifically grounded overview of what technologies are currently available on the market and which hold out special promise for the future.

—When deciding on the appropriate substrates, it is necessary to apply and comply with elementary rules of biotechnology. Especially for the phases of concept formulation and plant operation, therefore, this Guide makes available the knowledge needed to guarantee optimum operation of a biogas plant.

—Particularly in new markets, the permitting procedure for a biogas plant represents an important and often underestimated stepping stone on the path to project realisation. This Guide therefore provides an overview of the various steps required for realisation of a biogas project, with due consideration being given to the differences in permitting procedure between various countries.

The supply of renewable energy from biogas can be ideally combined with improved management of the material stream. Consequently, it often makes sense to invest in a biogas plant. To be able to arrive at a well-founded decision, however, prospective biogas plant operators must apply the correct methodology when comparing their own ideas with the technical and economic possibilities made available by biogas technology. For this reason, the Guide to Biogas provides the necessary information with which to fully exploit the potential offered by the biogas sector in terms of energy efficiency and economic profitability.

1.2 Approach

This Guide is designed to close any existing gaps in knowledge and to escort potential plant operators and other involved parties through the various planning phases of a biogas project through to project realisation.

The Guide is intended to **MOTIVATE** the reader to determine what opportunities are locally available and to examine whether and in what way he or she can contribute to recovering the energy contained in biogas. The present document is further intended to **INFORM**. To this end, it provides prospective plant operators and other parties interested in utilising the energy potential of biogas with all the required information from a single source. The Guide also presents the appropriate resources with which to **EVALUATE** a project idea. It delivers the tools required for a critical examination of a promising project idea in relation to its suitability for profitable implementation. A further object of the Guide is to furnish the reader with the knowledge and decision-making aids with which to **REALISE** a project idea to supply energy from biogas.

1.3 Contents

This Guide to Biogas gives the reader an overview of the complexities of the production and utilisation of biogas. It can be used as a reference source and checklist for all the considerations and actions necessary for the preparation, planning, construction and operation of a biogas plant. It takes account not only of the aspects of technology and engineering, but also of legal, economic and organisational factors. These subjects, which are addressed in depth in the individual chapters of the Guide, are first of all summarised here. With reference to the four approaches outlined above, this Guide is designed to offer support especially in relation to the following four subject areas:

—motivation to become involved.

—imparting of basic information.

—evaluation of a project idea.

—realisation of a project.

Chapters 2 to 6 and 10 explain the basic principles of construction and operation of a biogas plant in addition to describing the use of substrates and residues. Chapters 7 to 9 deal with the statutory, administrative and economic framework of biogas plant operation and farm business organisation. Chapter 11 is designed to facilitate the realisation of a biogas plant project, for which purpose it furnishes the reader with planning recommendations and checklists on plant construction, plant operation and contractual arrangements on the basis of the information contained in the preceding chapters. Chapter 12 is intended to provide the motivation to develop ideas and to launch initiatives. It also presents a series of arguments in favour of the production and utilisation of biogas as a support for public relations campaigns, which play a key role in the realisation of a project to recover energy from organic substrates in order to produce biogas.

1.4 Target groups

This Guide is addressed to all those who have an interest in the production and utilisation of biogas and/or who are in any way affected by a biogas project. It is thus aimed primarily at individuals or institutions concerned with the realisation of a biogas project. The target group of individuals seeking to realise a biogas project will include farmers or agricultural businesses and their partners. As substrate and energy producers, they have a potential interest in recovering and utilising the energy from biogas. Furthermore, the digestate from a biogas plant represents a higher-value fertiliser for use on a farm.

Further potential biogas producers include other-generators or recyclers of organic residues, such as waste disposal enterprises and local authorities. Private and institutional investors as well as energy utilities are likewise among the target group of potential realisers of biogas projects. There are, for example, venture capital companies that invest specifically in biogas projects.

The second target group is composed of individuals who are involved in some form or other in a biogas project, either in the capacity of government agency workers, bank employees, staff at power or gas grid operators, agricultural advisers or planners, or in the capacity of plant manufacturers or component suppliers.

However, this Guide is also addressed to anyone who is directly or indirectly affected by the realisation of a biogas project. It is designed to remedy any information deficits and to contribute to an improved understanding of mutual concerns.

The Guide is intended also as a source of motivation and assistance for decision-makers who, by virtue of their position, find themselves in the situation of initiating and/or launching a biogas project. This publication will be of help to potential subsidy-granting organisations and energy agencies in their role as multipliers.

1.5 Definition of scope

This version of the Guide has been adapted for an international readership on the basis of the German version developed by the Agency for Renewable Resources (FNR). Subject matter of a Germany-specific character has been omitted, while formulations and approaches with an international connection have been added. In consequence, not all the topics of relevance for developing countries and emerging economies can be examined here in detail. Emphasis has therefore been placed on presenting the technology required for efficient biogas production, which can subsequently be contrasted with the existing technologies in each individual country.

1.5.1 Technology

This Guide focuses exclusively on the use of biomass for the production and utilisation of biogas. The main emphasis is on plants in the agricultural sector as well as in the area of application concerned with the utilisation of residues from the processing of agricultural products. More especially, this Guide does not address the utilisation of, for example, municipal wastes and sewage sludges. Also, it focuses on those biogas technologies that have to a certain extent proved themselves in the marketplace and which have been commercially implemented on multiple occasions in Germany.

With regard to the utilisation of biogas, the emphasis is on combined heat and power generation (CHP). Small household systems for direct on-site gas utilisation employ a different, less capital-intensive technology (access to energy with minimum-possible capital investment) and are therefore not included here. While the upgrading of biogas to natural gas quality for feed-in to the natural gas grid is discussed in the present document, detailed analyses and evaluations are available in other publications, to which appropriate references are made.

There are other technologies that make use of biogas apart from engine-based CHP (such as micro-gasturbines or fuel cells, or using biogas for the local-supply of fuel), but these are discussed only in so far as scientifically validated information is available to demonstrate the economically worthwhile potential application of such technologies in the foreseeable future. This Guide, therefore, focuses on the production of biogas using commercially available processes and on the use of the biogas in an internal combustion engine to generate electric power by commercially available technology.

1.5.2 Substrates

The Guide deals with those substrates that are currently used on a significant scale in the German biogas sector, irrespective of their origin (agriculture, landscape maintenance, local authorities, industries using plant-based raw materials), as these are the substrates for which the largest body of empirical data is available. This publication places its emphasis on agricultural substrates and substrates from the food industry, since biogas markets, especially newly arising ones, will concentrate initially on available forms of biomass before additional substrates become adopted for widespread use. However, the basic principles described in this Guide can also be applied to other substrates, provided their digestion properties are known.

1.5.3 Currency of data

The ground work and data collection for this guide to the production to use of biogas were carried out in 2008 and 2009. Consequently, it describes the state of the art in biogas plants in Germany as at mid-2009. The discussion of the statutory framework, for example, makes reference to Germany's 2009 Act on Granting Priority to Renewable Energy Sources, which is subject to periodic amendment and is adapted in line with the market situation (most recently amended on 1 January 2012). In an international context, this Act can be seen as an example of how to successfully launch a market in biogas. Given different circumstances and framework conditions, it may be necessary to implement different measures in order to achieve positive results.

1.5.4 Scope of data

This Guide contains not only those facts and data that are necessary for an understanding of the relevant information and procedures, but also those that are required for making initial estimates and calculations. Any other data was omitted in the interests of greater clarity and transparency.

The Guide is the result of carefully conducted research and numerous discussions with experts. While the data is not claimed to be absolutely complete and accurate, the goal of a comprehensive and extensively exhaustive presentation of all relevant areas of biogas production and utilisation would appear to have been achieved.

Fundamentals of anaerobic digestion

2

2.1 Generation of biogas

As the name suggests, biogas is produced in a biological process. In the absence of oxygen (anaerobic means without oxygen), organic matter is broken down to form a gas mixture known as biogas. This process is widely found in nature, taking place in moors, for example, or at the bottom of lakes, in slurry pits and in the rumen of ruminants. The organic matter is converted almost entirely to biogas by a range of different microorganisms. Energy (heat) and new biomass are also generated.

The resulting gas mixture consists primarily of methane (50-75 vol. %) and carbon dioxide (25-50 vol. %). Biogas also contains small quantities of hydrogen, hydrogen sulphide, ammonia and other trace gases. The composition of the gas is essentially determined by the substrates, the fermentation (digestion) process and the various technical designs of the plants[2-1,2-4]. The process by which biogas is formed can be divided into a number of steps (see Fig. 2.1). The individual stages of decomposition (degradation) must be coordinated and harmonised with each other in the best way possible to ensure that the process as a whole runs smoothly.

During the first stage, **hydrolysis**, the complex compounds of the starting material (such as carbohydrates, proteins and fats) are broken down into simpler organic compounds (e.g. amino acids, sugars and fatty acids). The hydrolytic bacteria involved in this stage release enzymes that decompose the material by biochemical means.

The intermediate products formed by this process are then further broken down during **acidogenesis** (the acidification phase) by fermentative (acid-forming) bacteria to form lower fatty acids (acetic, propionic and butyric acid) along with carbon dioxide and hydrogen. In addition, small quantities of lactic acid and alcohols are also formed. The nature of the products formed at this stage is influenced by the concentration of the intermediate hydrogen.

In **acetogenesis**, the formation of acetic acid, these products are then converted by acetogenic bacteria into precursors of biogas (acetic acid, hydrogen and carbon dioxide). The hydrogen partial pressure is particularly important in this connection. An excessively high hydrogen content prevents the conversion of the intermediate products of acidogenesis, for energy-related reasons. As a consequence, organic acids, such as propionic acid, isobutyric acid, isovaleric acid and hexanoic acid, accumulate and inhibit the formation of methane. For this reason, the acetogenic bacteria (hydrogen-forming bacteria) must co-exist in a close biotic community (biocoenosis) with the hydrogen-consuming methanogenic archaea, which consume hydrogen together with carbon dioxide during the formation of methane (interspecies hydrogen transfer), thus ensuring an acceptable environment for the acetogenic bacteria[2-5].

During the subsequent **methanogenesis** phase, the final stage of biogas generation, above all acetic acid but also hydrogen and carbon dioxide are converted into methane by strictly anaerobic methanogenic archaea. The hydrogenotrophic methanogens produce methane from hydrogen and carbon dioxide, whereas the acetoclastic methane-forming bacteria produce methane by acetic acid cleavage. Under the conditions prevailing in agricultural biogas plants, at higher organic loading rates methane is formed primarily via the reaction pathway utilising hydrogen, while it is only at relatively low organic loading rates that methane is formed via the reaction pathway involving the cleavage of acetic acid[2-7,2-8]. It is known from sewage sludge digestion that 70% of the methane originates from acetic acid cleavage and only 30% from hydrogen utilisation. In an agricultural biogas plant, however, this is true at best of high-capacity digesters with very short retention times[2-7,2-9]. Recent research confirms that interspecies hydrogen transfer is plainly what determines the rate of methane formation[2-10].

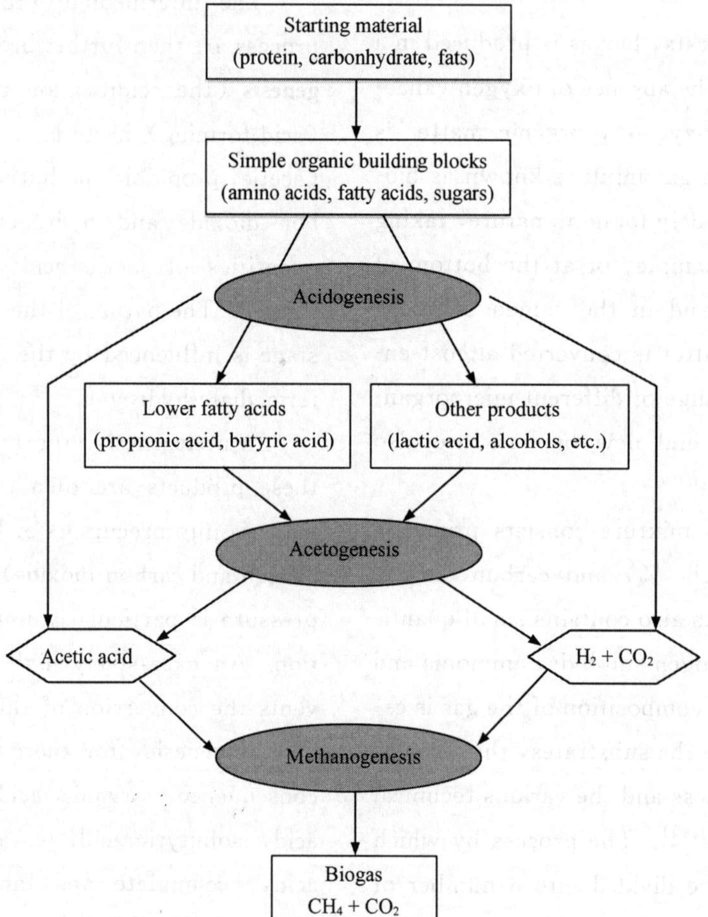

Figure 2. 1 Schematic representation of anaerobic decomposition

Essentially, the four phases of anaerobic degradation take place simultaneously in a single-stage process. However, as the bacteria involved in the various phases of degradation have different requirements in terms of habitat (regarding pH value and temperature, for example), a compromise has to be found in the process technology. As the methanogenic microorganisms are the weakest link in biocoenosis on account of their low rate of growth and are the most sensitive to respond to disturbances, the environmental conditions have to be adapted to the requirements of the methane-forming bacteria. In practice, however, any attempt to physically separate hydrolysis and acidogenesis from methanogenesis by implementing two distinct process stages (two-phase process management) will succeed to only a limited extent because, despite the low pH value in the hydrolysis stage ($pH < 6.5$), some methane will still be formed. The resulting hydrolysis gas therefore also contains methane in addition to carbon dioxide and hydrogen, which is why the hydrolysis gas has to be utilised or treated in order to avoid negative environmental consequences and safety risks[2-11].

In multi-stage processes, different environments can become established in the individual digester stages depending on the design of the biogas plant and its operating regime, as well as on the nature and concentration of the fresh mass used as substrate. In turn, the ambient conditions affect the composition and activity of the microbial biocoenosis and thus have a direct influence on the resulting metabolic products.

2.2 Environmental conditions in the reactor

When describing the environmental conditions it is necessary to distinguish between wet digestion and solid-state digestion (also referred to as dry digestion), because the two processes differ significantly in terms of water content, nutrient content and mass transport. (The terms digestion and fermentation are also sometimes used interchangeably). The descriptions in the following deal only with wet digestion, in light of its dominance in practice.

2.2.1 Oxygen

Methanogenic archaea are among the oldest living organisms on the planet, and came into being about three to four billion years ago, long before the atmosphere as we know it was formed. Even today, therefore, these microorganisms are still reliant on an environment devoid of oxygen. Most species are killed by even small quantities of oxygen. As a rule, however, it is impossible to completely prevent the introduction of oxygen into the digester. The reason why the activity of the methanogenic archaea is not immediately inhibited or why, in the worst case, they do not all die is that they coexist with oxygen-consuming bacteria from the preceding stages of degradation[2-1,2-2]. Some of them are what are known as facultative anaerobic bacteria. These are capable of survival both under the influence of oxygen and also entirely without oxygen. Provided the oxygen load is not too high, they consume the oxygen before it damages the methanogenic archaea, which are totally reliant on an oxygen-free environment. As a rule, therefore, the atmospheric oxygen introduced into the gas space of the digester for the purposes of biological desulphurisation does not have a detrimental impact on the formation of methane[2-6].

> From the biological standpoint a strict subdivision of the processes into wet and solid-state (dry) digestion is misleading, since the microorganisms involved in the digestion process always require a liquid medium in which to survive and grow.
>
> Misunderstandings also repeatedly arise when defining the dry matter content of the fresh mass that is to be digested, since it is common practice to use several different substrates (feedstocks), each with a different dry matter content. In this connection it must be clear to the operator that it is not the dry matter content of the individual substrates that determines the classification of the process but the dry matter content of the substrate mixture fed into the digester.
>
> Classification into wet or dry digestion therefore depends on the dry matter content of what is contained in the digester. It should again be pointed out that in both cases the microorganisms require sufficient water in their immediate environment.

Although there is no precise definition of the dividing line between wet and dry digestion, in practice it has become customary to talk of wet digestion when using energy crops with a dry matter content of up to approximately 12% in the digester, because the digester contents are generally still pumpable with this water content. If the dry matter content in the digester rises to 15%-16% or more, the material is usually no longer pumpable and the process is referred to as dry digestion.

2.2.2 Temperature

The general principle is that the rate of chemical reactions increases with ambient temperature. This is only partially applicable to biological decomposition and conversion processes, however. In these cases it needs to be borne in mind that the microorganisms involved in the metabolic processes have different optimum temperatures[2-1]. If the temperature is above or below their optimum range, the relevant microorganisms may be inhibited or, in extreme cases, suffer irrevocable damage.

The microorganisms involved in decomposition can be divided into three groups on the basis of their temperature optima. A distinction is drawn between psychrophilic, mesophilic and thermophilic microorganisms[2-13]:

—Optimum conditions for psychrophilic microorganisms are at temperatures below 25℃. At these temperatures although there is no need to heat the substrates or the digester, only low degradation performance and gas production can be achieved. As a rule, therefore, economic operation of biogas plants is not feasible.

—The majority of familiar methane-forming bacteria have their growth optimum in the mesophilic temperature range between 37 and 42℃. Biogas plants operating in the mesophilic range are the most widespread in practice because relatively high gas yields and good process stability are obtained in this temperature range[2-6].

—If it is intended that harmful germs should be killed off by hygienisation of the substrate or if by-products or wastes with a high intrinsic temperature are used as substrates (process water, for example), thermophilic cultures are a suitable choice for the digestion process. These have their optimum in the temperature range between 50 and 60℃. The high process temperature brings about a higher rate of decomposition and a lower viscosity. It must be taken into consideration, however, that more energy may be needed to heat the fermentation process. In this temperature range the fermentation process is also more sensitive to disturbances or irregularities in the supply of substrate or in the operating regime of the digester, because under thermophilic conditions there are fewer different species of methanogenic microorganisms present[2-6].

In practice it has been demonstrated that the boundaries between the temperature ranges are fluid, and it is above all rapid changes in temperature that cause harm to the microorganisms, whereas if the temperature changes slowly the methanogenic microorganisms are able to adjust to different temperature levels. It is therefore not so much the absolute temperature that is crucial for stable management of the process, but constancy at a certain temperature level.

The phenomenon of self-heating is frequently observed in practice, and should be mentioned in this connection. This effect occurs when substrates consisting largely of carbohydrates are used in combination with an absence of liquid input materials and well insulated containers. Self-heating is attributable to the production of heat by individual groups of microorganisms during the decomposition of carbohydrates. The consequence can be that in a system originally operating under mesophilic conditions the temperature rises to the region of 43 to 48℃. Given intensive analytical backup and associated process regulation, the temperature change can be managed with small reductions in gas production for short periods[2-12]. However, without necessary interventions in the process (such as reduction of the input quantities), the microorganisms are unable to adapt to the change in temperature and, in the worst case, gas production can come to a complete halt.

2.2.3 pH value

The situation with regard to pH value is similar to that for temperature. The microorganisms involved in the various stages of decomposition require different pH values for optimum growth. The pH optimum of hydrolysing and acid-forming bacteria is in a range from pH 5.2 to 6.3, for example[2-6]. They are not totally reliant on this, however, and are still capable of converting substrates at a slightly higher pH value. The only consequence is that their activity is slightly reduced. In contrast, a pH value in the neutral range from 6.5 to 8 is absolutely essential for the bacteria that form acetic acid and for the methanogenic archaea[2-8]. Consequently, if the fermentation process takes place in one single digester, this pH range must be maintained.

Regardless of whether the process is single-stage or multi-stage, the pH value is established automatically within the system by the alkaline and acid metabolic products formed in the course of anaerobic decomposition[2-1]. The following chain reaction, however, shows just how sensitive this balance is.

If too much organic matter is fed into the process within too short a period of time, for example, or if methanogenesis is inhibited for some other reason, the acid metabolic products of acidogenesis will accumulate. Normally the pH value is established in the neutral range by the carbonate and ammonia buffer. If the system's buffer capacity is exhausted, i.e. if too many organic acids have built up, the pH value drops. This, in turn, increases the inhibitory effect of hydrogen sulphide and propionic acid, to the extent that the process in the digester comes to a halt within a very short space of time. On the other hand, the pH value is liable to rise if ammonia is released as a result of the breakdown of organic nitrogen compounds; the ammonia reacts with water to form ammonium. The inhibitory effect of ammonia consequently increases. With regard to process control, however, it must be borne in mind that because of its inertia although the pH value is of only limited use for controlling the plant, in view of its great importance it should always be measured.

2.2.4 Nutrient supply

The microorganisms involved in anaerobic degradation have species-specific needs in terms of macronutrients, micronutrients and vitamins. The concentration and availability of these components affect the rate of growth and the activity of the various populations. There are species-specific minimum and maximum concentrations, which are difficult to define because of the variety of different cultures and their-sometimes considerable-adaptability. In order to obtain as much methane as possible from the substrates, an optimum supply of nutrients to the microorganisms must be ensured. The amount of methane that can ultimately be obtained from the substrates will depend on the proportions of proteins, fats and carbohydrates they contain. These factors likewise influence the specific nutrient requirements[2-18].

A balanced ratio between macronutrients and micronutrients is needed to ensure stable management of the process. After carbon, nitrogen is the nutrient required most. It is needed for the formation of enzymes that perform metabolism. The C : N ratio of the substrates is therefore crucial. If this ratio is too high (a lot of C and not much N), inadequate metabolism may mean that the carbon present in the substrate is not completely converted, so the maximum possible methane yield will not be achieved. In the reverse case, a surplus of nitrogen can lead to the formation of excessive amounts of ammonia (NH_3), which even in low concentrations will inhibit the growth of the bacteria and, in the worst scenario, can lead to the complete collapse of the entire microorganism population[2-2]. For the process to run without disruption, the C : N ratio therefore needs to be in the range 10-30 : 1. Apart from carbon and nitrogen, phosphorus and sulphur are also essential nutrients. Sulphur is a constituent part of amino acids, and phosphorus compounds are necessary for forming the energy carriers ATP (adenosine triphosphate) and NADP (nicotinamide adenine dinucleotide phosphate). In order to supply the microorganisms with sufficient nutrients, the C : N : P : S ratio in the reactor should be 600 : 15 : 5 : 3[2-14].

As well as macronutrients, an adequate supply of certain trace elements is vital for the survival of the microorganisms. The demand for micronutrients is generally satisfied in most agricultural biogas plants, particularly when the plant is fed with animal excrement. A deficiency in trace elements is very common in the mono-fermentation of energy crops, however. The elements that methanogenic archaea require are cobalt (Co), nickel (Ni), molybdenum (Mo) and selenium (Se), and sometimes also tungsten (W). Ni, Co and Mo are needed in cofactors for essential reactions in their metabolism[2-15,2-16]. Magnesium (Mg), iron (Fe) and manganese (Mn) are also important micronutrients that are required for electron transport and the function of certain enzymes.

The concentration of trace elements in the reactor is therefore a crucial reference variable. A comparison of various sources in the literature on this topic reveals a strikingly large range of variation (sometimes by a factor of as much as 100) in the concentrations of trace elements considered essential.

Table 2.1 Favourable concentrations of trace elements according to various reference sources

Trace element	Concentration range[mg/L]			
	[2-18]	[2-19]	[2-16][a]	[2-17][b]
Co	0. 003-0. 06	0. 003-10	0. 06	0. 12
Ni	0. 005-0. 5	0. 005-15	0. 006	0. 015
Se	0. 08	0. 08-0. 2	0. 008	0. 018
Mo	0. 005-0. 05	0. 005-0. 2	0. 05	0. 15
Mn	n. s.	0. 005-50	0. 005-50	n. s.
Fe	1-10	0. 1-10	1-10	n. s.

[a] Absolute minimum concentration in biogas plants;

[b] Recommended optimum concentration.

The concentration ranges shown in Table 2. 1 are only partly applicable to agricultural biogas plants because in some cases the studies described in these sources were carried out in the wastewater sector under different initial conditions and using different investigation methods. Furthermore, the spreads of these ranges are extremely wide, and very little detail is given of the prevailing process conditions (e. g. organic loading rate, retention time, etc.). The trace elements may form poorly soluble compounds with free phosphate, sulphide and carbonate in the reactor, in which case they are no longer available to the microorganisms. An analysis of the concentrations of trace elements in the feedstock can therefore provide no reliable information about the availability of trace elements, as it merely determines the total concentration. Consequently, larger quantities of trace elements have to be added to the process than would be needed solely to compensate for a deficient concentration. When determining requirements it is always necessary to take account of the trace element concentrations of all substrates. It is well known from analyses of the trace element concentrations of various animal feeds that they are subject to considerable fluctuation. This makes it extremely difficult to optimise the dosing of trace elements in situations where there is a deficiency.

Nevertheless, in order to prevent overdosing of trace elements, the concentration of micronutrients in the digester should be determined before trace elements are added. Overdosing can result in the concentration of heavy metals in the digestate (fermentation residue) exceeding the permissible limit for agricultural use, in which case the digestate cannot be used as organic fertiliser.

2.2.5 Inhibitors

There may be a variety of reasons why gas production is inhibited. These include technical causes affecting operation of the plant (cf. Section 5.4 Disturbance management). Substances known as inhibitors can also slow down the process. These are substances that, under certain circumstances, even in small quantities lower the rate of decomposition or, in toxic concentrations, bring the decomposition process to a standstill. A distinction must be drawn between inhibitors that enter the digester through the addition of substrate and those that are formed as intermediate products from the individual stages of decomposition.

When considering how a digester is fed it must be borne in mind that adding excessive substrate can also inhibit the digestion process, because any constituent of a substrate can have a harmful effect on the bacteria if its concentration is too high. This applies in particular to substances such as antibiotics, disinfectants, solvents, herbicides, salts and heavy metals, even small quantities of which are capable of inhibiting the decomposition process. The introduction of antibiotics is generally attributable to the addition of farm manure or animal fats, although the inhibitory effect of individual antibiotics varies greatly. However, even essential trace elements can also be toxic for the microorganisms if present in excessively high concentrations. As the microorganisms are able to adapt to such substances to a certain degree, it is difficult to determine the concentration as of which a substance becomes harmful[2-2]. Some inhibitors also interact with other substances. Heavy metals, for example, only have a harmful impact on the digestion process if they are present in solution. However, they are bonded by hydrogen sulphide, which is likewise formed in the digestion process, and precipitated out as poorly soluble sulphides. Since H_2S is almost always formed during methane fermentation, it is not generally to be expected that heavy metals will disrupt the process[2-2]. This is not true of copper compounds, however, which are toxic even at very low concentrations (40-50 mg/L) because of their antibacterial effect. On farms, these can enter the production cycle through hoof disinfection, for example.

A whole range of substances liable to inhibit the process are formed in the course of fermentation. Once again, though, it is worth drawing attention here to the great adaptability of bacteria: there cannot be assumed to be any generally applicable absolute limits. In particular, even low concentrations of non-ionic, free ammonia (NH_3) have a harmful impact on the bacteria; this free ammonia is in equilibrium with the ammonium concentration (NH_4^+) (ammonia reacts with water to form ammonium and an OH^- ion and vice versa). This means that with an increasingly alkaline pH value, in other words as the concentration of OH^- ions rises, the equilibrium is shifted and the ammonia concentration increases. A rise in pH value from 6.5 to 8.0, for example, leads to a 30-fold increase in the concentration of free ammonia. A rise in temperature in the digester also results in the equilibrium being shifted in the direction of ammonia with its inhibiting effect. For a digestion system that is not adapted to high nitrogen concentrations, the inhibition threshold is within a range from 80 to 250 mg/L NH_3[2-2]. Depending on pH value and digestion temperature, this is equivalent to an ammonium concentration of 1.7-4 g/L. Experience shows that nitrogen inhibition of the biogas process must be expected at a total concentration of ammoniacal nitrogen of 3,000-3,500 mg/L[2-18].

Another product of the digestion process is hydrogen sulphide (H_2S), which in undissociated, dissolved form can inhibit the decomposition process as a cytotoxin at concentrations as low as 50 mg/L. As the pH value falls the proportion of free H_2S rises, increasing the risk of inhibition. One possible way of reducing the H_2S concentration is by precipitation as sulphides with the aid of iron ions. H_2S also reacts with other heavy metals, and is bonded and precipitated out accompanied by the formation of sulphide ions (S^{2-})[2-2]. As previously mentioned, however, sulphur is also an important macronutrient. As an adequate concentration of sulphur is necessary for the formation of enzymes, excessive precipitation in the form of sulphides is liable, in turn, to inhibit methanogenesis.

The inhibitory effect of individual substances is therefore dependent on a number of different factors, and it is difficult to define fixed limit values (see Table 2. 2).

Table 2. 2 Inhibitors in anaerobic decomposition processes and the concentrations at which they become damaging [2-14]

Inhibitor	Inhibitory concentration	Comments
Oxygen	>0. 1 mg/L	Inhibition of obligate anaerobic methanogenic archaea
Hydrogen sulphide	>50 mg/L H_2S	Inhibitory effect rises with falling pH value
Volatile fatty acids	>2,000 mg/L HAc (pH=7. 0)	Inhibitory effect rises with falling pH value. High adaptability of bacteria
Ammoniacal nitrogen	>3,500 mg/L NH_4^+ (pH=7. 0)	Inhibitory effect rises with rising pH value and rising temperature. High adaptability of bacteria
Heavy metals	Cu>50 mg/L Zn >150 mg/L Cr >100 mg/L	Only dissolved metals have an inhibitory effect. Detoxification by sul-phide precipitation
Disinfectants, antibiotics	n. s.	Product-specific inhibitory effect

2. 3 Operating parameters

2. 3. 1 Organic loading rate and retention time of the digester

Whenever a biogas plant is being designed and built, most attention is normally paid to economic considerations. Consequently, when the size of digester is being chosen the focus is not necessarily on maximum gas yield or on complete decomposition of the organic matter contained in the substrate. If it was intended to achieve complete decomposition of the organic constituents, sometimes very long retention times would be needed for the substrate in the digester, together with correspondingly large tank volumes, because some substances take a very long time to break down-if at all. The aim must therefore be to obtain optimum degradation performance at acceptable economic cost. In this regard the organic loading rate (OLR) is a crucial operating parameter. It indicates how many kilograms of volatile solids (VS, or organic dry matter-ODM) can be fed into the digester per m^3 of working volume per unit of time[2-1]. The organic loading rate is expressed as kg VS/(m^3 · d).

$$B_R = \frac{m \cdot c}{V_R \cdot 100} (\text{kg VS}/(\text{m}^3 \cdot \text{d})) \qquad (2\text{-}1)$$

B_R: Organic loading rate(OLR)

m: amout of substrate added per unit of time(kg/d)

c: concentration of organic matter(volatile solids) (%VS)

V_R: reactor volume(m^3)

The organic loading rate can be specified for each stage (gas-tight, insulated and heated vessel), for the system as a whole (total working volumes of all stages) and with or without the inclusion of material recirculation. Changing the reference variables can lead to sometimes widely differing results for the organic loading rate of a plant. To obtain the most meaningful comparison of the organic loading rates of various biogas plants it is advisable to determine this parameter for the entire system without considering material recirculation, in other words exclusively for the fresh substrate.

Another relevant parameter for deciding on the size of vessel is the hydraulic retention time (HRT). This is the length of time for which a substrate is calculated to remain on average in the digester until it is discharged[2-1]. Calculation involves determining the ratio of the reactor volume (V_R) to the volume of substrate added daily (V)[2-2]. The hydraulic retention time is expressed in days.

$$HRT=\frac{V_R}{V}(\mathrm{d}) \tag{2-2}$$

V_R: reactor volume(m^3)

V: volume of substrate added daily(m^3/d)

The actual retention time will differ from this, because individual components are discharged from the digester at different rates depending on the degree of mixing, for example as a result of short-circuit flows. There is a close correlation between the organic loading rate and the hydraulic retention time (Fig. 2.2).

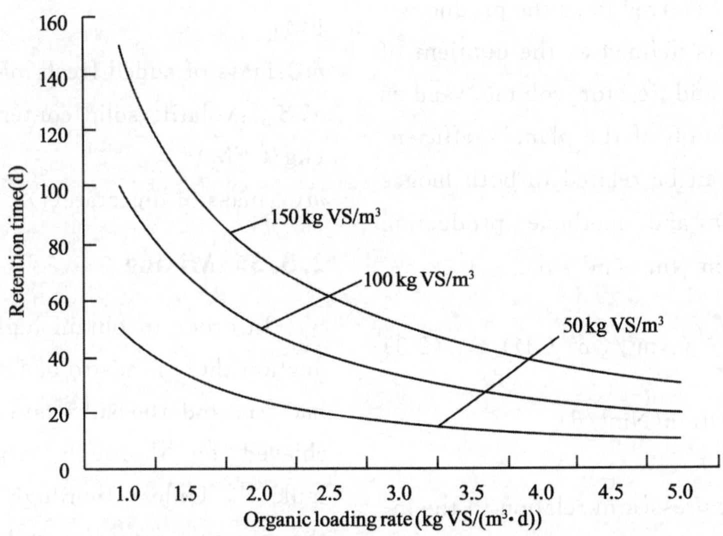

Figure 2.2 Correlation between organic loading rate and hydraulic retention time for various substrate concentrations

If the composition of the substrate is assumed to remain the same, as the organic loading rate rises more input is added to the digester, and the retention time is consequently shortened. In order to be able to maintain the digestion process, the hydraulic retention time must be chosen such that constant replacement of the reactor contents does not flush out more micro-organisms than can be replenished by new growth during that time (the doubling rate of some methano-genic archaea, for example, is 10 days or more)[2-1]. It should also be borne in mind that with a short retention time the microorganisms will have little time to degrade the substrate and consequently the gas yield will be inadequate. It is therefore equally important to adapt the retention time to the specific decomposition rate of the substrates. If the quantity added per day is known, the necessary reactor volume can be calculated in conjunction with the degradability of the substrate and the targeted retention time.

The primary purpose of the above-outlined operating parameters of a biogas plant is to describe the load situation, for example to compare different biogas plants. It is only during the start-up process that the parameters can help with plant control in terms of achieving a slow, steady rise. Normally, most attention is paid to the organic loading rate. In the case of plants with large volumes of liquid on the input side and a low content of degradable organic material (slurry plants), the retention time is more important.

2.3.2 Productivity, yield and degree of degradation

Productivity ($P_{(CH_4)}$), yield ($A_{(CH_4)}$) and degree of degradation (η_{VS}) are appropriate parameters for describing the performance of a biogas plant. If gas production is given in relation to digester volume, this is referred to as the productivity of the plant. This is defined as the quotient of daily gas production and reactor volume, and is consequently an indication of the plant's efficiency[2-20]. Productivity can be related to both biogas production ($P_{(biogas)}$) and methane production ($P_{(CH_4)}$) and is given in $Nm^3/(m^3 \cdot d)$.

$$P_{(CH_4)} = \frac{V_{(CH_4)}}{V_R} (Nm^3/(m^3 \cdot d)) \qquad (2\text{-}3)$$

$V_{(CH_4)}$: methane production(Nm^3/d)

V_R: reactor volume(m^3)

Gas production expressed in relation to the input materials is the yield[2-8]. The yield can likewise be related to biogas production ($A_{(biogas)}$) or methane production ($A_{(CH_4)}$). This is defined as the quotient of the volume of gas produced and the amount of organic matter added, and is given in Nm^3/t VS.

$$A_{(CH_4)} = \frac{V_{(CH_4)}}{m_o TS} (Nm^3/(t\ VS)) \qquad (2\text{-}4)$$

$V_{(CH_4)}$: methane production(Nm^3/d)

$m_o TS$: added volatile solids(t/d)

The yields denote the efficiency of biogas production or methane production from the loaded substrates. They are of little informative value as individual parameters, however, because they do not include the effective loading of the digester. For this reason, the yields should always be looked at in connection with the organic loading rate.

The degree of degradation (η_{VS}) provides information about the efficiency with which the substrates are converted. The degree of degradation can be determined on the basis of volatile solids (VS) or chemical oxygen demand (COD). Given the analytical methods most commonly used in practice, it is advisable to determine the degree of degradation of the volatile solids[2-20].

$$\eta_{oVS} = \frac{oVS_{Sub} \cdot m_{zu} - (oVS_{Abl} \cdot m_{Abl})}{oVS_{Sub} \cdot m_{zu}} \times 100(\%) \qquad (2\text{-}5)$$

oVS_{Sub}: volatile solids of added fresh mass (kg/t FM)

m_{zu}: mass of added fresh mass(t)

oVS_{Abl}: volatile solid content of digester discharge (kg/t FM)

m_{Abl}: mass of digestate(t)

2.3.3 Mixing

In order to obtain high levels of biogas production there needs to be intensive contact between bacteria and the substrate, which is generally achieved by thorough mixing in the digestion tank[2-1]. Unless thorough mixing takes place in the digester, after a certain time demixing of the contents can be observed along with the formation of layers. This is attributable to the differences in density of the various constituents of the substrates and also to upthrust from the formation of gas. In this event the bulk of the bacterial mass collects in the lower layer, as a result of its higher density, whereas the substrate to be decomposed often collects in the upper layer. In such cases the contact area is limited to the boundary area between these two layers, and little degradation takes place. Furthermore, some solids float to the top to form a layer of scum that makes it more difficult for gas to escape[2-21].

It is important, therefore, to promote contact between microorganisms and substrate by mixing the contents of the digestion tank. Excessive mixing should be avoided, however. In particular the bacteria that form acetic acid (active in acetogenesis) and the archaea in methanogenesis form a close biotic community that is enormously important if the process of biogas formation is to proceed undisturbed. If this biotic community is destroyed by excessive shear forces as a result of intensive stirring, anaerobic decomposition can be negatively affected.

A compromise therefore needs to be found in which both conditions are adequately satisfied. In practice this is usually achieved with slowly rotating agitators that exert only low shear forces, but also by the contents of the reactor being mixed thoroughly at certain intervals (i. e. just for a short, predefined length of time). Further technical questions relating to mixing are discussed in Section 3. 2. 2. 3.

2. 3. 4 Gas generation potential and methanogenic activity

2. 3. 4. 1 Possible gas yield

The amount of biogas produced in a biogas plant essentially depends on the composition of the substrates. In order to determine this, if possible a digestion test should be carried out with the relevant substrate mixture[2-22]. Failing that, the gas yield can be estimated from the sum of the gas yields of the substrates making up the input, assuming that the gas yield values for the individual substrates are available from reference tables[2-23].

For less common substrates for which no data is available from digestion tests, the gas yield can be estimated with the aid of the digestion coefficient, because there are parallels between the decomposition processes in a biogas plant and the digestion processes in ruminants[2-3]. The figures required for this can be taken from the German Agricultural Society's (DLG) feed composition tables in the case of renewable raw materials (energy crops). These show the concentrations of crude ash (CA), crude fibre (CF), crude lipids (CL), crude protein (CP) and nitrogen-free extract (NFE) relative to dry matter (DM) from Weende feed analysis, and their digestibility coefficients (DC). The CF and NFE concentrations taken together form the carbohydrate concentration.

The various substance groups can be assigned specific gas yields and methane concentrations, which derive from the different relative carbon concentrations in each case (Table 2. 3)[2-6,2-25].

This data can be used to calculate the volatile solids and the respective mass of the digestible substance groups per kg of dry matter[2-24]:

VS concentration:

(1000-crude ash①)/10 (% DM)

Digestible protein:

(crude protein × DC_{CP})/1000 (kg/kg DM)

Digestible fat:

(crude fat × DC_{CL})/1000 (kg/kg DM)

Digestible carbohydrates:

((crude fibre × DC_{RF}) + (NFE × DC_{NFE}))/1000 (kg/kg DM)

The further calculation is illustrated using the example of **grass silage** (extensive pasture, first growth, mid-bloom) (Table 2. 4).

Calculation:

VS concentration:

(1000−102)/10 = **89.8%(DM)**

Digestible protein:

(112 × 62%)/1000 = **0.0694(kg/kg DM)**

Digestible fat:

(37 × 69%)/1000 = **0.0255(kg/kg DM)**

Digestible carbohydrates:

((296 × 75%) + (453 × 73%))/1000 = **0.5527(kg/kg DM)**

The masses of the individual substance groups per kg of volatile solids can therefore be calculated in this way. These results are multiplied by the values from Table 2. 3 to obtain the biogas and methane yields shown in Table 2. 5.

① in g/kg

Table 2.3 Specific biogas yield and methane concentration of the respective substance groups [2-25]

	Biogas yield [L/kg VS]	Methane concentration(vol. %)
Digestible protein (CP)	700	71
Digestible fat (CL)	1,250	68
Digestible carbohydrates(CF + NFE)	790	50

Table 2.4 Parameters for grass silage

DM (%)	Crude ash (CA) (g/kg DM)	Crude protein (CP) (g/kg DM)	DC_{CP} (%)	Crude lipids (CL) (g/kg DM)	DC_{CL} (%)	Crude fibre (CF) (g/kg DM)	DC_{CF} (%)	NFE (g/kg DM)	DC_{NFE} (%)
35	102	112	62	37	69	296	75	453	73

Table 2.5 Biogas and methane yields from grass silage

	Biogas yield(L/kg VS)	Methane yield(L/kg VS)
Digestible protein (CP)	48.6	34.5
Digestible fat (CL)	31.9	21.7
Digestible carbohydrates (CF + NFE)	436.6	218.3
Total (per kg VS)	**517.1**	**274.5**

According to this, 162.5 litres of biogas with a methane content of approximately 53% is obtained per kg of fresh mass. In this context it must be expressly stated that in most cases the methane yields achieved in practice will be significantly higher than the calculated yields. According to current knowledge there is no sufficiently statistically robust method of calculating the specific gas yield with any precision. The method described here merely allows a comparison to be made between different substrates.

However, a number of other factors also affect the attainable biogas yield, such as the retention time of the substrates in the digester, the total solids content, the fatty acid content and any inhibitors present. An increase in retention time, for example, improves the degree of degradation and consequently also raises gas production. As the retention time increases, more and more methane is released, which increases the calorific value of the gas mixture. Raising the temperature also accelerates the rate of degradation. This is only feasible to a limited extent, however, because once the maximum temperature is exceeded the bacteria suffer harm and the converse effect is achieved (see Section 2.2.2). However, not only is gas production increased, but also more carbon dioxide is released from the liquid phase, which in turn results in the gas mixture having a lower calorific value.

As already explained at the beginning of this chapter, while there are certainly parallels between the processes taking place in the rumen of ruminants and the decomposition processes in a biogas plant, the two processes are not entirely comparable because different synergy effects can arise in each of these 'systems', influencing the production of biogas. The calculation method presented here is therefore only suitable for estimating the actual gas or methane yield and consequently should **not** be used for operational or economic calculations. This method does however make it possible to estimate trends in biogas yield and to draw comparisons between different substrates

The content of dry matter in the digester (total solids: TS) can affect gas yield in two ways.

Firstly, mass transport is impeded if the TS content is high, to the extent that microorganisms are only able to decompose the substrate in their immediate vicinity. At very high total solids contents of ⩾40% digestion can even come to a complete standstill, as there is no longer sufficient water present for microorganism growth. Secondly, a high content of total solids can cause problems with inhibitors, as these are present in concentrated form because of the low water content. Mechanical or thermal pretreatment of the substrates can increase yield because it improves the availability of substrate for the bacteria[2-4].

2.3.4.2 Gas quality

Biogas is a gas mixture that is primarily made up of methane (CH_4) and carbon dioxide (CO_2), along with water vapour and various trace gases.

The most important of these is the methane content, since this is the combustible component of biogas and thus directly influences its calorific value. There is only limited opportunity for influencing the composition of biogas by means of selective process control. First and foremost the composition of the biogas is dependent on the composition of the input material. In addition, the methane content is affected by process parameters such as the digestion temperature, reactor loading and hydraulic retention time, as well as by any disruptions to the process and the method of biological desulphurisation used.

The achievable methane yield is essentially determined by the composition of the substrate, in other words by the proportions of fats, proteins and carbohydrates (see Section 2.3.4.1). The specific methane yields of these substance groups diminish in the order listed above. Relative to their mass, a higher methane yield can be achieved with fats than with carbohydrates.

With regard to the quality of the gas mixture, the concentration of the trace gas hydrogen sulphide (H_2S) has an important part to play. It should not be too high, because even low concentrations of hydrogen sulphide can have an inhibitory effect on the degradation process. At the same time high concentrations of H_2S in biogas cause corrosion damage when used in a combined heat and power unit or heating boiler[2-1]. An overview of the average composition of biogas is given in Table 2.6.

Table 2.6 Average composition of biogas (after[2-1])

Constituent	Concentration
Methane(CH_4)	50-75 vol. %
Carbon dioxide (CO_2)	25-45 vol. %
Water (H_2O)	2-7 vol. % (20-40℃)
Hydrogen sulphide (H_2S)	20-20,000 ppm
Nitrogen (N_2)	<2 vol. %
Oxygen (O_2)	<2 vol. %
Hydrogen (H_2)	<1 vol. %

2.4 References

[2-1] Kaltschmitt M, Hartmann H. Energie aus Biomasse-Grundlagen, Techniken und Verfahren. Springer Verlag, Berlin, Heidelberg, New York, 2001.

[2-2] Braun R. Biogas-Methangärung organischer Abfallstoffe. Springer Verlag Vienna, New York, 1982.

[2-3] Kloss R. Planung von Biogasanlagen. Oldenbourg Verlag Munich, Vienna, 1986.

[2-4] Schattner S, Gronauer A. Methangä-rung verschiedener Substrate-Kenntnisstand und offene Fragen, Gülzower Fachgesprä-che, Band 15: Energetische Nutzung von Biogas: Stand der Technik und Optimierungspotenzial. Weimar, 2000:28-38.

[2-5] Wandrey C, Aivasidis A. Zur Reaktionskinetik der anaeroben Fermentation. Chemie-Ingenieur-Technik. Weinheim, 1983, 55(7): 516-524.

[2-6] Weiland P. Grundlagen der Methangä-rung-Biologie und Substrate. VDI-Berichte, No. 1620 'Biogas als regenerative Energie-Stand und Perspektiven', VDI-Verlag, 2001: 19-32.

[2-7] Bauer C, Korthals M, Gronauer A, Lebuhn M. Methanogens in biogas production from renewable resources-a novel molecular population analysis approach. Water Sci. Tech. 2008, 58(7):1433-1439.

[2-8] Lebuhn M, Bauer C, Gronauer A. Probleme der Biogasproduktion aus nachwachsenden Rohstoffen im Langzeitbetrieb und molekularbiologische Analytik. VDLUFA-Schriftenreihe, 2008,64:118-125.

[2-9] Kroiss H. Anaerobe Abwasserreinigung. Wiener Mitteilungen Bd. 62. Technische Universität Wien, 1985.

[2-10] Demirel B, Neumann L, Scherer P. Microbial community dynamics of a continuous mesophilic anaerobic biogas digester fed with sugar beet silage. Eng. Life Sci. 2008,8(4): 390-398.

[2-11] Oechsner H, Lemmer A. Was kann die Hydrolyse bei der Biogasvergärung leisten? VDI-Berichte No. 2057, 2009:37-46.

[2-12] Lindorfer H, Braun R, Kirchmeyr R. The self-heating of anaerobic digesters using energy crops. Water Science and Technology, 2006,53 (8).

[2-13] Wellinger A, Baserga U, Edelmann W, Egger K, Seiler B. Biogas-Handbuch. Grundlagen-Planung-Betrieb landwirtsch-aftlicher Anlagen, Verlag Wirz-Aarau, 1991.

[2-14] Weiland P. Stand und Perspektiven der Biogasnutzung und-erzeugung in Deutschland, Gülzower Fachgespräche, Band 15: Energetische Nutzung von Biogas: Stand der Technik und Optimierungspotenzial. Weimar, 2000:8-27.

[2-15] Abdoun E, Weiland P. Optimierung der Monovergärung von nachwachsenden Rohstoffen durch die Zugabe von Spur-enelementen. Bornimer Agrartechnische Berichte, Potsdam, 2009(68).

[2-16] Bischoff M. Erkenntnisse beim Einsatz von Zusatz-und Hilfsstoffen sowie Spur-enelementen in Biogasanlagen. VDI Berichte No. 2057, 'Biogas 2009-Energieträger der Zukunft', VDI Verlag, Düsseldorf, 2009.

[2-17] Bischoff Manfred. personal communication, 2009.

[2-18] Seyfried C F, et al. Anaerobe Verfahren zur Behandlung von Industrieabwässern. Korrespondenz Abwasser. 1990, 37:1247-1251.

[2-19] Preißler D. Die Bedeutung der Spurenelemente bei der Ertragssteigerung und Prozessstabilisierung. Tagungsband 18. Jahrestagung des Fachverbandes Biogas, Hannover, 2009.

[2-20] Fachagentur Nachwachsende Rohstoffe e. V. (ed.). Biogas-Messprogramm Ⅱ. Gülzow, 2009.

[2-21] Maurer M, Winkler J-P. Biogas-Theoretische Grundlagen. Bau und Betrieb von Anlagen, Verlag C. F. Müller, Karl-sruhe, 1980.

[2-22] VDI guideline 4630. Fermentation of organic materials-Characteristics of the substrate, sampling, collection of material data, fermentation tests. VDI Technical Division Energy Conversion and Application, 2006.

[2-23] KTBL (ed.). Faustzahlen Biogas. Kuratorium für Technik und Bauwesen in der Landwirtschaft, 2009.

[2-24] Biogasanlagen zur Vergärung nachwachsender Rohstoffe. Ländliche Erwachsenenbildung Niedersachsen (LEB). Barnstorfer Biogastagung, 2000.

[2-25] Baserga U. Landwirtschaftliche Co-Vergärungs Biogasanlagen. FAT-Berichte, 1998 (512).

Plant technology for biogas recovery

3

Plant technology for biogas recovery covers a very wide spectrum, as discussed in this chapter. There are virtually no limits in terms of component and equipment combinations. Consequently, technical examples are used here by way of illustration of individual items of equipment. It must be noted, however, that expert analysis of plant and system suitability and capacity adaptation on a case-to-case basis are invariably required.

Turnkey supply by a single provider, known as the lead contractor, is common practice in the construction of biogas plants, and this has both advantages and disadvantages for the project owner. A turnkey provider generally uses end-to-end technology and provides a warranty for the individual items of equipment and the plant as a whole, and this can be considered advantageous. The functionality of the process for generating biogas is also part of the warranty. When a lead contractor undertakes supply, the finished plant is usually not handed over to the project owner until performance trials have been completed, in other words not until the plant has achieved rated load. This is an important consideration, because firstly the risk associated with plant run-up resides with the manufacturer, and secondly there is no financial risk to be borne by the future operator if handover is delayed. One drawback is the relatively minor influence that the project owner can exert on technological details, because very many turnkey providers offer standardised modules and this makes for less flexibility in terms of design specifics. Nevertheless, the modular approach has timeline and monetary advantages to offer in terms of approval, construction and operation.

Project owners can also go down another path, and purchase only planning services from the plant supplier (engineering contact). The project owner then contracts out individual construction phases to specialist companies. This approach enables the project owner to maximise influence on the project, but it is viable only if the project owner per se is in possession of the necessary expertise. Disadvantages include the facts that the risk for start-up and performance trials has to be borne by the project owner and that if claims against the specialist contractors arise, they have to be dealt with individually.

3.1 Features of and distinctions between various procedural variants

There are several variant processes for generating biogas. Typical variants are shown in Table 3.1.

Table 3.1 Classification of the processes for generating biogas according to different criteria

Criterion	Distinguishing features
Dry matter content of the substrate	-wet digestion
	-dry digestion
Type of feed	-intermittent
	-quasi-continuous
	-continuous
Number of process phases	-single-phase
	-two-phase
Process temperature	-psychrophilic
	-mesophilic
	-thermophilic

3.1.1 Dry matter content of the substrate for digestion

The consistency of the substrate depends on its dry matter content. This is the reason for a basic subdivision of biogas technology into wet-digestion and dry-digestion processes. Wet digestion uses substrates of pumpable consistency. Dry digestion uses stackable substrates.

There is no clear dividing line between the terms wet and dry digestion. A design guide issued by the Federal German Ministry for the Environment on the basis of the Renewable Energy Sources Act (EEG) of 2004 links 'dry digestion' to certain provisions. These provisions include a dry mass content of at least 30% by mass in the feedstock and an organic loading rate of at least 3.5 kg VS/(m^3 · d) in the digester.

The dry matter content in digester liquid in the wet digestion process can be up to 12% by mass. A rule of thumb sets a limit of 15% by mass for the pumpability of the medium, but the figure is qualitative and not viable for all feedstock materials. Some substrates with finely dispersed particle distribution and high proportions of dissolved substances remain pumpable even when DM content is as high as 20% by mass; dispersed foodstuff residues discharged from tankers are a case in point. Other substrates such as fruit peel and vegetable skins, by contrast, are stackable when DM content is as low as 10% to 12% by mass.

Wet digestion in ordinary cylindrical tanks is the norm for agricultural-scale biogas recovery plants. Over the last five years, however, following the 2004 first amendment to EEG, dry-digestion plants have progressed to marketable maturity and are used in particular for digesting energy crops, the renewables generally termed 'NawaRo' in German (nachwachsende Rohstoffe, or renewable resources). See 3.2.2.1 for details of digester designs.

3.1.2 Type of feed

The biogas recovery plant's loading or feeding regime determines to a large extent the availability of fresh substrate for the microorganisms and has a corresponding effect on the generation of biogas. Broad distinctions are drawn between continuous, quasi-continuous and intermittent feeding.

3.1.2.1 Continuous and quasi-continuous feeding

A further distinction can be drawn here between the through-flow and combination through-flow/buffertank methods. The buffer-tank-only feeding method of which some mention can still be found in the literature is not discussed here, because economical and process-engineering considerations now virtually preclude its use. In contrast to continuous feeding, quasi-continuous feeding entails adding to the digester an unfermented batch of substrate at least once per working day. There are further advantages to be gained by adding the substrate in several small batches over the course of the day.

Through-flow method

In the past, most biogas recovery systems were built to operate on the through-flow principle. Several times a day, substrate is pumped from a pre-digester tank or pre-digester pit into the reactor. The same quantity as is added to the digester in the form of fresh substrate is expelled or extracted to the digestate storage tank (see Figure 3.1).

This feeding method therefore maintains a constant level of fill in the digester, which is emptied only for repairs. Steady gas production and good utilisation of reactor space are characteristic of this process. However, there is a risk of short-circuited flow through the digester, because there is always the possibility of freshly added substrate being more or less immediately removed[3-2]. The open digestate storage tank, moreover, is a source of methane gas emissions. The 2009 second amendment to the Renewable Energy Sources Act calls for sealed, gastight digestate storage, so the purely through-flow process will be of lessening significance in future.

Combination through-flow/buffer-tank process

Biogas recovery plants operating on the combination through-flow/storage-tank principle also employ covered digestate storage facilities. This enables the post-digestion biogas arisings to be captured and used. The digestate storage tank functions as a 'buffer tank'. The unit upstream of this buffer tank part of the plant is a through-flow digester. If, say, the need arises for a large quantity of pre-digested substrate as fertiliser, substrate can be removed from the through-flow digester. Figure 3. 2 is a diagrammatic overview of the process. The process permits steady gas production. The dwell time cannot be accurately determined, on account of the possibility of flow short-circuits in the through-flow digester[3-2]. This process represents the state of the art. The investment outlay for covering the digestate storage tank can be successively refinanced from income for the extra gas yield.

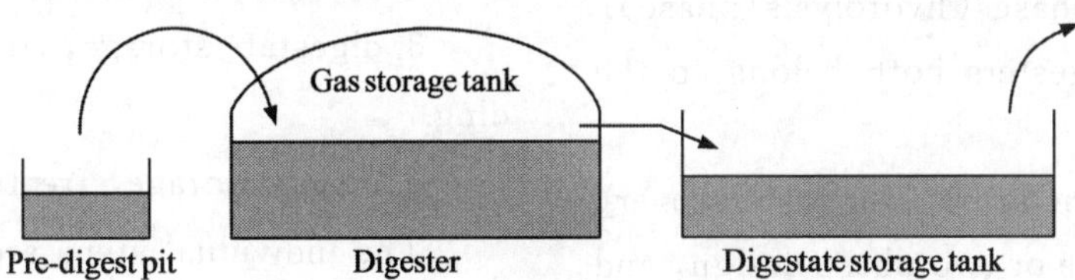

Figure 3. 1 Schematic of the through-flow process

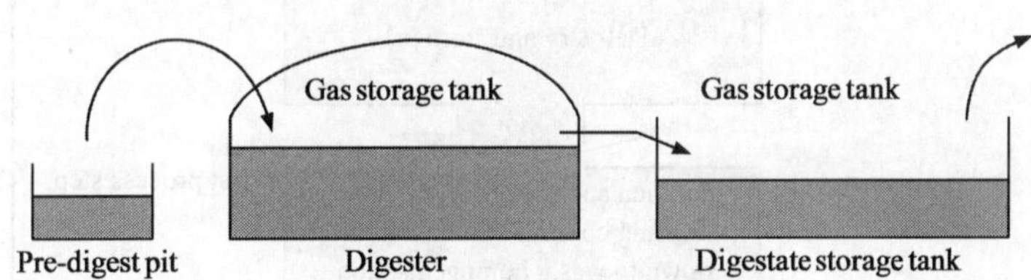

Figure 3. 2 Schematic of the combination through-flow/buffer-tank process

3. 1. 2. 2 Intermittent feeding

Batched, intermittent feeding entails completely filling the digester with fresh substrate and then establishing an airtight seal. The feedstock remains insidethe tank until the selected dwell time elapses, without any substrate being added or removed during this time. When the dwell time expires the digester is emptied and refilled with a fresh batch of feedstock, with the possibility of a small proportion of the digestate being allowed to remain as seed material to inoculate the fresh substrate. The process of filling the batch digester is speeded up by providing a supply tank, with a discharge storage vessel for the same purpose at the output side. A gas production rate that changes over time is characteristic of intermittent, batch feeding. Gas production commences slowly after the reactor has been filled, peaks within a few days (depending on substrate) and then steadily tails off. Since a single digester cannot ensure the constancy of gas production or gas quality, staggered filling of several digesters (battery batch-feed method) has to be adopted to smooth out net production. Minimum dwell time is accurately maintained[3-2]. Batch feeding of single digesters is impractical; the principle of battery batch feeding is used for dry digestion in what are sometimes known as 'digester garages' or 'modular box digesters'.

3. 1. 3 Number of process phases and process stages

A process phase is understood as the biological milieu-hydrolysis phase or methanisation phase-with its specific process conditions such as pH value and temperature. When hydrolysis and methanisation take place in a single tank the term used is single-phase process management. A two-phase process is one in which hydrolysis and methanisation take place in separate tanks. Stage is the term used for the process tank, irrespective of the biological phase.

Consequently, the plant layout with pre-digester pit, digester and digestate storage tank frequently encountered in agriculture is single-phase, but three-stage. The open pre-digester pit as such is not a separate phase in its own right. The sealed holding or receiving vessel, on the other hand, is considered a separate phase (hydrolysis phase). Main and secondary digesters both belong to the methanisation phase.

In the main, agricultural biogas recovery plants are of single-phase or two-phase design, and single-phase plants are the more common[3-1].

3.2 Process engineering

Broadly speaking, irrespective of the operating principle an agricultural biogas plant can be subdivided into four different process steps:

1. substrate management (delivery, storage, preparation, transport and infeed)
2. biogas recovery
3. digestate storage, treatment and field spreading.
4. biogas storage, treatment and use.

The individual steps are shown in more detail in Figure 3.3.

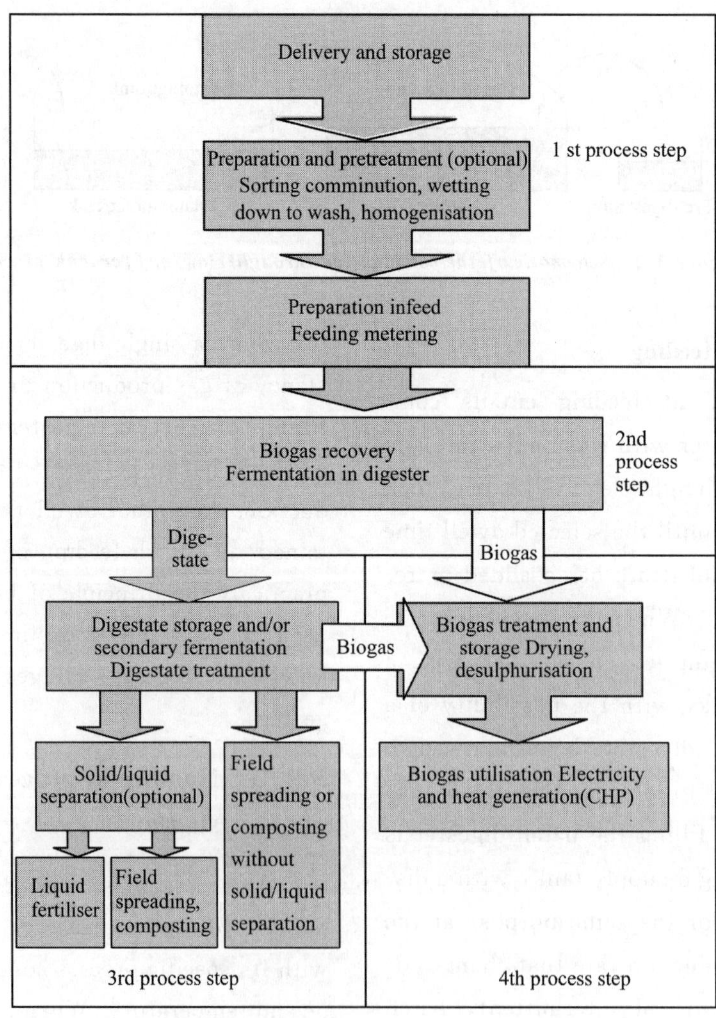

Figure 3.3 General process of biogas recovery; as described in [3-3]

The four process steps are not independent of each other. The link between steps two and four is particularly close, because step four generally provides the process heat needed for step two.

The treatment and use of the biogas belonging to step 4 are discussed separately in Chapter 6; Chapter 10 deals with the processing and treatment of digestate. The information below relates to the technology and techniques employed in steps 1, 2 and 3.

The choice of process equipment depends primarily on the nature of the available substrates. All plant and container sizing has to be based on substrate quantities. Substrate quality (DM content, structure, source, etc.) is the determining factor in terms of process-engineering design. Depending on substrate composition, it can be necessary to remove interfering substances or wet down with make-up liquid to obtain a pumpable mash. If substances that require hygienisation are used, planning has to allow for a hygienisation stage. After pretreatment, the substrate is moved to the digester, where it ferments.

Wet-digestion plants are generally of one-or two-stage design, operating on the through-flow principle. A two-stage layout consists of digester and secondary digester. The substrate is moved from the first, or primary, digester to the secondary digester, where more resistant substances also have the opportunity to biode-grade. The digestate is stored in sealed digestate storage tanks with biogas extraction or open digestate tanks and is then generally disposed by being spread as liquid fertiliser on agricultural land.

The biogas produced by biodegradation of the feedstock is stored and purified. It is generally fired in a combined heat and power (CHP) unit for co-generating electricity and heat. Figure 3. 4 shows the most important plant components, subassemblies and units of a single-stage agricultural biogas recovery plant for co-substrates with hygienisation.

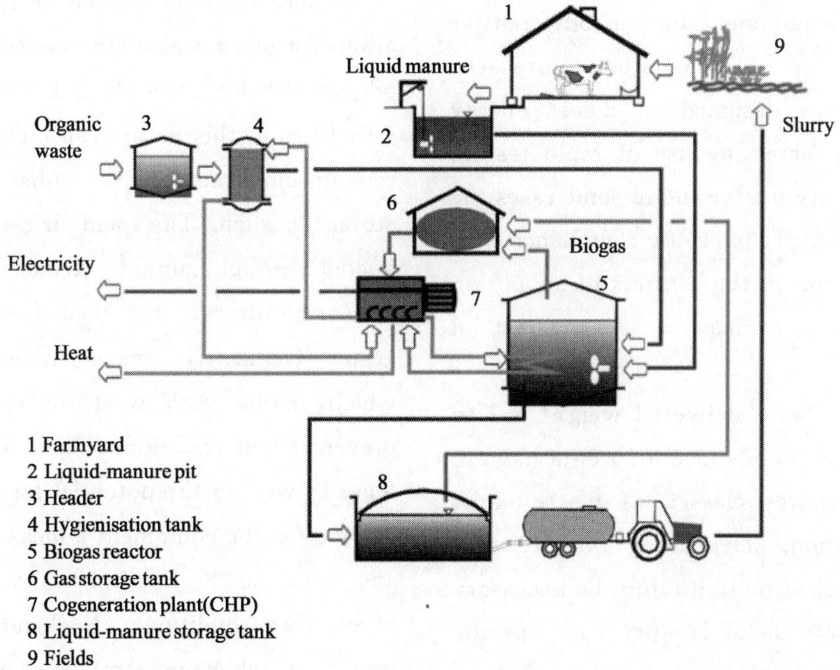

Figure 3.4 Schematic of an agricultural biogas recovery plant for co-substrates [ATB]

The process steps as illustrated here are as follows: The liquid-manure pit (or pre-digester pit) (2), the header (3) and hygienisation tank (4) all belong to the first process step (storage, preparation, transport and infeed) The second process step (biogas recovery) takes place in the biogas reactor (5), more commonly called the digester. The liquid-manure storage tank (8) or the digestate storage tank and the field spreading of the digested substrate (9) constitute the third process step. The fourth process step (biogas storage, purification and utilisation) takes place in the gas tank (6) and the combined heat and power unit (7). These individual steps are discussed in more detail below.

3.2.1 Substrate management

3.2.1.1 Delivery

The role played by delivery is of importance only in plants digesting co-substrates from off-site sources. Visual incoming inspection of the substrate to ensure compliance with quality standards is the minimum requirement for custody-transfer accounting and for documentation purposes. Large-scale facilities designed to digest energy crops are making increasing use of rapid testing methods to check dry matter and in some cases the fodder fractions as well, to ensure compliance with the conditions set out in the contract of supply on the one hand and performance-based payment on the other.

In principle, the as-delivered weight has to be measured and all goods-incoming data have to be logged. Substrates classed as waste merit special consideration. Depending on precisely how the waste is classified, it might be necessary to keep special records or comply with specific documentation requirements imposed by the authorities. This is why backup samples of critical substances are taken. See Chapter 7 for more information on the general legal and administrative framework.

3.2.1.2 Storage

Substrate buffer storage facilities are intended primarily for buffering the quantities of substrate needed as digester feedstock for periods ranging from a few hours up to two days. The design of the storage facility depends on the types of substrate used. Footprint varies with the quantities that the facility will have to handle and the time periods for which substrate will have to be buffered. If co-substrates from off-site sources are used, contractual conditions such as agreed acceptance quantities and frequency of supply factor into the considerations. Using hygienically problematic co-substrates from industrial sources, for example, necessitates strictly segregating the receiving station from farming operations. Intermingling of hygienically problematic and hygienically acceptable substrates at any point prior to the former's discharge from hygienisation must be impossible.

There are other reasons besides legal considerations for using sealed storage facilities to minimise odours. Enclosure in sheds is one possibility, and structures of this nature can include spaces for receiving and preparing the substrates, along with storage as such. The spent air can be extracted and ducted through suitable cleaners (e. g. washers and/or biofilters). The sheds for waste-product digesters frequently have negative-pressure systems which, along with waste-air extraction, largely prevent odour emissions. Sheds have other advantages as well as the potential for odour emissions. They offer the equipment a measure of protection, and work and checks can be carried out irrespective of weather conditions. Enclosure can also be a means of achieving compliance with noise-abatement regulations. Table 3.2 presents an overview of various aspects of substrate storage.

Table 3.2 Pre-digestion storage of substrates

Sizing	• Depends on: substrate arisings, digester capacity, length of time to be bridged between successive deliveries, land-use specifics and yield of co-substrates, supply contracts for substrates from off-site sources, possible disruptions in operation • Avoid the possibility of storage plant freezing, for example by siting storage tanks indoors, heating storage containers or locating the plant for pits below grade level
Special considerations	• Avoid biodegradation processes that reduce gas yield • Do not permit intermingling of hygienically problematic and hygienically acceptable substrates • Implement suitable structural measures to minimise odours • Avoid material emissions to soil and to the surface and underground water system
Designs	• Containers for storing solid substrates in widespread use in agriculture, such as mobile silos, upright silos, plastic-tunnel silos and round-bale silos and open or roofed storage areas (e.g. solid-manure deposits) and pits/hoppers • Containers for storing liquid substrates in widespread use in agriculture, such as tanks and predigester pits
Costs	• Storage facilities are generally in place; when new builds are needed the price has to be calculated on a case-to-case basis factoring in the multiplicity of influencing variables indicated above

3.2.1.3 Preparation

The nature and extent of substrate preparation influence the general usability of substrates with regard to the proportion of entrained interfering substances, so they factor directly into the availability of plant technology. Moreover, a suitable preparation process can have a positive effect on the digestion-process transient, which in turn affects utilisation of the substrates' energy potential.

Sorting and removal of interfering substances

The necessity for sorting and removal of interfering substances depends on the origin and the composition of the substrate. Stones are the most common; they generally settle out in the pre-digester pit, where from time to time they have to be removed from the bottom. Separators for dense materials are also used, generally sited directly in the substrate pipe in front of the feed conveyor (see Figure 3.5). Other matter has to be removed manually at the point of substrate delivery or during filling of the feed hoppers. There is considerable likelihood that biowaste materials may contain interfering substances. Whenever material of this nature is used as co-substrate, every effort should be made to ensure that it is not freighted with interfering substances. Most farming operations would not have the resources to install complex sorting facilities with mechanical lines or sorting boxes comparable with those in dedicated biowaste processing plants. Modular-box or garage digesters, by contrast, are virtually unaffected by interfering substances, because wheeled loaders and grabs are the primary means of substrate transport and there is no contact with pumps, valves or screw conveyors or other components of similar nature that would be easily damaged by interfering substances.

Figure 3.5 In-pipe separator for dense materials[DBFZ]

Comminution

Comminution increases the aggregate substrate surface area available for biodegradation and consequently for methanisation. Broadly speaking, although breaking down the size of the particles effectively accelerates the rate of biodegradation, it does not necessarily increase gas yield. The interplay of dwell time and degree of comminution is one of the factors influencing methane production. Hence the importance of adopting the appropriate technology.

The equipment for comminuting solid substrates can be sited externally upstream from the point of in-feed, in the pre-digester pit, pipe or digester. The range of equipment includes chippers, mills, crushers and shafts and screw conveyors with rippers and cutters (see Figure 3. 7). Shafts with paddles and bladed screw conveyors are very common in combined receiving and metering units (see Figure 3. 6). Given the extent of their application, the properties of these comminution devices are summarised separately for handling direct solids metering by combined receiving and metering units (in Table 3. 3) and processing by mills and chippers (in Table 3. 4).

Figure 3. 6 Receiving vessel with loosener[Konrad Pumpe GmbH]

Figure 3. 7 Beater and roller mill for comminuting solid substrates[Huning Maschinenbau GmbH ,DBFZ]

Table 3. 3 Characteristic values and process parameters of comminutors in combined receiving and metering units

Characteristic values	• Standard commercially available units are capable of handling up to 50 m^3 a day (the substrate receiving or holding vessel can be sized for a much larger capacity)
Suitability	• Usual silages, CCM, animal (including poultry) manure, bread waste, vegetables • Toothed rollers or bladed worm-type mixers are more suitable for long-fibre substances
Advantages	+ High throughput rates + Easy to fill with wheeled loaders or grabs + Large supply capacity for automatic control of comminution and feed + Robust equipment

Table 3. 3

Disadvantages	— Possibility of material forming bridges above the comminutor tool, although this tendency is heavily dependent on the shape of the receiving hopper and the type of substrate — If a breakdown occurs all the material has to be removed by manual means
Special considerations	• Paddle shafts reduce the risk of material forming bridges above the comminution tool
Designs	• Mobile fodder mixer with bladed worm-type vertical mixer for comminution • Receiving vessel with cutter discharge screw conveyors, sometimes bladed, for comminution and conveying • Receiving vessel with ripper paddle shafts for comminution and conveying • Receiving vessel with chipper-type conveyors/chipper gear for comminution and metering
Maintenance	• According to information supplied by the manufacturers, the equipment is of low-maintenance design. Maintenance contracts are available • It should be possible to carry out maintenance during the breaks in feeding

Table 3. 4 Characteristic values and process parameters of external comminutors

Characteristic values	• Mills: low to midrange throughput rates (e. g. 1. 5 t/h for a 30 kW machine) • Chippers: can also be set up for high throughput rates
Suitability	• Usual silages, CCM, cereals, grain maize (mill is generally adequate) • Potatoes, beets, green waste (mill, chipper)
Advantages	+ Easy accessibility to the equipment in the event of a breakdown + A supply of comminuted substrate can be prepared and kept ready + Filling can be automated and combined with receiving/holding units + Degree of comminution can be varied
Disadvantages	— Manual emptying is necessary if the machine becomes clogged or operation is disrupted in some other way — Relatively tolerant of interfering substances, but accelerated wear is possible
Special considerations	• Receiving vessels of various sizes can be installed • The height of the receiving vessel should be compatible with the machinery available on the farm
Designs	• Include beater mills, roller mills, chippers (mobile versions are also possible in principle)
Maintenance	• Can be arranged by contract with the manufacturer and is a necessity, depending on the substrates worked • A supply of comminuted material to bridge downtimes for maintenance can be stocked on site

By contrast with comminution of solids before transfer to pre-digester pit, pipeline or digester, liquids with solid or fibrous content can be comminuted directly in the pre-digester pit, in other mixing tanks or in the pipeline. This can be necessary in the case of substrates and substrate mixtures the consistency of which could threaten the operability of the feeder (generally a pump). Separate comminution agitators sited in the pit upstream of the digester constitute one means of comminution. In-pipe, directly linked comminution and pumping is common, however, and the same applies to combination comminution/pumping units. These units are generally powered by electric motors, and some are designed to be driven off a tractor PTO. Figures 3. 8 and 3. 9 show comminutors of various designs and the properties of these machines are summarised in Tables 3. 5 to 3. 7.

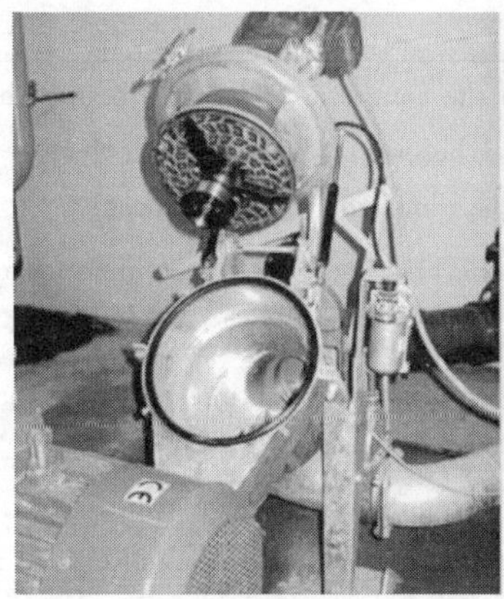

Figure 3.8 In-pipe substrate comminution (perforated-plate comminutor) [Hugo Vogelsang Maschinenbau GmbH]

Figure 3.9 Submersible pump with cutting edges on the rotor as an example of a comminutor and pump combine in a single unit [ITT FLYGT Pumpen GmbH]

Table 3.5 Characteristic values and process parameters of comminution agitators in the pre-digester pit

Characteristic values	· Power draw: in the usual orders of magnitude for agitators, plus an allowance of 6 kW for agitators with 5-15 kW
Suitability	· Solid manure, foodstuff residues, prunings and clippings, straw
Advantages	+ Direct discharge of solids into the pre-digester pit + No further equipment needed
Disadvantages	− Dry matter content in the digester can be increased only up to the limit of the substrate's pumpability − Risk of layer of scum forming and also of sedimentation, depending on the substrate
Special considerations	· If solids are fed directly into the digester, e. g. by means of metering units, comminution agitators can also be used inside the digester
Designs	· Generally of the vane type fitted with cutters on the vanes, or with cutters on the agitator shaft
Maintenance	· Depending on the type of agitator, maintenance can be undertaken outside the pre-digester pit or the digester, without process interruption

Table 3.6 Characteristic values and process parameters of in-pipe comminution agitators

Characteristic values	• Perforated-plate comminutors up to 600 m^3/h delivery rate, motor power ratings between 1.1 and 15 kW • Inline twin-shaft comminutors based on rotary displacement pumps: comminution rates up to 350 m^3/h • Characteristic values depend heavily on dry matter content. Delivery rate drops off sharply as dry matter content increases
Suitability	• Perforated-plate comminutors suitable for substrates with fibre content • Inline twin-shaft comminutors also suitable for pumpable substrates containing higher proportions of solids
Advantages	+ Easy accessibility to the equipment in the event of a breakdown + The units are easily opened and serviced in the event of clogging + Interfering substances are stopped by built-in separator trap (perforated-plate comminutor)
Disadvantages	− Dry matter content in the digester can be increased only up to the limit of pumpability of the substrate − Substrates containing interfering substances can cause accelerated wear (inline twin-shaft comminutor)
Special considerations	• Gate valves have to be installed so that the units can be isolated from the substrate pipe • Provision of a bypass controlled by a gate valve for use in the event of a breakdown can be practical • Achievable particle sizes can be determined by selection of the cutter or ripper technology
Designs	• Perforated-plate comminutor: rotary blades in front of strainer • Inline twin-shaft comminutor: shafts fitted with cutting or ripping tools
Maintenance	• Freestanding units can be serviced quickly without long outages • Easily accessible apertures significantly speed up cleaning

Table 3.7 Characteristic values and process parameters of comminutors combined with conveyor technology in single units

Characteristic values	• Delivery rates up to 720 m^3/h possible • Discharge head up to max. 25 m • Power draw: 1.7-22 kW
Suitability	• Pumpable substrates containing long fibres
Advantages	+ Easy accessibility to the equipment in the event of a breakdown + The units are easily opened and serviced in the event of clogging + No further conveyor equipment needed
Disadvantages	− Dry matter content in the digester can be increased only up to the limit of the substrate's pumpability − Only a small proportion of the material flow can be comminuted. The proportion of comminuted matter can be increased by repeatedly returning the pumped matter to the comminutor
Special considerations	• Gate valves have to be installed so that the units can be isolated from the substrate pipe • Provision of a bypass controlled by a gate valve for use in the event of a breakdown can be practical • Achievable particle sizes can be determined by selection of the cutter or ripper technology
Designs	• Rotary pumps, impeller with cutting edges as dry-sited pump or submersible pump
Maintenance	• Freestanding pumps can be serviced quickly without long outages; submersible pumps are easily removed from the substrate for servicing • Maintenance apertures make for much shorter downtimes

Wetting down to mash, homogenising

Substrates have to be wetted down to mash in the wet-digestion process to render them pumpable by increasing their water content, so that they can be pumped into the digester. This generally takes place in the pre-digester pit or other containers, just before the substrate is introduced into the digestion process. The liquid used for wetting down to mash is liquid manure, liquid digestate (from pressings), process water or-in exceptional cases-fresh water. Using liquid digestate can reduce fresh-water consumption. A further advantage is that even before it reaches the digester, the substrate is inoculated with seed bacteria from the digestion process. Consequently, this procedure can be applied to particularly good effect after hygienisation or in the process known as the plug flow process. The use of fresh water as make-up liquid should be avoided whenever possible, on account of the high costs involved. If water from cleaning processes is used as the make-up liquid for wetting down to mash, it has to be borne in mind that disinfectants can impede the digestion process because substances of this nature have a negative effect on the microorganism population inside the digester. The pump technology used for wetting down to mash is described in the section entitled 'Substrate transport and infeed'.

The homogeneity of the substrate is of major importance in terms of the stability of the digestion process. Severe fluctuations in loading and changes in substrate composition require the microorganisms to adapt to the variations in conditions, and this is generally linked to drops in gas yield. Pumpable substrates are usually homogenised by agitators in the pre-digester pit. However, homogenisation can also take place inside the digester, if different substrates are pumped in directly and/or are introduced into the digester via a solid in-feed. The technology of the agitators is the subject of the section entitled 'Agitators'. Mixing in a pre-digester pit corresponds roughly to the systems of stirred-tank reactors (see Section 3.2.2.1, subsection entitled 'Process with full intermixing (stirred-tank reactors)').

Hygienisation

Compliance with statutory criteria for some substance groups that are critical from the epidemiological and phytohygienic standpoint can necessitate integrating thermal pretreatment into the biogas plant. Pretreatment consists of heating the substances to a temperature of 70℃ for at least one hour. Autoclaving is another method of killing germs. In this process the substrate is pretreated for 20 minutes at 133℃ and a pressure of 3 bar. This method is much less common in the sector than hygienisation at 70℃, however. The size of the vessels used for hygienisation depends on throughput rate, and the same applies to energy input, so hygienically problematic co-substrates are generally hygienised before being fed into the digester. This is a simple way of ensuring that only the problematic substances are hygienised, so the hygienisation stage can be made more economical (partial-flow hygienisation). Full-flow hygienisation of all the feedstock or the predigested material is also possible. One advantage of pre-digester hygienisation is a certain degree of thermal decomposition of the substrate, which subsequently-and depending on its properties-is more readily fermentable.

Hygienisation can be undertaken in airtight, heated stainless-steel tanks. Tanks of the conventional type for livestock fodder are often used. Hygienisation is monitored and documented by instrumentation for fill level, temperature and pressure. The post-hygienisation temperature of the substrate is higher than the process temperature prevailing inside the digester. Consequently, the hygienised substrate can preheat other substrates or it can be fed directly into and thus heat the digester. If there is no provision for utilising the waste heat of the hygienised substrate, suitable means must be used to cool it to the digester's temperature level. Figure 3.10 shows examples of hygienisation tanks; the specific properties of hygienisation tanks are summarised in Table 3. 8.

Figure 3. 10 Hygienisation with recooling
[TEWE Elektronic GmbH & Co. KG]

Aerobic preliminary decomposition

In dry-digestion plants with garage-type digesters it is possible to integrate aeration of the substrate in preparation for the digestion process as such (see 3. 2. 2. 1, 'Digester designs'). The composting processes caused by the introduction of air are associated with heating the substrate to about 40 to 50℃. Preliminary decomposition lasts for between two and four days; its advantages are incipient cell breakdown and spontaneous heating of the material, the results of which include less need for heating elements in the digester. On the negative side, however, organic substances have pre-reacted and are no longer available for the production of biogas.

Table 3. 8 Characteristic values and process parameters of hygienisation tanks

Characteristic values	• Capacity: plant-specific, hygienisation tanks with 50 m^3 capacity, for example • Heating: internal or jacketed tanks • Duration: sizing must give due consideration to the filling, heating and emptying processes accompanying the one-hour dwell time for hygienisation (at 70℃)
Suitability	• The substrate for conventional hygienisation vessels has to be pumpable, which means that it might have to be pretreated prior to hygienisation
Special considerations	• Instrumentation for logging the data of the hygienisation transient is essential • The hygienised substrate should not be transferred straight to the digester while still hot, because the biology in the digester cannot withstand the high temperatures (direct admixture might be possible in a plant with partial-flow fermentation) • The intermingling of hygienically problematic and hygienically acceptable material is unacceptable • Some substrates can be expected to entrain sand and dense materials
Designs	• Non-jacketed stainless-steel tanks within internal heating or jacketed stainless-steel tanks with in-wall heating or counterflow heat exchangers • Gastight and connected to a gas shuttle pipe or not gastight with expulsion air ducted out of the tank, via a waste-air purifier if necessary
Maintenance	• The tank must have at least one manhole • Comply with applicable health and safety regulations for working inside enclosed spaces (due consideration also has to be given to gas safety regulations) • The equipment as such (temperature sensors, agitators, pumps) has to be serviced; the tank itself should be maintenance-free

Hydrolysis

A high organic loading rate in a single-phase process gives rise to the possibility of the process biology in the digester becoming imbalanced, in other words of acidogenesis progressing faster during primary and secondary digestion than acid degradation during methanogenesis[3-19]. High organic loading rate in combination with short dwell times also has a diminishing effect on substrate utilisation. Under worst-case conditions acidification can occur and the digester's biology collapses. This can be countered by siting hydrolysis and acidification processes in separate tanks upstream from the digester itself, or by creating a separate space inside the digester by means of special internals (e.g. two-phase digester). Hydrolysis can take place under aerobic and anaerobic conditions and works at pH values between 4.5 and 7. Temperatures from 25 to 35℃ generally suffice, but the temperature can be increased to 55 to 65℃ to increase the rate of reaction. The tanks can be holding tanks of various kinds (upright, horizontal) equipped with suitable agitators, heating elements and insulation, and so on. Feed to these tanks can be either continuous or batched. It is important to bear in mind that hydrolysis gas contains a large proportion of hydrogen. In a plant in aerobic operation with the hydrolysis gases venting to atmosphere, this can signify energy losses over the volume of biogas generated. There is also a safety problem involved, because hydrogen mixed with atmospheric air can form an explosive atmosphere.

Disintegration

Disintegration means the destruction of the cell-wall structure, permitting the release of all the cell material. This is one way of increasing the availability of the substrate to the microorganisms, accelerating the decomposition rates. Thermal, chemical, biochemical and physical/mechanical processes are used to promote cell breakdown. Possibilities include heating to < 100℃ at normal atmospheric pressure or > 100℃ under elevated pressure; hydrolysis as outlined above; adding enzymes; or utilising ultrasonic disintegration as one of the mechanical methods of encouraging cell decomposition. Discussion on the advantages of these processes is ongoing in the industry. On the one hand, the efficacy of the individual processes depends heavily on the substrate and its pretreatment, and on the other, the processes invariably necessitate additional heat and/or electrical energy and this in turn has a direct effect on effectiveness in relation to the possible additional yield to be extracted from the plant. If integration of processes such as these is under consideration, planners should underpin the effective benefit of a disintegration stage for example by tests and additional analyses of the substrate to be used and through a cost/benefit study of the higher investment outlay vis-à-vis increase in earnings.

3.2.1.4 Transport and infeed

From the standpoint of process biology, a continuous flow of substrate through the biogas plant constitutes the ideal for a stable digestion process. It is virtually impossible to achieve this in practice, so quasi-continuous substrate feeding into the digester is the norm.

The substrate is added in a number of batches over the course of the day. Consequently, all the equipment needed for substrate transport is not in continuous operation. This is extremely important in terms of design.

The choice of technology for transporting and in-feed depends primarily on the consistency of the substrate. A distinction has to be drawn between the technology for pumpable substrate and the technology for stackable substrate.

Substrate temperature has to be taken into account as far as infeed is concerned. Sizeable differences between material temperature and digester temperature (such as can occur in post-hygienisation infeed or when the digester is loaded during the winter) have a severe effect on process biology and this in turn can cause gas yield to diminish. Heat exchangers and heated pre-digester pits are two technical solutions adopted from time to time to counter these issues.

Transport of pumpable substrates

Pumps driven by electric motors are the most common means of transporting pumpable substrates in biogas plants. They can be controlled by timers or process-control computers, and in this way the overall process can be either fully or partially automated. In many instances, substrate transport within the biogas plant is handled in its entirety by one or two pumps centrally sited in a pump station or control cabin. The piping is routed in such a way that all operating situations (e. g. feeding, complete emptying of tanks, breakdowns, etc.) are controlled by means of readily accessible or automatic gate valves. Figure 3. 11 shows an example of pump siting and piping in a biogas plant.

***Figure* 3. 11 *Pumps in a biogas plant* [*WELtec BioPower GmbH*]**

It is important to make sure that pumps are readily accessible, with sufficient working space kept clear all-round. Even despite precautionary measures and good substrate pretreatment, pumps can still clog and need speedy clearing. Another point to bear in mind is that the moving parts of pumps are wear parts. Subject to harsh conditions in biogas plants, they have to be replaced from time to time without the necessity of shutting down the plant. Consequently, shut-off valves have to be installed so that the pumps can be isolated from the piping system for servicing. The pumps are virtually always of rotary or positive-displacement design, of the kind also used for pumping liquid manure.

Pump suitability in terms of power and delivery capability depends to a very large extent on the substrate, the degree of substrate preparation, and the dry matter content. Cutter or chopper comminutors and foreign-matter separators can be installed directly upstream to protect the pumps. Another possibility is to use pumps with pumping gear ready-tooled for comminution.

Rotary pumps

Rotary pumps are commonplace in liquid-manure pumping. They are eminently suitable for runny substrates. A rotary pump has an impeller turning inside a fixed body. The impeller accelerates the medium, and the resulting increase in flow velocity is converted into head or pressure at the rotary pump's discharge nozzle. The shape and size of the impeller can vary, depending on requirements. The cutter-impeller pump (see Figure 3. 9) is a special kind of rotary pump. The impeller has hardened cutting edges designed to comminute the substrate. See Table 3. 9 for characteristic values and process parameters.

Positive-displacement pumps

Positive-displacement pumps are used to pump semi-liquid substrates with high dry matter content. The speed of a positive-displacement pump can be varied to control delivery rate. This matches pump control more closely to precision metering of the substrate. The pressure stability of these self-priming pumps is better than that of rotary pumps, which means that delivery rate is much less dependent on head. Positive-displacement pumps are relatively susceptible to interfering substances, so it makes sense to install comminutors and foreign-matter separators to protect the pumps against coarse and fibrous constituents in the substrate.

Rotary-displacement pumps and eccentric single-rotor screw pumps are the most commonly used. **Eccentric single-rotor screw pumps** have a rotor shaped like a corkscrew running inside a stator made of an elastically resilient material. The action of the rotor produces an advancing space in which the substrate is transported. An example is shown in Figure 3. 12. Characteristic values and process parameters are listed in Table 3. 10.

Table 3.9 Characteristic values and process parameters of rotary pumps[3-1]

Characteristic values	• Pump pressure: up to 20 bar (in practice, pressure is usually lower) • Delivery rate from 2 m^3/min to 30 m^3/min • Power draw: e.g. 3 kW at 2 m^3/min, 15 kW at 6 m^3/min, heavily dependent on substrate • Generally for substrates with <8% DM content
Suitability	• Runny substrates with low dry matter content; low proportions of straw are permissible
Advantages	+ Simple, compact and robust design + High delivery rate + Versatile (also usable as submersible pumps)
Disadvantages	− Not self-priming; so must be sited below the substrate grade level, for example in a shaft or pit − Not suitable for substrate metering
Special considerations	• Delivery rate is heavily dependent on pump pressure or head
Designs	• As submersible pump or for dry siting; also available as cutter pumps for comminution; submersible pumps available with drive below or above the substrate surface
Maintenance	• More difficult in the case of submersible pumps, although relatively easy access through removal apertures • Comply with applicable health and safety regulations for working inside the digester • Outages tend to be slightly longer than for other types of pump

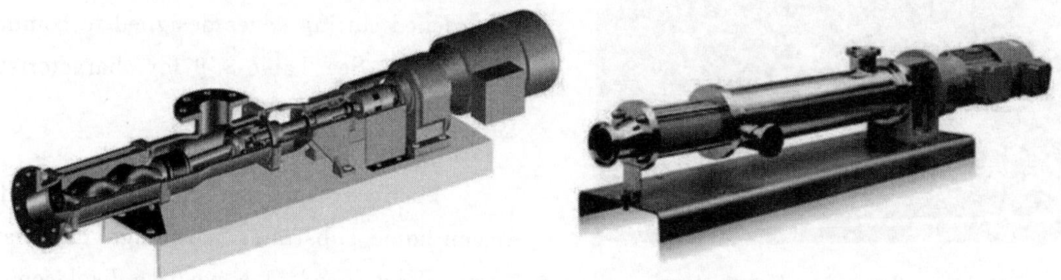

Figure 3.12 Eccentric single-rotor screw pump [LEWA HOV GmbH + Co KG]

Table 3.10 Characteristic values and process parameters of eccentric single-rotor screw pumps

Characteristic values	• Pump pressure: up to 48 bar • Delivery rate from 0.055 m^3/min to 8 m^3/min • Power draw: e.g. 7.5 kW at 0.5 m^3/min; 55 kW at 4 m^3/min; heavily dependent on substrate
Suitability	• Viscous pumpable substrates with low proportions of interfering substances and long-fibre substances
Advantages	+ Self-priming + Simple, robust design + Suitable for substrate metering + Reversible
Disadvantages	− Lower delivery rates than rotary pumps − Easily damaged by running dry − Easily affected by interfering substances (stones, long-fibre substances, pieces of metal)
Special considerations	• Delivery rate is severely dependent on viscosity; stable delivery despite fluctuations in pressure • Protection against running dry can be integrated • Very widespread use in wastewater treatment • The stator can usually be adjusted to suit delivery rate and substrate, and to compensate for wear • Reversible pumping direction available as special design
Designs	• As dry-sited pump
Maintenance	• Very durable • The design is inherently service-friendly; outages are short on account of the quick-change design of the screw drive

Rotary displacement pumps have two counter-rotating rotary pistons with between two and six lobes in an oval body. The two pistons counter-rotate and counter-roll with low axial and radial clearance, touching neither each other nor the body of the pump. Their geometry is such that in every position a seal is maintained between the suction side and the discharge side of the pump. The medium is drawn in to fill the spaces on the suction side and is transported to the discharge side. Figure 3.13 illustrates the operating principle of the rotary displacement pump. See Table 3.11 for characteristic values and process parameters.

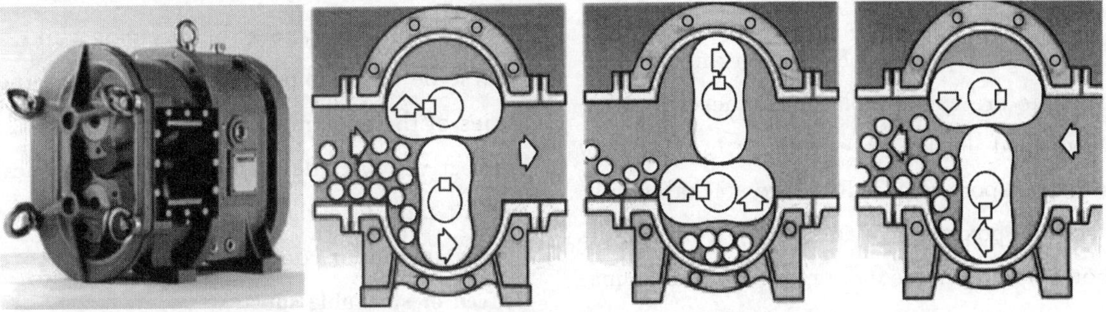

Figure 3.13 Rotary displacement pump (left), operating principle (right) [Börger GmbH (left), Vogelsang GmbH]

Table 3.11 Characteristic values and process parameters of rotary displacement pumps

Characteristic values	• Pump pressure: up to 12 bar • Delivery rate from 0.1 m^3/min to approx. 16 m^3/min • Power draw: approx. 2 to 55 kW
Suitability	• Viscous, pumpable substrates
Advantages	+ Simple, robust design + Self-priming up to 10 m water column + Suitable for substrate metering + Can pump coarser entrained matter and fibrous substances than eccentric single-rotor screw pumps + Not affected by dry running + Compact + Service-friendly + Reversibility is standard
Special considerations	• High rotary speeds up to 1,300 rpm are good for performance optimisation • Adjustable half-liners optimise efficiency and durability by reducing play
Designs	• As dry-sited pump
Maintenance	• The design is inherently service-friendly; outages are short

Transport of stackable substrates

The transport of stackable substrates is a feature of wet-digestion plants through to material infeed or to the stage of wetting down to mash with make-up liquid. Most of the work can be done with loaders of conventional design. It is only when automated feeding takes over that scraper-floor feeders, overhead pushers and screw conveyors are used. Scraper-floor feeders and overhead pushers are able to move virtually all stackable substrates horizontally or up slightly inclined planes. They cannot be used for metering, however. They permit very large holding tanks to be used. Screw conveyors can transport stackable substrates in virtually any direction. The only prerequisites are the absence of large stones and comminution of the substrate to the extent that it can be gripped by the worm and fits inside the turns of the worm's conveyor mechanism. Automatic feeder systems for stackable substrates are often combined with the loading equipment to form a single unit in the biogas plant.

Dry-digestion plants operating on the modular-box principle are commonplace: in these arrangements wheeled loaders are frequently the only means of transport required for the stackable substrate, or the boxes are filled directly from trailers with bottom scraper feeders or other, similar machines.

Infeed of pumpable substrates

Pumpable substrates are generally fed into the digester through sub-grade-level, concrete, substrate-nonpermeable pre-digester pits in which the liquid manure arisings are buffered and homogenised. Pre-digester pit sizing should enable the pit to buffer the quantities necessary for at least one or two process days. A farm's existing liquid-manure pits are frequently used for the purpose. If the biogas plant does not have separate provision for direct infeed of cosubstrates, the pre-digester pit is where stackable substrates are also mixed, comminuted and homogenised, and if necessary mashed with make-up liquid to produce pumpable mixtures (cf. the subsection entitled 'Indirect feed through the pre-digester pit'). The parameters of pre-digester pits are summarised in Table 3.12, Figure 3.14 shows an example.

Liquid (co-) substrates can also be pumped through a standardised tank adapter into the digester or a receiving tank of any suitable kind. Under these circumstances the receiving tanks must of course be technologically adapted to suit the properties of the substrate. Technical necessities in this respect can include, for example, chemically resistant tank materials, provision for heating, agitators and odour-controlling or gastight covers.

Infeed of stackable substrates

Solid matter can be fed into the digester either directly or indirectly. Indirect feed entails first introducing the stackable substrates into the pre-digester pit or into the substrate pipe to the digester (see Figure 3.15). Direct feed enables solid substrates to be loaded directly into the digester, bypassing the wetting down to mash with make-up liquid stage in the pre-digester pit or liquid-substrate pipe (see Figure 3.16). In this way co-digestates can be introduced independently of the liquid manure and at regular intervals[3-8]. Moreover, it is also possible to increase the dry matter content in the digester, thus increasing biogas productivity.

Figure 3.14 Pre-digester or receiving pit in feeding
[Paterson, FNR; Hugo Vogelsang Maschinenbau GmbH]

Table 3.12 Characteristic values and process parameters of pre-digester pits

Characteristic values	• Made of water-impermeable concrete, usually reinforced concrete • Sized to buffer the quantity of substrate necessary for at least one or two process days
Suitability	• Pumpable, stirrable substrates • Also stackable substrates, if suitable comminutor technology is installed
Special considerations	• Good homogenisation and mixing of the substrates is possible • Settlement layers of stones can form • Provision must be made for removal of settlement layers by means of pump sump, collecting pit or scraper mechanisms • It is advisable to cover the pre-digester pit to control odour emissions • Solid matter in the infeed material can lead to clogging and the formation of scum and settlement layers
Designs	• Pits and tanks, round or rectangular, top flush with the ground or projecting above grade level, with wheel-loader accessibility to the filler • Pits sited higher than the digester have advantages, because the hydraulic differential can suffice to dispense with pumps • The technology for circulating the substrate can be the same as that used in the digesters
Maintenance	• If the design lacks provision for removing settlement layer material, this material has to be removed manually • Apart from this, virtually no maintenance outlay; maintenance of the various technical items of equipment is described in the corresponding sections

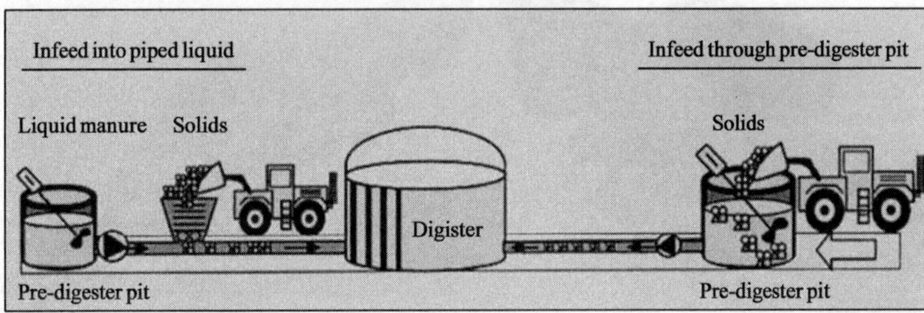

Figure 3.15 Indirect solids infeed (schematic)[3-1]

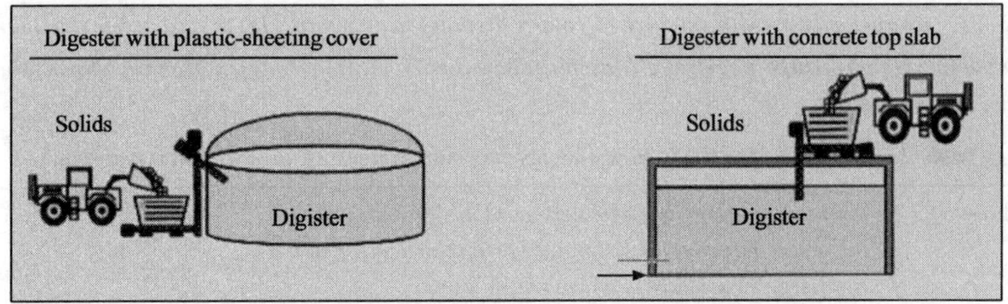

Figure 3.16 Direct solids infeed (schematic)[3-1]

Indirect feed through the pre-digester pit

If the biogas plant does not have separate provision for direct infeed of co-substrates, the pre-digester pit is where stackable substrates are mixed, comminuted and homogenised, and if necessary mashed with make-up liquid to produce pumpable mixtures. This is the reason for equipping pre-digester pits with agitators, possibly combined with ripping and cutting tools for substrate comminution. If substrates containing interfering substances are processed, the pre-digester pit also functions as a separator for stones and settlement layers, which can be consolidated and removed by scraper-floor feeders and screw conveyors[3-3]. If the pre-digester is covered to stop odour emissions, the design of the cover should be such as not to hinder exposure of the pit for straightforward removal of settled matter.

Wheeled loaders or other mobile machines are used for filling, although automated solid-matter loading systems are also sometimes used. The mixture of solid matter and liquid is then transported into the digester by suitable pumps. The parameters of pre-digester pits are summarised in Table 3.12, Figure 3.14 shows an example.

Indirect feed into the piped liquid

As an alternative to infeed through a pre-digester pit, solid substrates such as biowaste, silage and solid manure can also be fed into the piped liquid by suitable metering devices such as hopper pumps (see Figure 3.17). The solid substrate can be forced into the liquid substrate pipe or the liquid flow can be piped directly through the solid-substrate hopper; infeed can also be accompanied by first-stage comminution of the substrate matter. The delivery rate of the infeed device can be adapted to suit DM content and the quantity of substrate to be added. The piped liquid can be liquid manure from a pre-digester pit/receiving vessel or substrate from the reactor or the digestate storage tanks. Systems of this nature are also used in midrange to large-scale biogas plants, because modular design guarantees a certain flexibility and a degree of safeguard against failure[3-17].

Table 3.13 summarises the most important characteristics of indirect feeding systems.

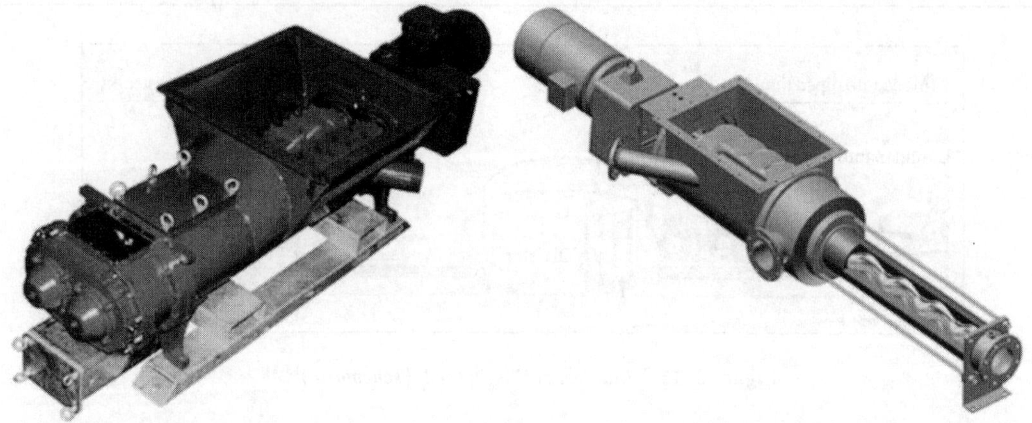

Figure 3.17 Hopper pumps with integrated rotary displacement pump (left) and eccentric single-rotor screw pump (right) [Hugo Vogelsang Maschinenbau GmbH (left), Netzsch Mohnopumpen GmbH]

Table 3.13 Characteristic values and process parameters of infeed screw conveyors

Characteristic values	· Material usually special steel; in closed housing · Infeed to digester: horizontal, vertical or angled down · Discharge just below surface of the liquid · Manual and automatic valves necessary, if digester fill level is above top of receiving hopper
Suitability	· All common stackable co-substrates, also freighted with stones smaller than the turns of the screw conveyor · Chopped substrates and long-fibre substrates can prove problematic
Advantages	+ Direction of transport is of no significance + Suitable for automation + Multiple digesters can be fed from one receiving hopper (e.g. with one upward-conveyor screw feeding to two separate compacting screws)

Table 3. 13

Disadvantages	— Abrasion in the screw-conveyor casings and at the screws — Sensitivity to largish stones and other interfering substances (depending on the size of screw turn)
Special considerations	• Can be used to transport substrates wetted down to mash • Escape of gas through the screw has to be prevented • Weight-based metering with screws is possible if the receiving hopper is fitted with suitable weighing equipment • Takes up space directly beside the digester • Hopper fill height above ground level and size of hopper opening must be matched to the farm's available loading equipment
Designs	• Compacting screw from receiving hopper conveying vertically, horizontally or diagonally to the digester • Upward-conveyor screw to lift substrate overhead (vertical transport) • Versatility for combination with receiving systems of various kinds (e. g. hopper, scraper-bottom container, fodder-mixer trailer)
Maintenance	• Moving parts, so outlay for regular servicing must be taken duly into account • Manual intervention required to clear clogging or remove trapped interfering substances • Servicing of the screw that feeds to the digester necessitates what can be considerable downtime

Direct feeding by ram

A feeding configuration with ram feeder uses hydraulic power to ram the substrates directly into the digester through an opening in the side, close to the bottom. Being injected close to the bottom in this way, the substrates are saturated in liquid manure and this reduces the risk of scum forming. The system has counter-rotating mixing augers that drop the substrates into the cylinder below, while also comminuting long-fibre substances[3-1]. The feeding system is generally linked to or installed directly underneath a receiving hopper. The characteristic values of ram feeders are summarised in Table 3. 14, Figure 3. 18 shows an example.

Direct feeding by screw conveyors

When loading screws are used for feeding, compacting screws force the substrate into the digester at a level below the surface of the liquid. This suffices to ensure that gas cannot escape from the digester through the screw winding. The simplest arrangement positions the metering unit on the digester, so only one vertical screw conveyor is needed for loading. All other configurations require upward screw conveyors to carry the substrate overhead above the digester. The screw conveyor intakes from any receiving container, and the receiving container itself can be fitted with comminuting tools[3-8]. Characteristic values of feeding systems with screw conveyors are summarised in Table 3. 15; Figure 3. 19 shows an example by way of illustration.

Figure 3. 18 Infeed of stackable biomass into the digester with ram feeder [PlanET Biogastechnik GmbH]

Table 3.14 Properties of hopper pumps for solids infeed into piped liquid

Characteristic values	• Pump pressure: up to 48 bar • Delivery rate, suspension: 0.5-1.1 m^3/min (depending on type of pump and the pumped suspension) • Delivery rate, solids: approx. 4-12 t/h (twin-shaft worm feed with comminution)
Suitability	• Suitable for pre-comminuted substrates to a very large extent free of interfering substances
Advantages	+ High suction and discharge capacities + Robust design, available with wear protection in some cases + Suitable for metering + Comminution by ripper tooling of the feeder worm conveyors
Disadvantages	− In some cases affected by interfering substances (stones, long-fibre substances, pieces of metal)
Special considerations	• Comminution, mixing and wetting down to mash possible in a single step • Any method of transporting the solid matter is possible (wheeled loader, conveyor, receiving/holding units) • Liquid phase feed is by separate pump
Designs	• As dry-sited unit • Single-shaft or twin-shaft worm feed of the substrates to the piped liquid/to the pump unit, conveyor screws partly toothed for substrate comminution • Preferred types of pump: rotary displacement pumps and eccentric single-rotor screw pumps, sometimes integrated into hopper pump
Maintenance	• The design is inherently service-friendly; outages are short

Table 3.15 Characteristic values and process parameters of ram feeders

Characteristic values	• Material usually special steel; closed housing for the feeder ram • Feed into digester: horizontal, infeed at bottom of digester possible • Manual and automatic valves necessary, if digester fill level is above top of receiving hopper
Suitability	• All common stackable co-substrates, including long-fibre substrates and substrates freighted with stones, given suitable worm-conveyor design
Advantages	+ Largely odourless + Very good metering capability + Suitable for automation
Disadvantages	− Risk of settlement layer formation in the digester if the ram-fed substrate clumps, so sub-optimum accessibility for microorganisms in the digester − Only horizontal feed of the substrate is possible − Only one digester can be fed from the receiving hopper
Special considerations	• Infeed adapter must be sealed to prevent passage of liquid • Hopper fill height above ground level and size of hopper opening must be matched to the farm' s available loading equipment • Crossed blading to break up the ram plug is offered as an option by the manufacturer and would appear extremely practical, on account of the risk of the substrate clumping • Takes up space directly beside the digesterg • Weight-based metering with ram feed is possible if the receiving hopper is fitted with suitable weighing equipment
Designs	• Hydraulic ram with worm conveyors powered either hydraulically or electrically • Versatility for combination with receiving systems of various kinds (e.g. hopper, scraper-bottom container, fodder-mixer trailer)
Maintenance	• Moving parts, so outlay for regular servicing must be taken duly into account • Servicing of the ram feeder necessitates what can be considerable downtime, possibly also associated with emptying of the digester

Figure 3.19 Feeding stackable biomass into the digester with screw conveyors [DBFZ]

Mushing biomass

The co-digestates (e. g. beets) are comminuted to a pumpable consistency with the machines commonly used in beet processing. Residual dry matter content can be as high as 18%. The liquefied substrates are stored in suitable containers and are pumped directly into the digester, bypassing the pre-digester pit, by the units described in the 'Transport and infeed' section. This is a method of increasing dry matter content in a digester operating with liquid manure as base direct connection to the digester, however, can give substrate[3-8].

Sluices

Sluices are a very robust and straightforward solution for substrate infeed. They are easily filled by wheeled loaders and they also allow large amounts of substrate to be added very rapidly. This infeed technique is still to be found in older, small-scale plants. It is very inexpensive and in principle it requires no maintenance. Its direct connection to the digester, however, can give rise to considerable odour-nuisance problems and allow methane to escape from the digester, so as a technique it no longer features in the construction of new plants[3-17].

Infeed of stackable substrates in dry digestion (garage-type digesters)

The box-type digesters are easily accessible to wheeled vehicles, so the plants in operation have no provision for automated feed. Both feeding and emptying are undertaken using conventional agricultural transport equipment, generally wheeled loaders.

Valves, fittings and piping

The valves, fittings and piping must be medium-proof and corrosion-resistant. Valves and fittings such as couplers, shut-off gate valves, flap traps, cleaning ports and pressure gauges must be readily accessible and operable and they must also be installed in such a way as to be safe from frost damage. The 'Sicherheitsregeln für Biogasanlagen' (Safety Rules for Biogas Systems) issued by the Bundesverband der landwirtschaftlichen Berufsgenossenschaften (German Agricultural Occupational Health and Safety Agency) contain information about the regulations for piping, valves and fittings and can be of assistance in achieving compliance with the laws and engineering codes with regard to material properties, safety precautions and leak tests for safe operation of the biogas plant[3-18]. One factor that has proved extremely important is the necessity of providing suitable means of removing condensate from all piping runs, without exception, or of running the pipes with enough fall to ensure that slight settling or sag cannot produce unintended high points along the runs. On account of the low pressures in the system, very small quantities of condensate can suffice to cause a complete blockage. The most important parameters for liquid-retaining pipes and gas-retaining pipes are summarised in Tables 3.16 and 3.17, respectively. Figures 3.20 and 3.21 show examples by way of illustration.

Table 3.16 Characteristic values of valves, fittings and piping for liquid-retaining pipes

Characteristic values	• Pipe material: PVC, HDPE, steel or special steel, depending on medium load and pressure level • Connections of flanged, welded or glued design • The diameter of pressurised pipes should be 150 mm; pipes that are not under pressure (overflow and return pipes) should be 200-300 mm in diameter, depending on the substrate • All materials must be chemically resistant to the substrate and must be rated for maximum pump pressure (pressurised piping)
Suitability	• Wedge gate valves form a very good seal, but they are easily fouled by interfering substances • Blade-type gate valves slice through fibrous substances • Ball-head quick-action locking mechanisms should be used for pipes that have to be disconnected quickly • All valves, fittings and pipes must be suitably protected against frost; suitable insulation has to be fitted for handling warm substrate • Always run pipes at 1%-2% of fall, to permit easy emptying • Route the piping accordingly to prevent backflow of substrate from the digester to the pre-digester pit • When laying pipes underground, make sure that the subbase is well compacted before the pipework is installed • Install a gate valve upstream of each flap trap, in case interfering substances prevent the flap trap from closing correctly • Cast iron piping is not a good choice, because the formation of deposits is more of a consideration than in smooth-surfaced plastic pipes, for example

Table 3.17 Characteristic values of valves, fittings and piping for gas-retaining pipes

Characteristic values	• Pipe material: HDPE, PVC, steel or special steel (no piping in copper or other non-ferrous metals) • Connections of flanged, welded, glued or threaded design
Suitability	• All valves, fittings and pipes must be suitably protected against frost • Always route piping runs with a constant fall to prevent unwanted build-up of condensate (risk of clogging • All gas-retaining pipes must have suitable provision for condensate draining; dewatering via condensate duct • All valves and fittings must be readily accessible, easily serviced and easily worked by an operator adopting a safe stance • When laying pipes underground, make sure that the subbase is well compacted before the pipework is installed and make sure that the entire pipework is free of stresses and strains; if necessary, include bellows adapters or U-bends

Figure 3.20 Pipes, valves and fittings in a pump station, shut-off gate valves [DBFZ]

Figure 3.21 Working platform between two tanks with piping and pressure-relief devices (left); gas pipe with compressor blower (right) [MT-Energie GmbH (left), DBFZ (right)]

3.2.2 Biogas recovery

3.2.2.1 Digester designs

The links between digester design and the fermentation process are close. Substrate fermentation can be achieved by processes with full intermixing (stirred-tank reactors), plug-flow processes or special processes.

Process with full intermixing (stirred-tank reactors)

Cylindrical, upright stirred-tank reactors are used primarily in agricultural plants for biogas production. At this time (2009), this type accounts for about 90% of the installed base. The digester consists of a tank with concrete bottom and sides made of steel or reinforced concrete. The tank can be sited either completely or partly sub-grade, or above ground.

The cover on top of the tank is gastight, though the design specifics can vary depending on requirements and mode of construction. Concrete covers and plastic sheeting are the most common. The substrate is stirred by agitators sited in or beside the reactor. The specific properties are listed in Table 3.18, Figure 3.22 shows a section through a reactor of this kind. The different kinds of agitator are discussed in more detail in Section 3.2.2.3.

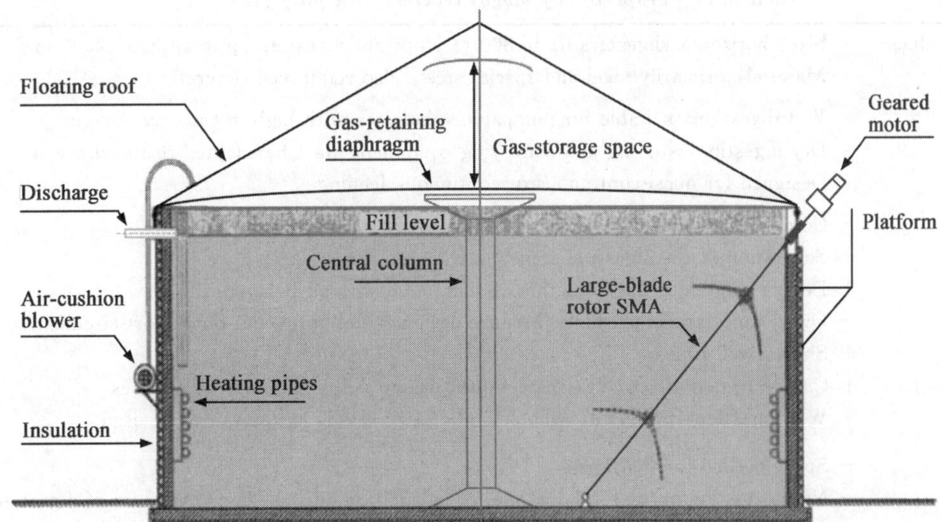

Figure 3.22 Stirred-tank reactor with long-shaft agitator and other internals [Anlagen-und Apparatebau Lüthe GmbH]

Table 3.18 Properties of stirred-tank biogas reactors[3-1,3-3]

Characteristic values	· Sizes in excess of 6,000 m^3 possible, but intermixing and process control become more complex as size increases · Generally made of concrete or steel
Suitability	· In principle for all types of substrate, preferably pumpable substrates with low and midrange dry matter content · Stirring and conveying equipment must be adapted to the substrate · Return of digestate if feed is pure energy crop · Suitable for continuous, quasi-continuous and intermittent feeding
Advantages	+ Design is cost-effective when reactor volume is in excess of 300 m^3 + Variable operation in through-flow or through-flow/buffer-tank configurations + Depending on design, the equipment can usually be serviced without the digester being emptied
Disadvantages	— Flow short-circuits are possible and likely, so dwell time cannot be stated with assurance — Scum and settlement layers can form
Special considerations	· Sediment removal is recommended for some substrates (e. g. poultry droppings on account of lime sediment), scraper floor with screw discharge conveyor
Designs	· Upright cylindrical tank either above ground or top flush with grade level · The intermixing equipment must be very powerful; if only liquid manure is fermented in the digester pneumatic circulation by the injection of biogas is viable · Means of recirculation: submersible-motor agitators sited at positions inside the reactor's enclosed space, axial agitator in a central vertical duct, hydraulic recirculation with external pumps, pneumatic recirculation by injection of biogas in a vertical duct, pneumatic recirculation by large-area biogas injection through nozzles at the bottom of the reactor
Maintenance	· Manhole facilitates accessibility

Plug-flow process

Biogas plants with plug flow-the wet-digestion version is also known as a tank through-flow arrangement-use the expeller effect of fresh substrate infeed to create a plug flow through a digester of round or box section. Mixing transverse to the direction of flow is usually achieved by paddle shafts or specially designed baffles. Table 3.19 lists the characteristic properties of this type of plant.

Table 3.19 Properties of biogas reactors with plug flow[3-1,3-3]

Characteristic values	· Size: horizontal digesters up to 800 m , upright digesters up to approx. 2500 m · Material: primarily steel and special steel, also reinforced concrete
Suitability	· Wet digestion: suitable for pumpable substrates with high dry matter content · Dry digestion: stirring and conveying equipment must be adapted to the substrate · Designed for quasi-continuous or continuous feeding
Advantages	+ Compact, cost-effective design for small-scale plants + Separation of the digestion stages in the plug flow + Design eliminates the formation of scum and settlement layers + Dwell times are as predicted because design largely prevents flow short-circuits + Short dwell times + Can be heated effectively; the compact design helps minimise heat losses + Wet digestion: powerful, reliable and energy-saving agitators can be used
Disadvantages	— Space needed for the tanks — No inoculation of the fresh material or inoculation must be done by return of digestate as seed material — Economical only when on small scale — The reactor has to be fully emptied if the agitator requires servicing

Table 3.19

Special considerations	• As plug-flow reactors with round or box cross-section • Can be horizontal or vertical, but horizontal is the norm • In an upright reactor the plug flow is usually established by vertical internals, rarely by horizontal internals • Can be operated with or without intermixing equipment
Designs	• Openings must be provided for all the devices and pipes requiring connection • A blow-off valve for the gas chamber has to be installed for safety
Maintenance	• At least one manhole is necessary so that the interior of the reactor can be accessed in the event of a breakdown • Comply with applicable health and safety regulations for working inside the digester

Broadly speaking, there are horizontal and upright plug-flow digesters. Virtually all the digesters used in agricultural plants are of the horizontal type. At this time, upright digesters operating on the plug-flow principle are rare and they are not considered in this study. Examples for wet digestion and dry digestion are illustrated in schematic form in Figures 3.23 to 3.25.

The digesters are usually horizontal steel tanks, factory-built and then delivered to site. This necessitates transport of the digesters to site, which is possible only up to a certain size of tank. Possible uses are as main digesters for small-scale plants or as preliminary digesters for larger plants with stirred-tank reactors (round tanks). Horizontal digesters arranged in batteries for parallel operation can increase throughput.

The plug-flow principle reduces the possibility of unintentionally discharging undigested substrate from the reactor, and dwell time can be maintained very reliably for all the material[3-3].

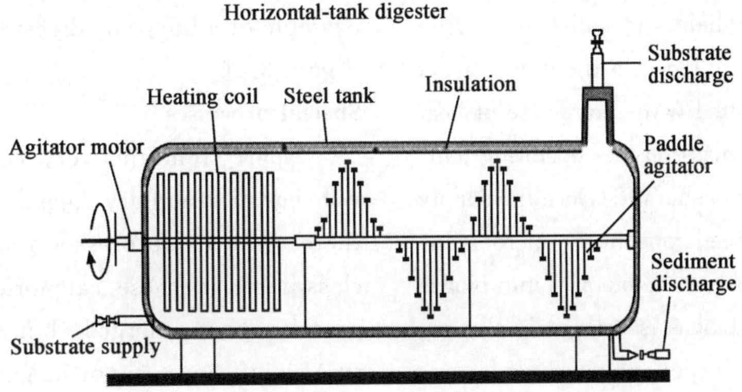

Figure 3.23 Plug-flow reactor (wet digestion)[3-4]

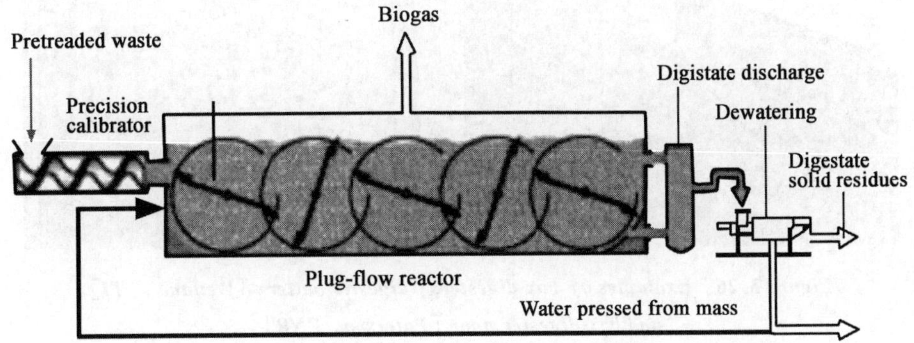

Figure 3.24 Plug-flow reactor (dry digestion) [Strabag-Umweltanlagen]

Figure 3.25 Plug-flow reactors; field examples, cylindrical (left), box section, with overhead gas reservoir (right)[Novatech GmbH (left), DBFZ (right)]

Batch processes

Batch processes use mobile containers or stationary box-type digesters. These processes have achieved commercial maturity in recent years and are established on the market. Reinforced-concrete box digesters are particularly common for fermenting bulk substrates such as maize and grass silage.

In the batch process the digesters are filled with biomass and sealed airtight. The microorganisms in the seed substrate mixed through the fresh substrate to inoculate it heat the substrate in the first phase, in which air is fed into the digester. A composting process associated with the release of heat takes place. When the biomass reaches operating temperature, the supply of air is shut off. Once the supply of entrained oxygen has been consumed, microorganisms become active and convert the biomass into biogas as in wet digestion. The biogas is trapped in the gas headers connected to the digester and piped off for energy extraction[3-1].

Batteries with between 2 and 8 boxes have proved practical, and the most common arrangement is a 4-box battery. This arrangement suffices to achieve quasi-continuous gas production.

A digester battery should also have a leachate tank to catch the seepage liquid from the reactors so that it too can be converted into biogas. The leachate is also sprinkled over the fermentation mass in the reactor to inoculate the material. An example of a box-type digester battery is shown in Figure 3.26.

Special processes

Apart from the very common processes for wet digestion and dry digestion as described above, there are other processes that are not adequately classifiable in these categories. Several new approaches have emerged, but at this time their future significance cannot be gauged.

Figure 3.26 Examples of box digesters; digester battery [Weiland, vTI] and box-digester door [Paterson, FNR]

Special processes of wet digestion in widespread use in the eastern part of Germany use a two-chamber method of mixing the substrate (the 'Pfefferkorn' process, named after the inventor who developed the principle). In a digester of this nature the substrate is recirculated hydraulically by automatic pressure build-up resulting from gas production and pressure blow-down when a predefined gauge pressure is achieved. This means that no electricity is necessary for stirring. The drawback is that the digester is more complex in terms of structural design. In the agricultural sector more than 50 biogas plants based on this technology have been built, with digester capacities between 400 and 6,000 m^3, primarily for liquid-manure digestion with low energy-crop content and for sewage-sludge digestion. Figure 3.27 is a cutaway view of a two-chamber digester.

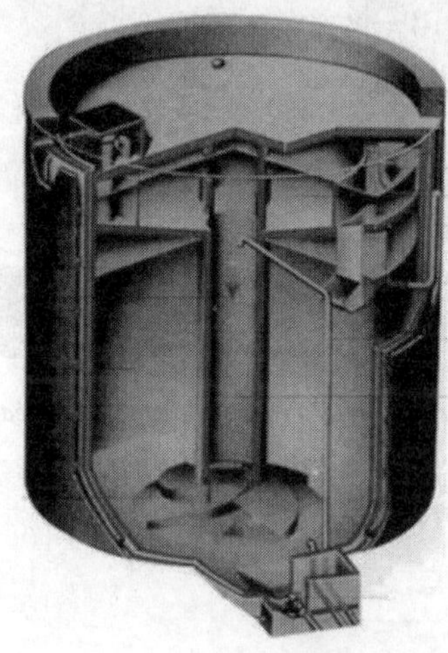

Figure 3.27 Two-chamber digester [ENTEC Environment Technology Umwelttechnik GmbH]

Various special adaptations of batch-principle dry digestion have also emerged. Notwithstanding the differences, common to all these designs is a closed space for bulk substrates.

Plastic-tunnel digestion is a very straightforward solution that has evolved from silage technology. A gastight plastic tunnel up to 100 metres long set on a heatable concrete slab is filled with feedstock. The biogas is taken off by an integral header and piped to a CHP unit.

A system with overhead loading is known as a sequential batch reactor (SBR). The substrate is wetted only by periodic percolation until the feedstock is immersed in liquid.

A new development is two-stage digestion in stirred box digesters. Worm shafts inside the digesters homogenise the material, screw conveyors carry it to the next stage. The batch digesters are doorless. Instead, the bulk feedstock is fed in and discharged by full-encapsulation screw conveyors.

A two-stage dry/wet digestion process requires a box chamber for hydrolysis and leaching of the feedstock The liquid from hydrolysis and leaching is piped to a hydrolysis tank. This tank feeds to the methanisation stage. The process is capable of starting and stopping methanisation within a few hours and is therefore suitable for integration into gross dependable capacity supply. See Figure 3.28 for an overview of the special designs.

3.2.2.2 Structure of digesters

In general terms, digesters consist of the digestion tank as such, which is thermally insulated, plus a heating system, mixer systems and discharge systems for sediments and the spent substrate.

Tank design

Digester tanks are made of steel, special steel, or reinforced concrete.

Reinforced concrete is rendered sufficiently gas-tight by water saturation. The moisture required for this purpose is contained in the substrate and the biogas. The digesters are cast on site using cast-in-place (CIP) concrete or assembled from prefabricated parts or precastings. Concrete tanks can be sited partly or entirely subgrade, if the subsoil conditions are suitable. The tank cover can be made of concrete and the concrete tops of sub-grade tanks can be rated to carry vehicular traffic, with the biogas stored separately in an external gas storage tank. Digesters also designed for gas storage have gastight tops made of heavy-gauge plastic sheeting. As of a certain tank size a central column is necessary to support the weight of a concrete top slab. If the work is not to professional standard there is a risk of the top slab cracking. In the past cracking, leaks and concrete corrosion were not uncommon, and in extreme cases digesters affected by these problems have had to be demolished.

The use of high-grade concrete and professional planning of the digesters are essential to avoid problems of this nature. The Bundesverband der Deutchen Zementindustrie e. V. (Federal Association of the German Cement Industry) has issued its LB 14 set of instructions for the agricultural construction sector entitled 'Beton für Behälter in Biogasanlagen' (Concrete for tanks in biogas plants)[3-13]. This set of instructions contains the association's recommendations relating to the requirements applicable to the quality of concrete used in reinforced-concrete digesters. The key performance indicators for the use of concrete in the construction of biogas plants are outlined in Table 3. 20. Additional information is set out in the cement industry association's instructions for the agricultural construction sector LB 3[3-10] and LB 13[3-11]. Figure 3. 29 shows a reinforced-concrete digester under construction.

Tanks made of **steel and special steel** are set on concrete foundations, to which they are connected. Coiled sheet metal strip and welded or bolted steel plates are used. The bolted joins must be adequately sealed. Steel digesters are always of aboveground design. In most instances the roof structure is utilised for gas storage and gastight heavy-gauge plastic sheeting is used. Characteristic values and properties of steel tanks are listed in Table 3. 21. Examples are shown in Figure 3. 30.

Figure 3. 28 Examples of special constructions in dry digestion; sequential batch reactor (left), stirred-tank box digester (centre), methanisation stage of the dry/wet digestion process and external gas storage tank (right) [ATB Potsdam (left), Mineralit GmbH (centre), GICON GmbH (right)]

Figure 3. 29 A concrete digester under construction [Johann Wolf GmbH & Co Systembau KG]

Table 3.20 Characteristic values and process parameters of concrete for tanks in biogas plants [3-10,3-11,3-13]

Characteristic values	• For digesters in the liquid-wetted space C25/30; in the gas space C35/45 or C30/37 (LP) for components with frost exposure, for pre-digester pits and liquid-manure ponds = C 25 • If suitable means of protecting the concrete are implemented, a lower minimum strength of the concrete is possible • Water-cement ratio = 0.5, for pre-digester pits and liquid-manure ponds = 0.6 • Crack-width limitation by computation is = 0.15 mm • Concrete coverage over reinforcement, minimum inside 4 cm
Suitability	• For all types of digester (horizontal and upright) and pits
Advantages	+ Foundation and digester can be a single structural component + Assembly from precastings partly possible
Disadvantages	— Concreting can be undertaken only during frost-free periods — Construction time is longer than for steel reactors — Considerable difficulty is involved if post-construction openings have to be made
Special considerations	• If heating elements are installed in the concrete base slab, provision has to be made for thermally induced stresses and strains • The structure must be dependably gastight • In order to avoid damage, the reinforcement has to be designed to take the stresses and strains resulting from what are sometimes considerable temperature deltas in the structure • In particular, the concrete surfaces not continuously covered by substrate (gas space) must be coated (e. g. with epoxide) to protect them against acid attack • The authorities often require installation of a leak detection system • Sulphate resistance must be ensured (use of high-sulphate-resistance cement, HS cement) • Consequently, the structural analysis for planning of the digester tank or tanks has to be very thorough and specific to the site, in order to prevent cracks and damage

Table 3.21 Characteristic values and process parameters of steel for tanks in biogas plants

Characteristic values	• Galvanised/enamelled structural steel St 37 or special steel V2A, in the corrosive gas space V4A
Suitability	• For all horizontal and upright digesters and for pits
Advantages	+ Prefabrication and short construction periods possible + Flexibility for making openings
Disadvantages	— The foundation can be cast only in frost-free periods — Some extra means of support is generally needed for agitators
Special considerations	• In particular the surfaces not constantly immersed in substrate (gas space) have to be made of highergrade material or have a suitable protective coating applied in order to prevent corrosion • The entire structure must be gastight, particularly the connections at the foundation and the roof • The authorities often require installation of a leak detection system • It is absolutely essential to avoid damaging the protective coatings of structural-steel tanks

Figure 3.30 A special-steel digester under construction [Anlagen-und Apparatebau Lüthe GmbH]

3.2.2.3 Mixing and stirring

There are several reasons why it is important to ensure that the contents of the digester are thoroughly mixed:

—inoculation of fresh substrate by contact with seed material in the form of biologically active digester fluid.

—uniform distribution of heat and nutrients inside the digester.

—prevention of settlement and scum layers, and the breaking up of these layers if they have the opportunity to form.

—good degassing of the biogas from the substrate.

The fermenting substrate is minimally mixed by the introduction of fresh substrate, by thermal convective flows and by gas bubbles rising through the fermenting mass. This passive mixing, however, is not enough, so the mixing process has to be actively assisted.

Mixing can be done mechanically by systems such as agitators inside the reactor, hydraulically by pumps sited in close proximity outside the digester, or pneumatically by blowing biogas into the tank.

The last two of these methods are of lesser significance. In Germany, mechanical mixers or agitators are used in about 85 to 90% of plants[3-1].

Mechanical mixing

The substrate is mechanically mixed by agitators. A distinction can be drawn between shear-action and kneading agitators. Viscosity and dry matter content of the medium are the definitive factors regarding the type of agitator used. Combinations of the two are not uncommon. They interwork for better effect.

The agitators operate continuously or intermittently. Practice has shown that the stirring intervals have to be optimised empirically on a case-to-case basis to suit the specifics of the biogas plant, which include the properties of the substrate, digester size, tendency of scum to form, and so on. For safety's sake it is best to stir more frequently and for longer periods of time after plant startup. The accruing wealth of experience can be used to optimise the duration and frequency of intervals and the settings of the agitators. Different types of agitator can be used for the purpose.

Submersible-motor agitators (SMA) are frequently used in upright digesters operating on the stirred-tank principle. A distinction is drawn between high-speed SMAs with two-or three-blade propellers and low-speed SMAs with two large rotor blades. These shear-action agitators can be driven by gearless and geared electric motors. They are completely submerged in the substrate, so their housings have to be jacketed for pressure-watertightness and corrosion resistance, and in this way they are cooled by the surrounding medium[3-1]. Characteristic values for submersed-motor propeller-type agitators are listed in Table 3.22, and Figure 3.31 shows examples.

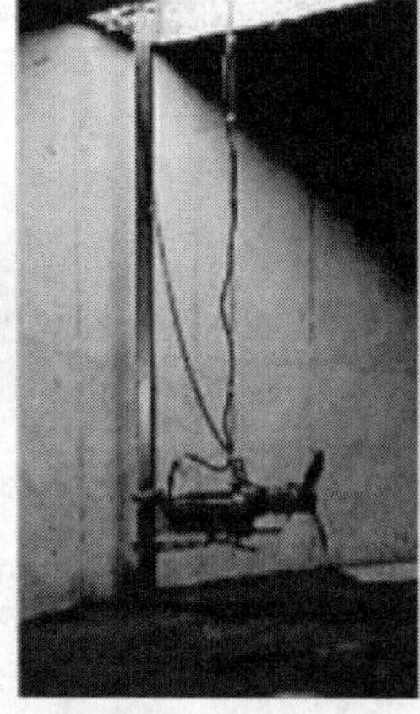

Figure 3.31 Propeller SMA (left), guide-tube system (centre), large-blade rotor SMA (right) [Agrartechnik Lothar Becker (left, centre), KSB AG]

Table 3.22 Characteristic values and process parameters of submerged-motor propeller-type agitators[3-2,3-16,3-17]

Characteristic values	*General*: • Working time depends on the substrate; has to be determined during the plant shakedown phase • Two or more agitators can be installed in large digesters *Propeller*: • High-speed, intermittent operation (500 to 1500 rpm) • Power range: up to 35 kW *Large-blade rotor*: • Slow-speed, intermittent operation (50 to 120 rpm) • Power range: up to 20 kW
Suitability	• All substrates in wet digestion, in upright digesters • Not suitable for extremely high viscosities
Advantages	*Propeller*: + Creates turbulent flow, so very good intermixing in the digester and break-up of scum and settlement layers can be achieved + Movability is very good, so selective intermixing in all parts of the digester possible *Large-blade rotor*: + Very good intermixing in the digester can be achieved + Produces less turbulent flow, but higher shear action per consumed kWel by comparison with high-speed SMAs
Disadvantages	*General*: — On account of guide rails, many moving parts inside the digester — Servicing necessitates opening of the digester, although emptying is not usually necessary (if winch installed) — Settling and scum formation possible on account of intermittent mixing *Propeller*: — Cavitation possible in substrates rich in dry matter (agitator 'spins in its own juice') *Large-blade rotor*: — Orientation of the agitator has to be set before initial startup
Special considerations	• The glands taking the guide tubes through the top slab of the digester must be gastight • Intermittent operation control by timers, for example, or some other appropriate means of process control • Motor casing must be completely sealed against liquid; automatic leak detection inside the motor casing is available from some manufacturers • Motor cooling must be reliably maintained even despite high digester temperatures • Soft start and variable speed control possible with frequency converters
Designs	*Propeller*: • Submersible gearless or reduction-geared electric motors with propeller • Propeller diameters up to approx. 2.0 m • Material: corrosion-proof, special steel or coated cast iron *Large-blade rotor*: • Submersible gearless or reduction-geared electric motors with two-blade rotor • Rotor diameter: from 1.4 to 2.5 m • Material: corrosion-resistant, special steel or coated cast iron, blades made of plastic or glass-fibre-rein-forced epoxy resin
Maintenance	• In some cases difficult, because the motor has to be lifted out of the digester • Maintenance hatches and engine-extraction hatches have to be integrated into the digester • Comply with applicable health and safety regulations for working inside the digester

Alternative siting for the motor of a shear-based **long-shaft agitator** is at the end of an agitator shaft slanting through the digester. The motor is outside the digester, with the shaft passing through a gastight gland in the digester top slab or at a point in the side wall close to the top in the case of a reactor with plastic-sheeting cover. The shafts can be supported by extra bearers on the base of the digester and fitted with one or more small-diameter propellers or large-diameter agitators. Table 3. 23 contains characteristic values of long-shaft agitators, Figure 3. 32 shows some examples.

Table 3. 23 Characteristic values and process parameters of long-shaft agitators

Characteristic values	*Propeller*: • Medium-to high-speed (100-300 rpm) • Available power range: up to 30 kW *Large-blade rotor*: • Low-speed (10-50 rpm) • Available power range: 2-30 kW *General*: • Working time and speed depend on the substrate; have to be determined during the plant shake-down phase • Material: corrosion-resistant, coated steel, special steel
Suitability	• All substrates in wet digestion, only in upright digesters
Advantages	+ Very good intermixing in the digester can be achieved + Virtually no moving parts inside the digester + Drive is maintenance-free outside the digester + If operation is continuous, can prevent the formation of settlement and scumming
Disadvantages	— Siting is stationary, so risk of incomplete mixing — Consequently, possibility of scum and settlement layers forming in parts of the digester — Settling and scum formation possible if mixing is intermittent — Motors sited outside the tank can give rise to problems on account of noise nuisance from motor and gearing — The bearings and shafts inside the digester are susceptible to faults; if problems arise it can be necessary to partially or completely empty the digester
Special considerations	• Glands carrying the agitator shaft must be gastight • Intermittent operation control by timers, for example, or some other appropriate means of process control • Soft start and variable speed control possible with frequency converters
Designs	• Out-of-tank electric motors with/without gearing, in-tank agitator shaft with one or more propellers or two-blade rotors (also if applicable tooled for comminution, see the section headed 'Comminution') • In some cases end of shaft in bearer on bottom of digester, floating or swivel-mounted • Adapter for PTO drive possible
Maintenance	• Motor maintenance is straightforward on account of siting outside the digester; no need to interrupt the process • Repairs to propeller and shaft difficult, because they have to be taken out of the digester or the fill level inside the digester has to be lowered • Maintenance hatches have to be integrated into the digester • Comply with applicable health and safety regulations for working inside the digester

Figure 3.32 Long-shaft agitators with two stirring blades with and without shaft-end bearer on the bottom of the digester[WELtec BioPower GmbH; graphic: Armatec FTS-Armaturen GmbH & Co. KG]

Axial agitators are another means of achieving shear-based mechanical mixing of the substrate inside the digester. They are commonplace in biogas plants in Denmark and operate continuously. They rotate on a shaft usually dropped from the centre of the digester roof. The input speed from the drive motor, mounted outside the digester, is geared down to no more than a few revolutions per minute. These agitators are designed to create a constant flow inside the digester, the direction of circulation being downward close to the centre and upward at the sides. Characteristic values and process parameters of axial agitators are summarised in Table 3.24, and an example is shown in Figure 3.33.

Table 3.24 Characteristic values and process parameters of axial agitators for biogas plants

Characteristic values	• Low-speed, continuous-operation agitators • Available power range: up to 25 kW • Speed depends on the substrate; has to be determined during the plant shakedown phase • Material: corrosion-resistant, usually special steel • Power draw: e.g. 5.5 kW for 3,000 m^3, usually higher
Suitability	All substrates in wet digestion, only in large, upright digesters
Advantages	+ Good intermixing in the digester can be achieved + Virtually no moving parts inside the digester + Drive is maintenance-free outside the digester + Thin layers of scum can be drawn down into the substrate + Continuous settlement and scumming processes are largely prevented
Disadvantages	− Siting is stationary, so there is a risk of incomplete mixing − Consequently, possibility of scum and settlement layers forming in parts of the digester, particularly in the areas close to the edge − Shaft bearing is subject to severe strain, so maintenance outlay can be considerable
Special considerations	• Glands carrying the agitator shaft must be gastight • Variable-speed control with frequency converters is possible
Designs	• Out-of-tank electric motors with gearing, in-tank agitator shaft with one or more propellers or rotors, as bottom-standing or overhead agitators • Propeller can be installed in a guide duct to encourage flow formation • Off-centre siting is possible
Maintenance	• Motor maintenance is straightforward on account of siting outside the digester; no need to interrupt the process • Repairs to rotors and shaft difficult, because they have to be taken out of the digester or the fill level of the substrate in the digester has to be lowered • Maintenance hatches have to be integrated into the digester • Comply with applicable health and safety regulations for working inside the digester

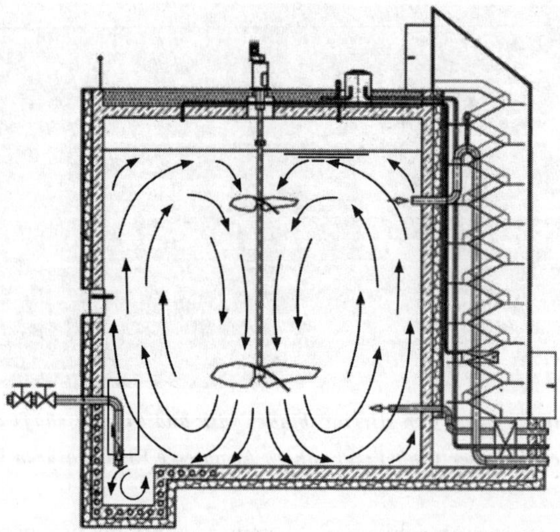

Figure 3.33 Axial agitator [ENTEC Environmental Technology Umwelttechnik GmbH]

Paddle (or paddle-wheel) agitators are low-speed, long-shaft stirrers. The stirring effect is achieved not by shear action but by kneading the substrate, and good mixing is claimed for substrates with a very high dry matter content. These agitators are used in upright stirred-tank reactors and in horizontal digesters of plug-flow design.

In *horizontal* digesters the agitator shaft is of necessity horizontal. This shaft carries the paddles that stir the substrate. The horizontal plug flow is maintained by batched infeed of fresh material into the digester. The agitators often have heating coils integrated into the shafts and the stirrer arms (see Figure 3.23) to heat the substrate. The agitator operates for short periods at low speed several times a day. The characteristic values are listed in Table 3.25.

In *upright* stirred-tank digesters the horizontal agitator shaft is carried on a steel supporting structure. It is not possible to change the orientation of the shaft. Good intermixing inside the digester is achieved with the aid of a corresponding, shear-based agitator. An example is shown in Figure 3.34. The properties are listed in Table 3.25.

Pneumatic mixing

Pneumatic mixing of substrate is offered by a few manufacturers, but it is not of major significance in agricultural biogas plants.

Figure 3.34 Paddle agitator [PlanET GmbH]

Pneumatic mixing involves blowing biogas into the digester through nozzles at floor level. The gas bubbling up through the substrate creates vertical movement, mixing the substrate.

The advantage of these systems is that the mechanical components necessary for mixing (pumps and compressors) are sited outside the digester and are therefore subject to no more than low rates of wear. These techniques are not suitable for breaking up scum, so they can be used only for runny substrates with no more than slight tendency to scumming. Characteristic values of systems for pneumatic mixing are listed in Table 3.26.

Table 3.25 Characteristic values and process parameters of paddle/paddle-wheel agitators in upright and horizontal digesters

Characteristic values	• Power draw: depends heavily on site and on substrate; significantly higher in dry digestion on account of the high resistance of the substrate • Speed depends on the substrate; has to be determined during the plant shakedown phase • Material: corrosion-resistant, usually coated steel but special steel also possible
Suitability	• All substrates in wet digestion (especially for substrates rich in dry matter)
Advantages	+ Good intermixing in the digester can be achieved + Drive is maintenance-free outside the digester; adapter for PTO drive also possible + Settlement and scumming processes are prevented
Disadvantages	— The digester has to be emptied to permit servicing of the paddles — In the event of a breakdown in dry digestion, the entire digester has to be emptied manually (stirring (secondary agitator) and pumping out might be possible) — Siting is stationary, so risk of incomplete mixing; secondary drives are necessary to ensure flow in the digester (generally compacting screws in horizontal digesters, shear-based agitators in upright stirred-tank digesters)
Special considerations	• Glands carrying the agitator shaft must be gastight • Variable-speed control with frequency converters is possible
Designs	• Out-of-tank electric motors with gearing, in-tank agitator shaft with two or more paddles, to some extent possibility of installing heat-exchanger tubing as secondary mixers on the shaft or as a unit with the paddles (in horizontal digesters)
Maintenance	• Motor maintenance is straightforward on account of siting outside the digester; no need to interrupt the process • Repair of paddles and shaft difficult, because the digester has to be emptied • Maintenance hatches have to be integrated into the digester • Comply with applicable health and safety regulations for working inside the digester

Table 3.26 Characteristic values and process parameters of pneumatic mixing in digesters

Characteristic values	• Power draw: e.g. 15 kW compressor for 1,400 m^3 digester, quasi-continuous operation • Available power range: 0.5 kW and upward, all ranges for biogas plants possible
Suitability	• Very runny substrates with little tendency to form floating scum
Advantages	+ Good intermixing in the digester can be achieved + Gas compressors are outside the digester, so servicing is straightforward + Settlement layers are prevented from forming
Disadvantages	— The digester has to be emptied to permit servicing of the biogas injector system
Special considerations	• Compressor technology must be compatible with the composition of the biogas
Designs	• Uniform nozzle distribution over the entire bottom of the digester or mammoth-pump principle with biogas forced into a vertical duct • Used in combination with hydraulic or mechanical mixing
Maintenance	• Gas-compressor maintenance is straightforward on account of siting outside the digester; no need to interrupt the process • Repair of biogas injection equipment difficult, because the digester has to be emptied • Comply with applicable health and safety regulations for working inside the digester

Hydraulic mixing

When it is mixed hydraulically, substrate is forced into the digester by pumps and horizontally or horizontally and vertically swivelling agitator nozzles. The substrate has to be extracted and returned in such a way that the contents of the digester are stirred as thoroughly as possible.

Hydraulically mixed systems also have the advantage of siting the mechanical components necessary for mixing outside the digester. They are consequently subject to no more than low rates of wear and are easily serviced. Hydraulic mixing is only conditionally suitable for breaking up scum, so it can be used only for runny substrates with no more than slight tendency to scumming. As regards gauging pump technology, the information in Section 3. 2. 1. 4 is also of note. Table 3. 27 provides an overview of the characteristic values and process parameters of hydraulic mixing.

Table 3. 27 Characteristic values and process parameters of hydraulic mixing in digesters

Characteristic values	• Use of high-capacity pumps • Power data: correspond to the normal pump data as set out in Section 3. 2. 1. 4 • Material: same as pumps
Suitability	• All easily pumpable substrates in wet digestion
Advantages	+ Good mixing achievable inside the digester with adjustable submersible rotary pumps or in ducts; also capable of breaking up scum and settlement layers
Disadvantages	— Settlement layers and scum can form if external pumps are used without provision for control of the flow direction inside the digester — Settlement layers and scum cannot be removed if external pumps are used without provision for con-trol of the flow direction inside the digester
Special considerations	• See Section 3. 2. 1. 4 for details of special considerations concerning this equipment
Designs	• Submersible rotary pump or dry-sited rotary pump, eccentric single-rotor screw pump or rotary displacement pump, see Section 3. 2. 1. 4 • Externally sited pumps can have entry ports fitted with movable deflectors or nozzles; changeover between various entry ports is possible
Maintenance	• The equipment-specific maintenance considerations are the same as those stated in Section 3. 2. 1. 4

Removal of digested substrate

Digesters of the stirred-tank reactor type usually have an overflow working on the siphon principle to prevent the escape of gas. The digested substrate can also be pumped off. It is advisable to stir the material before removing it from a digestate tank. This achieves a uniform consistency and quality of the biofertiliser for the end user, for example agriculture. Agitators with PTO drive have proved acceptable for applications of this nature; the economic balance benefits from the fact that equipment of this type has no permanent need for a motor. Instead it can be coupled up to a tractor engine to stir up the digestate when it is ready to be pumped out.

In horizontal digesters, the plug flow produced by the infeed of fresh substrate discharges the digested material through an overflow or a discharge pipe sited below the surface level of the substrate.

3. 2. 2. 4 Other ancillary systems

Many biogas plants have systems that are not absolutely necessary for normal operating routines, but which can be useful-mostly depending on the substrate-on a case-to-case basis. Means of preventing the formation of floating scum and settlement layers are discussed below. The post-biogassing process step of solid/liquid separation is also described.

Foam trap and foaming control

Foaming can occur in wet-digestion digesters, depending on the substrate used or, more accurately, on the composition of the substrate. This foam can clog the gas pipes for biogas extraction, which is the reason why the gas discharge should always be sited as high as possible inside the digester.

Foam traps prevent foam from making its way into the substrate pipes to the downline digesters or storage ponds. See Figure 3. 36 for an impression of the arrangement of the inlets and outlets.

A foam sensor designed to trigger an alert if foaming becomes excessive can also be installed in the digester's gas space. If foaming is too severe, one possibility is to spray foam inhibitors into the digester, but this entails installing the necessary equipment in the digester. This can consist of a sprayer system. Another matter that has to be taken into consideration, however, is that the fine holes in spray tubes can be attacked in the corrosive gas atmosphere. This can be prevented by operation of the sprayer system at regular intervals, even if foaming does not occur. Foam inhibitors suitable for this application include oils-preferably vegetable oil. Water sprinkled over the liquid phase can also be of assistance as an emergency measure.

Removing sediment from the digester

Sediments and settlement layers form when dense materials such as sand settle out of the substrate during wet digestion. To separate the dense materials, pre-digester pits are equipped with heavy-material separators, but sand can be compounded very firmly with the organic matter (this is often the case with manure from poultry farms, for example), with the result that very frequently, only stones and other coarse heavy materials can be removed in pre-digester pits. A large proportion of the sand is released only later, in the course of biodegradation in the digester.

Certain substrates such as pig manure and poultry droppings can assist the formation of these layers. Settlement layers can become very thick over the course of time, effectively reducing the digester's usable capacity. Digesters have been found to be half-filled with sand. Settlement layers also have a propensity to harden, and can then be removed only with spades or mechanical diggers. Bottom scrapers or a bottom drain make it possible to discharge settlement layers from the digester. If settlement layer formation is severe, however, there is no guarantee that the sediment discharge system will remain fully functional, so it might be necessary to open the digester to permit removal of settlement layers by manual means or by suitable mechanical equipment. Possible means of removing or discharging sediment are listed in Table 3. 28. In very tall digesters over 10 metres in height, static pressure can be sufficient to discharge sand, lime and sludge.

Table 3. 28 Sediment discharge and removal systems

Characteristic values	• Characteristics of the equipment used in sediment discharge and removal systems correspond to those of the individual items of equipment described above
Suitability	• Bottom scrapers only in upright digesters with circular, smooth bottom • Discharge screw conveyors in horizontal and upright digesters • Conical bottoms in upright digesters
Special considerations	• Characteristics of the equipment used in sediment discharge and removal systems correspond to those of the individual items of equipment described above • Discharge screw conveyors must have either liquid-tight glands through the side wall of the digester or gastight glands through the cover above the side wall • Discharge can be associated with a severe odour nuisance • A pump sump or the like has to be integrated into the digester for discharge screw conveyors
Designs	• Bottom scrapers with out-of-tank drive to carry the sediment out of the digester • Discharge screw conveyors on the bottom of the digester • Conical digester bottom with discharge pump and settlement layer stirring or flushing system

Table 3.28

Maintenance	• Maintenance of permanently installed systems requires emptying the digester, so out-of-tank drives or removal equipment have advantages • Comply with applicable health and safety regulations for working inside the digester

Solid/liquid separation

As the proportion of stackable substrates in biogas recovery increases, more consideration has to be given to the source of the liquid for wetting down to mash and the capacity of the digestate storage tank. A farm's storage tank is frequently sized to accommodate liquid manure arisings, but it cannot also accommodate additional post-digestion substrate. Under circumstances like this it can be economically and technologically viable to resort to solid/liquid separation. The liquid pressed out of the mass can be used as make-up liquid for mashing or as liquid manure, and the solids fraction takes up less storage space or can be composted.

Belt-type filter presses, centrifuges and screw or worm separators can be used for solid/liquid separation. Worm separators are the most common, so their characteristic values are listed in Table 3.29. Figure 3.35 shows a sectional view through a worm separator and an example of a separator in operation.

Table 3.29 Worm separators

Suitability	• For pumpable substrates that can be transported by worm-type conveyors • For substrates from 10% dry matter to approx. 20% dry matter (the product can contain up to 30% dry matter in the solid phase)
Special considerations	• Add-on options such as oscillators can make dewatering more effective • Fully automatic operation is possible
Designs	• Freestanding unit • Installation upstream of the biogas reactor in plants with very short dwell times is possible; this can produce savings on agitator design and avoidance of breakdowns caused by solids, and also less formation of settlement layers and surface scum • Installation downstream from the reactor to return make-up liquid for wetting down to mash and save on agitators in the digestate storage tank
Maintenance	• Readily accessible unit, maintenance is possible without interrupting the overall process

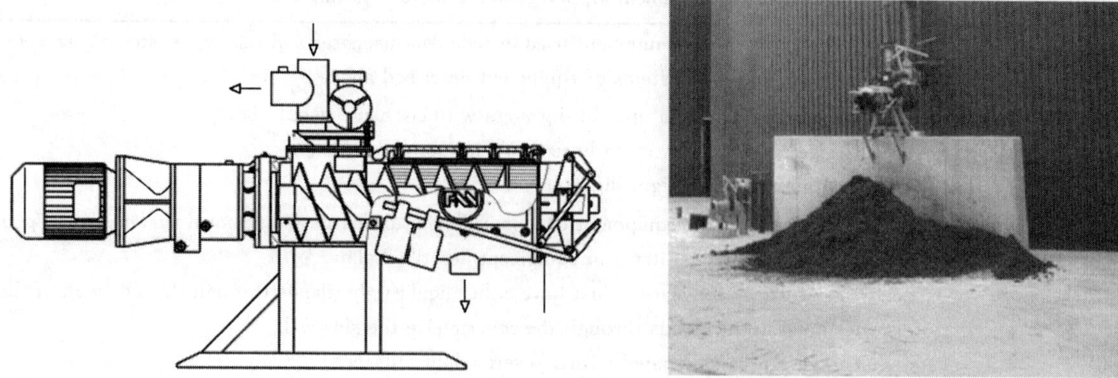

Figure 3.35 Screw separator [FAN Separator GmbH (left); PlanET Biogastechnik GmbH]

Figure 3.36 Provisions to prevent disruption of gas extraction; gas pipe inlet with intake opening upward (substrate feed inlet is to the left) [DBFZ]

3.2.2.5 Heating and thermal insulation

Thermal insulation of the digester

Digesters require additional thermal insulation in order to reduce heat loss. Commercially available materials can be used for thermal insulation, although in terms of their properties the materials used should be selected to suit the location (close proximity to the ground, etc.) (see Table 3.30). Table 3.31 contains an overview of the parameters and some examples of insulating materials. Trapezoidal metal sheeting or wood panelling is used to protect the insulating material against the effects of the weather.

Table 3.30 *Characteristic values of insulating materials*[3-12,3-13]

Characteristic values	• Material in the digester or below grade level: closed-pore substances, such as PU rigid foam and foamed glass, that prevent moisture penetration • Material above grade level: rock wool, mineral-fibre matting, rigid-foam matting, extrusion foam, Styrodur, synthetic foams, polystyrene • Material thickness: 5-10 cm are used, but insulating effect is low at less than 6 cm; empirical values are based more on experience than on calculations; there are reports of thicknesses up to 20 cm in the literature • Heat transfer coefficients are in the range from 0.03-0.05 W/(m² · K) • Loadability of the insulating material underfoot must be suitable for the complete load of the fully charged digester
Designs	• Thermal insulation can be internal or external; there is no evidence to indicate that either is better in all circumstances.
Maintenance	• All insulating materials should be rodent-proof

Table 3.31 *Characteristic values of insulating materials-examples*

Insulating material	Thermal conductivity (W/(m · K))	Type of application
Mineral-fibre insulating materials (approx. 20-40 kg/m³)	0.030-0.040	WV, WL, W, WD
Perlite insulating sheets (150-210 kg/m³)	0.045-0.055	W, WD, WS
Polystyrene particle foam EPS (15 kg/m³ < bulk density)	0.030-0.040	W
Polystyrene particle foam EPS (20 kg/m³ < bulk density)	0.020-0.040	W, WD
Polystyrene extrusion foam EPS (25 kg/m³ < bulk density)	0.030-0.040	WD, W
Polyurethane rigid foam EPS (30 kg/m³ < bulk density)	0.020-0.035	WD, W, WS
Foamed glass	0.040-0.060	W, WD, WDS, WDH

Types of application: WV with tear-off and shear loading; WL, W without compressive loading; WD with compressive loading; WS insulating materials for special areas of application; WDH increased loadability under compression-spreading flooring; WDS increased loadability for special areas of application

Digester heating

The temperature inside the digester has to be uniform, in order to ensure an optimum digestion process. In this respect it is not so much maintaining the specified temperature to within one tenth of a degree that is important as keeping temperature fluctuations within tight limits. This applies to temperature fluctuations over time and also to temperature imbalance in different parts of the digester[3-3]. Severe fluctuations and excursions above or below certain temperature levels can impede the digestion process or even bring it to a complete standstill under worst-case conditions. The causes of temperature fluctuations are many and varied:

—infeed of fresh substrate.

—temperature stratification or temperature zone formation on account of insufficient thermal insulation, ineffective or incorrectly planned heating, insufficient mixing.

—positioning of the heating elements.

—extreme ambient temperatures in summer and winter.

—equipment failures.

The substrate has to be heated in order to achieve the necessary process temperatures and to compensate for heat losses; this can be done by heat exchangers or heaters either installed externally or integrated into the digester.

Integrated heaters heat the substrate inside the digester. Table 3. 32 provides an overview of the technologies involved; Figure 3. 37 shows examples.

External heat exchangers heat the substrate before it is fed into the digester, so the substrate is preheated before entering the digester. This helps avoid temperature fluctuations associated with substrate infeed. When external heat exchangers are used, either substrate recirculation through the heat exchanger must be continuous or an extra internal heater inside the digester is indispensable, in order to maintain a constant temperature inside the digester. The properties of external heat exchangers are listed in Table 3. 33.

***Table 3. 32 Characteristic values and process parameters of integrated heating systems*[3-1,3-12]**

Characteristic values	• Material: when installed in the digester space or as agitator special-steel piping, PVC or PEOC (the thermal conductivity of plastics is low, so the spacing has to be tight); ordinary underfloor heating pipes if laid in concrete
Suitability	• Wall heaters: all types of concrete digester • In-floor heating: all upright digesters • Interior heating: all types of digester, but more common in upright digesters • Heaters connected to agitators: all types of digester, but more common in horizontal digesters
Advantages	+ Heating systems that are laid horizontally in the digester and those connected to agitators transfer heat effectively + In-floor heaters and wall heaters do not cause deposits + Heaters integrated into agitators come into contact with much more material for heating − Effect of in-floor heating can be severely reduced by the formation of settlement layers
Disadvantages	− Heaters inside the digester space can cause deposits, so they should be kept a certain distance away from the walls
Special considerations	• Provision must be made for venting heating pipes; for this purpose the direction of flow is bottom-up • Heating elements laid in concrete cause thermal stresses • Two or more heating circuits needed, depending on the size of the digester • The heating must not obstruct other items of equipment (e. g. scrapers) • Heaters set in the wall or in the bottom of the digester are not suitable for thermophilic operation
Designs	• In-floor heating systems • In-wall heating systems (can also be in the outer jacket in the case of steel digesters) • Heaters mounted on spacers off the wall • Heaters integrated into or combined with the agitators • Heaters have to be cleaned regularly in order to ensure that heat transfer remains effective
Maintenance	• Access to heaters integrated into the digester or the structure is very difficult, if not impossible • Comply with applicable health and safety regulations for working inside the digester

Figure 3.37 Special-steel heating pipes laid in the digester (inside) (left); installation of heating tubes in the digester wall (right) [Biogas Nord GmbH; PlanET Biogastechnik GmbH (right)]

Table 3.33 Characteristic values and process parameters of external heat exchangers[3-3,3-12]

Characteristic values	• Material: generally special steel • Throughput ratings are oriented toward plant capacity and process temperature • Pipe diameters correspond to the usual diameters for substrate pipes in biogas plants
Suitability	• All types of digester, frequently used in reactors operating on the plug-flow principle
Advantages	+ Very good heat transfer can be ensured + Fresh material does not produce temperature shock inside the digester + The heating comes into contact with the entire volume of material + External heat exchangers are easily cleaned and serviced + Good temperature controllability
Disadvantages	— Under certain circumstances it might be necessary to provide additional digester heating — The external heat exchanger is an extra item of equipment, with the associated additional costs
Special considerations	• Provision must be made for venting heat exchangers; for this purpose the direction of flow is bottom-up • Eminently suitable for thermophilic process control
Designs	• Spiral-tube or jacketed-tube heat exchangers
Maintenance	• Very good accessibility for maintenance and cleaning

3.2.3 Storing digested substrate

3.2.3.1 Liquid digestate

In principle, storage can be in ponds or in cylindrical or box-section tanks (above-grade and sub-grade tanks). Upright tanks made of concrete and special steel/steel enamel are the most common. Their basic structure is comparable to that of upright stirred-tank reactors (see Section 3.2.2.1, Digester designs). These tanks can be equipped with agitators so that the liquid digestate can be homogenised prior to being discharged from the holding tank. The agitators used can be of the permanently installed (e.g. submersible-mo-tor agitator) or PTO-driven types of side-driven, shaft-driven or tractor-tow-driven design. The storage tanks can also be covered (gastight or not gastight). Both arrangements have the advantage of reducing odour nuisance and lowering nutrient losses during storage. Gastight covers such as plastic sheeting for example (see Section 3.2.4.1, Integrated storage spaces) also afford the opportunity of utilising the residual-gas potential of the digestate and can be used as additional gas storage spaces. The necessity for gas-tight covers is open to discussion in relation to the substrates used, the dwell time and various aspects of process control, but in many instances provision of a cover of this nature is a condition without which planning permission for a new plant will not be forthcoming. In the latest edition of the Renewable Energy Sources Act as issued and amended on 1 January 2009, even plants approved in accordance with the Bundes-Immissionsschutzgesetz (Federal German Pollution Control Act) need gastight covers for the di-gestate storage tanks if they are to be eligible for the NawaRo bonus for renewable resources (see Chapter 7).

Ponds are generally rectangular, sub-grade structures with plastic-sheet liners. Most of these ponds are open to the air; there are no more than a few ponds that have plastic sheeting covers to reduce emissions.

The size of the digestate storage tank is defined primarily by the optimum time for spreading digestate on the fields requiring fertilisation. Reference is made in this context to the 'Düngeverordung', the Fertiliser Application Ordinance, and to Chapter 10, Field spreading of digestate. Digestate storage facilities are generally designed for a capacity of at least 180 days.

3.2.3.2 Solids

Solid residues are produced in dry digestion and they also arise as separated fractions of the spent digestate from wet-digestion processes. Depending on intended use, they are stored in surfaced outdoor bays or inside structures, or in open and sometimes mobile vessels and containers. The most common form of storage is in piles on liquid-nonpermeable concrete or asphalt stands, in much the same way as piles of solid manure. Empty mobile silos are also pressed into service as storage facilities on occasion. Dripping liquids, the water pressed out of the mass and rainwater have to be caught and returned to the biogas plant. Precipitation can be kept off the solid residues by plastic sheeting or permanent roofing structures.

Steel drums are used primarily when the solid fraction is pressed out of liquid digestate. They can be placed underneath the separator (cf. Figure 3.36) and removed when full. In this case too, the drums should be covered to keep precipitation off their contents. Alternatively, solid/liquid separation and the storage of the solid fraction can be sited indoors. If the equipment is indoors the spent air can be extracted if necessary and ducted to a cleaning system (e.g. scrubber and/or biofilter).

3.2.4 Storing the recovered biogas

Biogas arisings fluctuate in quantity and to some extent output peaks are encountered. Consequently, and because usable volume should be constant to a very large extent, the biogas has to be buffered in suitable storage tanks. The gas storage tanks must be gas-tight, pressure-tight and resistant to the medium, to ultraviolet light, temperature and weathering. The gas storage tanks have to be tested before being commissioned to ensure that they are gastight. For safety reasons gas storage tanks have to be fitted with overpressure and negative-pressure relief valves in order to avoid impermissibly severe changes in the pressure inside the vessel. Other codes that set out safety requirements and regulations for gas storage tanks include the 'Sicherheitsregeln für landwirtschaftliche Biogasanlagen' (Safety Rules for Biogas Systems)[3-18]. The design of the tanks must be such that they can buffer approximately one quarter of daily biogas yield; a capacity of one or two days' production is frequently recommended. Distinctions can be drawn between low-pressure, medium-pressure and high-pressure tanks.

Low-pressure tanks are the most common, operating at 0.5 to 30 mbar gauge pressure. Low-pressure tanks are made of plastic sheeting that must be in compliance with the applicable safety requirements. Storage tanks made of plastic sheeting are installed as gas hoods on top of digesters (integrated storage tanks) or as external storage facilities. See Sections 3.2.4.1 and 3.2.4.2 for details.

Medium-pressure and high-pressure storage tanks store biogas at operating pressures between 5 and 250 bar in pressurised steel containers and bottles[3-1]. They are expensive and operating overheads are high. Energy input for pressurised tanks up to 10 bar can be up to 0. 22 kWh/m^3 and the corresponding figure for high-pressure tanks with 200-300 bar is in the region of 0. 31 kWh/m^3[3-3]. This is the reason why they are virtually never used in agricultural biogas plants.

3. 2. 4. 1 Integrated storage tanks

Hoods made of plastic sheeting are used to store the gas in the digester itself or in the secondary digester or the digestate storage tank. The plastic sheeting forms a gastight seal round the top of the tank. A supporting structure is set up in the tank; when there is no gas in storage the plastic sheeting is draped on and supported by this structure. The plastic sheeting balloons up as the gas storage space fills. Characteristic values are listed in Table 3. 34, and Figure 3. 38 shows examples.

Table 3. 34 Characteristic values and process parameters of plastic-sheet covers[3-3]

Characteristic values	• Gas storage capacities up to 4,000 m^3 available • Gauge pressures: 5-100 mbar • Permeability of plastic sheeting: expect biogas losses of 1‰-5‰ per day • Materials: butyl rubber, polyethylene-polypropylene mixture, EPDM rubber
Suitability	• For all biogas plants with upright digesters and secondary digesters with diameters as large as possible
Advantages	+ No additional building necessary + No additional space necessary
Disadvantages	− On account of the severe gas mixing taking place in the large gas space, the true methane concentration in the digester's gas space cannot be measured and consequently cannot reflect the activity of the microorganisms − Without an extra roof structure the thermal insulation vis-à-vis the gas space is only slight − Easily caught by wind if there is no additional roof structure
Special considerations	• Thermal insulation by double thickness of plastic sheeting with air blown into the space between the two (floating roof) • Agitators cannot be installed on top of the digester
Designs	• Plastic sheeting as roof over the digester • Plastic sheeting underneath a floating roof • Plastic sheeting underneath a solid roof of a raised digester • Secured or unsecured cushion made of plastic sheeting • Encased plastic-sheeting cushion in an extra building or tank • Plastic-sheeting cushion on a suspended roof above the digester • Plastic sheeting sack, suspended inside a building (e. g. unused barn) • Plastic-sheeting storage space underneath floating roof
Maintenance	• Maintenance-free to a very large extent

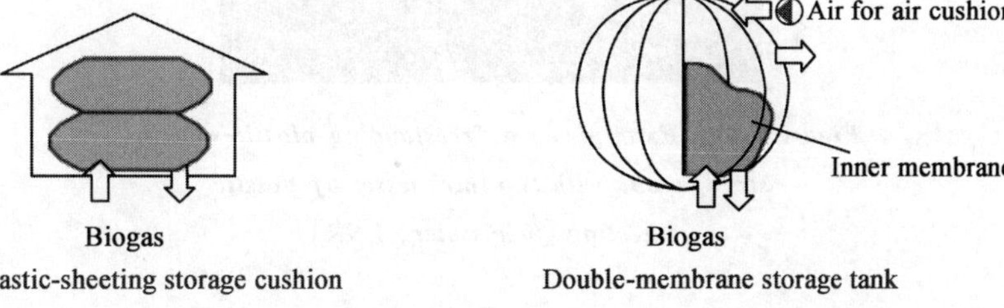

Figure 3. 38 Plastic-sheeting storage tank [ATB Potsdam]

Storage tanks of the floating-roof type are common. They generally have a second plastic sheet spread on top of the gas-retaining sheet for added protection against the weather. A blower blows air into the space between the two thicknesses of sheeting. This keeps the top, outer sheeting taut at all times, whereas the inner sheeting can adapt to the volume of biogas stored. This system is capable of maintaining a reasonably constant gas pressure.

3.2.4.2 External storage tanks

Plastic-sheeting cushions can be used as external low-pressure storage tanks. The cushions are housed inside suitable buildings to protect them from the weather, or are protected by a second layer of sheeting (Figure 3.39). Figure 3.40 shows an example of external gas storage tanks of this nature. The specifications of external gas storage tanks are listed in Table 3.35.

Figure 3.39 Supporting structure of a floating roof (left); biogas plant with floating-roof tanks [MT-Energie GmbH]

Figure 3.40 Example of a freestanding plastic-sheeting storage tank with two thicknesses of plastic sheeting [Schüsseler, FNR]

Table 3.35 Characteristic values and process parameters of external biogas storage tanks, including some data from[3-3]

Characteristic values	• Gas storage capacities up to 2,000 m³ are available (tanks with larger capacities can be built to customer specification) • Gauge pressures: 0.5-30 mbar • Permeability of plastic sheeting: expect biogas losses of 1‰-5‰ per day • Materials: PVC (not very durable), butyl rubber, polyethylene-polypropylene compound
Suitability	• For all biogas plants
Advantages	+ The methane concentration of the biogas currently being generated can be metered inside the digester's gas space (mixing is not severe in this space on account of the low volume of gas) and mirrors the activity of the microorganisms
Disadvantages	− Extra space possibly needed − Extra building possibly needed
Special considerations	• Applying weights is a simple way of increasing pressure to expel gas to the CHP unit • If installed inside buildings, a very good supply of air to the interior of the building is essential in order to prevent the formation of explosive mixtures • Engine power output of the CHP unit can be adjusted as a function of fill level
Designs	• Secured or unsecured cushion made of plastic sheeting • Encased plastic-sheeting cushion in an extra building or tank • Plastic-sheeting cushion on a suspended roof above the digester • Plastic sheeting sack, suspended inside a building (e.g. unused barn) • Plastic-sheeting storage space underneath floating roof
Maintenance	• Maintenance-free to a very large extent

3.2.4.3 Emergency flare

In case the storage tanks are unable to take more biogas and/or the gas cannot be used on account of maintenance work or extremely poor quality, the excess has to be disposed of in a safe manner. In Germany, the regulations relating to the operating permit vary from state to state, but installation of an alternative to the CHP unit as ultimate sink is required if the gas flow rate is 20 m³/h or higher. This can take the form of a second cogeneration unit (for example two small CHP units instead of one large one). A margin of safety can be established by installing an emergency flare, as a means of ensuring that the gas can be disposed of in an adequate way. In most cases the authorities stipulate that a provision of this nature be made. Characteristic values of emergency flares used in the biogas industry are shown in Table 3.36. An example is shown in Figure 3.41.

Figure 3.41 Emergency flare of a biogas plant [Haase Umwelttechnik AG]

Table 3.36 Characteristic values and process parameters of emergency flares

Characteristic values	• Volume flow rates up to 3,000 m^3/h possible • Ignition temperature 800-1,200℃ • Material: steel or special steel
Suitability	• For all biogas plants
Special considerations	• Open or covered combustion possible • If combustion chamber is insulated, compliance with TA Luft (Technical Instructions on Air Quality Control) is possible, although this is not mandatory for emergency flares • Available with natural draft or blower • It is important to comply with safety instructions, particularly in relation to clearance from the nearest buildings • The pressure of the biogas has to be increased upstream of the burner jet
Designs	• Separate unit on its own small concrete foundation, for manual operation or automated
Maintenance	• Maintenance-free to a very large extent

3.3 Relevant engineering codes

Over and above the laws on plant safety, occupational health and safety and environmental protection, there are a number of codes dealing with technical requirements applicable to biogas plants. Some of the most important are listed below by way of example:

VDI Guideline 3475 Blatt 4 (draft) Emission control-Agricultural biogas facilities-Digestion of energy crops and manure

VDI Guideline 4631 (draft) Quality criteria for biogas plants

DIN 11622-2 Silage and liquid manure containers

DIN 1045 Concrete, reinforced concrete and prestressed concrete structures

DIN EN 14015 Specification for the design and manufacture of site-built, vertical, cylindrical, flat-bottomed, above-ground welded steel tanks for the storage of liquids at ambient temperatureand above

DIN 18800 Steel structures

DIN 4102 Fire behaviour of building materials and building components

DIN 0100 Part 705 Low-voltage electrical installations

VDE 0165 Part 1/ EN 60 079-14 Explosive atmospheres, electrical installations design, selection and erection-Part 14: Electrical installations in explosive atmospheres (except mining)

VDE 0170/0171 Electrical apparatus for potentially explosive atmospheres

VDE 0185-305-1 Protection against lightning

G 600 Technical rules for gas installations DVGW-TRGI 2008

G 262 Utilisation of gases from renewable sources in the public gas supply

G 469 Pressure-testing methods for gas-supply pipes and facilities

VP 265 ff Plants for the treatment of biogas and injection into natural gas networks

Section 5.4 'Operational reliability' contains detailed information on other safety-related requirements for the operation of biogas plants. In particular, the section deals with safety regulations in relation to the risks of poisoning and asphyxiation, fire and explosion.

3.4 References

[3-1] Schulz H, Eder B. Biogas-Praxis: Grundlagen, Planung, Anlagenbau, Bei-spiel. 2nd revised edition, Ökobuch Verlag, Staufen bei Freiburg, 1996, 2001, 2006.

[3-2] Weiland P, Rieger Ch. Wissenschaftliches Messprogramm zur Bewertung von Biogasanlagen im Landwirtschaftlichen Bereich, (FNR-FKZ: 00NR179). 3rd interim report, Institut für Technologie und Systemtechnik/

Bundesforschungsanstalt für Landwirtschaft (FAL), Braunschweig, 2001.

[3-3] Jäkel K. Management document 'Landwirtschaftliche Biogaserzeugung und-verwertung'. Sächsische Lande-sanstalt für Landwirtschaft, 1998,2002.

[3-4] Neubarth J, Kaltschmitt M. Regenerative Energien in Österreich- Systemtechnik, Potenziale, Wirtschaftli-chkeit, Umweltaspekte. Vienna, 2000.

[3-5] Hoffmann M. Trockenfermentation in der Landwirtschaft- Entwicklung und Stand. Biogas-Energieträger der Zukunft, VDI Reports 1751, Leipzig, 11 and 12 March, 2003.

[3-6] Aschmann V, Mitterleitner H. Trockenvergären: Esgeht auch ohne Gülle, Biogas Strom aus Gülle und Biomasse, top agrar Fachbuch, Landwirtschaftsverlag GmbH, Münster-Hiltrup, 2002.

[3-7] Beratungsempfehlungen Biogas, Verband der Land-wirtschaftskammern e. V., VLK-Beratungsempfehlun-gen,2002.

[3-8] Block K. Feststoffe direkt in den Fermenter, Landwirt-schaftliches Wochenblatt, 2002 (27):33-35.

[3-9] Wilfert R, Schattauer A. Biogasgewinnung und-nutzung- Eine technische, ökolo-gische und ökonomische Analyse. DBU Projekt 15071, Institut für Energetik und Umwelt gGmbH Leipzig, Bundesforschungsanstalt für Landwirtschaft (FAL), Braunschweig, December,2002.

[3-10] Zement-Merkblatt Landwirtschaft LB 3. Beton für landwirtschaftliche Bauvorhaben, Bauberatung Zement.

[3-11] Zement-Merkblatt Landwirtschaft LB 13. Dichte Behälter für die Landwirtschaft, Bauberatung Zement.

[3-12] Gers-Grapperhaus C. Die richtige Technik für ihre Biogasanlage, Biogas Strom aus Gülle und Biomasse, top agrar Fachbuch, Landwirtschaftsverlag GmbH, Münster-Hiltrup, 2002.

[3-13] Zement-Merkblatt Landwirtschaft LB 14. Beton für Behälter in Biogasanlagen, Bauberatung Zement.

[3-14] Kretzschmar. F, Markert H. Qualitätssicherung bei Stahlbeton-Fermentern; in: Biogasjournal No. 1,2002.

[3-15] Kaltschmitt M, Hartmann H, Hofbauer H. Energie aus Biomasse- Grundlagen, Techniken und Verfahren. Springer Verlag,2nd revised and extended edition, Berlin, Heidelberg, New York, 2009.

[3-16] Memorandum Dr. Balssen (ITT Flygt Water Wastewater Treatment). Sep-tember 2009.

[3-17] Postel J, Jung U, Fischer E, Scholwin F. Stand der Technik beim Bau und Betrieb von Biogasanlagen-Bestandsaufnahme 2008, http: // www. umweltbundesamt. de/uba-info-medien/mysql _ medien. php? anfrage = Kennummer&Suchwort=3873.

[3-18] Bundesverband der landwirtschaftlichen Berufsgenos senschaften (pub.). Technische Information 4- Sicherheitsregeln für Biogasanlagen, Kassel, 2008, http: // www. praevention. lsv. de/lbg/fachinfo/info_ges/ti_4/titel. htm.

[3-19] Oechsner H, Lemmer A. Was kann die Hydrolyse bei der Biogasvergärung leisten? VDI-Gesellschaft Energi etechnik: BIOGAS 2009. Energieträger der Zukunft. VDI-Berichte, Vol. 2057, VDI-Verlag, Düsseldorf, 2009.

Description of selected substrates

4

This chapter examines selected substrates in closer detail. It looks at the origin of the substrates and at their most important properties, such as dry matter (DM; also referred to as total solids-TS), volatile solids (VS; also referred to as organic dry matter-ODM), nutrients (N, P, K) and any organic contaminants that may be present. There is also a discussion of the expected gas yields and gas quality, as well as the methods of handling the substrates.

As it is impossible to describe the entire spectrum of potentially available substrates, this chapter does not claim to be exhaustive. Since the substrates described here are also subject to annual fluctuations in quality, the material data and gas yields quoted in this chapter should not be considered as absolute values. Instead, both a range and an average value of each parameter are given.

The figures for biogas yields and methane yields are stated in units of normal cubic metres (Nm^3). As the volume of gas is dependent on temperature and atmospheric pressure (ideal gas law), normalisation of the volume enables comparisons to be made between different operating conditions. The normalised gas volume is based on a temperature of 0℃ and an atmospheric pressure of 101. 3 mbar. In addition, it is possible in this way to assign a precise calorific value to the methane component of the biogas; for methane this is 9. 97 kWh/Nm^3. The calorific value can in turn be used to deduce figures for energy production, which may be necessary for various comparative calculations within the plant.

4. 1 Substrates from agriculture

4. 1. 1 Manure

Taking the statistics for the numbers of livestock in Germany as a basis, it is plain that cattle and pig farming in particular offer tremendous potential for energy recovery in biogas plants. The increasing size of farms in animal husbandry and stricter environmental standards for the further exploitation of excrement are two of the main reasons why alternative means of utilising and treating the accruing slurry or solid manure need to be found. Also with climate change mitigation in mind, there is a need to utilise manure for energy recovery in order to achieve a significant reduction in stock emissions. The most important material data for manure can be taken from Table 4. 1.

The biogas yield from cattle slurry, at 20-30 Nm^3 per t of substrate, is slightly below that from pig slurry (cf. Table 4. 2). Furthermore, the gas from cattle slurry has a considerably lower average methane content compared with that from pig slurry, and thus also a lower methane yield. This is attributable to the different compositions of these types of manure. Cattle slurry contains largely carbohydrates, while pig slurry consists for the most part of proteins, which give rise to the higher methane content[4-3]. The biogas yield is primarily determined by the concentrations of volatile solids (organic dry matter). If liquid manure is diluted, as often happens in practice (for example as a result of the cleaning of cowsheds or milking parlours), the actual material data and biogas yields may well differ significantly from those shown in Table 4. 2.

Table 4.1 Nutrient concentrations of various types of farm manure (after[4-1], modified)

Substrate		DM (%)	VS (%DM)	N (%DM)	NH_4	P_2O_5	K_2O
Cattle slurry	△	6-11	75-82	2. 6-6. 7	1-4	0. 5-3. 3	5. 5-10
	Ø	10	80	3. 5	n. s.	1. 7	6. 3
Pig slurry	△	4-7	75-86	6-18	3-17	2-10	3-7. 5
	Ø	6	80	3. 6	n. s.	2. 5	2-5
Cattle dung	△	20-25	68-76	1. 1-3. 4	0. 22-2	1-1. 5	2-5
	Ø	25	80	4. 0	n. s.	3. 2	8. 8
Poultry manure	Ø	40	75	18. 4	n. s.	14. 3	13. 5

△: range of measured values; Ø: average.

Table 4.2 Gas yield and methane yield from various types of farm manure (after[4-2], modified)

Substrate		Biogas yield (Nm^3/t substrate)	Methane yield (Nm^3/t substrate)	Specific methane yield on VS basis (Nm^3/t VS)
Cattle slurry	△	20-30	11-19	110-275
	Ø	25	14	210
Pig slurry	△	20-35	12-21	180-360
	Ø	28	17	250
Cattle dung	△	60-120	33-36	130-330
	Ø	80	44	250
Poultry manure	△	130-270	70-140	200-360
	Ø	140	90	280

△: range of measured values; Ø: average.

Both cattle slurry and pig slurry can be used without difficulty in biogas plants thanks to their pumpability and simplicity of storage in slurry tanks. Furthermore, because of their relatively low total solids content, they can be easily combined with other sub-strates (co-substrates). In contrast, loading solid manure into the reactor involves much greater technical complexity. The viscous consistency of solid manure means that it cannot be processed by every solids charging technology available on the market.

4.1.2 Energy crops

Since the Renewable Energy Sources Act (EEG) was first amended in 2004, particular importance has been attached to energy crops (renewable raw materials) in connection with the generation of electricity from biogas. Energy crops are used in most of the new biogas plants that have been built since that time. A selection of the energy crops in most common use is described in more detail in the following, with additional information on the crops' material properties and biogas yields.

When a decision is being taken as to what crops to grow, the focus should not be placed solely on the highest yield obtainable from a single crop, but instead, if possible, an integrated view should be taken of the entire crop rotation. By including labour efficiency considerations, for example, and sustainability criteria relating to alternative cultivation methods, a holistic approach can be taken to optimising the growing of energy crops.

4.1.2.1 Maize

Maize (corn) is the most commonly used substrate in agricultural biogas plants in Germany[4-4]. It is particularly well suited because of its high energy yields per hectare and the ease with which it can be used for digestion in biogas plants. Crop yields are heavily dependent on local and environmental conditions, and may vary from 35 t fresh mass (FM) on sandy soils to over 65 t FM/ha at high-yielding locations. On average, the yield is roughly 45 t FM/ha. Maize is a relatively undemanding crop, and is therefore suitable for almost any location throughout Germany.

When harvested, the entire maize plant is chopped and then stored in horizontal silos. The dry matter (total solids) content should not be below 28% DM and not above 36% DM. If the dry matter content is below 28% DM, it must be expected that there will be a considerable escape of seepage water, associated with significant energy losses. If the dry matter content is above 36% DM, the silage has a high lignin content and is thus less easily degradable. Furthermore, the silage can no longer be optimally compacted, which in turn has a detrimental effect on ensiling quality and hence storage stability. After being loaded into the silo the chopped plant parts are compacted (for example by wheel loader or farm tractor) and sealed with an air-tight plastic sheet. After an ensilage phase of roughly 12 weeks, the silage can be used in the biogas plant. The material data and average biogas yields are given at the end of this chapter.

Alongside use of the whole plant as silage maize, use of just the maize ear (corn cob) has gained a certain significance in real-world applications. Common variants are ground ear maize (GEM), corn cob mix (CCM) and grain maize, obtained by harvesting at different times and using different techniques. GEM and CCM are normally ensiled after harvesting. Grain maize can either be ensiled when wet, ground and ensiled or dried. The energy density of these substrates is considerably higher than that of maize silage, although the energy yields per unit area are lower because the rest of the plant is left in the field.

4.1.2.2　Whole-crop cereal (WCC) silage

Almost all types of cereal, as well as mixtures of cereals, are suitable for producing whole-crop cereal silage, provided the cereals ripen at the same time. Depending on the local conditions, preference should be given to growing the type of cereal that is known to produce the highest dry matter yield. In most locations this is achieved with rye and triticale[4-5]. The harvesting technique is identical to that for maize; also in the case of WCC silage, the entire stalk is chopped and ensiled. Depending on the usage system, the harvest should take place at the time when the highest dry matter yields are obtained (one-crop system). For most cereal species, this is at the end of the milky stage/start of the doughy stage[4-7]. In the case of WCC silage, dry matter yields of between 7.5 and approaching 15 t DM/ha can be achieved, depending on location and year, which is equivalent, for 35% DM, to a fresh weight yield of 22 to 43 t fresh weight/ha[4-6].

The production of green rye (forage rye) silage is a technique commonly encountered in practice. Here, the rye is ensiled considerably earlier than in the case of WCC silage, in a two-stage harvesting process. This means that after being cut it is subsequently wilted for one or two days before being chopped and ensiled. Immediately after harvesting, the green rye is generally followed by a succeeding crop intended for energy generation (two-crop system). In view of the high level of water consumption, this method is not suitable for every location. Furthermore, if the DM content of the harvested crop is too low, problems can arise with silage-making (such as the escape of seepage or the ability to drive on the silo). The material data and gas yields of WCC silage are given at the end of this chapter.

4.1.2.3　Grass silage

As in the case of maize, growing and harvesting grass and the use of grass silage is well suited to mechanisation. Grass silage is harvested in a two-stage process; the wilted grass can be picked up with a short-chopping self-loading wagon or a forage harvester. Because of their superior size reduction performance, forage harvesters should be the preferred choice for grass silage for biogas use.

Grass silage can be produced from arable land in one or more years of a rotation system or from permanent grassland. The yields fluctuate greatly, depending on location, environmental conditions and intensity of grassland use. Given appropriate weather and climatic conditions, between three and five harvests per year are possible in intensive use. In this connection it is worth noting the high costs of mechanisation and the possibility of high nitrogen loads, which can give rise to problems during the digestion process. Grass silage can also be harvested from extensively managed nature conservation areas, although this results in low gas yields because of the high lignin content. The multiplicity of different ways of producing grass silage means that the fluctuation ranges of the material data and biogas yields found in the literature can extend well beyond the figures given in Table 4.3 and Table 4.4.

Table 4.3 Material data of selected energy crops (after[4-1], modified)

Substrate		DM (%)	VS (%DM)	N	P_2O_5 (%DM)	K_2O
Maize silage	△	28-35	85-98	2.3-3.3	1.5-1.9	4.2-7.8
	Ø	33	95	2.8	1.8	4.3
WCC silage	△	30-35	92-98	4.0	3.25	n. s.
	Ø	33	95	4.4	2.8	6.9
Grass silage	△	25-50	70-95	3.5-6.9	1.8-3.7	6.9-19.8
	Ø	35	90	4.0	2.2	8.9
Cereal Grains	Ø	87	97	12.5	7.2	5.7
Sugar beet	Ø	23	90	1.8	0.8	2.2
Fodder beet	Ø	16	90	n. s.	n. s.	n. s.

△: range of measured values; Ø: average.

Table 4.4 Biogas yields of selected energy crops (after[4-2,4-6,4-9,4-10], modified)

Substrate		Biogas yield (Nm^3/t substrate)	Methane yield (Nm^3/t substrate)	Specific methane yield on VS basis (Nm^3/t VS)
Maize silage	△	170-230	89-120	234-364
	Ø	200	106	340
WCC silage	△	170-220	90-120	290-350
	Ø	190	105	329
Cereal grains	Ø	620	320	380
Grass silage	△	170-200	93-109	300-338
	Ø	180	98	310
Sugar beet	△	120-140	65-76	340-372
	Ø	130	72	350
Fodder beet	△	75-100	40-54	332-364
	Ø	90	50	350

△: range of measured values; Ø: average.

It should be pointed out in this connection that the emphasis should be on digestibility or degradability when producing grass silage for biogas plants. Care should therefore be taken that, where possible, the dry matter content should not exceed 35% DM. If the DM content is too high the proportion of lignin and fibre rises, as a result of which the degree of degradation, and therefore the methane yield, drop significantly in relation to the organic dry matter. While this grass silage can be included in the process, it is liable to cause technical problems (such as the rapid formation of floating layers or entanglement with agitator blades) because of the high dry matter content and sometimes long fibres.

4.1.2.4 Cereal grains

Cereal grains are particularly well suited for use in biogas plants as a supplement to the available substrate. Thanks to their very high biogas yields and rapid degradability, cereal grains are especially useful for the fine control of biogas production. The species of cereal used is inconsequential. In order to ensure rapid digestion, it is important for the cereal grains to be comminuted before being fed into the reactor (for example by grinding or crushing).

4.1.2.5 Beet

Thanks to its high rate of mass increase, beet (fodder beet or sugar beet) is well suited to cultivation as an energy crop. Sugar beet, in particular, has traditionally been an important crop in some regions. Because of steps taken to regulate the market, the quantity of beet used for sugar production is having to be reduced more and more. As the cultivation of sugar beet is founded on well known production techniques and has various agronomic advantages in its favour, the focus is increasingly turning to its utilisation for biogas.

Beet has special requirements in terms of soil and climate. To be able to produce high yields, it needs a rather mild climate and deep, humus-rich soils. The option of providing field irrigation on sites with light soil can help considerably to safeguard crop yields. Yields vary according to local factors and environmental conditions. In the case of sugar beet, they average around 50-60 t FM/ha. Yields of fodder beet are subject to further differences depending on variety; the yield from low dry-matter fodder beet is roughly 90 t FM/ha, for example, and that from high dry-matter fodder beet between 60 and 70 t FM/ha[4-8]. The yields from the leaf mass (tops) also differ according to the variety of beet. The ratio of root mass to leaf mass in the case of sugar beet is 1:0.8, while that for high dry-matter fodder beet is 1:0.5. Low dry-matter fodder beet has a root/tops ratio of 'only' 1:0.3-0.4 because of its high rate of mass increase[4-8]. The material data and gas yields of sugar beet are shown in Tables 4.3 and 4.4.

Two fundamental difficulties arise when sugar beet is used to produce biogas. Firstly, soil sticking to the beet has to be removed; when the beet is loaded into the digester the soil settles at the bottom and reduces the size of the digestion chamber. The first automated wet cleaning techniques for this purpose are currently under development. Secondly, storage proves difficult because of the low dry matter content of the beets. In practice, beet is combined with maize to make silage for biogas production, or it is ensilaged separately in plastic tubes or lagoons. The overwintering of beet and techniques for making use of this are undergoing trials.

4.2 Substrates from the agricultural processing industry

Selected substrates from the agricultural processing industry are described in this section. These are all substances or co-products that arise from the processing of plants or parts of plants. The substances described are all taken from the

Positive List of purely plant-based by-products as specified in EEG 2009, and serve as examples. Their material properties make them particularly suitable for producing biogas, given appropriate local conditions. It should be borne in mind that these substances have the characteristics of waste or are named in Annex 1 of the Ordinance on Biowastes (Bio-AbfV) (cf. Section 7. 3. 3. 1). Consequently, the biogas plant requires corresponding approval and must satisfy the requirements of Bio-AbfV regarding the pretreatment and utilisation of digestates. When consulting the data summaries in the tables it must be taken into consideration that in practice the properties of the substrates are liable to fluctuate greatly and may be outside the ranges shown here. Essentially this is attributable to the production techniques of the principal products (for example different methods, equipment settings, required product quality, pretreatments, etc.) and fluctuating quality of the raw materials. The concentrations of heavy metals can also vary greatly[4-11].

4. 2. 1 Beer production

A variety of by-products arise from the production of beer, of which brewer's grains, with 75%, account for the largest proportion. For each hectolitre of beer, approximately 19. 2 kg of brewer's grains, 2. 4 kg of yeast and tank bottoms, 1. 8 kg of hot sludge, 0. 6 kg of cold sludge, 0. 5 kg of kieselguhr sludge and 0. 1 kg of malt dust are produced as well[4-12].

Only brewer's grains are examined in closer detail in this section, because this constitutes the largest fraction. Nevertheless, the other fractions are equally well suited for use in biogas plants, with the exception of kieselguhr sludge. At present, however, only a proportion of the produced quantity is actually available for use, because the arising by-products are also put to other uses, for example in the food industry (brewer's yeast) or as animal feed (brewer's grains and malt dust). The material data and gas yields are summarised in Section 4. 4.

Storage and handling are relatively unproblematic. If stored in the open, however, considerable energy losses and mould infestation occur rather quickly. In such cases, therefore, ensilage is preferable.

4. 2. 2 Alcohol production

Distillery spent wash (or vinasse) is a by-product from the production of alcohol from cereals, beet, potatoes or fruit. For each litre of alcohol produced, roughly 12 times the volume of spent wash is generated; at present, after being dried, this is mainly used as cattle feed or fertiliser[4-12]. The low dry matter content of spent wash in the fresh state means that in most cases it can be put to only limited use and is therefore barely worth transporting. In this connection the opportunities arising from the use of biogas in conjunction with the production of alcohol should be pointed out. Biogas is generated by digestion of the spent wash. The biogas can then be used in a combined heat and power unit to provide the process energy required for alcohol production, in the form of electricity and heat. This paves the way for the cascade use of renewable raw materials, which is a sustainable and resource-efficient alternative to the hitherto employed methods of utilising spent wash.

Details of the material data are given in Table 4. 6 while details of the gas yields are given in Table 4. 7 in Section 4. 4.

4. 2. 3 Biodiesel production

Rapeseed cake and raw glycerol are by-products from biodiesel production. Thanks to their gas yields, which can be classified as high (Table 4. 6), both of these substances are suitable for use as co-substrates in agricultural biogas plants. The gas yield from rapeseed cake is primarily determined by its residual oil content, which in turn is influenced by the settings of the oil presses and the oil content of the raw materials. Consequently, it is highly likely that variations in the gas yield from different rapeseed cakes will be encountered in practice. Roughly 2. 2 t of rapeseed cake and 200 kg of glycerol are produced in the manufacture of one tonne of biodiesel[4-13]. However, there may be problems associated with the use of these by-products from biodiesel production, and these should be investigated very carefully in advance. The reason for this is that very high concentrations of hydrogen sulphide (H_2S) are formed in the biogas during the digestion of rapeseed cake[4-14]. This is due to the high protein and sulphur concentrations of the rapeseed cake. The problem with raw glycerol is that it sometimes contains more than 20 wt% of methanol, which, in high concentrations, has an inhibitory effect on methanogenic bacteria[4-15]. For this reason, only small quantities of glycerol should be added to the process.

Studies into the co-digestion of raw glycerol with energy crops and manure have shown that adding glycerol with a maximum mass fraction of 6% has a significant co-digestion effect[4-15]. This means that the mixture results in considerably more methane being produced than would be expected proportionately from the individual substrates. The same studies have also demonstrated that, if the added quantity of glycerol exceeds 8%, there is no longer a positive co-digestion effect and it can even be expected that methane formation will be inhibited. To summarise, although the by-products from biodiesel production are well suited for use as co-substrates, it is advisable in practice to use them only in small proportions.

4. 2. 4 Potato processing (starch production)

In the production of starch from potatoes, a by-product known as potato pulp is produced in addition to organically contaminated wastewater. This pulp is primarily made up of skins (peel), cell walls and undecomposed starch cells that are left over after the extraction of starch. Approximately 240 kg of pulp is produced for each tonne of potatoes processed, along with 760 litres of potato juice and 400-600 litres of process water[4-16].

Currently, some of the pulp is passed on to farmers as cattle feed while the majority of the potato juice is applied to fields as fertiliser. However, use as animal feed accounts for only a small proportion of the arising quantity. Also, application of the juice on fields can lead to overfertilisation of soil and salinisation of groundwater. Therefore, alternative utilisation options are needed in the medium term.

One option is utilisation in biogas plants, because the by-products are easily digestible substrates. The material properties are given in Tables 4. 6 and 4. 7.

Although there are no special requirements regarding hygiene measures or storage, it should be taken into consideration that potato juice and process water have to be reheated for the digestion process if they are stored in tanks, which requires additional energy.

4. 2. 5 Sugar production

The processing of sugar beet to manufacture granulated sugar results in a variety of by-products, most of which are used as animal feed. These by-products include wet beet pulp, which is collected after the beets have been cut up and the sugar subsequently extracted, and molasses, which are left over after the sugar crystals have been separated from the thickened sugar syrup. Some of the beet pulp is mixed with molasses and dried by squeezing out the water to form dried molassed beet pulp, which is likewise used as animal feed[4-17,4-18].

Apart from their use as animal feed, molasses

are also used as a raw material in yeast factories or distilleries. Although this means that the available quantity is greatly limited, beet pulp and molasses are a highly suitable co-substrate for biogas production on account of their residual sugar content (cf. Annex 4. 8, Table 4. 9).

At present no particular hygiene requirements apply to storage or use. The pressed pulp is ensiled to enable it to be stored longer; this can be done either as a single substrate in plastic tubes or as mixed substrate with maize silage, for example. Molasses need to be stored in appropriate storage vessels. In view of the seasonal availability of sugar beet and its by-products (September to December), storage is necessary if pressed pulp and molasses are to be made available all year round.

4. 2. 6 By-products from fruit processing

The processing of grapes or fruit into wine or fruit juice produces by-products known as pomace (or marc). As this still has a high sugar content, it is often used as a raw material in alcohol production. Pomace is also used as animal feed or as a raw material for making pectin. Each hectolitre of wine or fruit juice yields roughly 25 kg of pomace, and each hectolitre of fruit nectar around 10 kg of pomace[4-12]. The most important material data is listed in Tables 4. 6 and 4. 7.

Thanks to the preceding production process the pomace is not likely to contain any foreign matter or impurities, nor is there any need for hygienisation. If the substrates are intended to be stored for lengthy periods, ensilage is necessary.

4. 3 Purely plant-based by-products according to EEG

The following provides a complete list of the purely plant-based by-products as specified in EEG (Positive List of purely plant-based by-products) with the statutory standard biogas yields (cf. Section 7. 3. 3. 2). In order to allow comparison with the substrates described in this section, the statutory standard biogas yield (in kWh_{el}/t FM) is converted into a specific methane yield (Table 4. 5). This assumes an electrical efficiency of 37% for the CHP unit and a net calorific value (lower heating value) of methane of 9. 97 kWh/Nm^3 (see Table 4. 5).

One fundamental problem is that the legislation gives only very approximate details of the material properties of the by-products. As the material properties of the by-products that affect the gas yield (in particular the dry matter content and residual oil content) extend across a very wide range in practice (cf. Section 4. 2), there may be considerable deviations between the statutory gas yields and those that are actually attainable. This will inevitably result in overrating or underrating of the biogas yields obtained from the approved purely plant-based by-products.

Table 4. 5 Standard biogas yields of purely plant-based by-products according to the Positive List of EEG 2009

Purely plant-based by-product	Standard biogas yield according to Section V. of Annex 2 of EEG (kWh_{el}/t FM)	(Nm^3 CH_4/t FM)
Spent grains (fresh or pressed)	231	62
Vegetable trailings	100	27
Vegetables (rejected)	150	41
Cereals (trailings)	960	259
Cereal vinasse (wheat) from alcohol production	68	18
Grain dust	652	176
Glycerol from plant oil processing	1,346	364
Medicinal and spice plants	220	59

Table 4.5

Purely plant-based by-product	Standard biogas yield according to Section V. of Annex 2 of EEG (kWh$_{el}$/t FM)	(Nm^3 CH$_4$/t FM)
Potatoes (rejected)	350	95
Potatoes (pureed, medium starch content)	251	68
Potato waste water from starch production	43	12
Potato process water from starch production	11	3
Potato pulp from starch production	229	62
Potato peel	251	68
Potato vinasse from alcohol production	63	17
Molasses from beet sugar production	629	170
Pomace (fresh, untreated)	187	51
Rapeseed oil meal	1,038	281
Rapeseed cake (residual oil content approx. 15%)	1,160	314
Cut flowers (rejected)	210	57
Sugar beet press cake from sugar production	242	65
Sugar beet shavings	242	65

Table 4.6 Material data of selected purely plant-based byproducts after [4-1,4-2,4-12,4-17]

Substrate		DM (%)	VS (%DM)	N	P_2O_5 (%DM)	K_2O
Spent grains	△	20-25	70-80	4-5	1.5	n. s.
	Ø	22.5	75	4.5	1.5	n. s.
Cereal vinasse	△	6-8	83-88	6-10	3.6-6	n. s.
	Ø	6	94	8	4.8	n. s.
Potato vinasse	△	6-7	85-95	5-13	0.9	n. s.
	Ø	6	85	9	0.73	n. s.
Fruit pomace	△	2-3	approx. 95	n. s.	0.73	n. s.
	Ø	2.5	95	n. s.	0.73	n. s.
Raw glycerol	[4-1]	100	90	n. s.	n. s.	n. s.
	[4-15]	47	70	n. s.	n. s.	n. s.
Rapeseed cake		92	87	n. s.	n. s.	n. s.
Potato pulp	Ø	approx. 13	90	0.5-1	0.1-0.2	1.8
Potato juice	△	3.7	70-75	4-5	2.5-3	5.5
	Ø	3.7	72.5	4.5	2.8	5.5
Sugar beet shavings	△	22-26	95	n. s.	n. s.	n. s.
	Ø	24	95	n. s.	n. s.	n. s.
Molasses	△	80-90	85-90	1.5	0.3	n. s.
	Ø	85	87.5	1.5	0.3	n. s.
Apple pomace	△	25-45	85-90	1.1	1.4	n. s.
	Ø	35	87.5	1.1	1.4	n. s.
Grape pomace	△	40-50	80-90	1.5-3	3.7-7.8	n. s.
	Ø	45	85	2.3	5.8	n. s.

△: range of measured values; Ø: average.

Table 4.7 Biogas yields of selected substrates from agricultural industry[4-1,4-2,4-12,4-15]*,modified*

Substrate		Biogas yield (Nm³/t substrate)	Methane yield (Nm³/t substrate)	Specific methane yield on VS basis (Nm³/t VS)
Spent grains	△	105-130	62-112	295-443
	Ø	118	70	313
Cereal vinasse	△	30-50	18-35	258-420
	Ø	39	22	385
Potato vinasse	△	26-42	12-24	240-420
	Ø	34	18	362
Fruit pomace	△	10-20	6-12	180-390
	Ø	15	9	285
Raw glycerol	△	240-260	140-155	170-200
	Ø	250	147	185
Rapeseed cake	Ø	660	317	396
Potato pulp	△	70-90	44-50	358-413
	Ø	80	47	336
Potato juice	△	50-56	28-31	825-1000
	Ø	53	30	963
Sugar beet shavings	△	60-75	44-54	181-254
	Ø	68	49	218
Molasses	△	290-340	210-247	261-355
	Ø	315	229	308
Apple pomace	△	145-150	98-101	446-459
	Ø	148	100	453
Grape pomace	△	250-270	169-182	432-466
	Ø	260	176	448

△: range of measured values; Ø: average.

4.4 Material data and gas yields of purely plant-based by-products

The tables below show material data and gas yields of selected substrates from Section 4.2. If available, both a range and an average value of the various parameters are listed. The breadth of the range of both the material data and the gas yields is sometimes considerable. It is therefore clear that, in real-world applications, the 'substrate quality' will vary very widely and be influenced by many production-related factors. The data presented here is intended as a guide. It should be noted that the results obtained in practice may in some cases be considerably higher or lower.

4.5 Prunings and grass clippings

The maintenance of parks and green verges by municipal authorities produces large quantities of green waste in the form of prunings and grass clippings. As this material arises on a seasonal basis, however, if it is to be made available all year round as a biogas substrate it has to be made into silage. This makes only limited sense, though, because of the widely dispersed arising of the material, which can mean that transport costs are excessively high.

If the quantities involved are very small with intervals between deliveries, the material can also be added in the fresh state. Such material should be added extremely carefully, however, since the bacteria first have to adjust to the new substrate quality and disruption of the process cannot be ruled out if the quantities added are too large. Certain important material data together with the biogas yield and methane content are shown in Table 4. 8. As a rule, prunings and grass clippings are not used for biogas generation but are sent for composting.

Apart from the above-mentioned logistical difficulties regarding ensilage, handling presents few problems. Undesirable matter, such as branches or stones, may have to be removed from the material before it is loaded into the biogas plant.

***Table 4. 8 Material properties of prunings and clippings*[4-12],[4-19]**

Substrate	DM (%)	VS (%DM)	N (%DM)	P_2O_5 (%DM)	Biogas yield (Nm^3/t VS)	Methane yield (Nm^3/t FM)	Specific methane yield on VS basis(Nm^3/t VS)
Prunings and clippings	12	87	2. 5	4	175	105	369

4. 6 Landscape management material

The term landscape management material is activityspecific and covers materials from agricultural and horticultural activities, where these primarily serve the purpose of landscape management[4-20]. The areas where landscape management material arises include both nature conservation areas and areas where vegetation maintenance measures are undertaken. Trimmings and grass cuttings from protected biotopes, contract nature reserves and areas under agro-environmental or similar support programmes are therefore classed as landscape management material. Furthermore, roadside greenery, municipal prunings and clippings as well as prunings and clippings from public and private garden and park maintenance, sports field and golf course maintenance and from land alongside watercourses are also classed as landscape management material. In light of the fact that maintenance of nature conservation areas can usually only be carried out once a year, this material mostly has a high content of dry matter and lignin. This, in turn, is associated with lower gas yields and poor suitability for ensiling. Moreover, the use of such materials requires quite specific processing techniques or methods that are still extremely costly at present or are not yet state of the art. In contrast, the landscape management materials from vegetation maintenance measures, such as municipal grass cuttings or grass cuttings from sports fields and golf courses, have only little woody content and are thus more easily digestible.

In order to qualify for the landscape management bonus of 2 cents/kWhel, more than 50 wt% of the materials used (with reference to the fresh mass) within one calendar year must come from landscape management (see also Section 7. 3. 3. 2).

4. 7 References

[4-1] Kuratorium für Technik und Bauwesen in der Landwirtschaft (KTBL). Faustzahlen Biogas. Darmstadt, 2007.

[4-2] Kuratorium für Technik und Bauwesen in der Land-wirtschaft (KTBL). Faustzahlen Biogas. 2nd edition, Darmstadt, 2009.

[4-3] Weiland P. Grundlagen der Methangärung-Biologie und Substrate, VDI-Berichte, No. 1620 'Biogas als regenerative Energie-Stand und Perspektiven'. VDI-Ver-lag, 2001: 19-32.

[4-4] Weiland P, et al. Bundesweite Evaluierung neuartiger Biomasse-Biogasanlagen, 16. Symposium Bioenergie-Festbrennstoffe, Biokraftstoffe, Biogas,Bad Staffelstein,2007: 236-241.

[4-5] Weiland P. Stand und Perspektiven der Biogasnutzung und-erzeugung in Deutschland. Gülzower Fachgespräche, Band 15: Energetische Nutzung von Biogas: Stand der Technik und Optimierungspotenzial, Weimar, 2000:8-27.

[4-6] Fachagentur Nachwachsende Rohstoffe e. V. Standortangepasste Anbausysteme für Energiepflanzen. Gülzow, 2008.

[4-7] Karpenstein-Machan M. Energiepflanzenbau für Biogasanlagenbetreiber, DLG Verlag. Frankfurt/M. , 2005.

[4-8] Dörfler H. (ed.). Der praktische Landwirt. 4th edition. BLV Verl.-Ges. , Munich,1990.

[4-9] Hassan E. Untersuchungen zur Vergärung von Futterrübensilage. BLE-Projekt Az. 99UM031, Abschlußbericht, Bundesforschungsanstalt für Landwirtschaft (FAL), Braunschweig,2001.

[4-10] Schattauer A. Untersuchungen zur Biomethanisierung von Zuckerrüben; Masterarbeit angefertigt im Institut für Technologie und Biosystemtechnik. Bundesforschungsanstalt für Landwirtschaft (FAL), Braunschweig,2002.

[4-11] Bischoff M. Erkenntnisse beim Einsatz von Zusatz- und Hilfsstoffen sowie Spur-enelementen in Biogasanlagen, VDI Berichte, No. 2057,'Biogas 2009- Energieträger der Zukunft', VDI Verlag, Düsseldorf, 2009: 111-123.

[4-12] Wilfert R, Schattauer A. Biogasgewinnung und-nutzung-Eine technische, ökonomische und ökologische Analyse. DBU-Projekt, 1. Zwischenbericht, Institut für Energetik und Umwelt GmbH, Leipzig, Bundesforschungsanstalt für Landwirtschaft (FAL); Braunschweig,2002.

[4-13] Anonymous, Die Herstellung von Biodiesel,Anwendungsbeispiel Biogas 3/98, Munich, 1998.

[4-14] Wesolowski S, Ferchau E, Trimis D. Untersuchung und Bewertung organischer Stoffe aus landwirtschaftlichen Betrieben zur Erzeugung von Biogas in Co- und Monofermentationsprozessen. Schriftenreihedes Landesamtes für Umwelt, Landwirtschaft und Geologie Heft 18/2009, Dresden, 2009.

[4-15] Amon T, Kryvoruchko V, Amon B, Schreiner M. Untersuchungen zur Wirkung von Rohglycerin aus der Biodieselerzeugung als leistungssteigerndes Zusatzmittel zur Biogaserzeugung aus Silomais, Körnermais, Rapspresskuchen und Schweinegülle. Universität für Bodenkultur Wien, Department für Nachhaltige Agrar-systeme, Vienna, 2004.

[4-16] Umweltbericht. Emsland-Stärke, 2002. www. emsland-staerke. de/d/umwelt. htm.

[4-17] Schnitzel und Melasse-Daten, Fakten, Vorschriften. Verein der Zuckerindustrie. Landwirtschaftsverlag Münster-Hiltrup, 1996.

[4-18] Konzept zur Qualität und Produktsicherheit für Futtermittel aus der Zuckerrü-benverarbeitung. Broschüre, 2nd edition. Verein der Zuckerindustrie, 2003.

[4-19] KTBL Arbeitspapier 249-Kofermentation. Kuratorium für Technik und Bauwesen in der Landwirtschaft- KTBL. Darmstadt,1998.

[4-20] Recommendation of the EEG Clearing Agency of 24. 09. 2009. http://www. clearingstelle-eeg. de/EmpfV/2008/48.

Source: Kuhn (LWG)

4.8 Annex

Table 4.9 Overview of substrate characteristics

Substrate	DM (%)	VS (%DM)	N[a]	P_2O_5 (%DM)	K_2O	Biogas yield (Nm³/t FM)	CH_4 yield (Nm³/t FM)	Specific CH_4 yield (Nm³/t VS)
Manure								
Cattle slurry	10	80	3.5	1.7	6.3	25	14	210
Pig slurry	6	80	3.6	2.5	2.4	28	17	250
Cattle dung	25	80	5.6	3.2	8.8	80	44	250
Poultry manure	40	75	18.4	14.3	13.5	140	90	280
Horse manure w/o straw	28	75	n. s.	n. s.	n. s.	63	35	165
Energy crops								
Maize silage	33	95	2.8	1.8	4.3	200	106	340
WCC silage	33	9	4.4	2.8	6.9	190	105	329
Green rye silage	25	90				150	79	324
Cereal grains	87	97	12.5	7.2	5.7	620	329	389
Grass silage	35	90	4.0	2.2	8.9	180	98	310
Sugar beet	23	90	1.8	0.8	2.2	130	72	350
Fodder beet	16	90	n. s.	n. s.	n. s.	90	50	350
Sunflower silage	25	90	n. s.	n. s.	n. s.	120	68	298
Sudan grass	27	91	n. s.	n. s.	n. s.	128	70	286
Sweet sorghum	22	91	n. s.	n. s.	n. s.	108	58	291
Green rye[b]	25	88	n. s.	n. s.	n. s.	130	70	319
Substrates from processing industry								
Spent grains	23	75	4.5	1.5	0.3	118	70	313
Cereal vinasse	6	94	8.0	4.8	0.6	39	22	385
Potato vinasse	6	85	9.0	0.7	4.0	34	18	362
Fruit pomace	2.5	95	n. s.	0.7	n. s.	15	9	285
Raw glycerol[c]	n. s.	n. s.	n. s.	n. s.	n. s.	250	147	185
Rapeseed cake	92	87	52.4	24.8	16.4	660	317	396
Potato pulp	13	90	0.8	0.2	6.6	80	47	336

Table 4.9

Substrate	DM (%)	VS (%DM)	N[a]	P_2O_5	K_2O	Biogas yield (Nm^3/t FM)	CH_4 yield (Nm^3/t FM)	Specific CH_4 yield (Nm^3/t VS)
				(%DM)				
Potato juice	3.7	73	4.5	2.8	5.5	53	30	963
Pressed sugar beet pulp	24	95	n. s.	n. s.	n. s.	68	49	218
Molasses	85	88	1.5	0.3	n. s.	315	229	308
Apple pomace	35	88	1.1	1.4	1.9	148	100	453
Grape pomace	45	85	2.3	5.8	n. s.	260	176	448
Prunings and grass clippings								
Prunings and clippings	12	87.5	2.5	4.0	n. s.	175	105	369

[a] N concentrations in digestate, excluding losses in storage;

[b] wilted;

[c] Results vary greatly in practice, depending on the method used for biodiesel production.

Operation of biogas plants 5

The economic efficiency of a properly planned biogas plant is determined by the availability and capacity utilisation of the process as a whole. Key factors are the functionality and operational reliability of the technology employed, and consistently high degradation performance within the biological process.

As the operation of technical facilities is subject to inevitable malfunctions, appropriate tools must be on hand in order to detect such malfunctions and identify and rectify the fault. Process control is always performed in interaction with the personnel, although the degree of automation can vary extremely widely. If monitoring and control algorithms are automated, the benefits are that the system is constantly available and a degree of independence from expert personnel is achieved. The remote transmission of data also decouples the need for staff presence at the plant from process monitoring. The downside of extensive automation is the resultant additional cost. As these advantages and disadvantages have different weighting depending on the plant specifications, there cannot be assumed to be such a thing as a standardised set of instrumentation and control equipment for biogas plants. The instruments used need to be adapted to the specific conditions in each case.

The following sections first examine the measured variables that can be used to observe the biological process.

The descriptions relate to wet fermentation plants. Any different special feature applicable to batch type (dry) digesters is pointed out in each case.

5. 1 Parameters for monitoring the biological process

Monitoring and controlling the biological process is a challenge. The process objective of anaerobic digestion in the agriculture sector is usually the achievement of a constant methane production rate. The most commonly used method involves a continuous (or semi-continuous) stirred-tank reactor (CSTR). In this case constant methane production is achieved when steady-state operation is established. In the steady state, changes to process variables are zero and the maximum process-specific conversion rates are achieved[5-26].

$$V\frac{dS}{dt}=Q_{in}\cdot S_o-Q_{out}\cdot S+V\cdot r_s=0 \quad (5\text{-}1)$$

Equation 5. 1: Steady-state operation

Q: volumetric flow rate (L/d) (input, output)

V: reaction volume(L)

r_s: reaction rate (g/(d · L))

S_o: concentration substrate inflow(g/L)

S: concentration substrate outflow(g/L)

Variables such as the organic loading rate, retention time, achievable degree of degradation and gas production rate are therefore predetermined by the sizing of the plant and the chosen substrate. The plant operator must ensure that these variables are kept constant as much as possible. However, the steady state is virtually unattainable in practice because process disturbances inevitably occur (for example changes to substrate properties, malfunctions such as the failure of pumps, or the introduction of disinfectants etc.). These disturbances lead to deviations from the desired state, which need to be detected so that the cause can be identified and rectified.

Such deviations from the steady state can be detected directly by means of a material flow balance. In practical application, however, it is difficult to measure the material composition of the input and output precisely and in many cases even to measure the quantity of substrate actually loaded and the amount of gas produced, so it is impossible to achieve a precise closed mass balance at reasonable expense. For this reason, partial solutions adapted to the specific circumstances are used in many plants. These are not always sufficient to ensure the running of a stable process.

The measured variables available for evaluation of the biological process and most commonly used in practice are described in the following.

5.1.1 Biogas production rate

The biogas that is generated is a crucial measured variable as a metabolic product and a target variable. The biogas production rate is the quantity of gas produced per unit of time (e. g. d^{-1}), and with a known feed volume and substrate composition serves as the basis for calculating the specific biogas production (substrate-specific and volume-specific). Measuring the biogas production rate is essential for balancing the metabolic processes and assessing the efficiency of the methanogenic population.

When equipment is being installed to detect gaseous flows, attention must be paid to the positioning of the sensors. If the process states of individual digesters need to be observed, their gas production rates must also be recorded separately. If the digesters have membrane roofs, in order to calculate the gas production rate it is necessary to take account of the storage volume, which can be done by recording the filling level (e. g. by cable-extension transducer), internal pressure and temperature in the gas space. Sensors in the gas space must satisfy explosion protection requirements and should be resistant to corrosion and high levels of moisture. As membrane roofs also serve the purpose of storing biogas, measuring the gas production rate and available storage volume is also particularly important for controlling CHP unit output.

With regard to the measurement of gas flows in pipes, care must be taken that the inlet sections specified by the manufacturer are in place in order to produce laminar flows. Measuring instruments with moving parts in the biogas stream are susceptible to faults because of the impurities carried in the biogas stream. Instruments based on the thermal and fluidistor measuring principles are used in the biogas sector, as well as vortex flowmeters.

5.1.2 Gas composition

The composition of the biogas can be used to assess a variety of circumstances. The individual constituents and their significance for the process are explained briefly in the following.

5.1.2.1 Methane

The proportion of methane in the biogas serves to evaluate the state of methanogenic biocoenosis. The methane production rate can be calculated in connection with the gas production rate: if the methane production rate drops significantly despite a constant feeding rate, it can be assumed that the methanogenic archaea are inhibited. Measuring points must be provided in the individual digesters in order to evaluate methane productivity. In biogas technology, methane concentrations are measured with infrared sensors or thermal conductivity sensors.

For operation of the combined heat and power unit it is important that the content of methane in the gas does not fall below 40%-45%, because then the engines are no longer able to utilise the biogas.

5.1.2.2 Carbon dioxide

Carbon dioxide is formed during the hydrolysis/acidogenesis phase and in the course of methane formation. It dissolves in water, thus forming the important hydrogen carbonate buffer. If the methane/ carbon dioxide ratio in the biogas falls without the substrate composition having been changed, the cause may be a higher rate of acid formation compared with methane formation. The equilibrium of mass flows in the degradation process is then disrupted. This may be caused by variation of the input quantities or inhibition of the methanogenic population.

Carbon dioxide, like methane, is measured with infrared sensors or thermal conductivity sensors.

5.1.2.3 Oxygen

Oxygen should only be detectable in the biogas if it is added for the purposes of biological desulphurisation. In that case, oxygen measurement can be used to adjust the oxygen content required for desulphurisation. Oxygen can be measured with electrochemical sensors and paramagnetic sensors.

5.1.2.4 Hydrogen sulphide

The manufacturers of combined heat and power units specify limits for the concentration of hydrogen sulphide, because its oxidation products have highly corrosive properties. The primary purpose of measuring it is therefore to protect the CHP unit.

High concentrations of hydrogen sulphide do not affect the methanogenic archaea until the concentrations reach the percent range (roughly 20,000 ppm), which rarely occurs in agricultural biogas plants. Hydrogen sulphide is measured with electrochemical sensors.

5.1.2.5 Hydrogen

Hydrogen is an important intermediate product in the process of methane formation; it is mostly released during acidogenesis and acetogenesis, before it is converted into methane. There have been several attempts to use the hydrogen concentration in the biogas to detect process disturbances. In this connection it is particularly significant that theoretically the formation of acetic acid from longer-chain fatty acids and the utilisation of hydrogen to form methane can only take place together within a narrow concentration range. The suitability of this parameter is disputed, as it does not always prove possible to establish an unambiguous correlation between the hydrogen concentration in the biogas and disruption to the process. The hydrogen concentration in the biogas can be measured easily with the aid of electrochemical sensors. To date, little has been done to investigate the suitability of the hydrogen partial pressure in the fermentation substrate as a control parameter.

Most manufacturers of gas analysis equipment in the biogas sector offer modular devices, which enable the user to choose the type of sensors and the number of measuring points. With regard to electrochemical sensors it must be borne in mind that they 'wear out' and exhibit greater drift than infrared sensors, for example. The sensors must be regularly calibrated.

5.1.3 Temperature

As a general rule, the rate of reaction increases with rising temperature. Biological processes, however, have optimum temperatures, because organic structures (e. g. proteins) are liable to become unstable as temperatures rise and can lose their functionality. When anaerobic processes are used in technical applications, they are essentially divided into two temperature ranges:

—mesophilic range approx. 37 to 43℃.

—thermophilic range approx. 50 to 60℃.

As very little heat is produced in anaerobic fermentation (except in some plants fed with energy crops), the substrate must be heated to reach fermentation temperature. It is important that the temperature is kept constant. The thermophilic process, in particular, is sensitive to temperature fluctuations.

In some cases plants utilising maize silage experience temperature rises that can make cooling necessary.

The sensors used to measure the temperature should be installed at various heights so that stratification and inadequate mixing can be detected. Care should also be taken that the sensors are not installed in dead zones or too close to the temperature stabilisation equipment. Resistance sensors (e. g. PT 1000 or PT 100) or thermocouples are suitable for measuring the temperature.

5. 1. 4 Input volume and fill levels

In order to ensure balancing of the degradation processes, precise measurement of the quantity of substrate added is absolutely essential. In addition to liquid substrates, in some cases solids are also fed into the digesters, so different measuring systems are used.

The best way of measuring solids is to weigh them. This is done using wheel loader scales or weighing equipment in the loading systems. The latter are more accurate, and are easier to integrate into automated process control systems. The weighing equipment uses pressure sensors, which require the use of 'floating' containers. Soiling in the vicinity of these sensors must therefore be avoided, as must topping up the holding vessels during the loading process.

For liquid substrates, flow-measuring devices can be installed on the pipes, or if the plant has pre-pits the infeed volume can be measured with fill-level meters.

Fill levels (also in digesters) can be determined using pressure sensors (hydrostatic pressure in the digester) or by measuring the distance to the surface ultrasonically or by radar. Regarding the choice of sensors, attention should be paid to corrosion resistance and insensitivity to soiling, especially since in-situ maintenance is costly and difficult. A further consideration when choosing and positioning the sensors is that particular operating states such as the build-up of sediment (e. g. sand) on the bottom of the digester, foaming, sulphur deposits in the gas space etc. must not be allowed to affect measurements. Explosion protection must also be ensured.

The devices that have proved best for measuring flow are those that work without moving parts in the measured medium. Inductive and capacitive sensors are the most common types, although in individual cases ultrasound and thermal conductivity sensors are also used. Depending on the methodology, provision must be made for an adequate inlet run to the sensors in order to produce laminar in-pipe flow. Flow measurement has the advantage that, if more than one feeding line can be routed through one pipe thanks to a favourable valve arrangement, several feeding lines can be monitored with one measuring device.

5. 1. 5 Substrate characterisation

As well as the quantity of substrate, it is also necessary to know the concentration and composition of the substrate in order to obtain a mass balance.

Sum parameters such as the total solids (TS) content (= dry matter content, DM) and volatile solids (VS) content are used to determine the concentration. For liquid substrates it is also possible to use the chemical oxygen demand (COD), and total organic carbon (TOC) is also occasionally used. Only the first two parameters mentioned are relevant in practice.

The first step towards determining the biodegradable fraction of the substrate is establishing the water content or total solids content. To do this, a sample is dried to constant weight at 105℃ in the laboratory. In the meantime there are also new sensor developments on the basis of microwaves and near infrared which determine the content online within the process.

One criterion for assessing degradability is obtained by determining the proportion of organic constituents in the dry matter. The volatile solids content is a sum parameter obtained by burning away the dried sample at 550℃. The resultant loss of mass, referred to as the loss on ignition, corresponds to the amount of organic dry matter. This value is a sum parameter but it tells you nothing about the degradability of the substance under test nor the amount of biogas expected to be produced. In the literature there are guide values that can be used to estimate the expected gas production volume if the substrate and its volatile solids content are known. Drying the sample eliminates volatile substances (for example steam-volatile acids), so these substances do not figure in the analytical result. Especially when substrates are acidified (as in the case of silages, for example), this can lead to considerable errors in estimation of gas potential. Weissbach therefore developed a correction method that takes account of the volatile substances. This method is significantly more complex, however[5-18].

The residue left over after the sample is ignited is known as the residue on ignition; this represents the proportion of inert constituents in the substrate. If the substrates contain large quantities of sand, the residue on ignition can be used to estimate the sand content, and in combination with sieving the grain size distribution of the sand can be estimated as well[5-19]. The sand content is important because of its abrasive properties and its sedimentation in the digester in the case of some substrates (e. g. poultry manure).

A more precise characterisation of the substrate can be obtained by classifying the substrate constituents according to Weende (crude fibre, crude protein, crude lipids and nitrogen-free extract, which in combination with digestibility quotients describe the suitability of organic substances for use as animal feed; see also 2. 3. 4. 1), or according to van Soest (hemicellulose, cellulose and lignin). These constituents determine the nature of the intermediate products formed. If there are sudden changes to the substrate, therefore, sudden accumulations of intermediate products can arise which cannot be degraded because the corresponding bacteria population is not present or does not exhibit sufficiently high growth rates. Animal feed analysis can also be used to determine the expected gas yield more accurately than on the basis of the volatile solids content. This method of analysis is therefore also better for assessing the quality of substrates.

Determination of the concentration of the substrate is essential for reliable mass balancing; supplementary determination of the composition of the substrate can also be used to assess the quality of the substrate.

5. 1. 6 Determination of the concentration of organic acids

Organic acids are an intermediate product in the formation of biogas. The acids dissociate in aqueous solution, depending on the pH value. The constituents can be calculated as follows:

$$f=\frac{10^{pK_s-pH}}{1+10^{pK_s-pH}} \quad (5\text{-}2)$$

Equation 5. 2: Calculation of the dissociation factor according to [5-20]

f: dissociation factor

pK_s: negative common logarithm of the acidity constant

pH: pH value

In the steady state the rates of acid formation and transformation are identical, so the concentration in the digester is constant. If there is a higher rate of acid formation and/or degradation is inhibited, the acids accumulate and the concentration rises. Bacterial growth is dependent on substrate concentration, as indicated by the principles described by Monod, so an increase in acid concentration results in a higher rate of growth and within certain limits, the process stabilises itself. However, if the rate at which the acids are formed exceeds the capacity of the acid-degrading microorganisms for a sustained period, the concentration continues to rise. If no intervention takes place, the acids accumulate to the point at which the buffer capacity of the fermentation substrate is consumed and the pH value drops. Acid degradation is inhibited when the concentration of the undissociated proportion of the acids is at an elevated level, and this effect is reinforced as the pH value falls.

It is difficult to specify a limit value for a maximum permissible acid concentration in the steady state because the concentration that establishes itself is dependent on factors such as dwell time, the substrate used and the presence of inhibitory substances.

As a guide, several figures quoted in the literature are listed in Table 5.1.

As far as assessment of the process is concerned, it is imperative for acid concentration to remain constant. If the acid concentration rises, it is essential to exercise caution. Process models are needed in order to evaluate processes under dynamic conditions, i.e. with changing acid concentrations.

As well as the sum parameter of the acids, the concentrations of individual acids can provide additional information. If the spectrum reveals that the longer-chain acids are increasing faster than acetic acid, the transformation of these acids into acetic acid is being inhibited. The transformation of longer-chain acids into acetic acid is an endogenous process, occurring only when hydrogen concentrations are low, and what is more the growth rate of these microorganisms is low. Because of these unfavourable circumstances, this sub-process can become a bottleneck in the process. Correspondingly, higher concentrations of propionic acid are degraded only slowly.

In some publications reference is made to the ratio of acetic acid and propionic acid as a parameter for assessing the process, but to date it has not been possible to establish a generally applicable pattern.

There are various methods for determining the concentration of organic acids (currently for these analyses it is necessary to take a sample for laboratory analysis):

—as a sum parameter (e.g. steam distillation in accordance with DIN 38414-19).

—as a spectrum (e.g. gas chromatography) or.

—calculated on the basis of parameters determined empirically from the result of titration (VOA-volatile organic acids).

Table 5.1 Limit values for max. permissible acid concentration

Author	Limit value Concentration Acetic acid equivalents (mg/L)	Method, comments
[5-20]	200 undissociated acid	Stirred-tank reactor operated under thermophilic conditions with upstream hydrolysis reactor
[5-20]	300 (adapted biocoenosis) undissociated acid	Stirred-tank reactor operated under thermophilic conditions with upstream hydrolysis reactor
[5-21]	30-60 undissociated acid	Continuous stirred-tank reactor (CSTR) operated under mesophilic conditions
[5-2]	80 (increase in inhibition above 20) undissociated acid	No data
[5-22]	100-300 total acid	Sewage sludge fermentation, normal process state
[5-22]	1,000-1,500 total acid	Sewage sludge fermentation, normal, during start-up phase
[5-22]	1,500-2,000 total acid	Sewage sludge fermentation, risk of process failure, discontinue loading or add alkali
[5-22]	4,000 total acid	Sewage sludge fermentation, little chance of recovery in short term
[5-23]	<1,000 total acid	Stable fermentation

Determination of the sum parameter according to DIN 38414-19 has become rare on account of the increasingly widespread use of the VOA value. This method is more complex than determination of the VOA value because of the need to distil the steam-volatile acids, but it is also more precise.

Determination of the acid spectrum by gas chromatography (liquid chromatography is another possibility) requires complex measurement technology and experience with the substrate. The sum of the acids is not the only result; it is also possible to determine the concentrations of the individual fractions of the lower fatty acids. This is the most accurate of the above-mentioned methods.

In recent years the VOA value has become established as a parameter that is easy to determine[5-24]. The VOA value is mostly used in combination with the TAC value (VOA/TAC).

The VOA/TAC value is determined by titration. The origin of the abbreviation TAC is not entirely clear; various designations are given in the literature, none of which are truly accurate or correct renderings of the term. The TAC value stands for the 'consumption A' of 0.1 N sulphuric acid during the titration of a sample to pH 5. The amount of acid consumed is converted into a corresponding carbonate concentration (mg $CaCO_3$/L). If titration is then continued to pH 4.4, the concentration of organic acids can be deduced from the 'acid consumption B'. The formulae used for calculating acid concentration are of an empirical nature:

Sample amount: 20 mL (centrifuged)

TAC: consumption A × 250 (mg/L $CaCO_3$)

VOA: ((consumption B × 1.66) − 0.15) × 500 (mg/L HAc)

The VOA/TAC ratio is often used for process evaluation. Bear in mind, however, that since the formulae are empirical the analytical results from different processes are not comparable. Experience shows that the VOA/TAC value should be no greater than 0.8. Here too, though, there are exceptions, and as in the case of acids, problems can be detected by observing changes to the value. The method of calculation used has to be taken into account when assessing the results.

5.1.7 pH value

Biological processes are heavily dependent on the pH value. The optimum pH range for generating methane is within a narrow window between approximately 7 and 7.5, although the gas can also form above and below this range. In single-stage arrangements, as a rule, a pH value in the optimum range is established automatically, because the bacterial groups form a self-regulating system. In a two-stage process the pH value is considerably lower in the hydrolysis stage, normally between 5 and 6.5, since that is where the acid-forming bacteria have their optimum. In the methanogenic stage the pH value is raised back up to the neutral range again thanks to the buffer capacity of the medium and the degradation activities.

The pH value controls the dissociation equilibria of important metabolic products such as ammonia, organic acids and hydrogen sulphide. The buffer capacity of the medium (mainly hydrogen carbonate and ammonium) normally guarantees a stable pH value. If major changes do in fact occur and the pH value shifts out of its optimum range, this is usually a sign of serious disturbances and action should be taken immediately.

5.1.8 Concentrations of trace elements

Trace elements are mineral substances occurring in very low concentrations. Plants that are run exclusively on energy crops (and those using spent wash/vinasse) are susceptible to process disturbances that can be corrected by the addition of trace elements. Declining gas production and rising acidity levels are indicative of these disturbances. These phenomena are not observed in plants operated on a slurry basis. So far it has not proved possible to identify the precise mechanisms and the substances that actually cause the limiting effect, but the concentrations of trace elements in energy crops are significantly below those that have been detected in various types of manure[5-26].

A number of suppliers offer appropriately adapted mixtures of trace elements for the purpose of process optimisation. There are indications that the addition of iron ions in the form of iron chloride or iron hydroxide, as often used for desulphurisation, can have a stabilising effect. This is put down to the fact that the sulphide forms poorly soluble metal sulphides, thus restricting the availability of the trace elements. If the sulphide is mostly bonded by the iron, the availability of the other metals rises. The table below shows guide values for the various elements.

One method that indicates guide values and describes the addition of trace elements was registered for a patent[5-28].

When adding trace elements it should be borne in mind that these are heavy metals which can have an inhibitory effect in high concentrations and are classed as pollutants. Whatever the case, the elements must be added according to the principle of as much as necessary but as little as possible.

5.1.9 Nitrogen, ammonium, ammonia

When organic substances that contain nitrogen are broken down, the nitrogen is converted into ammonia (NH_3). Ammonia is dissociated in water, forming ammonium.

Table 5.2 Guide values for trace elements

Element	Guide values[5-28] (Mg/kgTS)	Guide Values[5-27] Concentration (mg/L)
Cobalt	0.4-10 (optimum 1.8)	0.06
Molybdenum	0.05-16 (optimum 4)	0.05
Nickel	4-30 (optimum 16)	0.006
Selenium	0.05-4 (optimum 0.5)	0.008
Tungsten	0.1-30 (optimum 0.6)	
Zinc	30-400 (optimum 200)	
Manganese	100-1,500 (optimum 300)	0.005-50
Copper	10-80 (optimum 40)	
Iron	750-5,000 (optimum 2400)	1-10[5-29]

Nitrogen is necessary for building cell structure and is therefore a vital nutrient.

On the other hand it has been shown that high concentrations of ammonia/ammonium in the substrate have an inhibitory effect on methanogenesis. There is still no single, agreed opinion on the precise mechanisms that cause this inhibition, but it is obvious that the bacteria are able to adapt to higher concentrations. This makes it difficult to give clear indications of limit values, as the reaction to elevated ammonia/ammonium concentrations is process-specific.

There is much to suggest that the inhibitory effect comes from the undissociated fraction, in other words from the ammonia, and that a dependency emerges between the inhibitory effect and concentration, temperature and pH value. The consequence, confirmed in practice, is that thermophilic plants respond more sensitively to high ammonium concentrations than mesophilic plants. The correlation is shown by the equation below.

$$c_{NH_3} = c_{NH_4^+} \cdot \frac{10^{pH}}{e^{\frac{6344}{273+T}} + 10^{pH}} \quad (5\text{-}3)$$

Equation 5.3: Calculation of ammonia concentration according to [5-30]

c_{NH_3}: concentration of ammonia(g/L)

$c_{NH_4^+}$: concentration of ammonium(g/L)

T: temperature(℃)

Figure 5.1 depicts the dissociation equilibrium and inhibition as explained in[5-2]. While it would no doubt be wrong to transfer the absolute values for inhibition to all processes (see below), the general principle of the progression of the inhibitory effect is transferrable.

Table 5.3 summarises various publications dealing with the topic of ammonia/ammonium inhibition. It is clearly apparent that the figures vary widely, which underlines the fact that no universally applicable statements can be made about ammonia/ammonium inhibition.

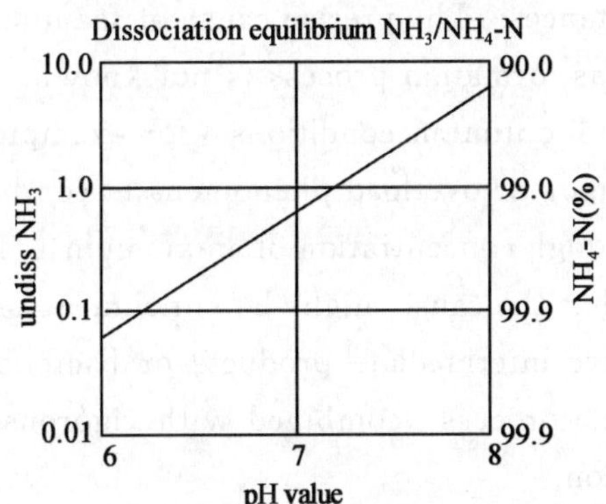

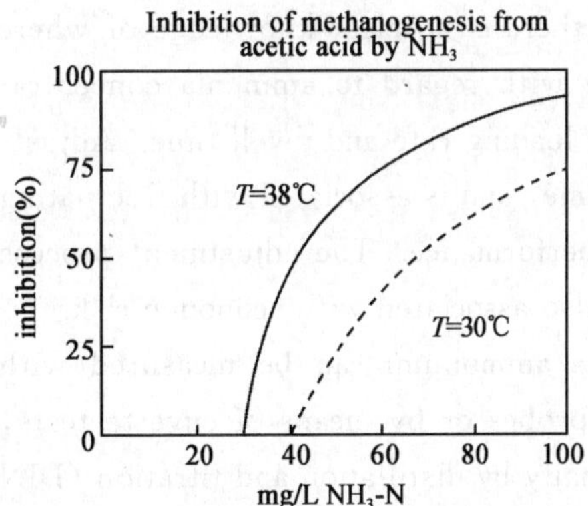

Figure 5.1 Inhibition of methanogenesis from acetic acid by NH_3 (as per[5-2])

Table 5.3 References in the literature to inhibitory concentrations of ammonia

Author	Concentration		Comments
[5-33]	>3,000 mg/L NH_4		Inhibitory effect
[5-32]	>150 mg/L NH_3		Inhibitory effect
[5-31]	500 mg/kg NH_3		Stable operation, elevated acid concentrations, inhibitory effect
	1,200 mg/kg NH_3		
[5-30]	<200 mg/kg NH_3		Stable operation
[5-21]		Degree of degradation %	Stable operation in all cases, but reduced degradation performance and elevated acid concentration
	106 mg/kg NH_3	71	
	155 mg/kg NH_3	62	
	207 mg/kg NH_3	61	
	257 mg/kg NH_3	56	
[5-34]	>700 mg/kg NH_3	Inhibitory effect	

In connection with elevated ammonium concentrations,[5-21] reports elevated acid concentrations at the same time; this correlation can also be observed in practice. The higher acid concentrations are indicative of a growth rate close to the maximum for the acid-consuming populations. Despite these unfavourable conditions stable operation is possible, although greater caution is required in the event of load fluctuations because the process is no longer able to cushion them by increasing metabolic activity. In certain circumstances gas production may then remain constant for a while, but acid enrichment takes place in the fermentation substrate. High ammonium concentrations act as a buffer, so higher concentrations of organic acids do not necessarily lead to changes in the pH value.

Given a long period of time for adjustment (up to a year), the microorganisms are able to adapt to high ammonia concentrations. Studies with fixed-bed reactors have shown that they are able to adapt better to higher concentrations than stirred-tank reactors. From this it can be concluded that the age of the bacteria is a factor in adaptation; it follows, therefore, that long residence times in stirred-tank reactors would be a strategy for mastering the inhibitory effect.

To date there is no clear knowledge of where the limits lie with regard to ammonia concentration, organic loading rate and dwell time. Adjustment takes time, and is associated with fluctuating degradation performance. The adjustment process is therefore also associated with economic risk.

Ammonia/ammonium can be measured with ion-selective probes or by means of cuvette tests, or conventionally by distillation and titration (DIN 38406, E5). The field use of probes is not widespread; laboratory analysis of samples is more common. As the limiting concentration is process-specific, the ammonia concentration on its own offers little information about the state of the process as a whole. Determination of the ammonium content should always be accompanied by determination of the pH value so that ammonia content can be gauged. If disturbances occur, this can help to identify the cause.

5.1.10 Floating sludge layers

The formation of layers of floating sludge or scum can present a problem in plants with fibrous substrate. Sludge layers form when fibrous material floats up and mats on the surface, forming a solid structure. If the layer is not broken by suitable agitators it can grow to a thickness of several metres, in which case it has to be removed manually.

That said, a certain stability in the surface structure is undoubtedly desirable in plants that desulphurise through the addition of air in the gas space. In this case the surface serves as a colonising area for the desulphurising bacteria.

Treatment of the floating sludge layer thus becomes an optimisation problem, which the plant operator generally deals with by keeping the layer under observation through the inspection window. As yet there is no measuring technology that monitors the formation of floating sludge layers.

5.1.11 Foaming

Foaming is the consequence of reduced surface tension, brought about by surface-active substances. The precise cause of foaming in the biogas formation process is not known. It occurs in sub-optimum conditions (for example spoiled silage, or overload phenomena in combination with a high concentration of ammonium). It is possible that the cause might be enrichment of surface-active intermediate products or bacterial groups in the process, combined with vigorous gas formation.

Foam can be a serious problem if the gas pipes become blocked and the pressure in the digester forces the foam out of the pressure relief devices, for example. Defoaming agents are useful as a quick fix, but in the long term the cause has to be identified and eliminated.

In terms of measuring technology, foaming can be detected by a combination of various fill-level measuring devices. A pressure sensor will not respond to foam, for instance, whereas ultrasound sensors detect foam as a change to the surface. The difference between the two systems tells you the depth of the foam.

5.1.12 Process evaluation

Process evaluation is carried out by analysing and interpreting measured values. As already established, balancing of the mass flows is the most reliable method of describing the process. In practice, however, this is not economically viable because of the cost and complexity involved. Furthermore, various particularities arise in practice in relation to the recording of measured values, so the differences between laboratory analysis and sensors installed online in the process are examined briefly below. All lab analyses require representative sampling to have taken place, after which the samples have to be transported to a laboratory. Analyses of this type are time-consuming and costly, and there is a delay before the results are available. Sensors that take measurements directly within the process, on the other hand, have a considerably higher measurement density, and the measured values are available immediately. Cost per measured value is significantly lower, and the data can easily be integrated into process automation.

Unfortunately, at this time the measured variables required for mass balancing cannot be metered with online sensors, so supplementary laboratory analyses are indispensable. The necessary variables and their availability are summarised in the table below.

Constant monitoring of all the variables listed here is too costly, and in many plants it is unnecessary. Partial solutions need to be found in order to meet the requirements of each specific plant. The criteria for control and the required measurement technology are:

—permissible process deviation.

—intended degree of automation.

—process properties.

Table 5.4 Measured variables and their availability

Measured variables for mass balancing	Available online
Input composition	TS determination under development, all other parameters laboratory analysis
Intermediate products(organic acids)	Laboratory analysis necessary
Output quantity	Available online
Composition of fermentation residue	TS determination under development, all other parameters laboratory analysis
Quantity of gas Generated	Available online
Composition of Biogas	Available online

Early detection of critical process states (acid accumulation, with subsequent inhibition and reduced gas production) is a minimum requirement for every process monitoring system in order to be able to avoid serious performance losses. Furthermore, monitoring should be sufficiently accurate to allow closed-loop control of gas production-utilisation of the capacity of the CHP unit must be ensured.

The degree of automation required is undoubtedly dependent on the size of the plant: the larger the plant, the less clear the various sub-processes become, and automation becomes essential. As the level of automation increases a certain degree of independence from expert personnel is achieved, remote monitoring can be implemented and human error can be reduced.

With regard to the process properties it should be stated that the risk of overloading the process is more likely in plants that operate with a high organic loading rate and/or short residence times, have high concentrations of inhibitory substances or use changing substrate mixtures. This should be countered by appropriate investment in process monitoring.

An estimation of the expenditure required for process monitoring is given in Section 5.3.

5.2 Plant monitoring and automation

Various options are available for monitoring, supervising and controlling processes and plants. The bandwidth of applications commonly used in practice extends from operating logs to fully automated data acquisition and control systems (Fig. 5.2). When it comes to deciding what degree of automation should be put in place, consider the level of availability of the process control system that you aim to achieve, the extent to which it should be possible to operate the plant independently of expert personnel, and which process properties necessarily require automation.

The availability of process control increases with the degree of automation, as does plant availability. In highly automated systems, data logging and steady operation are therefore also ensured at weekends and on public holidays. Higher levels of automation also make operation of the plant less dependent on the constant presence of operating personnel. With regard to the process properties it should be said that the number of process parameters needing to be monitored also rises as the size of the plants increases. As of a certain size, automation of the processes is indispensable. The risk of serious disturbances increases in plants with a high organic loading rate and plants with a tendency toward paucity (e. g. trace elements) or inhibitory substances. Under these circumstances automated data logging and process control offer the opportunity of detecting and correcting process disturbances in good time.

Very simple solutions such as the recording of data in operating logs and manual or timed control of sub-processes are still common in small, slurry-based plants. However, if the data is not subsequently entered in electronic form, it frequently proves impossible to ensure that the data can be evaluated or fully documented. Optimisation of the processes becomes correspondingly more difficult.

Various automation solutions are available, depending on the requirements of the application. The term 'automation' covers open-loop control, closed-loop (feedback) control and visualisation. The prerequisite for automation is that the process must be monitored, i. e. the available process data must be continuously recorded and stored.

In most cases, programmable logic controllers (PLCs) are used for process control in biogas plants. These devices deal with many automation tasks in the process environment. For biogas plants, these include all control tasks involving the need to monitor purely technical matters such as pump running times, loading intervals, stirring intervals etc. but also the biological processes. In addition, it must be ensured that all necessary measured variables are recorded (such as the switching states of motors, power consumption and revolutions per minute, but also process parameters such as pH values, temperatures, gas production rates, gas composition etc.), and that the corresponding switching of actuators such as valves, agitator motors and pump motors is triggered. For acquisition of the measured variables, the values recorded at the sensor are transduced into standard signals that can be utilised by the PLC.

Actuators are switched via relays. The activation signals can simply be time-controlled or they can be defined as a response to incoming measured variables. A combination of these activation options is also possible. In terms of instrumentation and control, standard PID (proportional-integral-derivative) controllers and in some cases simple fuzzy-logic controllers are implemented in all PLC types. Other control algorithms can also be implemented manually, though, by dedicated programming.

A PLC comprises a central module (CPU: central processing unit) that contains a microcontroller as its core component. These controllers vary in their performance, depending on the category of PLC. The differences lie in the processing speed and the redundancy of functions. The range extends from relatively small CPUs, which are correspondingly cheaper to buy, to high-availability systems with high-end controllers and corresponding redundancy.

When it comes to choosing a PLC, real-time barriers are an important factor. Real time in this connection means that the automation system has to respond within a period of time dictated by the process. If this is the case, the automation system has real-time capability. As the biogas process does not have particularly high real-time requirements, PLCs in the low to medium price sector are usually favoured in biogas plants.

In addition to the CPU, a large number of modules are offered by all manufacturers for interfacing with the CPU. These modules include analogue and digital modules for input from signal transmitters and measuring probes and for output to various actuators and analogue indicating instruments. Special connections for measuring instruments controlled via RS-232 interfaces can be of interest for the biogas sector.

Various communication controllers are available for bus communication.

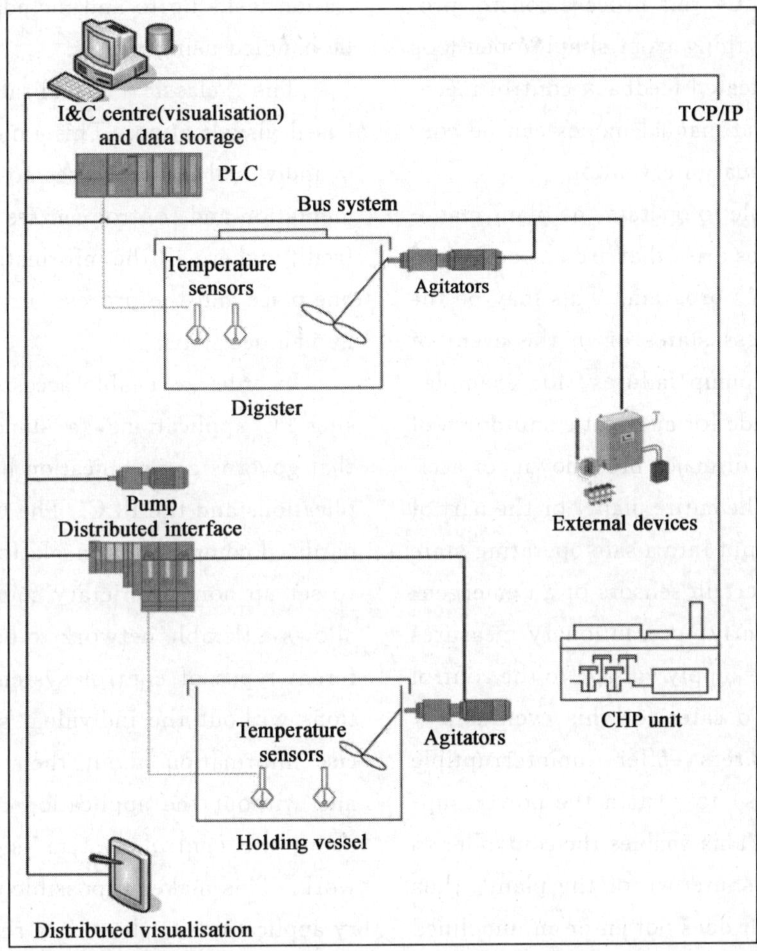

Figure 5.2 Schematic representation of plant monitoring

5.2.1 Bus system

In recent years distributed configurations have become more and more widespread in the automation sector, a trend made possible by powerful communication technology. Bus systems are indispensable for distributed plant control nowadays; they carry communication between individual bus users. Bus systems enable all plant components to be networked with each other.

As in the case of PLCs, bus types of various designs are available. Which form of bus communication is appropriate depends on the process and its real-time requirements, and on the specifics of the environment (for example a potentially explosive atmosphere). PROFIBUS-DP is an established standard used in many plants. It enables stations to be linked over distances of several kilometres. Many devices support this standard of bus communication, and the evolved forms PROFINET and ETHERNET are also becoming increasingly common.

5.2.2 Configuration planning

Another component of a PLC is the program on which the process control system is founded.

This program is developed in the configuration planning phase in a dedicated development environment, the configuration planning software, and implemented on the PLC. Depending on the requirements for the PLC, this process control program may contain anything from simple open-loop control jobs to complicated feedback control mechanisms. Automatic and manual modes can be configured to permit manual intervention.

It must be possible to operate the plant manually in case plant states arise that are not envisaged in the control system's program. This may be the case in extreme process states or in the event of breakdowns such as pump failures, for example. Provision must be made for automatic shutdown of the plant in the event of major breakdowns or accidents. In such cases the entire plant, or the part of the plant affected, is put into a safe operating state by the triggering of certain sensors or an emergency stop button. Similarly, precautionary measures have to be taken if the supply voltage to the control system itself fails. To cater for this eventuality, controller manufacturers offer uninterruptible power supplies (UPSs) to sustain the power supply to the controller. This enables the controller to perform a controlled shutdown of the plant, thus ensuring that the plant does not enter an undefined state.

5.2.3 Applications/visualisation

PCs and panel variants with appropriate visualisation are another constituent of modern automation solutions. They are interconnected by a bus system, and taken together they form the automation system. Visualisations are used in almost all plants and constitute the state of the art. It is common to find panels that are available in various versions and are used to display a small subsection of a plant.

It is conceivable, for example, to use a panel solution for local visualisation of the substrate feed pump. In automatic mode, all important data (such as motor speed, motor temperature, delivery rate, faults, etc.) are displayed locally. After changeover to manual operation, the pump can be controlled manually. The development of panel technology is ongoing, and already complex visualisation tasks up to and including control tasks can be handled using panels.

The 'classic' visualisation solution is PC-based visualisation. This ranges from the display of individual subprocesses to sophisticated instrumentation and control centres. An I&C centre is a facility where all the information comes together in one place and the process or plant is controlled by human decisions.

In order to enable access to the PLC data using PC applications, a standard was introduced that governs communication between Windows applications and the PLC. The OPC server is a standardised communication platform that can be used to set up non-proprietary communication links. It allows a flexible network to be set up between different types of control system and other applications without the individual stations needing precise information about their partners' interfaces and without the application requiring information about the control system's communication network. This makes it possible to use non-proprietary applications such as data acquisition software or a specially adapted visualisation setup.

5.2.4 Data acquisition

In order to ensure reliable data acquisition in large-scale technical applications, it is common to use databases. The PLC manufacturers offer their own data acquisition systems, but preference should be given to non-proprietary solutions because they are more flexible with regard to access options.

The data that need to be stored can be selected from the multiplicity of data collected. This enables plant operation to be evaluated over a longer period of time. It is also possible to store events, such as fault messages.

A detailed description of the monitoring and

control of purely technical matters such as fill levels, pump ON times etc. is not required in the context of this document. The coordination and control of these processes are state of the art and are usually unproblematic.

5.2.5 Feedback process control

The purpose of feedback process control is to ensure achievement of the process objective. The controller detects deviations from the desired state by evaluating measured data, and initiates the measures needed to return the plant to the desired state.

In contrast with open-loop control, in a feedback control system the process reaction is incorporated into the control operation. Exclusively open-loop control systems are unsuitable for the anaerobic degradation process because in the event of unforeseen disturbances the control mechanism does not register the changes in the process and therefore is unable to initiate an appropriate response. Every type of process control-even when undertaken by the operator-requires prior measurements which make it possible to describe the process state to an adequate degree of accuracy, otherwise process disturbances are not detected in good time and serious loss of performance can ensue when disruptions do occur.

In practical circumstances in biogas plants, process control in relation to the biological process is generally undertaken by the plant operator. The operator compares the available measured values with empirical values and performance targets in order to arrive at an assessment of the process state. The efficacy of this approach is heavily dependent on the availability and knowledge level of the operating personnel.

If it is planned to set up an automated process monitoring and control system, the demands on measured value acquisition and evaluation are greater, because the plant operator is not available as a decision-maker and therefore only the process information that is available in electronic form can be used for controlling the plant.

Automatic control systems for biology are not the state of the art in large-scale technical applications. As the industrialisation of plant operation increases, however, and given the aim of raising efficiency, they will be put to greater use in future. Some of the options are presented below, without going into very great detail, for which reference should be made to the relevant specialist literature.

Table 5.5 Methods of feedback control

Control methods	Application	Comments
PID (proportional-integral-derivative) controller	If little data is available, no model is available and little is known about the behaviour of the controlled system	Good results, limited to simple input/output strategies and linear behaviour
Physical, process-oriented models	Knowledge of internal process flows required	Precise determination of parameters required, for which measured data are essential; suitable for non-linear behaviour
Neural networks	If no simulation model is available; no understanding of the process needed, large quantities of data required	Very good results, but caution required with the type of learning, the controller remains a black box
Fuzzy logic	Small amounts of data required, expert knowledge needed if no simulation model is available	Can be used if there are non-linearities in the process and in multiple input/output scenarios, expert knowledge can be integrated, simple handling

5.2.5.1 Standard methods of feedback control

Various methods have already proved suitable for controlling the process of anaerobic digestion. The problematic aspects of process control are the non-linear nature of the process and the complexity of the processes involved(see Table 5.5).

PID controller

The principle behind a proportional-integral-derivative (PID) controller is the most widely used algorithm in industrial applications of feedback control. It combines three control mechanisms. The proportional element represents the factor that determines the amplitude of the change in the manipulated variable. The manipulated variable is changed in proportion to the deviation of the process from the desired state. The factor used for this is the proportionality factor. An integral component can be added to this proportional controller. This component is necessary if a deviation occurs when there is a lasting change in the system and the deviation cannot be compensated by the proportionality factor. This problem was solved with the aid of an element that is proportional to the integral of the deviation. The derivative element is proportional to the increase in the deviation, and allows a quick response to be made to large deviations.

$$u = u_0 + k_p e + k_i \int e dt + k_d \frac{de}{dt} \qquad (5\text{-}4)$$

Equation 5.4: PID controller

u: controller output

u_0: basic output of controller

e: process deviation

k_p: proportionality factor

k_i: factor of integral element

k_d: factor of derivative element

A PID controller exhibits linear, non-dynamic behaviour. It is not possible to map correlations between different measured variables.

PID controllers are widely used and are also suitable for many applications in biogas plants. They can be used for correcting the oxygen content in the biogas necessary for desulphurisation, for example, or for controlling the temperature in the digester. In certain circumstances this simple algorithm can also be used for controlling the biogas process[5-35,5-37].

In principle, feedback control systems can be implemented with any of the methods described above; this has been proved on the laboratory scale. Control systems that have been developed on the basis of physical, process-oriented models, knowledge-based systems or neural networks, however, have rarely been used in practical operation to date.

5.2.5.2 Other approaches

Many plant manufacturers also offer advisory services and analysis services packages to support operation, targeted at optimising the biological process. Such services are also offered by independent companies that perform consultancy work and offer emergency assistance. Another option offered is direct process analysis on the basis of process dynamics ('communication with the process'). In this case the performance of the process is evaluated on the basis of the dynamic response by the process to an introduced 'fault'.

There are also various forums on the internet where operators swap experiences about problems they encounter. In addition, some organisations offer training courses for plant operators and personnel.

5.3 Process control in start-up and standard operation

5.3.1 Standard operation

In the following a brief explanation is given of which process parameters should be polled so that process biology can be assessed. A distinction is drawn between two different plant scenarios, because the outlay involved depends on the type of plant and the mode of operation. As far as acquisition of the data is concerned, it is initially irrelevant whether this is done online or manually. What is important is that the data is pre-processed for appropriate analysis.

Scenario 1: normal plant, slurry-based, low organic loading rate (less than 2 kg VS/(m^3 · d)), no inhibitory substances, concentrations of acids in normal operation less than 2 g/L.

Scenario 2: plants with high organic loading rate, varying composition and quality of the substrate, possibly inhibitory substances (e. g. ammonium above 3 g/L), concentrations of acids in normal operation above 2 g/L, and when changes are made to the loading regime.

Table 5.6 Measuring program for biogas plants for monitoring the biological process (normal operation)

Quantities required for process evaluation	Unit	Plant scenario 1	Plant scenario 2
Input quantity	m^3	daily	daily
Input composition	kg DM/m^3; kg VS/ m^3	monthly	weekly
Temperature	℃	daily	daily
Intermediate products (organic acids)	g/L	monthly	weekly
Output quantity	m^3	daily	daily
Composition of fermentation residue	kg DM/ m^3; kg VS/ m^3	monthly	weekly
Quantity of gas generated	m^3	daily	daily
Composition of biogas	Vol. % methane, carbon dioxide, hydrogen sulphide, optionally oxygen	daily	daily
pH value	$-\lg H_3O^-$	monthly	weekly
	Additional measurements		
Ammonium concentration	g/L	monthly	weekly
total nitrogen	g/kg		
Trace elements	g/L	as required	as required
Specific gas production	L/kg VS	monthly	weekly
Organic loading rate	kg VS/(m^3 · d)	monthly	weekly
Dwell time	d	monthly	weekly
Specific gas production rate	m^3/(m^3 · d)	monthly	weekly

Plants experiencing disturbances, i. e. with changing process parameters, should be sampled with a measuring density at least that shown in scenario 2. Dynamic process states always involve the risk of process excursions outside the range within which self-stabilisation is possible. Consequently, changeovers of the operating regime, substrate changes, increases in input quantities etc. should always be accompanied by a significantly higher measuring density.

If it is known that the process is exposed to potentially inhibitory substances (e. g. ammonia) because of the nature of the operating conditions, it makes sense to observe these substances as well. This will enable the cause of disturbances to be identified more quickly.

If balancing of the process leads to a reduction in degradation performance, the next step must be to analyse the cause. The causes of disruptions and disturbances, and how to correct them, are discussed in Section 5. 4. 1. The data should be acquired or pre-processed electronically, because this makes long-term trends and correlations easier to identify.

In most plants, process evaluation is based on the experience of the plant operator. Evaluation can be performed with greater precision and more objectively with the aid of a process monitor. Process monitors evaluate the data on the basis of mathematical models. Especially when dynamic changes occur in the process, such as substrate changes or changes to the feed volume, it is not possible to evaluate the process transient without a model. The same applies to forecasting process behaviour in order to calculate future feed volumes.

Building on process evaluation, only model-based control systems are capable of producing forecasts of process trends. If the measured values are not integrated into a model, they are at best suitable for a static snapshot and therefore not suitable for dynamic control.

As a general rule in plant operation, the feeding regime should only be changed-if at all-in such a way that the effects can be understood. This means that only one parameter should be adjusted at a time, and all the others kept constant. If not, the effects can no longer be assigned to the causes, and process optimisation becomes impossible.

In normal operation, mono-fermentation should be avoided and preference should be given to using a substrate composition that is diverse but remains as constant as possible over time. For the purposes of optimisation, it makes sense to change the mixture proportions in such a way as to obtain an optimum ratio between organic loading rate and dwell time.

The biological process is most effective under constant conditions. Setting constant feed volumes and a consistent substrate composition with a high degree of accuracy is therefore an important step toward process optimisation.

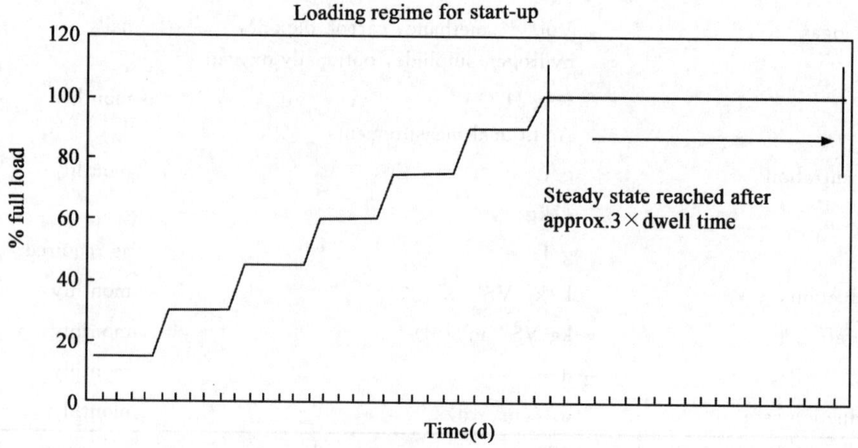

Figure 5.3 Loading regime for start-up

5.3.2 Start-up process

Start-up processes differ from normal operation in that the system has not yet reached the steady state. The processes taking place are subject to constant changes to the process parameters. In order to be able to run the process safely at full load in this state, a greater measuring density is required than in normal operation because the process is unstable and is liable to collapse much more quickly.

During start-up the digesters must be loaded within as short a time as possible until all inlets and outlets (liquid seals) are sealed off with liquid. During start-up operation, particular attention must be paid to the fact that explosive gas mixtures may form in the gas space of the digester. Loading must therefore proceed swiftly. If insufficient seed material (inoculum) is available for start-up operation, the seed material should be diluted with water in order to reduce the size of the gas space. The agitators must be submerged when in operation during the start-up phase in order to prevent sparking.

After filling, the contents of the tank must be set to a constant temperature, after which loading of the substrate can begin.

When the plant is started up for the first time, the start-up phase can be shortened by adding a sufficient quantity of bacteria involved in the degradation process as seed material. The greater the amount of seed material added, the shorter the running-in phase. In an ideal situation, therefore, the digester being started up would be completely filled with fermentation residue from another plant. Depending on availability, it is also possible to use a mixture of fermentation residues from various plants, plus slurry and water. When water is added it should be remembered that the system's original buffer capacity is reduced as dilution increases. Consequently, if the loading rate is increased too quickly the process can easily become unstable, thereby significantly increasing the risk of process collapse in the digester.

The use of slurry always has a positive impact on the start-up process. This is because slurry generally contains a large amount of trace elements as well as a multitude of different bacterial populations. Cattle slurry, in particular, contains enough methanogenic archaea for the process to become stabilised quickly on its own. Pig slurry, on the other hand, is not as rich in methanogenic microorganisms, but is usable in principle.

After a steady temperature is reached, it is best to wait until pH stabilises in the neutral range, the methane content in the generated biogas is greater than 50% and the concentration of short-chain fatty acids is below 2,000 mg/L. Loading can then begin. Loading should be successively increased, in stages, until full load is reached. After each increase it is best to wait until the relevant process parameters, namely gas production rate, methane content, VOA/TAC value or acid concentration and pH value, have stabilised, at which point a further increase in the organic loading rate can be initiated. The VOA/TAC value is of only limited significance, but for start-up operation it is suitable for use as a monitoring parameter for assessing process stability as it can be registered very easily and cost-effectively at high density. In order to obtain reliable information about process stability, the acid spectrum should also be analysed in addition from time to time, to identify the type of acids present.

Normally an increase in the loading rate is followed by a short-term rise in the VOA/TAC value. In certain circumstances, gas production even decreases slightly. The clarity of this effect varies, depending on the level of the increase. If the loading rate then remains the same, the VOA/TAC value should stabilise again and gas production should settle down at a level appropriate to the input. Only then should the loading rate be increased further. If gas production falls for a certain period of time while loading remains constant, and the VOA/TAC value is higher, a process disturbance has already occurred. In this case loading should not be further increased, and if appropriate the input volume should even be reduced, depending on how the VOA/TAC value develops.

To sum up it can be stated that the following factors have a clearly positive impact on start-up operation:

—Use of fresh cattle slurry or active seeding sludge from biogas plants that are operating well-A finely tuned, dense measuring program for the biological parameters (see Tab. 5.6).

—Continuity in substrate feeding and substrate quality.

—Trouble-free plant operation.

Even when full loading is achieved, this does not mean that a steady state is established. This state is reached only after a period corresponding to roughly three times the dwell time

Special measures need to be taken if high concentrations of ammonia are anticipated. In that case the process may need lengthy adaptation phases, lasting several months or up to a year. This can be a highly significant factor, for example when planning the financing of the plant. In such cases it is always advisable to use fermentation residue from a plant already using similar substrate. Consideration should be given to establishing the target final concentration of ammonium as quickly as possible so that the bacteria can adapt to the final state immediately, because otherwise another adaptation will be needed each time the concentration is raised. The final concentration can be reached quickly by loading the intended final-state substrate mixture from the very beginning. In plants that are run entirely on energy crops and are started up with slurry, trace-element paucities tend not to appear for about 6 to 12 months. These plants in particular, therefore, must be carefully observed even after successful start-up of the process.

Whatever the case, then, more process monitoring is necessary during the first year of operation.

It is advisable to use fully fermented material from existing plants for the start-up process in dry fermentation plants with garage-type digesters that will be operated on energy crops or landscape management material. Slurry is not suitable for starting dry fermentation because it can cause blockages in the percolate nozzles of the batch-type digesters on account of the suspended solid matter. Instead, the process should be started with clear water as the percolation liquid and with filled batch-type digesters, preferably filled with fully fermented material.

Start-up operation for a biogas plant with three digesters, each with a working volume of 4,000 m^3, is described in the following, by way of example. Different start-up strategies, each leading to normal plant operation, are elucidated.

Digester 1	Mixture of digestate from two plants (each 20%), cattle slurry (10%), water (50%), total solids content approx. 1.5% FM, filling and stabilisation of temperature took about 25 days
Digester 2	Mixture of digestates from 3 different plants (approx. 44%), cattle slurry (6%), digestate from digester 1 (50%)
Digester 3	Filled completely with digestate from digesters 1 and 2

Digester 1: After the operating temperature of 37℃ was reached, initial dosing of solid matter was begun. Only maize silage was used as the substrate.

In the start-up strategy chosen in this example, first of all relatively large amounts of substrate were added in batches, with waiting times between the batches depending on the level of gas production. Comparatively high organic loading rates were chosen from the outset, and the time between the substrate surges was increasingly shortened. The advantage of this start-up strategy is that, as a rule, full-load operation can be achieved more quickly than with continuous increases in small steps. The parameters for deciding when to further increase loading were the development of the VOA/TAC quotient with simultaneous observation of the development of the concentrations of fatty acids and of gas production from the digester.

The organic loading rate and the VOA/TAC value during start-up operation in digester 1 are graphed in Figure 5.4. It is clear that the surge increases in loading led to considerable process disturbances. A doubling of the VOA/TAC values can be seen even after the first, relatively small load surges. The reason for the sharp fluctuations is the very high proportion of water in the system and the associated low buffer capacity. The latter leads to the observation that the pH value reacts very quickly to every addition of substrate. Normally the pH value is an extremely slow-reacting parameter; almost no changes to it are detectable in practical operation. Because of the instabilities that occurred, the start-up strategy was changed to the continuous addition of substrate from day 32 onward. Thanks to a slow but steady rise in input quantities it proved possible to increase the organic loading rate to an average of 2.6 kg VS/(m^3 · d) by day 110. The start-up strategy of surge loading can lead to full-load operation being reached more quickly under the right conditions, such as high seeding sludge activity and intensive process monitoring. In the example shown here, this strategy proved inappropriate because of the low buffer capacity resulting from the high water content.

Digester 2 was filled concurrently with start-up operation of the first digester.

Start-up operation of digester 2 is shown in Figure 5. 5. By day 50 the organic loading rate was up to about 2. 1 kg VS/(m^3 · d), with an upward trend in VOA/TAC values. Despite the rising VOA/TAC value, it proved possible to run the digester up to full load quickly and in a controlled manner.

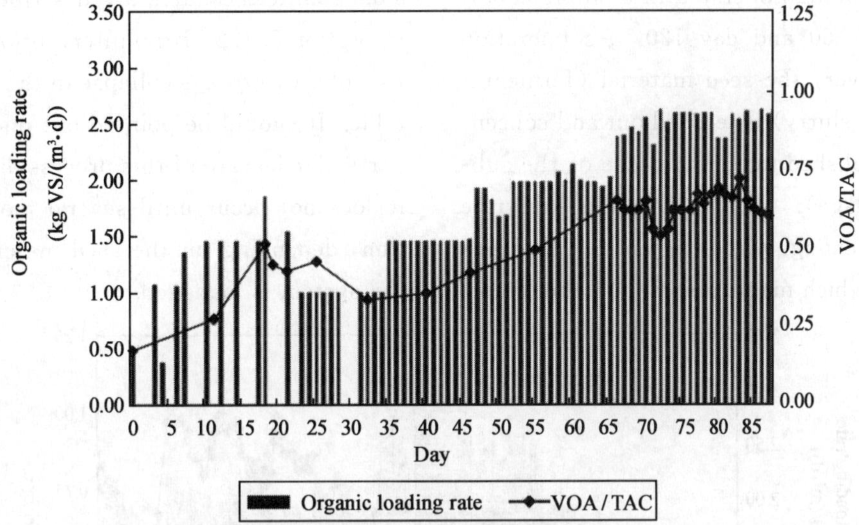

Figure 5.4 Progress of start-up phase, digester 1

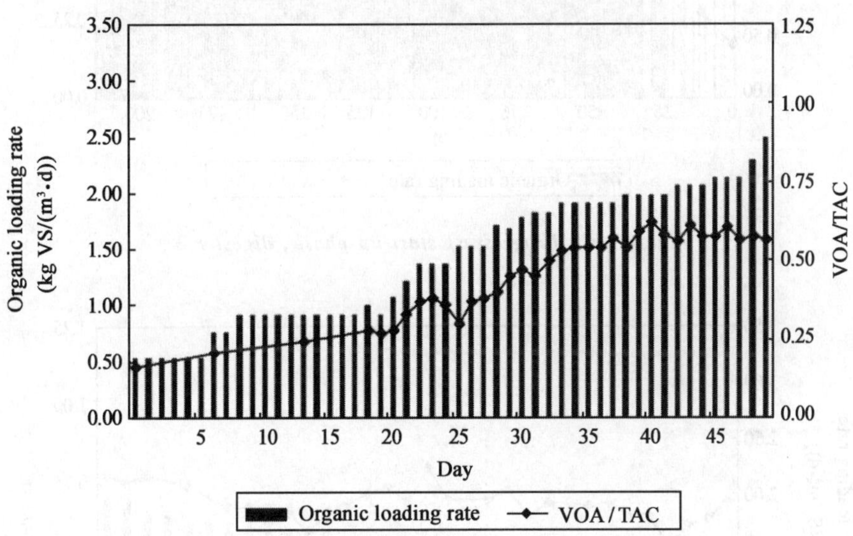

Figure 5.5 Progress of start-up phase, digester 2

A graph illustrating start-up operation of digester 3 is shown in Figure 5. 6. In this case it proved possible to increase the organic loading rate to 2. 1 kg VS/(m^3 · d) within 30 days, with constant VOA/TAC values. Using fermentation residue for the first filling allows a rapid run-up to full load. The higher VOA/TAC values were already present in the fermentation residue.

The different first loads have significant impacts on process stability and the rate of rise to full load. It is apparent that the higher the proportion of fermentation residue and the better the microorganisms are adapted to the substrate properties, the quicker the digester can be started up and the more stable this process will be.

In the following, a description is also given of a typical course of events leading to inhibition due to a deficiency of trace elements. After successful start-up, the plant was operated in a stable condition between day 60 and day 120. As operation continues, however, the seed material (fermentation residues and slurry) is leached out and concentrations are established matching those of the substrate (maize silage). In this case the substrate does not contain enough trace elements. This leads to a deficiency, which manifests itself in the inhibition of methanogenesis. As a consequence of this inhibition, the acids that are formed can no longer be degraded, and the VOA/TAC values rise during stable operation after about 120 days of operation and subsequently, despite a reduction in organic loading rate (see Figure 5.7). The causes and possible countermeasures are described in more detail in Section 5.4.2. If no intervention is made during this phase, process collapse in the digester is inevitable. It should be pointed out once again that the particular feature of this process disturbance is that it does not occur until several months into operation, depending on the seed material and the way the system is managed.

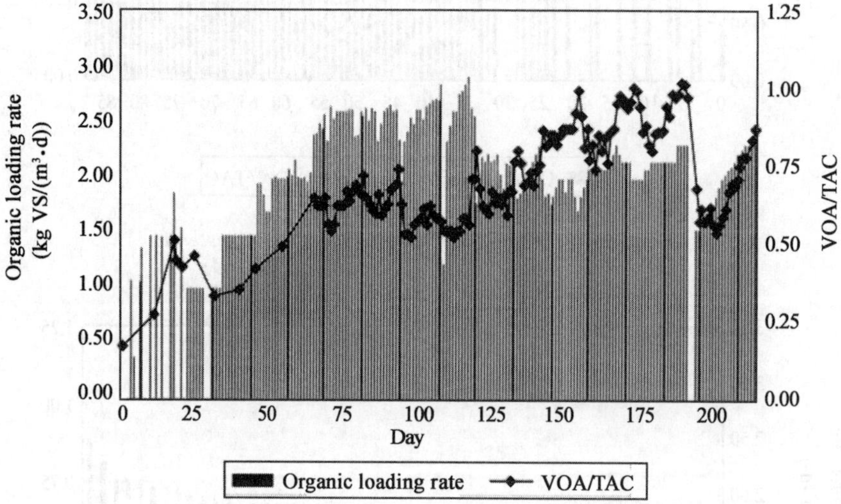

Figure 5.6 Progress of start-up phase, digester 3

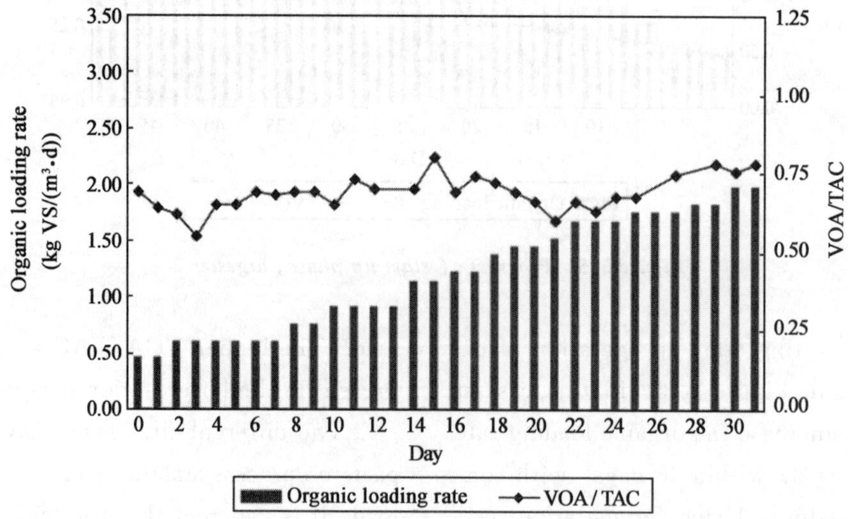

Figure 5.7 Progress of start-up phase of digester 1 with a deficiency of trace elements

5.4 Disturbance management

5.4.1 Causes of process disturbances

The term process disturbance refers to occurrences when anaerobic digestion in the biogas plant is negatively affected and is therefore not proceeding at its optimum. The result is that the substrates are insufficiently decomposed. Process disturbances, whatever their extent, therefore always have a detrimental effect on the economic efficiency of the biogas plant. Consequently, process disturbances must be detected and corrected as quickly as possible.

Process disturbances occur when the environmental conditions for the bacteria or individual groups of bacteria are less than optimal. The speed at which the process disturbance appears varies, depending on how strong the influence is and the period of time within which the conditions have changed for the worse. In most cases process disturbances are indicated by a continuous rise in the concentrations of fatty acids. This occurs regardless of the cause, which is due to the fact that the acetogenic and methanogenic bacteria respond more sensitively to changes in their environment than the other bacterial groups. Without intervention, the typical course of a process disturbance is as follows:

—Rise in fatty acid concentrations:
initially acetic and propionic acid, and if process loading persists also i-butyric acid and i-valeric acid.

—Continuous rise in the VOA/TAC ratio (in parallel with the rise in fatty acids).

—Reduction in methane content.

—Reduction in gas yield despite constant feeding.

—Lowering of the pH value, acidification of the process.

—Complete collapse of gas production.

Possible causes of process disturbances, such as deficiencies (trace elements), fluctuations in temperature, inhibitory substances (ammonia, disinfectants, hydrogen sulphide), errors in feeding, or overloading of the process, are described in the following. For plant operation to be successful it is very important to detect process disturbances at the earliest possible stage (cf. Section 5.1). This is the only way of identifying and eliminating the causes in good time, thus minimising the economic damage.

The problems relating to trace element deficiency and ammonia inhibition were discussed in Sections 5.1.8 and 5.1.9.

In the operation of biogas plants in practice there can be a variety of causes for a drop in process temperature. Heating the digester is of crucial importance in moderate temperatures such as those encountered in Germany, and if the heating fails the fermentation temperature can drop several degrees relatively quickly. In such cases it need not necessarily be the heating system itself that is faulty, as illustrated by the following scenario.

If the CHP unit stops running, after a certain time the necessary waste heat for heating the digester is no longer available. The drop in temperature inhibits the activity of the methanogenic bacteria, as they only survive within a narrow temperature window[5-1]. The bacteria involved in hydrolysis and acidogenesis are less specialised in this respect and are initially able to survive a drop in temperature. The consequence, however, is that the acids in the digester become more concentrated, especially if the substrate feed is not slowed down or stopped in good time.

In such an event, in addition to the temperature inhibition there is also a drop in pH value, with acidification of the entire contents of the digester.

However, the addition of large quantities of unpreheated substrate, or inadequate heating of the digester as a result of failure of the temperature sensors, for example, can also lead to a drop in digester temperature. It is not the absolute temperature that is crucial for a stable process but the maintenance of a constant temperature level. If a change in temperature (up or down) takes place within a short period of time, an adverse effect on degradation can generally be expected to result. It is therefore hugely important to check the fermentation temperature regularly to ensure successful operation of the plant.

As already explained in Section 5. 1. 3, the process temperature may rise when certain substrates are used. The temperature then moves from the mesophilic range to the thermophilic range, without the need for expending additional heating energy. If plant operation is not managed properly, in the worst case the process can come to a complete standstill on transition from the mesophilic to the thermophilic temperature range.

The operating conditions of a biogas plant must be kept as constant as possible. This applies to the environmental conditions in the reactor just as much as to the nature and metering of the substrates. Mistakes are made in the addition of substrate in the following circumstances:

—too much substrate is added over a long period of time.

—substrate is added too irregularly.

—a rapid change is made between substrates of differing composition.

—too much substrate is added after a break in feeding (e. g. because of technical faults).

Most mistakes relating to the addition of substrate are made during start-up operation and when changing substrate during normal operation. This is why the process needs to be kept under particularly close observation in these phases. It is also advisable to intensify in-process analysis. With some substrates there are also considerable variations in composition from one batch to the next, which results in undesirable fluctuations in organic loading rate.

5. 4. 2 Handling process disturbances

As previously mentioned, a process disturbance can be lastingly corrected only if the cause has been identified and eliminated. That said, there are some control engineering measures that can be taken to relieve the situation, at least temporarily. The following sections firstly describe fundamental measures aimed at process stabilisation and the effects that they have. The success of these measures generally depends on the degree of disturbance affecting the process, i. e. the extent to which the microorganisms have already been adversely affected. Furthermore, the process must be kept under very close observation while the measures are being implemented and during the subsequent recovery phase. Success or failure of the action can thus be recognised quickly, and further steps initiated as necessary. Possible ways of eliminating the process disturbances are then described, to match the causes pointed out in the preceding section.

5. 4. 2. 1 Measures aimed at stabilising the process

Reduction in input volume

Reducing the input volume (while maintaining the same substrate composition) lowers the organic loading rate. This effectively relieves the strain on the process. Depending on the extent to which the addition of substrate is reduced, the methane content of the biogas subsequently rises noticeably. This is an indication of the degradation of the fatty acids that have accumulated up to that point, although acetic acid is degraded very quickly and propionic acid very slowly. If the concentrations of propionic acid are excessively high, it is possible that this substance will no longer be broken down. In that case other steps have to be taken to relieve the strain on the process.

If gas production remains constant after input volume has been reduced, this is an indication of the digester being significantly overfed. The fatty acid concentrations should be checked and a noticeable reduction in gas production observed before the input volumes are slightly increased again.

Material recirculation

Recirculation means returning material to the digester from a downstream receptacle (e. g. secondary digester or digestate storage tank). The benefits of recirculation, if it is feasible in process engineering terms, are essentially twofold. Firstly a dilution takes place, which means that the 'pollutant concentration' in the digester is reduced, depending on how long recirculation is sustained. Furthermore, 'starved' bacteria are returned to the digester, and are again able to play an effective part in degradation.

This approach is primarily recommended for multi-stage plants. In single-stage plants this method should be used only if gas-tight digestate tanks are available, and even then only in emergencies. In a system involving material recirculation, attention must be paid to the temperature of the recirculated material and if necessary a constant temperature must be ensured in the digester through the provision of additional heating.

Changing the input composition

Changing the input composition can stabilise the process in various ways. Firstly, changing the mixture can reduce the organic loading rate by replacing/omitting energy-rich constituents (e. g. cereal grains), thereby relieving the strain. Secondly, supplementing the input composition by adding liquid or solid manure (e. g. cattle slurry), if this is not otherwise used, can have a significantly positive impact through the provision of additional trace elements and other bacterial groups. The addition of fermentation substrate from another biogas plant can have an equally positive effect. With regard to the mono-fermentation of energy crops, it should be noted that the addition of another substrate component normally has a positive impact on process stability.

5.4.2.2 Deficiency of trace elements

As a rule, a paucity of trace elements can be compensated for by adding manure (cattle or pig slurry or cattle or pig dung). If these substrates are not available to the plant operator in sufficient quantities or cannot be used for some other reason, there are various suppliers of trace element additives on the market. On the whole, these are complex mixtures. However, as trace elements are heavy metals, which can have an inhibitory effect on the process if added in excessive quantities[5-16] and which also accumulate on agricultural land, trace element loads must be kept to a minimum[5-17]. If possible, only those trace elements that are actually deficient should be added. In such cases an analysis of the trace elements in the digester material and the input materials can provide useful information. That said, an analysis of this type is complex and costly.

In order to increase the efficiency of adding trace elements, iron salts can be added to the process for the purposes of chemical desulphurisation before the trace element mixture (cf. Section 2.2.4). In this way a large proportion of the dissolved hydrogen sulphide can be precipitated out and the bioavailability of the trace elements will be improved. It is invariably important to pay attention to the manufacturer's recommendations and follow the instructions.

5.4.2.3 Response to temperature inhibitions

If the process is subject to temperature inhibition as a result of self-heating, there are two possible ways of addressing the problem. Either the process can be cooled, or the process temperature can be changed. In some cases cooling can be brought about by technical means using the heating system, but usually this is difficult to achieve. Adding cold water can also produce a cooling effect, although likewise this must also be done extremely carefully. If the aim is to change the process temperature from the mesophilic to the thermophilic range, targeted biological support is required in the transition period. The microorganisms first have to adapt to the higher temperature level, or new microorganisms have to be formed. During this period the process is extremely unstable and must under no circumstances be allowed to 'collapse' through the addition of too much substrate.

5.4.2.4 Response to ammonia inhibition

Action aimed at reducing ammonia inhibition requires fundamental intervention in the operation of the plant. As a rule, ammonia inhibitions occur when protein-rich input materials are used. If ammonia inhibition has been demonstrably verified, either the temperature must be lowered or the input composition changed. Changing the input composition should result in a reduction in nitrogen load. This can bring about a long-term reduction of the concentration of inhibiting ammonia in the digester. If acidification is already far advanced, it makes sense to swap fermentation residue from a downstream digester in order to reduce acid concentration in the short term.

Whichever method is chosen, it should be done slowly, with close monitoring of the process. Lowering the pH value in order to reduce the proportion of undissociated ammonia is extremely difficult to achieve in the long term and therefore cannot be recommended.

5.4.2.5 Response to hydrogen sulphide inhibition

The occurrence of hydrogen sulphide inhibition is extremely rare in agricultural biogas plants. Hydrogen sulphide inhibition is always related to the substrate, i. e. attributable to a high sulphur content in the input materials. For the most part, the input materials used in agricultural biogas plants have a relatively low sulphur content. That said, the H_2S content in the gas must always be kept low because of its negative repercussions for gas utilisation. The following steps can be taken to counter hydrogen sulphide inhibition:

—Add iron salts for sulphide precipitation.

—Reduce the proportion of input materials containing sulphur.

—Dilute with water.

Raising the pH value with the aid of buffer substances can reduce the toxicity of the H_2S for short periods but should not be relied upon for the long term.

5.4.3 Handling technical faults and problems

Given the considerable differences in design and technical equipment between agricultural biogas plants it is impossible to give general recommendations in this document on how to remedy technical faults. However, reference should always be made to the biogas plant's operating instructions, which normally contain recommendations for action and steps to be taken to eliminate problems with individual plant components.

With all technical faults and problems, it is crucially important that they are detected and eliminated in good time. An automated alerting system is essential for this. The operational status of the key plant components is recorded and monitored in the process management system. If a technical fault occurs, an alert is issued in the system and can be forwarded to the plant operator or other operating personnel by telephone or text message. This procedure enables remedial action to be taken swiftly. In order to avoid lengthy disruption to operation, it is important that the plant operator always stocks a selection of spare parts and wear parts. Downtimes and repair times can thus be reduced. In addition, in case of emergency the plant operator should if possible be able to call on a reliable service team at any time. Usually the plant manufacturer or external specialist workshops offer such services directly. To minimise the risk of technical faults, the plant operator must ensure that regular checks are performed and that the maintenance intervals are observed.

5.5 Operational reliability

5.5.1 Occupational safety and plant safety

Biogas is a gas mixture consisting of methane (50-75 vol. %), carbon dioxide (20-50 vol. %), hydrogen sulphide (0.01-0.4 vol. %) and other trace gases[5-1,5-6]. The properties of biogas are contrasted with other gases in Table 5.7. The properties of the various components of biogas are summarised in Table 5. 8.

In certain concentrations, biogas in combination with atmospheric oxygen can form an explosive atmosphere, which is why special plant safety regulations have to be observed in the construction and operation of a biogas plant. There are also other hazards, such as the risk of asphyxiation or poisoning, as well as mechanical dangers (e. g. risk of crushing by drives).

Table 5.7 Properties of gases[5-6]

		Biogas	Natural gas	Propane	Methane	Hydrogen
Colorific value	kWh/m^3	6	10	26	10	3
Density	kg/m^3	1. 2	0. 7	2. 01	0. 72	0. 09
Density relative to air		0. 9	0. 54	1. 51	0. 55	0. 07
Ignition temperature	℃	700	650	470	600	585
Explosive range	vol. %	6-22	4. 4-15	1. 7-10. 9	4. 4-16. 5	4-77

Table 5. 8 Properties of biogas components [5-6,5-7,5-8]

		CH_4	CO_2	H_2S	CO	H
Density	kg/m^3	0. 72	1. 98	1. 54	1. 25	0. 09
Density relative to air		0. 55	1. 53	1. 19	0. 97	0. 07
Ignition temperature	℃	600	-	270	605	585
Explosive range	vol. %	4. 4-16. 5	-	4. 3-45. 5	10. 9-75. 6	4-77
Workplace exposure limit (MAC value)	ppm	n. s.	5,000	10	30	n. s.

The employer or biogas plant operator is obliged to identify and evaluate the hazards associated with the biogas plant, and if necessary to take appropriate measures. The 'Sicherheitsregeln für Biogasanlagen' (Safety Rules for Biogas Systems) issued by the Bundesverband der landwirtschaftlichen Berufsgenossenschaften (German Agricultural Occupational Health and Safety Agency)[5-6] provide a concise summary of the key aspects of safety relevant to biogas plants. The safety rules explain and substantiate the safety requirements in terms of the operating procedures relevant to § 1 of the accident prevention regulations 'Arbeitsstätten, bauliche Anlagen und Einrichtungen' (Workplaces, Buildings and Facilities) (VSG 2. 1)[5-9] issued by the Agricultural Occupational Health and Safety Agency. They also draw attention to other applicable codes of practice.

This section is intended to provide an overview of the potential hazards during operation of a biogas plant and raise awareness of them accordingly. The latest versions of the respective regulations[5-6,5-8,5-9,5-10] constitute the basis for the hazard assessments and the associated safety-related aspects of plant operation.

5. 5. 1. 1 Fire and explosion hazard

As mentioned in the previous section, under certain conditions biogas in combination with air can form an explosive gas mixture. The explosive ranges of biogas and its individual components are shown in Table 5. 7 and Table 5. 8 respectively. It should be borne in mind that although there is no risk of explosion above these limits it is still possible for fires to be started by naked flames, sparks from switching electrical equipment or lightning strikes.

During the operation of biogas plants, therefore, it must be expected that potentially explosive gas-air mixtures are liable to form and that there is an increased risk of fire, especially in the immediate vicinity of digesters and gas tanks. Depending on the probability of the presence of an explosive atmosphere, according to BGR 104-Explosion Protection Rules the various parts of the plant are divided into categories of hazardous areas ('Ex zones')[5-10], within which the relevant signs must be prominently displayed and appropriate precautionary and safety measures taken.

Zone 0

In areas classified as zone 0, an explosive atmosphere is present constantly, over long periods, or most of the time[5-6,5-10]. Normally, however, no such zones are found in biogas plants. Not even a fermentation tank/digester is classified in this category.

Zone 1

Zone 1 describes areas in which an explosive atmosphere can occasionally form during normal operation. These are areas in the immediate vicinity of manholes accessing the gas storage tank or on the gas-retaining side of the fermentation tank, and in the vicinity of blow-off systems, pressure relief valves or gas flares[5-6]. The safety precautions for zone 1 must be put in place within a radius of 1 m (with natural ventilation) around these areas. This means that only resources and explosion-protected equipment with zone 0 and zone 1 ratings may be used in this area. As a general rule, the operations-related release of biogas in enclosed spaces should be avoided. If it is possible that gas will be released, however, zone 1 is extended to include the entire space[5-6].

Zone 2

In these areas it is not expected that explosive gas-air mixtures will occur under normal circumstances. If this does in fact happen, it can be assumed that it will do so only rarely and not for a lengthy period of time (for example during servicing or in the event of a fault)[5-6,5-10].

This applies to manholes, for example, and the interior of the digester, and in the case of gas storage tanks the immediate vicinity of aeration and ventilation openings. The measures applicable to zone 2 must be implemented in these areas in a radius of 1 to 3 m[5-10].

In the areas subject to explosion hazard (zones 0-2), steps must be taken to avoid ignition sources in accordance with BGR 104, section E2[5-10]. Examples of ignition sources include hot surfaces (turbochargers), naked flames or sparks generated by mechanical or electrical means. In addition, such areas must be identified by appropriate warning signs and notices.

5.5.1.2 Danger of poisoning and asphyxiation

The release of biogases is a natural process, as is well known, so it is not exclusively restricted to biogas plants. In animal husbandry, in particular, time and again in the past there have been accidents, some of them fatal, in connection with biogenic gases (for example in slurry pits and fodder silos etc.).

If biogas is present in sufficiently high concentrations, inhalation can produce symptoms of poisoning or asphyxiation, and can even prove fatal. It is particularly the hydrogen sulphide (H_2S) content of non-desulphurised biogas that is highly toxic, even in low concentrations (see Table 5.9).

Table 5.9 Toxic effect of hydrogen sulphide [5-7]

Concentration (in air) (mL/L)	Effect
0.03-0.15	Perception threshold (odour of rotten eggs)
15-75	Irritation of the eyes and the respiratory tract, nausea, vomiting, headache, loss of consciousness
150-300(0.015%-0.03%)	Paralysis of the olfactory nerves
> 375(0.038%)	Death by poisoning (after several hours)
> 750(0.075%)	Loss of consciousness and death by respiratory arrest within 30-60 min
Above 1,000(0.1%)	Quick death by respiratory paralysis within a few minutes

In addition, especially in enclosed or low-level spaces, asphyxiation can occur as a result of the displacement of oxygen by biogas. Although biogas is lighter than air, with a relative density (D) of roughly 1.2 kg/m^3, it tends to segregate. In this process the heavier carbon dioxide (D = 1.98 kg/m^3) collects close to floor level, while the lighter methane (D = 0.72 kg/m^3) rises.

For these reasons it is essential that adequate ventilation is provided at all times in enclosed spaces, for example enclosed gas storage tanks. Furthermore, personal protective equipment (e.g. gas alarms, respiratory protection etc.) must be worn in potentially hazardous areas (digesters, maintenance shafts, gas storage areas etc.).

5.5.1.3 Maintenance and repair

As a general rule, maintenance of agitation, pumping and flushing equipment should always be performed above ground level[5-6]. If this is not possible, a forced ventilation system must be permanently installed in order to counteract the risk of asphyxiation and poisoning in the event of an escape of gas.

5.5.1.4 Handling of chemicals

A variety of chemicals are used in biogas plants. The most common are various iron salts for chemical desulphurisation, additives for stabilising the pH value, or complex mixtures of trace elements or enzymes for the purposes of process optimisation. The additives come in either liquid or solid (powder) form. As these products generally have toxic and caustic properties, it is important to read the product information before using them and essential to follow the manufacturer's instructions regarding dosing and application (e.g. to wear a dust mask, acid-proof gloves, etc.). As a general rule the use of chemicals should be restricted to the necessary minimum.

5.5.1.5 Other potential accident risks

In addition to the sources of danger described above there are also other potential accident sources, such as the risk of falling from ladders or falling into charging holes (solids metering equipment, feed funnels, maintenance shafts etc.). In these cases it must be ensured that falling into such openings is prevented by covers (hatches, grids etc.) or by installing them at a sufficient height (>1.8 m)[5-6]. Moving plant parts (agitator shafts, worms etc.) are also potential danger points, which must be clearly identified by appropriate signage.

Fatal electric shocks can occur in and around combined heat and power units as a result of incorrect operation or faults, because the units generate electrical power at voltages of several hundred volts and with currents measured in hundreds of amperes. The same danger also applies to agitators, pumps, feed equipment etc. because these also operate with high levels of electrical power.

The heating and cooling systems of a biogas plant (radiator, digester heater, heat exchanger etc.) also present a risk of scalding in the event of malfunctions. This also applies to parts of the CHP unit and any emergency systems that may be installed (e.g. gas flares).

In order to prevent accidents of this type, clearly visible warning signs must be displayed at the appropriate parts of the plant and the operating personnel must be instructed accordingly.

5.5.2 Environmental protection

5.5.2.1 Hygienisation requirements

The aim of hygienisation is to deactivate any germs and pathogens that may be present in the substrate and thus ensure that it is harmless from the epidemiological and phytohygienic standpoint. This becomes necessary as soon as biogenic wastes from other lines of business are used in addition to raw materials and residues from agriculture.

The relevant underlying legal texts that should be mentioned in this connection are EC Regulation No. 1774/2002 and the Ordinance on Biowastes[5-13]. The EC Regulation includes health rules dealing with the handling of animal by-products not intended for human consumption[5-11]. In biogas plants, subject to official approval category-

2 material can be used after high-pressure steam sterilisation (comminution <55 mm, 133℃ at a pressure of 3 bar for at least 20 minutes[5-12]), manure and digestive tract content can be used without pretreatment, and category-3 material (e. g. slaughterhouse waste) can be used after hygienisation (heating to a minimum of 70℃ for at least 1 hour). This regulation is rarely applied to agricultural biogas plants, however. If the only animal by-products used are catering waste, the regulation is not applicable. If substances are used that are subject to the regulations of the Ordinance on Biowastes, hygienisation is a requirement. In these cases it is necessary to ensure a minimum temperature of 55℃ and a hydraulic dwell time in the reactor of at least 20 days.

5.5.2.2 Air pollution control

Various air pollution control requirements need to be observed in relation to the operation of biogas plants. These requirements relate primarily to odour, pollutant and dust emissions[5-12]. The overarching legal basis is provided by the Federal Pollution Control Act (Bundesimmissionsschutzgesetz-BImSchG) and its implementing regulations together with the Technical Instructions on Air Quality Control (TA Luft). The purpose of the legislation is to protect the environment from harmful effects and to prevent the emergence of such harmful effects. These statutory provisions are applied only within the context of the licensing procedure for large-scale biogas plants with a total combustion capacity of 1 MW or more and for plants designed to treat biowastes.

5.5.2.3 Water pollution control

Harmful impacts on the environment should be avoided if at all possible when operating biogas plants. In relation to water pollution control, in very general terms this means that the biogas plant must be constructed in such a way as to prevent the contamination of surface waters or groundwater. The legal provisions tend to differ from one region to another, since the specific water pollution control requirements depend on the natural conditions at the location in question (e. g. water protection area) and authorities issue approval on a case-to-case basis.

The substances that occur most often at agricultural biogas plants, such as slurry, liquid manure and silage effluent, are categorised in water hazard class 1 (slightly hazardous to water); energy crops are similarly classified[5-14]. The contamination of groundwater and surface water by these substances must there be avoided along the entire process chain. For practical purposes this means that all storage yards, storage tanks and fermentation vessels as well as the pipes and pump feed lines connecting them must be liquid-tight and be of approved design. Particular attention must be paid to silage storage sites, because silage effluent can arise in considerable quantities if harvest conditions are unfavourable and compacting pressures are very high. There is an obligation to collect and make use of the fermentation liquids and effluents escaping from the equipment. As these generally contain considerable quantities of organic materials, it is advisable to feed them into the fermentation tanks. So as not to add unnecessarily large quantities of unpolluted water to the process, especially after heavy precipitation, it makes sense to separate contaminated and uncontaminated water. This can be achieved with separate drainage systems, which use two separate piping systems with manual changeover to divert uncontaminated water to the outfall and contaminated water and effluent to the biogas plant[5-15].

Furthermore, special attention must also be paid to the interfaces between the individual process stages. These include above all the substrate delivery point (solids and liquids) and the discharge of digestates to the transport/application vehicles. The unwanted escape of material (for example overflows or residual quantities of material) must be avoided, or it must be ensured that any contaminated water from these areas is trapped.

In addition, the installation sites for the CHP

unit must comply with the relevant regulations, as must the storage locations for new oil, used oil and if applicable ignition oil. It must be possible to identify and eliminate potential leaks of gear oil or engine oil, for example[5-14].

5.5.2.4 Noise abatement

The most common source of noise in relation to biogas plants is traffic noise. The frequency and intensity of the noise generated is mostly dependent on overall plant layout and the input materials used. In the majority of agricultural biogas plants, traffic noise arises in connection with the delivery of substrates (transport, storage and metering system) for a period of 1-2 hours on an almost daily basis. A larger volume of traffic and hence also more noise is to be expected during harvesting and when the substrates are being brought in, and when the fermentation residues are being taken away.

Other noisy machines, for example those operated in connection with the use of gas in a CHP unit, are normally installed in enclosed, soundproofed areas. The legal basis of the regulations relating to noise immissions is provided by the current version of the Technical Instructions on Noise Abatement (TA-Lärm).

5.6 Notes on plant optimisation

The aim of optimisation is to adjust the actual state of a process with regard to a certain property through selective variation of influencing factors in such a way as to achieve a defined target state (the optimum).

In general terms, operation of a biogas plant can be optimised in three areas: technical, economic and environmental (Figure 5.8). These areas cannot be optimised independently of each other; on the contrary, they mutually influence each other. Furthermore, when it comes to solving an optimisation problem it should not be assumed that there will be a single solution, but rather it should be expected that there will be host of different solutions.

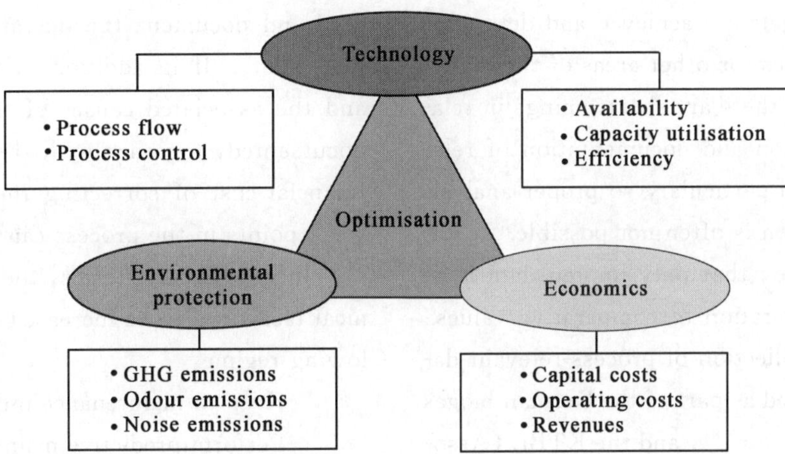

Figure 5.8 Possible optimisations

The various possible solutions can then be compared with each other on the basis of evaluation criteria. The criteria used for evaluation can include costs, for example, or gas yield, or minimisation of environmental impacts. Depending on the overriding objective the evaluation criteria then need to be weighted, so that a final assessment can be made and a decision taken on which course to follow.

In practice, every responsible operator of a biogas plant should aim to achieve the overall optimum that is attainable under the given general conditions, including those applying specifically to the particular plant. If the conditions change, the operator must assess whether the previous targets can be retained or need to be adapted.

A precondition for optimisation is that the actual state and target state must be defined. Definition of the actual state is achieved by collecting appropriate data in the course of operation of the plant. If it is intended that the plant's own power consumption should be reduced, for example, the operator needs to find out which components contribute to power consumption and what quantities are consumed. The target state can be defined on the basis of planning data, comparable performance data for the technologies used in the plant, publications on the state of the art, information from other operators (e. g. forums, expert discussions etc.) or reports drawn up by independent experts.

Once the actual and target states have been defined, the next steps are to define specific target values, put measures into practice to achieve those targets and subsequently validate the measures to ensure that the targets are achieved and determine possible consequences for other areas of the plant.

In many plants there are shortcomings in relation to the acquisition and documentation of relevant process data in particular, so proper analysis of the actual situation is often not possible. It follows, therefore, too, that only limited data is available for the generation of comparative values. A comprehensive collection of process-relevant data has been assembled as part of the German biogas measuring programmes[5-38], and the KTBL (Association for Technology and Structures in Agriculture) also publishes key performance indicator data pertaining to the operation of biogas plants.

VDI Guideline 4631, Quality criteria for biogas plants, lists the KPIs for process evaluation. It also includes extensive checklists that are useful for data acquisition.

A selection of the parameters that can be used for assessing and subsequently optimising a biogas plant are explained in the following.

A general rule when running the plant is that the operating conditions should be kept constant if at all possible. This is the only way that a meaningful actual state can be defined at all. If a change of concept is implemented at the plant, the process targets must be adapted accordingly.

5.6.1 Technical optimisation

The optimisation of technical procedures in a biogas plant is aimed at raising the availability of the technology, in other words at minimising downtimes and ensuring smooth management of the process.

This objective also has indirect consequences for the economics of the plant, of course, because the plant can only meet its performance target if it has a high capacity utilisation rate. On the other hand, a high level of technological input means high cost, so a cost-benefit analysis should be performed in the context of economic optimisation.

As a general rule, in order to assess the availability of the plant as a whole it makes sense to record and document the operating hours and full-load hours. If in addition to that the downtimes and the associated causes of the malfunctions are documented, together with the hours worked and financial cost of correcting the malfunctions, the weak points in the process can be identified.

In very general terms, the availability of technical facilities can be increased by adopting the following regime:

—Keep to maintenance intervals.

—Perform predictive maintenance.

—Install measuring equipment to detect disturbances.

—Stock important spare parts.

—Ensure service from the manufacturer or regional workshops is available at short notice.

—Use redundant design for critical components.

—Use low-wear technologies and materials.

A prerequisite for a stable decomposition

process is that the technology remains functional. If outages occur during charging of the digester or during mixing, the biological process is directly affected. For more details of optimising the biological process, see chapter 2 and the relevant sections of this chapter.

5.6.2 Analysing the efficiency of the plant as a whole (utilisation of substrate on the basis of energy flows)

If the plant is operating at a high utilisation rate, in certain circumstances it may be possible to increase efficiency by looking at the plant's power demand and investigating and if possible reducing any energy losses. It makes sense here to consider the plant as a whole in order to identify the key energy flows and weak points. The following separate areas need to be taken into consideration:

—Substrate supply (quantity and quality of the substrate, quality of ensilage, feeding of the substrate).

—Silage loss (quality of ensilage, feed rate, size of cut surfaces, seepage water).

—Process biology (feeding intervals, degree of degradation achieved, specific biogas production rate and composition, stability of the plant, substrate composition, acid concentrations).

—Gas utilisation (efficiency of the CHP unit (electrical and thermal), methane slip, engine settings, maintenance intervals).

—Fermentation residue (residual gas potential of the fermentation residue, utilisation of the fermentation residue).

—Methane losses (emissions from leakage).

—Workload for plant operation and troubleshooting, downtimes.

—On-site energy consumption.

• Regular acquisition of meter readings (energy consumption, running times)

• Clear demarcation between power consumers (e.g. agitators, loading system, CHP unit …)

• Adjustment of agitator systems, agitator running times and agitation intensity to the conditions

• No pumping of unnecessary quantities

• Efficient and economical substrate treatment and loading technologies

—Heat recovery concept.

It should always be remembered that each biogas plant is a system that consists of a large number of individual components that have to be fine-tuned to each other. Efforts must therefore be made as early as the planning phase to ensure that the chain works as a unified whole: purchasing individual components that work does not necessarily produce a working biogas plant.

It is often seen in practice that somewhere along the process chain there is a bottleneck that restricts performance and hence the economic efficiency of the downstream plant components. It may be the case, for example, that gas generation output does not reach the capacity of the CHP unit, but by taking steps such as changing the substrate mixture or improving capacity utilisation in the second digester stage it could be possible to achieve the required level of gas production.

In addition to the balancing of energy flows, therefore, balancing material flows is also an appropriate means of discovering deficiencies in plant operation.

5.6.3 Economic optimisation

Economic optimisation is aimed at reducing costs and increasing yields. Like technical optimisation, economic optimisation can be applied to all sub-processes. In this case, too, the first step is to identify the substantial cost factors so that the related costs can be reduced accordingly.

Specific variables such as electricity generation costs (e.g. in €/kWh) or specific investment costs (in €/kWel inst.) serve as the basis for an initial guide to plant performance as a whole. There are comparative studies for these (for example German biogas measuring programme[5-38]), thus enabling the overall economic performance of the plant to be graded. To conduct an in-depth study it is advisable to analyse and compare the following economic data:

—Operating costs.

- Personnel costs
- Maintenance costs
- Repair costs
- Energy costs
- Cost of upkeep

—Investment costs (depreciation), repayment, interest.

—Substrate costs (linked to substrate quality and substrate quantities).

—Revenue for generated electricity and heat.

—Revenue for substrates.

—Revenue for fermentation residues/fertiliser.

5.6.4 Minimisation of environmental impacts

The minimisation of environmental impacts aims at reducing the effects of the plant on the environment. The release of pollutants to the air, water and soil needs to be considered.

—Seepage water (collection and utilisation of silage seepage water, runoff from storage areas).

—Methane emissions from the biogas plant (provide digestate storage tank with gas-tight cover, identify leaks, slip from gas utilisation, engine settings, maintenance work).

—Formaldehyde, NOx, oxides of sulphur, carbon monoxide (CHP unit only, engine settings, exhaust gas treatment).

—Odour emissions (covered loading facility, storage areas and digestate storage tank, separated fermentation residues).

—Noise emissions.

—After the application of fermentation residues: ammonia emissions, nitrous oxide emissions (application techniques and incorporation of the residues).

Not only do uncontrolled emissions of silage seepage water, methane and ammonia have a detrimental impact on the environment, they also signify losses in terms of the efficiency of the plant as a whole. In this respect, structural or operational measures to reduce emissions can certainly pay off financially (for example a gas-tight cover for a digestate storage tank). As a general rule the plant should be regularly checked for possible emissions. In addition to environmental and economic considerations, it is often also necessary to take safety matters into account as well.

5.7 References

[5-1] Kloss R. Planung von Biogasanlagen. Oldenbourg Verlag, Munich, Vienna, 1986.

[5-2] Kroiss H. Anaerobe Abwasserreinigung; Wiener Mitteilungen Bd. 62. Technische Universität Wien, 1985.

[5-3] Weiland P. Grundlagen der Methangärung-Biologie und Substrate. VDI-Berichte, No. 1620 'Biogas alsregenerative Energie-Stand und Perspektiven', VDI-Verlag, 2001: 19-32.

[5-4] Resch C, Wörl A, Braun R, Kirchmayr R. Die Wege der Spurenelemente in 100% NAWARO Biogasanlagen, 16. Symposium Bioenergie-Festbrennstoffe, Flüssi-gkraftstoffe, Biogas, Kloster Banz, Bad Staffelstein, 2007.

[5-5] Kaltschmitt M, Hartmann H. Energie aus Biomasse-Grundlagen, Techniken und Verfahren. Springer Verlag, Berlin, Heidelberg, New York, 2001.

[5-6] Technische Information 4. Sicherheitsregeln für Biogasanlagen, Bundesverband der landw. Berufsgenossenschaften e. V., Kassel, 2008.

[5-7] Falbe J, et al. Römpp Chemie Lexikon. Georg Thieme Verlag, 9th edition: Stuttgart, 1992.

[5-8] Arbeitsplatzgrenzwerte (TRGS 900). Federal Institute for Occupational Safety and Health. http://www.baua.de/nn_5846/de/Themen-von-A-Z/Gefahrstoffe/TRGS/

TRGS-900_content. htm l? _nnn=true.

[5-9] 'Arbeitsstätten, bauliche Anlagen und Einrichtungen'(VSG 2. 1). Agricultural Occupational Health and Safety Agency. http://www. lsv. de/lsv_all_neu/uv/3_vorschriften/vsg21. pdf.

[5-10] BGR 104-Explosionsschutz-Regeln, Sammlung technischer Regeln für das Vermeiden der Gefahren durch explosionsfähige Atmosphäre mit Beispielsammlung zur Einteilung explosions-gefä-hrdeter Bereiche in Zonen. Carl Heymanns Verlag, Cologne, 2009.

[5-11] Regulation (EC) No. 1774 of the European Parliament and of the Council. Bru-ssels, 2002.

[5-12] Görsch U, Helm M. Biogasanlagen-Planung, Errichtung und Betrieb von landwirtschaftlichen und industriellen Biogasanlagen. Eugen Ulmer Verlag, 2nd edition, Stuttgart, 2007.

[5-13] Ordinance on the Utilisation of Biowastes on Land used for Agricultural, Silvicultural and Horticultural Purposes (Ordinance on Biowastes. Bioabfallverordnung- BioAbfV), 1998.

[5-14] 'Errichtung und Betrieb von Biogasanlagen-Anforderungen für den Gewässerschutz'. Anlagenbezogener Gewässerschutz Band 14, Niedersächsisches Umweltministerium, Hannover, 2007.

[5-15] Verhülsdonk C, Geringhausen H. Cleveres Drainage-System für Fahrsilos. top agrar, 2009,6.

[5-16] Seyfried C F, et al. Anaerobe Verfahren zur Behandlung von Industrieabwässern. Korrespondenz Abwasser,1990,37:1247-1251.

[5-17] Bischoff M. Erkenntnisse beim Einsatz von Zusatzund Hilfsstoffen sowie Spurenelementen in Biogasanlagen. VDI Berichte, No. 2057, 'Biogas 2009-Energieträger der Zukunft', VDI Verlag, Düsseldorf, 2009, 111-123.

[5-18] Weißbach F, Strubelt C. Die Korrektur des Trockensubstanzgehaltes von Maissilagen als Substrat für Biogasanlagen. Landtechnik 63, 2008,2:82-83.

[5-19] Kranert M. Untersuchungen zu Mineralgehalten in Bioabfä-llen und Gärrücks-tänden. Müll und Abfall, 2008,11:612-617.

[5-20] Tippe H. Prozessoptimierung und Entwicklung von Regelungsstrategien für die zweistufige thermophile Methanisierung lignozellulosehaltiger Feststoffsuspensionen. Dissertation an der TU Berlin, Fachbereich 15, Lebensmittelwissenschaften und Biotechnologie,1999.

[5-21] Kroeker E J, Schulte D D. Anaerobic treatment process stability, in Journal Water Pollution Control Federation, Washington D. C. 1979,51:719-728.

[5-22] Bischofberger W, Böhnke B. Seyfried C F, Dichtl N, Rosenwinkel K H. Anaerobtechnik. Springer-Verlag, Berlin Heidelberg, New York, 2005.

[5-23] Braun R. Biogas-Methangärung organischer Abfallstoffe. 1st edition Springer-Verlag, Vienna, New York, 1984.

[5-24] Buchauer K. A comparison of two simple titration procedures to determine volatile fatty acids in influents to waste-water and sludge treatment processes. Water SA, 1998,24(1).

[5-25] Rieger C, Weiland P. Prozessstö-rungen frühzeitig erkennen, Biogas Journal, 2006: 18-20.

[5-26] Braha A. Bioverfahren in der Abwassertechnik: Erstellung reaktionskinetischer Modelle mittels Labor-Bioreaktoren und Scaling-up in der biologischen Abwasserreinigung. Udo Pfriemer Buchverlag in der Bauverlag GmbH, Berlin and Wiesbaden, 1988.

[5-27] Sahm H. Biologie der Methanbildung, Chemie-Ingenieur Technik 53, 1981, 11.

[5-28] Oechsner, Hans,et al. European patent application, Patent Bulletin 2008/49, application number 08004314. 4. 2008.

[5-29] Mudrack, Kunst. Biologie der Abwasser-

reinigung. Spektrum Verlag,2003.

[5-30] Dornak C. Möglichkeiten der Optimierung bestehender Biogasanlagen am Beispiel Plauen/Zobes in Anaerobe biologischen Abfallbehandlung, Tagungsband der Fachtagung. Beiträge zur Abfallwirtschaft Band 12, Schriftenreihe des Institutes für Abfallwirtschaft und Altlasten der TU Dresden,2000,2:21-22.

[5-31] Resch C, Kirchmayer R, Grasmug M, Smeets W, Braun R. Optimised anaerobic treatment of household sorted biodegradable waste and slaugtherhouse waste under high organic load and nitrogen concentration in half technical scale. In conference proceedings of 4th international symposium of anaerobic digestion of solid waste, Copenhagen,2005.

[5-32] McCarty P L. McKinney Salt toxicity in anaerobic digestion. Journal Water Pollution Control Federation, Washington D. C. 1961,33:399.

[5-33] McCarty P L. Anaerobic Waste Treatment Fundamentals-Part 3, Toxic Materials and their Control, 1964.

[5-34] Angelidaki I, Ahring B K. Anaerobic thermophilic digestion of manure at different ammonia loads: effect of temperature. Wat Res,1994,28: 727-731.

[5-35] Liebetrau J. Regelungsverfahren für die anaerobe Behandlung von organischen Abfällen. Rhombos Verlag,2008.

[5-36] Holubar P, Zani L, Hager M, Fröschl W, Radak Z,Braun R. Start-up and recovery of a biogas-reactor using a hierarchical neural network-based control tool. J. Chem. Technol. Biotechnol. 2003,78:847-854.

[5-37] Heinzle E, Dunn I J, Ryhiner G B. Modelling and Control for Anaerobic Wastewater Treatment. Advances in Biochemical Engineering Biotechnology, Springer Verlag, 1993,48.

[5-38] Fachagentur Nachwachsende Rohstoffe e. V. (ed.). Biogas-Messprogramm Ⅱ. Gülzow,2009.

6 Gas processing and options for utilisation

At present, the most common use of biogas in Germany is for the raw gas to be converted locally into electricity at its place of origin. In most cases this involves the use of an internal combustion engine to drive a generator, which in turn produces electricity. It is also possible to make use of biogas in gas microturbines, fuel cells and Stirling engines. These technologies also primarily serve the purpose of converting biogas into electricity, but to date they have rarely been put into practice. Another possible use of biogas involves the recovery of thermal energy in suitable burners or heating boilers.

In addition, in recent years the option of biogas treatment with subsequent feed-in to the natural gas grid has become increasingly common. In August 2010 there were already 38 plants feeding treated biomethane into the natural gas grid[6-9]. Numerous other projects will be implemented in the coming years. In this connection it is worth mentioning the ambitious targets set by the German Government, which call for six billion cubic metres of natural gas to be substituted with biogas each year by the year 2020. As an alternative to grid feed-in it is also possible to use biomethane directly as a fuel, although so far this has been done on only a small scale in Germany.

As a rule it is not possible to make direct use of the raw gas obtained from a biogas plant because of the various biogas-specific constituents in the gas, such as hydrogen sulphide. For this reason the biogas is passed through various purification stages, different combinations of which are a prerequisite for the utilisation options mentioned at the start of this chapter.

6.1 Gas purification and gas processing

Raw (or crude) biogas is saturated with water vapour, and in addition to methane (CH_4) and carbon dioxide (CO_2) it also includes significant quantities of hydrogen sulphide (H_2S), among other things.

Hydrogen sulphide is toxic and has an unpleasant smell of rotten eggs. The hydrogen sulphide and water vapour contained in biogas combine to form sulphuric acid. The acids corrode the engines in which the biogas is used, as well as the components upstream and downstream of the engine (gas pipe, exhaust gas system, etc.). The sulphur constituents also diminish the performance of downstream purification stages (CO_2 removal).

For these reasons, the biogas obtained from agricultural biogas plants is normally desulphurised and dried. However, depending on the accompanying substances contained in the biogas or the chosen utilisation technology (e.g. use as a substitute for natural gas), there may be a need for further treatment or processing of the gas. The manufacturers of CHP units have minimum requirements for the properties of the fuel gases that can be used. The same applies to the use of biogas. The required fuel gas properties should be complied with in order to avoid increased frequency of maintenance and to prevent engine damage.

6.1.1 Desulphurisation

A variety of methods are used for desulphurisation. A distinction can be drawn between biological, chemical and physical desulphurisation methods as well as between rough and fine desulphurisation, depending on the application. The method, or combination of methods, used will depend on how the biogas is to be subsequently utilised. A comparative overview of the methods under consideration is given in Table 6. 1.

Table 6. 1 Overview of desulphurisation methods[6-32]

Method	Energy demand		Consumerables		Air injection	Purity in ppmv	DVGW satisfied[a]	Problemes
	el.	therm.	Consumption	Disposal				
Biological desulphurisation in digester	++	o	++	++	Yes	50-2,000	No	Imprecise process control
External biological desulphurisation	−	o	+	+	Yes	50-100	No	Imprecise process control
Bioscrubber	−	o	−	+	No	50-100	No	High process cost and complexity
Sulphide precipitation	o	o	−−	o	No	50-500	No	Sluggish process
Internal chemical desulphurisation	o	o	−−	−	Yes	1-100	No	Greatly diminishing purification effect
Activated carbon	o	o	−−	−	Yes	<5	Yes	Large disposal volumes

[a] according to DVGW Code of Prctive G260;

++ particulary advantageous, + advantageous, o neutral, − disadvangated, −− particulary disadvantages.

Apart from the composition of the gas, it is above all the flow rate of the biogas through the desulphurisation facility that is a key factor. This can fluctuate considerably, depending on how the process is managed. Particularly high temporary biogas release rates and consequent high flow rates can be observed after fresh substrate has been loaded into the digester and during operation of the agitators. It is possible for short-term flow rates to be 50% above the average. In order to ensure reliable desulphurisation it is common practice to install oversized desulphurisation units or to combine different techniques.

6. 1. 1. 1 Biological desulphurisation in the digester

Biological desulphurisation is often performed in the digester, although downstream processes are also conceivable. In the presence of oxygen, the bacterium *Sulfobacter oxydans* converts hydrogen sulphide into elemental sulphur, which is subsequently discharged from the reactor in the digestate. The conversion process requires nutrients, adequate quantities of which are available in the digester. As the bacteria are omnipresent, they do not need to be specially added. The necessary oxygen is provided by air being injected into the digester, for example by being blown in using a mini compressor (e. g. an aquarium pump). The quality obtained in this way is usually sufficient for combustion of the desulphurised gas in a combined heat and power unit. It is only when there are considerable variations of concentration in the raw gas that it is possible for breakthrough sulphur concentrations to occur, which can have adverse consequences for the CHP unit. On the other hand, this method is not suitable for upgrading to natural gas quality as it is difficult to remove the higher concentrations of nitrogen and oxygen, which worsens the combustion properties of the gas. The characteristic values of biological desulphurisation in the digester are shown in Table 6. 2, and an example of an installation is presented in Figure 6. 1.

Table 6.2 Characteristic values and process parameters for biological desulphurisation in the digester

Characteristic values	• Air supply 3-6 vol. % of the released biogas volume
Suitability	• All digesters with sufficient gas space above the digester
	• No point in subsequent feed-in to natural gas grid
Advantages	+ Highly cost-efficient
	+ Use of chemicals not required
	+ Low-maintenance and reliable technology
	+ Sulphur drops back into the digestate and can therefore be applied to fields as fertiliser
Disadvantages	— No relationship to the amount of hydrogen sulphide actually released
	— Selective optimisation of hydrogen sulphide removal impossible
	— Possible process interference and methane oxidation by introduction of oxygen
	— Day/night and seasonal variations in temperature in the gas space can have an adverse effect on desulphurisation performance
	— Not possible to respond to fluctuations in the quantity of gas released
	— Corrosion in the digester and risk of formation of explosive gas mixtures
	— Not suitable for upgrading to natural gas quality
	— Reduction of calorific value/heating value
Special considerations	• Growth surfaces for the sulphur bacteria should be available or additionally created, because the existing surface area is not usually sufficient for desulphurisation
	• Optimisation can be achieved by controlling the supply of oxygen to the reactor and continuous measurement of hydrogen sulphide
Designs	• Mini compressor or aquarium pump with downstream control valve and flow indicator for manual control of gas flow
Maintenance	• Barely necessary

Figure 6.1 Gas control system for injecting air into the digester gas space [DBFZ]

6.1.1.2 Biological desulphurisation in external reactors-trickling filter process

In order to avoid the drawbacks outlined above, biological desulphurisation can also be performed outside the digester, using the trickling filter process. Some companies offer biological desulphurisation columns for this purpose, which are arranged in separate tanks. This makes it possible to comply more accurately with the parameters needed for desulphurisation, such as the supply of air/oxygen. In order to increase the fertilising effect of the digested substrate, the arising sulphur can be re-added to the digested substrate in the digestate storage tank.

The trickling filter process, in which hydrogen sulphide is absorbed with the aid of a scrubbing medium (regeneration of the solution by admixture of atmospheric oxygen), can attain removal rates of up to 99%, which can result in residual gas concentrations of less than 50 ppm sulphur[6-24]. Because of the large amount of air introduced, approximately 6%, this method is not suitable for use for biomethane processing[6-5]. The characteristic values and process parameters for external biological desulphurisation units are shown in Table 6.3. An example of such unit is shown in Figure 6.2.

6.1.1.3 Biochemical gas scrubbing-bioscrubbers

In contrast to the trickling filter process and internal desulphurisation, bioscrubbing is the only biological process that can be used to upgrade biogas to the quality of natural gas. The two-stage process consists of a packed column (absorption of the H_2S by means of dilute caustic soda solution), a bioreactor (regeneration of the scrubbing solution with atmospheric oxygen) and a sulphur separator (discharge of elemental sulphur). Separate regeneration means that no air is introduced into the biogas. Although very high sulphur loads can be eliminated (up to 30,000 mg/m^3), with similar results to those of a trickling filter system, this technology is only suitable for plants with high gas flows or high H_2S loads because of the high cost of the equipment. The characteristics are shown in Table 6.4.

6.1.1.4 Sulphide precipitation

This form of chemical desulphurisation takes place in the digester. Like the biological desulphurisation methods, it is used for rough desulphurisation (H_2S values between 100 and 150 ppm are achievable[6-35]). The addition of iron compounds (given in Table 6.5) to the digester chemically binds the sulphur in the digestion substrate, thereby preventing sulphur from being released as hydrogen sulphide. Given the characteristics listed in Table 6.5, this method is primarily suited to relatively small biogas plants or to plants with low H_2S loading (<500 ppm)[6-35].

Table 6.3 Characteristic values and process parameters for external biological desulphurisation units

Characteristic values	• Removal efficiency of over 99% possible (e.g. from 6,000 ppm to <50 ppm) • Available for all sizes of biogas plant
Suitability	• All biogas production systems • Rough desulphurisation • Trickling filter column not suitable for feed-in
Advantages	+ Can be sized to suit the amount of hydrogen sulphide actually released + Selective automated optimisation of hydrogen sulphide removal can be achieved by management of nutrients, air supply and temperature + No interference with the process through introduction of oxygen into the digester (as the air is introduced outside the digester) + Use of chemicals not required + Technology can easily be retrofitted + If unit is large enough, short-term fluctuations in gas volume have no negative impact on gas quality
Disadvantages	− Additional unit with associated costs (thermal optimum of trickling filter unit at 28-32℃) − Need for additional maintenance (supply of nutrients) − Trickling filter units with excessive introduction of air into biogas
Special considerations	• External desulphurisation units
Designs	• As columns, tanks or containers made of plastic or steel, free-standing, packed with filter media, sometimes with backwashing of microorganism emulsion (trickling filter process)
Maintenance	• In some cases biological microorganism emulsions have to be replenished at lengthy intervals or filter media require long-term replacement

Table 6.4 Characteristic values and process parameters for external biochemical gas scrubbers

Characteristic values	• Can be used with caustic soda solution or iron hydroxide • Systems available for gas flows between 10 and 1,200 Nm^3/h • Depending on how the raw gas volume and plant size are matched, very high degrees of purification can be achieved, above 95%
Suitability	• All biogas production systems • Rough desulphurisation

Table 6.4

Advantages	+ Can be sized to suit the amount of hydrogen sulphide actually released + Selective automated optimisation of hydrogen sulphide separation can be achieved by management of scrubbing solutions and temperature + No detrimental effect on the process as a result of introduction of oxygen + Avoidance of serious corrosion of components in the gas space of the digester (in comparison with internal biological desulphurisation)
Disadvantages	— Additional equipment with associated costs (caustic soda solution, fresh water) — Chemicals required — Additional fresh water required for dilution of solution (not needed with iron hydroxide) — Need for additional maintenance
Special considerations	· Although spent solution must be disposed of in a wastewater treatment plant, no problems from a chemical standpoint (applies only to caustic soda solution) · External desulphurisation unit
Designs	· As columns or tanks made of plastic, free-standing, packed with filter media, with backwashing of solution
Maintenance	· Chemicals need replenishing at lengthy intervals · Iron hydroxide can be repeatedly regenerated by aeration with ambient air, although the high release of heat can cause ignition

Table 6.5 Characteristic values and process parameters for internal chemical desulphurisation; after[6-13]

Characteristic values	· Chemical substances used for removal can be iron salts (iron(Ⅲ) chloride, iron(Ⅱ) sulphate) in solid or liquid form; bog iron ore is also suitable · Guide value according to[6-20]: addition of 33 g Fe per m^3 substrate
Suitability	· All wet digestion systems · Rough desulphurisation
Advantages	+ Very good removal rates + No additional unit required for desulphurisation + No need for additional maintenance + Substances can be dosed relative to the feedstock mass + No detrimental effect on the process as a result of introduction of oxygen + Avoidance of serious corrosion of components in the gas space of the digester (in comparison with internal biological desulphurisation) + Fluctuations in the gas release rate do not cause a loss of quality in the biogas + This method with downstream fine desulphurisation suitable for biogas feed-in to grid
Disadvantages	— Difficult to match dimensions to sulphur content of the feedstock (overdosing usually necessary) — Increased running costs as a result of continuous consumption of chemicals — Increased capital expenditure due to more extensive safety measures
Special considerations	· Chemical desulphurisation in the digester is sometimes used when biological desulphurisation in the gas space of the digester is insufficient · Resulting iron sulphide can cause sharp rise in iron concentration in soil after application to fields
Designs	· Manual or automated dosing by additional small-scale conveying equipment · Introduction as a solution or in the form of pellets and grains
Maintenance	· Little or no maintenance required

Figure 6.2 External biological desulphurisation columns, to the right of a gas holder [S&H GmbH & Co. Umweltengineering KG]

6.1.1.5 Adsorption on activated carbon

Adsorption on activated carbon, which is used as a fine desulphurisation technique, is based on catalytic oxidation of the hydrogen sulphide on the surface of the activated carbon. The reaction rate can be improved and the loading capacity increased by impregnating or doping the activated carbon. Potassium iodide or potassium carbonate can be used as impregnating material. Adequate desulphurisation requires the presence of water vapour and oxygen. Impregnated activated carbon is therefore not suitable for use with air-free gases. However, the doped activated carbon (potassium permanganate) that has recently appeared on the market can also be used for gas-free biogases. This also improves the desulphurisation performance, because there is no blocking of the micropores[6-35].

6.1.2 Drying

In order to protect the gas utilisation equipment from severe wear and destruction and to meet the requirements of the downstream purification stages, water vapour must be removed from the biogas. The amount of water or water vapour that biogas can take up depends on the temperature of the gas. The relative humidity of biogas in the digester is 100%, which means that the biogas is saturated with water vapour. The methods that enter into consideration for the drying of biogas are condensation drying, adsorption drying (silica gel, activated carbon) and absorption drying (glycol dehydration). These methods are briefly explained in the following.

6.1.2.1 Condensation drying

The principle of this method is based on the separation of condensate by cooling the biogas to below the dew point. The biogas is often cooled in the gas pipe. Provided the gas pipe is installed with an appropriate gradient, the condensate is collected in a condensate separator fitted at the lowest point of the gas pipe. If the gas pipe is buried, the cooling effect is greater. For the biogas to be cooled in the gas pipe, however, the pipe needs to be long enough to allow sufficient cooling. In addition to water vapour, some other unwanted constituents, such as water-soluble gases and aerosols, are also removed from the biogas with the condensate. The condensate separators must be drained at regular intervals, for which reason they have to be easily accessible. It is essential to prevent the condensate separators from freezing by installing them in a frost-free location. Additional cooling can be obtained by the transfer of cold by cold water. According to[6-35], this method can be used to achieve dew points of 3-5℃, which enables the water vapour content to be reduced to as little as 0.15 vol. % (initial concentration: 3.1 vol. %, 30℃, ambient pressure). Prior compression of the gas can further improve these effects. The method is considered state of the art for subsequent combustion of the gas. However, it only partially satisfies the requirements for feed-in to the gas grid, because the requirements of DVGW Codes of Practice G260 and G262 cannot be met. Downstream adsorptive purification techniques (pressure swing adsorption, adsorptive desulphurisation methods) can remedy this problem, though[6-35]. Condensation drying is suitable for all flow rates.

Table 6.6 Characteristic values for desulphurisation by means of activated carbon

Characteristic values	• Use of impregnated (potassium iodide, potassium carbonate) or doped (potassium permanganate) activated carbon
Suitability	• All biogas production systems
	• For fine desulphurisation with loadings of 150 to 300 ppm
Advantages	+ Very good removal rates (<4 ppm is possible[6-25])
	+ Moderate capital expenditure
	+ No detrimental impact on the process as a result of the introduction of oxygen in the case of doped activated carbon
	+ Avoidance of serious corrosion of components in the gas space of the digester (in comparison with internal biological desulphurisation)
	+ Method suitable for biogas feed-in to grid
Disadvantages	— Not suitable for oxygen-free and water-vapour-free biogases (exception: impregnated activated carbon)
	— High operating costs because of expensive regeneration (steam at temperatures above 450℃[6-4])
	— Disposal of activated carbon
	— Use of selected sulphur not possible
Special considerations	• Desulphurisation with activated carbon is used when especially low-sulphur gases are required
Designs	• As columns made of plastic or stainless steel, free-standing, packed with activated carbon
Maintenance	• Regular replacement of activated carbon required

6.1.2.2 Adsorption drying

Significantly better drying results can be achieved with adsorption processes, which work on the basis of zeolites, silica gels or aluminium oxide. Dew points down to -90℃ are possible in this case[6-22]. The adsorbers, which are installed in a fixed bed, are operated alternately at ambient pressure and 6-10 bar, and are suitable for small to medium flow rates[6-35]. The adsorber materials can be regenerated by either heatless or heated regeneration. More detailed information about regeneration can be found in[6-22] or[6-35]. Thanks to the results that can be attained, this method is suitable for all possible uses.

6.1.2.3 Absorption drying

Glycol dehydration is a technique used in natural gas processing. It is an absorptive and hence physical process for counterflow injection of glycol or triethylene glycol into biogas in an absorber column. This allows both water vapour and higher hydrocarbons to be removed from the raw biogas. In the case of glycol scrubbing, regeneration is carried out by heating the scrubbing solution to 200℃, which causes the impurities to evaporate[6-37]. In the literature, −100℃ is given as an attainable dew point[6-30]. From an economic standpoint this method is suitable for relatively high flow rates (500 m^3/h)[6-5], which makes biogas feed-in the main subsequent utilisation option for consideration.

6.1.3 Carbon dioxide removal

Carbon dioxide removal is a necessary processing stage above all where the product gas is subsequently to be fed into the grid. Increasing the methane concentration makes it possible to adjust the combustion properties to the values required in the DVGW Code of Practice. Since 2006, 38 plants that feed processed biogas into the natural gas grid have begun operation in Germany. Both in Germany and in other European countries, the most commonly used processing methods are water scrubbing and pressure swing adsorption, followed by chemical scrubbing. The factors determining the choice of method are the gas properties, achievable quality of the product gas, methane losses and, finally, the processing costs, which can vary depending on local circumstances. The key characteristics of the processing methods are summarised in Table 6.7, and are explained in more detail in the following sections.

Table 6.7 Comparison of methane enrichment methods[6-5,6-35]

Method	Mode of action/characteristics	Achievable CH_4 cocentration	Comments
Pressure swing adsorption (PSA)	Alternating physical adsorption and desorption by changes in pressure	>97%	Large number of projects implemented, prior desulphurisation and drying required, little scope for regulation of system, high power requirements, no heat requirements, high methane slip, no process chemicals
Water scrubbing	Physical absorption with water as solvent; regeneration by pressure reduction	>98%	Large number of projects implemented, no upstream desulphurisation and drying required, flexible adaptation to gas flow rate, high power requirements, no heat requirements, high methane slip, no process chemicals
Amine scrubbing	Chemical absorption using scrubbing liquors (amines), regeneration with H_2O vapour	>99%	Some projects implemented, for low gas flow rates, low power requirements (pressureless process), very high heat requirements, minimal methane slip, high scrubbing agent requirements
Genosorb scrubbing	Similar to water scrubbing but with Genosorb (or Selexol) as solvent	>96%	Few projects implemented, advisable for large plants on economic grounds, no upstream desulphurisation and drying required, flexible adaptation to gas flow rate, very high power requirements, low heat requirements, high methane slip
Membrane separation methods	With pore membranes: pressure gradient for gas separation, otherwise diffusion rate of gases	>96%	Few projects implemented, prior desulphurisation and drying required, very high power requirements, no heat requirements, high methane slip, no process chemicals
Cryogenic methods	Gas liquefaction by rectification, low-temperature separation	>98%	Pilot plant status, prior desulphurisation and drying required, very high power requirements, very low methane slip, no process chemicals

6.1.3.1 Pressure swing adsorption (PSA)

Pressure swing adsorption (PSA) is a technique that uses activated carbon, molecular sieves (zeolites) and carbon molecular sieves for physical gas separation. This method is considered state of the art and is frequently applied. Many projects have been executed with this technology to date, especially in Germany. Depending on the duration of the four cycles for adsorption (i.e. take-up of H_2O vapour and CO_2 at a pressure of approx. 6 to 10 bar), desorption (by pressure relief), evacuation (i.e. further desorption by flushing with raw gas or product gas) and pressure build-up, between four and six adsorbers are connected in parallel for biogas processing plants. This plant configuration achieves CH_4 yields of around 97 vol. %. The methane yield can be further increased, at extra cost, by introducing additional flushing cycles with raw gas and/or product gas and partial recirculation of the waste gas upstream of the compressor.

Given proper use of the system, the useful life of the adsorbents is almost unlimited, although this requires the raw gas to be sulphur-free and dried. Water, hydrogen sulphide and any other minor components would otherwise be adsorbed on the carbon molecular sieves and the PSA separation efficiency would be permanently impaired or separation would come to a complete standstill. Total energy demand is quite low in comparison with other methods, although electric power demand is relatively high because of the constant pressure changes. Another advantage is that this method is ideal for small capacities. The disadvantage of PSA is that, at present, there are relatively high methane losses in the exhaust air stream (approx. 1%-5%). In view of the considerable impact of methane as a greenhouse gas, post-oxidation of the exhaust air is required.

6.1.3.2 Water scrubbing

High-pressure water scrubbing is the most widespread method for processing biogas in Europe (roughly 50% of all plants). It makes use of the different solubilities of CH_4 and CO_2 in water. Pretreated biogas (i.e. after removal of any water droplets entrained from the digester or mist in gravel packing) is compressed first to about 3 bar and in a subsequent stage to about 9 bar before it streams in counterflow through the H_2O-charged absorption column (trickling bed reactor)[6-5]. In the column, hydrogen sulphide, carbon dioxide and ammonia as well as any particulates and microorganisms in the raw gas are dissolved in the water. These substances are removed from the system after the water pressure is subsequently reduced. Upstream desulphurisation/drying is not necessary with this method. A further advantage of the method is its high degree of flexibility. Not only pressure and temperature but also plant throughput (adjustable between 40% and 100% of the design capacity) can be controlled depending on the CO_2 concentration of the raw gas[6-5]. Other positive aspects include continuous and fully automatic operation, ease of maintenance, ability to process moisture-saturated gas (possible by subsequent drying), field-proven reliability, coabsorption of H_2S and NH_3 and use of water as absorbent (freely available, safe and low-cost)[6-5]. The disadvantages of the method are its high power requirements and comparatively high methane slip (approx. 1%), which means that post-oxidation is required.

6.1.3.3 Chemical scrubbing (amine)

Amine scrubbing is a chemical absorption process in which the unpressurised biogas is brought into contact with a scrubbing liquid, with the carbon dioxide being transferred to the scrubbing medium. Scrubbing media often used for CO_2 removal are monoethanolamine (MEA) (in low-pressure processes and where the only substance to be removed is CO_2) and diethanolamine (DEA) (in high-pressure processes without regeneration). Methyldiethanolamine (MDEA) or sometimes triethanolamine (TEA) is used for separation of CO_2 and H_2S[6-5]. To recover the scrubbing agent, a desorption or regeneration stage is included downstream of the absorption stage, usually using water vapour. This results in a high demand for thermal energy, which is the major drawback of this process. The greatest potential for optimisation of this technology therefore lies in the implementation of clever heating concepts. The continuous consumption of solvent as a result of incomplete regeneration is another disadvantage. On the other hand, amine scrubbing has the advantage that very high-quality product gas (>99%) can be obtained with very low methane slip (<0.1%). In the past this process has been used only occasionally in Germany and Europe, but now in Germany in particular the number of amine scrubbing plants is growing.

Amine scrubbing is mainly used for low flow rates and at locations with favourable sources of heat.

6.1.3.4 Physical scrubbing (Selexol, Genosorb)

The Genosorb process, which is a further development of the Selexol process, works according to a principle similar to that of high-pressure water scrubbing(see Figure 6.3). Instead of water, in this case a scrubbing solution (Genosorb) is brought into contact with the biogas at 7 bar. In addition to carbon dioxide and hydrogen sulphide, the process can also be used to remove water. Genosorb scrubbing is therefore the only method capable of removing all three impurities in a single process step. For economic reasons, however, it makes sense to use desulphurised and dried biogas. Regeneration of the scrubbing solution takes place at 50℃ through step-by-step pressure reduction and subsequent flushing with ambient air. The required heat can be made available by extracting the waste heat from gas compression, according to[6-35]. The manufacturer quotes a figure of 1% to 2% for methane slip, which requires post-treatment with the aid of a thermal oxidation stage. From an energy standpoint, this method has a slightly higher energy requirement than water scrubbing or pressure swing adsorption[6-35].

6.1.3.5 Membrane processes

Membrane technology is a relatively new approach in biogas processing and is currently still at the development stage, although a few membrane separation systems are already in use (for example in Austria and Kisslegg-Rahmhaus). In terms of process engineering, membrane techniques bring about the separation of methane and other gas components by making use of the different diffusion rates of the variously sized gas molecules. Methane, which is a relatively small molecule, diffuses more quickly through most membranes than carbon dioxide or hydrogen sulphide, for example. The purity of the gas can be adjusted by the choice of membrane type, membrane surface, flow rate and number of separation stages.

6.1.3.6 Cryogenic separation

Cryogenic gas processing (i.e. the separation of CH_4 and CO_2 at low temperature) includes not only rectification (gas liquefaction), in which liquid CO_2 is produced, but also low-temperature separation, which causes the CO_2 to freeze[6-5]. Both are technically highly demanding processes which require the gas to be first desulphurised and dried. Especially with regard to their application for biogas, these processes have not been tried and tested in the field. The biggest problem with the method is the large amount of energy required. However, the attainable gas qualities (> 99%) and low methane losses (<0.1%) suggest that further development would be worthwhile.

Figure 6.3 Biogas treatment plant (Genosorb scrubbing) in Ronnenberg[Urban, Fraunhofer UMSICHT]

6.1.4 Oxygen removal

Removing oxygen from the raw biogas may be important where biomethane is to be fed into the natural gas grid. In addition to the DVGW Codes of Practice, it is also necessary in this case to take account of transnational agreements. The processing methods that have become best established in this connection are catalytic removal with palladium-platinum catalysts and chemisorption with copper contacts. Further information is given in[6-35].

6.1.5 Removal of other trace gases

The trace gases found in biogas include ammonia, siloxanes and BTX (benzene, toluene, xylene). High levels of these substances are not expected to occur in agricultural biogas plants, however. As a rule, the loadings are below the levels stipulated by the DVGW Codes of Practice[6-35], and are in fact only detectable at all in a few cases. Apart from that, these substances are also removed in the course of the above-described purification processes of desulphurisation, drying and methane enrichment.

6.1.6 Upgrading to natural gas quality

Where biogas is to be fed into a grid, having passed through the individual purification stages the treated biogas must be finally adjusted to meet the required natural gas quality specifications. Although these are determined by the properties of the available natural gas, as far as the biogas producer is concerned all that counts is compliance with DVGW Codes of Practice G 260 and G 262. It is the grid operator, however, who is responsible for fine adjustment as well as for ongoing operating costs (for further information see Section 7.4.3). The points that need to be taken into consideration at this stage are explained below.

6.1.6.1 Odorisation

As biomethane, which is odourless, must be detectable by the senses in the event of a leak, odorants need to be continuously added. Sulphurous organic compounds such as mercaptans or tetrahydrothiophene (THT) are mainly used for this purpose. In recent years, however, there has been a discernible trend towards sulphur-free odorising agents, for ecological and technical reasons. Odorants can be admixed by injection or through a bypass arrangement. Precise details of the technology for monitoring of odorisation are given in DVGW Code of Practice G 280-1.

6.1.6.2 Adjustment of calorific value

The biomethane that is fed into the grid must have the same combustion properties as the natural gas in the pipeline. Measures of these properties include the calorific value (heating value), relative density and Wobbe index. These values must lie within the permissible ranges, although the relative density may temporarily exceed the allowed maximum value and the Wobbe index may temporarily fall below its allowed minimum value. Precise details are given in DVGW Codes of Practice G 260 and G 685. Adjustment of the parameters can be achieved by adding air (if the calorific value of the biogas is too high) or liquefied gas, usually a propane-butane mixture (if the calorific value of the biogas is too low). The admixture of liquefied gas is limited firstly by the risk of its reliquefaction in high-pressure applications connected to the grid (storage tanks, CNG filling stations) and secondly by the stipulations laid down in DVGW Code of Practice G 486. Because of the limits of the mathematical methods used for conversion, the maximum amounts of propane and butane to be added are restricted to 5 and 1.5 mol% respectively.

6.1.6.3 Adjustment of pressure

Pressure slightly above grid pressure is required in order to inject the biomethane into the various grid levels. The possible injection levels are low-pressure grids (<0.1 bar), medium-pressure grids (0.1 to 1 bar) and high-pressure grids (1 bar or over). Pressures of 16 bar or more are referred to as super pressure[6-5]. Screw compressors or reciprocating compressors are often used for compressing biogas. It should be noted that some processes (PSA, water scrubbing) already deliver the treated biogas at an operating pressure of 5 to 10 bar, which means that, depending on the grid pressure, there may be no need for an additional compressor station.

6.2 Utilisation for combined heat and power

Combined heat and power (CHP), or cogeneration, refers to the simultaneous generation of both heat and electricity. Depending on the circumstances, a distinction can be drawn between power-led and heat-led CHP plants. The heat-led type should normally be chosen, because of its higher efficiency. In almost all cases this means using small-scale packaged CHP units with internal combustion engines coupled to a generator. The engines run at a constant speed so that the directly coupled generator can provide electrical energy that is compatible with system frequency. Looking into the future, for driving the generator it will also be possible to use gas microturbines, Stirling engines or fuel cells as alternatives to the conventional pilot ignition gas engines and gas spark ignition engines.

6.2.1 Small-scale packaged CHP units with internal combustion engines

In addition to an internal combustion engine and an appropriately matched generator, a CHP module consists of heat exchanger systems for the recovery of thermal energy from exhaust gas, cooling water and lubricating oil circuits, hydraulic systems for heat distribution and electrical switching and control equipment for power distribution and control of the CHP unit. The engines used in such units are either gas spark ignition or pilot ignition gas engines. While the latter have been more commonly used in the past, two or three new plants have been fitted with gas spark ignition engines, which are operated according to the Otto principle without additional ignition oil; the only difference is in the compression. The schematic layout of a biogas CHP unit and an example of a plant are shown in Figures 6.4 and 6.5 respectively.

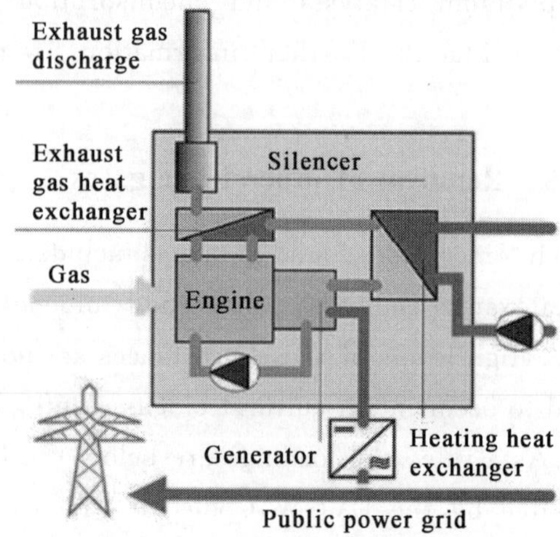

Figure 6.4 Schematic layout of a CHP unit [ASUE]

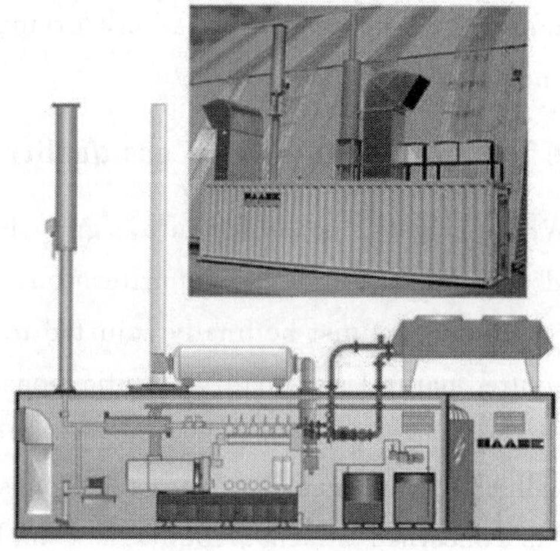

Figure 6.5 Biogas CHP unit, compact stand-alone module with emergency flare[Haase Energietechnik AG]

6.2.1.1 Gas spark ignition engines

Gas spark ignition engines are engines that operate according to the Otto principle and that have been specially developed to run on gas. To minimise nitrogen oxide emissions, the engines are run as lean-burn engines with high excess air levels. In lean-burn mode less fuel can be converted in the engine, which results in a reduction in power. This is compensated for by turbocharging the engine using an exhaust turbocharger. A gas spark ignition engine relies on a minimum concentration of roughly 45% methane in the biogas. If the methane concentration is lower, the engine shuts down.

If no biogas is available, a gas spark ignition engine can also run on other types of gas, such as natural gas[6-12]. This may be useful, for example, for starting up the biogas plant in order to make the necessary process heat available via the waste heat from the engine. In addition to the gas control train for the biogas, a separate control train must be installed for the substitute gas.

The key parameters of gas spark ignition engines relevant to their use with biogas are shown in Table 6. 8.

Table 6. 8 Characteristic values and process parameters of gas spark ignition engines

Characteristic values	• Electrical output up to >1 MW, rarely below 100 kW
	• Electrical efficiencies 34%-42% (for rated electrical outputs >300 kW)
	• Service life: approx. 60,000 operating hours
	• Can be used with a methane concentration of approx. 45% or higher
Suitability	• Essentially any biogas plant, but economic use more likely in larger plants
Advantages	+ Specially designed to run on gas
	+ Emission standards very broadly met (it is possible that formaldehyde emission limits may be exceeded, however)
	+ Low maintenance
	+ Overall efficiency higher than with pilot ignition gas engines
Disadvantages	− Slightly higher initial capital expenditure compared with pilot ignition gas engines
	− Higher costs because produced in small numbers
	− Lower electrical efficiency than pilot ignition gas engines in the lower power output range
Special considerations	• An emergency cooler must be installed in order to prevent overheating when heat demand is low
	• Power regulation as a function of gas quality is possible and recommended
Designs	• As a stand-alone unit inside a building or as a compact containerised unit
Maintenance	• See section on maintenance

6. 2. 1. 2 Pilot ignition gas engines

Pilot ignition gas engines operate according to the principle of a diesel engine. They are not always specially developed to run on gas and thus have to be modified. The biogas is added to the combustion air via a gas mixer and is ignited by the ignition oil, which is supplied to the combustion chamber by an injection system. The adjustment is usually such that the ignition oil concentration accounts for about 2%-5% of the supplied fuel power. Because of the relatively small amount of injected ignition oil, the lack of cooling of the injection nozzles means that there is a risk that they will suffer from coking[6-12] and therefore wear more quickly. Pilot ignition gas engines are also operated with high excess air levels. Load regulation is by controlling the quantity of ignition oil or gas supplied.

If the supply of biogas becomes unavailable, pilot ignition gas engines can run on ignition oil or diesel. Changing over to substitute fuels can be done without difficulty, and may be necessary when starting up the biogas plant in order to provide process heat.

According to the Renewable Energy Sources Act (EEG), only ignition oils from renewable sources, such as rape methyl ester or other approved types of biomass, can be considered for use as ignition oil. The engine manufacturers' quality requirements must be met, however. The characteristic values and process parameters of pilot ignition gas engines are shown in Table 6. 9.

Table 6.9 Characteristic values and process parameters of pilot ignition gas engines

Characteristic values	· 2%-5% ignition oil concentration for combustion
	· Electrical output up to approx. 340 kW
	· Service life: approx. 35,000 operating hours
	· Electrical efficiencies 30%-44% (efficiencies of around 30% for small plants only)
Suitability	· Essentially any biogas plant, but economic use more likely in smaller plants
Advantages	+ Cost-effective use of standard engines
	+ Higher electrical efficiency compared with gas spark ignition engines in the lower power output range
Disadvantages	— Coking of injection nozzles results in higher exhaust gas emissions (NO_X) and more frequent maintenance
	— Engines not specifically developed for biogas
	— Overall efficiency lower than with gas spark ignition engines
	— An additional fuel (ignition oil) is required
	— Pollutant emissions often exceed the standards specified in TA Luft
	— Short service life
Special considerations	· An emergency cooler must be installed in order to prevent overheating when heat demand is low
	· Power regulation as a function of gas quality is possible and recommended
Designs	· As a stand-alone unit inside a building or as a compact containerised unit
Maintenance	· See section on maintenance

6.2.1.3 Reduction of pollutants and exhaust gas treatment

Stationary combustion engine plants designed for use with biogas are classified as being licensable under the provisions of the Federal German Pollution Control Act (BImSchG) if the rated thermal input is 1 MW or higher. The Technical Instructions on Air Quality Control (TA Luft) specify relevant emission standards, which must be observed. If the installed rated thermal input is below 1 MW, the plant is not licensable under BImSchG. In this case the values specified in TA Luft are to be used as a source of information when checks are performed to determine compliance with the obligations on operators. There is, for example, an obligation to minimise those harmful environmental impacts that are unavoidable using state of the art technology, although the licensing authorities deal with this in different ways[6-23]. The emission standards specified in TA Luft distinguish between pilot ignition gas engines and gas spark ignition engines. The required limits according to TA Luft of 30 July 2002 are listed in Table 6.10.

Table 6.10 Emission standards specified by TA Luft of 30 July 2002 for combustion engine plants according to No. 1.4 (including 1.1 and 1.2), 4th Implementing Regulation of the Federal German Pollution Control Act (4. BInSchV)[6-16]

Pollutant	Unit	Gas spark ignition engines		Pilot ignition gas engines	
		Rated thermal input			
		<3 MW	≥3 MW	<3 MW	≥3 MW
Carbon monoxide	mg/m^3	1,000	650	2,000	650
Nitrogen oxide	mg/m^3	500	500	1,000	500
Sulphur dioxide and sulphur trioxide given as sulphur dioxide	mg/m^3	350	350	350	350
Total particulates	mg/m^3	20	20	20	20
Organic substances: formaldehyde	mg/m^3	60	20	60	60

A supply of thoroughly treated fuel gas can help to minimise the pollutant concentrations in the exhaust gas. Sulphur dioxide, for example, results from the combustion of hydrogen sulphide (H_2S) contained in the biogas. If the concentrations of undesirable trace constituents in the biogas are low, the concentrations of their combustion products in the exhaust gas will also be low.

In order to minimise nitrogen oxide emissions, the engines are run in lean-burn mode. Thanks to lean burn it is possible to lower the combustion temperature and thus reduce the formation of nitrogen oxides.

Catalytic converters are not normally used with CHP units powered by biogas. The accompanying substances contained in the biogas, such as hydrogen sulphide, cause catalytic converters to be deactivated and irreparably damaged.

Lean-burn gas spark ignition engines normally have no problem complying with the emission standards demanded in TA Luft. Pilot ignition gas engines generally have poorer emission levels than gas spark ignition engines. Particularly the nitrogen oxide (NO_X) and carbon monoxide (CO) emissions can exceed the limits laid down in TA Luft in certain circumstances. Because of the ignition oil used for ignition of the engines, there are also soot particles contained in the exhaust gas [6-33,6-7,6-26]. The latest findings indicate that there are often problems complying with formaldehyde emissions [6-15]. Post-oxidation systems and activated carbon filters are available to ensure compliance with the emissions standards in TA Luft and EEG 2009 (40 mg/m^3), although so far the use of such equipment has not become widespread.

6.2.1.4 Generators

Either synchronous or aysnchronous (induction) generators are used in combined heat and power units. Because of high reactive current consumption, it makes sense to use asynchronous generators only in units with a rating lower than 100 kW$_{el}$[6-27]. Consequently, synchronous generators are normally used in biogas plants.

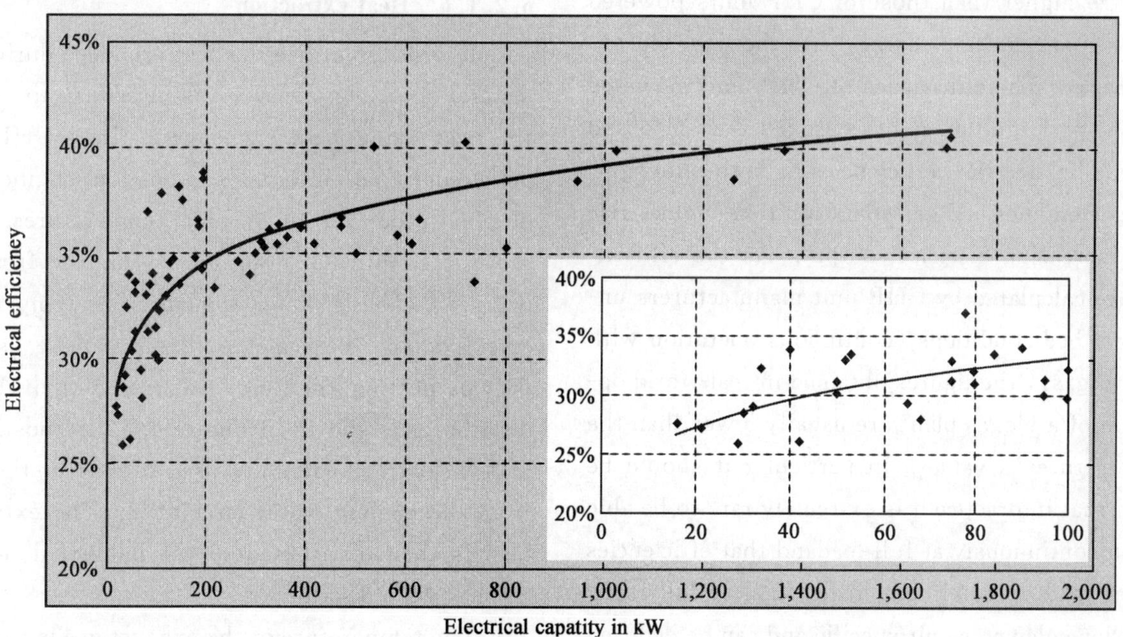

Figure 6.6 Electrical efficiency of biogas CHP units[6-41]

6.2.1.5 Electrical efficiencies and output

The efficiency of a combined heat and power unit is a measure of how efficiently the supplied energy is converted. The overall efficiency is made up of a combination of electrical and thermal efficiency, and normally lies between 80% and 90%. In the ideal case, therefore, 90% of the total rated thermal input can be used for energy conversion.

The rated thermal input is calculated as follows:

$$Q_F = (v_B \cdot H_i) \tag{6-1}$$

Q_F: rated thermal input (kW)
v_B: biogas flow rate (m^3/h)
H_i: calorific value of the biogas(kWh/m^3)

As a rule of thumb for gas spark ignition and pilot ignition gas engines it can be assumed that the electrical and thermal efficiency will each account for 50% of overall efficiency. The electrical efficiency is made up of the mechanical efficiency of the engine and the efficiency of the generator, and is obtained by multiplying the two efficiencies. An overview of the achievable efficiencies is shown in Figure 6.6.

The electrical efficiencies of CHP units powered by pilot ignition gas engines are between 30% and 43%. At least in the lower power output range they are higher than those of CHP units powered by gas spark ignition engines with the same electrical output. The efficiencies of CHP units powered by gas spark ignition engines are between 34% and 40%. The electrical efficiencies of both pilot ignition gas engines and gas spark ignition engines rise with increasing electrical output. As the efficiencies are calculated by CHP unit manufacturers under test bed conditions (continuous operation with natural gas), the figures obtained in real-world operation of a biogas plant are usually lower than the manufacturer's values. In particular it should be noted that in practice it is extremely rare to be able to run continuously at full loadand that efficiencies in part-load operation are lower than at full load. This dependency is unit-specific and can be deduced from the respective technical data sheets.

A multiplicity of factors can influence the electrical efficiency, performance and noxious gas emissions of a CHP unit. In particular, not only engine components, such as spark plugs, engine oil, valves and pistons, but also air filters, gas filters and oil filters are subject to age-related wear. These wearing components should be replaced at regular intervals in order to prolong the service life of the CHP unit. The required maintenance intervals are normally specified by the CHP unit manufacturer. The way the CHP unit is set up, such as the lambda ratio, ignition timing and valve clearance, also has a substantial influence not only on the electrical efficiency and output, but also on the level of emissions of harmful gases. The performance of maintenance and adjustment operations is the responsibility of the plant operator. This work can either be carried out by the plant operator or outsourced through a maintenance contract with a service team from the CHP unit manufacturer or other service provider. In general terms it can be stated that, if the CHP unit is set up to within the range of the emission standards specified in TA Luft, this will have a considerable influence on the quality of combustion, electrical output and electrical efficiency[5-26].

6.2.1.6 Heat extraction

In order to utilise the heat produced during the generation of electricity, it is necessary to extract the heat using heat exchangers. In a CHP unit powered by an internal combustion engine, the heat is produced at various temperatures. The greatest quantity of heat can be obtained from the engine's cooling water system. The temperature level available here means that it can be used to provide heating energy or process energy. A heat distributor is shown in Figure 6.7. In most cases plate heat exchangers are used to extract the heat from the cooling water circuit[6-13]. The extracted heat is then distributed to the individual heating circuits via a distributor.

The temperature of the exhaust gas is between about 460 and 550℃. Stainless-steel exhaust gas heat exchangers, usually in the form of shell-and-tube heat exchangers, are used for extraction of waste heat from the exhaust gas[6-13]. Typically used heat-transfer media include steam at various pressures, hot water and thermal oil.

The plant's own heat requirements can be met very quickly with the waste heat from the CHP unit. As a rule it is only in winter that these requirements are high, whereas in summer the emergency cooler has to dissipate most of the excess heat, unless the heat can be utilised externally. In addition to the heat needed to heat the digester, which amounts to between 20% and 40% of the total heat produced, it is also possible, for example, to heat work spaces or residential premises. CHP units are fully compatible with standard heating systems and can therefore easily be connected to a heating circuit. In case the CHP unit breaks down, a heating boiler, which is often available anyway, should be kept in reserve for emergency operation.

Alongside other heat sinks on site (e. g. cowshed heating or milk cooling), supplying the heat to external offtakers beyond the boundaries of the farm can also prove economically successful. Given the rising substrate costs for renewable resources, it may be the case that selling the heat is the only way to make a plant profitable at all. This is assisted by the CHP bonus under the Renewable Energy Sources Act (EEG). According to this, existing facilities receive 2 cents per kWh of electricity generated if the heat is utilised in accordance with the provisions of EEG 2004. For new facilities this bonus rises to 3 cents per kWh if the heat is utilised in line with the Positive List of EEG 2009. The same applies to existing facilities that satisfy EEG 2009.

If there is a good market for the heat, it may also make sense to save heat by improving the insulation of the digester or by making the heat input into the digester more efficient. If the intention is to sell heat, however, it should be remembered that in some cases continuity of heat supply is required, which often has to cover maintenance intervals and plant downtimes. Potential users of the heat will be nearby commercial or municipal facilities (horticultural enterprises, fish farms, wood drying plants, etc.) or residential buildings. There is particular potential for heat utilisation in upgrading and drying processes which require a large input of thermal energy. Another alternative is combined cooling, heat and power (see 6. 2. 5. 2).

Figure 6.7 Heat distributor [MT-Energie GmbH]

6.2.1.7 Gas control train

For a gas engine to be able to make efficient use of biogas, the gas has to meet certain requirements in terms of its physical properties. In particular these include the pressure at which the biogas is supplied to the gas engine (usually 100 mbar) and a defined flow rate. If these parameters do not meet the requirements, for example if insufficient gas is released in the digester, the engines are operated at part load or shut down. In order to keep the settings as constant as possible and to meet the safety requirements, a gas control train is installed directly upstream of the CHP unit.

The gas control train, including the entire gas pipeline, should be approved in accordance with DGVW guidelines (German Technical and Scientific Association for Gas and Water). All gas pipes must be identified by either yellow colour or yellow arrows. The control train must contain two automatically closing valves (solenoid valves), a shut-off valve outside the installation room, a flame arrester and a vacuum monitor. It makes sense to integrate a gas meter into the gas control train (to measure the gas quantity) and a fine filter to remove particles from the biogas. If necessary, a compressor is also installed in the gas train. An example of a gas control train is shown in Figure 6.8.

When installing the gas pipes it is particularly important to include condensate drains, since even small quantities of condensate can cause blockage of the gas pipe because of the low gas pressures.

Figure 6.8 CHP unit with gas control train[DBFZ]

6.2.1.8 Operation, maintenance and installation sites

Compliance with certain general conditions is essential when biogas is used in a combined heat and power plant. In addition to actual running of the plant, it is also necessary to observe prescribed maintenance intervals and ensure that the installation site of the CHP unit meets certain requirements.

Operation

Thanks to various control and monitoring facilities, it is usual for a CHP unit to run largely automatically. To ensure that operation of the CHP unit can be assessed, the following data should be recorded in an operating log in order to establish trends:

—Number of operating hours.

—Number of starts.

—Engine cooling water temperature.

—Flow and return temperature of the heating water.

—Cooling water pressure.

—Oil pressure.

—Exhaust gas temperature.

—Exhaust gas back pressure.

—Fuel consumption.

—Generated output (thermal and electrical).

As a rule, the data can be recorded and documented via the CHP unit's control system. It is often possible to link the CHP control system with the control loops of the biogas plant and to exchange data with a central control system or to transmit data over the internet, which allows remote diagnostics to be performed by the manufacturer. A daily tour of inspection and visual check of the plant should still be performed, however, despite all the electronic monitoring facilities. In CHP units with pilot ignition gas engines, the consumption of ignition oil should also be measured in addition to the quantity of gas consumed.

To be able to provide information about the thermal efficiency of the CHP unit, the amount of heat produced should be measured by heat meters, as well as the amount of electricity produced. This also makes it possible to provide relatively precise information about the amount of process heat required or about the amount of heat required by other loads (such as cow-sheds, etc.) connected to the CHP unit's heating circuit.

To ensure that the engines have an adequate supply of gas, an appropriate flow pressure must be guaranteed before the gas enters the gas control train. Unless the biogas is stored under pressure, the pressure of the gas must be raised with the aid of gas compressors.

The lubricating oil has a big part to play in the safe and reliable operation of an engine. The lubricating oil neutralises the acids arising in the engine. Because of ageing, contamination, nitration and a reduction in its neutralisation capacity, the lubricating oil must be replaced at regular intervals, depending on the type of engine, type of oil and number of operating hours. The oil must be changed at regular intervals, and an oil sample should be taken before each oil change. The oil sample can be examined in a specialised laboratory. The laboratory results can be used to help decide on the length of the interval between oil changes and to provide information about engine wear[6-12]. These tasks are often covered by maintenance contracts. To lengthen the intervals between oil changes, the quantity of oil used is often increased by fitting enlarged oil sumps, which are available from many manufacturers.

Maintenance

If a CHP unit is to be operated with biogas, it is essential to keep to the specified maintenance intervals. This also includes preventive maintenance such as oil changes and the replacement of wearing parts. Inadequate maintenance and servicing can cause damage to the CHP unit and therefore give rise to considerable costs[6-12,6-23].

Every CHP unit manufacturer provides an inspection and maintenance schedule. These schedules indicate what work needs to be carried out at what intervals to keep the equipment in good working order. The time allowed between the various maintenance measures depends on factors such as the type of engine. Training courses offered by CHP manufacturers enable plant operators to perform some of the work themselves[6-12].

In addition to maintenance schedules, manufacturers also offer service contracts. The plant operator should clarify the details of service contracts before purchasing the CHP unit, paying particular attention to the following points:

—which work is performed by the operator.

—what form of service contract is agreed.

—who supplies the operating materials.

—what is the duration of the contract.

—whether the contract includes a major maintenance inspection.

—how unexpected problems will be dealt with.

Precisely which services are included in a service contract will depend, among other things, on what work can be performed by the operator in-house. The VDMA Power Systems Association has drawn up a specification and a sample contract for maintenance and service contracts. This specification formed the basis for VDI Guideline 4680 'Combined heat and power systems (CHPS)—Principles for the drafting of service contracts'. Information about the contents and structure of such contracts can be obtained from there[6-2]. According to VDMA it is possible to define various forms of service contract.

An inspection contract covers all work needed to establish and assess the actual condition of the plant being inspected. Remuneration may be in the form of a lump sum payment or is determined according to actual expense; it also needs to be clarified whether inspections are performed once only or at regular intervals.

A preventive-maintenance contract covers the measures required to maintain the desired condition of the plant. The work to be performed should be described in a list, which becomes part of the contract by reference. The work may be carried out periodically or depending on the condition of the plant. The parties to the contract may agree on remuneration according to actual expense or as a lump sum. Depending on the nature of the contractual agreement, the correction of faults that cannot be eliminated by the operator may also be included in the scope of services.

A corrective-maintenance contract covers all the measures required to restore the desired condition. The work to be performed will depend on the circumstances of the individual case. Remuneration is normally determined according to actual expense[6-1].

A maintenance contract, also referred to as a full maintenance contract, covers the measures needed to maintain safe and reliable operation (maintenance and repair work, installation of replacement parts, and consumables apart from fuel). A general overhaul is also included, on account of the length of the contract (normally 10 years). This contract is most closely equivalent to a guarantee. Remuneration is usually in the form of a lump sum payment[6-1].

The average service life of a pilot ignition gas engine is 35,000 operating hours[6-28,6-29], which, at 8,000 operating hours per year, is equivalent to about four-and-a-half years. After that a general overhaul of the engine is required. This usually involves replacing the entire engine, because a general overhaul is not worthwhile in view of the low price of engines. The average service life of a gas spark ignition engine can be assumed to be 60,000 operating hours or roughly seven-and-a-half years. Again, after this a general overhaul of the engine will be due. In this case almost all the components will be replaced apart from the engine block and crankshaft. After a general overhaul the engine can be expected to run for the same length of time again[6-2]. Service life is greatly dependent on, among other things, how well the engine is maintained and is therefore likely to vary considerably.

Installation sites

A combined heat and power unit should always be installed inside a suitable building. To reduce noise emissions, the building should be clad with sound insulation material and the CHP unit itself should be fitted with an acoustic hood. As well as allowing sufficient space to perform maintenance work, it is essential to ensure that there is an adequate supply of air to be able to meet the air demand of the engines. This may make it necessary to use inlet-air and exhaust-air fans. Further details of the requirements to be met by installation sites for CHP units can be taken from the safety rules for agricultural biogas plants.

CHP units installed in soundproofed containers are available for installation outdoors. These containers normally satisfy the requirements for installation sites specified by CHP manufacturers. Another advantage of containerised units is that they are fully assembled on the CHP manufacturer's premises, and subsequently tested. The time needed on site, from installation to commissioning, can then be reduced to one or two days. Examples of CHP unit installations are shown in Figure 6. 9.

Figure 6. 9 Installation of a CHP unit inside a building and in a CHP container [Seva Energie AG]

6. 2. 2 Stirling engines

Stirling engines are a type of hot-gas or expansion engine. In this case, unlike in an internal combustion engine, the piston is displaced not by the expansion of combustion gases from combustion inside the engine, but by the expansion of an enclosed gas, which is caused to expand by the supply of energy or heat from an external energy source. This separation of the source of energy or heat from the actual generation of power in a Stirling engine means that the necessary heat can be made available from a variety of energy sources, such as a gas burner fuelled by biogas.

The fundamental principle underlying the Stirling engine is that a gas performs a certain expansion work when there is a change in temperature. If this working gas is moved back and forth between a space with a constantly high temperature and a space with a constantly low temperature, then continuous operation of the engine is possible. The working gas is thus circulated. The operating principle is shown in Figure 6. 10.

Thanks to continuous combustion, Stirling engines have low pollutant emissions and low noise emissions, as well as low maintenance requirements. Given the low stresses on the components and the closed gas circuit, the operator is entitled to hope that maintenance costs will be low. In comparison with a conventional gas spark ignition engine, the electrical efficiency is lower, lying between 24% and 28%. The power output from a Stirling engine is mostly in the range below 100 kW_{el}[6-34].

Because combustion takes place externally there are low requirements concerning the quality of the biogas, which makes it possible to use gas with a low methane content[6-14]. The biggest advantage of a Stirling engine over a conventional biogas-fuelled internal combustion engine could be the fact that prior purification of the biogas is not necessary. One disadvantage is the inertia in case of a change of load, although this is less important in stationary installations, such as combined heat and power units, than in motor vehicles, for example.

Natural-gas-powered Stirling engines are available on the market in very low power output classes. However, various additional technical developments will be needed before they can be used competitively in biogas technology. A Stirling engine can be used as a CHP unit in the same way as a pilot ignition gas engine or gas spark ignition engine. At present, though, there are still only a few pilot projects in Germany.

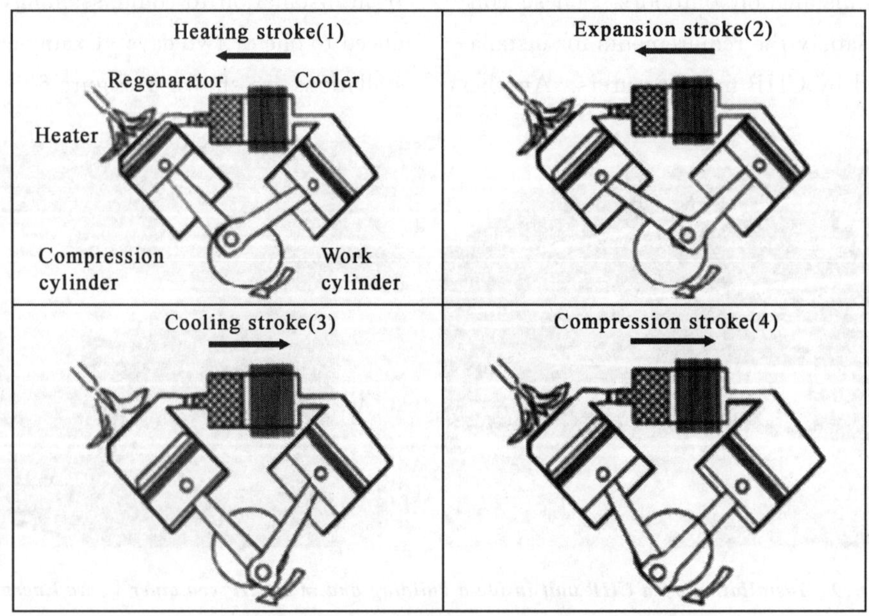

Figure 6.10 Operating principle of a Stirling engine [6-14—6-21]

6.2.3 Gas microturbines

A gas microturbine is a small, high-speed gas turbine with low combustion chamber temperatures and pressures in the lower electrical output range up to 200 kW_{el}. There are currently a number of different manufacturers of gas microturbines in the USA and Europe. For improved efficiency, and in contrast to a 'normal' gas turbine, a gas microturbine has a recuperator in which the combustion air is preheated. The construction of a gas microturbine is shown in Figure 6.11.

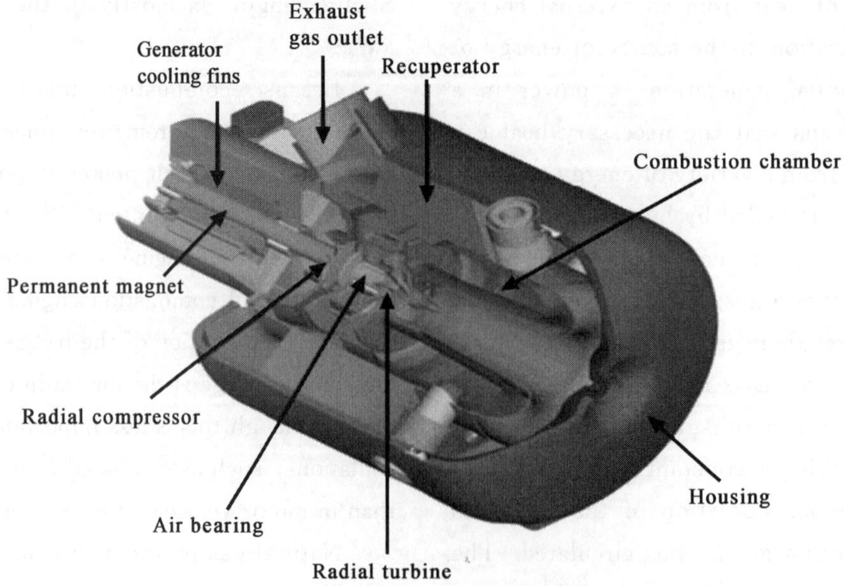

Figure 6.11 Construction of a gas microturbine [Energietechnologie GmbH]

In a gas turbine, ambient air is sucked in and compressed by a compressor. The air enters a combustion chamber, where biogas is added and combustion takes place. The resultant increase in temperature causes an expansion in volume. The hot gases pass into a turbine, where they expand. This releases considerably more power than is needed to drive the compressor. The energy that is not required to drive the compressor is used to drive a generator to produce electricity.

At a speed of approximately 96,000 rpm a high-frequency alternating current is generated, which is made available via power electronics for feed-in to the electricity grid. If biogas is to be used to power a gas microturbine, certain changes need to be made compared to operation with natural gas, for example to the combustion chamber and fuel nozzles[6-8]. The sound emissions from a gas microturbine are in a high frequency range and can easily be insulated.

As the biogas has to be injected into the combustion chamber of the gas microturbine, where the pressure may be several bar, the gas pressure must be increased. Apart from the pressure in the combustion chamber, it is also necessary to take account of pressure losses in the gas pipe, valves and burners relating to fluid flow and mass flow, which means that the pressure increase can be up to 6 bar atmospheric pressure. For this purpose, a compressor is installed upstream of the gas microturbine on the fuel side.

Undesirable attendant substances in the biogas (especially water and siloxanes) can damage the gas microturbine, which is why the gas needs to be dried and filtered (if the siloxane concentration exceeds 10 mg/m^3 CH_4). Gas microturbines have a higher tolerance to sulphur than gas engines. They can run on biogas with a methane concentration of between 35% and 100%[6-7,6-8].

Thanks to continuous combustion with high excess air levels and low combustion chamber pressures, gas microturbines have considerably lower exhaust gas emissions than engines. This enables the exhaust gases to be utilised in novel ways, such as for direct fodder drying or CO_2 fertilisation of plants cultivated under glass. The waste heat is available at a relatively high temperature level, and all of it is transported in the exhaust gases. This makes it cheaper and technically easier to make use of the heat than in the case of an internal combustion engine[6-8,6-39,6-37].

Maintenance intervals are significantly longer than for engines, at least in the case of gas microturbines powered by natural gas. The manufacturers quote a maintenance interval of 8,000 hours, with a service life of around 80,000 hours. A general overhaul is scheduled after about 40,000 hours, which includes replacement of the hot gas section.

A disadvantage of the gas microturbine is its relatively low electrical efficiency, at just under 30%. However, this rather low figure in comparison with a conventional biogas engine is counterbalanced by good part-load behaviour (50%-100%) and constant efficiencies between maintenance intervals. Investment costs are around 15% to 20% higher than those of engine-based biogas utilisation concepts of equivalent output[6-39]. It is anticipated that costs will be reduced, however, once gas microturbines are more widely available on the market. Financial support is provided through EEG 2009, which grants a technology bonus of 1 ct/kWh$_{el}$ for the use of gas micro-turbines. Trials are currently being undertaken with biogas-powered gas microturbines, although their practical relevance has not yet been proven.

6.2.4 Fuel cells

Fuel cells work in a fundamentally different way from conventional methods of generating energy from biogas. In this case, chemical energy is converted directly into electricity. Fuel cells guarantee high electrical efficiencies of up to 50% while being almost emissions-free in operation. Good levels of efficiency are achievable also in part-load operation.

The principle of the fuel cell can be compared to the reverse of the electrolysis of water. In electrolysis, water molecules are split into hydrogen (H_2) and oxygen (O_2) when electrical energy is supplied. In a fuel cell, on the other hand, H_2 and O_2 react to form water (H_2O), releasing electrical energy and heat in the process. For this electrochemical reaction, therefore, a fuel cell requires hydrogen and oxygen as 'fuel'[6-17]. The construction of a fuel cell is essentially always the same. The cell itself consists of two gas-permeable plates (anode and cathode), which are separated by an electrolyte. Various substances are used as the electrolyt, depending on the type of fuel cell. An example of a fuel cell illustrating the operating principle is shown in Figure 6. 12.

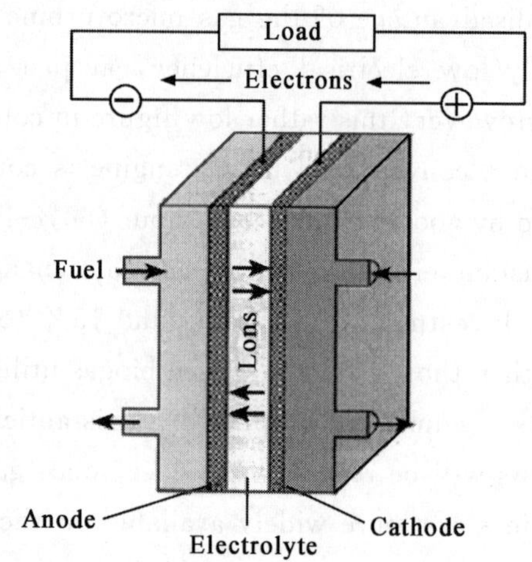

Figure 6. 12 Operating principle of a fuel cell [vTI]

Biogas always has to be conditioned before it can be used in a fuel cell. It is particularly important to remove sulphur, using the methods described in Section 6. 1. 1. Reforming of biogas converts methane into hydrogen. This involves different stages for the various types of fuel cell. These stages are described in detail in[6-31]. The various types of fuel cell are named after the type of electrolyte used. They can be divided into low-temperature (AFC, PEMFC, PAFC, DMFC) and high-temperature fuel cells (MCFC, SOFC). Which cell is best suited for a particular application depends on how the heat is utilised as well as on the available power output classes.

The polymer electrolyte membrane (PEM) fuel cell is a promising option for use in small biogas plants. Its operating temperature is 80℃, which means that the heat can be fed directly into an existing hot water system. From the nature of the electrolyte it can be assumed that a PEM will have a long useful life, although it is highly sensitive to impurities in the fuel gas. At present, removal of the carbon monoxide produced during reforming is still seen as a critical problem.

The furthest developed type of cell is the PAFC (phosphoric acid fuel cell). It is the most commonly used worldwide in combination with natural gas, and is presently the only commercially available fuel cell that has achieved up to 80,000 operating hours in practical trials[6-31]. There are currently PAFC cells available for use with biogas that cover the 100-200 kW_{el} power output range. Electrical efficiencies of up to 40% are feasible. The PAFC is less sensitive to carbon dioxide and carbon monoxide.

The MCFC (molten carbonate fuel cell) uses molten carbonate as electrolyte; it is insensitive to carbon monoxide and will tolerate carbon dioxide up to 40% by volume. Because of its working temperature of 600-700℃, reforming can take place inside the cell. The waste heat can be put to further use in downstream turbines, for example. MCFC systems can achieve electrical efficiencies of up to 50% for a power output range of 40-300 kW_{el}. They are currently in the process of being introduced onto the market[6-31].

Another type of high-temperature fuel cell is the SOFC (solid oxide fuel cell). Operating at temperatures between 600 and 1,000℃, it has high electrical efficiencies (up to 50%). Once again, reforming of methane to produce hydrogen can take place inside the cell. Its sensitivity to sulphur is low, which is an advantage when it comes to utilising biogas. So far, however, biogas applications are still at the research or pilot project stage. It is conceivable that SOFCs could be used in small-scale systems for micro biogas grids.

Manufacturers currently favour the PEMFC, which is in competition with the SOFC in low power output ranges (the SOFC has higher efficiencies but also higher costs)[6-31]. To date, however, it is the PAFC that has achieved market domination.

At present the investment costs for all types of fuel cell are still very high, and far removed from those of engine-powered CHP units. According to[6-31], the cost of a PEMFC is between €4,000 and 6,000 per kW. The goal is between €1,000 and 1,500 per kW. Various pilot projects are investigating the potential downward trend in investment costs and to what extent it is possible to eliminate those technical problems that still exist, particularly with respect to the utilisation of biogas.

6.2.5 Utilisation of waste heat in power-led CHP units

In the majority of cases the command variable for a CHP unit fuelled by natural gas or biomethane is the heat demand. This means that electric power can be exported without restriction, while the CHP unit is run to meet the demand for heat. The purpose of a heat-led CHP unit is in most cases to meet the base load of a client's heat demand (70%-80% of annual demand), with peak demand being covered by additional boilers. In contrast, CHP is referred to as being power-led when the load curves of the CHP unit are defined with reference to the power demand. This may be the case if no power is fed into the grid or if the power demand is relatively constant. Large facilities or industrial sites with sufficient heat sinks are ideal for such an arrangement. In order to be able to achieve high running times, heat stores should be available and only the base load should be met. Facilities are often equipped with a load management system. This means that the CHP unit is able to switch between the two utilisation options as the need arises, which may be advantageous in housing schemes or hospitals, for example.

In practice the majority of biogas plants with distributed power generation are power-led, where the amount of power that is produced is based on the maximum amount that can be fed into the grid. This is limited by only two factors: the quantity of gas available and the size of the CHP unit. An overview of the economic efficiency of possible heat utilisation concepts is given in Section 8.4.

A third mode of operation with potential for the future, but which is not examined in greater detail here, is grid-led utilisation. This involves specifying an output level for several plants from a central location (virtual power plant). The fundamental choice between the two modes of operation is primarily determined by economic criteria.

6.2.5.1 Supply and distribution of heat (group heating schemes)

A crucial factor with regard to the economic operation of a biogas plant with on-site power generation is the sale of the heat produced during power generation. In rural areas in particular, a useful option is to sell the heat to nearby residents. In such cases, it could make sense to install group heating schemes (local heating networks) to sell the heat within a certain area. The network is made up of a twin run of insulated steel or plastic pipes that carry water at 90℃ (flow) and 70℃ (return). The heat is transferred from the biogas plant to the network via heat exchangers. Transfer stations and heat meters are installed in the individual buildings. The pipes of the local heating network should be protected by a leak detection system and be laid at sufficient depth (1 m) to withstand traffic loading and low temperatures. Attention should also be paid to the following points:

—Timely pre-project planning and conceptual design.

—A high level of minimum heat consumption.

—A sufficient number of residential units connected (at least 40).

—The greatest possible density of connected residential units within the given area.

The advantage for the heat offtakers who are

connected to the network is that they are independent of the big energy markets. Consequently, they have high security of supply and ultimately a reduction in energy costs. So far this form of heat marketing has been implemented in a number of localities known as 'bioenergy villages' (for example Jühnde, Freiamt and Wolpertshausen). The lengths of the pipelines vary between 4 and 8 km. The economic efficiency of group heating schemes is described in more detail in Section 8. 4. 3.

6. 2. 5. 2 Refrigeration

Another option for utilising the heat arising from biogas combustion is to convert the heat into cold. This is done using what is called the sorption method, which is differentiated according to adsorption and absorption refrigeration. The method described here, because of its greater relevance, is the absorption method, i. e. an absorption refrigerator, which is essentially familiar from old domestic refrigerators. The principle of the process is shown in Figure 6. 13.

An example of such a unit at a biogas plant is shown in Figure 6. 14.

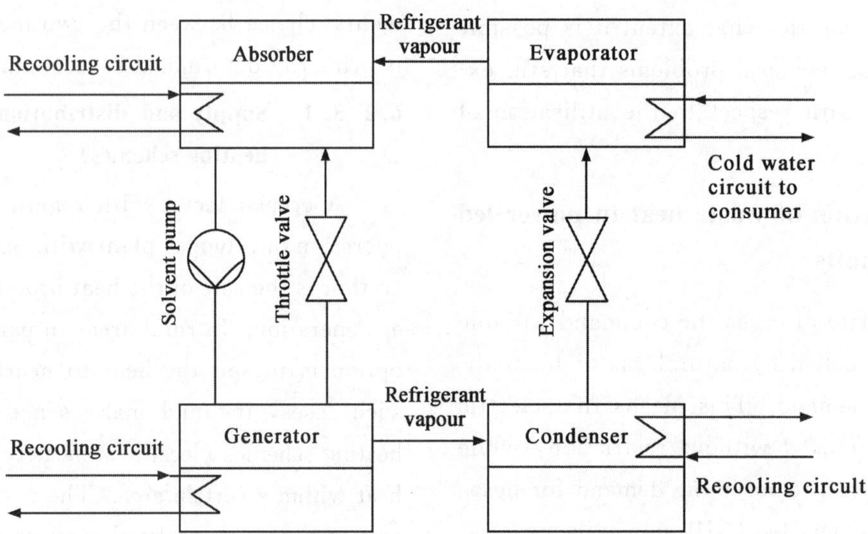

Figure 6. 13 Functional diagram of an absorption refrigerator

Figure 6. 14 Example of an absorption refrigerator at a biogas plant [DBFZ]

A pair of working fluids, comprising a refrigerant and a solvent, is used to produce the refrigeration effect. The solvent absorbs a refrigerant and is subsequently separated from it again. The pair of working fluids can be either water (refrigerant) and lithium bromide (solvent) for a temperature range of 6/12℃ or ammonia (refrigerant) and water (solvent) for a temperature range down to −60℃.

The solvent and refrigerant are separated from each other in the generator. For this, the solution needs to be heated, for which purpose the heat from the CHP unit is used. The refrigerant evaporates first, because it has a lower boiling point, and enters the condenser. The solvent, now with only little refrigerant, passes into the absorber. In the condenser the refrigerant is cooled, and consequently liquefied. In an expansion valve it is subsequently expanded to the evaporation pressure appropriate to the required temperature. The refrigerant is then evaporated in the evaporator, absorbing heat in the process. This is where the actual cooling takes place in the refrigeration cycle, and is the point at which the loads are connected. The resulting refrigerant vapour flows to the absorber. The refrigerant is absorbed by the solvent in the absorber, thus completing the cycle[6-13,6-38].

As the only moving part in the system is the solvent pump, there is very little wear and consequently little maintenance is needed. Another advantage of absorption refrigeration units is their low electricity consumption compared with compression refrigeration systems, although the latter can also produce lower temperatures. The method is used in a variety of agricultural applications today, such as for cooling milk or air conditioning in cowsheds.

6.2.5.3 Concepts for the generation of electricity from waste heat

The organic Rankine cycle (ORC) is a process by which some of the excess waste heat from a CHP unit, even at low temperatures, can be converted into electrical energy. The principle of this technology is based on the steam cycle (see[6-14]), except that in this case it is not water that is used as the working medium but substances that boil and condense at low temperatures. The process was first used for power generation in geothermal applications, where it has been in successful use for many years. Trials are currently underway with environmentally safe substances (silicone oil) as thc working medium. These substances are meant to replace the ones previously available on the market, which are either highly flammable (e.g. toluene, pentane or propane) or harmful to the environment (CFCs)[6-14]. Although the ORC process has often been used in combination with wood-fired power plants, use of this technology in combination with the combustion of biogas in engine-based power plants is still at the development stage.

It is estimated that additional power amounting to 70-100 kW_{el}. (7%-10%) can be obtained from a CHP unit rated at 1 MW_{el}. with the aid of an ORC process[6-28].

According to[6-19], it has so far been possible to develop an ORC prototype with a design rating of 100 kW_{el} operating at an efficiency of 18.3%. In the meantime a small number of biogas plants with downstream ORC technology have commenced operation.

As an alternative to ORC technology there are developments that connect an additional generator directly to the exhaust gas turbine, thereby generating additional electric power and improving the efficiency of the engine.

6.3 Injection of gas into a grid

6.3.1 Injection into the natural gas grid

In Germany, biomethane is injected into a well-developed natural gas grid. There are large-scale natural gas transmission systems in place in both western and eastern Germany. These allow a nationwide supply to the population as well as the offtake of biomethane. The total length of the grid is around 375,000 km[6-5]. Most of the natural gas is imported from other European countries (85%). The main suppliers are Russia (35%), Norway (27%) and Denmark (19%)[6-10]. Because the supplies originate from different places, five different natural gas grids have emerged in Germany. These differ in terms of the quality of gas they carry (H and L gas grids).

Treated biogas can be injected into various types of grid at different pressure levels. A distinction is drawn between low-pressure grids (up to 100 mbar), medium-pressure grids (100 mbar to 1 bar) and high-pressure grids (1 to 120 bar). It is also common to differentiate between four supply levels: international long-distance transmission grid, supra-regional transmission grid, regional transmission grid and regional distribution network[6-5]. In order to optimise the costs of gas supply, the output pressure from the treatment process should be adapted to the existing grid pressure so that the cost of subsequent compression can be kept to a minimum. Before the treated biogas can be fed in, its pressure needs to be raised to a level above that at the entry point to the transmission pipeline. Each entry point therefore has to have its own pressure control and measuring station to monitor the pressure level.

The statutory regulations governing the feed-in of biogas have recently been eased in various ways. The amendment of the Renewable Energy Sources Act (1 January 2009), in conjunction with GasNZV (gas network access ordinance) and GasNEV (ordinance on gas network tariffs), which were amended in 2008 and 2010, enabled economically and technically controversial issues to be settled in favour of the feed-in of biogas. Among other things it was determined that the investment costs of connection to the grid, i. e. in particular the gas pressure control and measurement system, compressors and connecting pipeline to the public natural gas grid, are to be shared in a ratio of 75 to 25 between grid operator and biogas infeeder where the biogas plant is up to ten kilometres away from the gas grid. In addition, the grid connection costs for the infeeder are limited to €250,000 for distances up to one kilometre. Furthermore, the ongoing operating costs are the responsibility of the grid operator. The most important innovation to arise from the first amendment in 2008 was that, in future, producers of biomethane will be granted priority for connection to the grid and the transmission of gas[6-11]. In low-flow areas of the grid (distribution network) or at times of low flow ('mild summer nights'), the quantity to be fed in may therefore be higher than the capacity that the network can accommodate, in which case the grid operator must compress the excess gas and feed it into the higher-level grid. Feed-in into high-pressure networks is not currently state of the art. Compressors of various designs for different flow rates are available on the market, however. More detailed information about the legal framework is given in Chapter 7.

The quality requirements that the injected biogas needs to meet are likewise subject to regulation; these requirements are documented in the relevant DVGW regulations. Code of Practice G 262 lays down instructions relating to the properties of gases from renewable sources; G 260 governs gas quality and G 685 the billing of injected biomethane. The infeeder is responsible for upgrading the biomethane to the qualities required in these regulations; fine adjustment (adjustment of the calorific value, odorisation, adjustment of pressure) is the task of the grid operator. This work should be carried out as precisely as possible so as to avoid the formation of mixed and oscillating zones.

If it is intended to feed the biogas into a grid rather than utilise it on site, essentially there would be no change to the configuration of the biogas plant apart from the omission of the CHP unit. In the absence of a CHP unit, consideration would have to be given to alternative means of providing process power and heat. Process power can be obtained from the electricity grid, while heating of the digester and whatever process heat that may be required for the processing technologies (e. g. amine scrubbing) could be provided from heating boilers, for example. Another option would be the parallel operation of a CHP unit, which can be designed to provide the required process energy. The remaining biogas would then be available for injection into the grid.

6.3.2 Feed-in to micro gas grids

A micro gas grid is a means of connecting a biogas plant to one or more gas utilisation facilities (satellite CHP units) through pipes. This is worth considering in cases where, although it is not possible to utilise all the biogas on site, there are heat offtakers available within an acceptable radius. In principle the procedure is similar to that of feeding biomethane into a natural gas grid. The difference is that the processing requirements are lower. As the energy content of the gas does not have to be changed, all that is required is gas drying and desulphurisation, using the methods described in 6.1.1 and 6.1.2. Another advantage is better utilisation of the heat, and the associated increase in overall efficiency.

Essentially there are two different variants of this approach: either operation exclusively with biogas, or admixture with natural gas, either continuously (to adjust the gas quality to a required level) or at certain times (to meet demand peaks). Preferred areas of application include self-contained units with uniform billing, municipal facilities, industrial processes and large agricultural enterprises.

The promotion of micro gas networks under the Renewable Energy Sources Act has not been possible to date because in this case the financial burden primarily results from the investment costs. Operating costs, on the other hand, are low. Promotion of investment is possible through the market incentive programme, however. This grants a subsidy of 30% for raw biogas pipelines with a minimum length of 300 m[6-6].

Several micro gas grids have been set up in Germany to date. Good examples include the biogas networks in Braunschweig and at the Eichhof agricultural centre. As all the bonuses specified in EEG 2009 remain applicable to a micro gas network, this form of biogas utilisation is an efficient option for biogas feed-in.

6.4 Fuel for motor vehicles

In Sweden and Switzerland biogas has for many years been used as a fuel for buses and trucks as well as in the private domain. A number of projects have also been conducted in Germany, although these have not yet been translated into widespread use. In addition to the biomethane filling station in Jameln, which sells pure biomethane, biomethane has been added to natural gas at over 70 filling stations since 2009[6-3]. Up to now, this has tended to be done for political reasons (publicity) rather than on economic grounds.

If it is intended to use biogas as a fuel for vehicles, it has to be upgraded to an acceptable quality for use in the engines commonly found in today's motor vehicles. Apart from substances with a corrosive effect on the engine, such as hydrogen sulphide, it is also necessary to remove the carbon dioxide (CO_2) and water vapour from the biogas. As the available vehicles are mostly natural gas vehicles, it is advisable to upgrade the biogas to natural gas quality (cf. Section 6.3.1).

In principle gas-powered vehicles are available on the global market and are sold by all major motor vehicle manufacturers, although the range on offer in Germany is still limited. The available models can be one of two types: monovalent or bivalent. Monovalent vehicles are powered solely by gas, but have a small petrol tank for use in an emergency. In a bivalent vehicle the engine can be powered either by gas or by petrol, as required. Because of the considerable volume of uncompressed biogas, such vehicles do not have an appreciable range. For this reason the biogas is stored in pressurised gas tanks at approximately 200 bar either in the rear or on the floor of the vehicle.

Since June 2002 biofuels have been tax-exempt, which gives the necessary degree of planning certainty for building biogas filling stations. The cost of upgrading the biogas is similar to that needed for feed-in to a grid, to which must be added the extra expense of compressing the biomethane to reach the necessary pressure level.

6.5 Thermal use of biogas

Upgraded biogas can easily be combusted to supply heat. The burners used for this purpose are mostly all-gas appliances, which can be converted to burn various fuels. Unless the biogas has been upgraded to natural gas quality, the appliance must be adapted to burn biogas. If the appliance contains components made of non-ferrous heavy metal or low-alloy steels, the hydrogen sulphide in the biogas can be expected to cause corrosion. Consequently, either these metals have to be replaced or the biogas must be purified.

Two types of burner can be distinguished: atmospheric burners and forced-air burners. Atmospheric burners obtain their combustion air by natural aspiration from the ambient air. The required gas supply pressure is approximately 8 mbar, which can often be provided from the biogas plant. In a forced-air burner, the combustion air is supplied by a fan. The required supply pressure to the burner is at least 15 mbar. It may be necessary to use a gas compressor to obtain the necessary gas supply pressure[6-13].

The amendment of the Renewable Energies Heat Act increased the importance of utilising biogas to generate heat. The Act stipulates that the owner of a building constructed after 1 January 2009 must ensure that the heat generated for the building comes from a renewable energy source. However, in addition to being confined to new buildings (with the exception of Baden-Württemberg) the Act is restricted to heat from CHP plants in relation to the use of biogas.

6.6 References

[6-1] Arbeitsgemeinschaft für sparsamen und umweltfreundlichen Energieverbrauch e. V. (ASUE). Association for the Efficient and Environmentally Friendly Use of Energy, Energy Department of the City of Frankfurt, Department 79A.2, CHP parameters, 2001.

[6-2] Arbeitsgemeinschaft für sparsamen und umweltfreundlichen Energieverbrauch e. V. (ASUE). Association for the Efficient and Environmentally Friendly Use of Energy, Energy Department of the City of Frankfurt, Department 79A.2, CHP parameters, 2005.

[6-3] Bio-Erdgas an Karlsruher Erdgas-Tankstellen. 2009. http://www.stadtwerke-karlsruhe.de/swka/aktuelles/2009/07/20090711.php.

[6-4] Brauckmann J. Planung der Gasaufbereitung eines mobilen Brennstoffzellenstandes. Diploma thesis, Fraunhofer UMSICHT and FH Münster, 2002.

[6-5] Fachagentur Nachwachsende Rohstoffe e. V. (ed.). Einspeisung von Biogas in das Erdgasnetz, Leipzig, 2006.

[6-6] Daniel J, Scholwin F, Vogt R. Optimierungen für einen nachhaltigen Ausbau der Biogaserzeugung und-nutzung in Deuts-chland, Materialband: D- Biogasnutzung, 2008.

[6-7] Dielmann K P, Krautkremer B. Biogasnutzung mit Mikrogasturbinen in Laboruntersuchungen und Feldtests. Stand der Technik und Entwicklungschancen, Elftes Symposium Energie aus Biomasse Biogas, Pflanzenöl, Festbrennstoffe, Ostbayrisches Technologie-Transfer-Institut e. V. (OTTI) Regensburg, 2002.

[6-8] Dielmann K P. Mikrogasturbinen Technik und Anwendung. BWK Das Energie-Fachmagazin, Springer VDI Verlag, 2001.

[6-9] Einspeiseatlas. 2010. http://www.biogaspart-

ner. de/index. php? id=10104.

[6-10] FORUM ERDGAS. Sichere Erdgasversorgung in Deutschland. 2009. http://www. forum-erd-gas. de/Forum _ Erdgas/Erdgas/Versorgungssicherheit/Sichere_Erdgasversorgung/index. html.

[6-11] Gasnetzzugangsverordnung (GasNZV- gas network access ordinance) of 25 July 2005 (BGBl. I p. 2210).

[6-12] Heinze U, Rockmann G, Sichting J. Energetische Verwertung von Biogasen, Bauen für die Landwirtschaft, Heft Nr. 3, 2000.

[6-13] Jäkel K. Management document ' Landwirtschaftliche Biogaserzeugung und-verwertung', Sächsische Landesanstalt für Landwirtschaft, 1998/2002.

[6-14] Kaltschmitt M, Hartmann H. Energie aus Biomasse Grundlagen. Techniken und Verfahren, Springer-Verlag, 2009.

[6-15] Neumann T, Hofmann U. Studie zu Maßnahmen zur Minderung von Formaldehydemissionen an mit Biogas betriebenen BHKW. published in the Schriftenreihe des Landesamtes für Umwelt, Landwirtschaft und Geologie, Heft 8, 2009.

[6-16] Novellierung der TA-Luft beschlossen. Biogas Journal Nr. 1/2002, Fachverband Biogas e. V. , 2002.

[6-17] Mikro-KWK Motoren, Turbinen und Brennstoffzellen, ASUE Arbeitsgemeinschaft für sparsamen und umweltfreundlichen Energieverbrauch e. V. , Verlag Rationeller Erdgaseinsatz.

[6-18] Mitterleitner Hans. personal communication, 2004.

[6-19] ORC-Anlage nutzt Abwärme aus Biogasanlagen. 2009. http://www. energynet. de/2008/04/23/orc-anlage-nutzt-abwarme-aus-biogasanlagen.

[6-20] Polster A, Brummack J, Mollekopf N. Abschlussbericht 2006-Verbesserung von Entschwefelungsverfahren in landwirtschaftlichen Biogasanlagen, TU Dresden.

[6-21] Raggam A. Ökologie-Energie. Institut für Wärmetechnik; Technische Universität Graz, 1997.

[6-22] Ramesohl S, Hofmann F, Urban W, Burmeister F. Analyse und Bewertung der Nutzungsmöglichkeiten von Biomasse. Study on behalf of BGW and DVGW, 2006.

[6-23] Rank P. Wartung und Service an biogasbetriebenen Blockheizkraftwerken. Biogas Journal, Fachverband Biogas e. V. , 2002,2.

[6-24] Richter G, Grabbert G, Shurrab M. Biogaserzeugung im Kleinen. Gwf-Gas Erdgas, 1999,8:528-535.

[6-25] Swedish Gas Center. Report SGC 118-Adding gas from biomass to the gas grid. Malmö. 2001. http://www. sgc. se/dokument/sgc118. pdf.

[6-26] Schlattmann M, Effenberger M, Gronauer A. Abgasemissionen biogasbetriebener Blockheizkraftwerke, Landtechnik, Landwirtschaftsverlag GmbH, Münster,2002.

[6-27] Schmittenertec GmbH. 2009. http://www. schmitt-enertec. de/deutsch/bhkw/bhkw _ technik. htm.

[6-28] Schneider M. Abwärmenutzung bei KWK- innovative Konzepte in der Verbindung mit Gasmotoren, Kooperationsforum Kraft-Wärme-Kopplung- Innovative Konzepte für neue Anwendungen, Nuremberg,2006.

[6-29] Schnell H-J. Schulungen für Planer- und Servicepersonal. Biogas Journal Nr, Fachverband Biogas e. V. , 2002.

[6-30] Schönbucher A. Thermische Verfahrenstechnik: Grundlagen und Berechnungsmethoden für Ausrüstungen und Prozesse. Springer-Verlag. Heidelberg, 2002.

[6-31] Scholz V, Schmersahl R, Ellner J. Effiziente Aufbereitung von Biogas zur Verstromung in PEM-Brennstoffzellen, 2008.

[6-32] Solarenergieförderverein Bayern e. V. Bio-

gasaufbereitungssysteme zur Einspeisung in das Erdgasnetz-Ein Praxisvergleich, 2008.

[6-33] Termath S. Zündstrahlmotoren zur Energieerzeugung Emissionen beim Betrieb mit Biogas, Elftes Symposium Energie aus Biomasse Biogas, Pflanzeöl, Festbrennstoffe, Ostbayrisches Technologie-Transfer-Institut e. V. (OTTI) Regensburg, conference proceedings, 2002.

[6-34] Thomas B. Stirlingmotoren zur direkten Verwertung von Biobrennstoffen in dezentralen KWK-Anlagen. lecture at Staatskolloquium BWPLUS, Forschungszentrum Karlsruhe, 2007.

[6-35] Urban W, Girod K, Lohmann H. Technologien und Kosten der Biogasaufbereitung und Einspeisung in das Erdgasnetz. Results of market survey, 2007-2008.

[6-36] Weiland P. Neue Trends machen Biogas noch interessanter, Biogas Strom aus Gülle und Biomasse, top agrarFachbuch, Landwirtschaftsverlag GmbH, Münster-Hiltrup, 2002.

[6-37] Weiland P. Notwendigkeit der Biogasaufbereitung, Ansprüche einzelner Nutzungsrouten und Stand der Technik. Presentation at FNR Workshop 'Aufbereitung von Biogas', 2003.

[6-38] Wie funktioniert eine Absorptionskä-ltemaschine. 2009. http: // www. bhkw-info. de/kwkk/funktion. html.

[6-39] Willenbrink B. Einsatz von Micro-Gasturbinen zur Biogasnutzung, Erneuerbare Energien in der Land(wirt)schaft 2002/2003-Band 5, 1st edition, Verlag für land(wirt) schaftliche Publikationen, Zeven, 2002.

[6-40] Willenbrink B. Einsatz von Micro-Gasturbinen zur Biogasnutzung, Firmenschrift PRO2.

[6-41] ASUE. BHKW Kenndaten (CHP parameters), 2005.

[6-42] Aschmann V, Kissel R, Gronauer A. Umweltverträglichkeit biogasbetriebener BHKW in der Praxis, Landtechnik, 2008: 77-79.

Source: Paterson (FNR)

Source: Paterson (left), Schüsseler (FNR)

Legal and administrative framework

7

Plant operators are faced with a variety of legal issues relating to both the planning and operation of biogas plants. Before construction of the plant begins, they have to give serious thought to the grid connection, the nature of the contract and the statutory requirements that need to be met. When they are first elaborating the plant concept, operators have to weigh up various options against each other: the design of the plant, the choice of feedstocks, the technology to be employed and the way the heat will be utilised, all with due consideration for the remuneration rates and bonuses set out under the Renewable Energy Sources Act (EEG). Finally, once the plant is in operation the plant operator must comply with all relevant requirements under public law, operate the plant in line with the provisions of EEG and provide all the necessary statutory certifications.

7.1 Promotion of electricity from biomass

The Renewable Energy Sources Act (EEG) has a substantial role to play in promoting the operation of biogas plants in Germany.

One of the purposes of the Act, which was most recently amended on 1 January 2009, is to increase the proportion of electricity supplied from renewable energy sources to at least 30% by 2020 in the interests of climate change mitigation and protection of the environment. Distributed generation of power from biomass-which according to the Biomass Ordinance (BiomasseV) also includes biogas obtained from biomass-can make a crucial contribution to achievement of this purpose.

Under EEG the operator of a biogas plant is entitled to connect the plant to the public electricity grid and to feed the power generated at the plant into the grid. Plant operators enjoy privileges over conventional power generators not only in relation to their connection to the grid: they also receive a statutory feed-in tariff for the electricity that they supply to the grid, for a period of 20 years. The level of the tariff is determined partly by the size of the plant, the date when it was commissioned and the input materials. The various bonuses provided for under EEG 2009 have a particularly important part to play in calculation of the feed-in tariff.

The bonus system under EEG

The purpose of the bonuses provided for under EEG is to establish a sophisticated incentive system to ensure the conversion of biomass into electricity in an innovative and efficient way that is climate-friendly and environmentally sound. Particular support is therefore provided for the generation of electricity from renewable resources, such as energy crops. The NawaRo bonus, as it is referred to in German (NawaRo = 'nachwachsende Rohstoffe', or renewable resources), was introduced in 2004. It is sometimes referred to in English as the energy crop bonus. The intention on the part of the legislator was to target support at both the growing of energy crops and the utilisation of manure, in the interests of climate change mitigation. Several other provisions of EEG also take account of climate change, for example the bonus for operation in a combined heat and power installation (CHP bonus). According to the latter, a significantly higher tariff is paid to plant operators who put the waste heat arising from power generation to meaningful use and consequently avoid burning fossil fuels, which is associated with CO_2 emissions. Innovative technologies that promise more efficient generation of electricity in the medium or long term but are not yet competitive at the present time are given targeted support through the technology bonus.

7.2 Grid connection and electricity feed-in

In order to qualify for support under EEG, the plant operator must feed the electricity generated at the plant into the public power grid, and make it available to the power grid operator. This first of all requires a physical grid connection by which the plant is connected to the power grid.

7.2.1 Grid connection

When planning and building a biogas plant it is particularly important for the plant operator to contact the relevant grid operator at an early stage and to clarify all the modalities relating to connection to the grid. Firstly, therefore, the plant operator will need to inform the grid operator of the intention to build a biogas CHP unit at a specific location. The grid operator should also be notified of the anticipated installed electrical capacity.

Before work on the grid connection can begin, it will normally be necessary to perform a grid compatibility test. The purpose of the grid compatibility test is to establish whether, where and, if applicable, under what conditions feed-in to the grid is physically and technically possible, given the electrical capacity the plant operator intends to provide. In practice the grid compatibility test is usually performed by the grid operator, although the plant operator may also commission a third party to do the work. In the latter case the grid operator is obliged to forward all the data needed to perform the test to the plant operator.

The plant operator will generally endeavour to keep the cost of grid connection to a minimum, and to feed the electricity into the grid at the point nearest to the plant. This is also the standard case as provided for under EEG. However, the grid connection point, i.e. the point at which electricity is fed into the power grid, may also be further away in certain circumstances. Determining the statutory grid connection point is a matter of crucial importance when it comes to sharing the associated costs between the plant operator and the grid operator, and can therefore often give rise to legal disputes (for more details on determining the grid connection point see 7.2.1.1).

The grid may sometimes need to be optimised, upgraded or strengthened to allow the power being fed in at the grid connection point to be received and transported without difficulty. The Act refers to this as a capacity expansion. The plant operator can request the grid operator to carry out a capacity expansion immediately, in so far as this is economically reasonable, if such an expansion is necessary in order to cope with the electricity generated at the biogas CHP unit. If the grid operator does not meet the plant operator's request, the latter may be able to claim compensation (for details of capacity expansion see).

Once the plant operator and grid operator have agreed on the grid connection point, the plant operator should submit an application to make a firm reservation of grid connection capacity. Work can then begin on **establishing the grid connection**-even before construction of the plant commences. The plant operator often commissions the grid operator to do this, but can also arrange for the grid connection to be made by a specialist third party. The same applies to metering the electricity fed into the grid. The cost of measures to establish a grid connection is basically borne by the plant operator (but see also 7.2.1.2 with regard to who pays what).

The plant operator's entitlement to a grid connection derives directly from EEG. A grid connection contract is therefore not absolutely essential. It may make sense to enter into a grid connection contract, however, especially to clarify technical issues between the plant operator and the grid operator. The plant operator should have the contract checked by a lawyer before signing it.

7.2.1.1 Determination of grid connection point

The point at which the connection to the power grid is to be made is referred to in the Act as the grid connection point. According to EEG, the connection should generally be made at the point in the grid system that is technically suitable for receiving the electricity with regard to voltage level and is at the shortest linear distance from the biogas plant. However, if it is apparent that the grid connection could be made at a different, more distant point of another grid at a lower overall cost, the connection should be made at that point of the other grid. According to the amended EEG of 1 January 2009 it is still unclear whether this is also the case if connection is less expensive overall at a more distant point in the same grid.

When a cost comparison is being carried out it is necessary to take an overall view, in which it is initially immaterial whether the grid operator or the plant operator would have to bear the costs in the alternative options under consideration. Instead, the statutory grid connection point should be determined on the basis of a macroeconomic comparison. The decision on which subsequently required measures are to be paid for by the plant operator and which by the grid operator should not be taken until the next stage.

This principle can be illustrated with the aid of an example: plant operator A constructs a biogas plant with an electrical capacity of 300 kW in the immediate vicinity of his farm, and would like to connect the plant to the public power grid. The power line closest to the site of the combined heat and power unit (15 m away) is a low-voltage line. However, the voltage level of the low-voltage line means that it is technically unsuited to receiving the electricity. The nearest connection point to a medium-voltage grid therefore needs to be found. If, however, it would be more expensive to make the connection there-for example because of the cost of the grid upgrade that would be required-than at another medium-voltage grid further away, then the plant should be connected at the latter point. The question of how the costs will be shared is put to one side for the time being (for further details see 7.2.1.2).

The plant operator is at liberty, however, to choose a different grid connection point rather than the one established according to the principles outlined above. One particular case where this may make sense is if the plant operator is able to obtain a connection significantly faster, and thus begin feed-in sooner. In these circumstances the plant operator must cover the additional costs.

Ultimately, however, the grid operator has the right to make the final decision and can assign a definitive grid connection point. If the grid operator makes use of this right, though, he must meet the additional costs arising over and above those for connection at the statutory connection point, i. e. the nearest and economically most advantageous point. Capacity expansion If the electricity cannot be fed in at the statutory grid connection point because the capacity of the grid is inadequate, the plant operator can demand that the grid operator must optimise, strengthen or upgrade the grid without delay in line with the state of the art. This entitlement also applies even before a permit under building law or pollution control legislation has been obtained, or before a provisional official decision has been taken. However, it is necessary for planning of the plant to have reached an advanced stage. This is the case, for example, if orders for detailed plans have already been issued or production contracts are in place.

The grid operator does not have to begin the upgrading work unless and until the plant operator expressly requests that this be done.

7.2.1.2 Costs of grid connection and grid capacity

With regard to the costs associated with connecting a biogas plant to the public power grid, the law distinguishes between the costs of connection to the grid and those of upgrading the grid. Accordingly, the plant operator bears the cost of connecting the plant to the grid, whereas the grid operator has to pay for optimising, strengthening and upgrading the grid. In practice it is often a matter of dispute whether a particular measure-such as laying a power line or constructing a transformer substation-should come under the category of grid connection or grid upgrading. The decisive factors are whether the measure is necessary for operation of the grid and who has or acquires ownership of the installed lines or other installation components. In individual cases this can give rise to difficult questions of differentiation. The plant operator should, however, always avoid assuming ownership of lines, transformers or other installations which he feels belong to the grid and do not form part of the equipment establishing the connection.

As the costs of construction work required for connecting the plant to the grid can vary considerably and are largely dependent on the grid connection point, it is apparent in this regard, too, that the choice of connection point is particularly important for the plant operator.

7.2.2 Feed-in management

Under EEG, operators of biogas plants or other EEG plants with an electrical capacity of over 100 kW are obliged to equip the biogas plant with certain technical devices in order to allow effective feed-in management by the grid operator. The purpose of feed-in management is to prevent overloading of the grid. To that end, the grid operator is entitled, in the circumstances set out in the law, to reduce the output from power generation plants with a capacity of over 100 kW or to disconnect them from the grid. In such cases, however, the grid operator must always take account of the priority granted to electricity from renewable energy sources and from combined heat and power generation over conventionally generated electricity. If there is a danger of grid overload, therefore, the grid operator must first regulate the output of conventional power generating plants.

In detail, the Act provides that biogas plants with a capacity of over 100 kW must be equipped with a technical or operational facility that enables the power being fed in to be reduced under remote control and that also measures the amount of power being fed in and makes this data available to the grid operator. Biogas plants that entered service before 1 January 2009 had to be suitably retrofitted by the end of 2010 at the latest.

If the grid operator reduces the output of a plant for a certain period of time, it must compensate the plant operator for the otherwise payable EEG remuneration as well as for any lost revenues from the sale of heat. For his part, however, the plant operator must allow any savings-especially saving of fuel costs-to be deducted.

7.2.3 Power feed-in and direct selling

A prerequisite for receipt of the EEG tariff is that the electricity must be fed into the public grid and made available to the grid operator. If the plant is connected to the plant operator's own network (e.g. a company network) or to a grid belonging to a third party, feed-in to the public grid can take place on a commercial and accounting basis.

Although the plant operator is at liberty to utilise some or all of the electricity he has generated to meet his own needs or to supply power to third parties with a direct connection to his plant, the plant operator will not receive any payment under EEG in either case.

Plant operators can also temporarily forego payment of the EEG tariff and can themselves engage in direct selling of the electricity they feed into the public power grid, either on the electricity wholesale market or directly to third parties. If the electricity is sold on an electricity bourse, it is sold without reference to its method of generation, in other words as 'grey electricity'. In addition, however, plant operators have the option of marketing the added ecological value of power generation from renewable energy sources in the form of green electricity certificates (e. g. RECs). In bilateral supply contracts it is also possible to consider selling the electricity directly as 'green electricity'. Direct selling does not make economic sense, though, unless the revenues from selling the electricity for the plant operator's own account are higher than those that could be earned from the EEG tariff.

If plant operators decide to sell their electricity directly, they must do so for entire calendar months. They may switch between the EEG tariff and direct selling on a month-by-month basis, but they must notify the grid operator of the switch before the start of the previous calendar month. For example, if a plant operator wishes to change to direct selling with effect from October 2010, he must inform the grid operator of this no later than 31 August 2010. If he then wishes to revert to the EEG tariff with effect from November 2010, he must declare this to the grid operator no later than 30 September 2010.

Plant operators are also at liberty to directly sell only a certain percentage of the electricity generated in a given calendar month, rather than all of it, and to continue to claim the EEG tariff for the remainder of the electricity. Also in this case, they must notify the grid operator of the percentage of electricity to be sold directly before the start of the previous calendar month, and they must verifiably keep to this percentage at all times. The percentage must be maintained for every quarter-hour of the month.

7.3 EEG tariffs

Entitlement to payment of the EEG tariff commences as soon as electricity generated exclusively from renewable energy sources begins to be fed into the public power grid. The entitlement applies to the plant operator, i. e. whoever uses the plant for the generation of power, irrespective of the ownership situation, and implies a claim against the operator of the power grid receiving the electricity.

7.3.1 Basis for determining payments

The following sections describe in detail how the level of payments is determined, and the period for which they are paid. An outline of the fundamental principles is followed by an examination of what is meant by the terms plant (or 'installation' as used in the Act) and commissioning, which are crucial for the level and duration of the payments. The final sections look more closely at the various bonuses payable under EEG for power generated from biogas.

7.3.1.1 Level of tariff payments

The level of the EEG tariff is determined by, among other things, the size of the plant, the date when it was commissioned and the energy source. In addition, the law includes a differentiated bonus system offering various incentives to use certain input materials, employ innovative technologies and make efficient use of heat.

When the level of payment is calculated, the first point to note is the size of the biogas plant: the higher the installed electrical capacity of the plant, the lower the payment for the generated power. The law thus takes account of the fact that the specific cost of each kilowatt-hour of electricity generated falls as the size of the plant increases. To compensate for this, smaller plants, which the legislator considers particularly worthy of promotion, receive a higher tariff.

As it differentiates according to the size of plant, EEG provides for a sliding scale of payments based on legally defined capacity thresholds. If the electrical capacity of the plant exceeds a certain threshold, when the payment is being calculated the power generated must be set into relation with the respective capacity thresholds. The average EEG tariff for electricity from a biogas plant is thus calculated from the average of the payments granted for each of the individual shares of capacity. This ensures that the average payment is reduced only slightly where output exceeds a certain threshold by an insignificant amount, and that operation of a biogas plant tailored to the specific location makes economic sense.

It is not the installed electrical capacity of the plant but its average annual output that determines how the power fed to the grid is allocated to the various shares of capacity. The average annual output is calculated by dividing the total amount of electricity fed into the grid in a calendar year by the total number of full hours in that calendar year-as a rule, therefore, by 8,760. A side-effect of this is that plants which have not generated any electricity for a certain period because of maintenance work, for example, will receive a higher average payment per kilowatt-hour than they would be entitled to if they had been in continuous full-load operation.

7.3.1.2 Duration of tariff payments

The entitlement to payment of the EEG tariff does not continue for an unlimited time; it is restricted to a period of 20 calendar years plus the remaining part of the year in which the biogas plant was commissioned. For example, if a plant is commissioned on 1 July 2010, the payment period begins on 1 July 2010 and ends on 31 December 2030. The commissioning date of a plant is the date it began operation, irrespective of the fuel it uses. If a plant is initially run on natural gas or fuel oil, for example, and is converted to biogas at a later date, the payment period begins on the date it commenced operation with natural gas or fuel oil.

The statutory payment period continues to run even if the plant operator sells the electricity directly. The law makes no provision for an extension of the statutory payment period. Nor can it be extended by significant additional capital investment, as, since 1 January 2009, EEG no longer allows the recommissioning of plants. Replacing the generator does not cause the restarting of the payment period, either.

After the statutory payment period has come to an end, the right to claim payment of the EEG tariff lapses. Although a plant operator remains entitled to feed his electricity into the grid, with priority over other suppliers, from that time onwards he has to make efforts to sell the electricity directly.

7.3.1.3 Degression

The tariff level payable for a plant in the year it was commissioned remains constant for the entire statutory payment period.

However, lower tariff rates apply to plants commissioned in later years. EEG provides for an annual reduction in the minimum feed-in tariff, with different degrees of reduction depending on the type of renewable energy source. This is meant to take account not only of the growing profitability of power generation from renewable energy sources as technology advances, but also of growth in the number of plants built, which will generally result in falling prices.

At 1%, the annual reduction for electricity from biogas-for both the basic tariff and also the bonuses-is at the lower end of the degression scale. Nonetheless it serves as an economic incentive for the plant operator to ensure that the biogas plant is commissioned before the end of the year under consideration. On the other hand, if a plant is commissioned just before the end of a calendar year, the economic advantage of the resultant avoidance of degression must be weighed against the economic disadvantage of what would be, overall, a significantly shorter guaranteed EEG payment period, because the remainder of the commissioning year is extremely short.

For example, the operator of a plant with a capacity of 150 kW that is commissioned on 31 December 2009 receives a basic tariff of 11.67 cents per kWh. If the plant is not commissioned until 1 January 2010, the tariff is only 11.55 cents per kWh. In the former case, however, the tariff is paid for a period of twenty years and just one day, whereas in the latter case it is paid for twenty years and 364 days. All in all, therefore, the total payment under EEG is higher, despite the slightly reduced tariff level. It should be borne in mind, though, that it is impossible to predict trends in electricity prices. It may be the case, for example, that direct selling will become more attractive than the EEG tariff within as little as ten years, in which case the advantage of a longer payment period would no longer apply.

7.3.2 Definitions of plant and commissioning date-correctly determining the level of payment

Both the definition of what a 'plant' is and also the commissioning date of the plant are crucially important for determining the relevant tariff rate in each individual case.

Table 7.1 Tariffs for biogas plants commissioned in 2011

	Plant output as defined in Section 18 para. 2 EEG	Tariffs in cents per kWh (commissioned in 2011)[a]
Basic tariff for electricity from biomass	up to 150 kW	11.44
	up to 500 kW	9.00
	up to 5 MW	8.09
	up to 20 MW	7.63
Air quality bonus	up to 500 kW	+0.98
NawaRo bonus	up to 500 kW	+6.86
	up to 5 MW	+3.92
Manure bonus	up to 150 kW	+3.92
	up to 500 kW	+0.98
Landscape maintenance bonus	up to 500 kW	+1.96
CHP bonus	up to 20 MW	+2.94
Technology bonus	up to 5 MW	+1.96/+0.98[b]

[a] According to the explanatory memorandum to the Act, the tariffs specified in EEG are first added, then reduced by the 1% annual degression rate and finally rounded to two decimal places. In individual cases, therefore, the applicable tariff may differ from the total of the tariffs specified here;

[b] The lower figure applies to gas processing plants with a maximum capacity of over 350 normal cubic metres up to a maximum of 700 normal cubic metres of processed raw gas per hour.

7.3.2.1 Plant as defined in EEG

EEG defines a 'plant' (referred to as 'installation' in the English translation of the Act) as any facility generating electricity from renewable energy sources, i. e. basically any biogas plant with a CHP unit. In contrast with the legal position prior to 2009, it is no longer necessary for the plant to be 'independently' capable of generating electricity from renewable energy sources. According to the explanatory memorandum to the Act, this is meant to introduce a broader defination of the term 'plant'.

Plant configurations in which more than just one CHP unit is connected to a biogas plant are not easy to categorise under the law. Many issues are disputed in this regard and have not yet been finally clarified, despite a recommendation from the EEG Clearing Agency issued on 1 July 2010 (Ref. 2009/12). The comments below are solely a reflection of the author's personal views, are not generally binding and are no substitute for legal advice on individual cases.

In the opinion of the author and contrary to recommendation 2009/12 from the EEG Clearing Agen-

cy, two or more CHP units operated at the location of a biogas plant and jointly using the same biogas production facilities (digester, digestate tank, etc.) are not each to be considered as a separate plant, if for no other reason than because of the now broader definition of what a plant is. Rather, they are part of a joint plant. According to this view, the question of whether the additional requirements in Section 19 para. 1 of EEG are met is irrelevant. Thus, the average plant output, which is crucial for determining the level of tariff payment, must be calculated on the basis of the total amount of electricity fed into the grid in a calendar year. In other words: to calculate the tariff, the outputs from the individual CHP units-which will, as a rule, be fed to the grid through a common line-are counted together as a single output. Consequently, assuming that the CHP units have similar operating hours, a biogas plant with one 300 kW CHP unit will receive the same feed-in tariff as a biogas plant with two 150 kW units.

A special case that can be singled out is that of **satellite CHP units.** These are additional CHP modules that are directly connected to the biogas generating plant via a raw biogas pipeline. If located at a sufficient distance from the CHP unit at the biogas generating plant, a satellite CHP unit can be assumed to be an independent plant. However, EEG does not contain any specific criteria defining the conditions under which a plant can be considered a legally independent entity. In practice, a distance of roughly 500 m has increasingly emerged as the standard for the key criterion of 'direct spatial proximity'. Beyond this distance, a satellite CHP unit should always be classed as an independent plant. This definition has no basis in the wording of the law, however, as was also expressly emphasised by the EEG Clearing Agency in its recommendation of 14 April 2009 (Ref. 2008/49). In the author's view, therefore, it will be necessary to obtain the opinion of an objective third party and to assess each individual case on its merits. The efficient use of heat, for example, suggests that the satellite CHP unit is independent from a legal standpoint.

The legal status of a satellite CHP unit should be clarified with the relevant grid operator before construction is begun.

7.3.2.2 Grouping of two or more plants

Under certain circumstances, two or more biogas plants can be considered as a single plant for the purpose of calculating the tariff, even though they are each classed as separate plants according to the definition of 'plant' explained above.

The aim of this provision is to prevent plants being set up in a configuration designed to take unfair advantage. The legislation seeks to prevent the macro-economically senseless splitting of a potentially larger biogas plant into two or more smaller biogas plants for the sake of optimising tariff payments. The background to this is that two or more small plants will receive a significantly higher payment than one big plant, on account of the sliding tariff rates (cf. 7.3.1.1).

EEG lays down clear legal conditions to determine whether two or more plants shall be classed as one. If all of these conditions are met, the plants are considered to constitute a single plant.

According to Section 19 para. 1 EEG, two or more independent biogas plants will be classed as a single plant for the purpose of calculating the tariff payments, regardless of the ownership situation, if the following conditions apply:

—they have been built on the same plot of land or in direct spatial proximity.

—they each generate electricity from biogas or biomass.

—the electricity generated in the individual biogas plants is remunerated in accordance with the provisions of EEG as a function of plant capacity.

—the individual biogas plants were commissioned within a period of twelve consecutive calendar months.

According to the wording of Section 19 para. 1 EEG, however, the grouping of two or more plants as a single plant serves the sole purpose of determining the tariff payable for the most recently commissioned generator. As a rule, the generator will be identical with the CHP unit.

Example: Where three plants are grouped from a legal standpoint, the entitlement to receipt of the tariff remains unchanged for the plant commissioned first even after the second plant is commissioned. When the entitlement to the tariff is being determined for the second plant, however, if the statutory conditions are cumulatively met, then Section 19 para. 1 EEG will apply, and the two plants will thus be grouped. Similarly, the entitlement to the tariff for the second biogas plant will also remain unchanged when the third plant is commissioned. When it comes to determining the tariff to be paid for the third biogas plant, if the statutory conditions are met, all three biogas plants will be classed as a single plant.

The effect of Section 19 para. 1 EEG applies to both the entitlement to the basic tariff and also the entitlement to all bonuses, the levels of which are likewise linked to certain capacity thresholds. This is the case with the air quality bonus, energy crop bonus, manure bonus, landscape management bonus and technology bonus.

7.3.2.3 Examples of individual plant configurations

A few illustrative examples in the following are meant to show what impact various plant configurations can have on the status of the plants and hence on the payment of tariffs. The assessment of the examples is purely a reflection of the personal opinions of the author of this section; it does not claim to be generally binding; nor can it act as a substitute for legal advice in individual instances.

Example 1: A biogas plant comprises a digester, a secondary digester, a digestate storage tank and two or more CHP units operated at the same site as the biogas plant.

In the author's view, this is just a single plant, irrespective of the number of CHP units or the date when they were commissioned. In the opinion of the EEG Clearing Agency, on the other hand, this will be the case only if the CHP units were commissioned within 12 consecutive months of each other (Section 19 para. 1 EEG).

Example 2: A biogas plant is connected by raw biogas pipelines to two CHP units located on the same site as the biogas plant and to a third unit located at a distance of 150 metres on a plot of land immediately adjacent to the biogas plant site. All of the CHP units were commissioned in 2009.

In this case, the two first-mentioned CHP units are classed as one plant, as in example 1. In terms of the law governing tariff payments, the third CHP unit should also be grouped with this plant, as it is not an independent plant in itself. There is insufficient spatial and functional separation from the biogas plant.

Example 3: A biogas plant is connected by raw biogas pipelines to two CHP units located on the same site as the biogas plant and to a third unit on a plot of land that is not immediately adjacent to the biogas plant site and is 800 metres away. The third CHP unit is located in a nearby village; the waste heat is used to heat residential buildings. All of the CHP units were commissioned in 2009.

In this case, too, the two first-mentioned CHP units are classed as one plant. However, in contrast with example 2, the third CHP unit is classed as an independent plant because of its spatial and functional separation from the biogas plant. In this case, therefore, there are two plants: the biogas plant with two CHP units, and the independent, third CHP unit. Grouping of all three installations into a single plant under Section 19 para. 1 EEG cannot apply, because the third CHP unit is not in 'direct spatial proximity' to the main plant.

Example 4: Ten biogas plants, each comprising a digester, a secondary digester, a digestate storage tank and a CHP unit of identical capacity, not connected to each other in any way, are located 20 metres apart on a piece of land parcelled out between the individual biogas plants. All of the biogas plants were commissioned in 2009.

In this case, it is true that each of the biogas plants is a complete, separate installation within the meaning of Section 3 No. 1 EEG. However, for the purposes of determining the tariff payment, the biogas plants are classed as one plant according to Section 19 para. 1 EEG because they are in direct spatial proximity to each other and were commissioned within a twelvemonth period.

Section 19 para. 1 EEG also applies to plants that were commissioned before 2009. Especially those sites that can be described as plant parks, therefore, initially had to deal with considerable reductions in tariffs after 1 January 2009. Since the introduction of Section 66 para. 1a EEG, however, which was included in the Act on 1 January 2010, plants that were already operated as modular plants prior to 1 January 2009 are classed as separate plants, notwithstanding Section 19 para. 1 EEG. According to the explanatory memorandum to the Act, operators of such plants can demand retrospective payment of the full amount of the tariff with effect from 1 January 2009. Previously, several plant operators had lodged a constitutional complaint against the application of Section 19 para. 1 EEG to existing plants and-having had no success in that respect-had sought temporary legal protection before the Federal Constitutional Court.

7.3.2.4 Date of commissioning

Apart from the plant capacity, the year in which the plant is commissioned is particularly important for determining the level of payment, since the tariff rates fall with each subsequent year of commissioning, because of the principle of tariff degression (see above 7.3.1.3).

Under EEG, a plant is deemed to have been commissioned when it is put into operation for the first time following establishment of its technical operational readiness. Since 1 January 2009 it has been irrelevant whether the generator at the plant is operated with renewable energy sources from the outset or is run initially-for example during start-up-on fossil fuels. Feeding electricity into the grid is not absolutely necessary for the plant to be commissioned, provided that the plant is ready for operation and the plant operator, in turn, has done everything necessary to make feed-in to the grid possible. Trial operation does not constitute the commissioning of a plant.

Subsequent relocation of a commissioned generator to another site does nothing to change the date of commissioning. Even if a generator that has already been used is subsequently installed in a new combined heat and power unit, the commissioning date of this new power generation unit is deemed to be the same as that of the used generator, with the consequence that the period of tariff payment under the EEG is shortened accordingly.

7.3.3 Level of tariff payments in detail

The basic tariff and the various bonuses are described in detail in the following, along with the respective requirements for payment. An overview of the level of payments for biogas plants commissioned in 2011 is shown in Table 7.1.

7.3.3.1 Basic tariff

In relation to the conversion of biogas into electricity, the entitlement to receipt of the basic tariff for biogas plants commissioned in 2011 is as follows: 11.44 cents per kilowatt-hour up to a plant output of 150 kW, 9.00 cents per kilowatt-hour up to a plant output of 500 kW, 8.09 cents per kilowatt-hour up to a plant output of 5 MW and 7.63 cents per kilowatt-hour up to a plant output of 20 MW.

The way in which the basic tariff is determined can be illustrated with the aid of the following example: the CHP unit of a biogas plant commissioned in 2011 has an installed electrical capacity of 210 kW. In 2011 the CHP unit achieves 8,322 full-load hours of operation. The average annual output as defined in EEG is therefore 200 kW. According to the sliding basic tariff, three quarters of the electricity (150 kW of 200 kW) is remunerated at 11.44 cents per kilowatt-hour and one quarter of the electricity (50 kW of 200 kW) at 9. 00 cents per kilowatt-hour. The average basic tariff therefore amounts to approximately 10. 83 cents per kilo-watt-hour.

A prerequisite for entitlement to the basic tariff is that the electricity is generated from biomass within the meaning of the Biomass Ordinance (BiomasseV). The Biomass Ordinance defines biomass as an energy source from phytomass and zoomass and from by-products and waste products whose energy content derives from phytomass and zoomass. The gas produced from biomass is thus also classed as biomass.

All of the feedstocks commonly used in biogas plants are covered by the definition of biomass. It should be noted, however, that, under Section 3 BiomasseV, certain substances are not recognised as biomass within the meaning of the Biomass Ordinance. In addition to certain animal by-products, these also include sewage sludge, sewage treatment gas and landfill gas.

Since 2009 it has also been permissible for EEG plants to use substances that, although not in compliance with the Biomass Ordinance, can be classed as biomass in the broader sense (such as sewage sludge). However, the tariff that is then paid will apply only to that proportion of electricity that is attributable to the use of biomass within the meaning of the Biomass Ordinance.

According to the explanatory memorandum to the Act, however, this relaxation of what is termed the 'exclusivity principle' does not apply to the production of biogas as such: since, to qualify for payment of the tariff, the biogas itself must be biomass within the meaning of Section 27 para. 1 EEG, it must meet the requirements of the Biomass Ordinance. For this reason, the biogas itself must be produced exclusively from biomass within the meaning of the Biomass Ordinance. Subsequently, however, the biogas can be used in combination with other gaseous 'biomass in the broader sense', such as sewage treatment gas (cf. Section 3 No. 11 BiomasseV), for the purposes of electricity generation.

Since 1 January 2009 the EEG feed-in tariff for large plants has been linked to operation in combined heat and power generation. Accordingly, power from biogas plants with a capacity of over 5 MW is only eligible for tariff payment if the heat produced during generation is also utilised. This tightening is intended to encourage operators to ensure that large biogas plants are always built in the vicinity of appropriate heat sinks.

7. 3. 3. 2 Bonuses for use of renewable resources

EEG grants a bonus for the use of renewable resources (cultivated biomass, energy crops: referred to in German as the NawaRo bonus, and in English sometimes as the energy crop bonus) in order to compensate for the higher financial expense associated with the use of purely plant-based input materials in comparison with the use of biomass from wastes, for example. This is meant to promote more efficient use of the biomass arising at agricultural, forestry or horticultural enterprises, especially in relatively small plants, where operation with such renewable resources would often not be economic without an additional financial incentive.

On closer examination, the NawaRo bonus is made up of several different bonuses, sometimes graded according to plant capacity, which, on the one hand, are dependent on the type of substrate used and, on the other, on the type of power generation. Renewable resources, i. e. energy crops, are defined as follows in Section Ⅱ. 1 of Annex 2 of EEG:

'Energy crops shall mean plants or parts of plants which originate from agricultural, silvicultural or horticultural operations or during landscape management and which have not been treated or modified in any way other than for harvesting, conservation or use in the biomass installation.'

Manure (slurry) is treated as equal to energy crops.

A list of substrates classed as energy crops is

given in the form of a non-exhaustive Positive List. EEG also contains an (exhaustive) Negative List of substrates that are not classed as energy crops and whose use consequently rules out entitlement to the NawaRo bonus.

General NawaRo bonus

The general NawaRo bonus is granted for plants with a capacity of up to 5 MW and-irrespective of the type of renewable biomass used-for installations commissioned in 2011 amounts to 6. 86 cents per kilowatt-hour for the share of capacity up to 500 kW and 3. 92 cents per kilowatt-hour for the share of capacity above 500 kW.

Table 7. 2 Standard biogas yields of purely plant-based by-products according to the Positive List of EEG (selection)[a]

Purely plant-based by-product	Standard biogas yield according to Section V. of Annex 2 of EEG	
	(kWh_{el}/t FM)	(Nm^3 CH_4/t FM)
Spent grains (fresh or pressed)	231	62
Vegetable trailings	100	27
Glycerol from plant oil processing	1,346	364
Potato peel	251	68
Pomace (fresh, untreated)	187	51
Rapeseed oil meal	1,038	281
Rapeseed cake (residual oil content approx. 15%)	1,160	314

[a] The full list is given in Chapter 4, Table 4. 5.

A precondition for granting of the general NawaRo bonus, apart from the exclusive use of energy crops and plant-based by-products, is that the plant operator must keep a log of the input materials showing details of the type, quantity and origin of the biomass used. Also, the plant operator is not allowed to operate another biomass plant that uses substances other than eligible renewable resources on the same plant site.

In addition to energy crops and manure, it is also permissible to use certain purely plant-based by-products in the conversion of biogas into electricity. The permissible by-products are exhaustively specified in a Positive List and include, for example, potato pulp or potato peel, spent grains and cereal vinasse(see Table 7. 2). However, entitlement to the NawaRo bonus is applicable only to the proportion of electricity that is actually generated from the relevant renewable resources or manure. The proportion of electricity eligible for the bonus must be determined on the basis of the statutory standard biogas yields of the purely plant-based by-products and must be verified by an environmental expert.

An overview of all lists of substances used for generating electricity from renewable resources (Positive List of energy crops, Negative List of energy crops, Positive List of purely plant-based by-products) can be taken from Annex 2 of EEG.

For the NawaRo bonus to be granted, if the plant generating electricity from biogas requires a permit under pollution control legislation, the digestate storage facility must also have a gas-tight cover, and additional gas-consuming installations must be provided for the eventuality of a malfuction or over-production. According to the wording of Annex 2 No. I. 4 of EEG, however, only existing digestate storage facilities must be covered; the existence of a digestate storage facility is not a precondition for the NawaRo bonus. It is disputed whether digestate storage facilities also have to have gas-tight covers if-although used by the plant operator-they do not belong to the biogas plant or if methane emissions are no longer to be expected on account of the preceding retention time in other containers. In the absence of a transitional regulation, the additional requirements also apply to plants that were commissioned before 1 January 2009. However, where the addition of such a cover retrospectively would incur costs that could barely be refinanced economically by the operator of the existing plant, in certain circumstances this can be assessed as disproportionate and thus contrary to the law (for further technical considerations regarding the storage of digestates in particular, refer to Section 3. 2. 3).

Manure bonus

Over and above the general NawaRo bonus, an additional entitlement to a bonus arises from the use of manure for generation of electricity from biogas. The purpose of the manure bonus is to ensure more efficient use of farmyard manure for the production of biogas and to reduce the application of untreated, and therefore methane-emitting, manure on fields. The bonus is paid for a plant capacity of up to 500 kW_{el} only. This limit is set in order to prevent the transport of large quantities of manure over long distances ('manure tourism'), which could otherwise be expected.

According to the authoritative definition in Regulation (EC) No. 1774/2002/EC (EU Hygiene Regulation), manure in this sense is defined as follows:

'*Excrement and/or urine of farmed animals, with or without litter, or guano, that may be either unprocessed or processed in accordance with Chapter Ⅲ of Annex Ⅷ or otherwise transformed in biogas or composting plants.*'

The manure bonus is paid on a sliding scale, and for biogas plants commissioned in 2011 amounts to 3. 92 cents per kilowatt-hour for the share of capacity up to 150 kW and to 0. 98 cents per kilowatt-hour for the share of capacity beyond that up to 500 kW. Plants with a higher capacity can claim the manure bonus on a pro-rata basis accordingly.

A precondition for payment of the manure bonus is that manure must at all times account for at least 30% by mass of the substrates used to produce biogas. The proportion of manure is determined on the basis of the total throughput of biomass in the plant, with the mass being determined by weighing.

The threshold of 30% by mass must be adhered to at all times. The basis for verification of continuous adherence to this minimum proportion is the log of substances used, which the plant operator is obliged to keep. The verification itself must be submitted once a year, by no later than 28 February of the subsequent year, in the form of an expert report by an environmental verifier. The details given in the substances log are used to produce the expert report.

Plants which use **gas from a gas grid** for the purpose of electricity generation are not entitled to the manure bonus. This relates in particular to the use of natural gas classed as biomethane and taken from the natural gas grid (for further details refer to 7. 4). Such plants operated on the basis of gas exchange (Gasabtausch) are limited to the higher general NawaRo bonus of up to 7. 0 cents per kilowatt-hour. In the author's view, however, power-generating facilities that obtain biogas through a micro gas pipeline directly from the gas production plant are not covered by this exclusion (see also 7. 3. 2. 1). The arrangement set out under the law backs this up: such plants do not use natural gas that is classed as biomethane, but 'genuine' biogas from the pipe, with the consequence that the reference to the legal fiction of Section 27 para. 2 EEG would not have been necessary at all. Furthermore, a single gas pipe is not a gas network within the meaning of No. Ⅵ. 2. b) sentence 3 of Annex 2 of EEG. Otherwise the exception would always apply-subject to a legally uncertain differentiation according to the length of the gas pipes-and would no longer be an exception, because every biogas CHP unit is connected to the digester by a gas pipe.

Landscape management bonus

Another additional bonus in connection with the NawaRo bonus is the landscape management bonus, which is paid for the use of clippings, prunings, etc. from landscape management. If a biogas installation mainly uses plants or parts of plants that arise in the course of landscape management, the statutory tariff for biogas plants commissioned in 2011 is increased by 1. 96 cents per kilowatt-hour. This bonus, too, is paid for the share of plant capacity up to 500 kW only. Installations with a higher capacity are entitled to claim the bonus on a pro-rata basis.

Landscape management residues comprises residual materials that are not intended to be put to specific use elsewhere and thus are not specifically grown for a purpose but arise as an unavoidable by-product of landscape management. The landscape management bonus creates a utilisation option for these residual substances while at the same time making a contribution to reducing competition for land in the biomass sector, in line with the legislator's intentions.

Details of the individual requirements for entitlement to this new landscape management bonus are still a matter of dispute (see also 4. 5). The EEG Clearing Agency completed its recommendation process 2008/48 relating to the landscape management bonus in September 2009. It advocates a broad definition of the term 'landscape management residues'. Accordingly, the weight of the fresh mass is the key reference value for assessing whether a plant uses 'mainly' landscape management material, i. e. over 50%.

Unlike the situation with the manure bonus, EEG does not explicitly stipulate that the requirements for the landscape management bonus must be met at all times. It should therefore be sufficient if the minimum proportion is met when the end-of-year balance is drawn up.

7. 3. 3. 3 Air quality bonus

The amendment of EEG on 1 January 2009 introduced an air quality bonus for biogas plants for the first time. The aim is to reduce the carcinogenic formaldehyde emissions that are formed when biogas is combusted in CHP units. The bonus is therefore sometimes also referred to as the formaldehyde bonus. The bonus is designed to encourage the use of low-emission engines, for example, or the retrofitting of catalytic converters.

The basic tariff is increased by 0. 98 cents per kilo-watt-hour for biogas plants commissioned in 2011 with a capacity of up to and including 500 kW if formaldehyde emissions do not exceed the statutory limit during plant operation. The bonus is not payable for plants that generate electricity from 'virtual' biomethane, which, according to the provisions of EEG, is fed in at one point in the gas grid and withdrawn at another.

Also, entitlement to the bonus is restricted to biogas plants that are licensable under the Federal German Pollution Control Act (BImSchG). In particular, plants with a rated thermal input of over 1 MW require a licence under BImSchG. If the rated thermal input is below that, the plant is licensable under BImSchG only in certain instances (for more details see 7. 5. 1). If a plant therefore requires only a construction permit, but not a licence under BImSchG, its operator is not able to claim the formaldehyde bonus.

Operators of plants that were commissioned before 1 January 2009 can likewise claim the bonus. According to the clear wording of the transitional arrangement under EEG, the same applies to existing plants if the plant does not require a BImSchG licence.

The emission levels at which a plant operator is able to receive the bonus are a matter of dispute. The Act provides that 'the formaldehyde limits established in line with the requirement to minimise emissions set out in the Technical Instructions on Air Quality Control (TA Luft)' must be complied with. The relevant limits are laid down by the responsible authority in the licence notice issued under pollution control legislation. They are based on the emission standards specified in TA Luft, according to which the formaldehyde in the exhaust gas must not exceed a mass concentration of 60 mg/m^3, but must also take account of the requirement to minimise emissions. Based on the requirement to minimise emissions, the authority may also impose lower emission values in individual cases and/or require the plant operator to take additional specific steps to minimise emissions. These considerations suggest that the emission levels laid down in the respective licence notice are also crucial in determining the plant operator's entitlement to the bonus. However, according to a decision by the federal/state working group on pollution control (Bund-/Länder-Arbeitsgemeinschaft Immissionsschutz-LAI) of 18 September 2008, the official notification required for verification of compliance with the limits is issued only if formaldehyde emissions do not exceed 40 mg/m^3.

Verification of compliance with the limits is provided by written certification from the authority responsible for supervision of pollution control under the law of the state in question. The official certification of compliance with the TA Luft formaldehyde limits in line with the requirement to minimise emissions is given to the operator after submission of the emission report to the responsible authority. The certification can then be presented to the grid operator as proof of compliance.

7.3.3.4 CHP bonus

With the CHP bonus, EEG provides a strong financial incentive for using the waste heat that arises in the generation of electricity. Utilisation of the heat increases the overall energy efficiency of a biogas plant and can help to reduce the combustion of fossil fuels. The amendment of EEG further increased the financial incentive, raising the bonus from 2.0 to 3.0 cents per kilowatt-hour (for plants commissioned in 2009). At the same time, however, the requirements with regard to utilisation of the heat were tightened in order to ensure that the heat is put to meaningful use.

For the operator to be able to claim the bonus, the plant must not only produce electricity by cogeneration (combined heat and power), but also have a meaningful strategy for utilising the heat that is produced.

With regard to electricity from cogeneration, EEG makes reference to the Combined Heat and Power Act (Kraft-Wärme-Kopplungsgesetz-KWKG). According to this Act, the plant must simultaneously convert the energy input into electricity and useful heat. For series-produced CHP installations with a capacity of up to 2 MW, compliance with this requirement can be demonstrated by means of appropriate manufacturer's documentation showing the thermal and electrical output and the power-to-heat ratio. For plants with a capacity of over 2 MW, proof must be furnished that the plant satisfies the requirements of Code of Practice FW 308 of the German Heat and Power Association (AGFW).

Under the provisions of EEG, the heat is deemed to be put to good use if it is utilised in line with the Positive List (cf. No. Ⅲ, Annex 3 of EEG). Examples of entries in the Positive List include supplying certain buildings with a maximum annual thermal input of 200 kWh/m^2 of usable floor area, the feeding of heat into a heat supply network that meets certain requirements, and the use of process heat in certain industrial processes. There are a number of issues that have still not been legally clarified in relation to certain uses of heat mentioned in the Positive List.

Examples of inadmissible uses of heat according to the Negative List (No. Ⅳ., Annex 3 of EEG) include the heating of certain buildings without adequate thermal insulation and the use of heat in ORC or Kalina cycle processes. The Negative List is an exhaustive list of inadmissible uses of heat. However, disqualification for the CHP bonus for the use of heat in **ORC or Kalina cycle modules** in accordance with No. Ⅳ. 2, Annex 3 EEG relates only to that share of the waste heat from a CHP unit that is used in such an add-on power generation module. As a rule, the use of heat in this way does not justify entitlement to the bonus anyway, because the CHP unit and add-on power generation module will normally constitute a single plant as defined in Section 3 para. 1 EEG, with the consequence that the use of heat in the add-on power generation module does not represent a use of heat outside the plant. However, if the (residual) heat-originally from the CHP unit-is supplied for some other use in accordance with the Positive List after first passing through the subsequent power generation process, then it is the author's opinion that the CHP bonus is payable both for the electricity generated in the add-on power generation module and also for the electricity generated in the CHP unit. Treating the electricity generated in the CHP unit as CHP electricity is not contradictory to No. Ⅳ. 2, Annex 3 EEG, because the proportion of heat consumed in the add-on power generation process is not taken into account when the amount of externally utilised heat is determined. Limiting the entitlement to the CHP bonus to the electricity generated in the add-on power generation module, on the other hand, would lead to considerable unjustified discrimination against those plants which have an additional power-generation module as well as the combined heat and power unit.

If the heat is not utilised in line with the Positive List, the plant operator can still receive the bonus under certain circumstances. This requires each of the following conditions to be met:

—the intended use of the heat must not be included in the Negative List.

—the generated heat must replace an amount of heat from fossil fuels to a comparable extent, i.e. to at least 75%.

—additional costs amounting to at least €100 per kW of heat output must arise as a result of the supply of heat.

It is not clear how 'replace' should be understood as a condition for entitlement. In new buildings that are supplied with waste heat from the CHP unit from the outset, actual replacement of fossil energy sources is not possible as such, so this is at best a potential replacement. To that extent it can be assumed that a potential replacement will also suffice. Accordingly, the plant operator must explain that fossil energy sources would have been used if the heat had not been made available from the CHP unit.

The additional costs that can be taken into account are costs for heat exchangers, steam generators, pipes and similar technical facilities, but not higher fuel costs.

Verification that the heat has been utilised in line with the Positive List and that fossil fuels have been replaced, along with indication of the additional capital expenditure required, must be furnished by the expert report of an approved environmental verifier.

7.3.3.5 Technology bonus

The technology bonus creates a financial incentive to use innovative technologies and systems that are particularly energy-efficient and therefore have a reduced impact on the environment and climate.

The bonus is paid for the use of biogas that has been processed to natural gas quality as well as for the use of innovative plant technology for the generation of electricity. Gas processing is supported when the following criteria are met:

—maximum methane emissions of 0.5% arise during processing.

—power consumption for processing does not exceed 0.5 kWh per normal cubic metre of raw gas.

—all of the process heat for processing and production of biogas is made available from renewable energy sources or from waste heat from the plant itself.

—the maximum capacity of the gas processing installation is 700 normal cubic metres of processed gas per hour.

The technology bonus amounts to 2.0 ct/kWh for all the electricity generated from gas produced in such gas processing plants up to a maximum capacity of the gas processing plant of 350 normal cubic metres of processed gas per hour, and to 1.0 ct/kWh for plants with a maximum capacity of up to 700 normal cubic metres per hour.

According to Annex 1 EEG, particularly innovative plant technologies relating to the generation of electricity from biogas include fuel cells, gas turbines, steam engines, organic Rankine cycle systems, multi-fuel installations such as Kalina cycle systems, and Stirling engines. In addition, support is given to the thermochemical conversion of straw and to plants designed exclusively for the digestion of biowastes with post-rotting treatment.

The bonus is no longer granted for dry digestion in plants commissioned after 31 December 2008, because dry digestion plants do not conform to the statutory requirement for an innovative procedure that reduces the impact on the climate.

A precondition of support for the above-mentioned technologies and processes is that either they must achieve an electrical efficiency of at least 45% or that use must be made of the heat at least for part of the time and to a certain extent.

When innovative plant technologies are used, a bonus of 2.0 ct/kWh is paid. However, the bonus is granted for only that proportion of the electricity that is produced using such technologies or processes. If a CHP unit also generates electricity using other methods that do not meet the requirements, the plant operator does not receive a technology bonus for that proportion.

7.4 Gas processing and feed-in

It does not always make economic and environmental sense to use the biogas at the location where it is produced, i.e. in the vicinity of the biogas plant. The generation of electricity is inevitably accompanied by the production of heat, which often cannot be put to meaningful use at the biogas plant site. In certain circumstances, therefore, it may make sense to break the link between biogas generation and biogas utilisation. As well as installing a raw biogas pipeline, by means of which the biogas can be transported over distances of between a few hundred metres and several kilometres for use in a satellite plant (for further details see 7.3.2.1), it is also possible to consider processing the gas and feeding it into the public natural gas grid. After it has been fed into the grid, the biogas can then be 'virtually' withdrawn from any point in the grid and converted into electricity and heat in a combined heat and power plant.

7.4.1 Requirements for payment of EEG tariff

Operators of CHP units who use biomethane in their plants in this way essentially receive the same payment as they do if the gas is converted directly into electricity on the site of the biogas plant; the same applies if the biogas is fed through a micro gas pipeline. In addition, if the biogas is fed into the natural gas grid, the technology bonus is payable for gas processing: according to Annex 1 EEG, the payment is increased by 2.0 ct/kWh if the biogas has been processed to natural gas quality and certain requirements have been met (for further details see 7.3.3.5). Plant operators cannot, however, claim the air quality bonus (see 7.3.3.3) or the manure bonus (see 7.3.3.2) if the biogas is fed through to the grid.

According to Section 27 para. 3 EEG, however, entitlement to payment of the EEG tariff applies only to the CHP proportion of the electricity, i.e. the electricity that is generated with simultaneous use of the heat within the meaning of Annex 3 EEG. Ultimately, therefore, only heat-led CHP units will benefit from the support for gas processing under EEG.

Another prerequisite for entitlement to payment is that the CHP plant must use only biomethane. In this case, the exclusivity principle means that it is not possible to switch operation between conventional natural gas and biogas. Rather, the operator of the CHP unit must ensure that, by the end of the calendar year, a quantity of biogas equivalent to the quantity of gas actually used has been fed elsewhere into the gas grid and has been assigned to his CHP unit. Otherwise the operator risks losing the whole of his entitlement to payment of the EEG tariff.

7.4.2 Transport from the feed-in point to the CHP unit

As the biomethane that is fed into the grid immediately mixes with the natural gas in the grid, physical transport of the biomethane to a specific CHP unit is not possible. In fact, conventional natural gas is used in the CHP unit. In legal terms, however, the natural gas used in the CHP unit is classed as biogas, provided the conditions set out in Section 27 para. 2 EEG are met.

The first condition is that the quantity of gas withdrawn from the grid must be thermally equivalent to the quantity of gas from biomass that is fed elsewhere into the gas grid. It is sufficient if the quantities are equivalent at the end of the calendar year.

Another condition for entitlement to the tariff is that it must actually be possible for the fed-in quantity of gas to be assigned to a certain CHP unit. In the absence of physical transport, it is essential for there to be a contractual relationship between the infeeder and the operator of the CHP unit. Apart from a simple biomethane supply contract, stating that the quantities of biomethane fed in are supplied to the CHP unit operator, it is also possible to enter into other contractual relationships-such as involving wholesalers or making use of tradable certificates or a central biomethane register. The biogas infeeder must ensure that the biogenic character of the biomethane fed in is not marketed twice, but is always assigned exclusively to one CHP unit.

7.4.2.1 Transport model

Biogas infeeders can fulfil their contractually agreed supply obligation in particular by acting as gas traders and undertaking to supply the withdrawal point used by the CHP unit operator. In this case, although there is no physical transport of the biomethane from the feed-in point to the withdrawal point, there is virtual transport in accordance with the rules of the gas industry. Biogas infeeders usually use biogas balancing group contracts for this purpose. The mere fact that the withdrawal point for the CHP unit is assigned to a biogas balancing group is not, however, sufficient evidence that the CHP unit is the exclusive user of the biomethane. The background to this is that, if the biogas balancing group has a negative balance at the end of the year, the gas grid operator is not obliged to make good that balance with biomethane. Consequently, even if they are supplied by the biogas in-feeder, plant operators have to produce evidence themselves to the power grid operator that the thermal equivalent of the corresponding quantity of biogas has indeed been fed in during the calendar year and should be assigned to their CHP unit.

7.4.2.2 Certificate model

Alternatively, the biogas infeeder can forego supplying biomethane to the withdrawal point and instead merely allow the CHP unit operator to utilise the biogenic character of the fed-in biomethane in return for payment. To this end, the biogas infeeder will market the fed-in gas like conventional natural gas and will, in this way, separate the biogenic character from the physically injected gas. The biogenic character can then-as also in the power sector-be presented in isolation, for example in the form of certificates scrutinised by an independent body. The CHP operator continues to obtain conventional natural gas from a natural gas trader and merely purchases the necessary quantity of biomethane certificates from the biogas infeeder. What still remains problematical with the certificate model, however, is that the plant operator has to ensure that the gas properties and plant characteristics required for payment of the various tariffs and bonuses under EEG are adequately documented and that double selling is ruled out. It is therefore essential that the use of certificates should be agreed in advance with the responsible power grid operator.

The planned establishment of a biomethane register, which had not yet been completed at the time of going to press, is intended to simplify the trade in biomethane.

7.4.3 Legal framework for grid connection and grid use

Gas processing and feed-in not only causes particular technical difficulties, but it is also associated with a number of legal challenges. However, the general framework for gas feed-in to the grid has been significantly improved by the amendment of the gas network access ordinance (GasNZV) and the ordinance on gas network tariffs (GasNEV). GasNZV and Gas-NEV were first amended in April 2008 and then again in July 2010. 1 ①

7.4.3.1 Priority grid connection

According to the amended gas network access ordinance, the gas grid operator is obliged to give priority to connecting biogas processing and feed-in installations to the gas grid. The grid operator is permitted to refuse grid connection and feed-in only if this is technically impossible or economically unreasonable. Provided that the grid is technically and physically capable of receiving the injected quantities of gas, the grid operator cannot refuse to accept the gas, even if there is a risk of capacity bottlenecks on account of existing transport contracts. The grid operator is obliged to take all economically reasonable steps to enable feed-in to take place all year round. Such steps may include, for example, the installation of a compressor in order to enable the gas to be returned to a higher pressure level, especially in the summer months, when the feed-in quantity significantly exceeds the quantity of gas withdrawn from the particular section of the grid.

7.4.3.2 Ownership and cost of grid connection

The amended gas network access ordinance also provides numerous privileges for the infeeder with regard to the costs of grid connection. For instance, according to the amended GasNZV, which had not yet been promulgated at the time of going to press, the infeeder will have to pay only €250,000 of the capital costs of grid connection, including the first kilometre of the connecting pipeline to the public natural gas grid. If the length of the connecting pipeline is over one kilometre, the grid operator will pay 75% of the additional costs up to a length of 10 kilometres. The grid connection becomes the property of the grid operator. The grid operator also has to pay for all maintenance and ongoing operating costs. Furthermore, according to the amended GasNZV, which had not yet been promulgated at the time of going to press, the grid operator must also guarantee a minimum availability of 96%.

7.4.3.3 Balancing of biomethane feed-in

In addition to the requirement that a certain quantity of gas be assigned to a certain CHP unit for payment of the EEG tariff, it is also necessary that the fed-in gas be balanced and transported in accordance with gas industry rules. Also in this regard, the amended Gas-NZV makes life easier for biogas infeeders. For instance, provision is now made for special biogas balancing groups with a greater flexibility range of 25% and a balancing period of 12 months. Using this kind of biogas balancing group makes it possible, for example, to use the fed-in biogas in a heat-led CHP unit, without feed-in having to be throttled back in the summer months in accordance with the CHP operating regime.

7.5 Heat recovery and supply

If a biogas CHP unit is operated in cogeneration mode, the waste heat must be utilised as part of a permissible heat recovery concept in order to qualify for the CHP bonus (for details of the conditions for entitlement to the CHP bonus, see 7.3.3.4). For the CHP bonus to be claimed, verification must be provided that the heat is utilised in line with the Positive List, No. Ⅲ in Annex 3 EEG. This applies to all plants commissioned after

① The amendment of July 2010 had not yet been passed and promulgated at the time of going to press.

1 January 2009. There is entitlement to the CHP bonus if the other criteria for payment of the bonus are met, regardless of whether the heat is used by a third party or by the plant operator.

7.5.1 Legal framework

If the heat is utilised in line with No. Ⅲ. 2, Annex 3 EEG (feed-in to a heat network), incentives are currently available for the construction of certain types of heat networks both through the **market incentive programme** (see under 7.1) and also through the Combined Heat and Power Act (KWKG). Eligible heat networks are characterised by the fact that they obtain a certain proportion of their heat either from combined heat and power generation or from renewable energy sources. For the immediate future, this has put in place the basis for the creation of an increasing number of EEG heat networks and CHP heat networks.

The growing importance of group heating schemes and district heating networks is further underlined by the fact that, pursuant to Section 16 **EEWärmeG** (Renewable Energies Heat Act), municipalities and local government associations are now expressly able to avail themselves of authorisations under state law to establish compulsory connection and use with connection to a public local or district heating supply grid, including for the purposes of climate change mitigation and the conservation of resources. This eliminates any previous uncertainty about the admissibility of compulsory connection and use under the respective municipal codes. This is designed to encourage local authorities to issue corresponding connection and use regulations for public heat supply networks in which a proportion of the final energy originates from renewable energy sources or predominantly from CHP plants.

Furthermore, the Renewable Energies Heat Act increases the potential offtaker market for biogas as well as for the heat arising from the conversion of biogas into electricity. This is because the owners of new buildings for which a construction application is submitted after 31 December 2008 can meet their obligations to use renewable energies (applicable under the Act since 2009) by meeting a proportion of their heating needs from biogas CHP plants. Where the obligation to use renewable energies must be met exclusively by the use of biogas, owners must meet at least 30% of their heating energy needs through the use of gaseous biomass. Where upgraded and injected biomethane is used to supply heat, particular requirements have to be met in accordance with No. Ⅱ. 1 of the Annex to the Renewable Energies Heat Act. Alternatively, the obligation to use renewable energies is deemed to have been satisfied if a building's heat demand is met from a heat network that obtains a significant proportion of its heat from renewable energy sources-for example from the waste heat from a biogas CHP unit.

Apart from establishing an entitlement to the CHP bonus, the supply of heat to third parties is also otherwise an increasingly important profitability factor for many projects.

7.5.2 Supply of heat

The plant operator supplies the heat either to a heat network operator or directly to the heat offtaker. In the latter case, there are essentially two different supply strategies. The first is to operate the CHP unit at the site of the biogas plant and to supply the arising heat from there to the heat offtaker through a heat pipeline or a heat network. The other option, which is even more efficient, is to transport the biogas through a raw gas pipeline or-after appropriate upgrading-through the public natural gas grid to the location where the heat is required and convert the gas into electricity there. This approach avoids heat losses during transport.

Where the plant operator sells the heat to an intermediate heat network operator, there is no direct contractual relationship between plant operator and end user. The heat network operator and the end user enter into a separate heat supply contract. Where, however, the plant operator himself acts as the heat supplier, he enters directly into a heat supply contract with the heat offtaker. If the plant operator prefers not to take on the obligations associated with being a heat supplier, he can contract the services of a third party.

7.5.3 Heat networks

As a rule, no special permit is required to set up a heat network. The heat network operator must, however, pay attention to rights of use with regard to laying of heat pipelines across third-party land, which will be necessary in most cases. In addition to entering into a land use contract with the respective land owner, which will, in particular, regulate the payment for the right to use the land, it is also advisable in this connection to protect the right to use the land, for example by registering an easement in the land registry. This is the only way of ensuring that the heat supplier will remain entitled to use the land for the heat pipeline if the land is sold to another owner. Where a heat pipeline is laid along a public highway, the heat network operator must enter into an easement agreement with the authority responsible for road construction and maintenance. This may require payment of a fixed fee or a fee determined on the basis of the kilowatt-hours supplied.

7.6 Recommended further reading

Altrock M, Oschmann V, Theobald C (eds.). EEG, Kommentar. 2nd edition. Munich, 2008.

Battis U, Krautzberger M, Löhr R-P. Baugesetzbuch. 11th edition. Munich, 2009.

Frenz W, Müggenborg H-J (eds.). EEG, Kommentar. Berlin, 2009.

Loibl H, Maslaton M, Bredow H (eds.). Biogasanlagen im EEG. Berlin, 2009 (2nd edition forthcoming).

Reshöft J (ed.). EEG, Kommentar. 3rd edition, Baden-Baden, 2009.

Salje P. EEG- Gesetz für den Vorrang Erneuerbarer Energien. 5th edition. Cologne/Munich, 2009.

Jarass H D. Bundesimmissionsschutzgesetz. 8th edition. Munich, 2009.

Landmann/Rohmer. Umweltrecht, vol. I/II. Munich, 2009.

7.7 List of sources

AGFW-Arbeitsblatt FW 308 (Zertifizierung von KWK-Anlagen-Ermittlung des KWK-Stromes).

AVBFernwärmeV-Verordnung über Allgemeine Bedingungen für die Versorgung mit Fernwärme (ordinance on general conditions for supply of district heating)-of 20 June 1980 (BGBl. I p. 742), last amended by Article 20 of the Act of 9 December 2004 (BGBl. I p. 3214).

BauGB-Baugesetzbuch (Federal Building Code) as amended and promulgated on 23 September 2004 (BGBl. I p. 2414), last amended by Article 4 of the Act of 31 July 2009 (BGBl. I p. 2585).

BauNVO-Baunutzungsverordnung (land use regulations)-as amended and promulgated on 23 January 1990 (BGBl. I p. 132), last amended by Article 3 of the Act of 22 April 1993 (BGBl. I p. 466).

BImSchG-Bundes-Immissionsschutzgesetz (Pollution Control Act) as amended and promulgated on 26 September 2002 (BGBl. I p. 3830), last amended by Article 2 of the Act of 11 August 2009 (BGBl. I p. 2723).

4th Implementing Regulation, BImSchV-Verordnung über genehmigungsbedürftige Anlagen (Pollution Control Act, Ordinance on Installations Requiring a Permit) as amended and promulgated on 14 March 1997 (BGBl. I p. 504), last amended by Article 13 of the Act of 11 August 2009 (BGBl. I p. 2723).

BioAbfV-Bioabfallverordnung (Ordinance on Biowastes)-as amended and promulgated on 21 September 1998 (BGBl. I p. 2955), last amended by Article 5 of the Ordinance of 20

October 2006 (BGBl. I p. 2298).

BiomasseV-Biomasseverordnung (Biomass Ordinance)-of 21 June 2001 (BGBl. I p. 1234), amended by the Ordinance of 9 August 2005 (BGBl. I p. 2419).

EEG-Erneuerbare-Energien-Gesetz (Renewable Energy Sources Act)-of 25 October 2008 (BGBl. I p. 2074), last amended by Article 12 of the Act of 22 December 2009 (BGBl. I p. 3950).

EEWärmeG-Erneuerbare-Energien-Wärmegesetz (Renewable Energies Heat Act)-of 7 August 2008 (BGBl. I p. 1658), amended by Article 3 of the Act of 15 July 2009 (BGBl. I p. 1804).

DüV-Düngeverordnung (Fertiliser Application Ordinance) as amended and promulgated on 27 February 2007 (BGBl. I p. 221), last amended by Article 18 of the Act of 31 July 2009 (BGBl. I p. 2585).

DüMV-Düngemittelverordnung (Fertiliser Ordinance)-of 16 December 2008 (BGBl. I p. 2524), last amended by Article 1 of the Ordinance of 14 December 2009 (BGBl. I p. 3905).

GasNEV-Gasnetzentgeltverordnung (Ordinance on Gas Network Tariffs)-of 25 July 2005 (BGBl. I p. 2197), last amended by Article 2 para. 4 of the Ordinance of 17 October 2008 (BGBl. I p. 2006).

GasNZV-Gasnetzzugangsverordnung (Gas Network Access Ordinance)-of 25 July 2005 (BGBl. I p. 2210), last amended by Article 2 para. 3 of the Ordinance of 17 October 2008 (BGBl. I p. 2006).

KrW-/AbfG-Kreislaufwirtschafts-und Abfallgesetz (Product Recycling and Waste Management Act) of 27 September 1994 (BGBl. I p. 2705), last amended by Article 3 of the Act of 11 August 2009 (BGBl. I p. 2723).

KWKG 2002-Kraft-Wärme-Kopplungsgesetz (Law on Cogeneration) of 19 March 2002 (BGBl. I p. 1092), last amended by Article 5 of the Law of 21 August 2009 (BGBl. I p. 2870).

TA Lärm-Technische Anleitung zum Schutz gegen Lärm (Technical Instructions on Noise Abatement)-of 26 August 1998 (GMBl. 1998, p. 503).

TA Luft-Technische Anleitung zur Reinhaltung der Luft (Technical Instructions on Air Quality Control)-of 24 July 2002 (GMBl. 2002, p. 511).

TierNebG-Tierische Nebenprodukte-Beseitigungsgesetz (Disposal of Animal By-Products Act)-of 25 January 2004 (BGBl. I p. 82), last amended by Article 2 of the Ordinance of 7 May 2009 (BGBl. I p. 1044).

TierNebV-Tierische Nebenprodukte-Beseitigungsverordnung (Ordinance implementing the Disposal of Animal By-Products Act)-of 27 July 2006 (BGBl. I p. 1735), last amended by Article 19 of the Act of 31 July 2009 (BGBl. I p. 2585).

UVPG-Gesetz über die Umweltverträ-glichkeitsprüfung (Environmental Impact Assessment Act) as amended and promulgated on 25 June 2005 (BGBl. I p. 1757, 2797), last amended by Article 1 of the Act of 31 July 2009 (BGBl. I p. 2723).

VO 1774/2002/EG-Regulation (EC) No. 1774/2002 of the European.

Parliament and of the Council of 3 October 2002 laying down health rules concerning animal by-products not intended for human consumption (OJ L 273 p. 1), last amended by Regulation (EC) No. 1432/2007 of 5 December 2007 (OJ L 320 p. 13).

VO 181/2006/EG-Commission Regulation (EC) No. 181/2006 of 1 February 2006 implementing Regulation (EC) No. 1774/2002 as regards organic fertilisers and soil improvers other than manure and amending that regulation (OJ L 29 p. 31).

Economics 8

When a potential operator is deciding whether to build a biogas plant, the crucial consideration is: can the future plant be operated at a profit?

The economic profitability of biogas plants therefore needs to be assessed. To this end, a suitable method is presented in the following with reference to model plants.

8.1 Description of model plants-assumptions and key parameters

The conditions applying to tariff payments and the restrictions on the use of substrates as set out under EEG 2009 were taken into account both in the sizing of the plants and in the choice of substrates. The year of commissioning was assumed to be 2011.

8.1.1 Plant capacity

Plant capacity has steadily grown in recent years. However, following the establishment of the manure bonus in EEG 2009[8-1], smaller plants in the capacity range around 150 kW_{el} are once again being built in greater numbers. In order to reflect the spectrum of plants actually in existence, nine model plants with electrical capacities from 75 kW to 1 MW and one biogas processing plant were generated (cf. Table 8.1). Plant sizing took account of both the legal situation concerning payments, with the EEG capacity thresholds of 150 and 500 kW_{el}, and also the licensing thresholds under the Pollution Control Act. In addition, one plant is used as an example to demonstrate the costs that are incurred in producing gas for feed-in to a natural gas grid.

8.1.2 Substrates

The chosen substrates are substances that are commonly found in German agriculture and are suitable for use in the here presented biogas plants. These include farm fertilisers and silages from agricultural sources as well as by-products from the processing of plant-based raw materials. Organic wastes are another group of substances that were taken into account. Whereas the bonus for renewable resources (NawaRo bonus) is reduced proportionately when by-products are used, it is not payable at all if wastes are used for the entire plant.

The table below shows the key data of the substrates used. The gas yield data is based on the standard values from the publication issued by KTBL (Association for Technology and Structures in Agriculture) 'Gasausbeute in landwirtschaftlichen Biogasanlagen' (gas yield in agricultural biogas plants), which were drawn up by the KTBL working group on biogas yields (cf. Table 8.2)[8-4].

Table 8.1 Overview and description of the model plants

Model	Capacity	Description
Ⅰ	75 kW_{el}	Use of energy crops and 30% manure (sufficient to obtain the manure bonus); in the examples:
Ⅱ	150 kW_{el}	at least 34% of the fresh mass used each day is manure
Ⅲ	350 kW_{el}	
Ⅳ	350 kW_{el}	Digestion of 100% energy crops; separation and recirculation
Ⅴ	500 kW_{el}	Digestion of manure and plant-based by-products in accordance with Annex 2 EEG
Ⅵ	500 kW_{el}	Digestion of 100% energy crops; separation and recirculation
Ⅶ	500 kW_{el}	Digestion of manure and biowastes Plants that digest biowastes receive no NawaRo bonus and therefore also no manure bonus. Manure as a proportion of fresh mass can therefore be below 30%
Ⅷ	1,000 kW_{el}	Digestion of 100% energy crops; separation and recirculation
Ⅸ	500 kW_{el}	Dry digestion with garage-type digester; use of solid dung and energy crops
Ⅹ	500 m^3/h[a]	Design and substrate input as for plant Ⅷ; gas processing and feed-in instead of CHP unit

[a] Throughput of raw gas per hour (500 m^3/h roughly corresponds to a capacity of 1 MW_{el}).

Table 8.2 Substrate characteristics and prices

Substrates	DM (%)	VS (% of DM)	Biogas yield (Nm^3/t VS)	Methane content (%)	Methane yield (Nm^3/t)	Purchase price (€/t FM)
Cattle slurry, with fodder residues	8	80	370	55	13	0
Pig slurry	6	80	400	60	12	0
Cattle dung	25	80	450	55	50	0
Maize silage, wax ripe, grain rich	35	96	650	52	114	31
Cereal grains, comminuted	87	98	700	53	316	120
Grass silage	25	88	560	54	67	34
WCC silage, average grain content	40	94	520	52	102	30
Glycerol	100	99	850	50	421	80
Rapeseed cake, 15% residual oil content	91	93	680	63	363	175
Cereals, trailings	89	94	656	54	295	30
Catering waste, average fat content[a]	16	87	680	60	57	5
Grease trap waste[a]	5	90	1,000	68	31	0
Biowaste[a]	40	50	615	60	74	0

[a] Substrates are hygienised before delivery.

It is assumed that the biogas plant is on the same site as the livestock, with the result that no costs are incurred for the use of farm fertilisers. If manure has to be delivered from elsewhere, additional allowance must be made for transport costs. The costs of supplying the renewable resources (energy crops) are assumed to be the average costs according to the KTBL database.

Plant-based by-products and wastes are valued at the market prices given in the table. The prices include delivery to the site of the biogas plant. Seasonal substrates are stored at the biogas plant.

The prices of silages relate to freshly delivered harvested products. The silage losses amounting to 12% are at the expense of the biogas plant. The plants have an interim storage capacity of about one week for substrates that arise continuously. For substrates that require hygienisation by german law, it is assumed that they are hygienised prior to delivery; this is taken into account in the price.

Table 8.3 provides an overview of the type and quantity of the substrates used in the various model plants. The substrates were chosen such that plants Ⅰ-Ⅲ and Ⅴ receive the manure bonus, with a proportion of farm fertilisers of over 30%.

Because it uses plant-based by-products (according to Annex 2, EEG 2009, cf. Section 7.3.3.2), plant Ⅴ receives a reduced bonus for energy crops. Plant Ⅶ does not receive any bonus for energy crops, because it uses wastes.

Table 8.3 Substrates used in the model plants (t FM/a)

Model plants	Ⅰ	Ⅱ	Ⅲ	Ⅳ	Ⅴ	Ⅵ	Ⅶ	Ⅷ	Ⅸ	Ⅹ
Substrates used	30% manure, 70% energy crops			100% energy crops	By-products	100% energy crops	Biowastes	100% energy crops	DD[a]	Gas processing
	75 kW_{el}	150 kW_{el}	350 kW_{el}	350 kW_{el}	500 kW_{el}	500 kW_{el}	500 kW_{el}	1,000 kW_{el}	500 kW_{el}	500 m^3/h[b]
Cattle slurry	750	1,500	3,000		3,500		4,000			
Pig Slurry					3,500					
Cattle dung									2,000	
Maize silage, wax ripe, grain rich	1,250	2,500	5,750	5,500		7,400		14,000	5,000	14,000
Cereal grains, comminuted			200			200		500		500
Grass silage	200	200							2,600	
WCC silage, average grain content				1,300		1,500		2,500	2,100	2,500
Glycerol					1,000					
Rapeseed cake, 15% residual oil content					1,000					
Cereals (trailings)					620					
Catering waste, average fat content							8,000			
Grease from grease traps							4,600			
Biowaste							5,500			

[a] DD: dry digestion

[b] Throughput of raw gas per hour

Plants Ⅴ, Ⅵ, Ⅷ and Ⅹ use 100% energy crops within the meaning of EEG. In order to ensure the pumpability of the substrate, part of the digestate is separated and the liquid phase is recirculated.

Plants Ⅷ and Ⅹ differ only in how the gas is utilised. Whereas plant Ⅷ generates heat and power, the gas produced in plant Ⅹ is processed ready to be fed into the natural gas grid. Plant Ⅸ is a dry digestion plant using garage-type digesters. The solids used in this case are cattle dung and silages.

8.1.3 Biological and technical design

The substrates for the model plants were chosen such that each plant achieves a level of capacity utilisation of 8,000 full-load hours per year with the quantity of biogas/energy to be expected from the substrates. Once the types and quantities of substrates had been chosen, the design variables were determined for substrate storage, substrate loading, digesters and digestate storage facilities.

In order to ensure biologically and technically stable operation of the plants while paying due attention to aspects of profitability, the parameters listed in Table 8.4 were applied.

Model plants Ⅰ and Ⅱ are run as single-stage plants, while all other wet digestion plants are operated under two-stage process control. Model plants Ⅷ and Ⅹ each have two digesters in the first stage and two digesters in the second stage, operated in parallel.

Table 8.5 shows which technologies and components, grouped into assemblies, were included in the model plants.

Various other assumptions were made for the calculations for the model plants. These are outlined below.

Table 8.4 Assumptions for key technical and process-related parameters and design variables of the model plants

	Selected assumptions for technical design
Digester organic loading rate	Max. 2.5 kg VS/m^3 of useful digester volume (total) per day
Process control	Single-stage process control: <350 kW_{el} Two-stage process control: ≥ 350 kW_{el}
Digester organic loading rate of first digester in two-stage or multi-stage system	Max. 5.0 kg VS/m^3 of useful digester volume per day
Dry matter content in mixture	Max. 30% DM, otherwise separation and recirculation (except for dry digestion)
Mobile technology	Tractor with front loader or wheel loader, depending on quantity of substrate to be moved (based on data from KTBL database)
Digester volume	Digester volume required for an organic loading rate of 2.5 kg VS/m^3 per day, plus 10% safety margin, minimum retention time 30 days
Installed agitator power and equipment	Digester, first stage: 20-30 W/m^3 of digester volume; Digester, second stage: 10-20 W/m^3 of digester volume; depending on substrate properties, number and type of agitators, according to size of digester
Digestate storage	Storage capacity for a duration of 6 months, for the entire quantity of digestate arising (incl. manure part), plus 10% safety margin, with gas-tight cover
Sale of heat	Heat sold: 30% of generated heat energy, heat price 2 ct/kWh, interface at heat exchanger of CHP unit
Type of CHP unit	75 kW and 150 kW: pilot ignition gas engine; 350 kW: gas spark ignition engine
CHP efficiency	Between 34% (75 kW) and 40% (1,000 kW) (based on data from ASUE, CHP parameters 2005)
CHP full-load hours	8,000 full-load hours per year This is the target and assumes optimum plant operation

Table 8.5 Incorporated technology of the model plants

Assembly	Description and main components
Substrate store	Silo slabs of concrete, where appropriate with concrete walls, steel tank for intermediate storage of substrates delivered in liquid form
Receiving tank	Concrete tank Stirring, comminution and pumping equipment, where appropriate with filling shaft, substrate pipes, level measuring system, leak detection
Solids loading system (energy crops only)	Screw conveyor, plunger or feed mixer loading, loading hopper, weighing equipment, digester charging system
Digester	Upright concrete container, above ground Heating, insulation, cladding, agitator equipment, gas-tight cover (gas storage), substrate/gas pipes, biological desulphurisation, instrumentation & control and safety equipment, leak detection
≥500 kW_{el} external biological desulphurisation	Desulphurisation including technical equipment and piping
CHP unit	Pilot ignition gas engine or gas spark ignition engine Engine block, generator, heat exchanger, heat distributor, emergency cooler, engine control system, gas pipes, instrumentation & control and safety equipment, heat and electricity meters, sensors, condensate separator, compressed air station, where applicable also with gas system, oil tank, container
Gas feed-in	High-pressure water scrubbing, liquefied gas metering, gas analysis, odorisation, connecting pipes, biogas boiler
Gas flare	Gas flare including gas systems
Digestate storage	Concrete tank Agitator equipment, substrate pipes, unloading equipment, leak detection, gas-tight cover, instrumentation & control and safety equipment, biological desulphurisation, gas pipes, where applicable with separator

Solids loading system: With the exception of model plant Ⅷ, a solids loading system is required for all plants because of the type and quantity of the substrates used. In model Ⅷ the hygienised substrates are delivered in pumpable form and are mixed in an intake pit.

Digestate storage: All model plants have storage tanks with gas-tight covers to hold the quantity of digestate arising in six months. This takes account of the fact that digestate storage facilities with gas-tight covers are obligatory under EEG for receipt of the NawaRo bonus for biogas plants licensable under the Pollution Control Act (BImSchG). Retrofitting of existing slurry storage tanks is often technically impossible.

Hygienisation: Substrates requiring hygienisation are processed in model plant Ⅷ. It is assumed that the substrates are delivered in a hygienised state, so there is no need for technical components for hygienisation. The cost of hygienisation is already included in the price of the substrate.

Gas feed-in: The gas feed-in system covers the entire process chain, including feed-in to the natural gas grid. However, the costs arising in relation to supply of the raw/purified gas are also included, as various cooperation models with grid operators and gas suppliers are used in practice. According to Section 33 para. 1 of the amended Gas Network Access Ordinance, the grid operator must pay 75% of the grid connection costs while the infeeder pays 25% (see also Section 7.4.3.2). For grid connections up to one kilometre in length, the share of costs borne by the in-feeder is capped at € 250,000. Ongoing running costs are paid by the grid operator. For model plant Ⅹ it was assumed that the infeeder must pay the grid connection costs of € 250,000.

8.1.4 Technical and process-related parameters

Tables 8.6, 8.7 and 8.8 provide an overview of the technical and process-related parameters of the model plants.

Table 8.6 Technical and process-related parameters of model plants I to V

Technical and process-related data	Unit	I	II	III	IV	V
		30% manure, 70% energy crops			100% energy crops	By-products
		75 kW_{el}	150 kW_{el}	350 kW_{el}	350 kW_{el}	500 kW_{el}
Electrical capacity	kW	75	150	350	350	500
Type of engine		Pilot ignition	Pilot ignition	Gas spark ign.	Gas spark ign.	Gas spark ign.
Electrical efficiency	%	34	36	37	37	38
Thermal efficiency	%	44	42	44	44	43
Gross digester volume	m^3	620	1,200	2,800	3,000	3,400
Digestate storage volume	m^3	1,100	2,000	4,100	2,800	4,100
Dry matter content of substrate mixture (incl. recirculate)	%	24.9	24.9	27.1	30.9	30.7
Average hydraulic retention time	d	93	94	103	119	116
Digester organic loading rate	kg VS/(m^3 · d)	2.5	2.5	2.5	2.4	2.5
Gas yield	m^3/a	315,400	606,160	1,446,204	1,455,376	1,906,639
Methane content	%	52.3	52.3	52.2	52.0	55.2
Electricity fed in	kWh/a	601,114	1,203,542	2,794,798	2,800,143	3,999,803
Heat generated	kWh/a	777,045	1,405,332	3,364,804	3,364,388	4,573,059

Table 8.7 Technical and process-related parameters of model plants VI to X

Technical and process-related data	Unit	VI	VII	VIII	IX
		100% energy crops	Biowastes	100% energy crops	Dry digestion
		500 kW_{el}	500 kW_{el}	1,000 kW_{el}	500 kW_{el}
Electrical capacity	kW	500	500	1,000	500
Type of engine		Gas spark ign.	Gas spark ign.	Gas spark ign.	Gas spark ign.
Electrical efficiency	%	38	38	40	38
Thermal efficiency	%	43	43	42	43
Gross digester volume	m^3	4,000	3,400	7,400	3,900
Digestate storage volume	m^3	3,800	11,400	6,800	0
Dry matter content of substrate mixture (incl. recirculate)	%	30.7	18.2	30.6	32.0
Average hydraulic retention time	d	113	51	110	24(~69)[a]
Digester organic loading rate	kg VS/(m^3 · d)	2.5	2.4	2.5	2.5
Gas yield	m^3/a	2,028,804	1,735,468	3,844,810	2,002,912
Methane content	%	52.1	60.7	52.1	52.6
Electricity fed in	kWh/a	4,013,453	4,001,798	8,009,141	4,002,618
Heat generated	kWh/a	4,572,051	4,572,912	8,307,117	4,572,851

[a] in brackets: total retention time as a result of recirculation of the digestate as an inoculation material.

Table 8.8 Technical and process-related parameters of model plant X

Technical and process-related data	Unit	X
		Gas processing
Nominal capacity	m^3/h	500
Average flow rate	m^3/h	439
Capacity utilisation	h/a	7,690
Consumption of biogas for digester heating	%	5
Methane loss	%	2
Calorific value of raw gas	kWh/m^3	5.2
Calorific value of purified gas	kWh/m^3	9.8
Calorific value of feed-in gas	kWh/m^3	11.0
Gross digester volume	m^3/h	7,400
Digestate storage volume	m^3/h	6,800
Dry matter content of substrate mixture (incl. recirculate)	%	30.6
Average hydraulic retention time	d	110
Digester organic loading rate	kg VS/(m^3 · d)	2.5
Raw gas	m^3/a	3,652,570
	kWh/a	19,021,710
Purified gas	m^3/a	1,900,128
	kWh/a	18,621,253
Feed-in gas	m^3/a	2,053,155
	kWh/a	22,581,100

8.1.5 Capital costs of functional units of model plants

Tables 8.9 and 8.10 provide an overview of the estimated capital costs for each of the model plants. The listed items cover the following assemblies (cf. Table 8.5):

—Substrate storage and loading.

- Substrate storage tank
- Receiving tank
- Solids loading system

—Digester.

—Gas utilisation and control.

- External desulphurisation
- CHP unit (including peripheral equipment)
- Where applicable: gas feed-in with gas processing and grid connection (feed-in station and connecting pipeline to natural gas grid)
- Gas flare

—Digestate storage (including separation, if required).

Table 8.9 Capital costs of functional units of model plants I to V

Capital costs	Unit	I	II	III	IV	V
		30% manure, 70% energy crops			100% energy crops	By-products
		75 kW_{el}	150 kW_{el}	350 kW_{el}	350 kW_{el}	500 kW_{el}
Substrate storage and loading	€	111,703	183,308	291,049	295,653	196,350
Digester	€	72,111	108,185	237,308	259,110	271,560
Gas utilisation and control	€	219,978	273,777	503,466	503,996	599,616
Digestate storage	€	80,506	117,475	195,409	178,509	195,496
Total for assemblies	€	484,297	682,744	1,227,231	1,237,269	1,263,022
Planning and permits/licensing	€	48,430	68,274	122,723	123,727	126,302
Total capital costs	€	532,727	751,018	1,349,954	1,360,996	1,389,324
Specific capital costs	€/kW_{el}	7,090	4,992	3,864	3,888	2,779

Table 8.10 Capital costs of functional units of model plants VI to X

Capital costs	Unit	VI	VII	VIII	IX [a]	X [b]
		100% energy crops	Biowastes	100% energy crops	Dry digestion	Gas processing
		500 kW_{el}	500 kW_{el}	1,000 kW_{el}	500 kW_{el}	500 m^3/h
Substrate storage and loading	€	365,979	173,553	644,810	452,065	644,810
Digester	€	309,746	275,191	593,714	810,000	593,714
Gas utilisation and control	€	601,649	598,208	858,090	722,142	1,815,317
Digestate storage	€	211,098	555,528	371,503	0	371,503
Total for assemblies	€	1,488,472	1,602,480	2,468,116	1,984,207	3,425,343
Planning and permits/licensing	€	148,847	160,248	246,812	198,421	342,534
Total capital costs	€	1,637,319	1,762,728	2,714,928	2,182,628	3,767,878
Specific capital costs	€/kW_{el}	3,264	3,524	2,712	4,362	—

[a] using [8-2], [8-3];
[b] using [8-6].

8.2 Profitability of the model plants

8.2.1 Revenues

A biogas plant can generate revenues in the following ways:

—sale of electricity.
—sale of heat.
—sale of gas.
—revenues from disposal of digestion substrates.
—sale of digestate.

The principal source of revenue for biogas plants, apart from those which feed gas into a grid, is the sale of electricity. As the level of payment and the duration of the entitlement to payment (year of commissioning plus 20 calendar years) are regulated by law, revenues from the sale of electricity can be projected without risk (cf. Section 7.3.2). Depending on the type and quantity of substrates used, the output of the plant and fulfilment of other requirements for payment of bonuses, the tariff for power generation is subject to considerable variation between roughly 8 and 30 ct/kWh. Bonuses are paid for various reasons, including for the exclusive use of energy crops and manure, meaningful use of the heat arising at the plant, use of innovative technology, and compliance with the formaldehyde limits laid down in TA Luft (cf. Section 7.3.3.3). The tariff arrangements are dealt with in detail in Section 7.3.1. The entitlements to EEG payments assumed for the model plants in this section are based on plant commissioning in 2011. Table 8.11 shows the bonuses for which each model plant is eligible.

The situation relating to the sale of heat is significantly more problematic than for electricity. From the very outset, therefore, consideration should be given to potential heat offtakers when the site of the plant is being chosen. In practice it will not be possible to put all the arising heat energy to meaningful use, partly because a certain percentage will be required as process heat and partly because most heat offtakers will have widely differing seasonal heat demands. In most cases, because of the biogas plant's own heat demand, the quantity of heat that can be supplied by the plant will run counter to the heat demand of potential offtakers.

For the model plants it is assumed that 30% of the generated heat energy is put to meaningful use, i. e. in line with Annex 3 EEG, and can be sold for 2 ct/kWh_{th}.

In addition to the heat price, therefore, the plant also receives the CHP bonus of 2.94 ct/kWh_{el} on 30% of the amount of electricity produced.

It may be the plant operator's aim not to convert the biogas into electricity by a CHP process, but to upgrade the gas and feed it into the natural gas grid. Such plants obtain most of their revenues from the gas they sell. As there are no statutory regulations in this case, the gas price must be freely negotiated between the producer and the offtaker. However, EEG makes provision for the possibility of withdrawing the fed-in biogas (biomethane) at another point in the natural gas grid and converting it into electricity under the conditions set out in EEG.

In rare cases, a disposal fee can be charged for substrates used in the plant. However, such a possibility must be carefully examined and, if necessary, contractually secured before being factored into the cost/revenue projections.

Table 8.11 Payment entitlements for model plants based on commissioning in 2011

Model plants	I	II	III	IV	V	VI	VII	VIII	IX
	30% manure, 70% energy crops			100% energy crops	By-products	100% energy crops	Biowastes	100% energy crops	Biowastes
	75 kW_{el}	150 kW_{el}	350 kW_{el}	350 kW_{el}	500 kW_{el}	500 kW_{el}	500 kW_{el}	1,000 kW_{el}	500 kW_{el}
Basic tariff	x	x	x	x	x	x	x	x	x
NawaRo bonus	x	x	x	x	x[a]	x		x	x
Manure bonus	x	x	x		x[a]				
CHP bonus[b]	x	x	x	x	x	x	x	x	x
Air quality bonus					x	x	x	x	x
Av. payment ct/kWh_{el}	23.09	23.09	20.25	17.88	14.08	18.52	11.66	15.93	18.52

[a] Payable only for electricity from energy crops and manure (cf. Section 7.3.1);

[b] For 30% of the arising quantity of heat.

Determination of the value of the digestate depends on many factors. A positive or negative value can be assumed depending on the supply of nutrients in the region. This is because long transport distances may be involved, in which case high transport costs must be expected. Furthermore, the nutrient value of the applied farm fertilisers must be credited to livestock farming. For the cost calculations of the model plants it was assumed that the digestate is made available to crop production at a cost of €0 per tonne. Crop production must cover just the costs of field spreading and is thus able to make the substrates available at lower cost.

8.2.2 Costs

The cost items can essentially be broken down according to the following structure:

—variable costs (of substrates, consumables, maintenance, repairs and laboratory analyses).

—fixed costs (capital-expenditure-dependent costs-such as depreciation, interest and insurance-and labour costs).

These individual cost items are explained in the following.

8.2.2.1 Variable costs

Substrate costs

Substrate costs can account for up to 50% of total costs. This is particularly likely to be the case for plants that use exclusively energy crops and other related renewable resources. The costs estimated for the various substrates are presented in Table 8.2. The total substrate costs are shown in Tables 8.12, 8.13 and 8.14. As a result of the high storage/conservation losses, which vary from substrate to substrate, the mass to be stored is greater than the mass actually used in the plant.

Table 8.12 Cost-revenue analysis for model plants I to V

Cost/revenue analysis	Unit	I	II	III	IV	V
		30% manure, 70% energy crops			100% energy crops	By-products
		75 kW_{el}	150 kW_{el}	350 kW_{el}	350 kW_{el}	500 kW_{el}
Revenues						
Electricity fed in	kWh/a	601,114	1,203,542	2,794,798	2,800,143	3,999,803
Average tariff	ct/kWh	23.09	23.09	20.25	17.88	14.08
Sale of electricity	€/a	138,809	277,922	565,856	500,730	563,258
Sale of heat	€/a	4,662	8,457	20,151	20,187	27,437
Total revenues	**€/a**	**143,472**	**286,379**	**586,007**	**520,918**	**590,695**
Variable costs						
Substrate costs	€/a	51,761	95,795	226,557	238,068	273,600
Consumables	€/a	17,574	29,387	36,043	42,900	45,942
Repairs and maintenance	€/a	12,900	17,664	57,369	58,174	73,662
Laboratory analyses	€/a	720	720	1,440	1,440	1,440
Total variable costs	**€/a**	**82,956**	**143,566**	**321,408**	**340,582**	**394,643**
Contribution margin	€/a	60,516	142,813	264,599	180,335	196,052
Fixed costs						
Depreciation	€/a	56,328	78,443	110,378	113,768	117,195
Interest	€/a	10,655	15,020	26,999	27,220	27,786
Insurance	€/a	2,664	3,755	6,750	6,805	6,947
Labour	work hrs./d	1.97	3.25	6.11	6.20	6.05
Labour	work hrs./a	719	1,188	2,230	2,264	2,208
Labour	€/a	10,778	17,813	33,455	33,957	33,125
Total fixed costs	**€/a**	**80,424**	**115,031**	**177,582**	**181,750**	**185,052**
Revenues w/o direct costs	€/a	−19,908	27,782	87,016	−1,415	10,999
Overheads	€/a	750	1,500	3,500	3,500	5,000
Total costs	**€/a**	**164,130**	**260,097**	**502,491**	**525,833**	**584,696**
Electricity generation costs	ct/kWh_{el}	26.53	20.91	17.26	18.06	13.93
Profit/loss	**€/a**	**−20,658**	**26,282**	**83,516**	**−4,915**	**5,999**
Return on total investment	**%**	**−3.8**	**11.0**	**16.4**	**3.3**	**4.9**

Table 8.13 Cost/revenue analysis for model plants VI to IX

Cost/revenue analysis	Unit	VI 100% energy crops 500 kW$_{el}$	VII Biowastes 500 kW$_{el}$	VIII 100% energy crops 1,000 kW$_{el}$	IX Biowastes 500 kW$_{el}$
Revenues					
Electricity fed in	kWh/a	4,013,453	4,001,798	8,009,141	4,002,618
Average tariff	ct/kWh	18.52	11.66	15.93	18.52
Sale of electricity	€/a	743,194	466,606	1,276,023	741,274
Sale of heat	€/a	27,525	27,450	49,900	27,455
Total revenues	**€/a**	**770,719**	**494,055**	**1,325,922**	**768,729**
Variable costs					
Substrate costs	€/a	335,818	40,000	638,409	348,182
Consumables	€/a	51,807	57,504	106,549	50,050
Repairs and maintenance	€/a	78,979	76,498	152,787	81,876
Laboratory analyses	€/a	1,440	1,440	2,880	1,440
Total variable costs	**€/a**	**468,045**	**175,442**	**900,625**	**481,548**
Contribution margin	€/a	302,674	318,613	425,297	287,182
Fixed costs					
Depreciation	€/a	135,346	143,657	226,328	147,307
Interest	€/a	32,746	35,255	54,299	41,284
Insurance	€/a	8,187	8,814	13,575	10,321
Labour	work hrs./d	7.24	6.31	11.19	9.41
Labour	work hrs./a	2,641	2,304	4,086	3,436
Labour	€/a	39,613	34,566	61,283	51,544
Total fixed costs	**€/a**	**215,893**	**222,291**	**355,485**	**250,456**
Revenues w/o direct costs	€/a	86,781	96,322	69,812	36,725
Overheads	€/a	5,000	5,000	10,000	5,000
Total costs	€/a	688,937	402,733	1,266,110	737,004
Electricity generation costs	ct/kWh$_{el}$	16.48	9.38	15.19	17.73
Profit/loss	**€/a**	**81,781**	**91,322**	**59,812**	**31,725**
Return on total investment	%	14.0	14.4	8.4	7.1

Consumables

The consumables primarily comprise electricity, ignition oil, lubricating oil and diesel, as well as plastic sheets and sandbags for covering the silage. For gas feed-in to the grid, the consumables also include propane, which is added to the biogas for gas conditioning.

Maintenance and repair

Maintenance and repair costs are estimated at 1%-2% of capital costs, depending on the component. More precise data is available for some components, which enables the cost to be calculated as a function of capacity (e.g. CHP unit with gas spark ignition engine: 1.5 ct/kWh$_{el}$).

Laboratory analyses

Professional process control requires laboratory analysis of the digester contents. The model calculations allow for six analyses per digester per year, each costing €120.

Table 8.14 Cost analysis for model plant X

Cost analysis	Unit	X gas processing
Revenues		
Feed-in gas	m^3/a	2,053,155
	kWh/a	22,581,100
Purified gas	m^3/a	1,900,128
	kWh/a	18,621,253
Raw gas	m^3/a	3,652,570
	kWh/a	19,021,710
Variable costs		
Substrate costs	€/a	638,409
Consumables	€/a	361,763
Repairs and maintenance	€/a	61,736
Laboratory analyses	€/a	2,880
Total variable costs	**€/a**	**1,064,788**
Contribution margin	€/a	−1,064,788
Fixed costs		
Depreciation	€/a	267,326
Interest	€/a	75,358
Insurance	€/a	18,839
Labour	work hrs./d	11.75
Labour	work hrs./a	4,291
Labour	€/a	64,358
Total fixed costs	**€/a**	**425,881**
Revenues w/o direct costs	€/a	−260,897
Overheads	€/a	10,000
Costs of supplying feed-in gas	**€/a**	**1,500,670**
Specific costs of feed-in gas	**€/m^3**	**0.73**
	ct/kWh	**6.65**
of which:		
costs of supplying purified gas	**€/a**	**1,334,472**
Specific costs of supplying purified gas	**€/m^3**	**0.70**
	ct/kWh	**7.17**
of which:		
costs of supplying raw gas	**€/a**	**1,030,235**
Specific costs of supplying raw gas	**€/m^3**	**0.28**
	ct/kWh	**5.42**

8.2.2.2 Fixed costs

Capital-expenditure-dependent costs

Capital-expenditure-dependent costs are made up of depreciation, interest and insurance. The depreciation allowance is component-specific. Depreciation is linear over 20 years for physical structures and over 4-10 years for the installed technical equipment. The tied-up capital is remunerated at an interest rate of 4%. For the purposes of the profitability calculations, no distinction is drawn between equity capital and borrowed capital. The model calculations assume a blanket rate of 0.5% of total capital costs for the cost of insurance.

Labour costs

As the work at a biogas plant is generally performed by permanent employees and as, if the supply of substrate is credited to crop production, there are no particular labour peaks, labour costs can be included in the fixed costs. The required working time is largely made up of the time needed for looking after the plant (control, monitoring and maintenance) and for loading the substrate. The time required for control, monitoring and maintenance is assumed to be a function of the installed capacity, as shown in Figure 9.5 in the chapter entitled 'Farm business organisation' (Section 9.1.3.2).

The time required for loading substrate is calculated as a function of the substrates and technologies used, on the basis of KTBL data. The wage rate is assumed to be €15 per hour.

Land costs

No allowance is made for land costs for operation of the model plants. If the plant is operated as a community plant or commercial plant, additional cost items, such as lease or rent, must also be taken into account.

8.2.3 Cost/revenue analysis

The minimum objective in operating a biogas plant must be to obtain adequate compensation for the capital invested and the labour employed. Any profit over and above this will also justify the entrepreneurial risk involved. The degree of success that can be expected from operation of the model plants is explained below.

Model I is unable to achieve an operating profit despite the high level of payments received. This is largely attributable to the very high specific capital costs (>€7,000/kW_{el}) of such a small plant.

The specific capital costs of models Ⅱ and Ⅲ are significantly lower. The main reason for the profits earned, however, is the manure bonus that these plants receive. On the revenue side, the manure bonus accounts for €47,000 and €66,000, respectively.

The importance of the manure bonus becomes even more apparent from a comparison of plants Ⅲ and Ⅳ energy-crop plant (Ⅳ) has only slightly higher total costs, it is unable to generate a profit as it fails to qualify for the manure bonus, which results in a lower payment for electricity.

Plant V generates only a very small profit. The reason for this is that its electricity is produced mostly from plant-based by-products, with the consequence that the energy crop bonus and manure bonus, to which the plant is basically entitled, are paid on less than 10% of the electricity generated.

The 500 kW energy-crop plant and the 500 kW waste-fuelled plant achieve similarly high profits of roughly €80,000 and €90,000, respectively. However, those profits are of differing makeup. While the fixed costs are at the same level, the energy-crop plant incurs considerably higher substrate costs. On the other hand, it receives a remuneration rate (6.86 ct/kWh_{el}) that is boosted by the energy crop bonus, which results in additional revenues of € 275,000 per year. Although the waste-fuelled plant receives a lower remuneration rate, it also has very low substrate costs. Profitability could be further increased in this case if disposal revenues could be obtained for the wastes employed.

The profit for plant Ⅷ is lower than for plant Ⅵ despite the use of similar substrates. As, under

EEG, significantly lower tariffs apply to plants with a capacity over 500 kW, the average tariff for electricity from plant Ⅷ is approximately 14% below that for plant Ⅵ. Nor can this be made up for by the associated economies of scale.

The 500 kW dry digestion plant generates a profit of approximately € 30,000. Its higher required number of working hours, due to substrate management, and higher fixed-cost charges, are particular reasons why its profit is lower than for wet digestion plant Ⅵ, which likewise uses 100% energy crops and has an identical capacity.

As there is presently still no market price available for biogas (biomethane) fed into the grid, only the costs are given for the gas feed-in plant rather than a cost/revenue analysis. The costs given for the individual items relate to the entire process, including feed-in to the natural gas grid. The table also presents the total costs and specific costs of the supply of raw gas (interface at biogas plant) and purified gas (interface at biogas processing plant). The prices are not directly comparable, because different quantities of gas and energy are made available at the respective interfaces. For example, before being fed in to the grid, the gas is mixed with propane, which is significantly cheaper based on energy content than the produced biogas. This results in lower specific costs for the feed-in gas than for the purified gas (based on energy content).

8.3 Sensitivity analysis

The purpose of the sensitivity analysis is to show which factors have the greatest influence on the profitability of a biogas plant. Table 8.15 and Table 8.16 indicate the extent to which the profits change when the respective factors are changed by the given amounts.

Table 8.15 Sensitivity analysis for model plants I to V

Sensitivity analysis Change in profits in €/a	Ⅰ	Ⅱ	Ⅲ	Ⅳ	Ⅴ
	30% manure, 70% energy crops			100% energy crops	By-products
	75 kW_{el}	150 kW_{el}	350 kW_{el}	350 kW_{el}	500 kW_{el}
Change in acquisition costs by 10%	6,965	9,722	14,413	14,779	15,193
Change in substrate costs by 10%	5,176	9,580	22,656	23,807	27,360
Change in gas yield/methane content/electrical efficiency by 5%	6,784	13,793	23,309	21,953	33,358
Change in required working hours by 10%	1,078	1,781	3,346	3,396	3,312
Change in maintenance and repair costs by 10%	1,290	1,766	5,737	5,817	7,366
Change in electricity tariff by 1 ct/kWh	6,011	12,035	27,948	28,001	39,998
Change in sale of heat by 10%	1,166	2,114	5,038	5,047	6,859

Table 8.16 Sensitivity analysis for model plants VI to IX

Sensitivity analysis Change in profits in €/a	Ⅵ	Ⅶ	Ⅷ	Ⅸ
	100% energy crops	Biowastes	100% energy crops	Dry digestion
	500 kW_{el}	500 kW_{el}	1,000 kW_{el}	500 kW_{el}
Change in acquisition costs by 10%	17,628	18,772	29,420	19,891
Change in substrate costs by 10%	33,582	4,000	63,841	34,818
Change in gas yield/methane content/electrical efficiency by 5%	31,465	17,368	43,049	31,381
Change in required working hours by 10%	3,961	3,457	6,128	6,436
Change in maintenance and repair costs by 10%	7,898	7,650	15,279	6,174
Change in electricity tariff by 1 ct/kWh	40,135	40,018	80,091	40,026
Change in sale of heat by 10%	6,881	6,862	12,475	6,864

The greatest impact is from changes to gas yield, methane content and electrical efficiency as well as from changes to substrate costs, especially in plants using a high proportion of energy crops. The importance of the change in acquisition costs is all the greater, the higher the specific acquisition costs of the plant. In other words, this has a greater effect on small plants than on larger plants. There are less strong impacts from changes to the following factors: working hours, maintenance and repair costs and the sale of heat. Especially with regard to the sale of heat, however, the situation would be different if a heat strategy could be put in place that made considerably more use of the heat and perhaps also achieved higher prices.

Similarly, a very significant impact results from changing the electricity tariff by 1 ct/kWh, although, in practice, it is barely possible to influence the tariff. The example illustrates, however, what influence the loss of the air quality bonus could have: it would drive Plants Ⅳ, Ⅴ and Ⅷ into loss-making territory.

In the case of plant I, the improvement of a single factor would not lead to it making a profit. An operating profit would be achieved only if a 10% reduction in acquisition costs were combined with a 5% increase in gas yield.

Plants Ⅱ and Ⅲ have greater stability thanks to their lower specific capital costs and higher tariffs. Even if certain parameters change for the worse, they will continue to make a profit. The same applies to the waste-fuelled plant (Ⅶ), although, in that case, this is largely due to the very low substrate costs.

8.4 Profitability of selected heat utilisation pathways

Alongside the revenue from electricity, utilisation of the heat from the CHP process is increasingly becoming a key factor in the economic success of a biogas plant. Whether or not heat utilisation can make a significant contribution to that success will depend primarily on how much heat can be sold to offtakers. The foundation for the economic advantages of heat utilisation is laid by the CHP bonus under the Renewable Energy Sources Act[8-1].

As part of a national competition promoted by FNR (Agency for Renewable Resources) on model solutions for future-oriented biogas plants, KTBL analysed data from 62 biogas plant in 2008. The results show that the amount of heat utilised outside the biogas process averages only 39% in relation to the amount of electricity generated. Of the plants analysed, 26 used the heat in on-site buildings (workshop, office), while 17 plants used it to heat animal sheds; 16 plants supplied heat to public buildings such as hospitals, swimming pools, schools and kindergartens; and 13 plants used the heat for drying (cf. Figure 8.1).

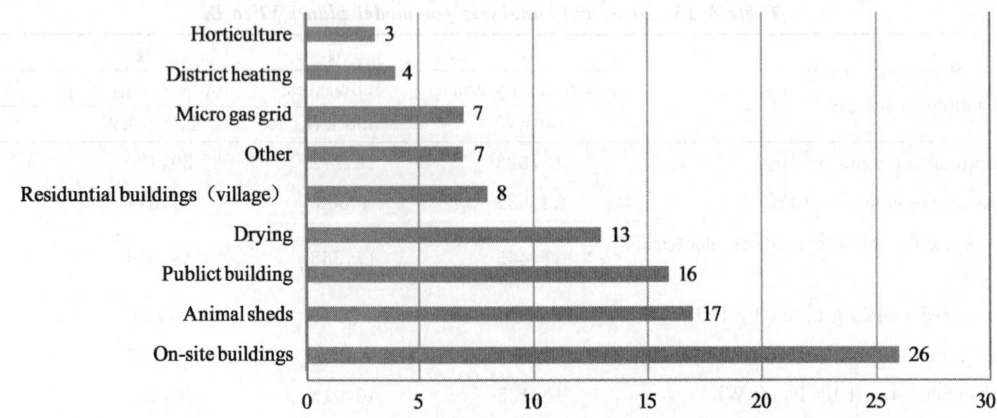

Figure 8.1 Uses of waste heat from biogas plants operating with a CHP process[8-7]

Residential buildings, micro gas grids, district heating and horticulture enterprises are of minor importance as heat offtakers, as such types of heat utilisation are heavily dependent on the chosen site of the biogas plant.

The following sections will examine and explain the profitability of selected heat utilisation pathways. Calculation of the revenues from CHP under EEG 2009 is based on plants commissioned in 2011, as in the case of the model plants. As the bonuses under EEG are also subject to an annual degression rate of 1%, the level of the CHP bonus for 2011 is €0.0294 per kWh, taking account of the restrictions specified in the Positive List and Negative List.

8.4.1 Utilisation of heat for drying

8.4.1.1 Grain drying

Grain drying is only a time-limited option for utilising the waste heat from biogas. Grain is dried in order to improve its storability. On average, around 20% of the crop with a grain moisture content of 20% must be dried to a residual moisture of 14%. This is often done with the aid of batch dryers or mobile dryers. The benefit of grain drying using CHP waste heat is that the heat is used in summer, when there is less demand from other heat users, such as for heating buildings.

The calculations below show whether drying with CHP waste heat is economically advantageous when compared with the use of fossil fuels.

Assumptions:

—grain is dried by batch dryer.

—20% of the crop is dried from a residual grain moisture of 20% down to 14%.

—the quantity harvested is 800 t/a, so the quantity for drying is 160 t/a.

—the drying plant operates for 20 hours per day for a total of 10 days per year.

Table 8.17 Cost/revenue analysis of grain drying usingbiogas or heating oil as the heat carrier

Parameter	Unit	Grain drying using	
		biogas	heating oil
Revenues			
CHP bonus	€/a	470	0
Costs			
Total variable costs	€/a	224	1,673
Total fixed costs	€/a	1,016	1,132
Total labour	€/a	390	390
Total overheads	€/a	150	150
Total costs	**€/a**	**1,780**	**3,345**
Specific costs			
Costs per tonne of saleable grain	**€/a**	**1.66**	**4.24**

To dry a quantity of grain of 160 t/a in the specified period, the required output from the heat exchanger is calculated as 95 kW. Therefore, 18,984 kWh of heat energy will be required annually.

If, for example, the heating work of model plant Ⅲ is assumed at 3,364,804 kWh/a, then drying 160 t of grain will utilise only about 0.6% of the heat generated by the biogas plant. The amount of energy used for drying is equivalent to that from roughly 1,900 litres of heating oil.

Table 8.17 contrasts the costs and revenues of drying grain using biogas and heating oil as heat carrier.

If a heating oil price of €0.70 per litre is taken as a basis, approximately €1,318 can be saved per year by substituting heating oil with biogas. This is the reason why the variable costs are so much lower for drying with biogas as the heat carrier than when using heating oil. When the CHP bonus for the equivalent quantity of electricity of approx. €470 is added, grain drying using CHP waste heat results in a cost advantage of €2,035 per year. With reference to the harvested quantity, the drying costs using biogas amount to €1.66 per tonne of saleable grain as compared with €4.24 per tonne using heating oil.

Table 8.18 Cost/revenue analysis of grain-drying methods utilising waste heat from biogas CHP unit without receipt of CHP bonus **(**[8-9], ***modified on the basis of*** [8-8]**)**

	Unit	150 kW_{el} Mixed-flow dryer	500 kW_{el} Mixed-flow dryer	500 kW_{el} Feed-and-turn dryer	150 kW_{el} Mobile drying	500 kW_{el} Mobile drying
Assumptions						
Instead of a heat generator (heating oil), a heat exchanger is used to transfer heat from the CHP unit to the drying plant						
Useful amount of heat from biogas plant after deduction ofdi gester heating	MWh/a	1,136	3,338	3,338	1,136	3,338
Proportion of utilised waste heat from biogas plant[a]	%/a	9	9	13	9	9
Waste heat utilised	kWh	102,240	300,420	433,940	102,240	300,420
Amount of product (grain) processed	t FM/a	1,023	3,009	4,815	1,023	2,972
Installed heat capacity	kW	88	283	424	88	283
Total capital costs[b]	€	48,476	93,110	140,010	25,889	64,789
Costs						
Capital costs and maintenance	€/a	4,966	10,269	15,468	3,025	8,182
Electricity	€/a	844	1,878	2,450	738	1,633
Labour	h/a	260	260	293	326	456
	€/a	3,658	3,658	4,116	4,573	6,402
Insurance	€/a	251	479	721	134	332
Total costs	€/a	9,979	16,544	23,048	8,796	17,005
Revenues without CHP bonus						
Increase in value from drying the products[c]	€/a	13,105	38,550	61,684	13,105	38,076
CHP bonus	€/a	0	0	0	0	0
Total revenues	€/a	13,105	38,550	61,684	13,105	38,076
Profit without CHP bonus						
Profit	€/a	3,126	22,006	38,636	4,309	21,071
Break-even point	€/t FM	3.06	7.31	8.02	4.21	7.09

[a] Drying period: July and August, during which time mixed-flow drying and mobile drying would utilise 50% of the thermal output of the biogas plant, while feed-and-turn drying would utilise 75% of the thermal output of the biogas plant.

[b] Investment in dryer, so that eligibility criteria from Annex 3 EEG: additional costs amount to 100 per kilowatt of installed thermal capacity are met.

[c] Increase in value obtained as a result of improved storability and better marketing opportunities: €10/t FM.

If grain drying is the sole drying method used, it may be necessary to examine and satisfy eligibility criterion 1.3 for entitlement to the CHP bonus under EEG 2009: '… the additional costs arising from the supply of the heat, which amount to at least 100 euros per kilowatt of heat capacity.' Thus, additional capital expenditure may be required for this drying method before entitlement to the CHP bonus is obtained.

This, however, can increase the costs to €3,023/a, thereby almost cancelling out the cost advantage of utilising heat from biogas and increasing the specific drying costs with biogas to €3.24 per tonne of saleable grain as compared with €4.24 per tonne using heating oil.

As the calculation example shows, using such a small proportion of the total quantity of waste heat for grain drying as the only form of heat utilisation is not economically worthwhile. It needs to be examined whether grain drying can be employed as a seasonal option on top of other heat utilisation strategies.

Table 8.19 Cost/revenue analysis of grain-drying methods utilising waste heat from biogas CHP unit with receipt of CHP bonus ([8-9], modified on the basis of [8-8])

	Unit	150 kW_{el} Mixed-flow dryer	500 kW_{el} Mixed-flow dryer	500 kW_{el} Feed-and-turn dryer	150 kW_{el} Mobile drying	500 kW_{el} Mobile drying
Revenues with CHP bonus						
Increase in value from drying the products[a]	€/a	13,105	38,550	61,684	13,105	38,076
CHP bonus	€/a	2,576	7,805	11,274	2,576	7,805
Total revenues		15,681	46,355	72,958	15,681	45,881
HProfit with CHP bonus						
Profit	€/a	5,702	29,811	49,910	6,885	28,876
Break-even point	€/t FM	5.57	9.91	10.37	6.73	9.72

[a] Power-to-heat ratio of 150 kW plant: 0.857; power-to-heat ratio of 500 kW plant: 0.884

Table 8.20 Heating oil saving for grain-drying methods utilising waste heat from biogas CHP unit

	Unit	150 kW_{el} Mixed-flow dryer	500 kW_{el} Mixed-flow dryer	500 kW_{el} Feed-and-turn dryer	150 kW_{el} Mobile drying	500 kW_{el} Mobile drying
Substitution of fossil fuels						
Amount of heating oil saved[a]	L/a	14,700	34,700	51,410	11,760	34,235
Heating oil costs saved[b]	€/a	10,290	24,290	35,987	8,232	23,965

[a] Amount of heating oil saved compared with use of heating oil as fossil-fuel heat carrier for drying. Efficiency of heating oil air heater: 85%;
[b] Heating oil price: €0.7/L.

However, if offtakers are found for large quantities of heat for drying (e.g. for contract drying), then profitability may be achievable, as is demonstrated by example calculations in[8-8].

It is assumed that 9% of the available heat from a biogas plant can be utilised on about 50 days during the summer months of July and August in Germany. It is further assumed that the additional costs of making the heat available will amount to at least €100 per kilowatt of heat capacity, which means that the CHP bonus can be included among the revenues.

Table 8.18 and Table 8.19 show that, under these conditions, even a small biogas plant (150 kW) is capable of making an appreciable profit, assuming that the increase in value of the grain as a result of improved storability and better marketing opportunities is valued at €10/t FM. Mere inclusion of the CHP bonus, however, is not enough to reach break-even point with the drying variant (see also Table 8.19).

If heating oil is replaced by biogas as the heat carrier, the saving in heating oil costs alone will cover the total costs of the drying variant using CHP waste heat (see Tables 8.18 and 8.20).

In a comparison of the two methods of drying,

the expected profit from mobile drying is comparable to that from mixed-flow drying, despite capital costs being as much as 55% lower. This is attributable to the higher labour costs for mobile drying (e. g. through changing of trailers), the labour costs being 25% or 75% higher depending on the size of plant.

8.4.1.2 Digestate drying

Digestate drying was assessed as being a method of utilising the heat from CHP generation that is worth supporting, and was therefore included in the Positive List in EEG 2009 (digestate is referred to as 'fermentation residues' in EEG). This heat utilisation option makes the plant operator eligible to receive the CHP bonus if the product of processing is a fertiliser. The effect of this form of heat utilisation on the profitability of a biogas plant will be positive only if there are no other profitable heat utilisation options available, as the revenues will usually be limited to the CHP bonus. It will not be possible to reduce the costs of fertiliser application or to add value to the digestate by the drying process unless there are utilisation or marketing strategies in place for the product of drying.

8.4.2 Heat utilisation for greenhouse heating

Greenhouses can consume large quantities of heat for long periods of time. This represents a reliable revenue stream while at the same time resulting in low heat supply costs for the greenhouse operator. The example described below presents the supply of heat for various crop cultivation regimes and two different sizes of greenhouse.

With regard to the growing of ornamental plants, a distinction is drawn between three crop-specific temperature ranges: 'cool' (< 12℃), 'tempered'(12-18℃) and 'warm' crop cultivation management (>18℃).

For an analysis of profitability, the example looks at a biogas plant with an installed electrical capacity of 500 kW. It is assumed that a total of 30% of the heat from the CHP unit is required for heating the digester. Consequently, around 70% of the generated heat, i. e. some 3,200 MWh thermal per year, is available for heating purposes.

Table 8.21 contrasts the heat demand of the various cultivation regimes for greenhouses with an area under glass of 4,000 m^2 and 16,000 m^2 respectively, utilising the waste heat potential of a 500 kW_{el} CHP unit, as a function of cultivation regime and greenhouse size.

The calculation example assumes that heat is supplied from CHP waste heat instead of from heating oil. The CHP waste heat covers the base load, with heating by heating oil covering the peak load. The corresponding costs of meeting the peak load are taken into account in the calculations (cf. Table 8.22).

The heat is extracted from the CHP unit in the form of hot water and is routed to the greenhouse through a local heating pipe.

Although greenhouse heating is listed as one of the heat utilisation categories in the Positive List of EEG 2009, no entitlement to payment of the CHP bonus can be obtained unless such heating replaces the same amount of fossil-fuelled heat and the additional costs of heat supply amount to at least €100 per kW of heat capacity.

In the calculation example below, the additional costs of heat supply from the biogas plant exceed the €100 per kW of heat capacity required by EEG, which means that payment of the CHP bonus can be included among the revenues.

It is further assumed that the biogas plant operator sells the heat at €0.023/kWh_{th}. In addition to the CHP bonus, therefore, there are extra revenues from the sale of heat.

For a greenhouse operator engaged in 'cool' ornamental horticulture, there is a cost advantage of €10,570 or €78,473 per year as compared with heating with heating oil alone, assuming the above-mentioned heat costs of €0.023/kWh and despite the additional capital costs of the heat supply pipe (cf. Table 8.22).

The calculations are based on a heating oil price of 70 cents/L.

For the 'tempered' and 'warm' cultivation regimes, the potential savings rise to as much as 67% through the increased sale of heat with only a slight increase in fixed costs.

8.4.3 Heat utilisation for municipal local heating scheme

The basis for the use, upgrading and new build of heat networks is created by the statutory framework in the form of the amended Renewable Energies Heat Act, the Law on Cogeneration and the associated support possibilities provided by states and districts as well as by subsidised loans.

Table 8.23 presents a planning example with the key parameters for a municipality that is to be supplied with heat. It compares the supply of heat from a wood chip furnace with that from the waste heat from a biogas plant. It is assumed that the base load (about 30% of demand) is met by a wood chip boiler or biogas plant, with the peak load being met by an oilfired boiler (about 70% of demand). The municipality consists of 200 houses, a school and an administrative building. The heat is distributed to the consumers through a hot water heat network. As the municipality's heat demand amounts to 3.6 MW, the wood chip boiler or biogas plant must be designed for a heat capacity of at least 1.1 MW.

Capital costs of €3.15 million (biogas) or €3.46 million (wood chips) can be assumed for the examples. The capital costs of the biogas plant are not counted as part of the heat generation costs, which explains why the capital costs are lower. At around 70%, the local heating pipeline (with main pipeline) as well as the transfer stations and house connections account for most of the capital costs. The calculations assume average required capital costs of €410/m for the local heating pipeline, of which only about €50 to 90 per meter is attributable to heating pipe materials.

Depending on the selling price of the CHP waste heat from biogas, the heat production costs are 8.3 to 11.6 ct/kWh. The heat distribution costs alone account for 3.17 ct/kWh. Another important cost item is the supply of heating oil (for peak load). It is apparent that, in this example, the waste heat from the biogas CHP unit can cost about 2.5 ct/kWh for it to be able to compete with a wood chip heating plant.

8.5 Qualitative classification of various heat utilisation pathways

An overview of the qualitative classification of various heat utilisation pathways is given in Table 8.25.

Table 8.21 Annual heat demand of greenhouses and utilisation of waste heat potential of a 500 kW_{el} biogas plant for different cultivation regimes and greenhouse sizes

Cultivation regime	Cool ornamental horticulture		Tempered ornamental horticulture		Warm ornamental horticulture	
Area under glass (m^2)	4,000	16,000	4,000	16,000	4,000	16,000
Heat required for heating (MWh/a)	414	1,450	1,320	4,812	1,924	6,975
Utilised waste heat potential of a 500 kW_{el} biogas plant (%)	13.3	46.4	42.2	100	61.6	100

Table 8.22 Comparison of heat supply costs for heating by heating oil and by waste heat from biogas CHP unit with reference to the example of two sizes of greenhouse with 'cool' cultivation regimes

	Unit	Area under glass			
		4,000 m^2		16,000 m^2	
		Supply of heat from			
		Heating oil	Biogas	Heating oil	Biogas
Capital costs	€	86,614	141,057	155,539	216,861
Total variable costs (repairs and fuel costs)	€/a	37,770	22,235	129,174	45,105
Total fixed costs (depreciation, interest, insurance)	€/a	7,940	2,930	14,258 390	19,879
Total labour	€/a	390	390	390	390
Total overheads	€/a	500	500	500	500
Total costs	€/a	46,625	36,055	144,348	65,874
Difference between oil and biogas heating	€/a	10,570		78,473	
Saving from biogas versus oil heating	%	22.7		54.4	

Table 8.23 Assumptions and key parameters for heat supply in a municipal local heating scheme with base load met by biogas CHP waste heat and wood chip furnace [based on 8-10]

	Unit	Biogas CHP waste heat		Wood chips
Houses	Number		200	
School	Pupils		100	
Administration/office building	Employees		20	
Total heat demand	**MW**		**3.6**	
Heat demand from biogas/wood chips	MW/a		1.1	
Heat demand from oil-fired boiler	MW/a		2.6	
Total heat	**MWh/a**		**8,000**	
of which biogas waste heat/wood chip heat	**MWh/a**	**5,600**		**5,200**
Network length	m		4,000	
Annual heat demand	kWh/a		6,861,000	

Table 8.24 Required capital costs and heat supply costs for the municipal local heating scheme as a function of the selling price of the biogas CHP waste heat[8-10]

	Unit	CHP waste heat			Wood chips
Selling price of biogas waste heat	ct/kWh	1	2.5	5	
Required capital costs[a]	€	3,145,296	3,145,296	3,145,296	3,464,594
Required capital costs of heat distribution[b]	€	0	2,392,900	2,392,900	0
Costs	€/a	571,174	655,594	796,294	656,896
Heat supply costs	ct/kWh	8.32	9.56	11.61	9.57
of which costs of heat distributionb	ct/kWh	0	3.17	3.17	0

[a] These include: heating and utility building, plant components for peak load supply (oil-fired boiler and oil storage facility), common plant components (buffer store, electrical installations, instrumentation and control systems, sanitation, ventilation and air-conditioning systems), district heating network, incidental construction costs (planning and approval). Additional capital costs of a biomass furnace and biomass storage are included for the wood chips;

[b] The biogas plant is not included in the capital costs. The heat is transferred to the network described here downstream of the CHP unit.

Table 8.25 Qualitative classification of various heat utilisation pathways

Heat utilisation pathway/heat sink	Capital costs	Heat output quantity	Heat supply (continuity of heat output)	CHP bonus	Substitution of fossil fuels
Drying					
-Grain	++/+	0	−	(−)[a]	+
-Digestate	0	++	++	+	−
-Wood chips	+/0	+	0	(−)[a]	0/−
Heating					
-Horticulture	+/0	++	0[b]	+	++
-Residential buildings	−	+/++[c]	+[d]	+	++
-Industrial buildings	+/0	+/++[c]	++[d]	+	++
-Animal sheds	+/0	0[e]	0	+	+
Cooling					
-Dairies	−[f]	++	++	+	++
-Milk precooling	−[f]	0	+	−	−

++ very good/in case of capital costs: very low;

\+ good/in case of capital costs: low;

0 average/in case of capital costs: neutral;

− poor/in case of capital costs: high or very high;

[a] Entitlement to the CHP bonus is achieved only if additional costs arising from the supply of heat amount to at least €100 per kilowatt of heat capacity;

[b] It may be the case that heat is supplied only in the winter months, with the amount of heat varying greatly depending on the temperature level of the cultivation regime and the size of the greenhouse;

[c] Depends on the makeup of the buildings being heated. Of interest for dense housing developments with poorly insulated buildings and for large-scale municipal and commercial consumers;

[d] For covering the base load only. Peak load must be met by other energy sources;

[e] Amount of heat output restricted by upper heat limits in EEG Annex 3;

[f] Capital costs of absorption refrigerator.

8.6 References

[8-1] EEG. Gesetz für den Vorrang Erneuerbarer Energien (Act on granting priority to renewable energy sources-Renewable Energy Sources Act), 2009.

[8-2] Fraunhofer UMSICHT. Technologien und Kosten der Biogasaufbereitung und Einspeisung in das Erdgasnetz. Results of market survey 2007—2008. Oberhausen, 2008.

[8-3] Gemmeke B. -personal communications, 2009.

[8-4] KTBL. Gasausbeute in landwirtschaftlichen Biogasanlagen. Darmstadt, 2005.

[8-5] FNR. Handreichung Biogasgewinnung und-nutzung. Fachagentur Nachwachsende Rohstoffe e. V. (ed.), Gülzow, 2005.

[8-6] vTI. Bundesmessprogramm zur Bewertung neuartiger Biomasse-Biogasanlagen. Abschlussbericht Teil 1, Braunschweig, 2009.

[8-7] Döhler S, Döhler H. Beispielhafte Biogasprojekte unter dem neuen EEG im Rahmen des Bundeswettbewerbs Musterlö-sungen zukunftsorientierter Biogasanlagen. Conference proceedings from the annual conference of Fachverband Biogas e. V, 2009.

[8-8] Gaderer M, Lautenbach M, Fischer T, Ebertsch G. Wärmenutzung bei kleinen landwirtschaftlichen Biogasanlagen, Bayerisches Zentrum für angewandte Energiefor-

schung e. V. (ZAE Bayern), Augsburg, modified, 2007.

[8-9] KTBL. Faustzahlen Biogas. Kuratorium für Technik und Bauwesen in der Landwirtschaft e. V. (ed.), Darmstadt, 2009.

[8-10] Döhler H, et al. Kommunen sollten rechnen. 2009.

Source: Tannhäuser Ingenieure

Farm business organisation 9

The decision to establish biogas as a production branch at a farm or farming collective, or to convert a farm to biogas, can essentially be founded on the following principal arguments:

—establishment of a new branch of business to broaden the production base.

—safeguarding of income by taking advantage of the price guarantee for biogas electricity.

—source of liquid assets throughout the business year.

—market-independent utilisation of land.

—recovery of energy from primary products and by-products.

—reduction of emissions and odours from the storage and application of farm fertiliser.

—improved availability to crops of the nutrients from farm fertiliser.

—self-sufficiency in terms of energy supply.

—enhanced image of the farm.

Before the decision to produce biogas is taken, the following options for the production and use of biogas should be examined and weighed up. The decision will depend also on an individual's willingness to take risks (cf. Figure 9.1).

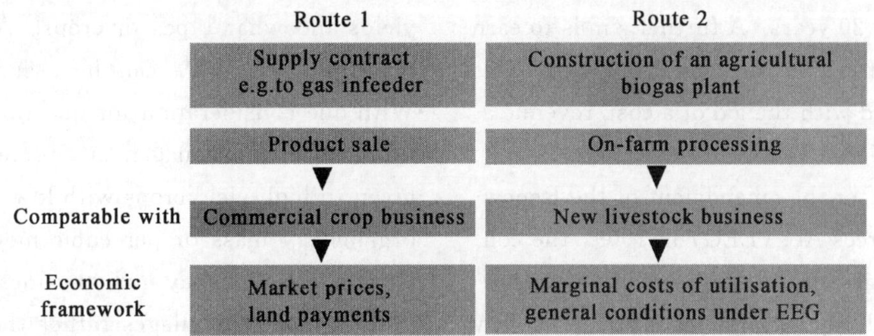

Figure 9.1 Options open to the farmer for biogas production

Option 1: supply of substrate to an existing or new biogas plant; low risk in terms of capital expenditure and operation of the biogas plant, but lower share of the value added from biogas.

Option 2: construction of an on-farm or community biogas plant, either for converting the biogas into electricity at the plant or for selling the biogas to a gas processor, for example; high risk in terms of capital expenditure and operation of the biogas plant, but high share of the value added from biogas.

Option 1 is comparable with the production of commercial crops. However, particularly with regard to the production, say, of maize silage, it should be noted that the dry matter content of the fresh mass of around 30%-40%, compounded by the max. 24-hour shelf life of the silage after removal from storage, makes for limited transportability. At best, therefore, it will be possible to serve a regional market, assuming the silo is located on the producer's premises.

Where the crop is sold directly from the field, as is often the case in southern Germany, the silage capacity will be on the user's premises, i. e.

at the biogas plant. In this case, too, the market will only be regional, because of the required transport capacity.

Regionalisation is further encouraged by the transport costs involved in utilising the digestate, which is mostly stored at the location of the biogas plant. From the standpoint of the biogas plant operator, long-term contracts to meet the relatively constant demand for substrate are desirable. Especially at marginal locations or where yields are liable to variation, this can be a problem for the farmer as far as fulfilment of the contract is concerned.

Option 2, on the other hand, can be compared with the construction of a livestock facility. 'Product processing' takes place on the farm, the aim being to generate a profit from processing, to broaden the production base and to make an investment in the future. This requires additional capital expenditure of €6,000 to 8,000 per hectare, with both the capital and the land being tied up for a long time, about 20 years. A further aim is to earn an appropriate return on the capital invested. This must be examined with the aid of a cost/revenue analysis (cf. Section 8.2.3).

Especially after the amendment of the Renewable Energy Sources Act (EEG) in 2009, the construction of an agricultural biogas plant is predicated on the availability of farm fertiliser, an ability to make meaningful use of the heat generated, the area of land needed to supply the substrate, and the potential for utilisation of the digestate.

More specifically, it is necessary to determine the arising volume of farm fertiliser and the dry matter (DM) content (guide value 0.15-0.2 kW per livestock unit). If the DM content is known, the arising volume of manure can be calculated on the basis of guide values from, for example, the state agricultural research institutes or KTBL. It should be borne in mind that a single manure sample will often produce an unreliable value.

In addition, it is necessary to determine the arisings of agricultural residues (such as fodder residues, top layers of silos, etc.) as well as the availability of any purely plant-based by-products for use as possible self-financing substrates, with regard to both timing and volume, bearing in mind the distances involved in transport. Under the tariff arrangements in EEG, the DM content of purely plant-based by-products is of great significance, because, for the power yield from such substances, a fixed amount of power based on the fresh mass input does not qualify for the NawaRo bonus (cf. Section 7.3.3.2).

Where the digestion of wastes is being considered as an option, the points to examine are the availability of biowastes, transport distances, any requirements relating to conservation of the wastes, concerns over digestion biology and legal issues, and the possible need for hygienisation.

As far as the use of field crops is concerned, when planning an agricultural biogas plant, farmers should be clear about which areas of their land they are able or intend to use for biogas, with what yields and what types of crops. As a rough estimate, 0.5 ha/kW_{el} can be assumed as typical. With due consideration for questions of crop rotation and labour management, preference should be given to high-yield crops with low costs per unit of organic dry mass or per cubic metre of methane. Nevertheless, it may make business sense to grow other whole-crop silages rather than maize if this can balance out the labour peak during maize harvesting and allow the fields to be cleared sooner, for example for sowing oil-seed rape.

Using the entire area of the farm to grow basal feed for cattle and to produce substrate for biogas does not usually make sense, as it is then no longer possible to participate in the market. Furthermore, approaches such as these are inappropriate because of the need for crop rotation on arable farms.

Buying in biomass is common practice where sufficient substrate cannot be produced on the farm's own land. Even where farmers try to enter into long-term contracts in such cases-often with a price adjustment clause-the level of material and economic security for the biogas plant is lower. The construction of additional plants in the region, or changes in agricultural prices, as happened in 2007/08, can have a significant effect on the regional market. Table 9.1 summarises the general conditions that need to be taken into consideration for substrate planning.

Table 9.1 General conditions to be considered for substrate planning

Substrate planning	General conditions
• Farm fertiliser available (with details of DM and VS)	• Storage capacity available (for silage, digestate)
• Agricultural residues arising on the farm	• Heat demand of farm or nearby offtakers (quantities, seasonal cycle)
• Land availability, yields and costs of growing energy crops	• Feed-in points for heat and power • Usable building stock
• Residues from the food and feed industries[a]	• Land available for utilisation of digestate • Compliance with the Ordinance on Biowastes • Transport distances for input substrates and utilisation of digestate • Calculation of the feed-in tariff payable for the use of specific substratesa

[a] The requirements set out in EEG (2009) for calculating the level of feed-in tariffs must be taken into account here.

When deciding on the size of biogas plant to be built, it is necessary to take into consideration not only the supply of substrate, potential utilisation of digestate and quantity of heat that can be put to meaningful use, but also technical, legal, administrative und tariff-related issues. The desired size of biogas plant is sometimes determined without reference to the specific nature of the site in question (heat demand, use of biogas slurry, sizes and structures of farms, etc.) or to the availability of substrate or matters of labour management. However, this can give rise to considerable economic and structural problems and is not recommended.

To sum up, it should be borne in mind that the following factors are particularly important in relation to the actual integration of a biogas plant into an agricultural enterprise:

—**Land requirements** and commitment periods (20 years), although these may also be influenced by the buying-in of substrate, for example.

—**Fertilising regime**: possible increase in the volume of material for spreading on fields and in the quantity of nutrients in the farming cycle.

—**Use of fixed assets**: possibility of making use of existing silos, slurry stores, ...

—**Labour management**: this should take account of the production, harvesting and storage or procurement of raw materials (substrates), operation of the plant, including the processing/loading of substrates, process monitoring, technical support, maintenance, rectification of faults and damage, administrative tasks and field spreading of digestate (example: production, harvesting and storage of grain: 6-8 h/ha as compared with maize silage: 13-15 h/ha).

To cushion the risk, the plant can be built jointly with a partner farm. For this purpose, one option may be to set up a private partnership to generate the basic revenues from energy crops, manure and other substances, such as fats (cf. Section 9.2.2).

The most important factors influencing the restructuring of a farm are set out in the following.

9.1 Farm restructuring-future prospects and approaches to optimisation

Planning and construction of the plant requires

the farmer's participation in a variety of ways. The following list provides an overview of the farmer's key decisions and activities during planning of the biogas plant and its integration into the farm:

—site selection.

—clarification of the electrical connection for feeding the generated power into the grid, including the often required construction of a new transformer station.

—clarification of how the plant will be integrated into the farm on the heat side.

—clarification of how the plant will be integrated on the substrate side.

—licensing procedure (preparation of permit application).

—expert assessments (soil report for the plant site, structural analysis for tanks and new structures, health and safety plan for the construction site, inspection by technical inspection agency, ...).

—any required expansion of storage space for additional digestate from co-substrates.

—site facilities and equipment (outdoor lighting, fencing, signage, paths, water pipes, compensatory planting, ...).

—heating of the plant and fault clearance during the start-up phase and support services for the first six months of operation.

9.1.1 Selection of an appropriate plant site

All of the key parameters for site selection are shown in Figure 9.2 below. The larger the plant, the more important the question of optimum plant location becomes. The opportunities for distributing and utilising the energy products are particularly important (cf. Section 11.2.2).

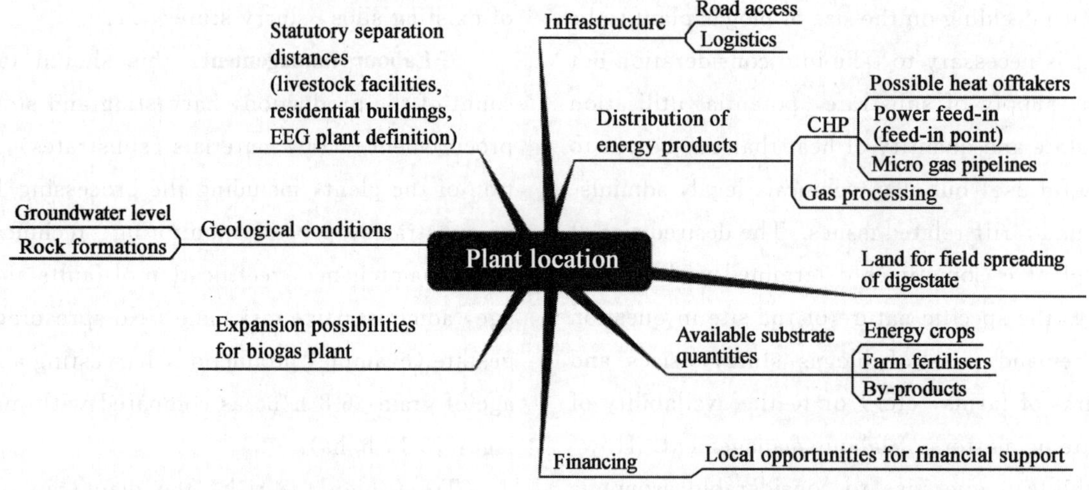

Figure 9.2 Parameters influencing the choice of plant location (CHP: combined heat and power)

It should also be borne in mind that transporting heat makes economic sense over short distances only, and that transporting electricity in the low-voltage range can lead to significant line losses and hence to a lower rate of economic return.

Another factor relevant to site search and selection is the extent to which the transport of substrate and digestate is feasible for the planned size of plant (cf. Section 11.2.2). It also needs to be clarified whether the necessary quantities of substrate of appropriate quality will be available at the location over the longer term. Furthermore, the approval regulations require that a certain distance be maintained from livestock facilities, residential buildings and sensitive water resources. The plans should make allowance for future expansion phases.

In addition to administrative planning parameters, it is also necessary in site search and selection to take account of geological factors, such as groundwater level or soil characteristics (soil type, rock content, etc.). Opportunities for financial support from authorities at local or regional level may be of interest in helping to finance a plant.

9.1.2 Impact of biogas plant on crop rotation

The production of biomass may necessitate adjustments to the system of crop rotation. The priority in this case is on growing crops for gas production as close to the farm as possible in order to minimise transport costs. However, this objective cannot always be met, depending on the size of plant and quantity of substrate (energy crops) required as well as for reasons of crop rotation. For a plant operator who also keeps pigs, for example, it may well make economic sense not to feed the winter barley grown on the farm's own land to the pigs, but instead to harvest the barley at an earlier date, when at the doughy stage, for use as whole-crop silage to produce biogas. The pigs will then instead be fed with bought-in feed barley. The early barley harvest means that, in favourable locations, it will then be possible to grow silage maize as a second crop or aftercrop using early varieties. A side-effect of growing maize as a main crop is the possibility of putting the arising digestate to environmentally sound use for crop cultivation over a longer period of time.

Changing the cropping sequence to focus on biogas production can result in almost year-round greening of arable land, something that has a positive effect in terms of nitrogen exploitation.

Depending on soil moisture content at the time of the maize silage harvest, driving on the fields can have a detrimental impact on soil structure if soil conditions are unfavourable, especially when harvesting second-crop maize.

Both from an agricultural standpoint and also in terms of digestion biology, it has proved beneficial to use a broad mix of substrates in biogas plants. Growing whole-crop cereal (WCC) silage leads to the fields being cleared earlier and allows oil-seed rape, for example, to be sown on time. Maize is a very high-yielding crop and can make good use of digestate in the spring. The use of cereal grain as a means of controlling gas production, for example, is also to be recommended. In addition, cereal grain can be bought in to compensate for fluctuations in the yield of substrates grown on the farm, thereby possibly avoiding the need for substrate to be transported over long distances or in large quantities.

9.1.3 Requirements in terms of land and labour

Before biogas is integrated into farm operations as a production branch, it will be necessary to take account not only of the high capital costs and tying up of land, but also of labour-management issues resulting from changes to the cropping structure (e.g. growing maize instead of grain) and management of the biogas plant. Setting up a biogas plant involves a similar amount of capital being tied up per hectare as for milk production. The area of land required is determined by the size of the biogas plant plus the area needed for livestock rearing (see Table 9.1 and Table 9.2). For the purposes of calculation, the land required both for feed concentrate and also for basal feed was included under dairy cow husbandry.

The required area of land is used to calculate the required working time and tying-up of labour at the various times in the crop production cycle for the supply of substrate. Also the operation of an agricultural biogas plant requires the commitment of working time depending on the type and quantity of substrates used, technology, buildings and the way this business or production branch is integrated into an existing or future enterprise.

Example: Based on working time per unit of land area, a 150 kW biogas plant requires only about 50% of the hours worked compared with dairy cow husbandry on an equivalent area of land (cf. Figure 9.3). About 60% of the working time required for a biogas plant results from growing the substrates and about 40% from operation of the biogas plant. Where biogas production is combined with animal husbandry, there are significant synergistic effects in terms of profitability, emission reductions and often also labour management. It is important for the size of the biogas plant and therefore also the required working time to be matched to operational conditions on the farm.

Table 9.2 Required land, tied-up capital and required working time for various production branches

	Grain 65 dt/ha	Maize 400 dt/ha	153 DC (8,000 L)	BGP 150 kW	BGP + 150 DC
Required land (ha)	1	1	118 0.77 ha/cow	79	183 (67 ha BGP)
Tied-up capital (€)/ha)	876	2,748	4,660	6,126	5,106
Required working time (work hrs./ha)	9.3	15.5	65.6	31.1	66.7

BGP: biogas plant
DC: dairy cows

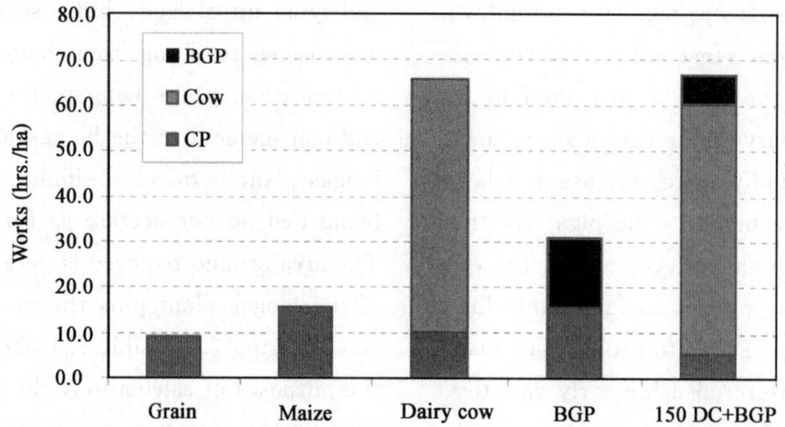

Figure 9.3 Required specific working times for various production branches with integrated biogas production (BGP: biogas plant, cow: animal husbandry with dairy cows (DC), CP: crop production)

In the conditions commonly found in eastern Germany, where the structure of agriculture is on a large scale, it has often proved a good idea if, for example, the person in charge of feed for the dairy unit, with his or her expertise in biological processes, is also made responsible for supervision of the biogas plant.

The working time required for operation of a biogas plant can be largely assigned to the following key process segments:

—production, harvesting and storage or procurement of raw materials (substrates).

—operation of the plant, including processing and loading of substrates.

—supervision of the plant, including process monitoring, maintenance, repair, rectification of faults/damage and administrative tasks.

—spreading digestate on the fields.

All of these process segments are essential for operation. However, depending on the mode of operation and substrate, they can require widely differing amounts of work. To avoid unpleasant surprises, working time planning must always be included in deliberations at the preplanning stage. There are, after all, tried-and-tested alternative solutions available.

For example, work relating to crop production, such as harvesting, transport and field spreading of digestate, can be shared between farms. Also in relation to plant operation, maintenance and monitoring (remote monitoring) can be carried out by specialist personnel in return for payment.

Careful planning for each individual farm is the only way of identifying the appropriate, economically viable solution.

9.1.3.1 Production, harvesting and storage of raw

Where production takes place on the farm's own land, for example by growing maize for silage-making, by harvesting cereal plants for whole-crop silage or by harvesting grassland, there is a considerable volume of planning data available from conventional production techniques. As a rule, such data will also be applicable, without major adaptation, to the production of raw materials. The calculations in the following are therefore based on the well-known calculation documentation from the KTBL data collection on farm planning[9-1].

Required working time for producing substrates for model plant Ⅲ

To illustrate and calculate the impacts on labour management, model plant Ⅲ serves as an example (see also Chapter 8). This model plant processes manure from cattle farming, with a stock of around 150 livestock units (dairy cows). The energy crops used in this case are 5,750 t of maize silage and 200 t of cereal grain. If yields for maize silage are estimated at 44 t/ha (50 t/ha silage maize less 12% silage losses) and those for cereal grain at 8 t/ha, this is equivalent to a cultivated area of roughly 156 ha for energy crops (131 ha for maize and 25 ha for grain).

It is not crucially important whether the land is owned or rented, or whether it is made available through a land swap or by cooperation within an association. The land is no longer available for the supply of basal feed. Whether balanced crop rotation is generally maintained is something that needs to be examined.

Model plant Ⅲ is assumed to have good production conditions, with an average field size of 5 ha and a distance from farm to field of 2 km. The farm has little silage maize harvesting equipment of its own, because, in small-scale agriculture, it is better for demanding work involving high capital expenditure to beoutsourced. It is assumed that the farm itself performs all the work associated with the grain harvest.

Given these assumptions, the total required working time can be estimated at roughly 800 worker-hours per year (not including the spreading of digestate).

Tables 9.3 and 9.4 below show examples of the expected required working times. The figures are taken from the KTBL database, which offers a variety of planning variants.

During the period of silage maize harvesting, in September and early October, about 800 worker-hours are required (depending on the equipment used) for removal of the crop from the field to the silo and for storage in the silo with a wheel loader.

Table 9.3 Sequence of labour operations and required working times for the maize silage process

Work process: maize silage	Worker-hours/ha
Cultivation	4.9
Harvesting and transport outsourced	0
Total worker-hours for maize	4.9

Table 9.4 Sequence of labour operations and required working times for the grain production process

Work process: grain	Worker-hours/ha
Cultivation	5.07
Harvesting and transport	1.1
Total worker-hours for grain	6.17

It is striking that each tonne of produced substrate is 'debited' with about 0.27 worker-hours, including the spreading of digestate, i.e. with labour costs of €4.00 based on a wage of €15.00 per hour.

The production of silage and grain results in a required working time in the individual seasons of the year that would equally need to be allowed for if the use were a different one, such as selling or feeding. A common feature of these production processes is that a stored product is put to identical use over a long period of time, usually even throughout the year. This can be beneficial for management of the process as a whole. Whatever the case, the working time required for supplying the substrates to the biogas plant is relatively uniform with little variation.

The required working time becomes much less easy to plan and predict if residual materials arise during the growing seasons and only for certain periods of time and need to be processed. Relevant examples are the use of freshly cut foliage or of vegetable waste that arises at certain times only. In terms of labour management and process control, it will always be of advantage, wherever seasonally arising substrates are used, if there is an available store of 'reserve substrates' to fall back on in order to prevent temporary gaps in supply.

Another factor that should not be ignored is the negative effect on the digestion process from excessive variation in substrate composition if most of the substrates used are seasonal.

This issue assumes even greater significance if the substrates do not originate from the same farm. In this case, the required working time for substrate sourcing should not be underestimated. However, virtually no knowledge is available on the actual amount of working time required. It is ultimately down to the commercial skills of the operator to guarantee a lasting and, where possible, continuous supply. Where the substrates are picked up by the biogas plant operator, the time required for such work will plainly have an effect on the organisation of work at the farm and also on the associated costs.

Transport within or between farms is unavoidable, regardless of whether a biogas plant is operated individually or, especially, collectively. Not only does the additionally required working time need to be included in the plans, but the associated costs may also become critically important. The use of slurry or solid manure from animal husbandry or of wastes from product processing (grain, beet, vegetables, fruit) is likely to enter into consideration particularly frequently. It is always crucial to weigh the 'product value' for power generation against the 'price', including transport.

Whether or not a potential substrate is economically worth transporting should be clarified in advance at the stage when cooperation agreements or supply contracts are being signed. This is particularly true when deciding on the location of the plant.

9.1.3.2 Required working time for supervision of a biogas plant

The second biogas measuring programme (Biogas-Messprogramm Ⅱ) included a comprehensive data survey on required working times based on operational logs from 61 biogas plants in Germany over a period of two years[9-2]. The collected data were systematised and evaluated to produce the average values listed in Table 9.5.

The average value given in this table for rectification of technical faults/biological process failures in biogas plants results from evaluation of data from 31 biogas plants as part of a project to analyse weak points in biogas plants[9-3].

Evaluation of these and other data reveals that an increase in nominal plant capacity is accompanied by a rise in total required working time in worker-hours per week (cf. Figures 9.4 and 9.5). Also, the results of the second biogas measuring programme demonstrate a close relationship between herd size, substrate input in t/week and required working time.

Table 9.5 Required working time for supervision of biogas plants

Work operation	Unit	Average	Min.	Max.
Routine inspection[a]	h/week	4.4	0.0	20.0
Data collection[a]	h/week	2.7	0.0	9.9
Maintenance[a]	h/week	3.2	0.0	14.0
Fault rectification[b]	h/week	2.7	—	—
Total	**h/week**	**13.0**		

[a] based on [9-2], modified;
[b] [9-3].

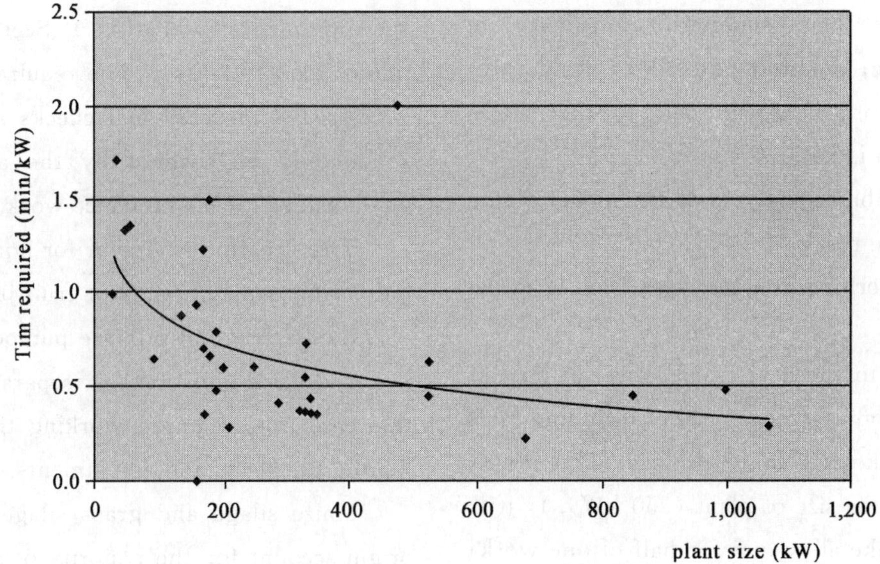

Figure 9.4 Required working time for plant supervision[9-4]

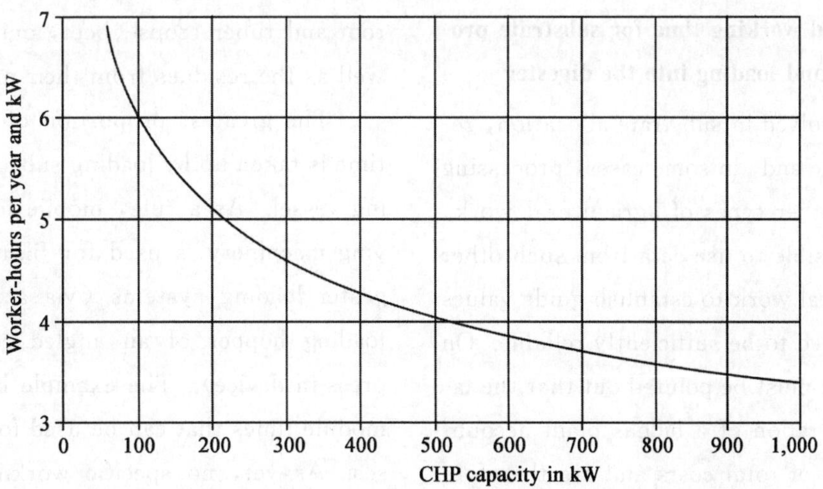

Figure 9.5 Required working time for plant supervision and maintenance[9-5]

Unfortunately, the figures for required working time do not allow any further reliable conclusions to be drawn as to specific key areas of work.

It should be noted that, whereas the study[9-4] did not take account of required working time for fault rectification, the study[9-5] did include such time when calculating the working time required for plant supervision.

Furthermore, as the above-mentioned sources do not give a precise breakdown of the types of work involved in plant supervision, the data are not compareable; nor is it possible to decide precisely which work is attributable to the biogas plant and which is not.

The profitability analyses of the model plants are based on the results from[9-5].

Required working time for supervision of model plant Ⅲ

According to the data from[9-5] as outlined above, supervision of a biogas plant, including fault rectification, takes 4.5 hours per day. This means that, even for this size of plant (350 $kW_{el.}$), it is necessary to make allowance for half of one worker's time for supervision of the biogas plant, including routine activities, data collection, monitoring, maintenance and fault rectification.

9.1.3.3 Required working time for substrate processing and loading into the digester

The work involved in substrate allocation, removal from storage and, in some cases, processing is identical with other types of agricultural work. This makes it possible to use data from such other types of agricultural work to establish guide values that can be expected to be sufficiently reliable. On an overall view, it must be pointed out that the labour costs for operation of a biogas plant account for less than 10% of total costs and are therefore not crucially significant for profitability. Nevertheless, where labour is in short supply it may be necessary to resort to third-party services, which have to be taken into account in the profitability analysis. It should be noted that more reliable guide values for required working times will be needed in future to allow more accurate planning.

The required working time for substrate processing and loading into the digester is highly dependent on the type of substrate.

Liquid substrates, such as slurry, are normally stored temporarily in or near the animal shed, fed into a receiving tank and pumped from there into the digester by pump units that are switched at specific times or intervals (cf. Section 8.1 Description of model plants). The required working time is restricted to occasional checks and adjustments and should be covered by the above-mentioned guide values for maintenance work.

The situation is similar for liquid pomaces and pulps from wine, brandy or fruit juice production.

Liquid fats and oils are pumped from the delivery vehicles into tanks or separate pits. Also in this case, the required working time is generally limited to checks and adjustments.

Maize silage and grass silage of agricultural origin account for the majority of **solid substrates.** Other such substrates that enter into consideration are cereal grains and wastes arising from the cleaning and processing of grain. Another possibility is root and tuber crops (beet, onions, potatoes) as well as the residues from their processing.

The greatest proportion of required working time is taken up by loading substrate into the holding vessel. As a rule, mobile loading and conveying machinery is used for filling the various digester loading systems (via a receiving tank or loading hopper of an angled conveyor/hydraulic press-in device). The example below shows basic module times that can be used for planning purposes. As yet, no specific working time measurements have been carried out in biogas plants.

Table 9.6 presents a summary of loading times using various types of loading equipment.

The required working time for substrate allocation can be estimated by taking the guide values for loading times and multiplying them by the quantities of substrate processed each year; it is then necessary to add an allowance for the required setting-up time.

Particularly at a large biogas plant, the time needed to drive from the silo face to the biogas plant can significantly increase the required working time. Such an increase in required working time can be offset by a suitable choice of plant location and technology.

Required working time for substrate processing and substrate loading for model plant Ⅲ

It is assumed that a telescopic loader is used for filling the loading equipment. An additional allowance of 15 minutes per day is included as setting-up time for machine refuelling, removal of the silo plastic sheet cover and replacement of the cover. Therefore, the required working times for substrate processing and loading add up to a total of 403 worker-hours per year (see Table 9.7).

Table 9.6 Required loading times using various types of loading equipment (based on [9-6], [9-7], [9-8])

Material for loading	Loading times in (min/t)		
	Front loader, tractor	Wheel loader	Telescopic loader
Maize silage (horizontal silo)	4.28-8.06	6.02	3.83
Grass silage (horizontal silo)	4.19-6.20	4.63	3.89
Maize silage (horizontal silo), gravel track, sloping	5.11	2.44	—
Grass silage (horizontal silo), gravel track, sloping	5.11	3.66	—
Solid manure (manure store)	2.58	2.03	—
Large bales (rectangular)	1.25	—	1.34
Grain (loose)	2.61a	—	1.50[a]

[a] Corrected provisional values.

Table 9.7 Calculation of required working time/year for substrate processing and loading, including setting-up times, for model plant Ⅲ

Substrate	Unit	Maize silage	Grain
Substrate quantity	t/a	5,750	200
× loading time	min/t	3.83	1.50
Required working time for loading	worker-hours/a	368	5
+ setting-up time	min/working day	5	
× working days	working days/a	365	
Required working time for setting up	worker-hours/a	30	
Total required working time	**worker-hours/a**	**430**	

9.1.3.4 Required working time for field spreading

In model plant Ⅲ, of the roughly 8,950 t of substrate used per year (manure and energy crops), approximately 71% of volatile solids is converted into biogas. Conversion reduces the mass of digestate to the extent that only about 7,038 t of the original substrate mass needs to be spread on fields.

The calculations do not include any required working time for spreading the quantities of manure contained in the substrate, because the mass of manure loaded into the biogas plant would have incurred spreading costs even without anaerobic treatment. Given identical spreading conditions and technical equipment, the required working time can be estimated to be the same.

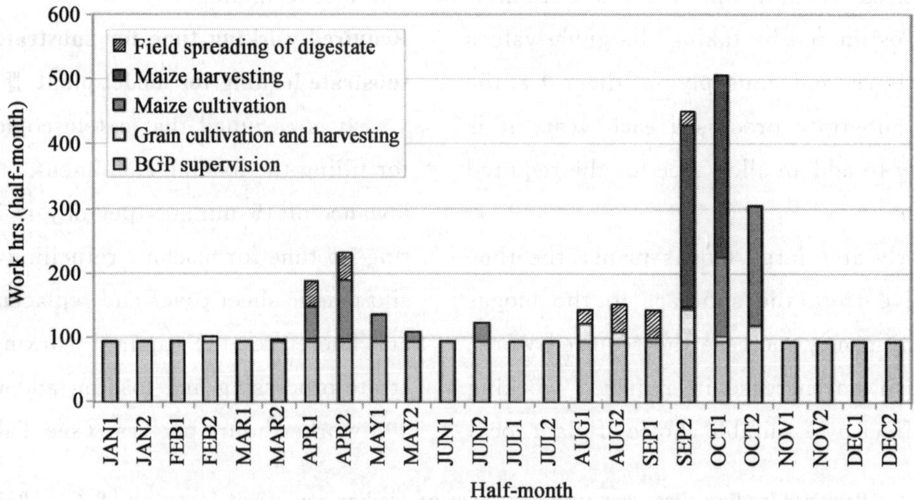

Figure 9.6 Chart of required working times for model plant Ⅲ

Using a 12 m^3 slurry tanker with trailing hose on five-hectare plots of land, at a distance from farm to field of 2 km and at an average spreading rate of 20 m^3 of digestate per hectare, the required working time is 1.01 worker-hours per hectare or 3.03 worker-minutes per m^3. The additional quantity of digestate to be spread, i. e. 4,038 t (7,038 — 3,000 t manure), results, therefore, in a required working time of 204 workerhours per year. A total of 355 worker-hours per year should be set aside for spreading digestate.

Required working time for model plant Ⅲ

In summary, the annual required working time for **model plant Ⅲ** can be calculated at roughly 3,126 worker-hours, on the assumption that time-consuming harvesting work will be contracted out.

At around 2,230 worker-hours, year-round supervision of the plant, including the loading of substrate, is characterised by a relatively uniform and regularly recurring workload. This work will require, say, one permanent full-time employee(see Figure 9.6).

The required working time for growing 131 ha of silage maize comes to 641 worker-hours (including the appropriate share of time for spreading of digestate), with harvesting being outsourced to a third party. However, some 490 worker-hours are required for transporting, storing and compacting the harvested produce in a horizontal silo, work which the farm may be able to carry out itself.

9.1.4 Time as a factor in technology

The principal objective in the operation of a biogas plant is to make best possible use of the installed capacity for power generation, without the need for biogas to be released unused, for example via an emergency flare.

This calls, above all, for the engine in the combined heat and power unit to be operated at high load. A high rate of capacity utilisation will be achieved if the engine is run at full load, i. e. at close to maximum efficiency, for as many hours of the year as possible. The installed capacity of the engine must therefore be matched as closely as possible to the realistically expected biogas yield.

Preliminary plans very often assume an engine running time of 8,000 hours at 100% full load. Plans that include greater allowance for economic risks occasionally assume an annual running time of only 7,000 hours ('safety margin').

However, a running time of 7,000 hours per year means that, to be able to recover the energy from the biogas produced by the digestion process, the engine must have an at least 13% higher capacity than one that runs for 8,000 hours per year. The additional capital expenditure on this extra capacity (including for all other gas supply, storage and purification facilities) must be included in the calculations with €1,000/kW. It must also be borne in mind that the engine should not be subjected to excessive strain by daily alternating stop-start operation. For this reason, and in order to guarantee a constant supply of process heat (an engine can supply heat only if it is running), the work required from the engine in 7,000 hours of full-load operation per year can only be produced if the engine is run almost continuously at part load (90% of rated capacity). Part-load operation always signifies a loss of efficiency. Efficiency losses are almost always at the expense of the amount of electricity fed into the grid and hence at the expense of the operator's revenues. A detailed overview of economic losses, for example from a 5% reduction in efficiency, is given in Section 8.3 Sensitivity analysis.

From an economic standpoint, therefore, the aim must be to run the CHP unit at 8,000 full-load hours per year. Given this level of utilisation of the engine's capacity, however, it must be ensured that an adequate gas storage volume (>7 h) is held available and that an efficient gas storage management system is in place. In normal operation, the gas storage tank should be no more than 50% full. This is for the following reasons:

—it must be able to accommodate the additional gas output arising during homogenisation.

—it must be able to cope with the increase in volume caused by exposure to the sun.

—it must be able to store gas in the event of malfunctions in the CHP unit or in the event of a gridrelated shutdown.

9.2 References

[9-1] KTBL-Datensammlung Betriebsplanung. 2008/2009.

[9-2] Weiland P, Gemmeke B, Rieger C, Schröder J, Plogsties V, Kissel R, Bachmaier H, Vogtherr J, Schumacher B, FNR, Fachagentur Nachwachsende Rohstoffe e. V. (eds.). Biogas-Messprogramm Ⅱ. Gülzow, 2006.

[9-3] KTBL. Schwachstellen an Biogasanlagen verstehen und vermeiden, 2009.

[9-4] Göbel A, Zörner W. Feldstudie Biogasanlagen in Bayern, 2006.

[9-5] Mitterleitner Hans, LfL, Institut für Landtechnik und Tierhaltung, (supplemented)-personal communication, 2006.

[9-6] Melchinger T. Ermittlung von Kalkulationsdaten im landwirtschaftlichen Güterumschlag für Front-und Teleskoplader. Diploma thesis, FH Nürtingen, 2003.

[9-7] Mayer M. Integration von Radladern in alternative Mechanisierungskonzepte für den Futterbaubetrieb. Diploma thesis, FH Nürtingen, 1998.

[9-8] Handke B. Vergleichende Untersuchungen an Hofladern. Diploma thesis, FH Nürtingen, 2002.

Quality and utilisation of digestate

10

10.1 Properties of digestate

10.1.1 Properties, nutrients and value-giving substances

The properties and constituents of digestate are determined essentially by the materials used for anaerobic digestion as well as by the digestion process itself. Agricultural biogas plants in Germany use mainly cattle and pig slurry, cattle and pig dung and poultry manure from poultry fattening. Less common is the use of farm fertiliser from laying hen farming, on account of the high concentrations of ammonium and residues from the supplementary feeding of calcium. Owing to the rules on remuneration laid down in the Renewable Energy Sources Act (EEG), only few plant operators continue to focus exclusively on the use of energy crops. Nevertheless, mention should be made of the long-known and valued effects of the digestion of farm fertiliser on the properties of digestate:

—reduced odour emissions through degradation of volatile organic compounds.

—extensive degradation of short-chain organic acids and consequent minimisation of the risk of leaf burn.

—improved rheological (flow) properties and consequent reduction of leaf fouling on fodder plants and simpler homogenisation;-improved short-term nitrogen efficiency through increased concentration of rapid-action nitrogen.

—killing-off or inactivation of weed seeds and germs (human pathogens, zoopathogens and phytopathogens).

The fact that it is mainly the carbon fraction of the substrate that undergoes change through digestion means that the nutrients it contains are preserved in their entirety. They are, if anything, made more readily soluble by the anaerobic degradation process and therefore more easily absorbable[10-1].

Where mainly energy crops are used to produce biogas, the biological processes with similar sub-strates/feedstuffs are comparable with those that take place in the digestive tracts of livestock. This is there-fore bound to lead to the production of a digestate with properties similar to those of a liquid farm fertiliser. This is confirmed by a study carried out by LTZ Augustenberg (Agricultural Technology Centre Au-gustenberg), which examined digestates from working farms in Baden-Württemberg with regard to quality and quantity of nutrients, value-giving substances and fertilising effect. Table 10.1 presents the parameters of the digestates[10-2]. The study dealt with digestates from the digestion of cattle manure and energy crops; pig manure and energy crops; mainly energy crops; and wastes (sometimes mixed with energy crops). To support the results, control samples of untreated manures were analysed. The key findings from the study are:

—the dry matter content of digestate (7% of FM on average) is around 2% lower than that of raw manure.

—the total nitrogen concentration in digestates with 4.6 to 4.8 kg/t FM is slightly higher than in cattle manure.

—the C : N ratio in digestates is approximately 5 or 6 and thus significantly lower than in raw manure (C∶N=10).

—the degradation of organic matter causes organically bound nitrogen to be converted into inorganically bound nitrogen and therefore results in the ammonium fraction making up a higher proportion (approx. 60% to 70%) of total nitrogen in digestates.

—digestates mixed with pig-manure digestate and biowaste digestate tend to have higher concentrations of phosphorus and ammonium nitrogen, but lower concentrations of dry matter and potassium as well as lower concentrations of organic matter than digestates from cattle manure or energy crops or mixtures of the two.

—no significant differences are detectable with regard to magnesium, calcium or sulphur.

Table 10.1 Comparison of parameters and value-giving properties of digestates and farm fertilisers[10-2]

Parameter	Unit/name	Raw manure	Digestate			
		Digestate Mainly cattle manure	Cattle manure and energy crops	Pig manure and energy crops	Energy crops	Waste (and energy crops)
Dry matter	% FM	9.1	7.3	5.6	7.0	6.1
Acidity	pH	7.3	8.3	8.3	8.3	8.3
Carbon to nitrogen ratio	C∶N	10.8	6.8	5.1	6.4	5.2
Alkaline-acting substances	kg CaO/t FM	2.9	—	—	3.7	3.5
				kg/t FM		
Nitrogen	N_{total}	4.1	4.6	4.6	4.7	4.8
Ammonium-N	NH_4-N	1.8	2.6	3.1	2.7	2.9
Phosphorus	P_2O_5	1.9	2.5	3.5	1.8	1.8
Potassium	K_2O	4.1	5.3	4.2	5.0	3.9
Magnesium	MgO	1.02	0.91	0.82	0.84	0.7
Calcium	CaO	2.3	2.2	1.6	2.1	2.1
Sulphur	S	0.41	0.35	0.29	0.33	0.32
Organic matter	OM	74.3	53.3	41.4	51.0	42.0

FM: Fresh mass.

10.1.2 Contaminants

The concentrations of contaminants in digestates are essentially dependent on the substrates used. Table 10.2 shows guide values for concentrations of heavy metals in digestates in comparison with farm fertilisers. The absolute quantities of heavy metals do not change during the biogas process. The concentrations of heavy metals after digestion are increased by reference to the dry matter and the degradation of organic matter. The limit values for heavy metals laid down in BioAbfV (Biowaste Ordinance)[10-23] are exploited to only max. 17% for lead (Pb), cadmium (Cd), chromium (Cr), nickel (Ni) and mercury (Hg), and to 70% and 80% for copper (Cu) and zinc (Zn). Overall, the concentrations of heavy metals are similar to those in cattle manure. Pig manure has significantly higher concentrations of Pb, Cd, Cu and Zn. Although Cu and Zn are classed as heavy metals, they are also essential micronutrients for livestock and crops as well as for the microbiological processes in a biogas plant. They are added both to animal feed and also to energy crop biogas plants. Therefore, no limit values were laid down for Cu and Zn in the Fertiliser Ordinance (DüMV). At the given concentrations, the utilisation of digestate cannot be expected to give rise to any contamination of soils or watercourses.

Table 10.2 Comparison of concentrations of heavy metals in digestates and farm fertilisers

	Digestate (mg/kg DM)	Exploitation of declaration values acc. to DüMV (%)	Exploitation of limit values acc. to DüMV (%)	Exploitation of limit'values acc. to Bio-AbfV (%)	Cattle manure (mg/kg DM)	Pig manure (mg/kg DM)
Pb	2.9	2.9	1.9	<5	3.2	4.8
Cd	0.26	26	17.3	17	0.3	0.5
Cr	9.0	3	—[a]	9	5.3	6.9
Ni	7.5	18.8	9.4	15	6.1	8.1
Cu	69	14[c](35	—[b]	70	37	184
Zn	316	31[c](158)	—[b]	80	161	647
Hg	0.03	6	3.0	<5	—	—
Source	[10-2]	[10-19]	[10-19]	[10-23]	[10-3]	[10-3]

[a] Limit value for Cr(Ⅵ) only;

[b] DüMV does not specify a limit value;

[c] Declaration value for farm fertilizer;

DM: Dry matter.

10.1.3 Hygienic properties

Liquid manure and other organic wastes can contain a number of pathogens capable of causing infection in both humans and animals (Table 10.3).

Mass screenings continue to come up with positive salmonella findings (Table 10.4). Although the percentage of positive salmonella findings is below 5%, clinically healthy livestock are also affected. To break the cycle of infection, therefore, it is a good idea also to hygienise digestates that have been produced exclusively from farm fertilisers of animal origin, particularly if they are brought onto the market. In many cases, however, it is legally permissible not to hygienise the farm fertiliser part of a biogas plant. While other co-substrates of animal origin as well as wastes from biowaste bins are subject to strict rules on hygienisation, these rules are not always complied with, as is demonstrated by the finding from the biogas plant using biowaste as substrate.

With regard to phytohygiene, hygienisation measures must be applied in particular to prevent the spread of quarantine pests. Of particular importance in this respect are potato and beet diseases (*Clavibacter michiganensis*, *Synchytrium endobioticum*, *Rhizoctonia solani*, *Polymyxa betae and Plasmodiophora brassicae*). For this reason, waste and wastewater from the food industry should always be hygienised before being used in a biogas plant[10-6].

The LTZ screening study examined almost 200 manures and digestates for the following fungal phytopathogens that are characteristic of maize and cereals: *Helminthosporium*, *Sclerotinia sclerotiorum*, *Phytium intermedium and Fusarium oxysporum*. However, a pathogen was detected in only one case[10-2].

10.2 Storage of digestate

Storage in a suitable tank is a prerequisite for utilisation of the nutrients and value-giving substances contained in digestate. As with untreated farm fertiliser, during the storage of digestate there are emissions of climate-relevant gases such as methane (CH_4) and nitrous oxide (N_2O) as well as emissions of ammonia (NH_3) and odorous substances.

Table 10.3 Pathogens in liquid manure and organic wastes[10-4]

Bacteria	Viruses	Parasites
Salmonellae (CS, PS, PE)	Foot-and-mouth disease pathogens	Roundworms
Escherichia coli (CS)	Swine fever	Palisade worms
Anthrax bacteria (CS)	Swine vesicular disease	Trematodes
Brucellae (CS, PS)	Swine flu	Liver fluke
Leptospirae (CS, PS)	Transmissible gastroenteritis (TGE)	Lungworms
Mycobacteria (CS, PS, PE)	Rotavirus infections	Gastro-intestinal worms
Erysipelas bacteria (PS)	Teschen disease	
Clostridia (PE)	Aujeszky's disease	
Streptococci	Atypical bird flu	
Enterobacter	Bluetongue disease	
	Retro-, parvo-, echo-, enteroviruses	

CS: cattle slurry; PS: pig slurry; PE: poultry excrement.

Table 10.4 Incidence of salmonellae in substrates and digestates of biogas plants

	Raw manure		Digestate		
	Cattle manure, pig manure, clinically healthy		Mainly cattle manure	Manures and energy crops	Biowaste and energy crops
Number of samples	280	132	51	190	18
of which salmonella positive	7	5	0	6	2
in %	2.5	3.8	0	3.2	11.1
Year of sampling	1989	1990	2005 to 2008		
Source	[10-5]	[10-5]	[10-2]	[10-2]	[10-2]

10.2.1 Emissions of ammonia

The ammonium concentration, which is increased by the digestion process, as well as high pH values in digestate (cf. Tab. 10.1) promote the emission of ammonia during storage. Formation of a floating layer is usually possible only to a limited extent. In order to prevent ammonia losses from open digestate storage tanks, therefore, it is strongly advised to cover the digestate, for example with chopped straw, also because of the odorous emissions associated with ammonia (Tab. 10.5).

10.2.2 Climate-relevant emissions

In comparison with untreated manure, methane formation from digested manure is considerably reduced by the anaerobic process, because some of the organic matter contained in the substrate has already been metabolised in the digester, which means that there is significantly less easily degradable carbon in the storage tank. Therefore, the extent to which emissions of methane are reduced will depend decisively on the degree to which the organic matter has been degraded and consequently also on the retention time of the substrate in the digester. For example, it has been demonstrated in various studies that digestates with a short digestion phase, i.e. a short retention time in the digester, will emit more CH_4 than digestates with a longer retention time in the digester (Figure 10.1).

Table 10.5 Coverings for digestate storage tanks for reducing emissions of ammonia[10-7]

Covering materials	Capital costs (Ø15m) (€/m²)	Useful life (a)	Annual costs (€/m²)	Reduction in emissions compared with uncovered tanks (%)	Remarks
Natural floating layer	—	—	—	20-70[b]	Low effectiveness if digestate is frequently spread on fields
Chopped straw	—	0.5	< 1	70-90	Low effectiveness if digestate is frequently spread on fields
Pellets	11	10	2.5	80-90	Material losses must be balanced out
Float	35	20	3.2	90-98[c]	Long useful life, new, little experience
Floating plastic sheet	38	10	5.3	80-90	Low maintenance, not suitable for very large tanks owing to high costs
Tent canvas	50	15	5.3	85-95	Low maintenance, no rainwater ingress
Trafficable concrete slab	85	30	6.2	85-95	Low maintenance, no rainwater ingress, up to approx. 12 m diameter

[a] To date, few studies have been conducted into reducing emissions from real-world plants. The information given here is based on experience and investigationswith pig manure;

[b] Depending on the characteristics of the floating layer;

[c] Not suitable for viscous digestates;

Assumptions: Interest rate: 6%; repairs: 1% (only for floating plastic sheet, tent canvas and concrete slab); pellets: 10% annual losses in case of pellets; cost of straw: €8/dt straw (baling, loading, transporting, chopping, spreading), required quantity: 6 kg/m².

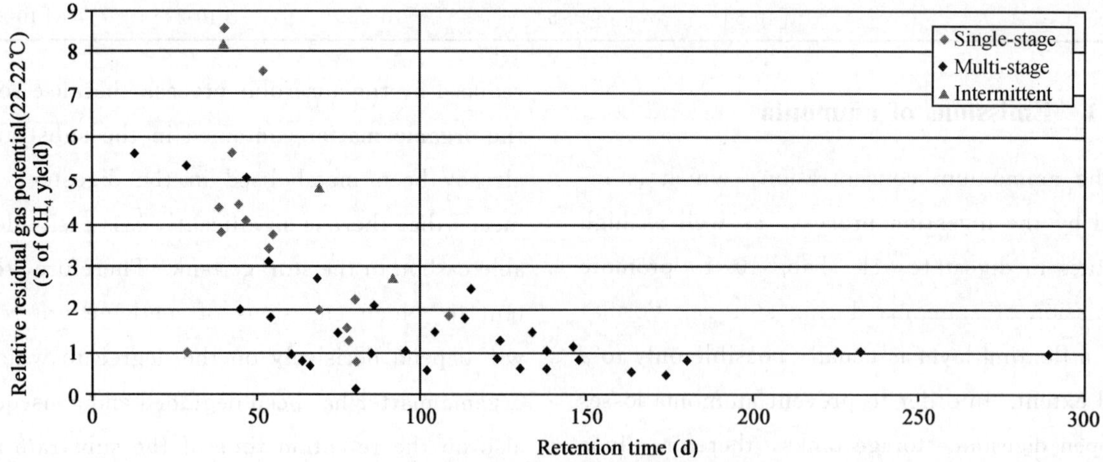

Figure 10.1 *Correlation between relative residual gas potential at 20-22℃ and hydraulic retention time*[10-8]

If the retention time is very short, there can be increased emissions of methane in comparison with untreated manure if substrate that has just been inoculated with methane-forming bacteria is removed from the digester after a short time and transferred to digestate storage[10-9]. Short-circuit streams should therefore be avoided.

To estimate the methane emissions from digestate, it is possible to use the results from batch digestion experiments with digestates at 20-22℃[10-8], since this more or less corresponds to the temperature in a digestate storage tank under real-world conditions. On the other hand, the values for residual gas potential obtained under mesophilic conditions (37℃) cannot be relied on with regard to actual emissions. Nevertheless, they can still give an indication of the efficiency of the digestion process, because they reflect the biomass potential still present in the digestate, i. e. the biomass potential that was not converted in the digester. Both parameters depend, however, on process control and also on the substrates used at the particular plant. Consequently, the values given in Table 10. 6 should be regarded merely as a guide.

Multi-stage plants tend to exhibit a lower residual gas potential both at 20-22℃ and also at 37℃ (Table 10. 6). This is due above all to the fact that a multi-stage plant has a higher retention time, which has the effect of reducing the residual gas potential (Figure 10. 1).

Owing to the high greenhouse potential of CH_4 (1 g CH_4 is equivalent to 23 g CO_2), it is desirable to reduce or prevent CH_4 emissions from digestate storage tanks. Plants without gas-tight end storage should, in addition to multi-stage operation (digester cascade), meet at least one of the following requirements:

—average hydraulic retention time of the total substrate volume of at least **100 days** at a continuous digestion temperature throughout the year of at least 30℃ or

—digester organic loading rate < 2. 5 kg VS/(m_N^3 · d.)①.

Calculation of the substrate volume must take account of all inputs into the digestion tank(s) (including, for example, water and/or recirculate). If the above-mentioned requirements are not met, methane emissions must be expected to exceed the average values given in Table 10. 6. In such cases, it is advisable to retrofit the digestate storage tank(s) with a gas-tight seal② for at least the first 60 days of required digestate storage.

According to the 2009 Renewable Energy Sources Act (EEG), covering of digestate storage tanks is a prequisite for receipt of the NawaRo (energy crop) bonus in cases where the plant is licensable under the Federal German Pollution Control Act. This includes all plants whose total combustion capacity exceeds 1 MW (equivalent to approximately 380 kW_{el}) or whose manure storage capacity exceeds 2,500 m^3. While this applies to all new plants, interpretation of the Act is still under discussion with regard to existing plants as, in many cases, retrofitting of digestate storage tanks is either not possible or possible only to a limited extent (see above).

Also in the case of new plants that are licensable under building law, it is worth considering installing a gas-tight cover not only from an environmental standpoint, but also on economic grounds. Ultimately, the unexploited biomass potential means lost revenue, especially in cases where the residual gas potential is high. The additionally obtained residual gas can be:

—converted into additional electric power (increased electric work), which would provide additional revenue from power generation.

—utilised while keeping the engine load unchanged-the saving of raw substrate on the input side will be equivalent to the additional gas (short-term option where the CHP unit is already working at full capacity; possibility of increased revenue from additional feed-in of electric power).

① m_N^3: Total usable digestion volume.

② Digestate storage tank(s) must meet the following requirements: a) there must be no active temperature control and b) the tank must be connected to the gas-transporting system. Effective prevention of CH_4 emissions from the digestate is already achieved by covering for the first 60 days of required digestate storage, because, as is known from experience, methane formation under the conditions prevailing in a real-world plant will have been completed within that period.

Table 10.6 Residual gas potential of digestates from agricultural biogas plants, based on methane yield per tonne of substrate input; average values as well as minimum and maximum values from 64 operational plants sampled as part of biogas measuring programme Ⅱ [10-8]

Process temperature		Residual gas potential (% of CH_4 yield)	
		Single-stage	Multi-stage
20-22℃	Average	3.7	1.4
	Min-max	0.8-9.2	0.1-5.4
37℃	Average	10.1	5.0
	Min-max	2.9-22.6	1.1-15.0

Especially for plants run on a high proportion of energy crops (e.g. >50% of fresh mass input), it can be worthwhile retrofitting a gas-tight cover on the digestate storage tank, in which case, because of the smaller volume of digestate to be covered-and consequently lower capital costs-there is the expectation of corresponding economic benefits for even low residual gas yields (Table 10.7). In the case of plants run exclusively or predominantly on farm fertiliser, the volume of digestate to be covered rises in line with the size of the plant, with the consequence that the additional revenues from power feed-in may not be sufficient to offset the costs of a gas-tight cover. The 2009 amendment of EEG introduced a manure bonus for plants at which manure makes up over 30% of fresh mass input. This results in correspondingly increased additional revenues, the outcome being that the break-even point is reached at a significantly lower installed capacity than in the case of plants run on a low proportion of manure. However, a significantly reduced residual gas potential can generally be expected in comparison with plants run on energy crops.

A Germany-wide study carried out in 2006 by KTBL (Association for Technology and Structures in Agriculture) revealed that only around one quarter of existing cylindrical tanks (95% of the digestate storage tanks included in the study) were provided with a gas-tight cover[10-11]. This is consistent with results from biogas measuring programme Ⅱ (FNR 2009). However, not all digestate storage tanks are technically suitable for retrofitting with a gas-tight cover. The team of experts accompanying the study came to the conclusion that such retrofitting is possible without problem for only one quarter of existing open cylindrical tanks. A further quarter of tanks were assessed as retrofittable with difficulty on account of structural/design issues. Half of cylindrical tanks were considered unsuitable for retrofitting, as were ground basins (approx. 5% of the digestate storage tanks included in the study)[10-11].

In cases where a tank is of limited suitability for retrofitting, it must be expected that the costs will be significantly higher than those presented above. For single-stage plants, an alternative option is to set up an additional digester, since there is here the expectation of an increased residual methane potential and consequent additional revenues, particularly in the case of short retention times.

Nitrous oxide is produced during nitrification from ammonium or denitrification of nitrate. As rigorously anaerobically stored manure or digestate contains only ammonium and nitrification cannot take place, the potential formation of nitrous oxide is restricted to the floating layer and will depend on its type and aeration. This is demonstrated also in studies into emissions of nitrous oxide from manure and digestate, some of which have led to highly differing results with regard to the influence of digestion on emissions of nitrous oxide. Usually, N_2O emissions from manure storage tanks are negligibly small in comparison with emissions of CH_4 and NH_3 and are insignificant for the assessment of greenhouse gas emissions[10-11]. A gas-tight cover, however, will prevent even those emissions entirely.

Table 10.7 Break-even points[a] for retrofitting gas-tight covers on cylindrical digestate storage tanks: minimum installed electrical capacity required for break-even for various capital costs of retrofitting ([10-10], modified.)[b]

Manure as % of substrate input	<30% (= remuneration without manure bonus)		>30% (= remuneration with manure bonus)	
Usable residual gas	3%	5%	3%	5%
Capital costs (number/diameter of tanks)	Minimum electrical capacity[b] (kW)			
€33,000 (e.g. 1/<25 m)	138	83	109	66
€53,000 (e.g. 1/>25 m)	234	133	181	105
€66,000 (e.g. 2/<25 m)	298	167	241	131
€106,000 (e.g. 2/>25 m)	497	287	426	231
€159,000 (e.g. 3/>25 m)	869	446	751	378

[a] Determination of break-even point based on comparison of unit costs (annual costs per additional kilowatt-hour) and actual tariff per kilowatt-hour fed in;

[b] Calculation basis: CHP unit 8,000 full-load hours, pro rata costs of CHP unit upgrade according to additional capacity from utilisation of residual gas, efficiency according to ASUE (2005)[10-13], remuneration according to KTBL online remuneration calculator (2009). Capital costs and annual costs of cover; calculation based on a useful life of 10 years, gas-tight cover for first 60 days of digestate storage (period within which methane formation from the digestate will normally have been completed under real-world conditions).

10.3 Utilisation of digestate on agricultural land

A sufficient delivery of organic matter to soil fauna, as well as a supply of nutrients matched to the needs of crops and type of soil, are fundamental prerequisites for the sustainable utilisation of agricultural land.

The rise in the price of mineral fertilisers in recent years has made the transport and field spreading of digestates and farm fertilisers economically worthwhile, with the consequence that digestates, because of their nutrient value, are normally worth the cost of transport. Also, fertilisation strategies based on digestates and farm fertilisers are more beneficial in terms of their energy balance than strategies that are founded exclusively on mineral fertilisers[10-12].

10.3.1 Availability and nutrient effect of nitrogen

As confirmed by analysis values (cf. Table 10.1), digestion normally reduces the dry matter content of substrates. Also, the C:N ratio in the digestate narrows as a result of methane digestion according to the degree of digestion. This has a favourable effect in relation to fertilisation, because there is an increase in the amount of ammonium available to the crops. The C : N ratio narrows from around 10 : 1 to approx. 5 to 6 : 1 for liquid manure and from 15 : 1 to 7 : 1 for solid manure. Consequently, however, some of the mineralisable organic matter has already been degraded. This means that, of the organically bound nitrogen, only around 5% is available to the crops in the year of application (3% in the following years)[10-12].

The available nitrogen from the applied digestate in the year of application can be calculated using mineral fertiliser equivalents (MFE). In the year of application, the MFE is determined mainly by the availability of ammonium nitrogen. In the following years, only small additional quantities of nitrogen are supplied from the digestate. If ammonia losses are extensively avoided, the 'short-term MFE' is 40%-60%. This can be deducted from the mineral fertiliser requirement. In the case of longer-term application of digestate (after 10-15 years), an MFE of 60%-70% can be assumed[10-12,10-7].

Generally, however, it can be expected that the effectiveness of the nitrogen from digestate will depend decisively on the method and timing of field spreading, weather, type of soil and type of crop.

The higher pH value of digestate in comparison with raw manure has only an insignificant effect on ammonia losses, because the pH likewise reaches a value of 8 to 8.5 soon after raw manure has been spread. There is, therefore, no significant difference in terms of ammonia emissions[10-15].

10.3.2 Measures to reduce ammonia losses after field spreading of digestates

10.3.2.1 Emissions of ammonia

Table 10.8 presents the losses of ammonia after field spreading of farm fertilisers at different temperatures. It is apparent that ammonia losses increase with rising temperature. Particularly high losses can be expected when digestate is applied to crops or crop residues at high temperatures. The lowest losses can be expected when thin digestate, which is able to seep quickly into the soil, is applied at low temperatures. Simply choosing the best time to spread, therefore, can contribute significantly to reducing the losses of ammonia.

10.3.2.2 Field spreading techniques

The spreading of digestate on agricultural land as a fertiliser is performed using the same techniques as those applied in the utilisation of liquid farm fertilisers. Field spreading is carried out by liquid manure tanker, usually with emission-reducing application equipment (e.g. trailing hose applicator), which allows growing crops to be fertilised at times of maximum nutrient demand.

The purpose of spreading digestate on agricultural land must be to apply the nutrients contained in the digestate for selective fertilisation with similar accuracy to fertilisation with mineral fertilisers, in order to maximise the supply of nutrients to the crop roots and to minimise the losses of nutrients.

The following techniques are used for field spreading of digestate:

Table 10.8 Cumulative ammonia losses after field spreading of farm fertiliser, without working into soil, at different temperatures, within 48 hours ([10-7], modified)

Farmyard fertiliser	Ammonia losses in % of applied ammonium-N[a]			
	5℃	10℃	15℃	25℃, on straw
Cattle manure, viscous digestate[b]	30	40	50	90
Pig manure, thin digestate[b]	10	20	25	70
Liquid manure			20	
Deep-litter stall manure and solid manure			90	
Dry poultry excrement			90	

[a] Emission of residual NH_4-N after storage;

[b] Digestate assessed as cattle/pig manure since no field studies available.

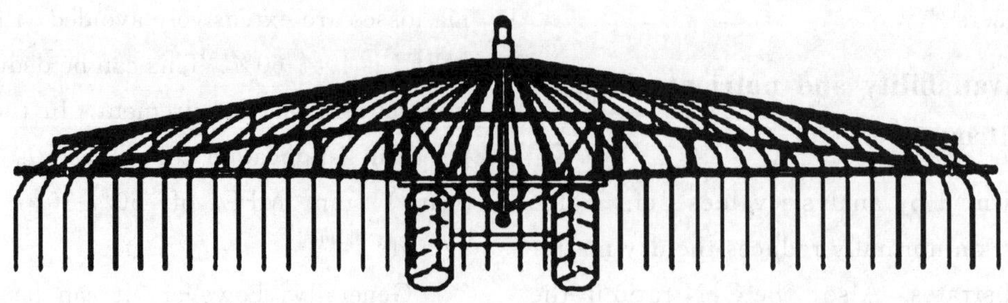

Figure 10.2 Trailing hose applicator

Tanker

A distinction is made between two common types:

—compressor tanker.

—pump tanker.

The techniques used for low-loss and precise spreading of digestate are explained in the following.

Trailing hose applicator

Trailing hose applicators have a working width of between 6 and 24 m; applicators with a working width of 36 m have recently become available. The individual discharge hoses are normally spaced apart at 20 to 40 cm intervals. The digestate is applied to the surface of the soil in approximately 5 to 10 cm wide strips.

Trailing shoe applicator

Trailing shoe applicators have a working width of between 3 and 12, sometimes 18 m; the individual discharge hoses are normally spaced apart at 20 to 30 cm intervals. The ends of the discharge hoses are provided with special spreading devices usually in the form of shoe-like reinforcements or skids, at the ends of which the digestate is applied.

During spreading in the field, the applicator is dragged through the crops (if any). It is inherent in the design of this applicator that the crops will be pushed slightly aside during spreading. The digestate is applied to the uppermost region of the soil (0 to 3 cm), with the result that contamination of the crops is largely prevented.

Cutting applicator

A typical disc applicator has a working width of between 6 and 9 m; the individual discharge hoses are normally spaced apart at 20 to 30 cm intervals. The manure is applied by means of a shoe-like reinforcement with a cutting disc (or steel blade) that cuts open the soil and at the end of which the digestate is applied to the thus exposed soil.

Direct application by manure injector

A manure injector has a working width of between 3 and 6 m; the individual discharge hoses are normally spaced apart at 20 to 40 cm intervals. The soil is worked by a tine, at the end of which the digestate is injected into the stream of earth while the soil is being worked. There are also disc harrows, which work the soil with concave discs, with the fertiliser being similarly injected into the stream of earth.

Table 10. 9 lists the techniques available for application of liquid farm fertilisers and digestates. A wide range of different techniques can be used for field spreading, depending on the type of crop, stage of development and local conditions. Technical and local limitations in connection with field spreading mean that some of the ammonium will always escape into the atmosphere in the form of ammonia.

10. 4 Treatment of digestates

The number and size of biogas plants in Germany are both rising sharply. There is also an intensification of livestock farming, including in regions already with a high cattle density. The result is a regionally high arising of farm fertiliser, with the consequence that there is frequently no point in using digestates a fertilisers. Such fertilisers not only have a high nutrient potential, but they can also overload the natural metabolic cycles unless correctly used. To effectively exploit this nutrient potential, it may be necessary and useful to increase the concentration of nutrients in order to obtain a fertiliser that is economically worth transporting and which can be used in regions without a surplus of nutrients.

The following describes the current status of technologies and processes for separation of nutrients from digestates. The degree of possible nutrient concentration as well as the cost and functionality of the processes are described and the processes evaluated. A comparison of the processes with current costs of digestate utilisation serves to assess the real-world usability of the processes.

Table 10.9 Reduction of ammonia losses after field spreading of liquid digestatesa ([10-7], modified)

Reduction techniques /measures	Areas of use	Emission reduction (%) Digestate Viscous	Thin	Limitations
Trailing hose technique	Arable land:	8	30	Slope of terrain not excessive, size and shape of land, viscous digestate, interval between tram-lines, crop height
	Uncropped	30	50	
	Crop height >30 cm			
	Grassland:	10	30	
	Crop height up to 10 cm	30	50	
	Crop height >30 cm			
Trailing shoe technique	Arable land	30	60	As above, not on highly stony soils
	Grassland	40	60	
Cutting technique	Grassland	60	80	As above, not on stony, overly dry or compacted soils, high tractive power required
Manure injector technique	Arable land	>80	>80	As above, not on highly stony soils, very high tractive power required, limited usability on cropped arable land (limited to row crops)
Direct application (within 1 hour)	Arable land	90	90	With light implement (harrow) after primary tillage, with injector/plough after harvest

[a] To date, few studies have been conducted into reducing the emissions from digestates; the information given here is derived from studies of cattle and pig manure.

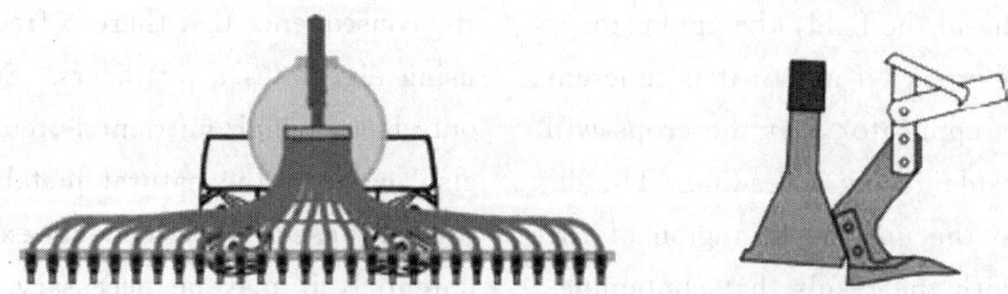

Figure 10.3 Trailing shoe applicator

Figure 10.4 Cutting applicator

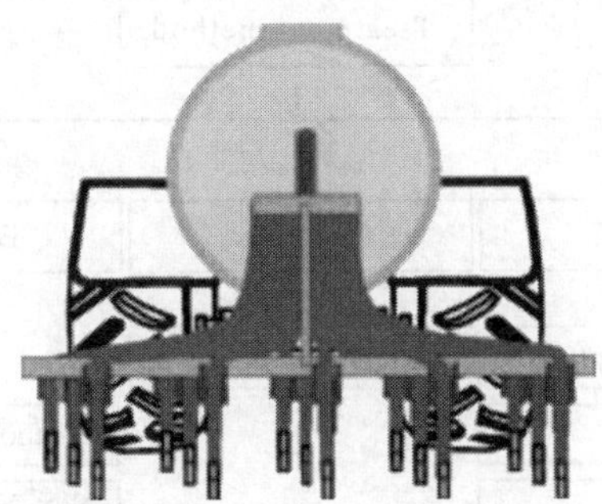

Figure* 10.5 *Manure injector

	JUL	AUG	SEP	OCT	NOV	DEC	JAN	FEB	MAR	APR	MAY	JUN
Wheat,triticale,rye			1)	2)								
Winter barley			1)	2)								
Oats,feed barley												
Winter rape			1)	2)		No spreading acc.to DÜV Section 4 para. 5						
Silage/grain maize												3)
Sugarbeet,fodder beet											3)	
Potatoes											3)	
Field grass												
Fields/meadows												
Catch crops			4)									
Rotting straw			4)									

Good effectiveness Less good effectiveness

1) Only if nitrogen required;work into soil immediately.

2) Max. 40 kg ammonium-N or 80 kg total nitrogen/ha.

3) In March with nitrification inhibitor; work into soil immediately.

4) Max. 40 kg ammonium-N or 80 kg total nitrogen/ha; work into soil immediately.

KTBL (2008), Betriebsplanung Landwirtschaft 2000/2009,752 S

Figure* 10.6 *Field spreading periods for digestates

10.4.1 Treatment techniques

The simplest way to use digestate is to spread it as fertiliser on agricultural land without prior treatment. In more and more regions, such a form of nearby use is either not possible or possible only to a limited extent. High rents for suitable land or long transport distances and associated high transport costs can make it difficult for digestates to be put to economically worthwhile use. Various processes are used (or are under development) to make digestates more economically worth transporting. Such processes may be of a physical, chemical or biological nature (Figure 10.7). The following is confined to physical processes.

10.4.1.1 Utilisation of digestate without treatment (storage of untreated digestate and field spreading)

In the interests of nutrient recycling, it is desirable for digestates to be spread on the same land that was used to cultivate the energy crops used for digestion. As such land will normally be in the immediate vicinity of the biogas plant, the required transport distances are short and both transport and field spreading can be carried out at low cost using the same vehicle without the need for transloading (single-phase). For transport distances of around 5 km or more, transport and field spreading are carried out by separate vehicles. It is generally the case that, as the transport distance increases, the costs of both processes rise significantly, because the nutrient content of the digestate with reference to its transport mass is relatively low. The goal of digestate treatment, therefore, is to reduce the inert water content and to selectively increase the concentration of nutrient fractions.

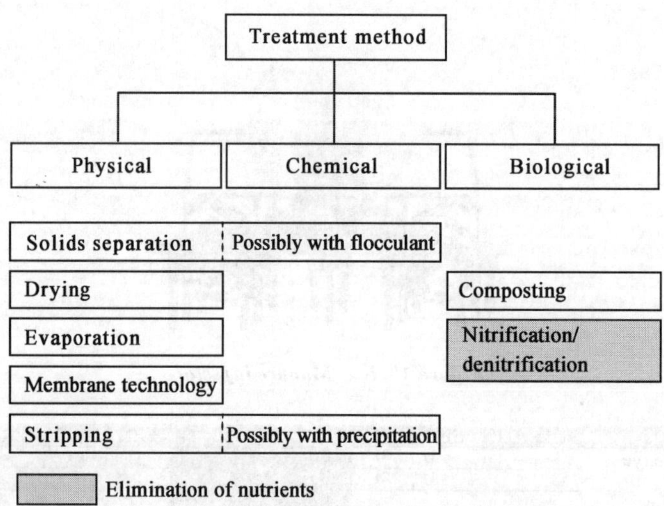

Figure 10.7 Classification of treatment processes by type

10.4.1.2 Separation of solids

The separation of solids is fundamental to digestate treatment. It has the advantages of reducing the storage volume of liquid digestates as well as of lessening the incidence of sinking and floating layers during storage. Above all, however, the nutrients are fractionated, because, whereas soluble, mineral nitrogen remains mainly in the liquid phase, most of the organically bound nitrogen and phosphorus is separated with the solid phase. The separated, low-DM liquid phase can be spread on fields or further treated, while the separated solids can be composted or dried. Depending on the required degree of separation, use is made predominantly of screw press separators, screen drum presses, screen belt presses and decanters.

The separation performance of all the processes is highly dependent on the properties of the digestate and on the adjustment of the separator. The higher the DM content of the digestate, the greater is the achievable volume reduction and separation of phosphorus and organic nitrogen with the solid phase. Screw press separators can attain dry matter concentrations of 30% in the solid phase. Although this is not normally possible with a decanter, this is the only technique for achieving dry matter concentrations below 3% in the liquid phase, which is a prerequisite for some further liquid phase treatment processes. Decanters, however, require the composition of the input material to be constant. Also, compared with separators, they are subject to higher wear and energy consumption.

Flocculants are sometimes used to improve the separation performance, in which connection it is necessary to take account of issues connected with German fertiliser legislation.

10.4.1.3 Further treatment of the solid phase

Direct field spreading of the separated solid phase is possible. As, however, this can lead to nitrogen immobilisation, odour development or dispersion of weed seeds, the separated solids are usually subjected to further treatment.

Composting

Composting is a form of aerobic treatment of organic wastes, the objectives being to stabilise the organic components, to kill off pathogenic germs and weed seeds and to eliminate odour-intensive compounds. Oxygen must be supplied in sufficient quantity to the digestate that is being composted. Since digestate rather lacks structure as a material, successful composting requires the addition of structural material (such as bark mulch) or frequent repiling of the material.

Owing to anaerobic degradation of carbon in the biogas plant, there is reduced spontaneous heating during composting in comparison with untreated organic material. The temperatures reached during composting are only up to 55℃ and not the 75℃ that would be required for successful hygienisation.

Similarly to conventional compost, the resulting compost can be used directly as a soil conditioner[10-25].

Drying

Some drying processes already established in other areas can be used for this purpose. These include drum dryers, belt dryers and feed-and-turn dryers. In most dryer systems, the heat is transmitted by hot air flowing over and through the material to be dried. In a biogas plant, waste heat can be used for this purpose unless there are other uses for it.

During drying, most of the ammonium contained in the solid phase is passed to the waste air of the dryer in the form of ammonia. For this reason, waste air treatment may be required in order to prevent emissions of ammonia. Likewise, there may be emissions of odorants, which, if possible, should be removed from the waste air stream in a combined waste air cleaning process.

Dry matter concentrations of at least 80% in the solid phase can be achieved by drying. This makes the digestate suitable for storage and transport.

10.4.1.4 Further treatment of the liquid phase

The lower DM concentrations in the separated liquid phase make for easier storage and field spreading in comparison with untreated digestate. Frequently, however, additional volume reduction and/or nutrient enrichment in the liquid phase is desirable. This can be accomplished by the following processes.

Membrane technology

The treatment of organically heavily contaminated water using membrane techniques is already widespread in the area of wastewater treatment. Consequently, it has been possible for this full-treatment technology to be adapted relatively well to digestates and for it to be used at some biogas plants. Unlike most other digestate treatment processes, this process requires no heat. This makes membrane technology suitable also for plants that are connected to a micro gas grid or gas processing system and therefore have no surplus heat.

Membrane technology consists of a combination of filtration processes with decreasing pore size, followed by a reverse osmosis stage, which results in a dischargeable permeate and a heavily nutrient-enriched concentrate. The concentrate is rich in ammonium and potassium, while the phosphorus is trapped above all in the ultrafiltration stage and is present in the retentate. The permeate from reverse osmosis is extensively nutrient-free and of a quality suitable for direct discharge into a watercourse. The calculations assume that the two nutrient-rich liquid phases will be mixed for field spreading.

To prevent premature plugging of the membranes, the DM concentration in the liquid phase should not exceed a value of 3%. In the majority of cases, this requires solid/liquid separation in a decanter.

Evaporation

Evaporation of digestates is of interest for biogas plants with high surplus heat, because around 300 kWh_{th}/m^3 of evaporated water is required. This process is suitable only to a limited extent for plants that are run on a high manure concentration and which therefore have a high digestate volume in relation to the energy produced. For the model plant calculated here, with a content of 50% by mass of manure in the substrate input, only 70% of the required heat can be supplied by the biogas plant. Only a small amount of previous operational experience is available in relation to digestate evaporation plants.

A multi-stage process is usually applied. The material is first heated, with the temperature then being gradually increased under vacuum to boiling point. To prevent ammonia losses, the pH value in the liquid phase is lowered by the addition of acid. Technical problems during operation can arise through plugging and corrosion of the heat exchangers. A vacuum evaporation plant reduces the digestate volume by around 70%. Heating of the digestate to 80-90℃ during evaporation allows hygienisation to be included in the process.

In comparison with the input material, evaporation can achieve an up to fourfold increase in the solids concentration, which results in a corresponding reduction in storage and transport costs. However, direct discharge of the treated condensate is not possible, because the statutory limits cannot be met.

Stripping

Stripping is a process for removing substances from liquids in which gases (air, water vapour, flue gas, etc.) are transported through the liquid and the substances are converted to the gaseous phase. Ammonium is converted to ammonia. This process can be assisted by increased temperature and pH value, as is employed, for example, in steam stripping, because the required gas flow rate is reduced with increasing temperature. In a downstream desorption stage, the ammonia in the gaseous phase is converted into a recyclable/disposable product. Desorption of NH_3 from the gas stream can be accomplished by condensation, acid scrubbing or by reaction with an aqueous gypsum solution. The end products of desorption are usually ammonium sulphate and ammoniacal liquor.

As with evaporation, compliance with the statutory limits for discharge of the treated water cannot currently be guaranteed.

10.4.2 Utilisation of treated digestates

In terms of their properties, the **solids** from the separation process are comparable with fresh compost and can, like fresh compost, be used as fertiliser and to increase the concentration of organic matter in soils. The German Federal Compost Quality Association (BGK) has developed quality criteria for solid digestates and awards a seal of quality. Fresh compost, however, is used mainly in agriculture, as there can be an odour nuisance in connection with its storage and spreading on fields. A marketable product first requires stabilisation of the digestate, for example by composting. This, however, is uneconomic at approx. € 40/t of solid. An alternative is to dry the solids as described above. This results in a storable and transportable product that can be used for targeted application of P and K (cf. Table 10.10) in soils with a high nitrogen loading.

Another option is to incinerate the dried solids. However, digestate is not approved as a main fuel under the Federal German Pollution Control Act (BImschV) if manure or excrement is co-digested. This would require a special approval subject to an extensive set of conditions. For digestates of exclusively vegetable origin, the need for regulation is unclear.

In some biogas plants, the **liquid phase from separation** is sometimes used as recirculate. The reduced DM content also allows more precise field spreading with lower NH_3 losses. The lower phosphorus concentration compared with untreated digestates means that, in regions with intensive livestock farming, larger volumes can be utilised at nearby locations, where field spreading is normally limited by the phosphorus concentration in the soil. Problems of regional nitrogen surplus can usually be addressed only by further treatment of the liquid phase, since separation alone does not result in a reduction of the transport volumes.

The **nutrient-containing treatment products of the liquid phase** are often of only limited marketability. Although the nutrient concentrations are higher than those of digestates (Table 10. 10), which makes them more economically worth transporting, they are usually significantly lower than the nutrient concentrations in mineral fertilisers. This can sometimes pose an obstacle to utilisation, because no suitable field spreading technology is available. Field spreading by trailing hose applicator, as employed for field spreading of manure and digestate, requires sufficiently high application volumes to allow uniform distribution of the nutrients in the soil. Mineral liquid fertilisers, such as ammonium-urea solution, with a nitrogen concentration of 28% are frequently applied using pesticide sprayers, which, however, usually have a limited application capacity. Application volumes significantly above 1 m^3/ha are difficult to achieve using standard technology.

The ammonium sulphate solution from stripping comes closest to meeting the standards required of a marketable treatment product. It has a nitrogen concentration of almost 10% and, as a product of exhaust air cleaning and by-product of the chemical industry, is already marketed in large volumes as an agricultural fertiliser.

With regard to **nutrient-depleted or nutrient-free treatment products of the liquid phase**, the economic calculations did not assume any utilisation costs or revenues. Revenues are possible here if offtakers can be found for process water. This appears most likely in the case of membrane technology, which produces a directly dischargeable permeate from reverse osmosis. An option for all virtually nutrient-free products would be use in sprinkling or irrigation, while, for products of dischargeable quality, discharge into a watercourse would be a possible alternative. Where such options do not exist, connection to a water treatment plant with appropriate hydraulic and biological capacities is required. This results in additional costs, which must be taken into consideration.

10. 4. 3 Comparison of digestate treatment processes

The digestate treatment processes described above differ significantly in terms of their current dissemination and operational reliability (Table 10. 11). Digestate separation processes are state of the art and already in common use. Partial treatment, however, does not normally reduce the volume for field spreading and the cost of field spreading of digestates is increased.

Processes for drying the solid phase are already established in other application areas and are adapted for the drying of digestates. Few technical problems are to be anticipated in this connection. However, the drying of digestates is an economically attractive proposition only in cases where, once dried, the digestate can be profitably utilised or there is no other utilisation option for the waste heat from the biogas plant.

Processes for treatment of the liquid phase are not yet state of the art and there is a substantial need for development. Membrane technology is furthest advanced. Here, there are several suppliers on the market as well as a number of reference plants that are in largely reliable operation. Nevertheless, even in this case, there is still development potential for modifying the process in order to reduce wear and energy consumption. For example, improved methods for the separation of solids are already under development, the goal being to extend the useful life of membranes and to reduce energy consumption.

Processes for evaporation and stripping are not yet so advanced in terms of commercial-scale continuous operation. For this reason, an economic assessment as well as the expected product quality are still subject to a substantial degree of uncertainty and the technical risks are comparatively high.

Table 10.10 Nutrient concentrations of fractions, model calculations for treatment processes

Treatment process	Fraction	Mass concentration (%)	N_{org} (kg/t)	NH_4-N (kg/t)	P_2O_5 (kg/t)	K_2O (kg/t)
Untreated	Liquid		2.0	3.6	2.1	6.2
Seperation	Solid	12	4.9	2.6	5.5	4.8
	Liquid	88	1.6	3.7	1.6	6.4
Belt dryer	Solid	5	13.3	0.7	14.9	12.9
	Liquid	88	1.6	3.7	1.6	6.4
	Waste air	7	—	—	—	—
Membrane	Solid	19	4.9	4.4	6.8	4.5
	Liquid	37	2.8	7.4	2.1	14.4
	Wastewater (treated)	44	Limit values met for direct discharge into watercourse			
Evaporation	Solid	19	4.9	4.4	6.8	4.5
	Liquid	31	3.4	8.9	2.5	17.3
	Process water	50	Not suitable for discharge into watercourse			
Stripping	Solid	27	6.8	3.5	7.5	21.7
	Liquid (ASS)	3	0.0	80.6	0.0	0.0
	Process water	70	Not suitable for discharge into watercourse			

ASS: ammonium sulphate solution.

Table 10.11 Comparative evaluation of digestate treatment processes

	Separation	Drying	Membrane technology	Evaporation	Stripping
Operational reliability	++	+/o	+	o	o
Dissemination status	++	+	+	o	o
Cost	+	+/o	o/−	o	+/o
Product usability Solid phase	o	+/o	o	o	o
Liquid (nutrient-rich)	o	o	+	+	++
Liquid (nutrient-poor)			+	o	o

++=very good, +=good, o=average, −=poor.

10.5 References

[10-1] Döhler H , Schiessl K, Schwab M. BMBF-Förderschwerpunkt, Umweltverträgliche Gülleaufbereitungundverwertung. KTBL working paper 272. KTBL Darmstadt, 1999.

[10-2] LTZ. Inhaltsstoffe in Görprodukten und Möglichkeitenzu ihrer geordneten pflanzenbaulichen Verwertung. Project report, Landwirtschaftliches TechnologiezentrumAugustenberg (LTZ), 2008..

[10-3] KTBL. Schwermetalle und Tierarzneimittel inWirtschaftsdüngern. KTBL-Schrift 435, 79 S., 2005.

[10-4] Klingler B. Hygienisierung von Gülle in Biogasanlagen. Biogas-Praxis Grundlagen-Planung-Anlagenbau-Beispiele. Ökobuch Staufen bei Freiburg, 1996, 141.

[10-5] Philipp W, Gresser R, Michels E, Strauch D. Vorkommen von Salmonellen in Gülle. Jauche undStallmist landwirtschaftlicher Betriebe in einem Wasserschutzgebiet, 1996.

[10-6] Steinmöller S, Müller P, Pietsch M. Phytohygienische Anforderungen an Klärschlämme-Regelungsnotwendigkeitenund-

möglichkeiten. Perspektivender Klärschlammverwertung, Ziele undInhalte einer Novelle der Klärschlammverordnung, KTBL-Schrift 453, KTBL, Darmstadt, 2007.

[10-7] Döhler, et al. Anpassung der deutschen-Methodik zur rechnerischen Emissionsermittlung aninternationale Richtlinien sowie Erfassung und Prognoseder Ammoniakemissionen der deutschen Landwirtschaftund Szenarien zu deren Minderung bis zum-Jahre,2010, Berlin, 2002.

[10-8] FNR. Ergebnisse des Biogasmessprogramm Ⅱ,Gülzow, 2009.

[10-9] Clemens J, Wolter M, Wulf S, Ahlgrimm H-J. Methan-und Lachgas-Emissionen bei derLagerung und Ausbringung von Wirtschaftsdüngern. KTBL-Schrift 406, Emissionen der Tierhaltung, 2002, 203-214.

[10-10] Roth U, Niebaum A, Jäger P. Gasdichte Abdeckung von Gärrestlagerbehältern-Prozessoptimierungund wirtschaftliche Einordnung. KTBL-Schrift 449: Emissionen der Tierhaltung. Messung, Beurteilung und Minderung von Gasen, Stäuben und Keimen. KTBL, Darmstadt, 328 S., 2006.

[10-11] Niebaum A, Roth U, Döhler H. Bestandsaufnahmebei der Abdeckung von Gärrestlagerbehältern. Emissionsvermeidung beim Betrieb von Bio- gasanlagen: KRdL-Expertenforum, 4 November 2008, Bundesministeriumfür Umwelt, Naturschutz und Reaktorsicherheit, Bonn. Düsseldorf: Kommission Reinhaltungder Luft im VDI und DIN, 6 S., 2008.

[10-12] Döhler H. Landbauliche Verwertung stickstoffreicherAbfallstoffe, Komposte und Wirtschaftsdünger. In Wasser und Boden, 48 Jahrgang. 11, 1996.

[10-13] ASUE (Arbeitsgemeinschaft für sparsamen undumweltfreundlichen Energieverbrauch e. V.). Energiereferatder Stadt Frankfurt: BHKW-Kenndaten2005-Module, Anbieter, Kosten. Brochure, Kaiserslautern, 2005.

[10-14] Döhler H, Menzi H, Schwab M. Emissionenbei der Ausbringung von Fest-und Flüssigmist und Minderungsmaßnahmen. KTBL/UBA-Symposium. Kloster Banz, 2001.

[10-15] Gutser R. 'Optimaler Einsatz moderner Stickstoffdüngerzur Sicherung von Ertrag und Umweltqualität', presentation on 2 February 2006 at Conferenceon Fertilisation in Bösleben (TU München), 2008.

[10-16] KTBL. Strompreise aus Biomasse-Vergütungsrechnerfür Strom aus Biogas. 2009. http: // www. ktbl. de/index. php? id=360.

[10-17] Körschens, Martin, et al. Methode zur-Beurteilung und Bemessung der Humusversorgungvon Ackerland. VDLUFA Stand punkt, Bonn, 2004.

[10-18] EEG. Act on granting priority to renewable energy sources (Renewable Energy Sources Act-EEG). Federal Law Gazette I, 2008: 2074.

[10-19] DüngemittelV. Ordinance on the Marketing of Fertilisers, Soil Additives, Culture Media and Plant Growth Additives (Fertiliser Ordinance, DüMV). Federal Law Gazette Ⅰ, 2008: 2524.

[10-20] DüV. Ordinance on the Use of Fertilisers, SoilAdditives, Culture Media and Plant Growth Additives According to the Principles of Good Professional Fertilising Practice. Amended version of the Fertiliser Application Ordinance. Federal Law Gazette Ⅰ, 2007: 221.

[10-21] 1774/2002. Regulation (EC) No. 1774/2002 of the European Parliament and of the Council of 3 October 2002 laying down health rules concerning animal by-products not intended for human consumption (Official Journal L 273 of 10 October 2002).

[10-22] TierNebV. Ordinance for Implementation of Animal By-products Disposal Act (Ani-

mal By-products Disposal Ordinance-TierNebV) of 27 July 2006. Federal Law Gazette I, 2006: 1735.

[10-23] BioAbfV. Ordinance on the Utilisation of Biowastes on Land used for Agricultural, Silvicultural and Horticultural Purposes (Ordinance on Biowastes-BioAbfV) of 21 September 1998. Federal Law Gazette Ⅰ, 1998: 2955.

[10-24] E-BioAbfV. Draft: Ordinance for Amending the Ordinance on Biowastes and Animal By-products Disposal Ordinance (as at 19 November 2007). Article 1: Amendment of Ordinance on Biowastes. BMU, WA Ⅱ 4-30117/3, 2008.

[10-25] Ebertseder T. Düngewirkung von Kompost und von flüssigen Gärrückständen im Vergleich. Humus und Kompost 172008, 2007: 64-67.

[10-26] Faustzahlen Biogas, 2nd. revised edition. KTBL (ed.), Darmstadt, 2009.

Project realisation 11

The realisation of a biogas project encompasses all stages of work from concept formulation, feasibility study and plant engineering through to commencement of plant operation. When realising a biogas project, project initiators (e. g. farmers) have the option of carrying out certain phases of the project themselves, depending on their personal commitment and available financial and personnel resources. The individual phases of concept formulation, feasibility study, capital expenditure planning, permitting procedure, plant construction and commissioning are presented in Figure 11. 1.

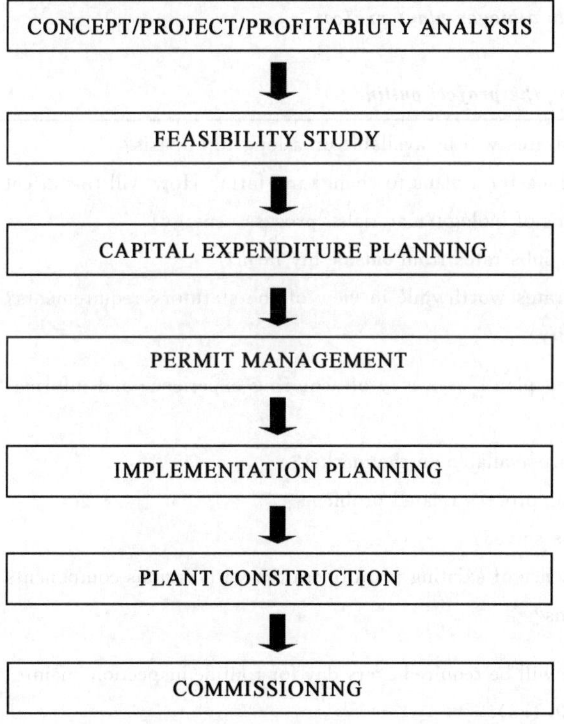

Figure* 11. 1 *Steps in the realisation of a biogas production and utilisation project

To provide a comprehensive overview of the steps required for project realisation and to describe the key areas of work in detail, the following sections are presented mainly in the form of tabular checklists.

11. 1 Concept formulation and project outline

Once the idea for a biogas project has been conceived, it is advisable for the project initiator to draw up a project outline as a basis for the project realisation process. This outline should serve also as an initial basis for project evaluation. The project outline is used to assess not only the site-specific technical feasibility of the project, but also how the project can be financed and whether it is eligible for government subsidy. The project outline is also useful for establishing initial key contacts with potential engineering firms. It is advisable to obtain some preliminary information from existing biogas plant operators about the planning procedure and operation of a biogas plant, especially if the intention is to use identical substrates.

When considering a biogas project, it is important to see the whole picture, including the availability of substrate, the actual biogas plant and the supply of energy to offtakers. The three key aspects presented in Figure 11. 2 must be considered from the outset in the same degree of detail, the objective being to carry out a well-founded initial evaluation of the project concept.

To avoid any unnecessary additional problems in subsequent phases of planning, the project outline should be drawn up in the following steps and should be evaluated using the calculation methods made available in this Guide:

1. Calculation and examination of the available volume of substrate; determination of the biomass supply chain.

2. Rough technical design of the plant.

3. Review of the available area of land.

4. Estimate of costs, eligibility for government subsidy and economic profitability.

5. Review of energy offtake strategy.

6. Assessment of whether the plant will be granted the required official permit and whether it will meet with local approval.

An initial evaluation of the project does not require definite decisions on the above-mentioned aspects (this will take place in the subsequent planning phase) (Table 11.1). Rather, the aim is to ensure that there are at least one or, if possible, several options for successful realisation of the project.

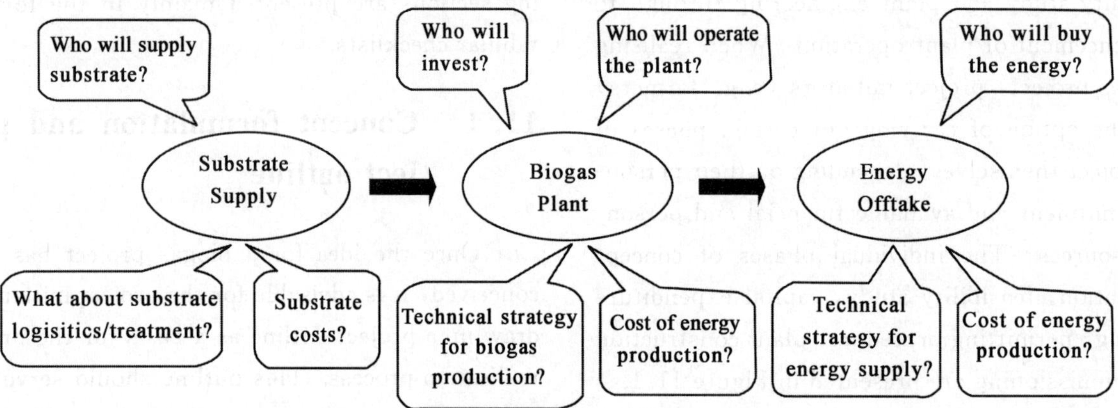

Figure 11.2 General approach to a biogas plant project

Table 11.1 Step 1: Preparing the project outline

Check out the long-term availability of substrates	Which **self-produced** substrates will be available on a long-term basis? Do I have medium-term/long-term plans to change my farm? How will this affect my biogas plant? (in terms of biology/materials, process, energy) Can I count long-term on substrates from **outside** my farm? Is the use of these substrates worthwhile in view of the statutory requirements? (question of proportionality)
Go and visit some existing biogas plants	Go and visit some existing plants as a way of acquiring experience and information. What structural options are available on the market? Where are there structural/process-related problems? How were those problems solved? What has been the experience of existing plant operators with various components and substrate combinations?
Work out how much time you yourself have available	Work out how much time will be required every day for routine inspection/maintenance work (cf. Section 9.1.3). Is this compatible with the situation on my farm? What working time model is possible for my family? (e.g. who will take over the farm after me) Will I need outside workers?

Check out how the heat from the plant can be utilised	Are there potential heat offtakers close to my farm? How much heat needs to be supplied every month?
Work out how much money you have to your disposal	Check your finances How do you expect your income situation to develop in future? Will your financial situation undergo any major changes in the near future?
Goals in Step 1	—Initial assessment of the possibilities in terms of farm business organisation —Gathering of experience from real-world biogas plants —Acquisition of knowledge about what plants/components are available in the market

11.2 Feasibility study

Once the project initiator has made the decision, based on the project outline, to proceed to the next stage of the potential biogas project, it will be necessary to prepare a feasibility study. This will normally rely heavily on the project outline, the principal objective being to determine all the technical, economic and other initial data and parameters and to subject them to a thorough examination. In contrast to the project outline, which provides an initial qualitative evaluation of the planned project, the purpose of the feasibility study is to deliver a quantitative assessment of the envisaged project as well as possible options for its realisation.

The key criteria to be applied for a feasibility study on a biogas plant project are presented in Figure 11.3 and are examined in greater detail in the below sections(Table 11.2).

A feasibility study provides a decision-making document that addresses the following goals:

—examination of the technical and economic feasibility of the project based on an investigation of all parameters and site-specific requirements.

—assessment of technical and economic risks.

—identification of exclusion criteria.

—examination of possible organisational and operational structures.

—creation of a basis for preparation of an application for government subsidy.

—creation of a basis for an assessment of financial viability.

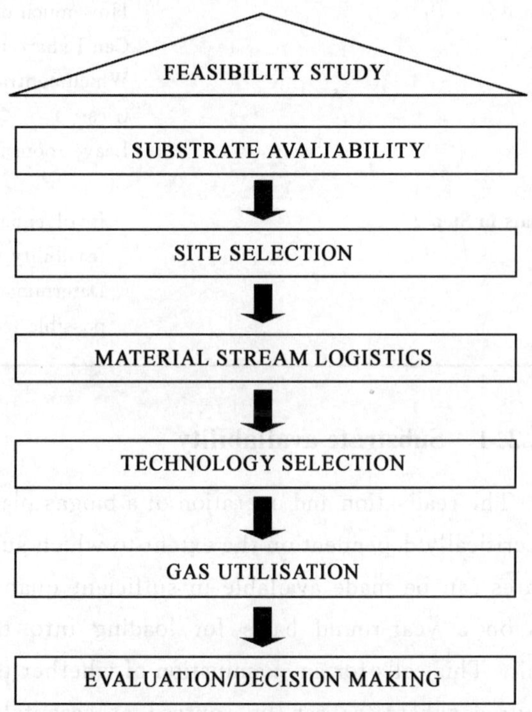

Figure 11.3 Criteria for a feasibility study on a biogas plant

Table 11.2 Step 2: Developing the feasibility study

Engage the services of an experienced and reputable engineering firm/engineering department of an experienced and reputable plant manufacturer	These individuals are extremely important for the further development and planning of the project and will be involved in all further steps. They have access to contacts at permitting authorities and also at regional authorities.
Get in touch with an agricultural adviser	An agricultural adviser is experienced in the building and operation of biogas plants and will be a source of professional advice in connection with other issues, ranging from site selection and plant design through to construction and commissioning.
Decide on the type of plant and construction procedure as well as on the size of plant	Definition of the site characteristics, e. g. ordering of a soil report. Site selection (with reference to a general plan of the farm, buildings, silo areas). Location of the nearest power or gas feed-in point. Decision on appropriate plant configuration/design and technology with reference to future vision for the farm and operational restructuring measures necessitated by the biogas plant. Sizing of the plant components according to an analysis of potentials. Question of procedure: How do I want the project to be implemented? Do I want a turn-key plant? Do I want to break down the plant construction process into a number of separately awarded contracts? How much of the work do I plan to do myself? Can I share the project with other farms? Which contract works do I plan to put out to tender? (e. g. earthworks, electrics…) Leave room for different options.
Goals in Step 2	—Involvement of an experienced engineering firm or adviser for preparation of a feasibility study —Determination of the preferred size of plant and type of plant/procedure with possible feed-in points for power, heat or processed biogas

11.2.1 Substrate availability

The realisation and operation of a biogas plant are critically dependent on the extent to which substrates can be made available in sufficient quantities on a year-round basis for loading into the plant. This calls for an examination of whether the required substrates can be sourced at acceptable cost. Farms that keep livestock are at an advantage in that they already have low-cost access to substrate (manure) that can be made available at the site of the biogas plant without the need for complex logistics. Moreover, the quality of the manure as a farm fertiliser can be improved by the digestion process (cf. Section 4.1). Conversely, for a crop-producing farm, the availability of substrate will depend exclusively on the available agricultural land as well as on the associated costs of supply[11-1]. The type and availability of substrates will determine the technology required for the biogas plant. A checklist for determining the availability of substrate is provided below(Table 11.3).

Table 11.3 Step 3: Availability of substrates

Distinguish between the available substrates	Which biomass substrates are available: —agricultural residues (e. g. cattle manure, poultry excrement) —agroindustrial wastes (e. g. apple mash, pomace) —wastes from trade and industry (e. g. grease trap waste) —wastes from private households (e. g. biowastes) —renewable resources, energy crops (e. g. maize silage, grass silage) At what times will the substrates be available? In what quality will the substrates be supplied?
Biomass suppliers	Who are the potential long-term suppliers of biomass?
Costs of supply	How much will the substrates cost to supply?
Storage area	How much storage area will be required at the planned site?
Pretreatment	How much pretreatment (mixing, comminution) will the envisaged substrates require?
Goals in Step 3	—Selection of substrates with a view to a workable digestion process —Definition of measures for pretreatment and processing of substrates —Selection of potential biomass suppliers

11.2.2 Site selection

When selecting a site on which to construct a biogas plant, it will be necessary to give consideration not only to local site-specific circumstances (such as suitable subsoil, previous use, availability of utilities), which will be reflected particularly in the construction costs, but also to local building-law requirements and social aspects (Table 11.4). Site selection criteria for the construction of a biogas plant are presented in diagrammatic form in Figure 11.4.

Table 11.4 Step 4: Selecting the site

Check out the site	What is the site like? Is the subsoil suitable? Is the site in an industrial zone (on the periphery) or on a farm in the outer zone ('privileged')? How high are the land costs?
Check out the infrastructure	Is the road access suitable for trucks? Which utilities (power, water, sewage, telecoms, natural gas) are available at the site?
Check out the site for power feed-in	How far away is the nearest power feed-in point?
Check out the options for heat utilization	Are there potential heat offtakers near the site? Can the waste heat from the CHP process be used on my own farm? Are the associated conversion works/costs in proportion to the benefit? How much heat needs to be supplied every month? Does the possibility exist to set up a satellite CHP unit (CHP unit physically separate from the biogas plant and connected to the gas tank by a relatively long gas pipeline)?

Check out the site	What is the site like? Is the subsoil suitable? Is the site in an industrial zone (on the periphery) or on a farm in the outer zone ('privileged')? How high are the land costs?
Check out the options for gas feed-in	Is there a possibility at the site for feeding processed biogas into an existing adjacent natural gas grid? (cf. Section 6.3)
Build up local acceptance	Which local residents and businesses will be affected? Which local residents and businesses need to be informed about the project at an early stage and, where appropriate, involved in the project? Who are the potential heat offtakers? Which public institutions need to be included at an early stage in a transparent PR campaign (e.g. involvement of mayors, permitting authority)? What nature conservation interests need to be addressed?
Goals in Step 4	—Selection of the site —Selection of form of biogas utilisation (CHP unit at the site, setting-up of a satellite CHP unit or processing of biogas for feed-in to the natural gas grid) —Building-up of local acceptance through transparent PR campaign

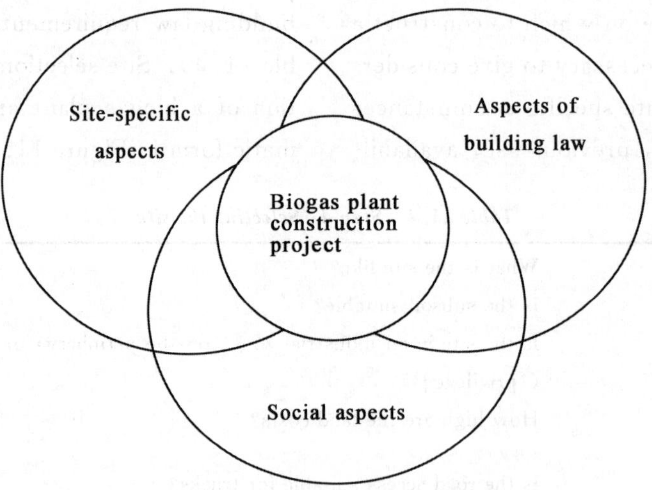

Figure 11.4 Criteria for site selection

11.2.2.1 Site-specific aspects

It must first of all be clarified whether the preferred site is of the necessary size, whether the subsoil is suitable and, if possible, free from contamination, whether any existing buildings and storage areas are in a usable condition and whether grid connection points and heat offtakers are available (cf. Section 9.1.1). The purpose of such an assessment is to keep down the construction costs. The relatively low capacities involved in agricultural biogas production and the associated substrate streams allow the supply of substrate and the disposal of digestate to be effected by road transport. Many substrates scarcely merit the cost of transport on account of their relatively low energy density. Consequently, the search for substrates with which to supply the biogas plant will focus on biomass that is available from the immediate regional vicinity. It will be advantageous to select a site that has access to roads of average transport capacity (such as country roads/B-roads)[11-3].

11.2.2.2 Aspects of building law

Building law distinguishes between the inner and outer zones of a built up area. While the inner zone includes all of the land inside a built-up area, the outer zone refers to the land outside the built-up area. This differentiation between inner and outer zones is laid down in the land use plan of the local authority. To avoid fragmentation of the countryside, there are limitations on building in the outer zone. According to Section 35 para. 1 of the building law code (BauGB), the construction of a biogas plant in the outer zone is permitted under certain conditions, in which case such a plant is classed as 'privileged'. Consideration must also be given to any applicable pollution control legislation as well as to possible regulatory conditions concerned with interference with nature and the countryside (such as compensatory measures).

11.2.2.3 Social aspects

Experience suggests that a proposed biogas project-especially in rural areas-may give rise to debate over whether the project meets with the approval of local residents and/or institutions. This issue can have a particularly disadvantageous impact on whether or not a permit is granted for the proposed plant. Especially a fear of negative consequences, such as odour nuisance, noise emissions, increased traffic volume and visual impact of the site, can result in opposition to the planned project among the affected population. Early measures to build up local acceptance, such as a timely information campaign, involvement of affected residents and institutions as well as a targeted PR campaign, are therefore essential for securing approval of a preferred site for a biogas plant.

11.2.3 Material stream logistics

In view of the distributed structure of biomass arisings and the sometimes distributed, sometimes centralized offtaker structure, biomass logistics assumes a key role within the overall supply chain. This encompasses all enterprise-and market-related activities aimed at making a substrate available. The focus is on optimising the stream of materials and information between supplier and offtaker.

The choice of material stream logistic chains as well as the related signing of one or more biomass supply contracts (long-term, if possible) are especially important for a biogas plant, which requires a constant input of substrate throughout the year. Firm agreements should be signed with suitable biomass suppliers, ideally before the plant is constructed. This will allow both the plant itself and the design of the storage areas and storage tanks to be harmonised with the envisaged substrates and delivery intervals at the planning stage, the goal being to balance out any fluctuations in deliveries of biomass substrates to the site. It is important, prior to drawing up the contract, to iron out how substrate deliveries will be billed. Billing is generally according to the delivered quantity/volume of biomass (e.g. in t, m^3). This calls for detailed quality standards and inspections in order to reduce the risk of low-quality substrates.

Substrate treatment (comminution and mixing) and loading of the substrates into the digester are accomplished by means of appropriate metering equipment (screw conveyors), cf. Section 3.2.1. Transport of substrate inside the plant is carried out mainly by electrically operated pumps. The choice of suitable pumps and conveying equipment is highly dependent on the envisaged substrates and degree of treatment.

Presented below is a checklist for analysing the material stream logistics (Table 11.5).

Table 11.5 ***Step 5: Material stream logistics***

Define and update the material stream volumes	What volumes of substrates do I include in my plans? How wide is the average radius of potential substrate suppliers? How is the seasonal arising of substrates? What are the properties of the envisaged substrates?
Decide on the substrate supply chain	What form of substrate delivery is most efficient for the planned plant? What types of long-and short-term storage are available at the planned site? What forms of treatment and metering will I require? What degree of price uncertainty exists in relation to the purchase of substrates?
Choose the biomass suppliers and digestate offtakers	What substrate delivery terms and quality standards do I need to agree with the relevant biomass suppliers? (e. g. billing of the delivered biomass quantity/volume) Are there offtakers for the digestate?
Substrate transport inside the plant	What handling/transport equipment will I need at the plant? What conveying/pumping equipment will I need inside the plant?
Decide on how the digestate is to be stored	What quantities of digestate will be produced? What method of digestate storage is structurally possible? What method of digestate transport and what digestate field spreading intervals are possible?
Goals in Step 5	—Determination of transport and handling technologies —Definition of available area for substrate and digestate storage at the site of the biogas plant —Selection of biomass suppliers and digestate offtakers —Definition of supply agreements and, if possible, long-term supply contracts

11. 2. 4 Technology selection

According to state-of-the-art plant engineering suitable for real-world applications, the choice of technology for a planned biogas plant will depend in particular on the available substrates (cf. Section 3), the existing infrastructure, the involved parties and the available financing. Presented below is a checklist for technology selection (Table 11. 6).

Table 11.6 ***Step 6: Selecting the technology***

Select the digestion process	Will the plant use wet or dry digestion or a combination of both? What process stages will the plant use? And at what process temperature?
Select the plant components	What components will the plant use? —Receiving, treatment and loading equipment —Digester with internal components and agitator system —Type of gas tank —Method of digestate storage —Biogas utilisation
Involved parties	Which farms and enterprises will be involved as network partners? What experience do the involved parties have? What installation and maintenance firms are available in the immediate vicinity? How much do my staff and partners know about substrate treatment/loading or about transport/silage equipment?
Goals in Step 6	—Selection of state-of-the-art plant components of high-grade, maintenance-friendly materials with automated operation.

11.2.5 Gas utilisation

Depending on the site specifications and envisaged end use, a decision must be made on how to recover the energy from the produced biogas (cf. Section 6). Presented below is a checklist on energy recovery from the biogas produced by the biogas plant (Table 11.7).

11.2.6 Evaluation and decision-making

Evaluation and decision-making for a biogas project is carried out according to the criteria of profitability and method of financing (cf. Section 8.2). A corresponding checklist can be found below in Table 11.8: Evaluation and decision-making.

Table 11.7 Step 7: Recovering the energy from the biogas

Type of biogas utilisation	How can the produced biogas be efficiently used at the site? —Combined heat and power (CHP) generation (e.g. CHP unit, micro gas turbine, etc.) —Cold generation by trigeneration process —Upgrading of biogas (dehumidification and desulphurisation) to natural gas quality for feed-in to the public natural gas grid or micro gas grids —Processing into fuel for motor vehicles —Recovery of heat from biogas
Goals in Step 7	—Selection of method of energy recovery from biogas

Table 11.8 Step 8: Evaluation and decision-making

Draw up a detailed cost budget	A detailed cost budget can be drawn up based on the selected procedure. The cost budget should allow budgetary control at all times. The cost items should be broken down into the following blocks: —costs of individual components —substrate costs (delivery 'free to digester') —depreciation —maintenance and repair —interest —insurance —labour costs —financing/permitting costs —planning/engineering costs —utility costs, grid connection costs —transport costs (if any) —overheads (telephone, rooms, utilities, etc.) The costs of the individual components should be broken down; you should put a precise figure on any work you intend to carry out yourself and/or on any work you intend to contract out.
Possibility of government subsidy	Alongside the market incentive programme and low-interest loans from KfW (German development bank) at federal level, there are various regional government subsidy programmes in the individual German states. Which subsidy-granting agencies should I write to? What requirements must I meet when applying for/claiming a government subsidy? What time limits must I meet? What documents must I submit?

Draw up a detailed cost budget	A detailed cost budget can be drawn up based on the selected procedure. The cost budget should allow budgetary control at all times. The cost items should be broken down into the following blocks: —costs of individual components —substrate costs (delivery 'free to digester') —depreciation —maintenance and repair —interest —insurance —labour costs —financing/permitting costs —planning/engineering costs —utility costs, grid connection costs —transport costs (if any) —overheads (telephone, rooms, utilities, etc.) The costs of the individual components should be broken down; you should put a precise figure on any work you intend to carry out yourself and/or on any work you intend to contract out.
Financing	The external financing requirement must be calculated. You should avail yourself of the financial advice offered by banks; financing strategies should be subjected to a thorough examination with regard to the situation in which the farm finds itself. Financing proposals should be compared.
Goals in Step 8	Preparation of a profitability analysis, taking account of the assessment of other advantages (e. g. odour, flowability of biogas slurry, etc.) Consequence: possible establishing of contact with (neighbouring) farms in order to: —source additional substrates —set up a community of operators →New profitability analysis as a decision-making basis

11.3 References

[11-1] Görisch U, Helm M. Biogasanlagen. Ulmer Verlag, 2006.

[11-2] FNR (eds.). Leitfaden Bioenergie-Planung. Betriebund Wirtschaftlichkeit von Bioenergieanlagen, 2009.

[11-3] Müller-Langer F. Erdgassubstitute aus Biomasse fürdie mobile Anwendung im zukünftigen Energiesystem. FNR, 2009.

[11-4] BMU. Nutzung von Biomasse in Kommunen-Ein Leitfaden. 2003.

[11-5] AGFW Arbeitsgemeinschaft Fernwärme e. V. bei derVereinigung Deutscher Elektrizitätswerke e. V. (eds.). Wärmemessung und Wärmeabrechnung. VWEW-Verlag, Frankfurt a. Main, 1991.

[11-6] Technische Information 4, Sicherheitsregeln für Biogasanlagen. Bundesverband der landw. Berufsgenossenschaftene. V.

Kassel BImSchG. Act on the Prevention of Harmful Effects onthe Environment caused by Air Pollution, Noise, Vibrationand Similar Phenomena (Pollution Control Act: Bundes-Immissionsschutzgesetz-BImSchG), 2008.

BioabfallV. Ordinance on the Utilisation of Biowastes on LandUsed for Agricultural, Silvicultural and HorticulturalPurposes (Ordinance on Biowastes: Bioabfallverordnung-BioAbfV).

BiomasseV. Ordinance on the Generation of Electricity from Biomass (Biomass Ordinance: Biomasseverordnung-BiomasseV).

DIN EN ISO 10628. Flow diagrams for process plants-Generalrules (ISO 10628: 1997); German version EN ISO10628:2000.

Düngegesetz (DünG). Fertiliser ActDüngemittelverordnung: Ordinance on the Marketing of Fertilisers, Soil Additives, Culture Media and Plant GrowthAdditives (Fertiliser Ordinance: Düngemittelverordnung-DüMV).

Düngeverordnung. Ordinance on the Use of Fertilisers, SoilAdditives, Culture Media and Plant Growth AdditivesAccording to the Principles of Good Professional Fertilising-Practice (Fertiliser Application Ordinance: Düngeverordnung-DüV).

EU Directive 1774. Guidelines on application of new Regulation(EC) No. 1774/2002 on animal by-products.

Landesabfallgesetz. Regional regulations of German states oncollection and recycling of organic wastes (state wastedisposal law).

Landeswassergesetz. Regional regulations of German states onWater Resources Act (state water law: Landeswassergesetz-LWG).

TA Lärm. Technical Instructions on Noise Abatement (SixthGeneral Administrative Regulation on Pollution Control Act).

TA Luft. Technical Instructions on Air Quality Control-TA Luft(First General Administrative Regulation on Pollution Control Act).

UVPG. Environmental Impact Assessment Act.

VOB. German construction contract procedures (Vergabe-undVertragsordnung für Bauleistungen).

EC Regulation No. 1774/2002. Regulation of the European Parliamentand of the Council of 3 October 2002 layingdown health rules concerning animal by-products notintended for human consumption.

Wasserhaushaltsgesetz. Water Management Act (Wasserhaushaltsgesetz-WHG).

Significance of biogas as a renewable energy source in Germany 12

For more than 30 years now, debate over energy policy and environmental policy in Germany has been largely driven by energy-related impacts on the environment. Substantial efforts in Germany to push ahead with renewable forms of energy have already led to a significant reduction in emissions of climatedamaging gases. A major contribution in this respect has been made by the supply and utilisation of biogas, especially for the generation of electricity.

Since the Renewable Energy Sources Act (EEG) came into force in 2000, the rate of production and utilization of biogas has risen sharply, particularly in agriculture. In the past this trend was supported by the German Government's market incentive programme (MAP) and by various investment promotion programmes in the federal states. The amendment of EEG in 2004 played a big part in accelerating the construction of biogas plants. It made the use of energy crops for the supply of biogas an economically attractive proposition, which has led, among other things, to the present situation, in which considerable potential for biogas production and utilisation has already been developed. Nevertheless, there is still appreciable potential for organic material streams to be exploited for the production of biogas. Conditions are thus now in place that offer the prospect of swift further expansion of the production and utilisation of biogas.

12.1 Biogas production as an option for generating energy from biomass

The term 'biomass' refers to matter of organic origin that can be used to supply energy. Biomass thus includes the phytomass and zoomass (plants and animals) living in nature and the waste products they generate (e. g. excrement). Other organic waste matter and residues, such as straw and slaughterhouse waste, are also classed as biomass.

Biomass is generally subdivided into energy crops, harvest residues, organic by-products and wastes. Further details are given in Chapter 4 'Description of selected substrates'. These material streams first have to be made available for energy recovery. In by far the majority of cases this necessitates a transport process. In many instances the biomass has to undergo mechanical processing before energy can be recovered from it. There is often also a need for storage in order to match the arisings of biomass to the demand for energy (Figure 12.1).

Next, heat, power (electricity) and/or fuel can be made available from the biomass. Various technologies can be used for this purpose. One of these is direct combustion in appropriate fuel-burning plants, some of which allow the cogeneration of heat and power. However, the exclusive supply of heat from solid bioenergy sources is the most typical application for generating final/useful energy from biomass.

In addition there is a multiplicity of other techniques and methods that can be used to make biomass available to meet the demand for final/useful energy (Figure 12.1). It is common in this connection to distinguish between thermo-chemical, physico-chemical and biochemical conversion processes. The generation of biogas (anaerobic digestion of substrates to form biogas) is one of the possible options among the biochemical conversion processes.

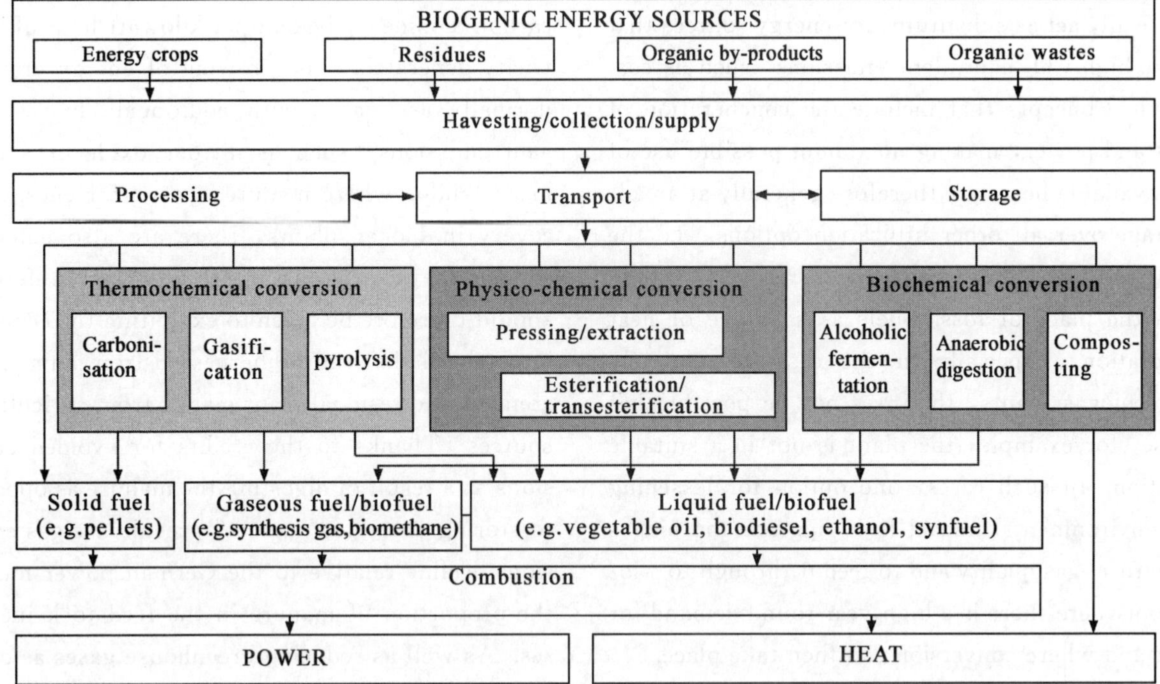

Figure 12.1 Options for utilising biomass for the supply of final energy/useful energy

12.2 Ecological role and sustainability of biogas production and utilisation

Many research and assessment projects are currently being conducted into the ecological role of biogas production and utilisation. The results from some of these projects are already available. It can generally be stated that sustainability is primarily dependent on the choice of substrates, the quality (efficiency and emissions) of the plant technology and the efficiency with which the biogas is utilised.

As far as the input of substrates is concerned, feedstock that incurs no additional expense is often to be considered ecologically beneficial. This is why the use of such substrates for biogas generation should be encouraged. For example, the utilisation of manure in the biogas process not only puts readily available quantities of substrate to meaningful use, but it also avoids the emissions that would otherwise result from the conventional storage of manure. Particular preference should therefore be given to mixtures of residual materials and wastes (e. g. excrement, residues from the food industry), over dedicated energy crops grown specifically for the purpose. In ecological terms, however, residues and wastes can also serve as a highly beneficial supplement for the digestion of energy crops.

With regard to plant technology, great importance should be attached to avoiding emissions and to achieving high levels of efficiency, i. e. ensuring that a high proportion of the biomass is digested. While this may involve structural and design measures at the time of the initial investment, attention should also be paid to the way in which the biogas plant is operated. Further pointers and detailed analyses can be taken, for example, from the reports issued as part of the IFEU project aimed at optimising the sustainable expansion of biogas generation and utilisation in Germany[12-1].

The biogas utilisation concepts that are most beneficial are those that convert as much of the energy contained in the biogas as possible and that, above all, act as substitutes for energy sources that cause high CO_2 equivalent emissions, such as coal or oil. Concepts that include the cogeneration of heat and power, making maximum possible use of the available heat, are therefore generally at an advantage over all other utilization options. To the maximum possible extent, heat recovery should take the place of fossil fuels as a source of heat generation. Especially in the case of relatively large biogas plants, this may not be possible because, for example, the plant is not in a suitable location. In such cases, one option for lessening the environmental impact is to upgrade the biogas to natural gas quality and to feed it through to a location where there is a high year-round demand for heat and where conversion can then take place.

As an example, Figure 12.2 contrasts the greenhouse gas (GHG) emissions from biogas power generation at various biogas plants with the greenhouse gas emissions from the German power mix (2005)[12-5]. The plants in this calculation are model biogas plants, which are assumed to utilise either just energy crops or a mixture of energy crops and manure as feedstock for producing biogas. The GHG emissions are given in kilograms of carbon dioxide equivalent per kilowatt-hour of electricity generated. The growing of energy crops is normally associated with additional climate-relevant emissions (such as nitrous oxide or ammonia), while, where manure is used for energy recovery in biogas plants, there are also emission savings that can be taken into account. Preference should therefore be given to exploiting the economic potential that can be harnessed from animal excrement and residual plant matter from agricultural sources. Thanks to the credits for avoided emissions as a result of digesting the manure as opposed to storing untreated manure, greenhouse gas emissions decline relative to the German power mix as the proportion of manure in the feedstock increases. As well as reducing greenhouse gases as compared with conventional storage of manure (without it being used in a biogas plant), manure also has a processstabilising effect[12-1]. As digestate can be used as a substitute for mineral fertiliser, it qualifies for fertilizer credits, which likewise has a positive impact on the greenhouse gas balance.

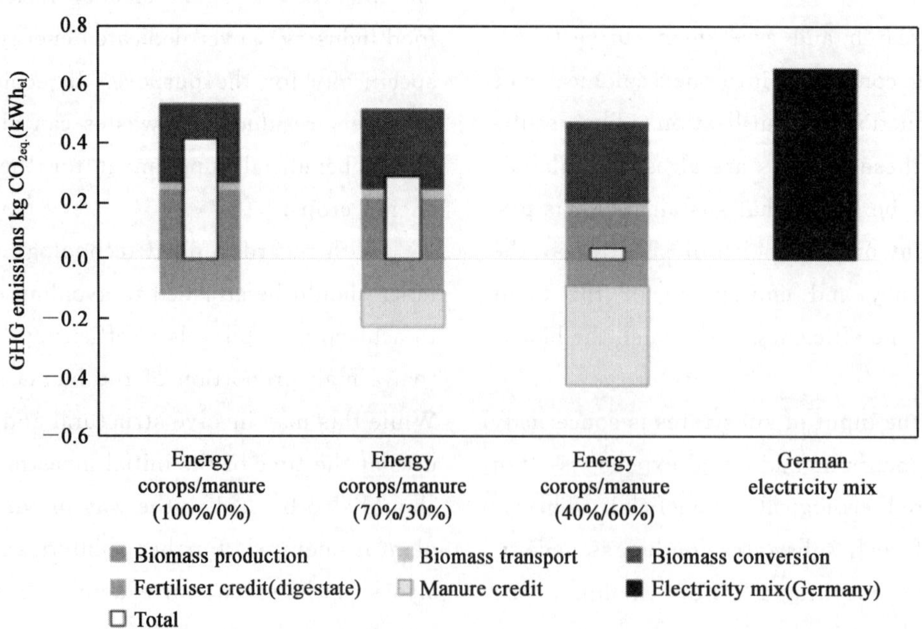

Figure 12.2 Greenhouse gas emissions (kg $CO_{2eq.}$ (kWh_{el})) from model biogas plants compared with German electricity mix[12-5]

The results show that greenhouse gas emissions can be avoided by producing power from biogas as a substitute for conventional energy sources (in Germany these are mainly nuclear energy and energy from coal or lignite). First and foremost, however, this depends on how the biogas plant is run.

When it comes to an assessment of the data calculated as part of an eco-balance, it should also be stated that the input data for the calculations are often subject to a high degree of uncertainty and are not therefore directly valid for a specific practical application. Furthermore, in most cases it is not the absolute figures that are crucial; in fact it is usually necessary to compare the differences between various options for biogas production and utilisation in order to arrive at an assessment. However, measurements are currently being carried out on modern biogas plants to significantly improve the underlying stock of data, with the consequence that in future the reliability of such statistics will be considerably greater.

12.3 Current status of biogas production and utilisation in Germany

This section discusses the status of biogas production and utilisation in Germany as at March 2010. The descriptions relate to biogas plants, not including landfill sites and sewage gas plants.

12.3.1 Number of plants and plant capacity

The number of biogas plants in Germany has steadily grown since the Renewable Energy Sources Act (EEG) came into force. This Act should therefore be seen as a successful instrument for the biogas sector. It is above all the fact that a reliable framework has been put in place for the long term that has contributed to this positive trend. The amendment of EEG in 2004 was particularly significant, when promotion of the use of energy crops in biogas plants was included in the Act. Figure 12.3 illustrates that the number of plants has grown notably since 2004, as has the average plant's installed electrical capacity. The greater use of energy crops has paved the way for this increase in the average capacity of biogas plants. At the end of 2008 the average capacity of a biogas plant was roughly 350 kW_{el} (for comparison, the figure for 2004 was 123 kW_{el}[12-3]). By the end of 2009, average plant capacity in Germany had risen to 379 kW_{el}[12-7]. In contrast with plants added before the 2009 amendment of EEG, newly built plants in 2009 were in the range <500 kW_{el}. Most new plants are in the capacity range between 190 and 380 kW_{el}.

At the end of 2009 there were around 4,900 biogas plants in existence, with an installed electrical capacity of approximately 1,850 MW_{el}. Compared with the rather slow rate of construction of new biogas plants in 2008, new build soared in 2009, adding some 900 new plants with an installed capacity of around 415 MW_{el}. This is largely attributable to the 2009 amendment of EEG and to the significantly improved rates of remuneration for electricity generated from biogas. The observable trend is therefore very similar to the one that followed the 2004 amendment of EEG. The potential amount of power generated from biogas in 2009 is estimated at roughly 13.2 TWh_{el}①[12-3]. Allowing for the fact that construction of new plants in 2009 was spread over the whole year, the real level of power generation from biogas is likely to be lower, it being reasonable to assume an output of around 11.7 TWh_{el}②[12-3]. This is equivalent to about 2% of total gross power generation in Germany, which, according to provisional estimates, amounted to 594.3 TWh_{el}[12-2] in 2009.

① Potential power generation based on an average 7,500 full-load hours per year, not taking account of the date of commissioning of new plants.

② To estimate the real amount of power generated from biogas, the following assumptions were made: 7,000 full-load hours for plants in operation before the end of 2008; 5,000 full-load hours for new plants added in the first half of 2009, and 1,600 full-load hours for new plants added in the second half of 2009.

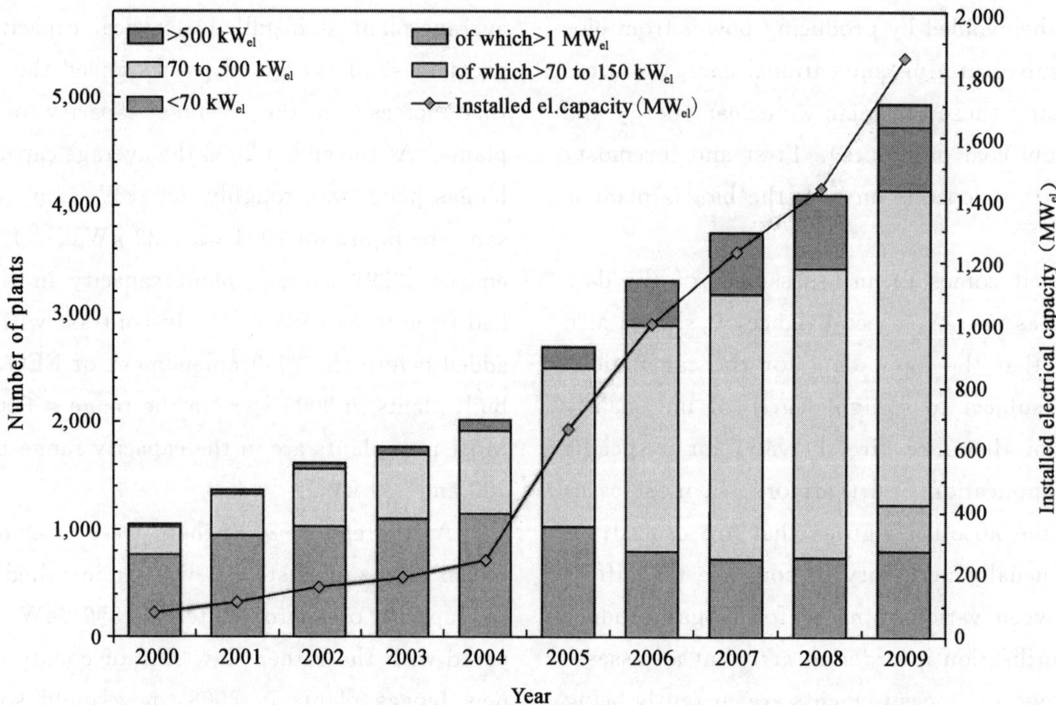

Figure 12.3 Growth in construction of biogas plants in Germany to 2009 (number of plants differentiated by capacity class and installed electrical plant capactity in MW_{el} [12-3]

Table 12. 1 lists the number of biogas plants in operation in each of the federal states and in Germany as a whole at the end of 2009, as well as the total installed electrical capacity and the average capacity per plant. The data originate from a survey of the ministries of agriculture and/or environment, chambers of agriculture and agricultural research institutes in the respective states.

The high average electrical plant capacity for Hamburg is attributable to the biowaste plant installed there, which has a capacity of 1 MW_{el}. No biogas plants were recorded for the city states of Berlin and Bremen, apart from wastewater treatment plants with utilisation of the gas they generate.

Figure 12. 4 shows the installed electrical capacity in relation to the area of agricultural land (kW_{el}/1,000 ha) in the individual federal states.

In addition, at the end of 2009 about 31 plants were in operation that feed biogas into the natural gas grid; these had an installed gas capacity totalling around 200 MW. The actual level of gas injection into the natural gas grid for 2009 was forecast at roughly 1. 24 TWh, because different commissioning dates and degrees of capacity utilisation at the various plant sites need to be taken into account. Furthermore, at some plant sites, instead of biogas being fed into the natural gas grid, it is converted into electricity on site, while at one plant the biogas is used directly as a vehicle fuel. It is expected that further biogas feed-in plants will be commissioned.

12. 3. 2 Biogas usage and trends

The amendment of EEG in 2009 introduced significant incentives for the further expansion of biogas capacities. Given the tariff structure established under EEG it is expected that there will once again be a stronger trend towards relatively small biogas plants (<150 kW_{el}), although the construction of additional larger biogas plants will also be continued. The generation of electricity from biogas/biomethane after transmission through the natural gas grid will remain a key priority.

Table 12.1 Regional distribution of biogas plants in operation in Germany in 2009 and installed electrical capacity of the plants (survey of state institutions conducted in 2010)[12-3]

Federal state	Number of biogas plants in operation (units)	Total installed capacity (MW_{el})	Average plant capacity (kW_{el})
Baden-Württemberg	612	161.8	264
Bavaria	1,691	424.1	251
Berlin	0	0	0
Brandenburg	176	112.0	636
Bremen	0	0	0
Hamburg	1	1.0	1,000
Hesse	97	34.0	351
Macklenburg-Western Pomerania[a]	156 (215)	116.9	544
Lower Saxony	900	465.0	517
North Rhine-Westphalia	329	126.0	379
Rhineland-Palatinate	98	38.5	393
Saarland	9	3.5	414
Saxony	167	64.8	388
Saxony-Anhalt	178	113.1	635
Schleswig-Holstein	275	125.0	454
Thuringia	140	70.3	464
Total	4,888	1,853	379

[a] Number of operational sites, with plant parks being combined and counted as one site because of modified data collection methodology. Figure in brackets: estimated number of biogas plants.

In plants where biogas is intended to be used to generate electrical energy, it is becoming increasingly important in terms of both energy efficiency and economic profitability to put the heat from CHP units to practical use, if possible without wastage. Unless there is a potential heat sink in the immediate vicinity of the plant, the CHP unit can be installed close to where the heat will be used. The CHP unit can either be supplied via the natural gas grid with biogas that has been upgraded to natural gas quality (including carbon dioxide removal), or it can be supplied with dehydrated and desulphurised biogas through micro gas networks.

Upgrading biogas to natural gas quality for injection into a grid is therefore likely to continue to become more widespread. Apart from power generation, there will also be scope for utilising the available biomethane to provide heat and motor vehicle fuel. This flexibility of its potential use is a major advantage for biomethane over other energy sources. As far as the supply of heat is concerned, (apart from relatively small wastewater treatment plants where biogas is used in industrial processes to provide process heat) future developments will largely depend on the willingness of customers to purchase biomethane, which is slightly more expensive than natural gas, and on any future changes to the legal framework.

With regard to utilisation as vehicle fuel, the basis for future trends is currently an undertaking by the German gas industry to substitute 10% of natural gas sold as vehicle fuel with biomethane by

2010, with this figure rising to 20% from 2020 onwards.

12.3.3 Substrates

In Germany, most of the base substrate used at present-in terms of substrate mass-comprises excrement and dedicated biomass crops. The results of an operator survey from 2009 on mass-based substrate input (fresh mass) in biogas plants, founded on the answers given in 420 questionnaires, are shown in Figure 12.5[12-3]. According to this survey, in terms of mass, 43% of substrate is excrement and 41% energy crops, while the proportion of biowastes is roughly 10%. Because of different statutory regulations in Germany, biowastes are mostly treated in specialized waste digestion plants. At around 6%, industrial and agricultural residues make up the smallest proportion of the substrates used. The use of agricultural residues has not risen as expected, despite the fact that new provisions in EEG 2009 mean that selected agricultural residues (cf. EEG 2009, Annex 2, Section V) can be supplied to biogas plants without this resulting in the loss of the energy crop bonus.

In terms of energy content, energy crops are currently the dominant type of substrate in Germany. This makes Germany one of the few European countries that obtain most of their primary energy production from biogas from sources (such as distributed agricultural plants) other than landfill gas and sewage gas[12-4] (reference year 2007).

The use of energy crops as a substrate is common practice in 91% of all agricultural biogas plants[12-3]. In terms of volume, silage maize dominates the market among energy crops (see also Figure 12.6), although almost all biogas plants utilise several different energy crops at the same time, including, for example, whole-crop cereal silage, grass silage or cereal grains.

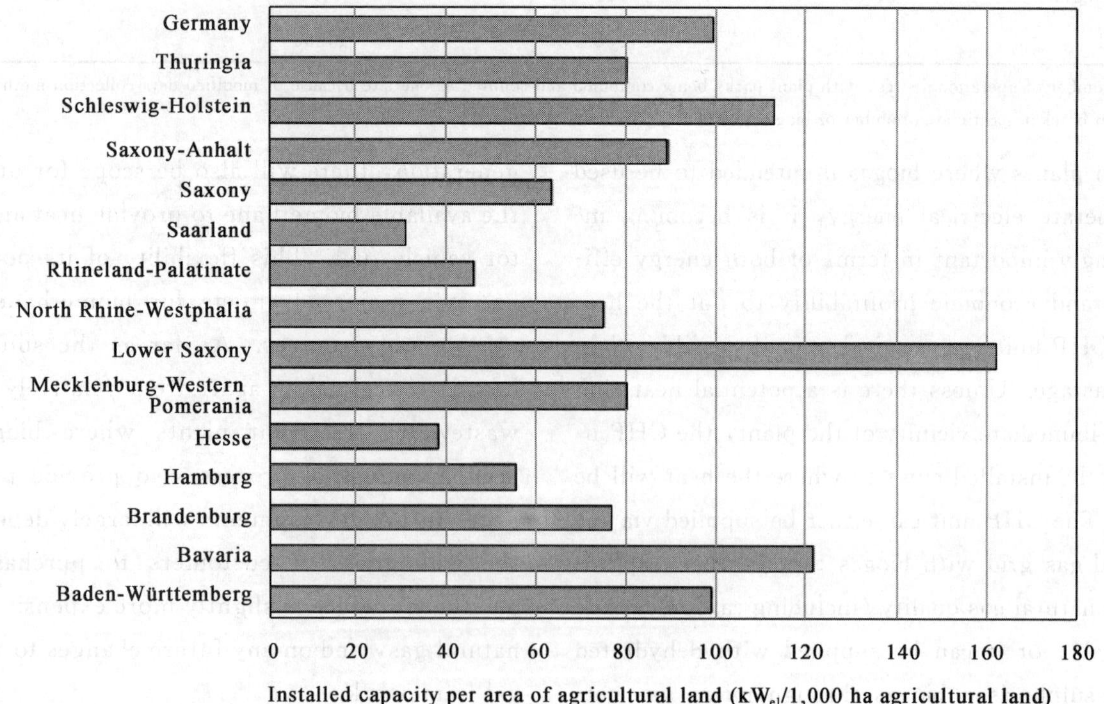

Figure 12.4 Installed electrical capacity in relation to the area of agricultural land (kW$_{el}$/1,000 ha agricultural land) in the German federal states (based on data from [12-3,12-6])

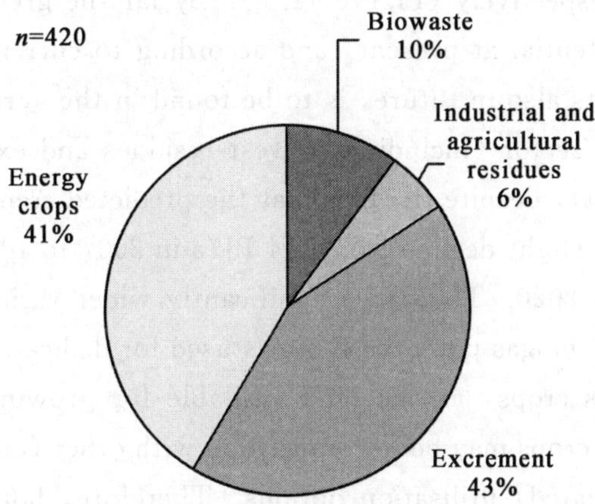

Figure 12.5 Mass-based substrate input in biogas plants (operator survey 2009) [12-3]

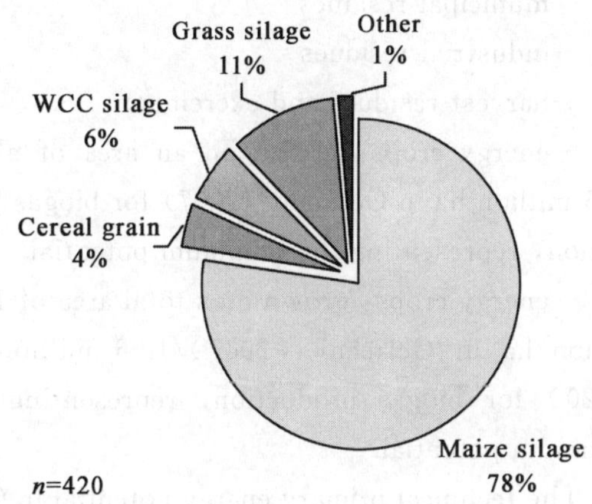

Figure 12.6 Mass-based use of energy crops as substrate in biogas plants (operator survey 2009) [12-3]

Since 2004 it has increasingly been the case that plants have been run exclusively on energy crops without excrement or other co-substrates. Thanks to the use of digestion aids, such as mixtures of trace elements, it has now become possible to maintain microbiologically stable operation.

Details of the various substrates are given in Chapter 4, Description of selected substrates.

12.4 Potential

Determination of the present potential for biogas production and forecasting of future production depends on a variety of factors. In the agriculture sector, the factors determining the potential include the prevailing general economic conditions, the cropping structure and the global food situation. There are many different areas competing for biomass from agriculture, ranging from food production (including animal feed) to utilisation for the production of materials or the generation of energy, which, in turn, have various competing conversion pathways. Similarly, a wide variety of material utilisation pathways or energy recovery routes are available for residues from agriculture, municipal authorities and industry. Consequently, the outcomes of forecasts are likely to differ widely, depending on the assumptions made.

12.4.1 Technical Primary energy Potential

Biogas can be produced from a whole range of different material streams. This section therefore examines the technical primary energy potentials of the various material streams under consideration as well as the corresponding technical generation potentials① (supply of power and/or heat) and final energy potentials1 (i. e. the final energy available for use in the energy system) with reference to the various potentially usable biomass fractions. The substrates have been divided into the following groups:

① The technical potential of a renewable energy source is the proportion of the theoretical potential that is available for use after allowance has been made for the existing technical restrictions. In addition, it is generally necessary to take account of structural and ecological restrictions (e. g. nature reserves or areas designated for the planned networking of biotopes in Germany) and statutory requirements (e. g. whether organic wastes that pose potential health concerns are admissible for use in biogas plants), because, ultimately, these restrictions are often 'insurmountable'-similar to the (exclusively) technical restrictions. With regard to the reference quantity for energy, a distinction can be drawn between the following:

-technical primary energy potentials (e. g. the biomass available for production of biogas),

-technical production potentials (e. g. biogas at the output of a biogas plant),

-technical final energy potentials (e. g. electrical energy from biogas plants at the end user) and

-technical final energy potentials (e. g. energy of the hot air from a hair dryer powered by electrical energy from a biogas plant).

—municipal residues

—industrial residues

—harvest residues and excrement

—energy crops: grown on an area of about 0. 55 million ha in Germany (2007) for biogas production, representing the minimum potential

—energy crops: grown on a total area of 1. 15 million ha in Germany (2007)/1. 6 million ha (2020) for biogas production, representing the maximum potential.

The technical primary energy potential in Germany for biogas from municipal residues and from industrial residues is calculated at 47 PJ/a and 13 PJ/a respectively (Figure 12. 7). By far the greatest potential at present, and according to current forecasts also in future, is to be found in the agriculture sector (including harvest residues and excrement), despite the fact that the predicted trend is for a slight decline from 114 PJ/a in 2007 to 105 PJ/a in 2020. There are significantly wider variations of biogas potential in areas used for dedicated biomass crops, as the land available for growing energy crops may be in competition with other (energy-related) utilisation options. Therefore, both a minimum and a maximum figure is shown for the biogas potential from energy crops.

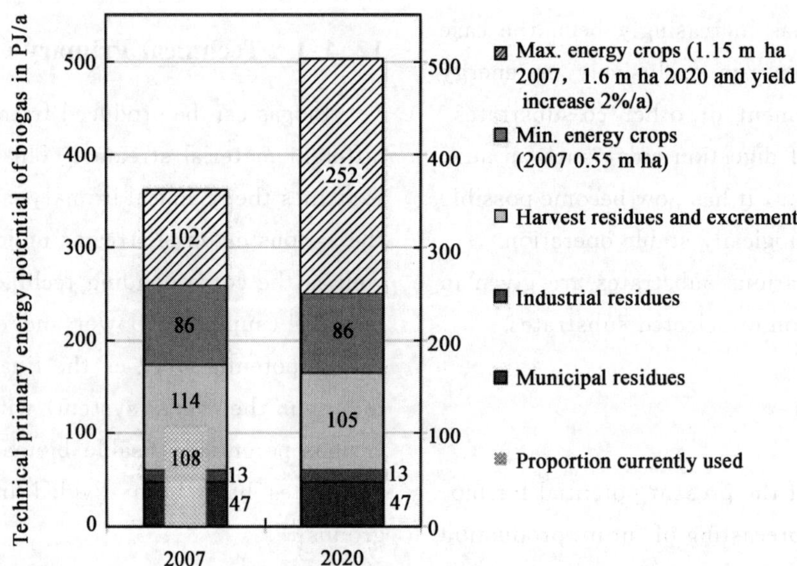

Figure 12. 7 Technical primary energy potential for biogas in Germany in **2007** *and* **2020**

In 2007 in Germany, the technical primary energy potential of energy crops grown exclusively for energy production was roughly 86 PJ/a, with an area under cultivation of around 0. 55 million ha for biogas production alone. ①If it is assumed that a maximum of 1. 15 million ha is available for biogas production, this potential rises by 102 PJ/a for 2007.

Assuming that approximately 1. 6 million ha of cultivation area is available in 2020 for biogas use and that there is an annual increase in yield of 2%, the technical primary energy potential from dedicated biomass crops for biogas production can be expected to total 338 PJ/a.

With regard to how much of the biogas potential is actually utilised, it is assumed that about 108 PJ was used for biogas production in 2007. This is equivalent to roughly 42% of the predicted biogas potential based on minimum energy crop use (0. 55 million ha) and to roughly 30% based on maximum energy crop use (1. 15 million ha).

① For the sake of simplicity, the calculation of biogas potential for energy crops assumes that the land is planted with maize. In practice, a mix of energy crops is used in biogas plants (see Chapter 12. 3. 3), the proportion of maize in the energy crop feedstock in biogas plants being roughly 80% (with respect to fresh mass).

12.4.2 Technical final energy potentials

The production potentials outlined above can be converted into heat and/or electricity. The production potentials identified in the following describe the producible heat/power without consideration of demandside restrictions as well as the final energy potentials with consideration of demand-side restrictions. Thus, the final energy potentials most accurately reflect the contribution made by biogas production and utilization to meeting the demand for final or useful energy.

12.4.2.1 Generation of power

Given a conversion efficiency of around 38% for power generation in engines or combined heat and power (CHP) units, the demonstrated production potential can be used to calculate a potential electricity production and thus a technical final energy potential of max. 137 PJ/a for 2007. If an average electrical efficiency of 40% is assumed for 2020, current estimates point to a maximum technical final energy potential of 201 PJ/a.

12.4.2.2 Supply of heat

With a conversion efficiency of 90% for the supply of heat alone, a potential heat production or final energy potential of 325 PJ/a is calculated for 2007. If, on the other hand, it is assumed that biogas is used exclusively in CHP units for cogeneration of heat and power and if it is further assumed that the thermal efficiency is 50%, the technical final energy potential for heat alone is calculated as 181 PJ/a for 2007.

12.5 Outlook

The technical potentials for biogas production in Germany, which are largely in the agriculture sector, continue to be considerable and of relevance within the energy industry. Although the big expansion of biogas production and utilisation in recent years has led to a significant reduction in the still available potentials, such that the search for sites for biogas plants has in some cases become more difficult, there is, all in all, still potential available in the agriculture sector to allow further expansion of the use of biogas. The utilisation of biogas as an energy source has clearly improved in recent years as a result of the incentive effect of the Renewable Energy Sources Act relating to the utilisation of waste heat (CHP), to such an extent that today, in addition to electric power, more than a third of the available heat energy contributes to the substitution of fossil energy sources. In particular, it is now rare to build a new plant without it having a comprehensive heat utilisation concept. Older plants, however, still have a relevant potential in terms of unutilised waste heat; efforts should be made in future to exploit this potential.

The plant technology used to harness these potentials has now reached a very high standard-in line with enhanced requirements imposed by the regulatory authorities-which often bears comparison with industrial plants in other sectors. The plants have become significantly more reliable and safer to operate. Regular reports in the press about accidents at biogas plants are more likely to be attributable to the fact that there are now a large number of biogas plants in Germany, with some of them not having been constructed in accordance with the usual requirements, rather than this having anything to do with the quality of the the average plant. There is still scope for most system components to be improved. Often, such improvements should be made with regard to plant efficiency.

Fundamentally, the production and utilisation of biogas is highly preferable in ecological terms to the use of fossil fuels as a means of energy supply. The advantages are particularly clear where residues and waste materials can be converted into biogas at no additional expense. With that in mind, special attention should be paid to using biogas efficiently and as completely as possible.

The number of biogas plants in operation has increased more than fivefold in Germany over the past ten years. The total capacity of the plants rose from about 45 MW_{el} in 1999 to 1,853 MW_{el} by the end of 2009, with the average installed electrical capacity per plant having increased from 53 to 379 kW_{el}. It can be assumed that this trend will continue, albeit at a somewhat reduced rate.

While it is true that there are still optimization issues to be resolved, the production and utilisation of biogas is a mature and marketable technology. It can be seen as a highly promising option for harnessing renewable energy sources that will make a growing contribution to sustainable energy supplies in the coming years, as well as to a reduction in greenhouse gas emissions. This guide is intended to play a part in furthering this trend.

12.6 References

[12-1] Vogt R, et al. Optimierung für einen nachhaltigenAusbau der Biogaserzeugung und-nutzung in Deutschland. IFEU, Heidelberg (Koordinator) und IE, Leipzig, Öko-Institut, Darmstadt, Institut für Landschaftsarchitekturund Umweltplanung, TU Berlin, S. Klinski, Berlin, sowie im Unterauftrag Peters Umweltplanung, Berlin. Research project for the Federal Ministry for the Environment, Nature Conservation and Nuclear Safety(BMU). Final report with material volume (vol. A-vol. Q), Heidelberg, 2008. www. ifeu. de; www. erneuerbareenergien. de.

[12-2] AGEB-Arbeitsgemeinschaft Energiebilanzen e. V. Energieverbrauch in Deutschland im Jahr, 2008, Berlin, 01/2009. http: // www. ag-energiebilanzen. de/viewpage. php? idpage=118.

[12-3] Thrän D, et al. Monitoring zur Wirkung des Erneuerbare-Energien-Gesetztes (EEG) auf die Entwicklungder Stromerzeugung aus Biomasse. Interim report 'Entwicklungder Stromerzeugung aus Biomasse 2008', March 2009. Deutsches Biomasseforschungszentrumgemeinnützige GmbH in cooperation with ThüringerLandesanstalt für Landwirtschaft on behalf of the Federal Ministry for the Environment, Nature Conservationand Nuclear Safety. FKZ: 03MAP138. http: // www. erneuerbare-energien. de/inhalt/36204/4593/.

[12-4] BIOGAS BAROMETER-JULY 2008. http: // www. eurobserv-er. org/downloads. asp.

[12-5] Majer S, Daniel J. Einfluss des Gülleanteils, derWärmeauskopplung und der Gärrestlagerabdeckungauf die Treibhausgasbilanz von Biogasanlagen. KTBLconference 'Ökologische und Ökonomische Bewertungnachwachsender Energieträger', Aschaffenburg, 2008.

[12-6] Statistisches Bundesamt. Bodenfläche (tatsächlicheNutzung). Deutschland und Bundesländer. GENESISONLINEDatenbank. www. genesis. destatis. de/genesis/ online.

Glossary

ammonia (NH_3)	Nitrogenous gas arising from the degradation of nitrogen-containing compounds such as protein, urea and uric acid.
anaerobic degradability[1]	Degree of microbial conversion of substrates or co-substrates, generally expressed as biogas generation potential.
anaerobic microorganisms[3]	Microscopic organisms that grow in the absence of oxygen; for some, the presence of oxygen can be lethal.
anaerobic treatment[1]	Biotechnological process taking place in the absence of air (atmospheric oxygen) with the aim of degrading organic matter to recover biogas.
Biodegradation[5]	Breaking down of organic matter, e. g. plant and animal residues, into simpler compounds by microorganisms.
biogas[1]	Gaseous product of digestion, comprising primarily methane and carbon dioxide, but which, depending on substrate, may also contain ammonia, hydrogen sulphide, water vapour and other gaseous or vaporisable constituents.
biogas plant[4]	Plant designed for the production, storage and utilisation of biogas, including all equipment and structures required for operation of the plant; gas is produced from the digestion of organic matter.
C : N ratio[6]	Mass ratio of total carbon to total nitrogen in organic matter; a determining factor in biodegradation.
carbon dioxide (CO_2)[5]	Colourless, non-combustible, mildly sour-smelling, intrinsically non-toxic gas formed along with water as the end product of all combustion processes; concentrations of 4%-5% in air have a numbing effect, while concentrations of 8% or over can cause death from asphyxiation.
co-substrate[1]	Raw material for digestion, albeit not the raw material accounting for the largest percentage of the mate-

rial stream to be digested.

combined heat and power (CHP) unit
Unit for the conversion of chemically bound energy into electrical and thermal energy on the basis of an internal combustion engine coupled to a generator.

combined heat and power (cogeneration)
Simultaneous conversion of input energy into electrical (or mechanical) energy and heat for energy-related use (useful heat).

condensate
Biogas produced in the digester is saturated with water vapour and must be dehydrated before being used in a CHP unit. Condensation takes place either via an appropriate underground pipe into a condensate separator or by drying of the biogas.

degree of degradation[1]
Extent to which the initial concentration of organic matter in the substrate is reduced as a result of anaerobic degradation.

desulphurisation
Physico-chemical, biological or combined method of reducing the hydrogen sulphide content in biogas.

digestate
Liquid or solid residue from biogas production containing organic and inorganic constituents.

digestate storage tank (liquid-manure pond)[4]
Tank or pond in which liquid manure, slurry or digested substrate is stored prior to subsequent use.

digester (reactor, digestion tank)[4]
Container in which a substrate is microbiologically degraded and biogas is generated.

dry matter (DM) content
Moisture-free content of a mixture of substances after drying at 105℃. Also referred to as total solids (TS) content.

emissions
Gaseous, liquid or solid substances entering the atmosphere from a plant or technical process; also includes noise, vibration, light, heat and radiation.

energy crops[5]
Collective term for biomass utilised for energy-related purposes (not fodder or food). As a rule these are agricultural raw materials such as maize, beet, grass, sorghum or green rye that are ensiled before being put to use for energy-related purposes.

final energy source[7]
A final energy source is the form of energy used by the end user, where the final energy is the energy content of the final energy source or corresponding energy flows. Examples include heating oil in the end user's oil tank, wood chips prior to loading into a furnace, electrical energy in a domestic household, or district heat at a building heat transfer station. It is derived from secondary or sometimes primary energy sources/forms of energy, less the conversion losses,

distribution losses, energy consumed for conversion to final energy, and non-energy-related consumption. The final energy source is available for conversion into useful energy.

full-load hours — Period of full utilisation of a plant's capacity; the total hours of use and average utilisation factor over a year are converted to a utilisation factor of 100%.

gas dome[4] — Cover on a digester in which biogas is collected and drawn off.

gas storage tank[4] — Gas-tight vessel or plastic sheeting sack in which biogas is held in temporary storage.

gas store[4] — Room or area in which the gas storage tank is located.

grease trap — Installation for the physical separation of non-emulsified organic oils and fats contained in (for example) wastewater from restaurants, canteen kitchens, slaughterhouses and processing plants in the meat and fish industry, margarine factories and oil mills (cf. DIN 4040).

hydrogen sulphide (H_2S)[4] — Highly toxic, colourless gas with a smell of rotten eggs; can be life-threatening even in low concentrations. From a certain concentration the sense of smell is deadened and the gas is no longer perceived.

hygienisation — Additional process step that may be required to reduce/eliminate pathogens/phytopathogens (disinfection). (see also Ordinance on Biowastes or Regulation [EC] 1774/2002)

marketing — Offering for sale, stocking or any form of distribution of products to others; a term from the Fertiliser Ordinance (DüMV) and elsewhere.

methane (CH_4)[8] — Colourless, odourless and non-toxic gas; its combustion products are carbon dioxide and water. Methane is one of the most significant greenhouse gases and is the principal constituent of biogas, sewage treatment gas, landfill gas and natural gas. At concentrations of 4.4 vol. % or over in air it forms an explosive gas mixture.

nitrogen oxide[8] — The gases nitrogen monoxide (NO) and nitrogen dioxide (NO_2) are referred to collectively as NOx (nitrogen oxides). They are formed in all combustion processes as a compound of atmospheric nitrogen and oxygen, but also as a result of oxidation of nitrogenous compounds contained in the fuel.

organic loading rate[1] — Amount of substrate fed into a digestion plant per day in relation to the volume of the digester (unit: kg VS/(m^3 · d))

potentially explosive atmosphere[4] — Area in which an explosive atmosphere may occur due to local and operational conditions.

preparation — Process step for the treatment of substrates or digestates (e. g. comminution, removal of interfering substances, homogenisation, solid/liquid separation).

primary energy source[7] — Materials or energy fields that have not been subjected to technical conversion and from which secondary energy or secondary energy carriers can be obtained either directly or through one or more conversion stages (e. g. coal, lignite, crude oil, biomass, wind power, solar radiation, geothermal energy).

retention time[1] — Average holding time of the substrate in the digester. Also referred to as dwell time.

secondary energy source[7] — Energy source made available from the conversion, in technical installations, of primary energy sources or other secondary energy sources or forms of secondary energy, e. g. petrol, heating oil, electrical energy. Subject to conversion and distribution losses, among others.

silage — Plant material conserved by lactic acid fermentation.

siloxanes[9] — Organic silicon compounds, i. e. compounds of the elements silicon (Si), oxygen (O), carbon (C) and hydrogen (H).

solids infeed — Method of loading non-pumpable substrates or substrate mixtures directly into the digester.

substrate[1] — Raw material for digestion or fermentation.

sulphur dioxide (SO_2)[5] — Colourless, pungent-smelling gas. In the atmosphere, sulphur dioxide is subjected to a number of conversion processes which may result in the formation of various substances including sulphurous acid, sulphuric acid, sulphites and sulphates.

throughput — Depending on definition, this is either a volumetric flow rate or a mass flow rate.

U-value (formerly k-value)[8] — Measure of the heat flow through one square metre of a building element at a temperature difference of 1 Kelvin. The lower the U-value, the lower the heat losses.

volatile solids (VS) content — The volatile solids content of a substance is what remains after the water content and inorganic matter have been removed. It is generally determined by drying at 105℃ and subsequent ashing at 550℃.

waste management[2] According to the Product Recycling and Waste Management Act (KrW-AbfG), waste management comprises the recycling and disposal of waste.

waste, general Residues from production or consumption which the holder discards, intends to discard or is required to discard.

Sources:

[1] VDI Guideline. Fermentation of organic materials-Characterisation of the substrate, sampling, collection of material data, fermentation tests. VDI 4630, Beuth Verlag GmbH, 2006.

[2] Act Promoting Closed Substance Cycle Waste Management and Ensuring Environmentally Compatible Waste Disposal (Product Recycling and Waste Management Act. Kreislaufwirtschafts-und Abfallgesetz-KrW-/AbfG), 1994/2009, Article 3 Definition of terms http://bundesrecht. juris. de/bundesrecht/krw-_abfg/gesamt. pdf.

[3] Madigan, Michael T, Martinko, John M, Parker Jack. Biology of microorganisms. 9th ed. Upper Saddle River, N. J. Prentice-Hall, 2000, ISBN 0-13-085264-3.

[4] Bundesverband der Landwirtschaftlichen Berufsgenossenschaften (ed.). Technische Information 4-Sicherheitsregeln für Biogasanlagen. 2008. http://www. lsv. de/fob/66dokumente/info0095. pdf.

[5] Bavarian State Ministry of the Environment and Public Health (ed.). Umweltlexikon. 2010. http://www. stmug. bayern. de/service/lexikon/index_n. htm.

[6] Schulz H, Eder B. Biogas-Praxis. Grundlagen, Planung, Anlagenbau, Beispiele, Wirtschaftlichkeit. 3rd completely revised and enlarged edition, ökobuch Verlag, Staufen bei Freiburg, ISBN 978-3-936896-13-8, 2006.

[7] Fachagentur Nachwachsende Rohstoffe e. V. (FNR) (ed.). Basiswissen Bioenergie-Definitionen der Energiebegriffe. From Leitfaden Bioenergie, FNR, Gülzow, 2000. http://www. bio-energie. de/allgemeines/basiswissen/definitionen-der-energiebegriffe/.

[8] KATALYSE Institut für angewandte Umweltforschung e. V. (ed.). Umweltlexikon-Online. 2010. http://www. umweltlexikon-online. de/RUBhome/index. php.

[9] Umweltbundesamt GmbH (Environment Agency Austria) (ed.). Siloxane, 2010. http://www. umweltbundesamt. at/umweltinformation/schadstoff/silox/? &tempL=.

List of abbreviations

ASUE	Arbeitsgemeinschaft für sparsamen und umweltfreundlichen Energieverbrauch e. V. (Association for the Efficient and Environmentally Friendly Use of Energy)
ATB	Institut für Agrartechnik Bornim e. V. (Leibniz Institute for Agricultural Engineering Potsdam-Bornim)
ATP	adenosine triphosphate
BGP	biogas plant
BImSchG	Pollution Control Act
BioAbfV	Ordinance on Biowastes
C	carbon
C : N	carbon-to-nitrogen ratio
CA	crude ash
CCM	corn cob mix
CF	crude fibre
CH_4	methane
CHP	combined heat and power
CL	crude lipids
Co	cobalt
CO_2	carbon dioxide
COD	chemical oxygen demand
CP	crop production
CP	crude protein
d	day
DBFZ	Deutsches Biomasseforschungszentrum gGmbH
DC	dairy cow
DC	digestibility coefficient
DD	dry digestion
DM	dry matter
DVGW	Deutsche Vereinigung des Gas-und Wasserfaches e. V. (German Technical and Scientific Association for Gas and Water)
EEG	Renewable Energy Sources Act
el	electric(al)
EU	European Union
Fe	iron
FM	fresh mass

FNR	Fachagentur Nachwachsende Rohstoffe e. V.
g	gram
GEM	ground ear maize
GHG	greenhouse gas
H_2S	hydrogen sulphide
ha	hectare
HRT	hydraulic retention time
incl.	including
K	Kelvin
KTBL	Kuratorium für Technik und Bauwesen in der Landwirtschaft e. V. (Association for Technology and Structures in Agriculture)
L	litre
M	model plant
MFE	mineral fertiliser equivalent
Mg	magnesium
Mn	manganese
Mo	molybdenum
N	nitrogen
n. s.	not specified
NADP	nicotinamide adenine dinucleotide phosphate
NawaRo	German abbreviation for nachwachsender Rohstoff; approximately equivalent to energy crops in the context of this document
NFE	nitrogen-free extract
NH_3	ammonia
NH_4	ammonium
Ni	nickel
O	oxygen
OLR	organic loading rate
P	phosphorus
ppm	parts per million
rpm	revolutions per minute
S	sulphur
Se	selenium
TA	Technische Anleitung (Technical Instructions)
th or therm.	thermal
TS	total solids
VOB	Vergabe-und Vertragsordnung für
vol.	volume
VS	volatile solids
vTI	Johann Heinrich von Thünen Institute
W	tungsten
WCC	silage whole-crop cereal silage
WEL	workplace exposure limit (formerly MAC value)

Addresses of institutions

University of Natural Resources and Life Sciences, Vienna (BOKU)
Department of Sustainable Agricultural Systems
Peter-Jordan-Str. 82
1190 Vienna
Austria
Internet: www. boku. ac. at

Deutsches BiomasseForschungsZentrum gGmbH (DBFZ)
Bereich Biochemische Konversion (BK)
Torgauer Strasse 116
04347 Leipzig
Germany
Internet: www. dbfz. de

Kuratorium für Technik und Bauwesen in der Landwirtschaft (KTBL)
Bartningstr. 49
64289 Darmstadt
Germany
Internet: www. ktbl. de

Thüringer Landesanstalt für Landwirtschaft (TLL)
Naumburger Str. 98
07743 Jena
Germany
Internet: www. thueringen. de/de/tll

Johann Heinrich von Thünen Institute (vTI)
Institute for Agricultural Technology and Biosystems Engineering
Bundesallee 50
38116 Braunschweig
Germany
Internet: www. vti. bund. de

Bayrische Landesanstalt für Landtechnik (LfL)
Institut für Ländliche Strukturentwicklung, Betriebswirtschaft und Agrarinformatik
Menzingerstrasse 54
80638 Munich
Germany
Internet: www. lfl. bayern. de

PARTA Buchstelle für Landwirtschaft und Gartenbau GmbH
Rochusstrasse 18
53123 Bonn
Germany
Internet: www. parta. de

Rechtsanwaltskanzlei Schnutenhaus & Kollegen
Reinhardtstr. 29 B
10117 Berlin
Germany
Internet: www. schnutenhaus-kollegen. de